ENCYKLOPÄDIE
DER
MATHEMATISCHEN WISSENSCHAFTEN

MIT EINSCHLUSS IHRER ANWENDUNGEN

FÜNFTER BAND:

PHYSIK

ENCYKLOPÄDIE
DER
MATHEMATISCHEN WISSENSCHAFTEN
MIT EINSCHLUSS IHRER ANWENDUNGEN

FÜNFTER BAND IN DREI TEILEN

PHYSIK

REDIGIERT VON

A. SOMMERFELD
IN MÜNCHEN

DRITTER TEIL

Springer Fachmedien Wiesbaden GmbH
1909—1926

ISBN 978-3-663-15458-7 ISBN 978-3-663-16029-8 (eBook)
DOI 10.1007/978-3-663-16029-8

Softcover reprint of the hardcover 1st edition 1926

Inhaltsverzeichnis zu Band V, 3. Teil.

D. Elektrizität und Optik (Fortsetzung).

21. Optik. Ältere Theorie. Von A. Wangerin in Halle a. S.

I. Die Optik bis Fresnel.

II. Darstellung der Fresnelschen Optik.

III. Die mechanisch-elastische Begründung der Theorie.

IV. Verschiedene Modifikationen der älteren Lichttheorie.

(Abgeschlossen im November 1908.)

Theorie der magneto-optischen Phänomene. Von H. A. LORENTZ in Leiden.

Einleitung.

I. Direkter Zeeman-Effekt.

II. Inverser Zeeman-Effekt und magnetische Doppelbrechung.

III. Magnetische Drehung der Polarisationsebene und magneto-optischer Kerr-Effekt.

(Abgeschlossen im März 1909.)

23. Theorie der Strahlung. Von W. Wien in Würzburg.

(Abgeschlossen im Mai 1909.)

24. Wellenoptik. Von M. v. Laue in Frankfurt a. M. Mit einem Beitrag über spezielle Beugungsprobleme. Von P. S. Epstein in München.

I. Einleitung.

II. Die Superposition von Sinusschwingungen gleicher Frequenz.

III. Die Superposition von Sinusschwingungen verschiedener Frequenz; Spektrum, Beziehung zur Thermodynamik.

IV. Allgemeine Theorie der Beugung.

V. Interferenzerscheinungen bei Röntgenstrahlen.

(Abgeschlossen im Juli 1915.)

Spezielle Beugungsprobleme. Von PAUL S. EPSTEIN in München.

Spezielle Beugungsprobleme.

I. Methode der mehrwertigen Lösungen.

II. Methode der krummlinigen Koordinaten.

(Abgeschlossen im Juli 1915.)

E. Nachträge.

25. Atomtheorie des festen Zustandes (Dynamik der Kristallgitter). Von M. Born in Göttingen.

26. Die Seriengesetze in den Spektren der Elemente. Von C. Runge in Göttingen.

27. Die Gesetzmäßigkeiten in den Bandenspektren. Von A. Kratzer in Münster i. W.

28. Allgemeine Grundlagen der Quantenstatistik und Quantentheorie. Von Adolf Smekal in Wien.

II. Allgemeine Grundlagen der Quantentheorie.

A. Quantentheorie isolierter Atome und Moleküle.

B. Quantentheorie unabgeschlossener Systeme.

Übersicht über die im vorliegenden Bande V, 3. Teil, zusammengefaßten Hefte und ihre Ausgabedaten.

D. Elektrizität und Optik (Fortsetzung).

Heft 1. 26. I. 1909.	21. Wangerin: Optik. Ältere Theorie. 22. Wien: Elektromagnetische Lichttheorie. Mit einem Beitrag über magneto-optische Phänomene von H. A. Lorentz.
Heft 2. 28. IX. 1909.	Lorentz: Theorie der magneto-optischen Phänomene. 23. Wien: Theorie der Strahlung.
Heft 3. 12. X. 1915.	24. v. Laue: Wellenoptik. Mit einem Beitrag über spezielle Beugungsprobleme von P. S. Epstein. Epstein: Spezielle Beugungsprobleme.

E. Nachträge.

Heft 4. 24. X. 1923.	25. Born: Atomtheorie des festen Zustandes (Dynamik der Kristallgitter).
Heft 5. 19. XII. 1925.	26. Runge: Die Seriengesetze in den Spektren der Elemente. 27. Kratzer: Die Gesetzmäßigkeiten in den Bandenspektren.
Heft 6. 15. VII. 1926.	28. Smekal: Allgemeine Grundlagen der Quantenstatistik und Quantentheorie. Nachwort zu Band V. Register zu Band V. Inhaltsverzeichnis zu Band V, 3. Teil

V 21. OPTIK. ÄLTERE THEORIE.

Von

A. WANGERIN

IN HALLE A. S.

Inhaltsübersicht.

Literatur.

Ältere Werke und Lehrbücher der Optik.

Chr. Huygens, Traité de la lumière, Leiden 1690. Deutsch in den Klassikern der exakten Wiss. Nr. 20, herausgegeben von *E. Lommel* 1890, 2. Aufl. 1903 von *A. v. Oettingen.*

I. Newton, Optics, London 1704. Deutsch in den Klassikern der exakten Wiss. Nr. 96, 97, herausgegeben von *Abendroth* 1898.

J. Herschel, On the theory of light, London 1828. Deutsche Bearbeitung von *J. C. E. Schmidt,* Stuttgart und Tübingen 1831.

G. B. Airy, On the undulatory theory of optics in mathematical tracts, Cambridge 1831, 4. ed. 1858. — Undulat. theory of optics 1866, 2. ed. 1877.

J. C. E. Schmidt, Lehrbuch der analyt. Optik, Göttingen 1834.

F. G. W. Radicke, Handbuch der Optik, Berlin 1839.

K. W. Knochenhauer, Die Undulationstheorie des Lichtes, Berlin 1839.

B. Powell, A general and elementary view of the undulatory theory, London 1841.

H. Lloyd, Lectures on the wave theory of light, Dublin 1841; 2. Aufl. u. d. Titel Elementary treatise on the wave theory of light, London 1857, 3. Aufl. 1873.

M. Moigno, Répertoire d'optique moderne, Paris 1847—1850.

A. Beer, Einleitung in die höhere Optik, Braunschweig 1853; 2. Auflage, herausgegeben von *Victor von Lang,* Braunschweig 1882.

F. Billet, Traité d'optique physique, Paris 1858.

E. Verdet, Leçons d'optique physique éd. par *A. Levistal,* 2 Bde, 1869—1871. Deutsche Bearbeitung von *K. Exner,* Braunschweig 1881—1887. Diese Bearbeitung enthält äußerst ausführliche bibliographische Notizen.

F. Neumann, Vorlesungen über theoretische Optik, herausgegeben von *E. Dorn,* Leipzig 1885.

M. E. Mascart, Traité d'optique, 3 Bde, Paris 1888—1893.

Th. Preston, The theory of light, London 1890; 3. ed. 1901.

G. Kirchhoff, Vorlesungen über mathematische Optik, Leipzig 1891.

P. Volkmann, Vorlesungen über die Theorie des Lichtes, Leipzig 1891.

H. Poincaré, Théorie mathématique de la lumière, Paris 1889. Deutsche Ausgabe von *E. Gumlich* und *W. Jaeger,* Berlin 1894.

A. B. Basset, A treatise on physical optics, Cambridge 1892.

P. Drude, Lehrbuch der Optik, Leipzig 1900; 2. Aufl. 1906, behandelt hauptsächlich die elektromagnetische Lichttheorie.

A. Schuster, Einführung in die theoretische Optik 1904. Übersetzt von *H. Konen* Leipzig 1907.

Werke, deren Inhalt teilweise der Optik angehört.

L. Euler, Opuscula varii argumenti, Teil I und II, Berolini 1744, 1750.

— Lettre à une princesse d'Allemagne, St. Pétersbourg 1768—1772.

A. Fresnel, Article Lumière, dans le Supplément à la traduction de la 5me édition du Système de chimie de *Th. Thomson* par *Riffaut,* Paris 1822.

G. Th. Fechner, Repertorium der Experimentalphysik, Bd. 2, 1832. (Enthält eine Darstellung der *Fresnel*schen Optik.)

A. Cauchy, Exercices de math. Bd. 3, 4 u. 5, 1829, 1830.

— Exercices d'analyse et de phys. math. Bd. 1, 1840.

H. W. Dove, Repertorium der Physik Bd. 3, Berlin 1839 (enthält eine Darstellung der Theorien von *Cauchy* und *F. Neumann*).

G. Lamé, Leçons sur la théorie mathématique de l'élasticité des corps solides, Paris 1852 (das letzte Drittel des Buches ist optischen Inhalts).

V. von Lang, Einleitung in die theoretische Physik, Braunschweig 1867. Zweite vermehrte Auflage, Braunschweig 1891.

H. Klein, Theorie der Elastizität, Akustik und Optik, Leipzig 1877.

F. Neumann, Vorlesungen über die Theorie der Elastizität der festen Körper und des Lichtäthers, herausgegeben von *O. E. Meyer,* Leipzig 1885 (optischen Inhalts sind die Abschnitte 13—17).

W. Voigt, Kompendium der theoretischen Physik, 2 Bde, Leipzig 1895, 1896 (die Optik umfaßt die zweite Hälfte von Band 2).

R. Weinstein, Einleitung in die höhere mathematische Physik, Berlin 1901.

A. Winkelmann, Handbuch der Physik, 2. Auflage. Die Optik ist in Bd. 6 enthalten. Leipzig 1906 (1. Auflage 1893).

Lord Kelvin, Baltimore Lectures on molecular dynamics and the wave theory of light, London und Cambridge 1904.

Monographien.

A. Cauchy, Mémoire sur la dispersion de la lumière, Prag 1836.

F. X. Moth, Die Theorie des Lichtes nach einem lithographierten Mémoire von *Cauchy,* Wien 1842.

F. Neumann, Theorie der doppelten Strahlenbrechung, 1832. Klassiker der exakten Wiss. Nr. 76, herausgegeben von *A. Wangerin,* 1896.

C. Neumann, Die magnetische Drehung der Polarisationsebene, Halle 1863.

G. G. Stokes, Report on double refraction. Rep. Brit. Ass. 1862.

Ch. Briot, Essais sur la théorie mathématique de la lumière, Paris 1864. Deutsch von *Klinkerfues* 1867.

B. de Saint-Venant, Sur les diverses manières de présenter la théorie des ondes lumineuses, Paris 1872.

R. T. Glazebrook, Theoretical optics since 1840 — a survey. Phil. Mag. (6) **5**, 1903.

Gesammelte Werke.

A. Fresnel, Oeuvres complètes, 3 Bde, Paris 1866—1870.

A. Cauchy, Oeuvres complètes, Bd. 1, Paris 1882. Die auf 26 Bde berechnete Ausgabe ist noch nicht abgeschlossen.

F. Neumann, Gesammelte Werke. Bisher ist nur Bd. 2, Leipzig 1906, erschienen.

G. Green, Mathematical papers, London 1871.

H. Lloyd, Miscellaneous papers, London 1877.

J. Mac Cullagh, Collected works, Dublin, London 1880.

G. Kirchhoff, Gesammelte Abhandlungen, Leipzig 1882; Nachtrag 1891.

G. G. Stokes, Mathematical and physical papers, 5 Bde, Cambridge 1880—1907.

Lord Rayleigh (J. W. Strutt), Scientific papers, 4 Bde, Cambridge.

I. Die Optik bis Fresnel.

1. Huygens und die Entwicklung der theoretischen Optik vor Fresnel. Der Begründer der Undulationstheorie des Lichtes ist Christian Huygens (1629—1695). *R. Descartes,* den *Euler* und, ihm folgend, andere Autoren als Vorgänger von *Huygens* bezeichnen, suchte den Grund der Lichterscheinungen nicht in einer Wellenbewegung, sondern in einem Druck, der sich momentan durch das zwischen Lichtquelle und Auge befindliche Medium fortpflanze[1]). *R. Hooke,* den Young und Arago neben *Huygens* nennen, sieht zwar in seiner Micrographia[2]) als Ursache des Lichts sehr schnelle Vibrationsbewegungen von sehr kleiner Amplitude an, nimmt dabei aber an, daß sich diese Bewegungen momentan auf jede Entfernung hin fortpflanzen. Ähnliche

1) *Descartes*, Discours de la méthode, pour bien conduire sa raison, et chercher la verité dans les sciences. Plus la dioptrique, les météores et la géométrie, qui sont des essais de cette méthode. A. Leyde 1638, sowie die späteren Schriften von Descartes.

2) London 1665.

unzureichende Anschauungen hatte der Jesuitenpater *J. G. Pardies* (1636 bis 1673) in einer verloren gegangenen Schrift entwickelt, die *Huygens* im Manuskript vorgelegen hat[4]). *F. M. Grimaldi*, der Entdecker der Diffraktion des Lichts, vergleicht die Beugungserscheinungen mit kreisförmigen Wasserwellen, ist aber weit entfernt davon, die Fortpflanzung des Lichts als eine Wellenbewegung anzusehen[3]). Diese Grundanschauung der Undulationstheorie als erster klar dargelegt zu haben, ist das Verdienst von *Huygens*, der in seinem 1678 verfaßten, aber erst 1690 veröffentlichten Traité de la lumière[4]) die allmähliche Ausbreitung des Lichts erklärte als durch kugelförmige Wellen erfolgend, die sich von den einzelnen Punkten eines leuchtenden Körpers als Mittelpunkten aus mit sehr großer, aber endlicher Geschwindigkeit ausbreiten. Als Träger dieser Wellenbewegungen nimmt er ein eignes Medium, den Lichtäther, an. Zur Erklärung der geradlinigen Fortpflanzung, der Reflexion und Brechung des Lichts zieht er das nach ihm benannte Prinzip herbei, nach dem man eine Lichtwelle nicht nur vom leuchtenden Punkte, sondern auch von jedem Zwischenstadium derselben Welle ableiten kann, indem man die einzelnen Punkte der letzteren als Erschütterungszentren betrachtet und die Enveloppe aller dieser Elementarwellen bestimmt. Bei der Erklärung der Reflexion und Brechung werden die Punkte der Fläche, an der die Reflexion, resp. Brechung erfolgt, als die Mittelpunkte der Elementarwellen angesehen, und zwar sind hier die Radien der Elementarwellen derart zu wählen, daß die Gesamtzeit, die das Licht gebraucht, um von der Lichtquelle zum Zentrum der Elementarwelle zu gelangen und dann den Radius dieser Welle zu durchlaufen, für alle Elementarwellen die gleiche ist. *Huygens* wandte sein Prinzip nur auf einzelne Erschütterungen an und setzte keinerlei Beziehungen zwischen den aufeinander folgenden Impulsen voraus. Erst *Fresnel* gab dem Prinzip die volle Tragweite und Fruchtbarkeit, indem er es mit dem Prinzip der Interferenz verband. Was man heute unter dem *Huygens*schen Prinzip versteht, ist diese *Fresnel*sche Erweiterung, nicht die von *Huygens* selbst benutzte Form seines Prinzips. *Huygens* hielt ferner die Schwingungen des Lichts für longitudinal.

---

3) *F. M. Grimaldi*, Physico mathesis de lumine, coloribus et iride, Bononiae 1665.

4) *Christian Huygens*, Traité de la lumière, Leiden 1690. In lateinischer Übersetzung unter dem Titel Tractatus de lumine 1728 in den von *s' Gravesande* herausgegebenen „Chr. Hugenii, Opera reliqua, Amstelodami“, erschienen. Deutsch herausgegeben von *E. Lommel*, 1890; Klassiker der exakten Wissenschaften Nr. 20; zweite Auflage, von *A. v. Oettingen* berichtigt, 1903. — *Pardies* ist in Kap. I erwähnt.

Übrigens wandte *Huygens* sein Prinzip nicht nur auf isotrope Medien an, sondern auch auf die von dem Dänen *Erasmus Bartholinus* (1625—1698) entdeckte Doppelbrechung des Kalkspats. *Huygens* nahm dabei an, daß die ponderablen Moleküle des Kalkspats, die er als abgeplattete Rotationsellipsoide mit parallelen Achsen ansah, wegen ihrer Gestalt den Undulationen des im Kalkspat enthaltenen Äthers nach verschiedenen Richtungen einen verschiedenen Widerstand entgegensetzen, und daß infolgedessen jene Undulationen sich in zwei Teile spalten, einen Teil, der in Kugelwellen durch den Kristall hindurchgeht, und einen zweiten, dessen Wellen die Gestalt von abgeplatteten Rotationsellipsoiden besitzen, deren Achsen dieselbe Richtung wie die Achsen der ponderablen Moleküle haben. Auch auf diese ellipsoidischen Wellen wandte *Huygens* sein Prinzip an. Er entdeckte ferner die Doppelbrechung des Bergkristalls und die Polarisation des durch ein Kalkspatrhomboeder gegangenen Lichts, ohne aber das Wesen der Polarisation zu erkennen.

Huygens Anschauungen über das Wesen des Lichts blieben lange Zeit unbeachtet und erfuhren infolgedessen keine Weiterbildung. Der Grund dafür lag vorzugsweise darin, daß sich fast alle Forscher des achtzehnten Jahrhunderts der von *I. Newton* aufgestellten Emissionstheorie des Lichts zuwandten[5]). *Newton* stand in seinen ersten optischen Arbeiten der Undulationstheorie keineswegs feindlich gegenüber. In einer Abhandlung, die im November 1672 in den Philosophical Transactions veröffentlicht ist, erörterte er sogar, wie die Dispersion in der Undulationstheorie zu erklären sei, wobei er allerdings die unvollkommene Theorie von *Hooke* im Auge hatte. Später verwarf er die Undulationstheorie ganz, und in dem Anhang zur ersten lateinischen Ausgabe der Optik (1706) entwickelte er seine Emissionstheorie. Die Grundvorstellungen derselben waren nicht neu, aber erst *Newton* baute auf diesen Vorstellungen eine Theorie auf. Und so groß war *Newtons* Autorität im achtzehnten Jahrhundert, daß durch ihn die Undulationstheorie fast völlig verdrängt wurde. Nur wenige, vereinzelte Anhänger fand letztere Theorie im achtzehnten Jahrhundert, unter ihnen ist vor allem *Leonhard Euler* zu nennen, der gerade durch *Newtons* experimentelle Entdeckungen dazu geführt wurde, die Lichtundulationen als periodische Bewegungen anzusehen, ähnlich den

5) Die erste Auflage der Optik ist 1704 erschienen. Ihr Titel lautet: Optics or a treatise of the reflections, refractions, inflections and colours of light. Eine lateinische Übersetzung ist 1706 erschienen. Eine deutsche Übersetzung der Optik ist in den Klassikern der exakten Wissenschaften Heft 96 und 97 veröffentlicht.

Schallwellen, und die Farbe des Lichtes von der Frequenz der Schwingungen abhängen zu lassen. Durch die Einführung des Begriffes der Periodizität des Lichtes wurde die *Huygens*sche Theorie wesentlich vervollkommnet und erweitert. Über die Abhängigkeit der Brechbarkeit von der Schwingungsdauer hatte er in seinen ersten Arbeiten die falsche Vorstellung, daß beide gleichzeitig zunehmen. Erst später erkannte er, daß die brechbarsten Strahlen die geringste Schwingungsdauer haben.

In das achtzehnte Jahrhundert fällt noch die Begründung der Photometrie durch *Bouguer* und *Lambert*[6]). Doch waren diese Arbeiten, so wichtig sie an sich sind, von keiner Bedeutung für die Entwicklung der theoretischen Optik. Es kann deshalb hier nicht näher darauf eingegangen werden, ebensowenig wie auf die die geometrische Optik betreffenden Arbeiten.

Der definitive Sieg der Undulationstheorie über die Emissionstheorie wurde erst durch die Entdeckungen zu Beginn des neunzehnten Jahrhunderts vorbereitet, teils durch die mehr theoretischen Arbeiten von *Thomas Young*, dem Erfinder des Interferenzprinzips, teils durch Auffindung neuer experimenteller Tatsachen. Durch Einführung des Interferenzprinzips gelang es *Young*, die Erscheinungen der Farben dünner Blättchen und der *Newton*schen Ringe in allen damals bekannten Einzelheiten zu erklären. Trotz dieser Erfolge vermochte er nicht, der Undulationstheorie allgemeine Anerkennung zu verschaffen, was wohl daran lag, daß seine Darstellung mehr qualitativ als quantitativ war. Von *Laplace* wurde ihm der Vorwurf mangelnder Strenge gemacht[7]). Auch auf die Beugungserscheinungen versuchte *Young* das Interferenzprinzip anzuwenden, ohne aber das Wesen der Sache voll zu erfassen.

Von neuen experimentellen Tatsachen sind zu nennen: die Entdeckung der Polarisation des Lichts bei der Reflexion unter einem bestimmten Winkel durch *É. L. Malus*[8]), sowie die Entdeckung der Farbenerscheinungen kristallinischer Medien im polarisierten Licht durch

---

6) *P. Bouguer*, Essai d'optique sur la gradation de la lumière, Paris 1729. Sein Traité d'optique ist erst nach seinem Tode durch *De la Caille* zu Paris 1760 herausgegeben. — In demselben Jahre erschien auch *J. H. Lamberts* Photometria sive de mensura et gradibus luminis et umbrae, Aug. Vindel. 1760. Eine deutsche Ausgabe des Werkes ist von *Anding* in den Klassikern der exakten Wissenschaften, Heft 31—33, veröffentlicht.

7) *Young*, Werke 1, p. 374. — *Young*s hauptsächlichste Arbeiten stammen aus den Jahren 1802 und 1804.

8) Théorie de la lumière réfléchie, Paris Mém. 11, 1810. — Von *Malus* rührt auch der sachlich wenig zutreffende Name Polarisation her.

D. F. J. Arago (1811), Erscheinungen, die von *J. B. Biot* und *D. Brewster* weiter studiert und insbesondere dazu benutzt wurden, auch geringe Grade von Doppelbrechung zu konstatieren. So zeigte sich, daß die Doppelbrechung, die bis 1810 nur von Kalkspat und Quarz bekannt war, bei allen Kristallen außer denen des regulären Systems auftrat. Ferner wurde *Biot*[9]) durch die Erscheinungen der chromatischen Polarisation darauf geführt, daß neben der beim Kalkspat beobachteten Doppelbrechung noch eine andere, die der sogenannten zweiachsigen Kristalle, existiere. Auch die *Huygens*sche Konstruktion der beiden durch die Doppelbrechung im Kalkspat entstehenden Wellen wurde zu Beginn des neunzehnten Jahrhunderts durch *W. H. Wollaston* (1802) und *É. L. Malus* (1810) experimentell verifiziert, und dadurch erhielt die *Huygens*sche Auffassung vom Wesen des Lichts eine neue Stütze.

2. Augustin Fresnel (1788—1827). *Fresnel* ist der Begründer der neueren theoretischen Optik. Durch ihn wurde die Undulationstheorie in ganz neue Bahnen gelenkt, die Emissionstheorie definitiv beseitigt. *Fresnel*s Arbeiten zerfallen zeitlich sowohl, als sachlich in drei Teile[10]). In den ersten Untersuchungen wird nur die Annahme zugrunde gelegt, daß das Licht aus periodischen Schwingungen bestehe, die interferenzfähig seien. Über die Art der Schwingungen, über die Richtung der in ihnen stattfindenden Bewegung wird nichts vorausgesetzt; ja *Fresnel* war sogar ursprünglich der Ansicht, die Lichtschwingungen seien longitudinal. Indem er die grundlegenden Annahmen bis in ihre letzten Konsequenzen verfolgte und insbesondere das Interferenzprinzip mit dem Huygensschen Prinzip verband, gelang es ihm, die Beugungserscheinungen in allen Einzelheiten zu erklären. Zugleich wies er nach, daß die Emissionstheorie zur Erklärung jener Erscheinungen unfähig sei.

Weiter wurde *Fresnel* durch seine experimentellen Untersuchungen über die Interferenz des polarisierten Lichts, insbesondere die Beobachtung, daß zwei senkrecht zueinander polarisierte Strahlen nicht interferenzfähig sind, zu der Erkenntnis geführt, daß das polarisierte Licht aus geradlinigen transversalen, d. h. in der Wellenebene liegenden, zum Strahl senkrechten Schwingungen bestehe. Mit dieser Entdeckung trat *Fresnel*, obwohl die darauf bezüglichen Beobachtungen schon 1816 angestellt waren, erst 1821 hervor.

Nachdem er aus dieser Anschauung die verschiedensten Folgerungen gezogen und gezeigt hatte, wieviel einfacher sich auf Grund

---

9) Paris Mém. 13, 1812.

10) Vgl. *É. Verdet*, Introduction aux Oeuvres d'Augustin Fresnel, p. XII.

derselben mannigfache Erscheinungen erklären ließen als nach der alten Theorie, ging er drittens dazu über, die Beschaffenheit der Medien zu studieren, in denen die Lichtbewegung stattfindet. Die Hauptfrucht dieser Studien sind seine Arbeiten über Doppelbrechung, in denen er durch Induktion die Hauptgesetze jener Erscheinungen feststellte. Für diese Gesetze gab er dann eine theoretische Ableitung, die zwar auf etwas willkürlichen und bestreitbaren Annahmen beruhte, aber zu Resultaten führte, die völlig mit der Erfahrung übereinstimmen. Daran schlossen sich dann die ebenfalls wichtigen Untersuchungen über die Modifikationen, die das polarisierte Licht durch Reflexion und Brechung erleidet, seine Theorie der Aberration u. a.

Da die ältere theoretische Optik sich auf *Fresnels* Forschungen aufbaut, erscheint es zweckmäßig, zunächst die Resultate dieser Forschungen im Zusammenhang darzustellen. Dabei soll nur auf das für die allgemeine Theorie Wichtige eingegangen werden. Vor allem sollen die Erscheinungen der Interferenz und Diffraktion, denen in dieser Enc. der besondere Artikel 25 gewidmet ist, hier übergangen werden.

II. Darstellung der Fresnelschen Optik.

3. Fresnels analytische Behandlung der Lichtstrahlen. Bei den Bewegungen, aus denen nach der Undulationstheorie das Licht besteht, ist die Verschiebung der Teilchen äußerst gering, kleiner als die Sphäre des stabilen Gleichgewichts; für derartige Bewegungen aber fällt der Unterschied zwischen festem, flüssigem und gasförmigem Zustande fort. Diese Überlegung hat *Fresnel*[11]) dazu geführt, den Lichtäther als ein elastisches Medium zu betrachten, freilich als ein Medium besonderer Art („quasi-elastisch“ würde man vorsichtiger sagen), derart, daß ein Teilchen desselben, das aus seiner Gleichgewichtslage verrückt ist, durch die Einwirkung der übrigen Teilchen in dieselbe zurückgezogen wird mit einer Kraft, die der Verschiebung proportional und nach der Gleichgewichtslage hin gerichtet ist. Für u, v, w, die Komponenten der Verrückung nach drei senkrechten Achsen, gelten demnach Gleichungen der Form:

$$(1)\quad \frac{d^2u}{dt^2} = -M^2u,\quad \frac{d^2v}{dt^2} = -M^2v,\quad \frac{d^2w}{dt^2} = -M^2w,$$

und die Integration dieser Gleichungen ergibt als Lösungen:

$$(2)\quad u = a\sin(Mt+\alpha),\quad v = b\sin(Mt+\beta),\quad w = c\sin(Mt+\gamma),$$

11) Ann. chim. 17, 1821; Oeuvres 1, p. 629 ff. — Vgl. auch *F. Neumann*, Ann. Phys. Chem 25, 1832.

also einfach periodische Schwingungen. Die Konstante M hängt mit der Schwingungsdauer τ durch die Gleichung zusammen:

$$(3) \qquad M \cdot \tau = 2\pi.$$

Die Faktoren a, b, c nennt man die Amplituden der Komponenten, das Argument des Sinus die Phase.

Aus (2) folgt:

$$(4) \qquad bcu \sin(\gamma - \beta) + cav \sin(\alpha - \gamma) + abw \sin(\beta - \alpha) = 0$$

und

$$(5) \qquad c^2v^2 + b^2w^2 - 2bcvw \cos(\beta - \gamma) = b^2c^2 \sin^2(\beta - \gamma),$$

d. h. das schwingende Teilchen beschreibt eine in der Ebene (4) liegende Ellipse; und für den Fall $\alpha = \beta = \gamma$ geht diese Ellipse in eine durch den Punkt $u = 0$, $v = 0$, $w = 0$, d. h. die Gleichgewichtslage des betrachteten Teilchens, gehende gerade Linie über.

Betreffs der *Fortpflanzung* der Bewegung in dem betrachteten elastischen Medium nimmt man an, daß jedem Teilchen durch das vorhergehende eine gleiche oder ähnliche Bewegung mitgeteilt wird, allein diese Mitteilung bedarf einiger Zeit, und die Bewegung eines Teilchens, welches von dem Ursprung der Schwingungen um die Strecke D entfernt ist, fängt erst an, wenn eine der Entfernung D proportionale Zeit $t_0 = D/V$ verflossen ist, falls V die Fortpflanzungsgeschwindigkeit der Wellen ist. Von den einzelnen Punkten des leuchtenden Körpers pflanzt sich die Lichtbewegung nach allen Seiten in kugelförmigen Wellen fort. In größerer Entfernung von der Lichtquelle kann man, wenn man die Fortpflanzung nur in einer bestimmten Richtung untersuchen will, die Kugelfläche durch ihre Tangentialebene ersetzen und zugleich von der etwaigen Änderung der Amplituden a, b, c mit der Entfernung von der Lichtquelle absehen. Es kommt das auf die Annahme hinaus, daß alle Punkte einer unendlichen Ebene völlig gleiche Schwingungen vollführen, und daß diese Bewegung nach der Zeit t_0 bis zu einer parallelen Ebene im Abstande $D = V \cdot t_0$ fortgeschritten ist. Übrigens besteht zwischen den ebenen Wellen und den von einem Zentrum aus sich fortpflanzenden Kugelwellen noch folgender Zusammenhang. Sieht man alle möglichen durch das Zentrum gelegten Ebenen als ebene Wellen an, die gleichzeitig von dem Zentrum ausgehen, und betrachtet die Lage der verschiedenen ebenen Wellen nach Verlauf einer bestimmten Zeit, so umhüllen dieselben eine Kugel; und gerade bis zu dieser Kugel würde sich eine von dem Zentrum ausgehende Erschütterung in der gleichen Zeit verbreitet haben. Der Radius dieser Kugel heißt Strahl.

Stellen hiernach die Gleichungen (2) die Bewegungen einer ebenen, durch den Anfangspunkt gehenden Welle dar, so werden die Bewegungen in einer parallelen Ebene im Abstande D dargestellt durch

$$(6)\qquad \begin{cases} u' = a \sin\left[\frac{2\pi}{\tau}\left(t - \frac{D}{V}\right) + \alpha\right], \\ v' = b \sin\left[\frac{2\pi}{\tau}\left(t - \frac{D}{V}\right) + \beta\right], \\ w' = c \sin\left[\frac{2\pi}{\tau}\left(t - \frac{D}{V}\right) + \gamma\right], \end{cases}$$

(denn die Bewegung in der zweiten Ebene ist zur Zeit $t - t_0$ dieselbe wie die der ersten zur Zeit t und es ist $t_0 = D/V$. Sind x, y, z die Koordinaten eines beliebigen Punktes der zweiten Ebene, und hat das Lot auf den parallelen Ebenen die Richtungskosinus α', β', γ', so ist

$$(6\text{a})\qquad D = \alpha' x + \beta' y + \gamma' z.$$

Ferner ist

$$(6\text{b})\qquad V \cdot \tau = \lambda$$

die Wellenlänge, d. h. die Entfernung zweier solchen parallelen Ebenen, daß die Bewegung in der zweiten soeben beginnt, wenn die Bewegung in der ersten eine Periode hindurch gedauert hat. Somit hat man das Resultat: Stellen die Gleichungen (2) die Bewegungen einer durch den Anfangspunkt gehenden Ebene dar, deren Normale die Richtungskosinus α', β', γ' hat, so wird bei Fortpflanzung der Schwingungen in parallelen ebenen Wellen die Schwingung in einem beliebigen Punkte des Raumes dargestellt durch

$$(7)\qquad \begin{cases} u' = a \sin\left[2\pi\left(\frac{t}{\tau} - \frac{\alpha' x + \beta' y + \gamma' z}{\lambda}\right) + \alpha\right], \\ v' = b \sin\left[2\pi\left(\frac{t}{\tau} - \frac{\alpha' x + \beta' y + \gamma' z}{\lambda}\right) + \beta\right], \\ w' = c \sin\left[2\pi\left(\frac{t}{\tau} - \frac{\alpha' x + \beta' y + \gamma' z}{\lambda}\right) + \gamma\right]. \end{cases}$$

Die Fortpflanzungsgeschwindigkeit ihrerseits hängt von der Natur des Mediums ab; für sie gilt die Formel $V = \sqrt{\frac{E}{\delta}}$, wo δ die Dichtigkeit, E eine von den Elastizitätsverhältnissen des Mediums abhängige Konstante ist. (Betreffs der Ableitung der Formel s. Nr. 14.)

Als Maß für die *Intensität* des Lichts dient die in der Zeiteinheit durch die Flächeneinheit einer zur Fortpflanzungsrichtung senkrechten Ebene hindurchgehende lebendige Kraft. Die Intensität ist demnach proportional dem Integral

$$\int_0^1 \left\{\left(\frac{du'}{dt}\right)^2 + \left(\frac{dv'}{dt}\right)^2 + \left(\frac{dw'}{dt}\right)^2\right\} dt,$$

und dieses ist wegen der Periodizität der Bewegung und der Kleinheit von τ gleich

$$\frac{1}{\tau}\int_0^\tau \left\{\left(\frac{du'}{dt}\right)^2 + \left(\frac{dv'}{dt}\right)^2 + \left(\frac{dw'}{dt}\right)^2\right\} dt = \frac{1}{2}\left(\frac{2\pi}{\tau}\right)^2 (a^2 + b^2 + c^2),$$

d. h. die Intensität ist der Summe der Quadrate der Amplituden der Verrückungskomponenten proportional.

4. Das Interferenzprinzip bei Fresnel. Interferenz. Wird ein Punkt von zwei Wellen derselben Schwingungszahl (also wegen (5) auch derselben Wellenlänge) getroffen, deren Komponenten[12])

$$(8)\quad u = a \sin\left[2\pi\left(\frac{t}{\tau} - \frac{D}{\lambda}\right) + \alpha\right], \qquad v = b \sin\left[2\pi\left(\frac{t}{\tau} - \frac{D}{\lambda}\right) + \beta\right],$$
$$w = c \sin\left[2\pi\left(\frac{t}{\tau} - \frac{D}{\lambda}\right) + \gamma\right]$$

und

$$(9)\quad u_1 = a_1 \sin\left[2\pi\left(\frac{t}{\tau} - \frac{D_1}{\lambda}\right) + \alpha_1\right], \quad v_1 = b_1 \sin\left[2\pi\left(\frac{t}{\tau} - \frac{D_1}{\lambda}\right) + \beta_1\right],$$
$$w_1 = c_1 \sin\left[2\pi\left(\frac{t}{\tau} - \frac{D_1}{\lambda}\right) + \gamma_1\right]$$

sind, so setzen sich dieselben nach dem Prinzip der Koexistenz kleiner Bewegungen zu einer Bewegung zusammen, deren Komponenten

$$u_0 = u + u_1, \quad v_0 = v + v_1, \quad w_0 = w + w_1$$

sind, und zwar erkennt man, daß, da u, v, w, u_1, v_1, w_1 sich auf die Form

$$M \cos\frac{2\pi t}{\tau} + N \sin\frac{2\pi t}{\tau}$$

bringen lassen, auch u_0, v_0, w_0 dieselbe Form annehmen, oder auch die Form:

$$(10)\quad \begin{cases} u_0 = A \sin\left[2\pi\left(\frac{t}{\tau} - \frac{D}{\lambda}\right) + \alpha_0\right], \\ v_0 = B \sin\left[2\pi\left(\frac{t}{\tau} - \frac{D}{\lambda}\right) + \beta_0\right], \\ w_0 = C \sin\left[2\pi\left(\frac{t}{\tau} - \frac{D}{\lambda}\right) + \gamma_0\right], \end{cases}$$

---

12) Man könnte die Formeln vereinfachen, indem man $\frac{2\pi D}{\lambda}$ mit α, β, γ zusammenfaßt, ebenso $\frac{2\pi D_1}{\lambda}$ mit $\alpha_1, \beta_1, \gamma_1$. Das ist nicht geschehen, um die Formeln in der von *Fresnel* benutzten Form zu erhalten.

wo A und α_0 durch die Gleichungen bestimmt sind:

$$(11)\quad \begin{cases} A^2 = a^2 + a_1^2 + 2aa_1 \cos\left[\frac{2\pi(D-D_1)}{\lambda} - \alpha + \alpha_1\right], \\ \operatorname{tg}\alpha_0 = \dfrac{a \sin\alpha + a_1 \sin\left[\frac{2\pi(D-D_1)}{\lambda} + \alpha_1\right]}{a\cos\alpha + a_1 \cos\left[\frac{2\pi(D-D_1)}{\lambda} + \alpha_1\right]}, \end{cases}$$

und analog B, C, β_0, γ_0.

Die Intensität der resultierenden Schwingung (7) ist proportional

$$(12)\quad A^2 + B^2 + C^2 = a^2 + b^2 + c^2 + a_1^2 + b_1^2 + c_1^2 + 2aa_1 \cos\left[\frac{2\pi(D-D_1)}{\lambda} - \alpha + \alpha_1\right] + 2bb_1 \cos\left[\frac{2\pi(D-D_1)}{\lambda} - \beta + \beta_1\right] + 2cc_1 \cos\left[\frac{2\pi(D-D_1)}{\lambda} - \gamma + \gamma_1\right].$$

Die Formeln (8) bis (12), die man leicht auf den Fall beliebig vieler denselben Punkt treffenden Wellen anwenden kann, bilden die Grundlage für die Lehre von der Interferenz und Beugung, wobei man nur daran festzuhalten hat, daß erfahrungsgemäß nur solche Wellen interferenzfähig sind, die von demselben Punkt der Lichtquelle herrühren und gleiche Schwingungsdauer, also gleiche Farbe besitzen.

5. Die Entdeckung der Polarisation durch É. L. Malus, D. F. J. Arago und A. Fresnel. Transversalität der Lichtschwingungen. Schon die Beobachtungen von *Huygens* haben gezeigt, daß das Licht beim Durchgang durch einen Kalkspat andere Eigenschaften erlangt als das natürliche Licht; die beiden aus einem Kalkspat ausgetretenen Strahlen zeigen ein ganz verschiedenes Verhalten, wenn sie durch einen zweiten Kristall derselben Art hindurchgehen. Die Beobachtungen ergeben, daß die beiden aus dem ersten Kristall ausgetretenen Strahlen sich nicht rings um ihre Fortpflanzungsrichtung gleichmäßig verhalten, und daß die nach verschiedenen Richtungen stattfindenden Verschiedenheiten symmetrisch zu je einer Ebene liegen, daß ferner diese Symmetrieebenen der beiden Strahlen zueinander senkrecht stehen. *Malus* beobachtete dann 1810, daß das unter einem bestimmten Einfallswinkel (demjenigen, für welchen der reflektierte Strahl auf dem gebrochenen senkrecht steht, für Glas etwa 55°) an einer Glasfläche reflektierte Licht dieselbe Eigenschaft erlangt, und daß die Symmetrieebene hier die Einfallsebene ist. *Malus* nannte das so modifizierte Licht *polarisiert* nach der Einfallsebene, letztere die Polarisationsebene. Wies diese Tatsache, daß das Licht für verschiedene durch den Strahl gelegte Ebenen sich verschieden verhält, schon darauf hin, daß die Lichtschwingungen des polarisierten Lichts nicht longitudinal seien, nicht in der Richtung des Strahls erfolgen können, so wurde doch eine klare Anschauung über das Wesen der Lichtschwingungen erst aus den Experimenten von *Fresnel* und *Arago* über die Interferenz des polarisierten Lichtes gewonnen. Diese Experimente zeigten, daß senkrecht gegeneinander polarisierte Strahlen gar nicht interferieren. Daraus folgt, daß das polarisierte Licht aus rein transversalen, zur Fortpflanzungsrichtung senkrechten Schwingungen besteht. Der Beweis dafür läßt sich nach *Verdet* folgendermaßen führen. Man lege das Koordinatensystem so, daß die Fortpflanzungsrichtung mit der x-Achse parallel ist, daß also die Schwingungskomponenten des polarisierten Lichts die Form (6) haben, darin $D = x$ gesetzt, also

$$(13)\quad u = a \sin\left[2\pi\left(\frac{t}{\tau} - \frac{x}{\lambda}\right) + \alpha\right], \quad v = b \sin\left[2\pi\left(\frac{t}{\tau} - \frac{x}{\lambda}\right) + \beta\right],$$
$$w = c \sin\left[2\pi\left(\frac{t}{\tau} - \frac{x}{\lambda}\right) + \gamma\right].$$

Um eine Lichtbewegung zu erhalten, die zu dieser senkrecht polarisiert, ihr im übrigen aber ganz gleich ist, muß man die ganze Bewegung um 90^0 um die Fortpflanzungsrichtung, d. h. um die x-Achse gedreht denken, da zwei senkrecht zueinander polarisierte Strahlen das gleiche Verhalten gegenüber zwei durch die Fortpflanzungsrichtung gelegten senkrechten Ebenen haben. Das gibt eine Bewegung mit den Komponenten

$$u' = u, \quad v' = w, \quad w' = -v,$$

und falls die zweite Schwingung gegen die erste einen Gangunterschied δ besitzt, so werden diese Komponenten

$$(14)\quad u_1 = a \sin\left[2\pi\left(\frac{t}{\tau} - \frac{x+\delta}{\lambda}\right) + \alpha\right], \quad v_1 = c \sin\left[2\pi\left(\frac{t}{\tau} - \frac{x+\delta}{\lambda}\right) + \gamma\right],$$
$$w_1 = -b \sin\left[2\pi\left(\frac{t}{\tau} - \frac{x+\delta}{\lambda}\right) + \beta\right].$$

Durch Zusammensetzung der Bewegung (13) und (14) ergibt sich eine resultierende Schwingung, deren Intensität nach (12) proportional ist dem Ausdruck

$$(15)\quad J = 2a^2 + 2b^2 + 2c^2 + 2a^2 \cos\frac{2\pi\delta}{\lambda} + 2bc \cos\left(\frac{2\pi\delta}{\lambda} + \beta - \gamma\right)$$
$$- 2bc \cos\left(\frac{2\pi\delta}{\lambda} + \gamma - \beta\right) = 2a^2 + 2b^2 + 2c^2 + 2a^2 \cos\frac{2\pi\delta}{\lambda}$$
$$+ 4bc \sin(\gamma - \beta) \sin\frac{2\pi\delta}{\lambda}.$$

Das Experiment lehrt nun, daß zwei senkrecht polarisierte Strahlen für jeden Wert von δ die gleiche Helligkeit ergeben. Soll aber J von δ unabhängig sein, so müssen die Faktoren von $\cos\frac{2\pi\delta}{\lambda}$ und $\sin\frac{2\pi\delta}{\lambda}$ für sich verschwinden, d. h. es muß sein[13]):

$$a = 0, \quad bc \sin(\gamma - \beta) = 0. \tag{16}$$

$a = 0$ heißt: Das polarisierte Luft besitzt keine Komponente parallel der Fortpflanzungsrichtung, die Schwingungen sind transversal.

Der zweiten Gleichung (16) wird genügt durch $b = 0$ oder $c = 0$ oder $\sin(\gamma - \beta) = 0$. Allen drei Lösungen entsprechen geradlinige Schwingungen, der ersten eine solche parallel der z-Achse, der zweiten eine parallel der y-Achse, während für die dritte $\frac{v}{b} \mp \frac{w}{c} = 0$ wird. Läßt man nun die xy-Ebene mit der Polarisationsebene des Strahles zusammenfallen, so würde aus der dritten Lösung folgen, daß die Schwingung gegen die Polarisationsebene beliebig geneigt sein kann, was der Tatsache widerspricht, daß der polarisierte Strahl bei allen Erscheinungen sich als vollständig symmetrisch zur Polarisationsebene erweist. Somit sind bei der angenommenen Lage der Polarisationsebene nur die beiden Lösungen $b = 0$ oder $c = 0$ zulässig, d. h. das polarisierte Licht besteht aus rein transversalen Schwingungen, die entweder in der Polarisationsebene erfolgen ($c = 0$), oder senkrecht dagegen ($b = 0$). Welche von diesen beiden Möglichkeiten für die Lichtschwingungen zutrifft, läßt sich a priori nicht entscheiden, beide haben dieselbe Berechtigung, wie auch *Fresnel* gelegentlich ausdrücklich anerkannt hat[14]). *Fresnel* selbst nahm als Schwingungsrichtung die Senkrechte zur Polarisationsebene an, andere Autoren dagegen, zuerst *F. Neumann*, gingen von der Anschauung aus, daß die Lichtbewegungen in der Polarisationsebene erfolgen. Eine Entscheidung darüber, welche von beiden Annahmen der Natur entspricht, hat sich trotz vielfacher Bemühungen auf experimentellem Wege nicht herbeiführen lassen, wenigstens nicht durch Beobachtung fortschreitender Wellen. Und so geht denn durch die ganze theoretische Optik des vorigen Jahrhunderts ein Dualismus, der erst in der elektromagnetischen Lichttheorie seinen Ausgleich findet, da in dieser die den

13) *Fresnel* ging bei seiner Argumentation von den allgemeinen Formeln (8), (9) (s. oben) aus, darin $D = x$, $D_1 = x'$ gesetzt, und schloß, damit der Ausdruck (12) von $x - x'$ unabhängig ist, müsse $aa_1 = 0$, $bb_1 = 0$, $cc_1 = 0$ sein, ein Schluß, der nicht richtig ist; vgl. Oeuvres *d'A. Fresnel* 2, p. 494 ff.

14) Oeuvres 2, p. 495, Anm.

beiden Annahmen entsprechenden Vektoren nebeneinander vorkommen. Übrigens wäre ein solcher Ausgleich auch auf dem Boden der elastischen Lichttheorie möglich gewesen (vgl. Nr. 38). Neuere Beobachtungen von *O. Wiener*[15]) an *stehenden* Wellen scheinen allerdings dafür zu sprechen, daß der photographische und somit wohl auch der physiologisch-chemische Teil der Lichtbewegung der *Fresnel*schen Annahme entspricht.

6. Zusammensetzung und Zerlegung polarisierter Strahlen bei Fresnel. Das natürliche Licht. Die Zusammensetzung zweier linearpolarisierter Lichtschwingungen von gleicher Fortpflanzungs- und Polarisationsrichtung ist in den obigen Formeln (8) bis (12) enthalten. Die beiden Schwingungen

$$(17)\qquad v = b\sin\left[2\pi\left(\frac{t}{\tau} - \frac{x}{\lambda}\right)\right],\quad v_1 = b_1\sin\left[2\pi\left(\frac{t}{\tau} - \frac{x+\delta}{\lambda}\right)\right]$$

setzen sich danach zu der der linearen Schwingung

$$(18)\qquad v_0 = B\sin\left[2\pi\left(\frac{t}{\tau} - \frac{x+\delta_0}{\lambda}\right)\right]$$

zusammen, wo

$$(19)\qquad \begin{cases} B^2 = b^2 + b_1^2 + 2\,b\,b_1\cos\left(\frac{2\pi\delta}{\lambda}\right), \\ \operatorname{tg}\frac{2\pi\delta_0}{\lambda} = \dfrac{b_1\sin\left(\frac{2\pi\delta}{\lambda}\right)}{b + b_1\cos\left(\frac{2\pi\delta}{\lambda}\right)} \end{cases}$$

ist.

Das Resultat läßt folgende einfache Deutung zu. Konstruiert man ein Parallelogramm, dessen Seiten gleich den Amplituden b, b_1 sind, während der von diesen eingeschlossene Winkel gleich der Verzögerungsphase $2\pi\delta/\lambda$ ist, so stellt die Diagonale dieses Parallelogramms die Amplitude, der Winkel, den die Diagonale mit der Seite b bildet, die Verzögerungsphase $2\pi\delta_0/\lambda$ der resultierenden Schwingung dar.

Zwei zueinander senkrecht polarisierte Wellen setzen sich, wenn sie *gleiche* Phase haben, zu einer linearen Schwingung zusammen, die Schwingungen

$$v = b\sin\left[2\pi\left(\frac{t}{\tau} - \frac{x}{\lambda}\right)\right],\quad w = c\sin\left[2\pi\left(\frac{t}{\tau} - \frac{x}{\lambda}\right)\right]$$

z. B. zu einer Schwingung, die in der Ebene $\frac{v}{b} - \frac{w}{c} = 0$ liegt und die Amplitude $\sqrt{b^2 + c^2}$ hat, während ihre Phase die gleiche wie die der Komponenten ist.

15) Ann. Phys. Chem. 40 (1890), 203.

Umgekehrt kann man eine lineare Schwingung $s = D \sin 2\pi\left(\frac{t}{\tau} - \frac{x}{\lambda}\right)$, deren Schwingungsrichtung s mit der y-Achse den Winkel ϑ bildet, in die beiden Komponenten

$$v = D \cos\vartheta \sin\left[2\pi\left(\frac{t}{\tau} - \frac{x}{\lambda}\right)\right], \quad w = D \sin\vartheta \sin\left[2\pi\left(\frac{t}{\tau} - \frac{x}{\lambda}\right)\right]$$

zerlegen.

Mittels dieser Zerlegung und durch Anwendung der Formeln (17) bis (19) ergibt sich die Zusammensetzung von Schwingungen gleicher Fortpflanzungs-, aber verschiedener Schwingungsrichtung, sowie verschiedener Phase. So setzen sich die beiden Schwingungen

$$(20)\quad s = D \sin\left[2\pi\left(\frac{t}{\tau} - \frac{x}{\lambda}\right)\right], \quad s_1 = D_1 \sin\left[2\pi\left(\frac{t}{\tau} - \frac{x+\delta}{\lambda}\right)\right],$$

die mit der y-Achse die Winkel ϑ, ϑ_1 bilden, zu der elliptischen Schwingung

$$(21)\quad v_0 = B \sin\left[2\pi\left(\frac{t}{\tau} - \frac{x+\delta'}{\lambda}\right)\right], \quad w_0 = C \sin\left[2\pi\left(\frac{t}{\tau} - \frac{x+\delta''}{\lambda}\right)\right]$$

zusammen, wo

$$(21\text{a})\left\{\begin{aligned} B^2 &= D^2\cos^2\vartheta + D_1^2\cos^2\vartheta_1 + 2DD_1\cos\vartheta\cos\vartheta_1\cos\left(\frac{2\pi\delta}{\lambda}\right),\\ C^2 &= D^2\sin^2\vartheta + D_1^2\sin^2\vartheta_1 + 2DD_1\sin\vartheta\sin\vartheta_1\cos\left(\frac{2\pi\delta}{\lambda}\right),\\ \operatorname{tg}\frac{2\pi\delta'}{\lambda} &= \frac{D_1\cos\vartheta_1\sin\left(\frac{2\pi\delta}{\lambda}\right)}{D\cos\vartheta + D_1\cos\vartheta_1\cos\left(\frac{2\pi\delta}{\lambda}\right)},\\ \operatorname{tg}\frac{2\pi\delta''}{\lambda} &= \frac{D_1\sin\vartheta_1\sin\left(\frac{2\pi\delta}{\lambda}\right)}{D\sin\vartheta + D_1\sin\vartheta_1\cos\left(\frac{2\pi\delta}{\lambda}\right)}.\end{aligned}\right.$$

Geradlinig ist die Schwingung nur, wenn entweder $\vartheta - \vartheta_1 = 0$ oder $= \pi$, oder wenn $\delta = 0$ oder ein Vielfaches von $\frac{1}{2}\lambda$ ist, *kreisförmig* dagegen, wenn

$$B = C, \quad \delta' - \delta'' = \pm\frac{\lambda}{4} + m\frac{\lambda}{2},$$

d. h.

$$D = D_1, \quad \vartheta_1 = \vartheta + (2m+1)\pi \mp \frac{2\pi\delta}{\lambda},$$

wo m eine beliebige ganze Zahl ist.

Eine Schwingung, wie sie im allgemeinen aus der Zusammensetzung von s und s_1 entsteht, heißt elliptisch polarisiert. Dreht man die Achsen y, z um die Fortpflanzungsrichtung x so, daß sie mit den Achsen der Ellipse zusammenfallen, so nehmen v_0, w_0 die einfache

Form an

$$(22)\quad v_0 = B\sin\left[2\pi\left(\frac{t}{\tau} - \frac{x+\delta_0'}{\lambda}\right)\right],\quad w_0 = \pm C\cos\left[2\pi\left(\frac{t}{\tau} - \frac{x+\delta_0'}{\lambda}\right)\right].$$

Je nach dem Vorzeichen von w_0 wird die Ellipse in dem einen oder dem anderen Sinne durchlaufen. Die beiden elliptischen Bewegungen

$$v_0 = B\sin\left[2\pi\left(\frac{t}{\tau} - \frac{x+\delta_0'}{\lambda}\right)\right],\quad w_0 = + C\cos\left[2\pi\left(\frac{t}{\tau} - \frac{x+\delta_0'}{\lambda}\right)\right]$$

und

$$v_0' = B\sin\left[2\pi\left(\frac{t}{\tau} - \frac{x+\delta_0'}{\lambda}\right)\right],\quad w_0' = - C\cos\left[2\pi\left(\frac{t}{\tau} - \frac{x+\delta_0'}{\lambda}\right)\right]$$

setzen sich zu einer geradlinigen Schwingung zusammen. Diese Formeln lehren auch, wie man eine geradlinige Schwingung

$$v_0 = 2B\sin\left[2\pi\left(\frac{t}{\tau} - \frac{x+\delta_0'}{\lambda}\right)\right],$$

die parallel y erfolgt, in zwei elliptische zerlegt, wobei C noch beliebig gewählt werden kann. Besonders wichtig ist der Fall $C = B$; d. h. der der Zerlegung einer geradlinigen Schwingung in zwei *zirkuläre.*

Eine Anwendung findet diese Zerlegung eines linear polarisierten Lichtstrahls in zwei entgegengesetzt rotierende zirkulare Strahlen bei den Erscheinungen der Drehung der Polarisationsebene durch eine senkrecht zur Achse geschnittene Quarzplatte, da nach *Fresnels* Untersuchungen sich längs der Achse des Quarzes zwei entgegengesetzt rotierende zirkuläre Schwingungen mit verschiedener Geschwindigkeit fortpflanzen. *Airy* hat diese Untersuchungen auf Strahlen ausgedehnt, die sich längs einer gegen die Achse des Quarzes geneigten Richtung fortpflanzen[16]). In einer solchen Richtung pflanzen sich zwei elliptische Schwingungen von entgegengesetztem Umlaufssinn fort.

Die Erscheinungen des *natürlichen Lichtes* lassen sich weder durch die Annahme geradliniger, noch zirkulärer oder elliptischer Schwingungen erklären. Über die Natur des natürlichen Lichtes hat sich *Fresnel* deshalb die Vorstellung gebildet, daß seine Schwingungen zwar geradlinig und transversal sind, daß aber ihre Richtung in der zur Fortpflanzungsrichtung senkrechten Ebene sehr schnell wechselt, ohne eine bestimmte Richtung zu bevorzugen. Dabei ist der Mittelwert der Intensitäten der in den verschiedenen Richtungen erfolgenden Oszillationen konstant, wenn die Intensität des Lichtes es ist. Die *Fresnel*sche Hypothese ist später namentlich von *Airy*[16]), *Stokes*[17])

---

16) *G. B. Airy,* Cambridge Phil. Trans. 4, 1831 und 1832. On the undulatory theory of optics, Cambridge 1831.

17) Cambridge Trans. 9; Phil. Mag. (4) 2, beide 1852.

und *Verdet*[18]) weiter ausgebildet. Danach kann man das natürliche Licht auf unendlich viele Arten aus geradlinig polarisierten Schwingungen zusammensetzen; jedoch erhält man durch eine gleichförmige Drehung der Polarisationsebene nie natürliches Licht. Man kann das natürliche Licht auch als aus elliptischen Schwingungen zusammengesetzt ansehen; es kann jedoch nicht aus elliptischen Schwingungen bestehen, bei denen alle Ellipsen in demselben Sinne durchlaufen werden. Man kann die Bedingungen für natürliches Licht schon durch zwei entgegengesetzte elliptische Schwingungen erfüllen, die so miteinander abwechseln, daß auf eine bestimmte Zahl von Schwingungen der einen Art stets eine gewisse Zahl der anderen folgt.

Über die neuere thermodynamische Entwicklung des Begriffes „natürliches Licht" vgl. die Art. V 23 von *W. Wien* und V 25 von *M. Laue.*

7. Fortpflanzung des Lichts in Kristallen nach Fresnel. *Fresnel*[19]) geht von der Anschauung aus, daß betreffs der Kraft, mit der ein verrücktes Teilchen eines kristallinischen Mediums durch die Einwirkung der übrigen in seine Gleichgewichtslage zurückgeführt wird, nicht mehr die einfache Annahme gemacht werden kann, die für isotrope Medien gilt (vgl. Nr. 3), daß hier vielmehr jene Kraft im allgemeinen *nicht* mit der Verrückung s zusammenfällt. Er nimmt jedoch an, daß für drei zueinander senkrechte Richtungen, die Elastizitätsachsen, ein solches Zusammenfallen stattfindet.

Nimmt man die Elastizitätsachsen zu Koordinatenachsen, und sind m, n, p die Richtungskosinus der Verrückung s eines Teilchens, so wirken demnach auf die den Achsen parallelen Komponenten ms, ns, ps von s Kräfte, die jenen Verrückungskomponenten proportional sind und ihre Richtung haben, d. h. die Komponenten der auf das Teilchen wirkenden Kraft sind:

$$X = -a^2 ms, \quad Y = -b^2 ns, \quad Z = -c^2 ps.$$

Weiter nimmt *Fresnel* an, daß bei der Fortpflanzung ebener geradlinig polarisierter Wellen die auf jedes Teilchen wirkende Elastizitätskraft dieselbe Form hat, als befände sich das Teilchen allein in Bewegung; hierin liegt, daß jene Elastizitätskraft nur von der Schwingungsrichtung abhängt, nicht aber von der Fortpflanzungsrichtung der Welle. *Fresnel* sieht also die der Fortpflanzungsrichtung parallele

18) *É. Verdet,* Ann. de l'éc. norm. 2, 1865.

19) *Fresnels* Arbeiten über Doppelbrechung sind seit 1821 der Akademie vorgelegt, die erste im November 1821. Teilweise sind diese Arbeiten erst in den Oeuvres abgedruckt. Seine zweite Abhandlung ist in den Mém. de l'Acad. des sciences 7, 1827, erschienen; siehe auch Ann. Phys. Chem. 23 (1831).

Komponente der Elastizitätskraft *als unwirksam* an[20]). Soll nun das betrachtete Teilchen sich infolge der Einwirkung der Elastizitätskraft gerade in der Richtung s bewegen, so muß die der Wellenebene parallele Komponente jener Kraft die Richtung von s haben. Die Bedingung dafür ist folgende: Es seien m_1, n_1, p_1 die Richtungskosinus der Richtung s_1, die in der Wellenebene liegt und auf s senkrecht steht, so ist die Komponente der wirkenden Kraft parallel s:

$$K_s = mX + nY + pZ = -(a^2m^2 + b^2n^2 + c^2p^2)s, \tag{23}$$

die zu s_1 parallele Komponente

$$K_{s_1} = m_1X + n_1Y + p_1Z = -(a^2mm_1 + b^2nn_1 + c^2pp_1)s. \tag{24}$$

Letztere soll verschwinden, d. h. es wird

$$a^2mm_1 + b^2nn_1 + c^2pp_1 = 0, \tag{25}$$

wozu die Bedingungen für die Orthogonalität der Richtungen s, s_1 und der Richtung der Wellennormale N kommen, d. h. es bestehen, wenn α, β, γ die Richtungskosinus von N sind, die Gleichungen:

$$(26)\quad \begin{cases} \alpha m + \beta n + \gamma p = 0, \\ \alpha m_1 + \beta n_1 + \gamma p_1 = 0, \\ mm_1 + nn_1 + pp_1 = 0. \end{cases} \qquad (26\text{a})\quad \begin{cases} \alpha^2 + \beta^2 + \gamma^2 = 1, \\ m^2 + n^2 + p^2 = 1, \\ m_1^2 + n_1^2 + p_1^2 = 1. \end{cases}$$

Aus (25) und (26) erkennt man, daß m, n, p nicht eine beliebige Richtung in der Wellenebene ist. Man erhält nämlich durch Elimination von m_1, n_1, p_1 die Bedingung

$$a^2m(\gamma n - \beta p) + b^2n(\alpha p - \gamma m) + c^2p(\beta m - \alpha n) = 0, \tag{27}$$

durch welche Gleichung in Verbindung mit der ersten Gleichung (26) und der zweiten Gleichung (26a) m, n, p für eine Welle von gegebener Normalenrichtung α, β, γ bestimmt sind.

Was ferner die Fortpflanzungsgeschwindigkeit V der Welle betrifft, so nimmt *Fresnel* an, daß sie, analog wie bei isotropen Medien (s. Nr. **3**), der Quadratwurzel aus dem absoluten Werte der wirksamen elastischen Kraft, diese auf die Einheit der Verrückung bezogen, proportional ist, d. h. proportional der Quadratwurzel aus dem absoluten Wert von $K_s : s$. Das gibt, wenn der Proportionalitätsfaktor gleich 1 gesetzt wird, d. h. wenn die Maßeinheit für a, b, c entsprechend gewählt ist:

$$V^2 = a^2m^2 + b^2n^2 + c^2p^2. \tag{28}$$

---

20) Gerade diese Annahme *Fresnels* ist recht willkürlich und gibt zu Bedenken Anlaß.

Der Gleichung (27) wird nun genügt durch

$$(29)\qquad \begin{cases} a^2 m = \lambda\alpha + \mu m, \\ b^2 n = \lambda\beta + \mu n, \\ c^2 p = \lambda\gamma + \mu p, \end{cases}$$

wo zunächst λ und μ willkürlich sind. Aus (28) folgt, daß $\mu = V^2$, daher

$$(30)\qquad m = \frac{\lambda\alpha}{a^2 - V^2}, \quad n = \frac{\lambda\beta}{b^2 - V^2}, \quad p = \frac{\lambda\gamma}{c^2 - V^2}$$

ist, und mittels der ersten Gleichung (26) ergibt sich

$$(31)\qquad \frac{\alpha^2}{a^2 - V^2} + \frac{\beta^2}{b^2 - V^2} + \frac{\gamma^2}{c^2 - V^2} = 0,$$

eine quadratische Gleichung für V^2, die stets zwei reelle, zwischen der größten und kleinsten der Größen a^2, b^2, c^2 liegende Wurzeln hat. Längs jeder Richtung α, β, γ pflanzen sich also im Kristall zwei ebene Wellen fort, deren Schwingungsrichtungen durch (30) in Verbindung mit der zweiten Gleichung (26a) völlig bestimmt sind.

Die Gleichungen (29) lassen eine einfache geometrische Deutung zu. Sucht man in dem Schnitt der Fläche

$$(32)\qquad (x^2 + y^2 + z^2)^2 = a^2x^2 + b^2y^2 + c^2z^2$$

mit der Ebene

$$\alpha x + \beta y + \gamma z = 0$$

den größten und kleinsten Radius (d. h. die Achsen des Schnittes), so werden die Richtungen derselben genau durch die Gleichungen (29) bestimmt, während die Gleichung (31) für V die Längen jener Achsen ergibt. Parallel den Achsen jenes Schnittes erfolgen also die Schwingungen der beiden Wellen, die sich längs der Richtung α, β, γ im Kristall fortpflanzen. Die Länge jeder Achse ist zugleich der Fortpflanzungsgeschwindigkeit der ihr parallelen Schwingung proportional. Die Fläche (32) führt den Namen *Elastizitätsfläche* oder *Fresnelsches Ovaloid*. Sie ist die Reziproke des Ellipsoids

$$(33)\qquad a^2x^2 + b^2y^2 + c^2z^2 = 1,$$

und man erhält daher die Schwingungsrichtungen der beiden zur Richtung α, β, γ gehörigen Wellen auch, wenn man die Achsen des Schnittes von (33) mit der Ebene $\alpha x + \beta y + \gamma z = 0$ bestimmt. Die reziproken Werte dieser Achsen sind zugleich die Fortpflanzungsgeschwindigkeiten V der entsprechenden Welle[21]).

21) Das Ellipsoid (33) wird von *J. Stefan* [Wien Ber. 50² (1865), p. 505] als Ellipsoid gleicher Arbeit bezeichnet. Es hat nämlich die Eigenschaft, daß die

Interessante Anwendungen ergeben sich, wenn eine oder zwei der Richtungskosinus α, β, γ verschwinden. Ferner folgen hieraus die Erscheinungen für einachsige Kristalle, wenn zwei der Größen a, b, c gleich sind.

Für $b = c$, $a > b$ (ein Fall, der beim Kalkspat eintritt) ergeben die Gleichungen (26), (27) und (28) die beiden Lösungen:

$$1)\quad V^2 = b^2, \qquad m = 0;$$

$$2)\quad V^2 = a^2(\beta^2 + \gamma^2) + b^2\alpha^2, \qquad \beta : \gamma = n : p.$$

Die erste Lösung entspricht einer ebenen Welle, deren Schwingungsrichtung auf der durch die Wellennormale und die Kristallachse (x) gelegten Ebene senkrecht steht, die also in dieser Ebene polarisiert ist; ihre Fortpflanzungsgeschwindigkeit ist unabhängig von der Richtung α, β, γ der Wellennormale. Die zweite Lösung entspricht einer Welle, deren Polarisationsebene auf der der ersten senkrecht steht; ihre Fortpflanzungsgeschwindigkeit V ist gleich der Länge des Lotes auf diejenige Tangentialebene des Rotationsellipsoids

$$\frac{x^2}{b^2} + \frac{y^2 + z^2}{a^2} = 1, \tag{34}$$

für die α, β, γ die Richtungskosinus des Lotes sind, ein Resultat, das der *Huygens*schen Konstruktion der gebrochenen Wellen beim Kalkspat entspricht und überdies die Beobachtungen hinsichtlich der Polarisation jener Wellen wiedergibt.

Ähnlich sind die Resultate für $a = b$, $a > c$, sowie auch, wenn a, b, c ungleich sind, dagegen eine der Größen α, β, γ verschwindet.

Alle sich so ergebenden Folgerungen stimmen mit der Erfahrung überein, wenn man noch die Annahmen hinzufügt, daß die Schwingungen des Lichtes senkrecht zur Polarisationsebene erfolgen (vgl. Nr. 5).

8. Die Fresnelsche Wellenfläche. Unter Wellenfläche schlechtweg versteht man die von einem Erschütterungspunkt hervorgebrachte Wellenfläche, d. h. die Fläche, bis zu der die Bewegung in der Zeiteinheit sich fortpflanzt, wenn der Erschütterungspunkt alle möglichen Bewegungen vollführt. Diese Fläche, von der alle wesentlichen optischen Eigenschaften eines Mediums abhängen, ist für isotrope Körper eine Kugel; ihre Bestimmung für kristallinische Medien würde,

---

Verschiebung eines im Mittelpunkt befindlichen Äthermoleküls längs eines beliebigen Radiusvektors bis zu dessen Endpunkt stets einen gleichen Aufwand zur Überwindung des ihr entgegenstehenden Widerstandes erfordert.

Eine elegante, von diesem Ellipsoid ausgehende Darstellung der Doppelbrechung hat *V. v. Lang* gegeben [Wien Ber. 43² (1861), p. 627].

wenn man sie direkt aus der Definition ableiten wollte, die erheblichsten Schwierigkeiten darbieten, da sie von Differentialgleichungen mit vier unabhängigen Variabeln abhängt. Indessen hat *Fresnel* gezeigt, wie man diese Schwierigkeiten vermeiden kann. Nach ihm denke man durch einen Punkt alle möglichen ebenen Wellen gelegt und betrachte deren Lage nach Verlauf der Zeiteinheit. Die Wellenfläche ist dann die Enveloppe aller dieser ebenen Wellen in der zweiten Lage. Ist α, β, γ die Fortpflanzungsrichtung (Wellennormale) einer ebenen transversalen Welle, die zur Zeit $t = 0$ durch den Anfangspunkt geht, also die Gleichung

$$\alpha x + \beta y + \gamma z = 0$$

hat, und ist V die Fortpflanzungsgeschwindigkeit, also

$$\alpha x + \beta y + \gamma z = V \tag{35}$$

die Gleichung der Wellenebene zur Zeit $t = 1$, so ist die Wellenfläche eines zweiachsigen kristallinischen Mediums die Enveloppe der Ebenen (35), wobei V durch die Gleichung (31) bestimmt ist. Die Ermittelung dieser Enveloppe ist zwar eine ziemlich elementare Aufgabe, erfordert aber, wenn man sie nicht geschickt angreift, erhebliche Rechnungen, die *Fresnel* nicht durchzuführen vermochte. Er hat das Resultat im Grunde nur erraten[22]). Eine strenge Ableitung hat zuerst *A. M. Ampère*[23]) gegeben. Andere Ableitungen rühren her von *A. Smith*[24]), *C. E. Senff*[25]), *J. Mac Cullagh*[26]) und *H. H. de Sénarmont*[27]).

Nach *Senff* gestaltet sich die Rechnung so: Differentiiert man (35) nach α und β, bildet zugleich aus (31) $\frac{\partial V}{\partial \alpha}$ und $\frac{\partial V}{\partial \beta}$, so erhält man mit Rücksicht auf $\alpha^2 + \beta^2 + \gamma^2 = 1$:

$$\left\{\begin{aligned} x - \frac{\alpha}{\gamma} z &= \alpha\left(\frac{1}{c^2 - V^2} - \frac{1}{a^2 - V^2}\right)\frac{\lambda^2}{V}, \\ y - \frac{\beta}{\gamma} z &= \beta\left(\frac{1}{c^2 - V^2} - \frac{1}{b^2 - V^2}\right)\frac{\lambda^2}{V}, \end{aligned}\right. \tag{36}$$

wo λ dieselbe Größe ist, die in (30) auftrat, nämlich:

---

22) Oeuvres 2, p. 560.

23) Ann. chim. phys. (2) 39, Okt. 1828.

24) Cambridge Phil. Soc. Trans. (1) 6, 1836; Phil. Mag. 12, 1838.

25) Experim. und theor. Unters. über die Gesetze der doppelten Strahlenbrechung, Dorpat 1837. Vgl. *F. Neumann*, Vorlesungen über theoretische Optik, Vorlesung 11, sowie *F. Neumanns* Werke 2, p. 464.

26) Trans. Irish Academy 21, 1839.

27) *Fresnel*, Oeuvres 2, p. 606ff. Vgl. auch die Arbeit von *J. Plücker*, Journ. f. Math. 19, 1839.

$$(37)\qquad \frac{1}{\lambda^2} = \frac{\alpha^2}{(a^2 - V^2)^2} + \frac{\beta^2}{(b^2 - V^2)^2} + \frac{\gamma^2}{(c^2 - V^2)^2}.$$

Aus (36), (35) und (31) sind α, β, γ, V zu eliminieren. Setzt man die Ausdrücke (36) für x und y in (35) ein, so folgt

$$(38)\qquad z = \gamma\left\{V - \frac{\lambda^2}{(c^2 - V^2)V}\right\}$$

und weiter

$$(38\text{a})\qquad x = \alpha\left(V - \frac{\lambda^2}{(a^2 - V^2)V}\right),\quad y = \beta\left(V - \frac{\lambda^2}{(b^2 - V^2)V}\right).$$

Durch Quadrieren ergibt sich

$$(39)\qquad x^2 + y^2 + z^2 = r^2 = V^2 + \frac{\lambda^2}{V^2},$$

also

$$(40)\qquad x = \frac{\alpha V(a^2 - r^2)}{a^2 - V^2}$$

und entsprechend y und z. Multipliziert man die Ausdrücke (38a) und (40) für x, so folgt weiter

$$\frac{x^2}{a^2 - r^2} = \frac{\alpha^2 V}{a^2 - V^2}\left(V - \frac{\lambda^2}{(a^2 - V^2)V}\right).$$

Addiert man dazu die entsprechenden Ausdrücke für

$$\frac{y^2}{b^2 - r^2} \quad \text{und} \quad \frac{z^2}{c^2 - r^2},$$

so erhält man

$$(41)\qquad \frac{x^2}{a^2 - r^2} + \frac{y^2}{b^2 - r^2} + \frac{z^2}{c^2 - r^2} = -1,$$

eine Gleichung, die auch die Form annehmen kann

$$(41\text{a})\qquad \frac{a^2x^2}{a^2 - r^2} + \frac{b^2y^2}{b^2 - r^2} + \frac{c^2z^2}{c^2 - r^2} = 0,$$

oder auch

$$(41\text{b})\qquad r^2(a^2x^2 + b^2y^2 + c^2z^2)$$
$$- [a^2(b^2 + c^2)x^2 + b^2(c^2 + a^2)y^2 + c^2(a^2 + b^2)z^2] + a^2b^2c^2 = 0.$$

Man erhält diese Fläche auch, wie schon *Fresnel* bemerkt hat, wenn man auf den Normalen aller Zentralschnitte des Ellipsoids

$$\frac{x^2}{a^2} + \frac{y^2}{b^2} + \frac{z^2}{c^2} = 1$$

die Längen der Halbachsen des betreffenden Schnittes nach beiden Seiten hin aufträgt. Der geometrische Ort des so erhaltenen Punktes ist die Fläche (41). Diese Fläche umgibt den Anfangspunkt in zwei geschlossenen Mänteln, die in vier singulären Punkten zusammenhängen. Die Schnitte der Fläche mit den Koordinatenebenen zerfallen je in einen Kreis und eine Ellipse, und zwar ist der Schnitt mit der

xy-Ebene der Kreis

$$x^2 + y^2 = c^2$$

und die Ellipse

$$\frac{x^2}{b^2} + \frac{y^2}{a^2} = 1,$$

und entsprechend für die anderen Koordinatenebenen. Ist $a > b > c$, so liegt in der xy-Ebene der Kreis ganz innerhalb, in der yz-Ebene der Kreis ganz außerhalb der Ellipse, während in der xz-Ebene der Kreis, dessen Radius gleich b ist, und die Ellipse, deren Achsen c (längs x) und a (längs z) sind, sich in vier Punkten schneiden. Diese Schnittpunkte sind die singulären Punkte der Wellenfläche, in denen die beiden Mäntel zusammenhängen.

Für die Fälle $a = b$ und $b = c$ (und nur für diese) läßt sich die linke Seite von (41b) in zwei Faktoren zweiten Grades zerlegen; die Fläche zerfällt, falls $a = b$ ist, in eine Kugel vom Radius a und in das Rotationsellipsoid

$$\frac{x^2 + y^2}{c^2} + \frac{z^2}{a^2} = 1.$$

Je nachdem $a = b > c$ oder $a = b < c$ ist, heißt der Kristall positiv oder negativ.

Neben der Wellenfläche betrachtet man bisweilen noch die *Wellengeschwindigkeitsfläche.* Diese ist der geometrische Ort der Punkte, die man erhält, wenn man auf allen von einem Punkt aus gezogenen Linien die Geschwindigkeiten der beiden Wellen, die sich im Kristall längs dieser Linien fortpflanzen, nach beiden Seiten hin abträgt. Ihre Gleichung ergibt sich sofort aus (31); sie ist

$$(42) \qquad \frac{\xi^2}{a^2 - \varrho^2} + \frac{\eta^2}{b^2 - \varrho^2} + \frac{\zeta^2}{c^2 - \varrho^2} = 0, \qquad \varrho^2 = \xi^2 + \eta^2 + \zeta^2.$$

Übrigens entsteht die Wellengeschwindigkeitsfläche[28]) in derselben Art aus der Elastizitätsfläche

$$(\xi^2 + \eta^2 + \zeta^2)^2 = a^2\xi^2 + b^2\eta^2 + c^2\zeta^2,$$

wie die Wellenfläche aus dem Ellipsoid

$$\frac{x^2}{a^2} + \frac{y^2}{b^2} + \frac{z^2}{c^2} = 1,$$

und ebenso wie die Elastizitätsfläche die Fußpunktenfläche des eben genannten Ellipsoids, ist die Wellengeschwindigkeitsfläche die Fußpunktenfläche der Wellenfläche. Für $a = b$ und $b = c$ zerfällt die

28) Der Name rührt von *W. R. Hamilton* her. Die Reziproke der Wellengeschwindigkeitsfläche wird von *Hamilton* als Wellenträgheitsfläche, von *Mac Cullagh* als Indexfläche bezeichnet.

Wellengeschwindigkeitsfläche in eine Kugel und eine Elastizitätsfläche, in der zwei der drei Achsen gleich sind.

Die Formeln (38), (38a) ergeben noch eine andere wichtige Folgerung. Zunächst wird durch sie die geometrische Aufgabe gelöst, zu einer gegebenen Tangentialebene (35) der Wellenfläche (41) den Berührungspunkt zu finden. Damit wird aber zugleich der zur ebenen Welle $\alpha x + \beta y + \gamma z = Vt$ gehörige *Lichtstrahl* bestimmt, der hier nicht mehr, wie bei isotropen Medien, mit der Wellennormale zusammenfällt. Als *Lichtstrahl*, der zu einer ebenen Welle gehört, wird nämlich die Linie definiert, in der sich der Schnittpunkt dieser Wellenebene mit anderen, in ihrer Richtung unendlich wenig verschiedenen Wellenebenen bewegt. Mit der Einhüllenden der Ebene (35) ist jener Schnittpunkt für $t = 1$ bestimmt. Man erhält also den Strahl, der zur Ebene (35) (bzw. zu den Parallelebenen gehört), wenn man den Mittelpunkt der Wellenfläche mit dem Berührungspunkt von (35) verbindet. Die Gleichungen (38), (38a) geben daher unmittelbar den zu der Ebene $\alpha x + \beta y + \gamma z = Vt$ gehörigen Strahl. Auch die Lösung der umgekehrten Aufgabe, aus der Richtung eines Strahls die zugehörige Wellennormale zu bestimmen, ergibt sich aus diesen Formeln. Sind nämlich A, B, C die Richtungskosinus eines Strahls, so bestimmt man zunächst seinen Schnittpunkt mit der Wellenfläche, indem man $x = rA$, $y = rB$, $z = rC$ setzt. Für jede der beiden Wurzeln, die (41) für r^2 liefert, ergibt sich das zugehörige $\frac{\lambda^2}{V^2}$ mittels der aus (40) und (37) folgenden Gleichung

$$\text{(37a)} \qquad \frac{V^2}{\lambda^2} = \frac{x^2}{(r^2 - a^2)^2} + \frac{y^2}{(r^2 - b^2)^2} + \frac{z^2}{(r^2 - c^2)^2},$$

dann aus (39) V und aus (40) α, β, γ. Die Schwingungsrichtung endlich wird durch (30) bestimmt.

9. Singuläre Punkte und singuläre Tangentialebenen der Wellenfläche. Optische Achsen und Strahlenachsen. Konische Refraktion. Erwähnt sind bereits in Nr. 8 die singulären Punkte der Wellenfläche. Es sind, wenn b die mittlere der Größen a, b, c bezeichnet, die in der xz-Ebene gelegenen Schnittpunkte des Kreises $x^2 + z^2 = b^2$ mit der Ellipse $\frac{x^2}{c^2} + \frac{z^2}{a^2} = 1$. Die Singularität dieser Punkte besteht darin, daß in ihnen keine bestimmte Tangentialebene existiert, sondern ein berührender Kegel, wie daraus folgt, daß für diese Punkte $\frac{\partial f}{\partial x} = 0$, $\frac{\partial f}{\partial y} = 0$, $\frac{\partial f}{\partial z} = 0$ ist, wenn f die linke Seite von (41b) bezeichnet. Hier gehört daher zu einem bestimmten Strahl nicht eine bestimmte Wellennormale, sondern unendlich viele.

(Auch die Berechnung von α, β, γ aus A, B, C ergibt für diesen Fall Unbestimmtes.) Die beiden Radienvektoren nach den vier singulären Punkten führen den Namen *Strahlenachsen*. Entsprechend den vier singulären Punkten besitzt die Wellenfläche ferner vier singuläre Tangentialebenen. Man erhält dieselben, indem man an den Kreis $x^2 + z^2 = b^2$ und die Ellipse $\frac{x^2}{c^2} + \frac{z^2}{a^2} = 1$ die gemeinsamen Tangenten zieht und durch diese Ebenen senkrecht zur xz-Ebene legt. Die singulären Tangentialebenen berühren die Wellenfläche in unendlich vielen Punkten, die je auf einem Kreise liegen. Hier gehört also zu einer bestimmten Wellennormale nicht ein Strahl, sondern unendlich viele Strahlen, die einen schiefen Kreiskegel bilden. Die beiden Lote vom Mittelpunkt der Wellenfläche auf die vier singulären Tangentialebenen sind die optischen Achsen[29]). Jeder der vorerwähnten schiefen Kreiskegel geht durch je eine optische Achse.

Noch sei darauf hingewiesen, daß wenn man die Richtungskosinus α, β, γ der Wellennormale durch die beiden Winkel u, v ausdrückt, welche diese Normale mit den optischen Achsen bildet, die quadratische Gleichung (42) sich ohne Wurzelzeichen auflösen läßt; und zwar werden die Lösungen bzw.

$$V^2 = \frac{a^2 + c^2}{2} + \frac{a^2 - c^2}{2} \cos(v - u) \tag{43}$$

und

$$V^2 = \frac{a^2 + c^2}{2} + \frac{a^2 - c^2}{2} \cos(v + u). \tag{43a}$$

Aus der Existenz der singulären Punkte und der singulären Tangentialebenen ergeben sich für die Optik zwei wichtige Folgerungen, die allerdings *Fresnel* entgangen waren. Tritt eine ebene Welle derart in einen zweiachsigen Kristall ein, daß ihre Normale mit einer optischen Achse zusammenfällt, so erhält man stets statt zweier einzelnen gebrochenen Strahlen einen Strahlenkegel (innere konische Refraktion). Hat ferner ein Lichtstrahl im Innern des Kristalls die Richtung der Strahlenachse, so gehören zu ihm unendlich viele Wellennormalen, deren jede beim Austritt aus dem Kristall eine andere gebrochene Welle ergibt, so daß hier ein einzelner Strahl innerhalb des Kristalls bei seiner Brechung in ein umgebendes Medium einen Strahlenkegel gibt (äußere konische Refraktion).

Die Erscheinung der konischen Refraktion ist zuerst von *W. R.*

---

29) Weshalb man gerade diese Lote als optische Achsen ansehen muß, ist zuerst von *F. Neumann* festgestellt (Ann. Phys. Chem. 33, 1834; Werke 2, p. 317). In diesem Aufsatz sind auch die folgenden Gleichungen (43) und (43a) aufgestellt.

Hamilton theoretisch entdeckt[30]), später von *H. Lloyd* experimentell bestätigt[31]). Die Entdeckung *Hamiltons* bildet eine wichtige Bestätigung der *Fresnel*schen Theorie.

Von den weiteren Arbeiten *Fresnels* ist die Erklärung der Drehung der Polarisation beim Durchgang des Lichtes durch Quarz schon oben erwähnt (Nr. 6). Von ihm rührt auch die Erklärung der Erscheinung her, welche Kristallplatten zwischen zwei polarisierenden Vorrichtungen zeigen. Der einfallende polarisierte Strahl zerlegt sich beim Eintritt in den Kristall in zwei Strahlen, die nach den oben entwickelten Gesetzen die Platte in verschiedener Richtung und mit verschiedener Geschwindigkeit durchlaufen, durch den Analysator auf gleiche Polarisationsebene zurückgeführt werden und nun interferieren. Die hierauf bezüglichen Untersuchungen *Fresnels* sind von *Airy* erweitert.

10. Die Fresnelsche Reflexionstheorie. *Fresnel* war der erste, der das für die theoretische Optik so wichtige Problem der Reflexion und Refraktion für isotrope Medien löste, d. h. Formeln für die Intensität des reflektierten und gebrochenen Lichtes aufstellte[32]). Auch hier überwand er die Schwierigkeiten, welche sich einer strengen Lösung des Problems entgegenstellen, durch Annahmen, die mehr oder minder plausibel sind, die ihn aber zu Resultaten führten, die mit den Beobachtungen völlig in Einklang stehen.

Jene Schwierigkeiten des Problems bestehen in folgendem: Zwei Medien I und II mögen in der Ebene $z = 0$ aneinanderstoßen. Trifft dann irgend eine in I stattfindende Bewegung diese Grenzfläche, so entsteht dadurch auch eine Bewegung in dem Medium II. Nach den Regeln der Elastizitätstheorie muß die Bewegung in beiden Medien von der Art sein, daß 1) die drei Komponenten der Verrückung für irgend einen Punkt der Grenze in beiden Medien die gleichen sind, und daß 2) die Komponenten des Drucks, der durch die Verschiebung der Teilchen erregt wird, für $z = 0$ in beiden Medien gleiche Werte haben. Das sind also sechs Bedingungen. Besteht nun die ursprüngliche Bewegung in I in ebenen transversalen Wellen, und nimmt man außerdem an, daß, wie es bei der Lichtbewegung der Fall ist, die

30) Trans. Irish Acad. 15, 16, 1834; 17, 1837 (gel. 1832).

31) Trans. Irish Acad. 17, 1833; Pogg. Ann. 28, 1833. Indessen beruht nach einer Bemerkung von *W. Voigt* (Physikal. Ztschr. 6. Jahrg. (1905), p. 672, Ann. Phys. 18 (1905), p. 676 und Ann. Phys. 19 (1906), p. 14) diese Bestätigung, was die *innere* konische Refraktion betrifft, auf einer Täuschung.

32) Der Pariser Akademie vorgelegt am 7. Jan. 1823; veröffentlicht in den Mém. de l'Acad. 11, 393 (erschienen 1832); Ann. chim. 46, 1831; vgl. Oeuvres 1, p. 767.

durch Reflexion an der Grenzfläche in I entstehende Bewegung, wie die Bewegung in II ebenfalls in rein transversalen Wellen besteht, so hängt die nun an der Grenze entstehende Bewegung nur von vier Größen ab. Diese Größen müßten also sechs Gleichungen genügen, und zwar sechs Gleichungen, die nicht miteinander vereinbar sind. Bei Annahme rein transversaler Bewegungen kann man daher den strengen Grenzbedingungen nicht genügen, während man andererseits bei einem Problem gewöhnlicher elastischer Körper in dem Hinzukommen einer longitudinalen reflektierten und gebrochenen Welle die nötigen Konstanten zur vollständigen Erfüllung der Grenzbedingungen zur Verfügung hat. Das ist der Grund, aus dem *Fresnel* jene strengen Bedingungen durch Annahmen ersetzt, von denen einige auf den ersten Blick als mehr oder minder willkürlich erscheinen.

Die Annahmen und Grundanschauungen, auf denen *Fresnel* seine Reflexionstheorie aufbaut, sind folgende:

1) Die Lichtschwingungen sind rein transversal;

2) sie erfolgen senkrecht zur Polarisationsebene.

3) In allen Medien hat der Äther gleiche Elastizität, aber verschiedene Dichtigkeit; die Fortpflanzungsgeschwindigkeit des Lichts in beiden Medien ist also (vgl. Nr. **3**) der Quadratwurzel aus der Dichtigkeit umgekehrt proportional. Auf die Schwierigkeit, die diese Annahme für die Kristalloptik mit sich bringt, hat *F. Neumann* hingewiesen (vgl. Nr. **20**).

4) Die der Grenzfläche parallelen Komponenten der Verrückung haben in der Grenzfläche selbst für beide Medien denselben Wert, während die normalen Komponenten nicht gleich zu sein brauchen.

5) Die lebendige Kraft in der einfallenden Welle ist gleich der Summe der lebendigen Kräfte in der reflektierten und gebrochenen Welle.

F. Neumann, der bei seiner Reflexionstheorie die letztere Annahme, die sich eigentlich erst als Folge der strengen Grenzbedingungen ergeben müßte, ebenfalls macht (vgl. Nr. **20**a), rechtfertigt dieselbe dadurch, daß auf Grund der Erfahrung angenommen werden kann, daß es wirklich Körper gibt, bei denen die Intensität des einfallenden Lichtes gleich ist der Summe der Intensitäten, mit denen das Licht reflektiert und gebrochen wird. Daß bei *Fresnel* sowohl, wie später bei *Neumann* statt von der Gesamtenergie nur von der lebendigen Kraft die Rede ist, erscheint willkürlich, findet aber seine Rechtfertigung dadurch, daß die kinetische und potentielle Energie bei periodischen Vorgängen in einem festen Verhältnis zueinander stehen.

6) Die einfallende, die reflektierte und die gebrochene Welle haben in den ihnen gemeinsamen Punkten der Grenzfläche die gleiche Phase[33]).

7) Wenn die einfallende Welle entweder in der Einfallsebene polarisiert ist oder senkrecht dagegen, ist das Gleiche mit der reflektierten und gebrochenen Welle der Fall.

Die letzte Annahme ist durch die Symmetrie, die in bezug auf die Einfallsebene stattfindet, gerechtfertigt, während die Annahme 6) nur für die Reflexion an durchsichtigen Medien zu Resultaten führt, die mit der Erfahrung übereinstimmen.

Auf die ebene Grenze zweier durchsichtigen Medien mögen nun ebene parallele Lichtwellen fallen, die in der Einfallsebene polarisiert sind, deren Schwingungen also senkrecht zu dieser erfolgen. Wir machen die Grenzfläche zur xy-Ebene und nehmen z positiv nach dem zweiten, negativ nach dem ersten Medium hin. Zur x-Achse nehmen wir den Schnitt der Einfallsebene (d. i. der durch z und die Wellennormale gelegten Ebene) mit der Grenzfläche; y liegt also in der letzteren senkrecht zur Einfallsebene. Ist j der Einfallswinkel, so sind die Richtungskosinus der Wellennormale, in der Richtung der Fortpflanzung gerechnet, $\sin j$, 0, $\cos j$. Die Verrückungen, die ein Teilchen des ersten Mediums durch die einfallenden Wellen erfährt, sind parallel y und haben die Größe

$$v = P \sin \left[2\pi \left(\frac{t}{\tau} - \frac{x \sin j + z \cos j}{\lambda}\right) + \varepsilon\right]. \tag{44}$$

Die reflektierten und gebrochenen Wellen bestehen nach 7) ebenfalls aus Schwingungen parallel y, und zwar haben diese wegen 6) die Form:

$$\begin{cases} v' = P' \sin \left[2\pi \left(\frac{t}{\tau'} - \frac{\alpha' x + \beta' y + \gamma' z}{\lambda'}\right) + \varepsilon\right], \\ v_1 = P_1 \sin \left[2\pi \left(\frac{t}{\tau_1} - \frac{\alpha_1 x + \beta_1 y + \gamma_1 z}{\lambda_1}\right) + \varepsilon\right]. \end{cases} \tag{45}$$

Dabei bezieht sich v' auf die reflektierte, v_1 auf die gebrochene Welle. Nach der Annahme 4) muß dann für $z = 0$

$$v + v' = v_1 \tag{46}$$

sein. Damit diese Gleichung für beliebige Werte von t möglich ist, muß

$$\tau' = \tau_1 = \tau$$

sein, d. h. die Schwingungsdauer des reflektierten und gebrochenen Lichts ist dieselbe wie die des einfallenden. Bei der Reflexion und

33) Man braucht diese Annahme nur für die reflektierte Welle zu machen, so folgt sie für die gebrochene von selbst.

Brechung ändert sich also die Farbe nicht. Ferner folgt aus $\tau' = \tau$, daß auch $\lambda' = \lambda$, da für die Wellen v und v' die Fortpflanzungsgeschwindigkeit V die gleiche ist. Damit obige Bedingungsgleichung für beliebige Werte von x und y erfüllt werde, ist ferner erforderlich

$$\beta' = 0, \quad \beta_1 = 0, \quad \alpha' = \sin j, \quad \frac{\alpha_1}{\lambda_1} = \frac{\sin j}{\lambda},$$

d. h. auch die Normalen der reflektierten und der gebrochenen Wellen liegen in der Einfallsebene, der Reflexionswinkel ist gleich dem Einfallswinkel, während für den Brechungswinkel j_1, da

$$\gamma_1 = \cos j_1, \quad \alpha_1 = \sin j_1$$

ist, die Gleichung gilt:

$$\sin j = \frac{\lambda}{\lambda_1} \sin j_1 = \frac{V}{V_1} \sin j_1.$$

Aus der Annahme 3) folgt dann noch, wenn δ und δ_1 die Dichtigkeiten des Äthers der beiden Medien bezeichnen:

$$\frac{\delta}{\delta_1} = \frac{V_1^2}{V^2} = \frac{\sin^2 j_1}{\sin^2 j} = \frac{1}{n^2}, \tag{47}$$

wo n der Berechnungsexponent ist. Aus $\alpha' = \sin j$, $\beta' = 0$ folgt übrigens $\gamma' = \pm \cos j$ und zwar ist $\gamma' = -\cos j$ zu nehmen, da sonst die Normale der reflektierten mit der der einfallenden Welle zusammenfallen würde, während $\gamma_1 = +\cos j_1$ ist. Damit reduziert sich unsere Bedingung (46) auf

$$P + P' = P_1. \tag{48}$$

Eine zweite Gleichung für P' und P_1 ergibt sich aus dem Satz der lebendigen Kraft, und zwar ist dieser Satz anzuwenden auf ein gerades Prisma Π, dessen Grundflächen in zwei der einfallenden Welle parallelen Ebenen liegen, sowie auf die Prismen des reflektierten und gebrochenen Lichtes, auf die sich die in Π enthaltene Bewegung in der Zeit t fortgepflanzt hat. Ist q der der Wellenebene parallele Querschnitt von Π, so ist, da alle Punkte eines jeden q die gleiche Schwingung vollführen, die in Π enthaltene lebendige Kraft

$$\delta q \int_{\varrho_0}^{\varrho_0 + h} \left(\frac{dv}{dt}\right)^2 d\varrho,$$

wo h die Höhe des Prismas, $\varrho = x \sin j + z \cos j$ die Wellennormale, ϱ_0 beliebig ist, während δ, wie oben, die Dichtigkeit des Äthers bezeichnet. Wählt man h gleich einem Vielfachen von λ, $h = N\lambda$, wo N eine große Zahl, so ergibt sich für die zu berechnende lebendige

Kraft der Wert

$$\delta q \lambda N \frac{2\pi^2}{\tau^2} P^2.$$

Die lebendige Kraft in den Prismen, auf die sich die in Π enthaltene Bewegung nach der Zeit t fortgepflanzt hat, ist

$$\delta q \lambda N \frac{2\pi^2}{\tau^2} P'^2 \quad \text{für das reflektierte,}$$

$$\delta_1 q_1 \lambda_1 N \frac{2\pi^2}{\tau^2} P_1^2 \quad \text{für das gebrochene Licht,}$$

und zwar ist

$$q : q_1 = \cos j : \cos j_1,$$

da die Grundflächen q, q_1 der beiden Prismen dadurch erhalten werden, daß man ein und dasselbe Stück der Grenzfläche $z = 0$ einmal auf die einfallende, dann auf die gebrochene Wellenebene projiziert. Der Satz der lebendigen Kraft gibt also:

$$(49) \qquad P^2 = P'^2 + P_1^2 \frac{\delta_1 q_1 \lambda_1}{\delta q \lambda} = P'^2 + P_1^2 \frac{\sin j \cos j_1}{\sin j_1 \cos j},$$

wobei für das Verhältnis $\delta_1 : \delta$ der obige Wert (47) benutzt ist.

Aus (48) und (49) folgt

$$(50) \qquad P - P' = P_1 \frac{\sin j \cos j_1}{\sin j_1 \cos j},$$

daher

$$(51) \qquad P_1 = \frac{2 \sin j_1 \cos j}{\sin (j + j_1)} P, \quad P' = -\frac{\sin (j - j_1)}{\sin (j + j_1)} P.$$

Da die Intensität der lebendigen Kraft proportional ist, so ergibt sich, wenn J die Intensität des einfallenden, J' die des reflektierten, J_1 die des gebrochenen Lichtes ist,

$$(52) \quad J' = \frac{\sin^2 (j - j_1)}{\sin^2 (j + j_1)} J, \quad J_1 = \frac{4 \sin^2 j_1 \cos^2 j}{\sin^2 (j + j_1)} \frac{\delta_1 q_1 \lambda_1}{\delta q \lambda} J = \frac{\sin 2j \sin 2j_1}{\sin^2 (j + j_1)} J.$$

Ganz ähnlich läßt sich nun der Fall behandeln, in dem das einfallende Licht senkrecht zur Einfallsebene polarisiert ist, seine Schwingungen also *in* dieser Ebene senkrecht zur Wellennormale ausführt. Man zerlege jene Bewegung in zwei der x- und z-Achse parallele Komponenten u, w, so erfordert die Transversalität der Schwingungen

$$u \sin j + w \cos j = 0,$$

mithin

$$(53) \qquad \begin{cases} u = S \cos j \sin \left[2\pi \left(\frac{t}{\tau} - \frac{x \sin j + z \cos j}{\lambda} \right) + \varepsilon' \right], \\ w = - S \sin j \sin \left[2\pi \left(\frac{t}{\tau} - \frac{x \sin j + z \cos j}{\lambda} \right) + \varepsilon' \right]. \end{cases}$$

Für die Komponenten u', w' und u_1, w_1 der Schwingungen in der reflektierten und gebrochenen Welle könnte man zunächst in ähnlicher Weise wie vorher einen allgemeineren Ansatz machen, dann würde die Anwendung des Kontinuitätsprinzips dieselben Folgerungen, die aus (46) gezogen sind, ergeben. u', w', u_1, w_1 haben daher die Werte:

$$(54)\begin{cases} u' = S'\cos j \sin\left[2\pi\left(\frac{t}{\tau} - \frac{x\sin j - z\cos j}{\lambda}\right) + \varepsilon'\right], & u'\sin j - w'\cos j = 0; \\ u_1 = S_1 \cos j_1 \sin\left[2\pi\left(\frac{t}{\tau} - \frac{x\sin j_1 + z\cos j_1}{\lambda_1}\right) + \varepsilon'\right], & u_1 \sin j_1 + w_1 \cos j_1 = 0. \end{cases}$$

Das Prinzip 4), auf u, u', u_1 angewandt (während es für w, w', w_1 nicht zu gelten braucht), gibt dann: Für $z = 0$ ist

$$(55)\qquad u + u' = u_1,$$

daher

$$(56)\qquad (S + S')\cos j = S_1 \cos j_1,$$

während die Gleichung der lebendigen Kraft lautet:

$$(57)\qquad S^2 = S'^2 + S_1^2 \frac{\sin j \cos j_1}{\sin j_1 \cos j}.$$

Aus (56) und (57) folgt

$$(58)\qquad (S - S')\sin j_1 = S_1 \sin j$$

und weiter

$$(59)\qquad S' = -\frac{\operatorname{tg}(j - j_1)}{\operatorname{tg}(j + j_1)} S, \quad S_1 = \frac{2\sin j_1 \cos j}{\sin(j + j_1)\cos(j - j_1)} S,$$

während zwischen den Intensitäten $\bar{J}$, $\bar{J}'$, $\bar{J}_1$ des einfallenden, reflektierten und gebrochenen Lichtes die Gleichungen bestehen:

$$(60)\qquad \bar{J}' = \frac{\operatorname{tg}^2(j - j_1)}{\operatorname{tg}^2(j + j_1)} \bar{J}, \quad \bar{J}_1 = \frac{\sin 2j \sin 2j_1}{\sin^2(j + j_1)\cos^2(j - j_1)} \bar{J}.$$

11. Folgerungen aus den Fresnelschen Reflexionsformeln.

1) Ersetzt man in den Gleichungen (49) und (57) den Quotienten $\frac{\sin j}{\sin j_1}$ durch n, wo n den Brechungsindex bezeichnet, so kann man die Gleichungen ohne weiteres auf den Fall $j = 0$ anwenden und erhält

$$P' = -\frac{n-1}{n+1} P, \quad S' = -\frac{n-1}{n+1} S; \quad P_1 = \frac{2}{n+1} P, \quad S_1 = \frac{2}{n+1} S,$$

$$J' = \left(\frac{n-1}{n+1}\right)^2 J, \quad \bar{J}' = \left(\frac{n-1}{n+1}\right)^2 \bar{J}; \quad J_1 = \frac{4n}{(n+1)^2} J, \quad \bar{J}_1 = \frac{4n}{(n+1)^2} \bar{J}.$$

2) Ist $n > 1$, so wächst bei gegebenem P (also gegebenem J) der absolute Wert von P' und von J' mit wachsendem j, der absolute Wert von P_1 und ebenso der von J_1 nimmt beständig ab. Der absolute Wert von S' und damit der Wert von $\bar{J}'$ nimmt zunächst (bei gegebenem $\bar{J}$) mit wachsendem j ab bis $j + j_1 = 90^0$, wo $S' = 0$,

$\bar{J}' = 0$ wird, um von da ab wieder zuzunehmen. $\bar{J}_1$ nimmt mit j zu bis $j + j_1 = 90^0$, um dann abzunehmen, während S_1 bei gegebenem S mit wachsendem j beständig abnimmt. Für $j = 90^0$ wird

$$P' = -P, \quad S' = S, \quad P_1 = S_1 = 0, \quad J' = J, \quad \bar{J}' = \bar{J}, \quad J_1 = \bar{J}_1 = 0.$$

3) Die obigen Formeln stellen zunächst die Reflexion des in der Einfallsebene oder senkrecht zu derselben polarisierten Lichtes dar, da im ersten Falle $S = 0$, im zweiten $P = 0$ ist. Es ergeben sich aber unmittelbar auch die Formeln für die Reflexion von Licht in beliebigem Polarisationszustande. Ist das einfallende Licht zunächst *geradlinig* polarisiert, und ist α sein Polarisationsazimut (d. h. der Winkel zwischen Polarisationsebene und Einfallsebene), so zerlege man die Schwingungen desselben in zwei Komponenten senkrecht und parallel zur Einfallsebene, und wende auf sie die obigen Formeln an. Damit (44) und (53) die Komponenten eines linear polarisierten Lichtstrahls darstellen, muß $\varepsilon' = \varepsilon$ sein. Ferner ist die Gleichung der Polarisationsebene

$$S \cos i \cdot x + P \cdot y - S \sin i \cdot z = 0,$$

mithin

$$\cos\alpha = \frac{P}{\sqrt{P^2 + S^2}}, \quad \sin\alpha = \frac{\sqrt{S^2}}{\sqrt{P^2 + S^2}},$$

da $0 \leqq \alpha \leqq \pi$, also

$$\text{(61)} \qquad \operatorname{tg}\alpha = \frac{|S|}{P},$$

wo $|S|$ den absoluten Wert von S bezeichnet. Da $\varepsilon = \varepsilon'$, so ist das reflektierte und das gebrochene Licht ebenfalls geradlinig polarisiert, und sind ihre Polarisationsazimute resp. α' und α_1, so ist:

$$\text{(61a)} \qquad \operatorname{tg}\alpha' = \frac{|S'|}{P'}, \quad \operatorname{tg}\alpha_1 = \frac{|S_1|}{P_1}.$$

Aus (51) und (59) folgt daher

$$\text{(62)} \qquad \operatorname{tg}\alpha' = \pm \frac{\cos(j + j_1)}{\cos(j - j_1)} \operatorname{tg}\alpha, \quad \operatorname{tg}\alpha_1 = \frac{1}{\cos(j - j_1)} \operatorname{tg}\alpha.$$

In $\operatorname{tg}\alpha'$ ist das Zeichen $+$ zu nehmen, wenn S' und S gleiche Zeichen haben, d. h. so lange $j + j_1 < 90^0$; dagegen das Zeichen $-$, wenn S' und S entgegengesetzte Zeichen haben, d. h. wenn $j + j_1 > 90^0$ ist. Daraus erkennt man, daß α, α', α_1 stets in demselben Quadranten liegen, und daß, wenn α spitz ist, $\alpha' < \alpha$, $\alpha_1 > \alpha$, dagegen wenn α stumpf, $\alpha' > \alpha$, $\alpha_1 < \alpha$ ist, d. h. die Polarisationsebene des reflektierten Lichts ist nach der Einfallsebene hin gedreht, die des gebrochenen von der Einfallsebene fort. Für $j + j_1 = 90^0$ fällt die Polarisationsebene des reflektierten Lichts in die Einfallsebene, den dieser Bedingung entsprechenden Winkel j, für den $\operatorname{tg} j = \frac{1}{n}$ ist, während zugleich der reflektierte Strahl auf dem gebrochenen senkrecht steht, nennt man *Polarisationswinkel*. Die Intensität des gesamten reflektierten Lichts ist, wenn I die des einfallenden:

$$I' = I \left\{ \frac{\sin^2(j - j_1)}{\sin^2(j + j_1)} \cos^2 \alpha + \frac{\operatorname{tg}^2(j - j_1)}{\operatorname{tg}^2(j + j_1)} \sin^2 \alpha \right\}, \tag{63}$$

die Intensität des gebrochenen Lichtes:

$$I_1 = I \frac{\sin 2j \sin 2j_1}{\sin^2(j + j_1)} \left\{ \cos^2 \alpha + \frac{\sin^2 \alpha}{\cos^2(j - j_1)} \right\}. \tag{64}$$

Ist das einfallende Licht *zirkular polarisiert*, so ist in (44) und (53) $S = P$ und $\varepsilon' = \varepsilon + \frac{1}{2}\pi$ zu setzen; während die Formeln (44) und (53), falls $\varepsilon' - \varepsilon$ beliebig ist, die Schwingungskomponenten von elliptisch polarisiertem Licht darstellen. Man erkennt, daß in beiden Fällen das reflektierte sowohl, als das gebrochene Licht im allgemeinen elliptisch polarisiert ist. Die weiteren für diese Fälle sich ergebenden Folgerungen müssen hier übergangen werden.

4) Nach *Fresnel* besteht das natürliche Licht aus einer sehr schnellen Folge von Oszillationsbewegungen nach allen Richtungen (s. Nr. **6**). Ist I die Intensität des einfallenden natürlichen Lichts, so kommt auf die Schwingung im Polarisationsazimut α der Betrag $I \frac{d\alpha}{2\pi}$. Die aus diesem Teilbetrag sich ergebende Intensität des reflektierten und gebrochenen Lichts ist $I' \frac{d\alpha}{2\pi}$, resp. $I_1 \frac{d\alpha}{2\pi}$, wo I' und I_1 durch (63) und (64) bestimmt sind. Die Gesamtintensität des reflektierten und gebrochenen Lichts erhält man durch Integration nach α zwischen den Grenzen 0 und 2π. Es ergibt sich dann

$$\left\{ \begin{aligned} I' &= \tfrac{1}{2} I \left\{ \frac{\sin^2(j - j_1)}{\sin^2(j + j_1)} + \frac{\operatorname{tg}^2(j - j_1)}{\operatorname{tg}^2(j + j_1)} \right\}, \\ I_1 &= \tfrac{1}{2} I \frac{\sin 2j \sin 2j_1}{\sin^2(j + j_1)} \left\{ 1 + \frac{1}{\cos^2(j - j_1)} \right\}, \end{aligned} \right. \tag{65}$$

und zwar stellt in beiden Summen der erste Summand den Gesamtbetrag der Intensität des in der Einfallsebene, der zweite Summand den Gesamtbetrag der Intensität des senkrecht zur Einfallsebene polarisierten Lichts dar. Für das reflektierte Licht ist der erste Summand der größere, für das gebrochene der zweite. Die Differenz der beiden Summanden hat für I' und I_1 den gleichen Wert, nämlich

$$I_2 = \tfrac{1}{2} I \frac{\sin 2j \sin 2j_1 \sin^2(j - j_1)}{\sin^2(j + j_1) \cos^2(j - j_1)}. \tag{66}$$

Der Ausdruck (65) für I' ergibt sich nun auch, wenn man die Intensität von Licht berechnet, das teils aus natürlichem Licht von der Intensität $I\frac{\operatorname{tg}^2(j-j_1)}{\operatorname{tg}^2(j+j_1)}$ besteht, teils aus Licht von der Intensität I_2, das in der Einfallsebene polarisiert ist; d. h. das reflektierte Licht ist teilweise polarisiert und zwar in der Einfallsebene, und (66) gibt die Intensität dieses polarisierten Teilbetrages. Für den Polarisationswinkel ist $j+j_1=90^0$, daher der Teilbetrag natürlichen Lichts im reflektierten Licht $=0$; das unter dem Polarisationswinkel reflektierte natürliche Licht ist vollständig polarisiert, und zwar in der Einfallsebene.

Auch das gebrochene Licht ist teilweise polarisiert, aber senkrecht zur Einfallsebene; die Intensität dieses polarisierten Teiles ist ebenfalls durch (66) dargestellt.

5) Weitere Folgerungen ergeben sich durch Anwendung der Grundformeln auf wiederholte Reflexionen und Brechungen, resp. für den Durchgang des Lichts durch eine oder mehrere planparallele Platten. Auf dieser Anwendung beruht das Polarimeter und Photometer von *H. Wild*[34]).

12. Die Totalreflexion in Fresnelscher Auffassung. Die Formeln für die Intensität des reflektierten und gebrochenen Lichts gelten sowohl für $n>1$, d. h. für den Übergang des Lichts von einem schwächer brechenden in ein stärker brechendes Medium, als für $n<1$, d h. für den umgekehrten Übergang. Bezeichnet man, wie üblich, mit n stets den Brechungsexponenten beim Übergang in das stärker brechende Medium, so ist für die umgekehrte Brechung n durch $\frac{1}{n}$ zu ersetzen, d. h. es ist

$$\sin j_1 = n \sin j.$$

Der Fall der totalen Reflexion tritt nun ein, wenn $\sin j > \frac{1}{n}$; dann wird $\sin j > 1$ und $\cos j_1 = i\sqrt{n^2\sin^2 j - 1}$ wird rein imaginär. Damit werden die Ausdrücke für P' und S' komplex, und die *Fresnel*schen Formeln geben den wirklichen Vorgang nicht wieder. Man könnte daraus schließen, daß die der Reflexionstheorie zugrunde gelegten Voraussetzungen für den Fall der totalen Reflexion nicht mehr zutreffend sind. Statt dessen nahm *Fresnel* an, daß seine Formeln auch noch für diesen Fall gelten, und daß man das Imaginäre nur zweckmäßig zu interpretieren habe. Seine Interpretation ist die folgende: In Nr. 6 (S. 16) ist gezeigt, wie man bei der Zusammensetzung zweier

---

34) Vgl. *F. Neumann*, Optik, Vorl. 9, p. 144ff.

Schwingungen von gleicher Fortpflanzungs- und Schwingungsrichtung die Amplitude und die Verzögerungsphase der resultierenden Schwingung mittels eines Parallelogramms erhält. Für den Fall, daß die Verzögerungsphase der komponierenden Strahlen $2\pi\frac{\delta}{\lambda} = \frac{\pi}{2}$ ist, wird jenes Parallelogramm ein Rechteck mit den Seiten b, b_1; den Endpunkt der Diagonale dieses Rechtecks kann man durch die komplexe Zahl $b + ib_1$ darstellen. Umgekehrt kann man eine Schwingung, deren Amplitude den komplexen Wert $b + ib_1$ hat, ansehen als Repräsentanten der Schwingung, die durch Zusammensetzung zweier Schwingungen von gleicher Fortpflanzungs- und Schwingungsrichtung mit den Amplituden b und b_1 und der Verzögerungsphase $\pi/2$ entsteht; die Amplitude der resultierenden Schwingung ist $\sqrt{b^2 + b_1^2}$, während die Verzögerungsphase derselben bestimmt wird durch

$$\operatorname{tg} 2\pi\frac{\delta_0}{\lambda} = \frac{b_1}{b}.$$

Im Falle der totalen Reflexion haben nun sowohl P' als S' komplexe Werte. Ist

$$P' = b + ib_1, \quad S' = a + ia_1,$$

so sind nach dem Gesagten die Verrückungskomponenten in der reflektierten Welle[35])

$$v' = \sqrt{b^2 + b_1^2}\sin\left[2\pi\left(\frac{t}{\tau} - \frac{x\sin j - z\cos j + \delta_0}{\lambda}\right) + \varepsilon\right],$$

$$u'\cos j + w'\sin j = \sqrt{a^2 + a_1^2}\sin\left[2\pi\left(\frac{t}{\tau} - \frac{x\sin j - z\cos j + \delta_0'}{\lambda}\right) + \varepsilon\right],$$

wo

$$\operatorname{tg} 2\pi\frac{\delta_0'}{\lambda} = \frac{a_1}{a}$$

ist. Die Berechnung von b, b_1, a, a_1 ergibt nun:

$$\sqrt{b^2 + b_1^2} = \sqrt{P^2} = |P|, \quad \sqrt{a^2 + a_1^2} = \sqrt{S^2} = |S|,$$

$$\operatorname{tg}\left(\frac{2\pi\delta_0}{\lambda}\right) = \frac{-2n\cos j\sqrt{n^2\sin^2 j - 1}}{n^2 + 1 - 2n^2\sin^2 j},$$

$$\operatorname{tg}\left(\frac{2\pi\delta_0'}{\lambda}\right) = \frac{-2n\cos j\sqrt{n^2\sin^2 j - 1}}{n^2 + 1 - (n^4 + 1)\sin^2 j}.$$

War das einfallende Licht in der Einfallsebene oder senkrecht dagegen polarisiert, d. h. war $S = 0$ oder $P = 0$, so gilt ein gleiches auch bei totaler Reflexion für das reflektierte Licht, und die Intensität des reflektierten Lichtes ist in beiden Fällen gleich der des

35) Es ist hier $\varepsilon' = \varepsilon$, somit das einfallende Licht als linear polarisiert angenommen.

einfallenden. Hat das einfallende Licht das Polarisationsazimut α, so daß

$$\operatorname{tg}\alpha = \frac{|S|}{P},$$

so ist das reflektierte Licht, dessen Intensität auch hier gleich der des einfallenden ist, im allgemeinen elliptisch polarisiert, da es sich aus zwei senkrecht zueinander polarisierten Schwingungen zusammensetzt, die eine Phasenverzögerung haben. Geradlinige Polarisation des reflektierten Lichtes kann nur eintreten, wenn $\delta_0 = \delta_0'$ ist, und das ist nur möglich, wenn beide gleich 0, d. h. für $\sin j = 1/n$ und $j = 90^0$, d. h. für den Grenzwinkel der totalen Reflexion und für streifende Inzidenz. Zirkulare Polarisation des reflektierten Lichtes würde eintreten, wenn $\delta_0 - \delta_0' = \pm \lambda/8$. Das gibt eine Bedingung für den Einfallswinkel j, die eine reelle Lösung, d. h. eine Lösung für die $\sin j < 1$, nur zuläßt, wenn

$$n > 3 + \sqrt{8}$$

ist.

Gegen *Fresnels* Reflexionstheorie sind die verschiedensten Einwürfe erhoben, die namentlich die Annahmen 3), 4) und 6), sowie die willkürliche Interpretation des Imaginären bei der totalen Reflexion betreffen. Gegenüber diesen Einwänden sucht *Poincaré* in seiner math. Theorie des Lichtes, Abschnitt 208, *Fresnels* Anschauungen zu rechtfertigen, wenn er auch zugeben muß, daß *Fresnels* Analyse der Strenge entbehrt. — Daß man die Formeln der Totalreflexion auch ohne die *Fresnel*sche Deutung des Imaginären ableiten kann, ist zuerst von *F. Neumann* gezeigt[36]).

13. Aberration des Lichtes bei Fresnel. *Fresnels* Hypothese zur Erklärung der Aberration des Lichtes hängt auf das engste mit den Grundannahmen seiner Reflexionstheorie zusammen, und daß *Fresnel* die Aberrationserscheinungen zu erklären vermag, führt *É. Verdet* in der Einleitung zu *Fresnels* Werken als ein wesentliches Moment zugunsten seiner Reflexionstheorie an.

Will man in der Undulationstheorie die Aberration des Lichtes erklären, so muß man annehmen, daß der im Fernrohr enthaltene Äther an der Bewegung desselben nicht teilnimmt. Andererseits zwingt die Erfahrung, nach der die Aberration in einem mit

---

36) Ann. Phys. Chem. 40, 1837; Werke 2, p. 585. Vorher hatte allerdings schon *Cauchy* (Paris C. R. 2, 1836) bemerkt, daß man statt der imaginären Sinus und Kosinus Exponentialgrößen einführen könne, wie man es heutzutage allgemein tut. Die Durchführung des Problems ohne jede Benutzung des Imaginären rührt von *F. Neumann* her (vgl. Nr. **20**b, S. 56).

Wasser gefüllten Fernrohr dieselbe ist, wie in einem mit Luft gefüllten, zu der Annahme, daß der Äther, in dem sich das Licht fortpflanzt, nicht völlig unbeweglich im Raume ist, sondern *teilweise* an der Erdbewegung teilnimmt. Hinsichtlich der bei der Bewegung des Mediums mitgenommenen Äthermasse macht nun *Fresnel* folgende Annahme: Ist δ_0 die Dichtigkeit des freien Äthers, δ die des Äthers im bewegten Medium, so bleibt die Masse δ_0 der Volumeneinheit des letzteren Äthers in Ruhe, nur der Überschuß $\delta - \delta_0$ nimmt an der Bewegung des ponderablen Materie teil. Daraus ergibt sich, daß der Schwerpunkt des Systems ruhender und bewegter Äther sich, wenn v die Geschwindigkeit der ponderablen Materie ist, mit der Geschwindigkeit

$$v_1 = v\left(1 - \frac{1}{n^2}\right)$$

bewegt, wo n den Brechungsindex bezeichnet, der ja nach *Fresnel* gleich $\sqrt{\frac{\delta}{\delta_0}}$ ist. Dies *Fresnel*sche Resultat ist durch Interferenzversuche von *Fizeau*, sowie von *Michelson* und *Morley* bestätigt. — Eine strengere Begründung der *Fresnel*schen Anschauung findet man in *Poincarés* mathematischer Theorie des Lichtes Nr. 240. Für die Elektronentheorie ist der sogenannte „*Fresnel*sche Mitführungskoeffizient" besonders wichtig geworden; vgl. Art. *H. A. Lorentz*, Encyklop. V 14, p. 271.

III. Die mechanisch-elastische Begründung der Theorie.

14. Die Lichtbewegung in isotropen Medien nach der Elastizitätstheorie. C. L. Navier, S. D. Poisson. *Fresnels* experimentell begründetes Resultat, daß die Lichtschwingungen transversal seien, rief zunächst vielseitigen Widerspruch hervor, insbesondere von seiten *Poissons*. Eine strenge theoretische Begründung der Möglichkeit transversaler Wellen war *Fresnel* nicht möglich, weil zu der Zeit, wo er seine Untersuchungen anstellte, eine Theorie der Elastizität fehlte. Die Grundgleichungen derselben wurden für isotrope Medien zuerst von *C. L. Navier*[37]), später auf anderem Wege von *S. D. Poisson*[38]) und *A. L. Cauchy* (siehe weiterhin) abgeleitet. Die *Navier-Poisson*schen Gleichungen unterscheiden sich von denen der modernen Elastizitätstheorie[39]) dadurch, daß sie die Erscheinungen isotroper Medien nur

37) Paris Mém. 7, 1824 (vorgelegt 1821).

38) Paris Mém. 8, 1828.

39) *Navier* und *Poisson* gelangten zu ihren Gleichungen von molekulartheoretischen Vorstellungen aus durch Betrachtung der zwischen den Molekülen

von einer Konstante abhängig sein lassen, statt von zweien. Die Gleichungen der neueren Theorie[40]) lauten für isotrope Medien:

$$\delta \frac{\partial^2 u}{\partial t^2} = (\lambda + \mu)\frac{\partial \theta}{\partial x} + \mu\left(\frac{\partial^2 u}{\partial x^2} + \frac{\partial^2 u}{\partial y^2} + \frac{\partial^2 u}{\partial z^2}\right),$$

wozu zwei Gleichungen derselben Form für v, w kommen. Darin sind u, v, w die Komponenten der Verrückung, δ die Dichtigkeit, λ, μ Konstante, während

$$\theta = \frac{\partial u}{\partial x} + \frac{\partial v}{\partial y} + \frac{\partial w}{\partial z}$$

die räumliche Dilatation ist. Bei *Navier* und *Poisson* ist $\lambda = \mu$, während in der neueren Theorie diese Konstanten als voneinander unabhängig betrachtet werden. Sucht man partikuläre Integrale dieser Gleichungen, welche ebenen Wellen entsprechen, so kann man, da in isotropen Medien alle Richtungen gleichwertig sind, die Fortpflanzungsrichtung als der x-Achse parallel und daher für ebene Wellen u, v, w als von y, z unabhängig annehmen. Dann bekommen die Gleichungen die Form

$$\delta \frac{\partial^2 u}{\partial t^2} = (\lambda + 2\mu)\frac{\partial^2 u}{\partial x^2}, \quad \delta \frac{\partial^2 v}{\partial t^2} = \mu \frac{\partial^2 v}{\partial x^2}, \quad \delta \frac{\partial^2 w}{\partial t^2} = \mu \frac{\partial^2 w}{\partial x^2}.$$

Die allgemeine Lösung dieser Gleichung ist

$$u = \varphi(x - V_1 t) + \varphi_1(x + V_1 t), \quad v = \psi(x - Vt) + \psi_1(x + Vt),$$
$$w = \chi(x - Vt) + \chi_1(x + Vt),$$

wo $\varphi, \varphi_1, \ldots, \chi_1$ willkürliche Funktionen bezeichnen, während die Fortpflanzungsgeschwindigkeiten V_1, V die Werte haben

$$V_1 = \sqrt{\frac{\lambda + 2\mu}{\delta}}, \quad V = \sqrt{\frac{\mu}{\delta}},$$

und für die *Navier-Poisson*sche Annahme $\lambda = \mu$ ergibt sich speziell

$$V_1 = V\sqrt{3}.$$

---

wirksamen Zentralkräfte. Diese Ableitung führte sie auf die nur von einer Konstante abhängigen Gleichungen. *Cauchy* hat durch seine Untersuchungen über Statik und Kinematik der Kontinua, insbesondere durch Einführung des Spannungsbegriffs, die *nicht-molekulare* Elastizitätstheorie begründet. In einem Teil seiner Arbeiten aber ist er ebenfalls von molekular-theoretischen Ansätzen ausgegangen und hat die elastischen Kräfte auf molekulare Anziehungs- und Abstoßungskräfte zurückgeführt. Näheres s. Encykl. IV, Art. 23 von *Müller-Timpe.* Vgl. ferner *H. Burkhardt:* Bericht über die Entwicklung nach oszillierenden Funktionen, Leipzig 1901—1906, § 56—64. Dort ist (§ 57) auch der Einfluß der Undulationstheorie des Lichtes auf die Ausbildung der Elastizitätstheorie erörtert.

40) Vgl. *Lamé*, Leçons sur la théorie mathématique de l'élasticité des corps solides, Paris 1852.

In dem elastischen Medium können sich daher, da u der Fortpflanzungsrichtung parallel ist, v, w dagegen auf dieser Richtung senkrecht stehen, in jeder Richtung sowohl longitudinale Wellen fortpflanzen, als transversale, erstere mit der Geschwindigkeit V_1, letztere mit der Geschwindigkeit V. Die Schwingungsrichtung in den transversalen Wellen ist, da man die Achsen y, z beliebig drehen kann, eine beliebige Richtung der Wellenebene.

Poisson[41]) hat dasselbe Resultat auch ohne die Annahme ebener Wellen abgeleitet. Aus den allgemeinen Lösungen der elastischen Gleichungen, die er in Form von Doppelintegralen dargestellt hat, folgt, daß aus einer beliebigen Erschütterung, die ursprünglich nur einen kleinen Teil des Mediums einnahm, zwei Wellen entstehen, eine longitudinale und eine transversale, deren Fortpflanzungsgeschwindigkeiten sich wie $\sqrt{3} : 1$ verhalten.

15. A. L. Cauchy. Allgemeiner molekular-theoretischer Ansatz. *Cauchy* beschränkte sich nicht auf isotrope Medien, sondern dehnte zuerst die Theorie auf kristallinische Medien aus. Gerade hier war es nötig zu untersuchen, ob die exaktere Berechnung der Einwirkung, die ein Ätherteilchen von den umgebenden Teilchen erfährt, *Fresnels* bestreitbare Anschauung über die Art dieser Einwirkung rechtfertige oder nicht. Zur Entscheidung dieser Frage ging *Cauchy* auf die Betrachtung der zwischen den „Äthermolekülen" wirksamen Kräfte zurück. *Cauchys* hauptsächlichste Untersuchungen sind im 3., 4. und 5. Bande seiner (älteren) Exercices de mathématique[42]) und in seinem Mémoire sur la dispersion de la lumière[43]) veröffentlicht. *Cauchy* setzt die Äthermoleküle als punktförmig voraus und nimmt an, daß

41) Paris Mém. 10, 1830. Der Titel der Arbeit ist: Mémoire sur la propagation du mouvement dans les milieux élastiques.

42) Diese Bände sind 1828—1830 erschienen. Band 3 und 4 entwickeln die allgemeinen Gesetze für Gleichgewicht und Bewegung eines Systems materieller Punkte, Band 5, von dem nur ein Bruchstück erschienen ist, enthält den Anfang der Anwendung auf Optik. Die übrigen optischen Arbeiten *Cauchys* außer dem Mémoire sur la dispersion enthalten meist nur die Resultate nicht veröffentlichter Untersuchungen. — Vgl. *F. X. Moth,* Die Theorie des Lichts, nach einem lithographierten Mémoire von *Cauchy*, Wien 1842; das Mém. selbst scheint bereits 1836 erschienen zu sein. S. auch *Cauchys* Oeuvres compl., Ser. 2, tome VI ff, ferner die Darstellung von *F. G. W. Radicke* in *Doves* Repertorium der Physik 3, Berlin 1839, und *A. Beer,* Einleitung in die höhere Optik, Braunschweig 1853, 2. Auflage 1882. Vgl. ferner die Besprechung der *Cauchy*schen Arbeiten in dem in Anm. 39) zitierten Bericht von *H. Burkhardt,* Abschnitt IX und X.

43) Prague 1836 und zugleich Paris 1836 als „Nouveaux exerc. de math." [Oeuvres (2) X].

zwischen ihnen Zentralkräfte wirksam sind, daß ferner für die Fortpflanzung des Lichtes nur solche Bewegungen der Teilchen in Betracht kommen, deren Amplituden gegen ihre relative Entfernung sehr klein sind. Endlich betrachtet er nur solche Medien, die in bezug auf drei rechtwinklige Achsen symmetrisch sind. Sind x, y, z die Koordinaten eines Teilchens m im Ruhezustande, $x + \Delta x$, $y + \Delta y$, $z + \Delta z$ die eines benachbarten Teilchens μ, r die Entfernung beider, $m\mu f(r)$ die zwischen ihnen wirkende Zentralkraft, so gelten für den Gleichgewichtszustand drei Gleichungen der Form

$$\sum \mu f(r) \frac{\Delta x}{r} = 0, \tag{67}$$

wo die Summen sich auf die sämtlichen den Massenpunkt m umgebenden Teilchen μ beziehen. Die Teilchen des Mediums mögen nun eine Verschiebung erfahren, und zwar seien für den Punkt x, y, z die Komponenten derselben u, v, w, für $x + \Delta x$, $y + \Delta y$, $z + \Delta z$ aber $u + \Delta u$, $v + \Delta v$, $w + \Delta w$, während sich gleichzeitig r um Δr ändert, dann sind die Gleichungen der Bewegung von m

$$\frac{\partial^2 u}{\partial t^2} = \sum \mu f(r + \Delta r) \frac{\Delta x + \Delta u}{r + \Delta r}, \tag{68}$$

zu der noch zwei analoge Gleichungen für v, w kommen.

Aus (68) folgt durch Entwicklung nach Potenzen von Δu, Δv, Δw und Vernachlässigung der zweiten und höheren Potenzen dieser Größen, ferner unter Berücksichtigung von (67):

$$\frac{\partial^2 u}{\partial t^2} = \sum \mu \Delta u \frac{f(r)}{r} + \sum \mu \frac{r f'(r) - f(r)}{r} \frac{\Delta x}{r} \left(\frac{\Delta u \Delta x}{r} + \frac{\Delta v \Delta y}{r} + \frac{\Delta w \Delta z}{r} \right). \tag{69}$$

Diese Gleichungen werden auf ebene Wellen[44]) angewandt, d. h. solche,

44) Der Übersichtlichkeit wegen ist die Spezialisierung für ebene Wellen schon an (69) angeknüpft. Man hätte statt dessen auch zuerst Δu, Δv, Δw allgemein mittels der *Taylor*schen Reihe nach Potenzen von Δx, Δy, Δz entwickeln

$$\Delta u = \frac{\partial u}{\partial x} \Delta x + \cdots + \frac{1}{2!} \left[\frac{\partial^2 u}{\partial x^2} \Delta x^2 + \cdots \right] + \cdots, \tag{69a}$$

diese Ausdrücke in (69) einsetzen und dann erst die Annahme ebener Wellen einführen können. *Cauchy* hat in verschiedenen Abhandlungen beides getan; das Verfahren des Textes findet sich zuerst in exerc. de math. 5, 1830 [Oeuvres (2) IX, p. 391]. Die durch Einsetzen der Ausdrücke (69a) in (69) sich ergebenden Gleichungen sind, wenn man die Entwicklung nach den Gliedern zweiter Ordnung von Δx abbricht, wesentlich mit den allgemeinen elastischen Gleichungen übereinstimmend. Die Anwendung des *Taylor*schen Satzes rechtfertigt sich dabei denen alle Punkte einer Ebene $\alpha x + \beta y + \gamma z = \varrho$ parallele Schwingungen von gleicher Amplitude und gleicher Phase ausführen, für die also die Gleichungen gelten[45]):

$$(70)\quad \begin{cases} u = ms, \quad v = ns, \quad w = ps, \\ s = A \sin \frac{2\pi}{\lambda}(\varrho - Vt), \quad m^2 + n^2 + p^2 = 1. \end{cases}$$

Die hieraus folgenden Werte von

$$\Delta u = m\left\{\frac{ds}{d\varrho}\Delta\varrho + \frac{d^2 s}{d\varrho^2}\frac{\Delta\varrho^2}{2!} + \cdots\right\}, \qquad \Delta\varrho = \alpha\Delta x + \beta\Delta y + \gamma\Delta z,$$

setze man in (69) ein, vernachlässige, da die Molekularkräfte nur auf sehr kleine Entfernungen wirken und daher nur sehr kleine $\Delta\varrho$ in Betracht kommen, die Glieder von $\Delta\varrho^3$ ab, und beachte außerdem, daß wegen der angenommenen symmetrischen Struktur des betrachteten Mediums diejenigen Summen, welche ungerade Potenzen von Δx, Δy, Δz enthalten, verschwinden, so ergeben sich zwischen den Konstanten m, n, p, V drei Gleichungen von folgender Form:

$$(71)\quad \begin{cases} 2V^2 m = Lm + Rn + Qp, \\ 2V^2 n = Rm + Mn + Pp, \\ 2V^2 p = Qm + Pn + Np. \end{cases}$$

Die Koeffizienten L, M, N, P, Q, R hängen von α, β, γ mittels der Gleichungen:

$$(72)\quad \begin{cases} L = (\mathfrak{A} + A)\alpha^2 + (\mathfrak{B} + F)\beta^2 + (\mathfrak{C} + E)\gamma^2, \\ M = (\mathfrak{A} + F)\alpha^2 + (\mathfrak{B} + B)\beta^2 + (\mathfrak{C} + D)\gamma^2, \\ N = (\mathfrak{A} + E)\alpha^2 + (\mathfrak{B} + D)\beta^2 + (\mathfrak{C} + C)\gamma^2, \\ P = 2D\beta\gamma, \quad Q = 2E\alpha\gamma, \quad R = 2F\alpha\beta \end{cases}$$

ab, während die Koeffizienten $\mathfrak{A}, \mathfrak{B}, \mathfrak{C}, A, B, \ldots, F$ dem Medium eigentümliche Konstanten sind, nämlich

$$\mathfrak{A} = \sum \mu \frac{f(r)}{r}\Delta x^2, \cdots \quad A = \sum \mu \frac{rf'(r) - f(r)}{r}\frac{\Delta x^4}{r^2}, \cdots$$

$$F = \sum \mu \frac{rf'(r) - f(r)}{r}\frac{\Delta x^2 \Delta y^2}{r^2}, \cdots$$

Die Gleichungen (71) sind dieselben, die sich ergeben, wenn man in dem Ellipsoid

$$(73)\quad Lx^2 + My^2 + Nz^2 + 2Pyz + 2Qzx + 2Rxy = 1$$

---

durch, daß die Verschiebungen unendlich naher Teilchen keine endlichen Unterschiede besitzen können.

45) Man könnte auch allgemeiner $s = f(\varrho \mp Vt)$ setzen, wo f eine willkürliche Funktion ist.

die Länge und Richtung der Hauptachsen sucht. In dem betrachteten Medium pflanzen sich daher in jeder Richtung drei Systeme ebener Wellen fort, deren Schwingungsrichtungen den Achsen des Ellipsoids (73) parallel sind, während ihre Fortpflanzungsgeschwindigkeiten V den Längen der entsprechenden Achsen umgekehrt proportional sind. *Cauchy* bezeichnet jenes Ellipsoid als *Polarisationsellipsoid.*

Für isotrope Medien ist $\mathfrak{A} = \mathfrak{B} = \mathfrak{C}$, $A = B = C$, $F = E = D$. Da hier alle Richtungen gleichwertig sind, so kann man ohne Beschränkung der Allgemeinheit $\beta = 0$, $\gamma = 0$, $\alpha = 1$ setzen, dann wird $M = N$, $P = Q = R = 0$. Aus den Gleichungen (71) folgt dann entweder $2V^2 = \mathfrak{A} + A$, $n = 0$, $p = 0$, was einer longitudinalen Welle entspricht, oder $2V^2 = \mathfrak{A} + D$, $m = 0$, während n und p beliebig bleiben, was einer transversalen Welle entspricht, deren Schwingungsrichtung in der Wellenebene eine beliebige Lage hat. Das Verhältnis der Fortpflanzungsgeschwindigkeiten beider ist

$$\sqrt{\frac{\mathfrak{A} + A}{\mathfrak{A} + D}}.$$

Kehrt man zum allgemeinen Falle zurück, so fragt sich nun, ob der durch die Gleichungen (71) und (72) dargestellte Zusammenhang zwischen den Richtungskosinus α, β, γ der Wellennormale einerseits, der Fortpflanzungsgeschwindigkeit V und den Kosinus m, n, p der Schwingungsrichtung andererseits den von *Fresnel* aus der Beobachtungen abgeleiteten Gesetzen entspricht. Untersucht man diese Frage zunächst für den Fall, daß die Wellenebene parallel einer der Symmetrieebenen des Kristalls ist, daß also zwei der Größen α, β, γ verschwinden, so ergibt sich jedesmal eine longitudinale, der Wellennormale parallele Schwingung und zwei transversale, zueinander und zur Wellennormale senkrechte Schwingungen. Die für die letzteren sich ergebenden Fortpflanzungsgeschwindigkeiten entsprechen nicht ohne weiteres den *Fresnel*schen Gesetzen, wonach je zwei Werte von V, die zu verschiedenen der hier betrachteten Wellenebenen gehören, gleich sein müssen. Man kann jedoch eine Übereinstimmung mit diesen Gesetzen auf doppelte Weise erreichen, je nachdem man von den beiden möglichen Definitionen der Polarisationsebene (vgl. Nr. 5) die eine oder die andere als zutreffend betrachtet. Ist die Polarisationsebene die durch die Wellennormale und die Schwingungsrichtung gelegte Ebene, so ist erforderlich, daß

$$\mathfrak{A} = \mathfrak{B} = \mathfrak{C} \tag{74}$$

ist, eine Bedingung, die für nicht isotrope Medien nur erfüllt werden kann, wenn diese drei Größen verschwinden. Legt man aber die

*Fresnel*sche Definition der Polarisationsebene zugrunde, so müssen, um Übereinstimmung mit den *Fresnel*schen Gesetzen zu erhalten, zwischen den Konstanten die Relationen bestehen:

$$(75)\quad \mathfrak{C} + D = \mathfrak{A} + F, \quad \mathfrak{A} + E = \mathfrak{B} + D, \quad \mathfrak{B} + F = \mathfrak{C} + E,$$

von denen die dritte aus den beiden ersten folgt. Durch eine der beiden Annahmen (74) oder (75) ist indessen Übereinstimmung mit den *Fresnel*schen Gesetzen nur für die Wellen erreicht, deren Normalen mit einer der Kristallachsen zusammenfallen. Soll die Übereinstimmung für alle Wellen bestehen, deren Normalen einer der Symmetrieebenen parallel sind, so sind zwischen den Konstanten des Mediums noch weitere Beziehungen erforderlich, nämlich

$$(76)\quad (B - D)(C - D) = 4D^2, \quad (C - E)(A - E) = 4E^2,$$
$$(B - F)(A - F) = 4F^2,$$

und zwar sind diese Bedingungen sowohl bei der Annahme (74), als bei der Annahme (75) erforderlich.

Für beliebige Werte von α, β, γ genügt auch die Hinzunahme von (76) zu (74), bzw. (75) nicht, um die *Fresnel*sche *Konstruktion* herzuleiten. Hier ist die weitere Annahme erforderlich, daß die Konstanten A, B, C einerseits, D, E, F andererseits einander nahezu gleich sind, so daß man die Quadrate ihrer Differenzen vernachlässigen kann. Bei dieser Vernachlässigung folgt aus (76):

$$(77)\quad A + B = 6F, \quad A + C = 6E, \quad B + C = 6D.$$

Mag man nun (74) oder (75) zu (77) hinzunehmen, so zerfällt die Gleichung dritten Grades für V^2, die sich aus (71) ergibt, in zwei Faktoren, einen in bezug auf V^2 linearen und einen quadratischen. Die aus (71) folgenden Werte von m, n, p zeigen, daß die durch Nullsetzen des linearen Faktors erhaltene Fortpflanzungsgeschwindigkeit einer Schwingung entspricht, die *nahezu* longitudinal (quasi-longitudinal) ist, während die beiden aus dem quadratischen Faktor sich ergebenden Werte von V^2 *nahezu* transversalen (quasi-transversalen) Schwingungen angehören. Für die beiden letzteren gilt die *Fresnel*sche Konstruktion. Die quadratische Gleichung, aus der die zugehörigen Werte von V^2 folgen, läßt sich auf die Form (31) bringen.

Aus jeder der beiden Annahmen (74) oder (75) ergeben sich also mit Hinzunahme von (77) die *Fresnel*schen Gesetze der Doppelbrechung, nur daß bei der ersten Annahme die Schwingungen in der Polarisationsebene erfolgen, bei der zweiten senkrecht dazu, d. h. also: in dem der Wellenebene parallelen Zentralschnitt der Elastizitätsfläche ist bei der *ersten Annahme* die Richtung der Schwingung, deren Fortpflanzungsgeschwindigkeit durch eine Achse des Schnitts ausgedrückt wird, der anderen Achse parallel, während bei der *zweiten Annahme* die Schwingungsrichtung parallel der Achse ist, durch die die Fortpflanzungsgeschwindigkeit bestimmt ist. *Cauchy* entschied sich in seinen Exercices und in seiner Dispersion für die erste Annahme; später in einem Briefe an *Libri*[47]) verwarf er dieselbe indes, da aus der Annahme

$$\mathfrak{A} = \mathfrak{B} = \mathfrak{C} = 0$$

folgen würde, daß die Drucke auf die Koordinatenebenen im Ruhezustand verschwinden. — Von den longitudinalen Schwingungen nimmt *Cauchy* an, daß sie keine Lichtwirkung hervorbringen.

Über *Cauchys* Versuche, seine Theorie auf solche Medien auszudehnen, die die Polarisationsebene drehen, vgl. Nr. **26**b.

16. Modifikation der Cauchyschen Theorie durch V. von Lang. Mittels der Gleichungen (71) läßt sich leicht zeigen, daß in der *Cauchy*schen Theorie vollkommen transversale Wellen nicht möglich sind. Da die drei zu einer gegebenen ebenen Welle gehörigen Schwingungsrichtungen mit den Achsen des Polarisationsellipsoids (73) zusammenfallen, also aufeinander senkrecht sind, so muß, wenn zwei derselben streng transversal sein sollen, die dritte streng longitudinal sein. Die Gleichung (71) müßte daher durch $m = \alpha$, $n = \beta$, $p = \gamma$, $\alpha^2 + \beta^2 + \gamma^2 = 1$ identisch erfüllt werden. Damit das möglich, müßte

$$A = B = C = 3D = 3E = 3F$$

sein, d. h. das betreffende Medium müßte isotrop sein. Eine Doppelbrechung wäre nicht möglich. Dasselbe Resultat ergibt sich auch schon, wie *V. von Lang*[48]) gezeigt hat, bei Untersuchungen von Wellen, deren Normalen in einem Hauptschnitt des Kristalls liegen. Um zu Formeln zu gelangen, die *genau* zu den *Fresnel*schen Gesetzen führen, modifiziert *V. von Lang* die Grundgleichungen (68) dahin, daß er der Funktion f (die bei *Cauchy* in allen drei Gleichungen dieselbe ist) in jeder der Gleichungen einen besonderen Wert zuerteilt. Er motiviert das durch den Einfluß der Körperteilchen auf die Ätherteilchen. Indem er die modifizierten Gleichungen genau in der gleichen Weise wie *Cauchy* behandelt, findet er durch Betrachtung der Wellen,

---

47) Paris C. R. 2, 1836; Ann. Phys. Chem. 39, 1836.

48) Wien Ber. 81 (1880), p. 369. Vgl. die zweite Auflage von *A. Beer*, Einleitung in die höhere Optik, 1882.

die einem Hauptschnitt parallel sind, zwischen den Konstanten Relationen, die dann zum Ziele führen.

Eine ausführliche Kritik der *Cauchy*schen Theorie ist auch von *F. Mathieu* gegeben[49]).

17. Cauchys Dispersionstheorie. Die bisherigen Entwicklungen vermögen in keiner Weise die Dispersion des Lichtes zu erklären, denn sie ergeben für alle Medien (kristallinische oder isotrope) die Fortpflanzungsgeschwindigkeit einer Welle als nur von den Konstanten des Mediums abhängig, dagegen als unabhängig von der Farbe. Den Grund dafür sieht *Cauchy* darin, daß bei der Entwicklung von $\Delta u, \ldots$ nur die Glieder zweiter Ordnung in bezug auf Δx, Δy, Δz berücksichtigt, die höheren Potenzen derselben aber vernachlässigt sind. Denn bei dieser Vernachlässigung erhält man auf beiden Seiten der Gleichung (69) nur die zweiten Ableitungen von u, v, w nach x, y, z und t; sämtliche Glieder in (69) haben daher nach Einführung der Werte (70) den gemeinsamen Faktor $(2\pi/\lambda)^2$, und wenn durch diesen dividiert wird, verschwindet λ, daher auch die Schwingungsdauer τ aus den Formeln. Würde man aber in der Entwicklung von $\Delta u, \ldots$ auch die Glieder höherer Ordnung von $\Delta x, \ldots$ berücksichtigen, so würde sich V als von τ abhängig ergeben. Diese Berücksichtigung der Glieder höherer Ordnung, die sich allerdings nur rechtfertigen ließe, wenn die Molekularabstände gegen die Wellenlänge λ nicht verschwindend klein wären, bildet den Grundgedanken von *Cauchys* Dispersionstheorie. Wendet man die Gleichungen (69) und (70) auf isotrope Medien an und betrachtet transversale Schwingungen, die sich parallel der z-Achse fortpflanzen, während die Schwingungsrichtung parallel x ist, so wird

$$\varrho = z, \quad u = A \sin \frac{2\pi}{\lambda}(z - Vt), \quad v = 0, \quad w = 0,$$

$$(78) \quad \Delta u = \frac{\partial u}{\partial z}\left\{\Delta z - \frac{\Delta z^3}{3!}\left(\frac{2\pi}{\lambda}\right)^2 + \frac{\Delta z^5}{5!}\left(\frac{2\pi}{\lambda}\right)^4 - \cdots\right\}$$
$$+ u\left\{-\left(\frac{2\pi}{\lambda}\right)^2\frac{\Delta z^2}{2!} + \left(\frac{2\pi}{\lambda}\right)^4\frac{\Delta z^4}{4!} - \cdots\right\}, \quad \Delta v = 0, \ \Delta w = 0.$$

Setzt man diese Ausdrücke in (69) ein und beachtet, daß die über alle Massenpunkte erstreckten Summen, die ungerade Potenzen von Δz enthalten, verschwinden, so folgt aus (69):

$$(79) \qquad -\left(\frac{2\pi}{\lambda}\right)^2 V^2 = -a\left(\frac{2\pi}{\lambda}\right)^2 + b\left(\frac{2\pi}{\lambda}\right)^4 - c\left(\frac{2\pi}{\lambda}\right)^6 + \cdots,$$

und die a, b, c gewisse über alle Massenpunkte erstreckte Summen

49) Journ. de math. (3) 7, 1881.

bezeichnen. Da

$$\lambda = V \cdot \tau,$$

so ist hiermit $\left(\frac{2\pi}{\tau}\right)^2$ in eine nach Potenzen von $\left(\frac{2\pi}{\lambda}\right)^2$ fortschreitende Reihe entwickelt. Kehrt man die Reihe um, so ergibt sich eine Gleichung der Form

$$\left(\frac{2\pi}{\lambda}\right)^2 = a\left(\frac{2\pi}{\tau}\right)^2 + b_1\left(\frac{2\pi}{\tau}\right)^4 + c_1\left(\frac{2\pi}{\tau}\right)^6 + \cdots$$

oder

$$\frac{1}{V^2} = a + b_1\left(\frac{2\pi}{\tau}\right)^2 + c_1\left(\frac{2\pi}{\tau}\right)^4 + \cdots.$$

Falls weiter V_0, λ_0 Fortpflanzungsgeschwindigkeit und Wellenlänge im leeren Raume für die Schwingungsdauer τ bezeichnen, so wird der Brechungsexponent

$$n = \frac{V_0}{V} = \frac{\lambda_0}{\lambda},$$

und aus der obigen Formel für V folgt für n eine Gleichung der Form

$$n = \alpha + \frac{\beta}{\lambda_0^2} + \frac{\gamma}{\lambda_0^4} + \cdots,$$

aus der, wenn die Koeffizienten α, β, γ sämtlich positiv sind, die Zunahme von n mit abnehmendem λ_0 folgt. Die Formel stimmt mit den Ergebnissen der Beobachtung sehr gut überein; zur Darstellung jener Ergebnisse genügen schon die beiden ersten Glieder. Die Übereinstimmung erklärt sich daraus, daß trotz der abweichenden Grundlage die Resultate der *Cauchy*schen Theorie mit denen der heutigen Resonanztheorie sich formal decken.

Um das Fehlen der Dispersion im leeren Raume zu erklären, bringt *Cauchy* zunächst den Ausdruck (79) für V^2 auf eine andere Form. Der Faktor von u auf der rechten Seite von (78) ist

$$-\left[1 - \cos\left(\frac{2\pi}{\lambda}\Delta z\right)\right] = -2\sin^2\left(\frac{\pi}{\lambda}\Delta z\right).$$

Durch Einsetzen von (78) in (69) folgt dann:

$$V^2 = \frac{\lambda^2}{2\pi^2}\sum \mu \sin^2\left(\frac{\pi}{\lambda}\Delta z\right)\left[\frac{f(r)}{r} + \frac{rf'(r) - f(r)}{r}\,\frac{\Delta x^2}{r^2}\right].$$

Unter der Annahme, daß im leeren Raume die Ätherteilchen sehr nahe aneinander liegen, ersetzt *Cauchy* die Summation durch eine Integration und führt in dem Integral Polarkoordinaten ein:

$$\Delta z = r\cos\vartheta, \quad \Delta x = r\sin\vartheta\cos\varphi, \quad \Delta y = r\sin\vartheta\sin\varphi,$$
$$\mu = \delta r^2 dr \sin\vartheta\, d\vartheta\, d\varphi,$$

wo δ die Dichtigkeit ist. Die Integration, über den ganzen Raum ausgedehnt, gibt

$$V^2 = \frac{\delta\lambda^2}{8\pi}[r^2 f(r)]_{r=\infty} - \frac{2}{15}\delta\pi[r^4 f(r)]_{r=0} + \cdots.$$

Soll nun V von λ unabhängig sein, so muß

$$[r^2 f(r)]_{r=\infty} = 0$$

sein, während zugleich $[r^4 f(r)]_{r=0}$ einen negativen Wert haben muß. Die nicht hingeschriebenen Glieder in (80) verschwinden bei Erfüllung dieser Bedingungen von selbst. Diesen Bedingungen kann auf verschiedene Weise genügt werden, z. B. durch

$$f(r) = \frac{-k^2}{r^4}.$$

Doch sind diese Schlüsse an die Bedingung eines kontinuierlichen Äthers geknüpft, gelten also nicht für den Äther in ponderablen Medien.

E. B. Christoffel[50]) hat das Größenverhältnis der in der *Cauchy*schen Dispersionsformel (79) auftretenden Koeffizienten näher untersucht und gefunden, daß die beiden ersten Koeffizienten a, b beliebiger endlicher Werte fähig sind, während jeder folgende im Vergleich zu dem je vorhergehenden von der Ordnung ϱ^2 ist, unter ϱ den Radius der molekularen Wirkungssphäre verstanden. Ist λ nicht sehr klein gegen ϱ, so kann man daher in (79) die rechte Seite auf die beiden ersten Summanden beschränken. Führt man nun an Stelle der Konstanten a, b, die beide positiv sind, zwei neue Konstante n_0, λ_0 ein, bezeichnet ferner mit λ, nicht wie in (79), die Wellenlänge in dem betrachteten Medium, sondern die im leeren Raume, mit n den Brechungsexponenten des Mediums, so reduziert sich die Gleichung (79) auf eine quadratische Gleichung für n^2, die als einzig brauchbare Wurzel den Wert liefert

$$n = \frac{n_0\sqrt{2}}{\sqrt{1+\frac{\lambda_0}{\lambda}} + \sqrt{1-\frac{\lambda_0}{\lambda}}}, \tag{80}$$

woraus folgt, daß in das Medium nur solche Strahlen übergehen können, für die $\lambda > \lambda_0$ ist. Das durch das Medium entworfene Spektrum wird von zwei Richtungen begrenzt, die den Brechungsindizes n_0 und $\frac{n_0}{\sqrt{2}}$ entsprechen. Man kann n_0 als Maß des Brechungsvermögens, λ_0 als Maß des Dispersionsvermögens betrachten.

50) Berlin Monatsberichte 1861; Ann. Phys. Chem. 117 (1862); Ann. chimie (3) 64.

18. Cauchys Reflexionstheorie. *Cauchy* hat seiner Theorie der Reflexion und Brechung[51]) die strengen Grenzbedingungen (s. Nr. 10) zugrunde gelegt. Er nimmt also 1) Gleichheit der Verrückungskomponenten u, v, w beider Medien an der Grenze $z = 0$ an; 2) statt der Gleichheit der Komponenten des Drucks jedoch nimmt er die Gleichheit von $\frac{\partial u}{\partial z}$, $\frac{\partial v}{\partial z}$, $\frac{\partial w}{\partial z}$ für $z = 0$ an. Er rechtfertigt diese Annahme, indem er voraussetzt, daß die beiden Medien, an deren Grenze die Reflexion erfolgt, nicht unmittelbar aneinanderstoßen, sondern daß zwischen beiden ein allmählicher, stetiger Übergang in bezug auf Dichte und Elastizität stattfindet, und indem er die Lichtbewegungen in dieser Übergangsschicht, deren Dicke klein gegen die Wellenlänge sein soll, betrachtet

Auf isotrope Medien angewandt, geben diese Grenzbedingungen, wenn die Schwingungsrichtung senkrecht zur Einfallsebene ist, genau das *Fresnel*sche Resultat. Für Schwingungen in der Einfallsebene dagegen kann man den Grenzbedingungen nur genügen, wenn man im reflektierten und gebrochenen Lichte neben den transversalen auch longitudinale Schwingungen zuläßt, von letzteren aber annimmt, daß ihre Fortpflanzungsgeschwindigkeit imaginär ist, und daß daher diese Strahlen ohne Bedeutung sind. Das erfordert, daß die Konstante $\mathfrak{A} + A$ (vgl. Nr. **15**) negativ ist. Dies ist aber, wie *Green* erkannt hat (s. Nr. **23**), mit der Bedingung für stabiles Gleichgewicht nicht verträglich[52]). Somit erscheint die *Cauchy*sche Theorie nicht haltbar.

Bemerkt sei, daß die Darstellung, welche *Cauchy* von seiner Theorie gibt, unvollständig und wenig übersichtlich ist. Ableitungen der *Cauchy*schen Formeln sind gegeben von *A. v. Ettinghausen*[53]), *A. Beer*[54]), *F. Eisenlohr*[55]), *Ch. Briot*[56]). Übrigens gibt die *Cauchy*sche Theorie auch von solchen Abweichungen von den *Fresnel*schen Formeln Rechenschaft, wie sie den *Jamin*schen Beobachtungen über die elliptische Polarisation des reflektierten Lichtes entsprechen.

---

51) Exercices d'analyse de phys. et math. 1, 1840; Paris Mém. 32, 1850. In seinen Arbeiten vom Jahre 1830 hatte *Cauchy* nur einen Teil der Grenzbedingungen benutzt, nicht die vollständigen.

52) Eine eingehende Kritik der *Cauchy*schen Reflexionstheorie findet man bei *K. von der Mühll*, Math. Ann. 5 (1872). Nach ihm beruht die Herleitung der Grenzbedingungen bei *Cauchy* auf einer nicht ausgesprochenen, willkürlichen Voraussetzung.

53) Ann. Phys. Chem. 50, 1840; Wien Ber. 18, 1855.

54) Ann. Phys. Chem. 91, 92, 1854.

55) Ann. Phys. Chem. 104, 1858.

56) Paris C. R. 63; Journ. de math. (2) 11, beide 1866.

Cauchy hat seine Theorie auch auf die Reflexion an Metallen ausgedehnt. Um diese zu behandeln, muß man den *Fresnel*schen Ansatz nur dahin ändern, daß 1) in den Schwingungskomponenten des reflektierten und gebrochenen Lichts die Phase ε eine andere ist als in denen des einfallenden Lichts, und zwar hat ε einen verschiedenen Wert für die in der Einfallsebene gelegenen und die senkrecht dazu gerichteten Komponenten; daß 2) den Schwingungskomponenten des gebrochenen Lichts der Faktor e^{-kz} hinzugefügt wird, was, da z im zweiten Medium positiv ist, ein Erlöschen des gebrochenen Lichts sehr bald hinter der Grenze bedingt. Mittels desselben Ansatzes kann man auch die totale Reflexion behandeln und bedarf dann nicht der willkürlichen *Fresnel*schen Interpretation des Imaginären.

19. F. Neumann. Allgemeine Grundlagen seiner Arbeiten. Ungefähr gleichzeitig mit *Cauchy* versuchte auch *F. Neumann* die *Fresnel*sche Kristalloptik strenger zu begründen[57]). Er ging aus von der Elastizitätstheorie, indem er zunächst die von *Navier* für isotrope Körper aufgestellten elastischen Gleichungen auf solche kristallinische Medien ausdehnte, die durch drei senkrechte Ebenen symmetrisch teilbar sind. Seine Grundformeln sind von der Form:

$$\delta \frac{\partial^2 u}{\partial t^2} = A \frac{\partial^2 u}{\partial x^2} + F \frac{\partial^2 u}{\partial y^2} + E \frac{\partial^2 u}{\partial z^2} + 2F \frac{\partial^2 v}{\partial x \partial y} + 2E \frac{\partial^2 w}{\partial x \partial z},$$
$$\cdots\cdots\cdots\cdots\cdots\cdots$$

Sucht man diejenigen Lösungen der Gleichungen, die ebenen Wellen entsprechen, und bezeichnet mit α, β, γ die Kosinus der Fortpflanzungs-, mit m, n, p diejenigen der Schwingungsrichtung, so ergeben sich genau die Gleichungen (71), (72), (73) der *Cauchy*schen Theorie, falls man noch in (72) $\mathfrak{A} = \mathfrak{B} = \mathfrak{C} = 0$ und in (71) links δ statt des Faktors 2 setzt. Die eine der Annahmen, die *Cauchy* machen mußte, um Übereinstimmung zwischen seinen Resultaten und denen *Fresnels* zu erhalten, ist hier infolge der Natur der Grundgleichungen von selbst erfüllt. Die anderen Folgerungen *Neumanns* sind wesentlich mit dem Teil der *Cauchy*schen Resultate identisch, die dieser aus der Annahme $\mathfrak{A} = \mathfrak{B} = \mathfrak{C} = 0$ abgeleitet hatte; insbesondere ergibt sich eine Übereinstimmung der theoretischen Resultate mit den *Fresnel*schen Gesetzen nur, wenn man die Polarisationsebene, abweichend von *Fresnel*,

57) Theorie der doppelten Strahlenbrechung, abgeleitet aus den Gleichungen der Mechanik, Ann. Phys. Chem. 25, 1832; Werke 2, p. 159; Klassiker d. ex. Wiss. Nr. 76 (1896). *F. Neumanns* Untersuchungen sind ganz unabhängig von *Cauchy* entstanden. Kurz vor der Veröffentlichung seiner Arbeit waren *F. Neumann* die Resultate von *Cauchy*, aber nur diese, bekannt geworden.

als die Ebene definiert, die durch die Wellenebene und die Schwingungsrichtung gelegt ist. *Neumann* schließt daraus, und dieser Schluß ist unanfechtbar, daß man entweder seine Definition der Polarisationsebene oder seine Grundlage der Theorie verwerfen müsse. Dieser Schluß trifft übrigens nicht bloß auf die *Navier*sche Elastizitätstheorie zu, auf deren Boden *Neumann*, da eine andere Theorie noch nicht existierte, stand, sondern auch auf die neuere Theorie, bei der die Gleichungen für isotrope Medien nicht von einer, sondern von zwei Konstanten abhängen. Denn auch alle späteren Autoren, die von der Gleichung der allgemeineren Elastizitätstheorie ausgegangen sind, wie z. B. *Lamé, Kirchhoff* usw., sind zu derselben Auffassung über die Lage der Polarisationsebene gelangt. An seiner Auffassung hat *Neumann* auch in seinen späteren Arbeiten, insbesondere in seiner gleich zu besprechenden Reflexionstheorie festgehalten, während er dort die Existenz der longitudinalen Wellen, die neben den transversalen auftreten können, verwarf, also auch die Lichtschwingungen in Kristallen nicht nur als nahezu, sondern als streng transversal ansah.

20. F. Neumanns Reflexionstheorie[58]). a) *Reflexion an isotropen Medien.* Um für das reflektierte und gebrochene Licht rein transversale Bewegungen zu erhalten und daneben nicht noch longitudinale Schwingungen einzuführen, benutzt auch *Neumann* nicht die strengen Grenzbedingungen, sondern ersetzt sie teilweise durch vereinfachende Annahmen. Diese unterscheiden sich von den *Fresnel*schen (s. Nr. **10**) in folgendem: ad 2) betrachtet Neumann, wie schon bemerkt, die Schwingungen des polarisierten Lichts als *in* der Einfallsebene erfolgend; ad 3) nimmt er an, daß in allen Medien der Äther gleiche Dichtigkeit, aber verschiedene Elastizität hat; ad 4) postuliert er, daß neben den der Grenzfläche parallelen auch die dazu senkrecht gerichteten Komponenten der Verrückung für beide Medien die gleichen Werte haben. In den übrigen Annahmen schließt er sich *Fresnel* an.

Diese veränderten Annahmen bringen gegenüber der *Fresnel*schen Theorie folgende Modifikation in den Entwicklungen zuwege. Wegen 3) wird

$$\sin j : \sin j_1 = \lambda : \lambda_1 = V : V_1 = \sqrt{E} : \sqrt{E_1},$$

wo E und E_1 die Elastizitätskonstanten beider Medien bezeichnen,

58) Theoretische Untersuchungen der Gesetze, nach welchen das Licht an der Grenze zweier vollkommen durchsichtiger Medien reflektiert und gebrochen wird, Berlin Abh. 1835, S. 1—160; Werke 2, p. 359. Vgl die Darstellung von *F. G. W. Radicke* in *Doves* Repert. 3 (1839), p. 178 ff.

während $\delta = \delta_1$ wird. Bezeichnen ferner nach wie vor u, v, w die Schwingungskomponenten parallel x, y, z, so bezieht sich v, das bei *Fresnel* die Schwingung des *in* der Einfallsebene polarisierten Lichts darstellt, jetzt auf das senkrecht zur Einfallsebene polarisierte, während u, w jetzt die Komponenten für das in der Einfallsebene polarisierte Licht bezeichnen. Abgesehen von dieser modifizierten Bedeutung, bleibt die Gleichung (48) unverändert, an Stelle von (49) aber tritt, da, wie schon bemerkt, $\delta = \delta_1$ wird, die andere

$$(81) \qquad P^2 = P'^2 + P_1^2 \frac{q_1 \lambda_1}{q \lambda} = P'^2 + P_1^2 \frac{\sin j_1 \cos j_1}{\sin j \cos j};$$

und aus (48) und (81) folgt

$$(82) \qquad P_1 = \frac{2 \sin j \cos j}{\sin (j + j_1) \cos (j - j_1)} P, \quad P' = \frac{\operatorname{tg} (j - j_1)}{\operatorname{tg} (j + j_1)} P.$$

Bezeichnen, wie vorher, $\bar{J}, \bar{J}', \bar{J}_1$ die Intensitäten des *senkrecht zur Einfallsebene* polarisierten Lichts, so wird also

$$(83) \qquad \begin{cases} \bar{J}' = \dfrac{\operatorname{tg}^2 (j - j_1)}{\operatorname{tg}^2 (j + j_1)} \bar{J}, \\ \bar{J}_1 = \dfrac{4 \sin^2 j \cos^2 j}{\sin^2 (j + j_1) \cos^2 (j - j_1)} \dfrac{\lambda_1 q_1}{\lambda q} \bar{J} = \dfrac{\sin 2j \sin 2j_1}{\sin^2 (j + j_1) \cos^2 (j - j_1)} \bar{J}, \end{cases}$$

und diese Formeln sind mit (60) identisch, d. h. für das senkrecht zur Einfallsebene polarisierte Licht ergibt die *Neumann*sche Theorie *genau* dieselben Formeln wie die *Fresnel*sche.

Für die Komponenten u, w gestaltet sich bei *Neumann* die Entwicklung folgendermaßen: An Stelle der einen Gleichung (56) treten wegen der Annahme 4) die zwei Gleichungen

$$(84) \qquad \begin{cases} (S + S') \cos j = S_1 \cos j_1, \\ (S - S') \sin j = S_1 \sin j_1, \end{cases}$$

während an Stelle von (57) die Gleichung tritt:

$$(85) \qquad S^2 = S'^2 + S_1^2 \frac{\sin j_1 \cos j_1}{\sin j \cos j}.$$

Man hat demnach zur Bestimmung von zwei Unbekannten S', S_1 drei Bedingungsgleichungen; doch ist die dritte derselben eine Folge der beiden ersten. Aus diesen aber folgt:

$$(86) \qquad S' = S \frac{\sin (j - j_1)}{\sin (j + j_1)}, \quad S_1 = \frac{2 \sin j \cos j}{\sin (j + j_1)} S,$$

und zwischen den Intensitäten J, J', J_1 das in der Einfallsebene polarisierten Lichts (dem ja nach *Neumanns* Annahme die Komponenten u, w angehören) ergeben sich daraus die Gleichungen

$$(87) \quad J' = \frac{\sin^2 (j - j_1)}{\sin^2 (j + j_1)} J, \quad J_1 = \frac{4 \sin^2 j \cos^2 j}{\sin^2 (j + j_1)} \frac{\lambda_1 q_1}{\lambda q} J = \frac{\sin 2j \sin 2j_1}{\sin^2 (j + j_1)} J,$$

und auch das sind wieder genau die *Fresnel*schen Resultate [vgl. die Formeln (52)]. Da nun letztere, wie bemerkt, durch das Experiment (abgesehen von kleinen Abweichungen) bestätigt sind, so ist die *Neumann*sche Theorie mit der *Fresnel*schen vollständig gleichwertig[59]. Einen Vorzug der *Neumann*schen Theorie bildet einmal die Annahme der Kontinuität aller drei Verrückungskomponenten, nicht nur der der Grenze parallelen. Vor allem aber spricht für *Neumanns* Theorie, daß sie ohne Hinzufügung einer weiteren Annahme sich unmittelbar auf die Kristallreflexion ausdehnen läßt, was bei der Fresnelschen Theorie nicht der Fall ist.

b) *Reflexion an Kristallflächen.* Die Ausdehnung der Theorie auf die Reflexion und Brechung des Lichtes an Kristallflächen bildet den Hauptinhalt der *Neumann*schen Abhandlung. Schon für den Übergang des Lichtes von einem isotropen in ein einachsiges kristallinisches Medium erfordert die Lösung des Problems erheblich umfangreichere und kompliziertere analytische Entwicklungen als für die Grenze zweier isotroper Medien. Die Komplikation rührt einmal von der verschiedenen Orientierung sowohl der brechenden Fläche, als der einfallenden Wellenebene gegen die rechtwinkligen Elastizitätsachsen des kristallinischen Mediums her. Da ferner die beiden gebrochenen Wellen gegebene Schwingungsrichtungen haben, so kann man nicht, wie vorher, die Fälle, wo das einfallende Licht parallel oder senkrecht zur Einfallsebene polarisiert ist, getrennt behandeln. Auch macht die Aufstellung des Ausdrucks für die lebendige Kraft der außerordentlichen gebrochenen Welle besondere Betrachtungen erforderlich Denn denkt man sich in dem unkristallinischen Medium ein rechtwinkliges Parallelepipedon, dessen Grundflächen zwei Lagen der einfallenden Wellenebene sind, so hat sich die in diesem enthaltene Bewegung nach der Brechung auf ein schiefwinkliges[60] Parallelepipedon ausgebreitet, das von zwei entsprechenden Lagen der gebrochenen außerordentlichen Wellenebene begrenzt wird. Die Kontinuität der Schwingungskomponenten an der Grenze, verbunden mit dem Satz der lebendigen Kraft, liefert hier vier Gleichungen, die als Unbekannte enthalten: die beiden Komponenten der reflektierten Amplitude parallel und senkrecht zur Einfallsebene und die Amplituden der beiden gebrochenen Wellen. Von diesen Gleichungen sind drei linear und eine

59) Betreffs des Zusammenhangs der beiden Theorien vgl. Nr. 38.

60) Schiefwinklig ist das Parallelepipedon, weil für die außerordentlichen gebrochenen Wellen die Strahlen nicht mehr mit den Wellennormalen zusammenfallen.

quadratisch; letztere läßt sich auch hier mittels der drei ersten auf eine lineare zurückführen, doch erfordert diese Reduktion eine längere Rechnung. Aus den so erhaltenen vier linearen Gleichungen, deren Auflösung keine Schwierigkeit bietet, wird eine große Reihe von Folgerungen gezogen. U. a. werden die Gesetze der Polarisation des von einer beliebigen Kristallfläche reflektierten Lichts untersucht. Auch hier existiert, wie bei der Reflexion an unkristallinischen Medien, ein Polarisationswinkel; er ist derjenige Einfallswinkel, unter welchem natürliches Licht reflektiert werden muß, damit es vollständig polarisiert sei. Die Polarisationsebene des durch Reflexion vollständig polarisierten Lichts fällt dann aber nicht mehr, wie bei unkristallinischen Medien, mit der Reflexionsebene zusammen, sondern bildet mit ihr einen Winkel, der die Ablenkung der Polarisationsebene genannt wird. Ein einfacher Ausdruck für den Polarisationswinkel ergibt sich nur, wenn die Reflexionsebene parallel mit dem Hauptschnitt der reflektierenden Ebene ist, während jener Winkel im allgemeinen von einer Gleichung vierten Grades abhängt; für die allein in Betracht kommende Wurzel wird eine Näherungsformel entwickelt. Für die Ablenkung der Polarisationsebene wird der einfache Satz aufgestellt: „Die Tangente der Ablenkung ist gleich der Tangente des Winkels zwischen der Einfallsebene und der Polarisationsebene des gewöhnlich gebrochenen Wellensystems, multipliziert mit dem Kosinus der Summe des Polarisationswinkels und des zugehörigen gewöhnlichen Brechungswinkels."

Aus den Formeln für die Intensitäten der gebrochenen Strahlen wird ferner abgeleitet, unter welchem Azimut ein einfallender Strahl polarisiert sein muß, damit der eine der beiden gebrochenen Strahlen verschwindet. Auch die Formeln für den Übergang des Lichts aus einem einachsigen kristallinischen in ein isotropes Medium werden entwickelt, dabei die totale Reflexion besprochen, die Resultate endlich auf den Durchgang des Lichts durch ein Prisma oder eine planparallele Platte eines einachsigen Mediums angewandt. Übrigens stimmen die Resultate der *Neumann*schen Theorie mit den Beobachtungen gut überein.

Noch umfassendere Rechnungen als bei einachsigen Kristallen erfordert die Untersuchung der Reflexion und Brechung bei zweiachsigen Kristallen. Insbesondere macht hier die Zurückführung der sich aus dem Prinzip der lebendigen Kraft ergebenden quadratischen Gleichung auf eine solche ersten Grades einige Schwierigkeit. *Neumann* überwindet diese und andere Schwierigkeiten des Problems und leitet auch für zweiachsige Kristalle alle erforderlichen Formeln her. Aus den daraus gezogenen Folgerungen sei hier nur hervorhoben der Nachweis, daß die konische Refraktion auf die Erscheinung der Reflexion keinen Einfluß hat. Ermittelt wird ferner für die konische Refraktion die Lichtintensität und die Lage der Polarisationsebene für die verschiedenen Seiten des Lichtkegels.

Darauf, daß *Neumann* als erster die Formeln der Totalreflexion ohne jede Anwendung des Imaginären abgeleitet hat, ist schon am Schluß von Nr. **12** hingewiesen. Dabei versagt das Prinzip von der Erhaltung der lebendigen Kraft. *Neumann* ersetzt es durch das andere, daß der Druck auf die brechende Fläche, welche durch die Verschiebung der Teile im ersten Medium entsteht, dieselbe Komponente senkrecht auf der Einfallsebene hat wie der Druck, welcher durch die Verschiebung im zweiten Medium entsteht. Betreffs der außerdem erforderlichen Einführung von Exponentialgrößen in den Ansatz für die Schwingungskomponenten des gebrochenen Lichtes vgl. den Schluß von Nr. **18**.

c) *Metallreflexion.* Hinsichtlich der Metallreflexion hat *Neumann* keine eigentliche Theorie entwickelt, sondern nur die vorhandenen Beobachtungen auf einfache Gesetze zurückgeführt [61]). Es sind die folgenden:

Es seien A, B die Amplituden des einfallenden Lichts in der Einfallsebene und senkrecht darauf, sA und pB die entsprechenden Komponenten des reflektierten Lichts, ferner habe die letztere Komponente die Phasenverzögerung δ gegen die erstere, und es sei $p:s = \operatorname{tg}\beta$, so ist

$$(88)\quad \begin{cases} \operatorname{tg}\left(\frac{\delta}{\lambda}2\pi\right) = \operatorname{tg} j \operatorname{tg} j_1, \quad \sin j = n \sin j_1; \\ \operatorname{tg}(2\beta) = \dfrac{\operatorname{tg}(2\beta_1)}{\sin\left(\frac{\delta}{\lambda}2\pi\right)}. \end{cases}$$

Darin ist n der sogenannte Brechungsindex des Metalls, d. h. die durch

$$n = \operatorname{tg}\varpi$$

definierte Konstante, wo ϖ der Polarisationswinkel ist; j ist der Einfallswinkel, β_1 der Wert von β für $j = \varpi$.

21. Neumanns Dispersionstheorie [62]). Nach *Neumanns* Ansicht rührt die Dispersion ganz oder teilweise von den Kräften her, welche zwischen den schwingenden Teilen des Lichtäthers und den ponderablen Atomen des durchsichtigen Stoffes wirksam sind. Diese

61) Ann. Phys. Chem. 26 (1832), p. 89 ff.; Ges. Werke 2, p. 199.

62) Die Theorie ist in der gleich zu besprechenden Abhandlung über akzidentelle Doppelbrechung nebenbei entwickelt (1841). Eine ausführliche Darstellung findet man in *F. Neumanns* Vorlesungen über Elastizitätstheorie, Abschn. 17.

neuen Kräfte modifizieren nicht allein die Bewegung der Ätherteilchen, sondern setzen auch die Teile des festen Körpers in Bewegung. Die letztere Bewegung ist aber bei vollkommen durchsichtigen Körpern als sehr klein zu betrachten gegen die Bewegung der Ätherteilchen und kann daher in erster Annäherung vernachlässigt werden. Bei dieser Vernachlässigung werden die Komponenten der neuen Kräfte den Projektionen der Verrückungen der Ätherteilchen proportional, und diese neuen Kräfte sind in allen Differentialgleichungen der Lichtbewegung, die für den freien Äther gelten, hinzuzufügen. In einem derartigen Medium ergibt sich, falls es isotrop ist, für die Fortpflanzungsgeschwindigkeit V einer ebenen Welle von der Schwingungsdauer τ angenähert der Wert

$$V^2 = k(1 + M\tau^2), \tag{89}$$

wo k und M Konstante sind. Hieraus folgt, daß der Brechungsindex mit abnehmenden τ zunehmen würde. Daß in dieser Theorie zum erstenmal die direkte Einwirkung der Körpermoleküle berücksichtigt ist, scheint späteren Autoren, die von derselben Auffassung ausgegangen sind, entgangen zu sein. Bald nach *Neumann* hat auch *O. Brien* eine ganz ähnliche Theorie entwickelt[63]).

22. F. Neumanns Theorie der akzidentellen Doppelbrechung[64]). *Neumann* war der erste, der eine allgemeine Theorie der in isotropen Körpern durch Einwirkung elastischer und thermischer Kräfte entstehenden Doppelbrechung aufgestellt hat. Er zeigt zunächst, daß der Grund der Erscheinungen nicht in einer veränderten Einwirkung der Körpermoleküle auf die Ätherteilchen zu suchen ist, sondern lediglich in einer durch die veränderte relative Lage der Körperteilchen hervorgebrachten neuen Anordnung des im Körper enthaltenen Äthers. Diese Anordnung der Ätherteilchen muß dieselbe Symmetrie besitzen wie die der Körpermoleküle. In *gleichförmig* dilatierten und komprimierten Körpern befolgt daher die Doppelbrechung dieselben Gesetze, die für kristallinische Medien gelten. Der einfachste Ausdruck für diese Gesetze ist in ihrer geometrischen Konstruktion mittels der *optischen* Elastizitätsfläche enthalten (vgl. Nr. 7). Neben dieser ist die Elastizitätsfläche des Drucks zu betrachten. Die Achsen beider Flächen fallen der Richtung nach zusammen; für die Achsenlängen A, B, C der optischen Elastizitätsfläche gelten, falls α, β, γ die Dila-

63) Cambridge Phil. Trans. 7, 1842.

64) Die Gesetze der Doppelbrechung des Lichts in komprimierten oder ungleichmäßig erwärmten unkristallinischen Körpern, Berlin Abh. 1841, p. 1—247, im Auszug in Ann. Phys. Chem. 54 (1841), p. 439—476.

tationen in den entsprechenden drei Hauptdruckachsen sind, die Gleichungen

$$(90) \qquad \begin{cases} A = G + q\alpha + p\beta + p\gamma, \\ B = G + p\alpha + q\beta + p\gamma, \\ C = G + p\alpha + q\beta + q\gamma. \end{cases}$$

Darin sind p und q zwei von der Natur des dilatierten Mediums abhängige Konstante, G ist von der Fortpflanzungsgeschwindigkeit des Lichts in dem Medium im natürlichen Zustande sehr wenig unterschieden. *Neumann* zeigt, wie man durch sinnreiche Kombination zweier verschiedener Beobachtungen die Werte der Konstanten p, q bestimmen kann.

Während ein gleichförmig dilatierter Körper sich für das Licht wie ein Kristallindividuum verhält, ist ein ungleichförmig dilatierter Körper einem Aggregat von unendlich vielen sehr kleinen Kristallindividuen zu vergleichen, deren optische Elastizitätsachsen stetige Funktionen des Ortes sind, sowohl in Beziehung auf ihre Richtung, als ihre Größe. Wenn ein polarisierter Strahl auf ein solches Aggregat trifft, so teilt er sich nicht allein bei seinem Eintritt in zwei rechtwinklig polarisierte Strahlen, sondern auf jeder Stelle der Bahn teilt sich jeder Strahl, so wie er in ein neues Kristallindividuum tritt, wieder in zwei Teile. Die hiernach sehr schwierig erscheinende Untersuchung wird nun sehr vereinfacht, wenn die Unterschiede der optischen Elastizitätsachsen so klein sind, daß ihre Quadrate als verschwindend gegen die ersten Potenzen behandelt werden können. Unter dieser Voraussetzung zeigt *Neumann*, daß 1) die Bahnen der Lichtstrahlen im Innern des Körpers bei der Berechnung der Interferenz als geradlinig betrachtet werden können, 2) daß die nach dem Austritt miteinander interferierenden Strahlen so behandelt werden können, als hätten sie das Medium in derselben Richtung durchlaufen. Mit Hilfe dieser Sätze wird der allgemeine Ausdruck für die Differenz der Verzögerungen, mit welchen die miteinander interferierenden Strahlen aus dem Körper heraustreten, berechnet. Diese Differenz hängt ab von dem Gesetz der Drehungen, welchen die Polarisationsebene des Strahles im Innern des Körpers unterworfen ist, und von dem Gesetz seiner Fortpflanzungsgeschwindigkeiten. Beide müssen als Funktionen des Ortes bekannt sein, und diese Funktionen ihrerseits lassen sich aus dem System der Verrückungen der Teilchen des Körpers ableiten; letzteres System muß gegeben sein, oder durch eine unabhängige Untersuchung ermittelt werden. Zur Erläuterung der abgeleiteten Formeln werden diese angewandt auf die Interferenzerscheinungen, welche ein tordierter Glaszylinder im polarisierten Lichte zeigt.

Weiter stellt *Neumann* auch eine Theorie der Farben auf, welche bei durchsichtigen unkristallinischen Körpern im polarisierten Lichte aus einer ungleichen Temperaturverteilung entstehen. Die Grundlage der Untersuchung bildet die Bestimmung der durch Temperaturänderung hervorgebrachten molekularen Verrückungen. *Neumann* findet diese, indem er den *Poisson*schen Gleichungen für das Gleichgewicht elastischer Körper Zusatzglieder hinzufügt, die den Differentialquotienten der Temperatur nach den Koordinaten (in den Grenzbedingungen der Temperatur selbst) proportional sind, während zur Bestimmung der Temperatur die *Fourier*sche Gleichung für die Wärmeleitung dient[65]). Die Integration dieser Gleichungen führt zu den gesuchten Verrückungen, und aus ihnen folgt die Doppelbrechung ebenso, wie vorher aus durch Druck oder Zug entstehenden Verrückungen. *Neumann* gibt dann verschiedene Anwendungen seiner allgemeinen Gleichungen auf spezielle Fälle und teilt endlich die Prinzipien mit, nach denen man die bleibenden Farben berechnen kann, die feste durchsichtige Körper nach Härtung oder rascher Abkühlung zeigen.

Die von *Neumann* für isotrope Medien aufgestellte Theorie der akzidentellen Doppelbrechung ist von *F. Pockels* auf gleichförmig deformierte Kristalle erweitert[66]).

23. G. Green. *Greens* erste optische Arbeit bezieht sich auf die Reflexion an der Grenze zweier isotropen Medien[67]). Er legt dabei, unabhängig von *Cauchy* und vor diesem, genau dieselben Grenzbedingungen zugrunde, wie die *Cauchy*sche Theorie, nimmt aber hinsichtlich der longitudinalen Wellen an, daß ihre Fortpflanzungsgeschwindigkeit (und damit die eine Elastizitätskonstante des Mediums) unendlich groß sei. Diese Annahme kommt im wesentlichen darauf hinaus, daß der Äther inkompressibel ist[68]). Bemerkenswert ist in dieser wie in der folgenden Arbeit, daß sich *Green* von molekularen Vorstellungen völlig frei macht.

---

65) Diese Gleichungen sind schon vorher von *J. M. C. Duhamel* aufgestellt, von *Neumann* unabhängig von *Duhamel* gefunden.

66) Über den Einfluß elastischer Deformationen, speziell einseitigen Druckes, auf das optische Verhalten kristallinischer Körper, Ann. Phys. Chem. (2) 37, 1889; Über die durch einseitigen Druck hervorgebrachte Doppelbrechung regulärer Kristalle, Ann. Phys. Chem. (2) 39, 1890.

67) Cambridge Phil. Trans. 1838; Math. papers of *Green*, p. 243—281.

68) Vgl. *K. Von der Mühll*, Math. Ann. 27 (1886), p. 506.

Greens Resultate stimmen aber mit den *Fresnel*schen Formeln und somit auch mit der Erfahrung nur zum Teil überein, nämlich hinsichtlich der senkrecht zur Einfallsebene erfolgenden Schwingungen, während für die Schwingungen in der Einfallsebene angenäherte Übereinstimmung nur stattfindet, falls der Brechungsindex n wenig von 1 verschieden ist.

Eine Modifikation der *Green*schen Theorie durch *S. Haughton*[69]), die darin besteht, daß die Fortpflanzungsgeschwindigkeit der longitudinalen Wellen als *sehr* groß, nicht als unendlich anzunehmen ist, scheint wegen fehlerhafter Rechnung nicht haltbar[68]).

Eine zweite Arbeit von *Green*[70]) betrifft die Fortpflanzung des Lichts in Kristallen. *Green* geht hier von den Gleichungen der nichtmolekularen Elastizitätstheorie aus

$$\delta \frac{\partial^2 u}{\partial t^2} = \frac{\partial X_x}{\partial x} + \frac{\partial X_y}{\partial z} + \frac{\partial X_z}{\partial z}, \tag{91}$$

$$\cdots\cdots\cdots\cdots$$

Die elastischen Kräfte $X_x, X_y, \ldots$ sind lineare homogene Funktionen der sechs Größen $x_x, y_y, z_z, x_y = y_x, x_z = z_x, y_z = z_y$ (der linearen Dilatationen und Gleitungen). *Green* macht nun die fundamentale Annahme, daß ein elastisches Potential existiert, d. h. eine homogene Funktion Φ zweiter Ordnung der sechs Größen $x_x, \ldots, y_z$ mit konstanten Koeffizienten, deren Ableitungen nach diesen Größen die elastischen Kräfte ergeben. Die Zahl der in Φ enthaltenen Konstanten ist bei beliebiger Lage der Koordinatenachsen 21 (während ohne die Annahme eines elastischen Potentials die Zahl der Konstanten 36 beträgt). *Green* untersucht darauf, welche Beziehungen zwischen den Koeffizienten bestehen müssen, damit die Fortpflanzungsgeschwindigkeit ebener Wellen in den kristallinischen Medien genau den *Fresnel*schen Gesetzen gemäß vor sich gehe. Er findet, daß dazu Φ die Form haben muß:

$$\begin{aligned} 2\Phi = {} & G(x_x + y_y + z_z)^2 + L(y_z^2 - 4 y_y z_z) + M(z_x^2 - 4 z_z x_x) \\ & + N(x_y^2 - 4 x_x y_y) + 2P(x_y x_z - 2 x_x y_z) + 2Q(y_z y_x - 2 y_y z_x) \\ & + 2R(z_x z_y - 2 z_z x_y). \end{aligned} \tag{92}$$

Bestimmt man nämlich für diese Form von Φ diejenigen Lösungen der elastischen Gleichungen, welche ebenen Wellen entsprechen[71]), so ergibt sich, daß in jeder Richtung sich drei Wellen fortpflanzen, deren eine rein longitudinal ist und die Fortpflanzungsgeschwindigkeit $\sqrt{G}$

69) Phil. Mag. (4) 6 (1853).

70) Cambridge Phil. Trans. 1839; Papers p. 291.

71) Vgl. p. 43, Gl. (70).

besitzt, während die beiden anderen Wellen rein transversal sind. Für die Fortpflanzungsgeschwindigkeit der letzteren ergibt sich, falls das Medium in bezug auf drei rechtwinklige Achsen symmetrisch ist, genau die *Fresnel*sche Gleichung (31), wenn man die Symmetrieachsen zu Koordinatenachsen wählt.

Eine einfache Ableitung des *Green*schen Ausdrucks für das elastische Potential hat *P. Volkmann* gegeben[72]); eine andere Deutung dieses Ausdrucks rührt von *E. Beltrami* her[73]). Eine Erweiterung der *Green*schen Betrachtung hat *H. M. Macdonald*[74]) versucht, indem er das elastische Potential als von 9 Veränderlichen abhängig annahm. Dasselbe ist bei ihm eine homogene Funktion zweiter Ordnung der sechs Größen $x_x, \ldots, x_y, \ldots$ und der doppelten Rotationskomponenten

$$(93) \qquad \xi = \frac{\partial v}{\partial z} - \frac{\partial w}{\partial y}, \ldots$$

24. J. Mac Cullagh[75]). Auf *Mac Cullagh*s geometrische Untersuchungen über die Wellenfläche ist schon oben hingewiesen. Seine dynamische Lichttheorie kann als eine Art Wirbeltheorie des Äthers bezeichnet werden, da nach ihr die Erscheinungen lediglich von den doppelten Rotationskomponenten ξ, η, ζ (93) abhängen. In dieser Hinsicht erweist sich *Mac Cullagh* als formaler Vorläufer der elektromagnetischen Lichttheorie, mit deren Formeln die seinen im wesentlichen übereinstimmen. Vgl. hierzu den Anfang des Art. V 22 von *W. Wien.* Hieraus erklärt sich dann die Überlegenheit der Mac Cullaghschen Theorie gegenüber denen seiner Vorgänger, während andererseits Mac Cullagh ebensowie Maxwell auf ein direktes mechanisches Verständnis der Optik verzichtet. Seine Differentialgleichungen haben die Form

$$(94) \qquad \delta \frac{\partial^2 u}{\partial t^2} = \frac{\partial}{\partial y}(Z) - \frac{\partial}{\partial z}(H), \quad \ldots\ldots\ldots\ldots$$

wo Ξ, H, Z lineare Funktionen der ξ, η, ζ mit sechs Koeffizienten sind, die sich übrigens durch ein Potential Φ ausdrücken lassen:

$$(95) \qquad \Xi = \frac{\partial \Phi}{\partial \xi}, \ldots,$$

wo Φ die Form hat:

$$(96) \quad 2\,\Phi = A_{11}\xi^2 + A_{22}\eta^2 + A_{33}\zeta^2 + 2\,A_{12}\xi\eta + 2\,A_{13}\xi\zeta + 2\,A_{23}\eta\xi.$$

72) Ann. Phys. Chem. (2) 35 (1888).

73) Lomb. Ist. Rend. (2) 24 (1891).

74) London Math. Soc. Proc. 32, 1900.

75) The collected works of *J. Mac Cullagh*, ed. by *J. Jellet* and *S. Haughton*, Dublin, London 1880.

Aus diesen Gleichungen ergeben sich die *Fresnel*schen Gesetze der Kristalloptik, falls man, wie *Neumann*, die Schwingungen als in der Polarisationsebene erfolgend auffaßt.

Bemerkt werden mag, daß der *Mac Cullagh*sche Ausdruck für das Potential Φ nicht übereinstimmt mit dem Potential der durch die relative Verschiebung in dem elastischen Körper entstehenden Kräfte. Nach *G. Kirchhoff*[76]) kann man bei der Theorie von *Mac Cullagh* den Äther als einen elastischen Körper betrachten, der noch anderen Kräften unterworfen ist als den durch die Elastizität bedingten. *P. Volkmann*, der in seinen Vorlesungen über die Theorie des Lichts auf die Forschungen von *Mac Cullagh* näher eingeht, als es sonst in den Lehrbüchern üblich ist, spricht der Theorie einen mehr mathematischen als physikalischen Charakter zu (es sei denn, daß man seine Formeln elektromagnetisch deutet). Das Verhältnis der *Mac Cullagh*schen Formeln zu denen von *Cauchy* und *Green* hat *G. G. Stokes* näher entwickelt in einem Anhang zu seinem Report on double refraction[77]). Der Report selbst enthält eine kritische Beleuchtung der genannten und anderer Theorien. — Auch die Rotationspolarisation hat *Mac Cullagh* in den Kreis seiner Untersuchungen gezogen (vgl. Nr. **26**).

Für die Reflexionstheorie stellt *Mac Cullagh* folgende Grenzbedingungen auf, die wieder mit denen der elektromagnetischen Theorie übereinstimmen: Gleichheit der Schwingungskomponenten u, v, w und Gleichheit der Kraftkomponenten Ξ, H zu beiden Seiten der Grenzfläche $z = 0$. Die eine dieser Bedingungen, die Kontinuität von w, ist übrigens eine Folge der anderen, wenn man die Dichtigkeit in beiden Medien als gleich annimmt. Der Vorzug dieser Bedingungen ist, daß nicht, wie bei *Fresnel* und *Neumann*, die Anwendung des Satzes von der lebendigen Kraft nötig ist. Die Resultate stimmen, was zunächst die Reflexion an der Grenze zweier isotropen Medien betrifft, genau mit den *F. Neumann*schen überein, ebenso wie beide Forscher dieselbe, von der *Fresnel*schen abweichende Definition der Polarisationsebene zugrunde legen. Für die Amplitudengesetze der partiellen Reflexion hat *Mac Cullagh* eine interessante geometrische Konstruktion gegeben[78]): Man lege durch die Grenzamplitude der einfallenden Welle und die gebrochene Wellennormale eine Ebene, so gibt der Schnitt derselben mit der reflektierten, bzw. der gebrochenen

---

76) Berlin Abh. 1876; Gesammelte, Abh. p. 352.

77) Report. Brit. Ass. 1862.

78) Vgl. *P. Volkmann*, Vorles. üb. d. Theorie des Lichtes, p. 316; *H. Poincaré*, Math. Theorie des Lichtes, § 215.

Wellenebene die Richtung der reflektierten, bzw. der gebrochenen Grenzamplitude. Die Größe dieser beiden letzten Grenzamplituden erhält man durch Zerlegung der einfallenden Grenzamplitude nach den konstruierten Richtungen.

Mac Cullagh hat seine Untersuchungen sodann auf die Kristallreflexion ausgedehnt und ist dabei wesentlich zu denselben Resultaten wie *F. Neumann* gelangt. Muß man auch hinsichtlich dieser Resultate *Neumann*, dessen große Abhandlung schon 1835 der Berliner Akademie vorgelegt ist, unbedingt die Priorität zusprechen[79]), so ist doch die Ableitung, die *Mac Cullagh* gibt, durchaus eigenartig. Durch Einführung des Begriffs der *uniradialen Schwingungsazimute*, d. h. derjenigen Schwingungsazimute der einfallenden Welle, für welche die Intensität einer der gebrochenen Wellen verschwindet, vereinfacht er die Rechnung und macht die Resultate anschaulich. Auch hier gibt er eine einfache geometrische Interpretation der Amplitudengesetze[80]).

Auch die Theorie der Totalreflexion hat *Mac Cullagh* entwickelt, doch beschränken sich seine Veröffentlichungen darüber auf einige kurze Notizen, die lediglich die Resultate ohne Ableitung wiedergeben. Nach den in diesen Notizen enthaltenen Andeutungen hat *P. Volkmann*[81]) die Theorie ausgearbeitet, und zwar sowohl für isotrope, als für anisotrope Medien. Dabei tritt, wie in *Mac Cullagh*s Originalarbeiten, die anschauliche geometrische Deutung des Vorgangs zutage.

25. G. Lamé. *Lamé*, dessen erste Arbeiten bis 1834 zurückreichen[82]), hat die Resultate seiner Forschungen in abgerundeter Form in seinen Leçons sur la théorie mathémat. de l'élasticité des corps solides[83]), Vorlesungen 17—24, dargestellt. *Lamé* geht von den allgemeinen elastischen Gleichungen (91) aus, und zwar ohne Annahme eines Potentials der elastischen Kräfte, so daß die Ausdrücke der elastischen Kräfte durch die $x_x, \ldots, x_y, \ldots$ 36 Konstante enthalten. Es werden diejenigen partikulären Integrale der Gleichungen untersucht, die ebenen Wellen entsprechen. Durch die Bedingung, daß den Beobachtungen entsprechend für jede Fortpflanzungsrichtung einer Welle sich *zwei* mögliche Schwingungsrichtungen ergeben müssen, wird diese Konstantenzahl auf 12 reduziert. Weiter wird die Annahme

79) Vgl. *F. Neumann*, Gesammelte Werke 2, p. 551ff.

80) Vgl. *P. Volkmann*, § 92; *H. Poincaré*, § 223; vgl. auch *A. Cornu*, Paris C. R. 60 (1865), 62 (1866); Ann. chim. phys. (4) 11 (1868).

81) Gött. Nachr. 1885, 1886; Ann. Phys. Chem. (2) 29 (1886); Vorles. üb. d. Theorie des Lichts, § 98ff.

82) Ann. chim. phys. (2) 55 u. 57 (1834).

83) Paris 1852.

eingeführt, daß die räumliche Dilatation $\frac{\partial u}{\partial x} + \frac{\partial v}{\partial y} + \frac{\partial w}{\partial z}$ verschwindet und damit die longitudinalen Wellen fortfallen; dadurch gehen von den 12 Konstanten 6 weitere verloren, die übrig bleibenden 6 endlich reduzieren sich durch eine zweckmäßige Wahl des Koordinatensystems auf 3. Die reduzierten Gleichungen haben die Form

$$\frac{\partial^2 u}{\partial t^2} = c^2 \frac{\partial}{\partial y}\left(\frac{\partial u}{\partial y} - \frac{\partial v}{\partial x}\right) - b^2 \frac{\partial}{\partial z}\left(\frac{\partial w}{\partial x} - \frac{\partial u}{\partial z}\right), \tag{97}$$

nebst zwei anderen, die durch zyklische Vertauschung von u, v, w sowie von a, b, c entstehen. Die partikulären Lösungen dieser Gleichungen, die ebenen Wellen entsprechen, führen genau auf die *Fresnel*schen Gesetze, falls man die Polarisationsebene mit *Neumann* als die Ebene definiert, die durch Wellennormale und Schwingungsrichtung gelegt ist.

Übrigens ergeben sich die *Lamé*schen Gleichungen aus dem *Green*schen Potentialausdruck (92), wenn man darin

$$G = 0, \quad P = Q = R = 0, \quad L = a^2, \quad M = b^2, \quad N = c^2$$

setzt, ebenso aus dem *Mac Cullagh*schen Potentialausdruck (96), wenn darin $A_{12} = A_{13} = A_{23} = 0$ wird.

Lamé hat weiter auch diejenigen partikulären Integrale seiner Differentialgleichungen aufgestellt, welche die sich von einem Punkte aus ausbreitenden Wellen darstellen. Indes werden diese Integrale in den optischen Achsen unbestimmt[84]).

Die allgemeine Lösung der *Lamé*schen Gleichungen (ohne Beschränkung auf ebene oder sich von einem Punkte aus ausbreitende Wellen) ist auf Grund einer von *C. Weierstraß* herrührenden, vorher noch nicht veröffentlichten Integrationsmethode von Frau *S. von Kowalevski* aufgestellt[85]).

Nach *V. Volterra*[86]) sind weder die *Lamé*schen partikulären, noch die *Kowalevski*schen allgemeinen Lösungen eindeutige Funktionen des Ortes. Deshalb leitet *Volterra* andere Ausdrücke für die allgemeinen Integrale der *Lamé*schen Gleichungen ab, Ausdrücke, die allerdings

---

84) Die Frage, welche Form die Lösungen der Elastizitätsgleichungen haben müssen, um transversale Schwingungen darzustellen, die sich von einem Erschütterungspunkte aus fortpflanzen, ist später auch von *A. Brill* behandelt [Math. Ann. 1 (1869), p. 225], und zwar sowohl für isotrope, als für nichtisotrope Körper. Für letztere bilden die *Lamé*schen Gleichungen den Ausgangspunkt. — Für isotrope Medien ist dieselbe Frage von *W. Voigt* (J. f. Math. 89, 1880) und *G. Kirchhoff* (J. f. Math. 90, 1880; Gesammelte Abh., Nachtrag, p. 17) untersucht.

85) Acta math. 6 (1885), p. 249—404.

86) Acta math. 16 (1892), p. 153—215.

nicht für den ganzen Raum gelten, sondern nur für $y \geqq 0$. Die *Volterra*sche Arbeit enthält ferner die Transformation der *Lamé*schen Gleichungen auf beliebige Koordinaten.

IV. Verschiedene Modifikationen der älteren Lichttheorien.

26. C. Neumann. *C. Neumanns* optische Arbeiten[87]) betreffen 1) eine wesentliche Modifikation der Lichttheorie, 2) eine mechanische Theorie der magnetischen Drehung der Polarisationsebene und, damit verbunden, eine neue Theorie der natürlichen Drehung.

a) Die *C. Neumannsche Modifikation der allgemeinen Theorie* besteht darin, daß er annimmt, die Dichtigkeit des Äthers sei zwar bei Einwirkung starker Kräfte veränderlich, werde aber durch so schwache Kräfte, wie sie bei der Lichtbewegung in Frage kommen, nicht verändert, so daß man hier den Äther als inkompressibel ansehen kann. Er führt aber die Inkompressibilitätsbedingung nicht wie *Lamé* nachträglich in die Differentialgleichungen ein, sondern berücksichtigt diese Bedingung schon bei der Ableitung ihrer Gleichungen. Er begründet das damit, daß die *Lamé*schen Gleichungen nicht damit vereinbar sind, daß der Anfangszustand der Bewegung des Mediums ganz beliebig angenommen werden kann. *C. Neumann* leitet für die Lichtschwingungen folgende Gleichungen ab:

$$\frac{\partial^2 u}{\partial t^2} = X + \frac{1}{\delta}\frac{\partial \Delta}{\partial x}, \tag{98}$$

$$\cdots\cdots\cdots$$

in denen die Dichtigkeit δ irgend eine Funktion der Koordinaten ist; die Gleichungen enthalten neben u, v, w eine vierte Unbekannte Δ, den durch die Bewegung entstehenden Druck. Dafür kommt aber zu jenen drei Gleichungen noch die Inkompressibilitätsbedingung

$$\frac{\partial u}{\partial x} + \frac{\partial v}{\partial y} + \frac{\partial w}{\partial z} = 0$$

hinzu.

Für die Komponenten der zwischen den Molekülen wirkenden Anziehungskräfte $X, \ldots$ setzt *C. Neumann* unter der Voraussetzung, daß nur solche Kristalle betrachtet werden, die durch drei aufeinander senkrechte Ebenen symmetrisch teilbar sind, die allgemeinen Ausdrücke

87) Explicare tentatur, quomodo fiat ut lucis planum polarisationis per vires electricas vel magneticas declinetur, Habilitationsschrift Halle a. S. 1858. Die magnetische Drehung der Polorisationsebene des Lichtes, Halle a. S. 1863. Über die Ätherbewegung in Kristallen, Math. Ann. 1 (1869), p. 325—358; 2 (1870), p. 182—186.

$$(99)\quad \begin{cases} X = (h_{11}+h_1)\dfrac{\partial^2 u}{\partial x^2} + (h_{12}+h_2)\dfrac{\partial^2 u}{\partial y^2} + (h_{13}+h_3)\dfrac{\partial^2 u}{\partial z^2} \\ \qquad + 2h_{12}\dfrac{\partial^2 v}{\partial x \partial y} + 2h_{13}\dfrac{\partial^2 w}{\partial x \partial z} + \mathfrak{h}_1 u, \end{cases}$$

und ähnlich für Y und Z. Integriert man dann wieder die Differentialgleichungen für den Fall ebener Wellen, so ergeben sich zwei genau transversale Wellen. Fügt man noch die Annahme hinzu, daß die Einwirkung der ponderablen Moleküle auf die Ätherteilchen (die in den Ausdrücken für X in den Koeffizienten $\mathfrak{h}$ enthalten sind) gleich Null ist, so sind die Vibrationsrichtungen beider Wellen aufeinander senkrecht. Für die Fortpflanzungsgeschwindigkeit V der Wellen ergibt sich eine quadratische Gleichung; um diese auf eine einfache Form zu bringen, werden zwischen den 6 Koeffizienten $h_{11}, h_{12}, \ldots$ die Relationen angenommen:

$$(100)\quad \begin{cases} h_{11} + h_{22} = 6h_{12}, \\ h_{33} + h_{11} = 6h_{31}, \\ h_{22} + h_{33} = 6h_{23}. \end{cases}$$

Die Gleichung für V nimmt dann, wenn α, β, γ die Richtungskosinus der Wellennormale gegen die Kristallachsen sind, folgende Form an:

$$(101)\quad 0 = \frac{\alpha^2}{V^2 - (\bar{p} + h_{23})} + \frac{\beta^2}{V^2 - (\bar{p} + h_{31})} + \frac{\gamma^2}{V^2 - (\bar{p} + h_{12})},$$

wo

$$(101\text{a})\quad \bar{p} = h_1\alpha^2 + h_2\beta^2 + h_3\gamma^2$$

ist.

Nimmt man dazu die Formeln, die die Schwingungsrichtungen der beiden Wellen bestimmen, so stellen diese Formeln genau die *Fresnel*schen Gesetze dar [vgl. Gl. (31)], falls die Koeffizienten h_1, h_2, h_3 einander gleich sind, und falls man die *F. Neumann*sche Definition der Polarisationsebene zugrunde legt.

C. Neumann untersucht die in bezug auf die Koeffizienten h_{11}, $h_{12}, \ldots$ gemachten Annahmen näher, indem er auf die Bedeutung jener Koeffizienten zurückgeht. Ein Teil der angenommenen Relationen ergibt sich als Folge der Vorstellung, daß die periodische Änderung der Dichtigkeit δ (die von der Einwirkung der ponderablen Moleküle herrührt) nur sehr gering ist, so daß man für die h, die periodische Funktionen des Raumes sind, ihre konstanten Mittelwerte setzen kann. Dagegen läßt sich die Gleichheit der Koeffizienten h_1, h_2, h_3 aus jener Grundvorstellung nicht ableiten, wenn sie mit ihr auch nicht im Widerspruch zu stehen scheint[88]). Durch eine andere Annahme über

88) Eine etwas modifizierte Darstellung der *C. Neumann*schen Theorie findet man in *F. Neumanns* Vorlesungen über Elastizitätstheorie, Abschn. 14.

die h ergeben sich für V und für die Polarisationsrichtung ebenfalls die *Fresnel*schen Gesetze; nur muß man jetzt die *Fresnel*sche Definition der Polarisationsebene zugrunde legen[89]).

b) Was die *natürliche Drehung der Polarisationsebene* betrifft, so hatte bereits *Mac Cullagh* erkannt, welche Modifikation die Differentialgleichungen der doppelten Strahlenbrechung erfahren müssen, um die Lichtbewegung im Bergkristall darzustellen, und *Cauchy* hatte die analogen Zusatzglieder für zweiachsige Kristalle gefunden. Bei beiden fehlt eine rationelle Begründung, so daß ihre Formeln nur den Wert empirischer Formeln haben. *C. Neumann* fand nun[90]): Wenn man die Annahme macht, daß die relative Verrückung eines Ätherteilchens in bezug auf ein anderes auf dieses letztere ebenso einwirkt, wie das Element eines elektrischen Stromes auf einen Magnetpol, so ergeben sich Kräfte, deren Komponenten, falls u, v, w die Verrückungen eines Teilchens sind, die Werte haben

$$(102)\qquad C\frac{\partial v}{\partial z} - B\frac{\partial w}{\partial y},\quad A\frac{\partial w}{\partial x} - C\frac{\partial u}{\partial z},\quad B\frac{\partial u}{\partial y} - A\frac{\partial v}{\partial x}.$$

Fügt man diese Kräfte zu denen hinzu, die sich durch die Annahme ergeben, daß die Wirkung zwischen zwei Ätherteilchen nur von ihrer Entfernung abhängt, so erhält man Differentialgleichungen, aus denen die Erscheinungen der Rotationspolarisation in einachsigen Kristallen folgen. Die in Rede stehenden Differentialgleichungen sind allgemeiner als die *Mac Cullagh*schen, unterscheiden sich aber von den letzteren dadurch, daß sie die ersten Ableitungen von u, v, w nach den Koordinaten enthalten, die *Mac Cullagh*schen die dritten Ableitungen. Doch ist dieser Unterschied unwesentlich, da es nur darauf ankommt, das Auftreten von Ableitungen ungerader Ordnung zu motivieren.

Dieselbe Annahme zur Erklärung der Zirkularpolarisation wie *C. Neumann* hat später auch *A. Clebsch*[91]) gemacht.

c) Weiter hat es *C. Neumann* unternommen, die von *Airy*[92]) rein empirisch aufgestellten Differentialgleichungen für diejenigen Ätherbewegungen, welche der magnetischen Drehung der Polarisationsebene entsprechen, rationell zu begründen. Der Theorie liegt die

89) *B. de Saint-Venant* hat in den Paris C. R. 57 (1863) die obige Gleichung (101) für V^2 aus der *Cauchy*schen Theorie abgeleitet und ebenfalls die Bedingungen untersucht, unter denen diese allgemeinere Gleichung in die spezielle *Fresnel*sche übergeht. Er findet die Annahme $h_1 = h_2 = h_3$ natürlicher, als die Annahme, die auf die *Fresnel*sche Definition der Polarisationsebene führt.

90) Vgl. die in Anm. 87) angeführten Schriften.

91) Theorie der zirkular polarisierenden Medien J. f. Math. 57 (1860).

92) *G. B. Airy*, Phil. Mag. (3) 28 (1846), Ann. Phys. Chem. 70 (1847).

Anschauung zugrunde, daß der in den Körpern befindliche Äther nicht direkt durch die Einwirkung der äußeren magnetischen Kraft in Bewegung versetzt wird, daß vielmehr diese Kraft zunächst in den einzelnen Körpermolekülen geschlossene Molekularströme induziert, die ihrerseits auf die zunächst gelegenen Ätherteilchen wirken (eine Annahme, die durchaus dem heutigen Standpunkte der Elektronentheorie entspricht). Betreffs des Gesetzes, nach dem diese Wirkung erfolgt, wird die Hypothese aufgestellt, daß die von einem elektrischen Teilchen μ auf ein Ätherteilchen m ausgeübte Kraft gleich

$$\mu m \left\{-\frac{d\Phi(r)}{dr} + G\frac{d\Phi(r)}{dr}\left(\frac{dr}{dt}\right)^2 + 2G\Phi(r)\frac{d^2r}{dt^2}\right\} \tag{103}$$

ist, wenn r die Entfernung beider Teilchen ist. In dieser Formel, die für $\Phi = \frac{1}{r}$ in das *Weber*sche Gesetz für die Einwirkung zweier bewegten elektrischen Teilchen übergeht, ist $\Phi(r)$ eine Funktion, die für kleine r sehr viel größer als $\frac{1}{r}$ ist. Aus jenem Gesetze ergibt sich zunächst die Kraft, welche ein sehr kleiner geschlossener elektrischer Strom auf ein Ätherteilchen ausübt, daraus weiter die Einwirkung aller in einem gleichförmig magnetisierten Körper vorhandenen Molekularströme auf den Lichtäther. Bei der Berechnung der letztgenannten Einwirkung kann man sich wegen der Annahme über die Größe von $\Phi(r)$ auf die Molekularströme beschränken, die innerhalb einer sehr kleinen, um das Ätherteilchen beschriebenen Kugel liegen. Dadurch werden die auf dieses Teilchen ausgeübten Kräfte von der Gestalt des Körpers unabhängig. Diese Kräfte verschwinden ferner, wenn die Geschwindigkeit des Äthers gleich Null ist; sie können also in dem ruhenden Äther keine Bewegung hervorbringen, sondern nur eine vorhandene Bewegung modifizieren.

Fügt man diese Kräfte zu den elastischen Molekularkräften hinzu, so ergeben sich für den Fall, daß der betrachtete Körper durch eine konstante Kraft in einen gleichförmigen magnetischen Zustand versetzt ist, für die Lichtbewegung Differentialgleichungen, deren Lösungen man als eine Superposition von zwei zirkular polarisierten Wellen ansehen kann, und zwar verlaufen die kreisförmigen Bewegungen in entgegengesetztem Sinne, während die Fortpflanzungsgeschwindigkeiten verschieden sind. Daraus ergibt sich die Drehung der Polarisationsebene, die ein linear polarisierter Lichtstrahl beim Durchgang durch den Körper erleidet.

27. Ch. Briot, É. Sarrau. *Briot,* der sich in seinen analytischen Entwicklungen eng an *Cauchy* anschließt[93]), verwirft dessen Erklärung

93) *Ch. Briot,* Essais sur la théorie mathématique de la lumière, Paris 1864;

der Dispersion und zwar hauptsächlich deshalb, weil die Dispersion im leeren Raume fehlt. Als Grund der Dispersion nimmt er die Einwirkung der ponderablen Moleküle auf die Ätherteilchen an. Diese Einwirkung kann eine doppelte sein. Einmal kann durch die Einwirkung der ponderablen Teilchen die Anordnung der Ätherteilchen eine andere werden als im freien Äther, zweitens aber kommen zu den Kräften, die die Ätherteilchen bei einer Verrückung aufeinander ausüben, noch neue, von den ponderablen Molekülen herrührende Kräfte hinzu. *Briot* unterwirft zunächst diese Kräfte für sich allein (ohne Annahme einer veränderten Anordnung der Ätherteilchen) der Rechnung, indem er annimmt, daß bei der Lichtbewegung die ponderablen Moleküle in Ruhe bleiben. Er findet, daß infolge jener Kräfte die Fortpflanzungsgeschwindigkeit V von der Wellenlänge λ abhängt, und zwar mittels einer Gleichung von der Form

(104) $$V^2 = a + b\lambda^2.$$ [94])

Hiernach müßte, da b positiv ist, die Fortpflanzungsgeschwindigkeit mit der Wellenlänge wachsen, was den Beobachtungen widerspricht. Die direkte Einwirkung der Körpermoleküle auf den Äther kann daher nicht als Grund der Dispersion angesehen werden. Nebenbei findet *Briot* noch, daß, wenn die in Rede stehende Wirkung keinen Einfluß auf V haben, also $b = 0$ sein soll, die Ätherteilchen von den Körpermolekülen nach dem *Newton*schen Gesetz angezogen werden müssen. Was die andere Möglichkeit betrifft, nämlich die durch die Moleküle bewirkte Abänderung in der Anordnung der Ätherteilchen, denkt sich *Briot* den von Äther erfüllten Raum zwischen der ponderablen Materie als aus Zellen bestehend, die einander kongruent sind, während innerhalb jeder einzelnen Zelle die Dichtigkeit etwas variiert. Die Dichtigkeit des Äthers wird demnach eine periodische Funktion der Koordinaten. In den Differentialgleichungen für die Ätherschwingungen sind infolgedessen die Koeffizienten nicht mehr konstant, sondern periodische Funktionen der Koordinaten. Diejenigen Integrale dieser Differentialgleichungen, welche ebenen Schwingungen entsprechen, bestehen dann aus zwei Teilen, einem periodischen Hauptteil oder mittleren Teil und einem Teil, der dieselbe Periodizität besitzt

---

deutsch von *W. Klinkerfues* 1867. Die erste Hälfte der *Briot*schen Schrift enthält Modifikationen der *Cauchy*schen Theorie der Lichtbewegung in Kristallen. Auch *Briots* Arbeiten über die Reflexion, Journ. de math. (2) 12, 13 (1866, 1867) stehen ganz auf *Cauchy*schem Boden.

94) Von neueren Autoren wird ein λ^2 direkt proportionales Glied der Dispersionsformel bisweilen als *Briot*sches Glied bezeichnet.

wie die Dichtigkeit, also innerhalb der einzelnen Zellen variiert. Da der Mittelwert des zweiten Teiles verschwindet, hat dieser keinen merklichen Einfluß auf das Wesen der Erscheinung. Trotzdem darf von ihm nicht abstrahiert werden, da die Koeffizienten der Gleichungen, welche den Hauptteil, die mittlere Bewegung, ergeben, durch die periodischen Glieder modifiziert werden. Der Einfluß dieser Glieder ist der, daß das Quadrat der Fortpflanzungsgeschwindigkeit um eine konstante Größe und um einen variablen Term verändert wird. Letzterer ist dem Quadrat der Wellenlänge umgekehrt proportional, erzeugt also die Dispersion. Für isotrope Medien folgt dann leicht die *Christoffel*sche Dispersionsformel (s. Gl. (80)).

Briot zieht aus seinen Formeln noch den Schluß, daß wenn das Glied, das die Dispersion im freien Äther hervorruft, verschwinden soll, die Äthermoleküle sich mit einer Kraft abstoßen, die umgekehrt proportional der sechsten Potenz der Entfernung ist.

Auf Grund seiner Vorstellungen über die durch die Wirkung der ponderablen Materie hervorgebrachten periodischen Ungleichheiten der Ätherdichtigkeit sucht *Briot* auch die Rotationspolarisation der asymmetrischen Medien zu erklären. Während in unbegrenzten symmetrischen Medien die Verteilung der Ätherteilchen auf parallelen Linien die gleiche ist, treten hier an Stelle der geraden Linien Spiralen. Speziell beim Quarz nimmt *Briot* eine Verteilung der Ätherteilchen in Spiralen an, deren Achsen auf der Kristallachse senkrecht stehen. Aus dieser Verteilung leitet er das Resultat ab, daß Lichtstrahlen, die der Kristallachse parallel sind, zirkular polarisiert sind; für andere Richtungen des Strahls wird der drehende Effekt der Ätheranordnung durch die gleichzeitig stattfindende Doppelbrechung modifiziert, wodurch elliptische Schwingungen entstehen, die für Strahlen senkrecht zur Achse in nahezu geradlinige Schwingungen übergehen. — Drehende Lösungen werden als isotrope Medien betrachtet, in denen asymmetrische kleine Kristalle schwimmen, die nach allen möglichen Richtungen orientiert sind. In diesen Medien pflanzen sich nach *allen* Richtungen zwei zirkulare Schwingungen von entgegengesetzter Drehung mit verschiedener Geschwindigkeit fort. Die Drehung der Polarisationsebene durch derartige Medien findet *Briot* in erster Näherung dem Quadrat der Wellenlänge umgekehrt proportional.

An die *Briot*sche Anschauung über die periodisch veränderliche Dichtigkeit des Äthers knüpft auch die Theorie von *É. Sarrau*[95]) an,

---

95) Paris C. R. 60 (1865); Journ. de math. (2) 12, 13 (1867, 1868).

während sie gleichzeitig, abweichend von *Briot* und *Cauchy*, die Elastizität des Äthers sowohl von Richtung zu Richtung, als von Mittel zu Mittel als konstant annimmt. Ohne über die Form der Periodizität der Dichtigkeitsänderung eine Annahme zu machen, werden aus den Differentialgleichungen, die die variable Dichtigkeit enthalten, solche mit konstanten Koeffizienten hergeleitet, die den mittleren Zustand darstellen. Diese Gleichungen enthalten neben den Ableitungen zweiter Ordnung nach den Koordinaten auch die dritter und vierter Ordnung. Bei Vernachlässigung der Glieder, die von höheren Ableitungen als der zweiten abhängen, und damit der Dispersion, ergibt die Theorie für die holoedrischen Kristalle, daß die Lichtschwingungen linear sind, in der durch Strahl und Wellennormale gehenden Ebene liegen und auf dem Strahl senkrecht stehen; sie sind daher auch zu den Schwingungen, die die *Neumann*sche Theorie ergibt, senkrecht, fallen aber für nichtisotrope Medien nicht mit der *Fresnel*schen Schwingungsrichtung zusammen, sind auch nicht rein transversal. Für die Fortpflanzungsgeschwindigkeit gilt das *Fresnel*sche Gesetz. Die Hinzunahme der vorher vernachlässigten Glieder ermöglicht auch die Erklärung der Rotationspolarisation der asymmetrischen Kristalle.

Die Theorien von *Briot* und *Sarrau*, gegen die *B. de Saint-Venant* in einer eingehenden Kritik[96]) erhebliche Bedenken geltend gemacht hat, erfordern, um zum Ziel zu gelangen, sehr umständliche und wenig übersichtliche Rechnungen. Eine vereinfachte Darstellung des Wesens beider Theorien findet man bei *H. Poincaré*[97]).

28. L. Lorenz, K. von der Mühll. Die *Jamin*schen Beobachtungen, wonach die *Fresnel*schen Formeln in der Nähe des Polarisationswinkels aufhören mit der Erfahrung übereinzustimmen, hat *L. Lorenz*[98]) in Ausführung einer *Cauchy*schen Idee (vgl. Nr. **18**) dadurch zu erklären gesucht, daß er annahm, der Übergang zwischen den beiden Medien, an deren Grenze die Reflexion und Brechung stattfindet, sei kein plötzlicher, sondern werde durch eine sehr dünne Schicht vermittelt, in welcher sich die Dichtigkeit und die Elastizität des Äthers stetig ändern. In zwei verschiedenen Ansätzen hat *Lorenz* die Wirkung einer solchen Übergangsschicht der Rechnung zu unterwerfen gesucht. Doch sind seine Formeln teilweise nur mangelhaft

96) Ann. chim. phys. (4) 25 (1872); auch als besondere Schrift erschienen, Paris 1872.

97) Mathemat. Theorie des Lichtes, deutsch von *E. Gumlich* und *W. Jäger*, Berlin 1894.

98) Ann. Phys. Chem. 111 (1860), p. 460; 114 (1861), p. 238.

begründet, und die Rechnungen enthalten unzulässige Vernachlässigungen[99]).

Ferner hat *Lorenz* auch den Versuch unternommen, die Doppelbrechung dadurch zu erklären, daß er die anisotropen Medien als aus sehr dünnen isotropen Schichten bestehend auffaßt, deren optisches Verhalten von Schicht zu Schicht sich stetig ändert[100]). Doch hat diese Auffassung nirgends Anklang gefunden.

Eine weitere Arbeit von *Lorenz* wird im letzten Abschnitt Erwähnung finden, während seine Dispersionstheorie in dem Artikel von *W. Wien* besprochen werden soll.

Mathematisch besonders sorgsam, aber ohne greifbaren physikalischen Erfolg ist die Behandlung der Reflexion bei *K. Von der Mühll*[101]). *Von der Mühll* behandelt zuerst die Reflexion ohne Annahme einer Übergangsschicht. Er legt dabei für die Lichtbewegung im Innern der Medien die Gleichungen von *C. Neumann* zugrunde, nimmt also mit diesem an, daß bei den Lichtschwingungen der Äther als inkompressibel zu betrachten ist (vgl. Nr. **26** a), während doch seine Dichtigkeit in verschiedenen Medien verschieden ist, ebenso seine Elastizität. Die Grenzbedingungen endlich bilden bei ihm die vollständigen Bedingungen der Elastizitätstheorie, Gleichheit der Verrückungskomponenten und der Druckkomponenten an der Grenzfläche. Man kann allen sechs Bedingungen durch gewisse partikuläre Integrale der allgemeinen Gleichungen genügen, die neben trigonometrischen auch Exponential-Funktionen enthalten. Die aus diesem Ansatz resultierenden Formeln können aber durch keine Annahme über das Verhältnis der Dichtigkeit beider Medien mit der Erfahrung in Einklang gebracht werden.

Infolgedessen wendet sich *Von der Mühll* der Annahme einer Übergangsschicht zu. Er berechnet den Effekt dieser Schicht auf doppelte Weise, einmal indem er einen Übergang von dem einen Medium zum anderen durch unendlich viele, unendlich dünne Schichten voraussetzt und die einzelnen Schichten als homogen behandelt, dann durch direkte Annahme einer kontinuierlichen Änderung von Elastizität und Dichtigkeit. Als Resultat der sehr umfangreichen Rechnungen ergeben sich für die Intensität des reflektierten und ge-

---

99) Vgl. die Besprechung der Arbeiten in den Fortschr. d. Physik durch *E. B. Christoffel*.

100) Ann. Phys. Chem. 118 (1863), p. 111.

101) Über die Reflexion und Brechung des Lichts an der Grenze unkristallinisher Medien, Math. Ann. 5 (1872) p. 471—559; ein Teil der Resultate ist schon in der Dissertation des Verfassers, Königsberg 1866, veröffentlicht.

brochenen Strahles konvergente Reihen, deren einzelne Glieder die Form von vielfachen Integralen haben. Die Annahme, daß die Dicke der Übergangsschicht gegen die Wellenlänge verschwindend klein ist, vereinfacht zwar die Resultate, führt aber zu denselben unzulässigen Formeln wie die Annahme eines plötzlichen Übergangs. Man muß daher annehmen, daß die Dicke der Übergangsschicht nicht sehr klein gegen die Wellenlänge ist. Für diesen Fall aber sind die Resultate so kompliziert, daß sie eine direkte Vergleichung mit den Beobachtungen nicht zulassen.

In einer späteren Arbeit[102]) hat *Von der Mühll* noch einen Weg angedeutet, wie man die Übergangsschicht behandeln könne, ohne die Bedingung der Inkompressibilität zu Hilfe zu nehmen. Es würden dann in der Übergangsschicht longitudinale Wellen möglich sein, während über die verfügbaren Größen so zu bestimmen wäre, daß außerhalb der Übergangsschicht die longitudinalen Wellen verschwinden. Die diesem Vorschlage entsprechenden Rechnungen sind später von *F. H. Wehner* durchgeführt[103]). Die Anpassung der Endformeln an die Beobachtungen stößt ebenso wie bei *Von der Mühll* auf große Schwierigkeiten.

Die Untersuchungen *Von der Mühlls* sind daher für die Optik völlig unfruchtbar geblieben.

29. J. W. Strutt (Lord Rayleigh). Die *Fresnel*sche Theorie (und ebenso die Theorien von *Cauchy* und *Green*) enthält einen Widerspruch in sich, und zwar liegt derselbe darin, daß bei der Reflexion die Elastizität des Äthers in allen isotropen Medien als gleich angenommen wird, während bei der Behandlung der Doppelbrechung die Elastizität des Äthers in Kristallen in verschiedenen Richtungen als verschieden betrachtet werden muß. Diesen Widerspruch sucht die Theorie von *Strutt*[104]) durch die Annahme zu beseitigen, daß der Einfluß der wägbaren Materie auf den Äther nicht darin bestehe, dessen Elastizitätskraft zu ändern, sondern sich als eine Art Widerstand äußere, analog dem hydrodynamischen Widerstande. Diesen Widerstand bei Kristallen als nach verschiedenen Richtungen verschieden anzunehmen, liegt in der Natur der Sache. Der Widerstand hängt nun von der Beschleunigung ab, und durch ihn werden in den Hauptgleichungen die Koeffizienten der zweiten Ableitungen der Verrückungen nach der Zeit geändert, nicht aber die Koeffizienten der Ableitungen nach den

102) Über *Greens* Theorie der Reflexion usw., Math. Ann. 27 (1886), p. 506—514.

103) Arch. Math. Phys. (2) 9 (1890), p. 337—374.

104) Phil. Mag. (4) 41 (1871), p. 519.

Koordinaten. Auf die Hauptachsen des als symmetrisch angenommenen Kristalls bezogen, lauten die Hauptgleichungen, die ähnlich wie bei *Green* abgeleitet werden:

$$(105)\qquad \begin{cases} \varrho_x \dfrac{\partial^2 u}{\partial t^2} = (A-B)\dfrac{\partial \theta}{\partial x} + B\varDelta u, \\ \varrho_y \dfrac{\partial^2 v}{\partial t^2} = (A-B)\dfrac{\partial \theta}{\partial y} + B\varDelta v, \\ \varrho_z \dfrac{\partial^2 w}{\partial t^2} = (A-B)\dfrac{\partial \theta}{\partial z} + B\varDelta w. \end{cases}$$

Man kann diese Gleichungen deuten als die eines Mediums, das nach verschiedenen Richtungen gleiche Elastizität, aber verschiedene Dichtigkeit besitzt. Durch Anwendung der Gleichungen auf ebene transversale Wellen findet *Strutt* für die Fortpflanzungsgeschwindigkeit V an Stelle der *Fresnel*schen Gleichung (31) die folgende:

$$(106)\qquad \frac{\alpha^2}{V^2\varrho_x - B} + \frac{\beta^2}{V^2\varrho_y - B} + \frac{\gamma^2}{V^2\varrho_z - B} = 0,$$

oder, wenn a, b, c die Hauptwerte von V bezeichnen:

$$(106\text{a})\qquad \frac{\alpha^2}{\frac{V^2}{a^2} - 1} + \frac{\beta^2}{\frac{V^2}{b^2} - 1} + \frac{\gamma^2}{\frac{V^2}{c^2} - 1} = 0.$$

An Stelle des Ellipsoids (33), dessen mit der Wellenebene paralleler Zentralschnitt in der *Fresnel*schen Theorie durch seine Achsenrichtungen die Schwingungsrichtungen, durch seine Achsenlängen die reziproken Werte der Fortpflanzungsgeschwindigkeiten der beiden zugehörigen Wellen bestimmt, tritt hier das Ellipsoid

$$(107)\qquad \frac{x^2}{a^2} + \frac{y^2}{b^2} + \frac{z^2}{c^2} = 1,$$

ein Resultat, das schon *G. G. Stokes*[105]) als Ergebnis einer von der *Fresnel*schen verschiedenen physikalischen Theorie der Doppelbrechung hingestellt hatte.

Die Reflexionstheorie von *Strutt*[106]) ist im wesentlichen die *Green*sche, nur daß *Strutt* von vornherein sowohl die Dichtigkeit, als die Elastizität in beiden Mitteln als verschieden annimmt und erst in den Schlußresultaten die Annahme einführt, daß nur eine der beiden Größen in beiden Medien denselben Wert hat. Ist die Dichtigkeit gleich, die Elastizität verschieden, so würden sich für den Fall, daß die Brechungsverhältnisse beider Medien nur wenig verschieden sind, Folgerungen ergeben, die aller Erfahrung widersprechen. Daher verwirft *Strutt*

105) Report Brit. Ass. 1862.

106) Phil. Mag. (4) 42 (1871), p. 81.

diese Annahme und glaubt daraus den Schluß ziehen zu können, daß nur die *Fresnel*sche Definition der Polarisationsebene zulässig sei.

Die *Haughton*sche Modifikation der *Green*schen Theorie (s. Nr. 23). hält *Strutt* deshalb für bemerkenswert, weil dadurch in die Formeln für die Reflexion zwei Konstante anstelle einer eingeführt würden. Dadurch könne man auch von den *Jamin*schen Beobachtungen Rechenschaft geben.

Strutt versucht auch den Einfluß einer Übergangsschicht auf die Reflexion in Rechnung zu ziehen, indem er die Übergangsschicht als von mittlerer Dichtigkeit annimmt. Dadurch gelangt er zu Formeln, die mit den Beobachtungen besser übereinstimmen[107]), als die der übrigen Theorien.

In einer dritten Arbeit[108]) hat *Strutt* die Lichtzerstreuung durch kleine Körper untersucht. Auch hier ist er zu Resultaten, die der Erfahrung entsprechen, nur unter der Voraussetzung gelangt, daß die Dichtigkeit des Äthers in verschiedenen Medien verschieden ist.

Für die Metallreflexion hat *Strutt* die *Cauchy*schen Formeln hergeleitet[109]). Er geht dabei für die Lichtbewegung in Metallen von einer Gleichung aus, die sich von der Gleichung für durchsichtige isotrope Medien durch Hinzufügung eines der Geschwindigkeit proportionalen Gliedes unterscheidet.

Für die *Strutt*sche Theorie spricht, daß in ihr die verschiedensten Erscheinungen durch ein und dieselbe Grundannahme (Verschiedenheit allein der Ätherdichtigkeit) ihre Erklärung finden. Auf die äußerst zahlreichen und wichtigen späteren optischen Arbeiten von *Strutt* braucht hier nicht eingegangen zu werden, da sie bereits auf dem Boden der elektromagnetischen Theorie stehen oder spezielle Fragen betreffen.

30. G. Kirchhoff. Von *G. Kirchhoffs* Arbeiten sind zwei optischen Inhalts. Die erste[110]) betrifft die Reflexion des Lichtes an Kristallflächen. Die Arbeit enthält in ihrem ersten Teil eine auf den *Green*schen Ausdruck des Potentials der elastischen Kräfte gestützte, sehr elegante und übersichtliche Ableitung der Formeln der Doppelbrechung. Abweichend von *Green* wird die *F. Neumann*sche Definition der Polarisationsebene zugrunde gelegt, während wiederum die Resul-

---

107) Nach *G. Lundquist* Ann. Phys. Chem. 152 (1874). Vgl. andererseits *Von der Mühll* Math. Ann. 27 (1886), p. 511 ff.

108) Phil. Mag. (4) 41 (1871), p. 447.

109) Phil. Mag. (4) 43 (1872), p. 321.

110) Berlin Abh. (1876), p. 57. *Kirchhoff*, Gesammelte Abhandl. p. 352.

tate von den *F. Neumann*schen sich dadurch unterscheiden, daß von den drei zu einer gegebenen Normalenrichtung gehörigen Wellen die eine genau longitudinal, die beiden anderen genau transversal sind. Für letztere ergeben sich die *Fresnel*schen Gesetze. Dabei wird eine neue, physikalisch anschauliche Definition des zu einer gegebenen Wellennormale gehörigen Strahles aufgestellt. Man denke sich in dem Mittel, in dem eine bestimmte ebene Lichtwelle fortschreitet, eine beliebige Ebene und berechne die Arbeit des (auf die Zeiteinheit und die Flächeneinheit bezogenen) Druckes, der auf ein Element dieser Ebene von der einen Seite her ausgeübt wird. Soll diese Arbeit verschwinden, so muß die betrachtete Ebene einer gewissen Richtung parallel sein; diese ist die Richtung des Strahles, der zu der betrachteten Lichtwelle gehört. Der so definierten Strahlenrichtung entspricht elektromagnetisch die Richtung des *Poynting*schen Vektors[110a]).

Was die Reflexionstheorie betrifft, so nimmt *Kirchhoff* mit *F. Neumann* an, daß in den verschiedenen Medien die Elastizität des Äthers verschieden, die Dichtigkeit aber dieselbe ist. Von den *Neumann*schen Grenzbedingungen behält er die der Kontinuität der drei Verschiebungskomponenten bei, vermeidet aber die Anwendung des Satzes der lebendigen Kraft durch die Annahme, daß auf die Grenzfläche außer den elastischen Druckkräften noch ein fremder Druck wirkt, den man sich etwa von den wägbaren Teilen beider Medien herrührend denken kann. Die elastischen Druckkräfte brauchen dann zu beiden Seiten der Grenzfläche nicht gleiche Werte zu haben. Die Bedingung, daß die Arbeit des genannten fremden Druckes verschwindet, liefert die vierte Grenzbedingung. Aus dieser Bedingung folgt zugleich, daß der Satz von der Erhaltung der lebendigen Kraft gültig bleibt, nur daß er eben keine Grundannahme bildet. Die Resultate stimmen mit denen von *F. Neumann* und *Mac Cullagh* überein. Die Darstellung ist eleganter und übersichtlicher als bei den genannten Autoren. Es fehlen jedoch die vielen Anwendungen, die *F. Neumann* von seinen Formeln macht.

Die zweite Arbeit[111]) betrifft eine Präzisierung und Verallgemeine-

---

110a) *W. Voigt* hat [Ann. Phys. 18 (1905), p. 645; 19 (1906), p. 14] gezeigt, daß die in der *Kirchhoff*schen Definition liegende Deutung der Lichtstrahlen durch den Energiefluß nicht notwendig mit der älteren geometrischen (s. Nr. 8, S. 26) durch den Radiusvektor der Wellenfläche zusammenfällt.

111) Zur Theorie der Lichtstrahlen, Berlin Ber. 1882, p. 641; Ann. Phys. Chem. (2) 18 (1883), p. 663; Gesammelte Abhandl. Nachtrag, p. 22—54. Den wesentlichen Teil der Arbeit hat *Kirchhoff* schon viele Jahre vorher in seinen Vorlesungen vorgetragen.

rung des *Huygens*schen Prinzips und damit eine strengere Begründung der Theorie der Bildung der Lichtstrahlen, ihrer Reflexion und Brechung, sowie der Theorie der Beugungserscheinungen. Die Grundlage dieser Untersuchung bildet die Anwendung des *Green*schen Satzes auf solche Funktionen, die der Gleichung

$$\frac{\partial^2 \Phi}{\partial t^2} = a^2 \left(\frac{\partial^2 \Phi}{\partial x^2} + \frac{\partial^2 \Phi}{\partial y^2} + \frac{\partial^2 \Phi}{\partial z^2}\right) \tag{108}$$

genügen. Weiteres über diese Untersuchungen findet man in dem Artikel von *Wien.* Auch auf die sich an die *Kirchhoff*sche Arbeit anschließenden Abhandlungen von *G. A. Maggi*[112]), *E. Beltrami*[113]), *V. Volterra*[114]) und *A. Gutzmer*[115]) kann hier nur kurz hingewiesen werden.

31. Sir W. Thomson (Lord Kelvin). *Sir W. Thomson*[116]) hat eine Reflexionstheorie entwickelt, die die vollständigen Grenzbedingungen der Elastizität (Gleichheit der Verrückungs- und Druckkomponenten) berücksichtigt und die longitudinalen Wellen dadurch fortschafft, daß ihre Fortpflanzungsgeschwindigkeit gleich Null gesetzt wird. Damit müßte also für isotrope Medien (s. S. 40) die Konstante

$$\lambda + 2\mu = 0$$

sein, und zwar müßte diese Bedingung für die beiden Medien, die bei der Reflexion in Betracht kommen, erfüllt sein. Dem entsprechend wird beiden Medien gleiche Elastizität, aber verschiedene Dichtigkeit zugeschrieben. Das Verschwinden von $\lambda + 2\mu$ bedingt zwar eine unstabile („quasi-labile") Konstitution dss Äthers; nach *Thomson* bietet aber diese Annahme die einzige Möglichkeit, den vollständigen Grenzbedingungen durch rein transversale Wellen zu genügen. *Thomson* sucht sich auch ein Bild von der Konstitution eines Mediums zu machen, das die postulierten Eigenschaften des Äthers besitzt, und findet, daß homogener, luftfreier Schaum, der durch Adhäsion an einem Gefäß von dem Zusammenschwinden zurückgehalten wird, genau die Bedingung $\lambda + 2\mu = 0$ erfüllt. Auf Grund seiner Annahme findet er für die Intensität des reflektierten und gebrochenen Lichtes genau die *Fresnel*schen Formeln[117]).

---

112) Ann. di mat. (2) 16 (1888).

113) Lombard. Ist. Rend. (2) 21 (1889); Rom Acc. Linc. Rend. (5) 1^1 (1892).

114) Rom Acc. Linc. Rend. 1^2 (1892).

115) J. Math. 114, 1895.

116) Phil. Mag. (5) 26 (1888), p. 414.

117) *Thomsons* Ableitung ist reproduziert in *P. Volkmanns* Vorlesungen über die Theorie des Lichtes, § 88. Dort ist auch gezeigt, wie man diese Theorie leicht so modifizieren kann, daß sie auf die *F. Neumann*schen Formeln führt.

Thomsons Theorie des kompressiblen Äthers ist von *R. T. Glazebrook* auf Doppelbrechung, Dispersion, einschließlich der anomalen Dispersion, Metallreflexion und auf die Lichtbewegung in bewegten Medien ausgedehnt[118]).

V. Theorien, die das Mitschwingen der ponderablen Teilchen in Rechnung ziehen.

32. J. Boussinesq. Wenn auch schon in früheren Theorien mehrfach eine Einwirkung der Körperteilchen auf den Äther angenommen war (vgl. z. B. *F. Neumanns* Dispersionstheorie, Nr. 21), so ist doch ein direktes Mitschwingen jener Teilchen zuerst von *Boussinesq* als Grundlage der Theorie herangezogen. In seiner Théorie nouvelle des ondes lumineuses[119]) geht *Boussinesq* von folgenden Grundanschauungen aus. Der Äther ist durchweg isotrop; seine Elastizität und seine Dichtigkeit sind in allen Medien die gleichen. Die optische Verschiedenheit der verschiedenen Medien rührt lediglich davon her, daß auch die ponderablen Teilchen mit in Bewegung geraten; sie werden aber wegen ihrer verhältnismäßig sehr großen Masse nur so wenig verschoben, daß die dadurch geweckten elastischen Kräfte der wägbaren Materie als verschwindend angesehen werden können. Die ponderablen Teilchen bewegen sich daher so, als wären sie ganz isoliert, und sie werden durch die periodische Ätherbewegung in synchrone Schwingungen versetzt. Dadurch, daß der Äther isotrop ist und ein Teil seiner elastischen Kraft zur Mitbewegung der ponderablen Teilchen verwendet wird, ergibt sich der Ansatz:

$$\varrho \frac{\partial^2 u}{\partial t^2} + \varrho_1 \frac{\partial^2 U}{\partial t^2} = (\lambda + \mu) \frac{\partial \theta}{\partial x} + \Delta u, \tag{109}$$

wo u, v, w, wie stets, die Verrückungskomponenten des Äthers bezeichnen, U, V, W die der ponderablen Moleküle ϱ, ϱ_1 die Dichtigkeiten, θ die räumliche Dilatation des Äthers, Δ den bekannten *Laplace*schen Differentialausdruck. Da ferner die Schwingungen der Körpermoleküle isochron mit denen der Ätherteilchen erfolgen, so sind U, V, W Funktionen der u, v, w und ihrer Ableitung nach den Koordinaten, und zwar wegen der Kleinheit von u, v, w lineare Funktionen dieser Größen. Die Ableitungen von u, v, w nach der Zeit

118) Phil. Mag. (5) 26 (1888), p. 521.

119) Paris C. R. 65 (1867) p. 167; Journ. de math. (2) 13 (1868), p. 313. Die weiteren im Journ. de math. 13 (1868); 17 (1872); 18 (1873) sowie in den Ann. chim. (4) 30 (1873) veröffentlichten Arbeiten des Verfassers enthalten weitere Ausführungen der Theorie.

einzuführen, erweist sich nur bei den magneto-optischen Erscheinungen als erforderlich. Für isotrope Medien ergibt sich so der Ansatz

$$U = Au + B\left(\frac{\partial v}{\partial z} - \frac{\partial w}{\partial y}\right) + C\frac{\partial \theta}{\partial x} + D\Delta u + \dots; \tag{110}$$

für Medien, die keine drehende Eigenschaft besitzen, ist $B = 0$ zu setzen. Zur Erklärung der Dispersion sind rechts noch die höheren Ableitungen von u, v, w hinzuzufügen. Zur Erklärung der Doppelbrechung sind, wenn die Koordinatenachsen den Hauptachsen parallel sind, die Konstanten A in den Gleichungen für U, V, W verschieden anzunehmen, während für isotrope Medien A in allen drei Gleichungen denselben Wert hat. In einem späteren Ansatz nimmt *Boussinesq* angenähert für U, V, W lineare Funktionen der drei Größen u, v, w. Hinsichtlich der Doppelbrechung hat übrigens *Poincaré*[120]) gezeigt, daß der Ansatz von *Boussinesq* zu denselben Folgerungen führt, wie der von *Sarrau* (s. Nr. 27).

Für die Reflexion fallen bei *Boussinesq* die Schwierigkeiten, welche sich der Anwendung des vollständigen Kontinuitätsprinzips bei der Annahme ungleicher Elastizität oder ungleicher Dichtigkeit entgegenstellen, von selbst fort, da der Äther in den beiden aneinander stoßenden Medien völlig gleiche Beschaffenheit hat. Dieser Umstand sowie auch, daß *Boussinesq* eine große Anzahl von Einzelerscheinungen nach einem einheitlichen Prinzip, nur durch geringe Modifikationen des Ansatzes, zu erklären vermag, hat *B. de Saint-Venant* veranlaßt, in seiner kritischen Besprechung der verschiedenen Lichttheorien[121]) die Theorie von *Boussinesq* für die am meisten einwandfreie erklären.

Später hat *Boussinesq*[122]) seine Theorie dahin modifiziert, daß er von dem Mitschwingen der Körperteile abstrahiert, dafür aber einen Widerstand einführt, den jene Moleküle der Lichtbewegung entgegensetzen, außerdem aber eine Einwirkung der ponderablen Teilchen auf den Äther postuliert. Letztere Wirkung gibt auf der rechten Seite von (109) ein Glied proportional u, während jener Widerstand durch eine lineare Funktion von $\frac{\partial^2 u}{\partial t^2}$, $\frac{\partial^2 v}{\partial t^2}$, $\frac{\partial^2 w}{\partial t^2}$ dargestellt wird. Diesen modifizierten Ansatz hat er, ebenso wie den ursprünglichen, auch auf den Durchgang des Lichtes durch bewegte Medien ausgedehnt[123]). Die Annahme, daß der Äther ruht und nur die ponderable Materie

120) Math. Theorie des Lichts, § 177.

121) Ann. chim. (4) 25 (1872), auch als besondere Schrift zu Paris 1872 erschienen. Vgl. *Darboux* Bull. 3 (1872), p. 195.

122) In drei Aufsätzen in den Paris C. R. 117 (1893).

123) Paris C. R. 135 (1902)

sich bewegt, führt dazu, dem Ausdruck für den erwähnten Widerstand noch Zusatzglieder von der Form

$$(111) \qquad \frac{\partial U}{\partial t}\frac{\partial^2 u}{\partial x \partial t} + \frac{\partial V}{\partial t}\frac{\partial^2 u}{\partial y \partial t} + \frac{\partial W}{\partial t}\frac{\partial^2 u}{\partial z \partial t}$$

hinzuzufügen, und aus diesen ergibt sich der Wert des *Fresnel*schen Mitführungskoeffizienten ohne die *Fresnel*sche Annahme einer teilweisen Mitführung des Äthers. — Auch die anomale Dispersion und den Durchgang des Lichtes durch absorbierende Medien hat *Boussinesq* in seine Theorie einzubeziehen versucht[124]).

33. W. Sellmeier. *Sellmeier*[125]) war der erste, der eine theoretische Erklärung der 1862 von *F. P. Le Roux* am Joddampf, 1870 von *C. Christiansen* am Fuchsin entdeckten und dann namentlich von *A. Kundt* studierten anomalen Dispersion versuchte. Er ging dabei hinsichtlich des Verhaltens des Äthers in verschiedenenen Medien von denselben Anschauungen aus wie *Boussinesq* und mußte daher wie dieser das Mitschwingen der ponderablen Teilchen in Rechnung ziehen. Das tat er aber in wesentlich anderer Art als *Boussinesq*, indem er vor allem auch die Elastizitätskräfte der wägbaren Materie mit berücksichtigte, während *Boussinesq* diese vernachlässigte. Falls diese Kräfte allein wirkten, würde die Bewegung eines ponderablen Moleküls längs einer seiner Hauptachsen (d h. einer der drei senkrechten Achsen, längs denen eine Verrückung erfolgen muß, damit die Reaktionskraft die Richtung der Verrückung hat) durch die Gleichung

$$(112) \qquad \frac{\partial^2 U}{\partial t^2} = -\frac{4\pi^2}{\delta^2} U$$

bestimmt. Hierbei wird, ähnlich wie bei *Fresnel* (vgl. Nr. 3), eine „quasi-elastische", der Verrückung proportionale Reaktionskraft eingeführt, welche durch die unbekannten molekularen Zusammenhänge hervorgebracht wird und von der gewöhnlichen elastischen Kraft zu unterscheiden ist. — Wird nun das Medium von einer Lichtbewegung durchsetzt, so erleidet der Gleichgewichtsort des betrachteten ponderablen Teilchens eine periodische Verschiebung von derselben Schwingungsdauer und Phase wie die Lichtbewegung, nämlich

$$(113) \qquad U_0 = a_0 \sin \frac{2\pi}{\tau}(t + \alpha),$$

und die Gleichung für die Bewegung des Teilchens wird nun:

$$(114) \qquad \frac{\partial^2 U}{\partial t^2} = -\frac{4\pi^2}{\delta^2}(U - U_0).$$

124) Paris C. R. 134 (1902); 136 (1903).

125) Ann. Phys. Chem. 145, p. 399, 520; 147, p. 386, 525, beide 1872.

Ihr Integral ist, je nachdem $\delta \lessgtr \tau$ oder $\delta = \tau$ ist:

$$U = \frac{\tau^2}{\tau^2 - \delta^2} a_0 \sin \frac{2\pi}{\tau}(t + \alpha) + b \sin \frac{2\pi}{\delta}(t + \beta), \tag{115}$$

bzw.

$$U = -\frac{\pi a_0}{\delta} t \cos \frac{2\pi}{\delta}(t + \alpha) + b \sin \frac{2\pi}{\delta}(t + \beta), \tag{115a}$$

wobei b und β die Integrationskonstanten sind. Die in (113), (115), (115a) auftretenden Konstanten a_0, b, β sind nun keine eigentlichen Konstanten, sie sind vielmehr mit der Zeit veränderlich, wenn auch langsam im Vergleich mit der Geschwindigkeit der Lichtbewegung. Es folgt das daraus, daß im natürlichen Licht die Schwingungsrichtung und damit die Projektion der Amplitude auf eine bestimmte Richtung ξ veränderlich ist, und daß von dieser Projektion auch a_0, b, β abhängen. Aus der Veränderlichkeit von b, β ergibt sich, daß die zweiten Summanden in (115) und (115a) im allgemeinen auf die Lichterscheinungen keinen Einfluß haben; sie werden daher als unwesentliche Körperschwingungen bezeichnet, während die ersten Summanden die wesentlichen Schwingungen bilden. Diese wesentlichen Schwingungen haben im Fall (115) eine ganz andere Wirkung auf die Lichtbewegung als im Falle (115a). Im Falle (115) geht in einer Reihe von Schwingungen keine lebendige Kraft vom Äther an die Körpermoleküle über, nur die Masse des Schwingenden wird vermehrt und damit die Fortpflanzungsgeschwindigkeit geändert. In Körperteilchen, die nach (115) schwingen, sieht *Sellmeier* daher die Ursache der Refraktion; er nennt sie refraktive Teilchen. Körperteilchen dagegen, deren wesentliche Schwingung nach (115a) erfolgt, bilden die Ursache der Absorption, da sie der Lichtbewegung fortdauernd lebendige Kraft entziehen. Ist endlich τ nahe gleich δ, so haben auch die zweiten Summanden von (115), die im allgemeinen unwesentlich sind, eine Wirkung auf die Lichtschwingungen, sie ergeben eine Nebenabsorption.

Für die wesentlichen Schwingungen (115) leitet *Sellmeier* dann folgende Dispersionsformel her:

$$n^2 - 1 = \frac{\sum m \frac{\tau^2}{\tau^2 - \delta^2} a_0{}^2}{m' a'^2}. \tag{116}$$

Darin ist m' die gesamte Äthermasse in einem Volumen V, das so klein ist, daß alle in ihm enthaltenen Ätherteilchen in gleicher Phase schwingen, a' deren Amplitude, m die Masse der einzelnen in V enthaltenen mitschwingenden Körperteilchen, für die δ, das sich von Teilchen zu Teilchen ändern kann, $\gtrless \tau$ ist. Die Formel folgt daraus, daß man für den in V enthaltenen Äther die Energie (kinetische und potentielle) berechnet, die er während seines Fallens vom Verschiebungsmaximum bis zum Ruheorte verliert, und entsprechend die Energie, die die ponderablen Teilchen während derselben Zeit gewinnen, und beide gleich setzt[126]). Die Diskussion dieser Formel führt auf die Möglichkeit der anomalen Dispersion.

Auch Formeln für die Intensität des reflektierten und gebrochenen Lichtes leitet *Sellmeier* her. Seine Grenzbedingungen sind den *Fresnel*schen ähnlich, nur daß an Stelle des Satzes der lebendigen Kraft das obige Prinzip tritt: die mechanische Energie in einem Volumen V ist konstant.

34. Weitere Ansätze zur Erklärung der anomalen Dispersion. Etwa gleichzeitig mit *Sellmeier* hat *O. E. Meyer*[127]) versucht, die Differentialgleichung für eine ebene Wellenbewegung

$$\frac{\partial^2 v}{\partial t^2} = \mu^2 \frac{\partial^2 v}{\partial x^2} \tag{117}$$

durch Zusatzglieder so zu modifizieren, daß sich aus ihr eine anomale Dispersion ergäbe. Er fügt auf der rechten Seite von (117) das Glied

$$-\varkappa \frac{\partial v}{\partial t} \quad \text{oder} \quad -\nu \frac{\partial^3 v}{\partial t \partial x^2} \tag{118}$$

hinzu und begründet diese Hinzufügung im ersten Falle durch einen Widerstand der ponderablen Teile, im zweiten durch eine Art innerer Reibung der Ätherteilchen. Die Integration der so entstehenden Gleichungen führt auf Dispersionsformeln, die ein Wachsen des Brechungsexponenten mit der Schwingungsdauer, also anomale Dispersion ergeben, für die Absorptionskonstante aber Werte, die den Erscheinungen nicht entsprechen.

Bemerkenswerter ist der Ansatz von *H. Helmholtz*[128]), der wie *Sellmeier* ein Mitschwingen der ponderablen Teilchen annimmt, dasselbe aber in anderer Art in Rechnung stellt. Da diese Arbeit in dem Artikel von *Wien* besprochen werden wird, sei hier nur erwähnt, daß es *Helmholtz* gelingt, auch für den Fall, wo die eigene Schwingungsdauer der ponderablen Teilchen der Periode der erregenden Lichtoszillationen gleich ist, die Rückwirkung der erstgenannten Schwin-

126) Den in Gl. (116) liegenden Satz, daß die brechende Kraft eines Mediums gleich ist den Quotienten der lebendigen Kraft seiner Körper- und Ätherteilchen, sowie die ihm zugrunde liegende Vorstellungsweise bezeichnet *E. Ketteler* als das *Sellmeier*sche Prinzip.

127) Ann. Phys. Chem. 145 (1872).

128) Berlin Monatsber. 1874, p. 667.

gungen auf den Äther zu ermitteln und damit Formeln für die Absorption zu gewinnen.

Um einen besseren Anschluß der Refraktionsformel an die Erfahrung zu erzielen, hat *E. Lommel* den *Helmholtz*schen Ansatz etwas modifiziert[129]). Er nimmt dabei an, daß Äther und Körperteilchen nach einer gemeinsamen, im Raum festen Gleichgewichtslage hingezogen werden, ferner, daß den Körperteilchen durch die Ätherbewegung ein periodischer Impuls erteilt werde, der wiederum auf den Äther zurückwirke. Im übrigen wirken auf den Äther nur seine elastischen Kräfte, auf die Körperteilchen elastische Kräfte, die dem Ausschlag proportional sind, und außerdem ein der Geschwindigkeit proportionaler Widerstand.

Lommel hat seine Theorie auch auf die Lichtbewegung in Kristallen ausgedehnt, außerdem die Fluoreszenz dadurch abzuleiten gesucht, daß er in der Gleichung für die Bewegung der ponderablen Moleküle neben den ersten noch höhere Potenzen ihrer Verrückung einführte.

35. W. Voigts ältere Arbeiten. In seiner ersten optischen Arbeit[130]) ging *Voigt* von der Elastizitätstheorie aus und untersuchte, wie man diese Theorie erweitern müsse, um aus ihr die Lichterscheinungen für vollkommen durchsichtige Medien abzuleiten. Die Erweiterung besteht in der Betrachtung eines aus Äther und ponderablen Teilchen gemischten Mediums. Auf beide Arten von Teilchen wirken zunächst die von den umgebenden *gleichartigen* Massen ausgeübten elastischen Kräfte, deren Komponenten X, Y, Z, bezw. Ξ, H, Z seien. Daneben werden auch von den ungleichartigen Massen Kräfte mit den Komponenten A, B, C ausgeübt, die dem Prinzip von Wirkung und Gegenwirkung gehorchen müssen. Die Differentialgleichungen der Bewegung werden daher, wenn u, v, w die Verrückungskomponenten, m die Dichtigkeit des Äthers ist, und U, V, W, μ dieselbe Bedeutung für die ponderable Materie haben:

$$(119) \qquad m\frac{\partial^2 u}{\partial t^2} = X + A, \quad \mu\frac{\partial^2 U}{\partial t^2} = \Xi - A, \ldots$$

Von den Kräften $A, \ldots$ wird weiter gefordert, daß für sie das Prinzip der Energie gilt, daß also der Ausdruck für ihre Arbeit sich auf die Form eines vollständigen Differentialquotienten nach der Zeit bringen lasse. Das liefert acht verschiedene Ansätze. Bei dem ersten ist A eine lineare homogene Funktion von $u - U$, $v - V$, $w - W$, bei

129) Erlangen Ber. 1877; Ann. Phys. Chem. (2) 3 u. 4 (1878).

130) Ann. Phys. Chem. (2) 19 (1883), p. 873.

dem zweiten eine ebensolche Funktion der zweiten Ableitung von $u - U$, $v - V$, $w - W$ nach der Zeit. Im dritten und vierten wird

$$(120) \qquad -A = \frac{\partial A_x}{\partial x} + \frac{\partial A_y}{\partial y} + \frac{\partial A_z}{\partial z}$$

gesetzt, und für die Größen A_x, A_y, A_z werden Ausdrücke von derselben Form genommen, wie vorher für A selbst genommen sind. Wenn man nun noch den Äther als inkompressibel und als von verschwindender Dichte, aber in allen Medien als von gleicher Konstitution annimmt, so sind die U, V, W verschwindend klein. Die allein übrig bleibenden Gleichungen für u, v, w ergeben dann für kristallinische Medien Gesetze, die viel komplizierter sind als die *Fresnel*schen Gesetze, die sich jedoch durch passende Annahmen über die verfügbaren Konstanten auf letztere zurückführen lassen. Dabei sind aber die in den *Fresnel*schen Gesetzen auftretenden Parameter nicht konstant, sondern von der Farbe abhängig. Eine Modifikation der obigen vier Ansätze, bei der auch die ersten oder dritten Ableitungen von $u - U$, $v - V$, $w - W$ auftreten, ergibt die Erscheinungen der Zirkularpolarisation. Die Reflexion endlich wird mittels der *Kirchhoff*schen Grenzbedingungen behandelt. Die sich ergebenden Formeln können sowohl mit den *F. Neumann*schen, als den *Fresnel*schen in Übereinstimmung gebracht werden, mit letzteren aber nur, wenn man zwischen den Konstanten Relationen annimmt, durch welche die in den Formeln enthaltene Dispersion verschwindet.

Weiter hat *Voigt* seine Theorie auch auf *absorbierende* isotrope und kristallinische Medien ausgedehnt[131]). Mußten bei den durchsichtigen Medien die A der Bedingung genügen, daß die Energie einer in dem Körper fortgepflanzten Bewegung unter allen Umständen erhalten bleibt, so müssen sie jetzt die Forderung erfüllen, daß stets ein Verlust an Energie eintritt. Er hat aus dieser Forderung bei isotropen Medien Ausdrücke für die A hergeleitet, die, verbunden mit den nötigen Grenzbedingungen, das optische Verhalten der Metalle mit großer Genauigkeit darstellen. Auch für kristallinische Medien werden die entsprechenden Ausdrücke aufgestellt.

In einer späteren Arbeit[132]) geht *Voigt* von noch allgemeineren Ansätzen hinsichtlich der A aus. Er nimmt an, daß die auf die Ätherteilchen ausgeübten Kräfte, sei es, daß dieselben von den übrigen Ätherteilchen oder von den ponderablen Molekülen herrühren, aus

131) Gött. Nachr. 1884, p. 137 und 337; Ann. Phys. Chem. (2) 23 (1884), p. 104 und 577.

132) Ann. Phys. Chem. (2) 43 (1891), p. 410.

Gliedern folgender Formeln bestehen:

$$(121)\qquad A,\ -\left(\frac{\partial A_x}{\partial x}+\frac{\partial A_y}{\partial y}+\frac{\partial A_z}{\partial z}\right),\quad \frac{\partial^2 A_{xx}}{\partial x^2}+\frac{\partial^2 A_{xy}}{\partial x \partial y}+\cdots,$$

wo die A lineare Funktionen der Verrückungen und ihrer Ableitungen nach der Zeit von beliebig hoher Ordnung sind, die A_x, A_y, A_z lineare Funktionen von $\frac{\partial u}{\partial x}, \frac{\partial u}{\partial y}, \ldots, \frac{\partial w}{\partial z}$ und ihrer ersten, zweiten usw. Ableitungen nach der Zeit, die A_{xx}, $A_{xy}, \ldots$ endlich lineare Funktionen von $\frac{\partial^2 u}{\partial x^2}, \frac{\partial^2 u}{\partial x \partial y}, \ldots, \frac{\partial^2 w}{\partial z^2}$ und ihren Ableitungen nach der Zeit. Wegen der Periodizität der Verrückungskomponenten ist nun

$$\frac{\partial^2 u}{\partial t^2} = -\frac{4\pi^2}{\tau^2}u \quad \text{usw.};$$

ersetzt man demgemäß $\frac{\partial^2 u}{\partial t^2}, \frac{\partial^4 u}{\partial t^4}, \ldots$ durch u, $\frac{\partial^3 u}{\partial t^3}, \frac{\partial^5 u}{\partial t^5}, \ldots$ durch $\frac{\partial u}{\partial t}$, so enthalten die Ausdrücke für A, $A_x, \ldots$ nur nullte und erste Ableitungen nach der Zeit; doch sind die Koeffizienten dieser Ausdrücke nicht mehr konstant, sondern Reihen, die nach fallenden Potenzen des Quadrats der Schwingungsdauer fortschreiten. Von den Ableitungen der u, v, w nach den Koordinaten darf man in A, $A_x, \ldots$ nur die ersten beibehalten, d. h. man muß von den A_{xx}, $A_{xy}, \ldots$ und etwaigen Kräften, die von Größen noch höherer Ordnung abhängen, abstrahieren, weil sich sonst für eine Fortpflanzungsrichtung mehr als zwei Wellen ergeben würden. Die immer noch sehr große Zahl von Konstanten wird durch die Annahme der Inkompressibilität des Äthers reduziert. So ergibt sich, daß für durchsichtige Medien, bei denen kein Energieverlust stattfindet, die A verschwinden. Die A_x, $A_y, \ldots$ zerfallen in zwei Teile; die Teile, die nur von den $\frac{\partial u}{\partial x}, \frac{\partial u}{\partial y}, \ldots$, nicht aber von deren Ableitung nach der Zeit abhängen, enthalten im allgemeinen zwölf Konstante; sie stellen sich für jede Farbe als die Superposition zweier Kraftsysteme dar, die in bezug auf zwei im allgemeinen verschiedene Achsenkreuze symmetrisch verteilt sind, und von denen das eine mit den *Neumann*schen, das andere mit den *Fresnel*schen Werten identisch ist. Diejenigen Teile von $A_x, \ldots$ ferner, die die Ableitungen nach der Zeit enthalten und mit dem Energieprinzip und der Inkompressibilität vereinbar sind, müssen um eine Achse gleichmäßig verteilt sein und geben Wirkungen, die vollständig mit denen zusammenfallen, die in einem homogenen magnetischen Felde beobachtet werden, dessen Kraftlinien jener Achse parallel laufen.

Die absorbierenden Kräfte ferner haben genau dieselbe Form, wie die betreffenden Kräfte für durchsichtige Medien, falls man in letzteren u, v, w durch ihre ersten Ableitungen nach der Zeit ersetzt. Für die absorbierenden Kräfte gelten daher ähnliche Gesetze, wie die vorher erwähnten für die ersten Teile der $A_x, \ldots$

Auch die Grenzbedingungen für den Übergang des Lichtes aus einem Medium in ein anderes leitet *Voigt* aus dem Prinzip der Erhaltung der Energie her und gelangt für durchsichtige Kristalle zu den *Kirchhoff*schen Bedingungen, während sich für absorbiernde Medien die von *Voigt* selbst[133]) und *Drude*[134]) aufgestellten Gleichungen ergeben.

Zum Schluß zeigt *Voigt* den Zusammenhang zwischen den von ihm für nicht aktive durchsichtige Medien aufgestellten Formeln und den Formeln der elektromagnetischen Lichttheorie.

Wir sehen, daß *Voigt*, der zuerst von rein mechanischen Vorstellungen zur Begründung der Lichttheorie ausgegangen war, in dem Bestreben, die Theorie so zu erweitern, daß sie alle möglichen. Erscheinungen umfaßt, schließlich zu einer Darstellung gelangte, die von der molekular-mechanischen Deutung der eingeführten Kräfte abstrahiert und wegen der großen Zahl der in dem Ansatz auftretenden verfügbaren Konstanten als wesentlich phänomenologisch bezeichnet werden kann. Noch entschiedener hat sich *Voigt* in seinem Kompendium der theoretischen Physik auf den phänomenologischen Standpunkt gestellt (vgl. Abschn. VI, Nr. **39**).

VI. Die Behandlung der Optik vom phänomenologischen Standpunkt.

36. Theoretische Arbeiten, die wesentlich phänomenologischen Charakter haben. *Drude* weist gelegentlich[135]) darauf hin, daß eine phänomenologische Theorie keineswegs nur eine mathematische Rechenübung und für die Naturerkenntnis nutzlos sei. Gerade die Optik biete eine große Zahl von Beispielen für den Nutzen rein phänomenologischer Ansätze. So sei *Fresnel*s Theorie der Doppelbrechung so wenig streng begründet, daß man sie als phänomenologisch bezeichnen müsse, und doch habe sie zur Entdeckung der konischen Refraktion geführt. Von neueren Theorien habe die phänomenologisch zu

---

133) Vgl. die in Anm. 131 zitierten Arbeiten aus dem Jahre 1884.

134) Ann. Phys. Chem. (2) 32 (1887), p. 584.

135) *A. Winkelmanns* Handbuch der Physik, zweite Auflage, 6, p. 1140, Anm. 3.

nennende Theorie von *Voigt* zur Auffindung mancher bisher nicht beobachteten Erscheinungen geführt, z. B. in absorbierenden Kristallen.

Wir möchten dem hinzufügen, daß, wenn eine phänomenologische Theorie auch nur als Vorstufe einer eigentlichen Theorie betrachtet werden kann, sie schon dadurch einen wesentlichen Nutzen gewährt, daß sie die Fülle der Einzelerscheinungen rationell zusammenfaßt und durch Formeln exakt darstellt. In dieser Beziehung sind auch solche Theorien nützlich, deren mathematische Entwicklung nicht haltbar ist, wie z. B. die Theorie von *Ketteler*[136]). *E. Ketteler* ist es gelungen, einen einigermaßen brauchbaren Ansatz zu finden, den er dann in sehr zahlreichen Versuchen fortwährend in diesem oder jenem Punkt geändert hat, bis er schließlich zu Gleichungen (allgemeine und Grenzgleichungen) gelangt ist, die wohl geeignet waren, die Beobachtungen wiederzugeben.

Ähnliches gilt von der Art, in der *V. von Lang*[137]) die Doppelbrechung begründet. Er geht davon aus, daß im *freien* Äther die Ausschläge u, v, w der Teilchen lediglich den elastischen Gleichungen genügen, während für die Lichtbewegung in anderen Medien u, v, w durch die Schwingungen U, V, W der Körperteilchen beeinflußt werden. Diesem Einfluß trägt er dadurch Rechnung, daß er in den elastischen Gleichungen $u - U$, $v - V$, $w - W$ an Stelle von u, v, w einführt und annimmt, daß die Verhältnisse $U:u$, $V:v$, $W:w$ für ein bestimmtes System rechtwinkliger Achsen überall im Körper konstante, voneinander verschiedenem Wert haben. So gelangt er zu den *Fresnel*schen Gesetzen der Doppelbrechung und zwar mit *Fresnels* Definition der Polarisationsebene.

Denselben Ansatz hat *von Lang* auch in die Theorie der Zirkularpolarisation eingeführt[138]). Auch hier dürfte sich die grundlegende Annahme lediglich dadurch rechtfertigen lassen, daß sie zu richtigen Resultaten führt, so daß auch diese Theorie mehr phänomenologischen als rationellen Charakter hat.

---

136) *E. Ketteler*, Theoretische Optik, gegründet auf das Bessel-Sellmeiersche Prinzip, Braunschweig 1885. — Vgl. auch die zahlreichen Abhandlungen *Kettelers* in den Ann. Phys. Chem., deren erste die Lichterscheinungen in bewegten Medien betrafen, während die von 1876 ab erschienenen eine molekular-mechanische Begründung der normalen und anomalen Dispersion zu geben versuchten.

Was die Bezeichnung „Bessel-Sellmeiersches Prinzip" betrifft, so nennt *Ketteler* die Heranziehung des Trägheitsmomentes des mitschwingenden Mittels: „Besselsches Prinzip". Hinsichtlich dès Sellmeierschen Prinzips vgl. Nr. 33, Anm. 126).

137) Ann. Phys. Chem. 159 (1876); Wien Ber. 83 (1876).

138) Ann. Phys. Chem. Suppl.-Bd. 8 (1878).

37. L. Lorenz, M. Lévy. Der erste, der sich, allerdings nicht von vornherein, auf einen bewußt phänomenologischen Standpunkt stellte, war *L. Lorenz*[139]). Er erklärt die Ausbildung des Molekularmechanik für völlig unfruchtbar und will der Optik eine rein analytische Grundlage geben. Er zeigt, daß aus Gleichungen von der Form der *Lamé*schen bei angemessenen Grenzbedingungen alle optischen Erscheinungen hervorgehen.

M. Lévy[140]) hat die Frage untersucht: Welches sind die allgemeinsten Gleichungen der Doppelbrechung, die mit den *Fresnel*schen Gesetzen vereinbar sind? Ohne jede Hypothese über das Wesen des Lichtes kann man den Vorgang der Ausbreitung desselben durch einen Vektor darstellen, dessen Komponenten u, v, w, wenn das Medium kontinuierlich ist, einem System von partiellen Differentialgleichungen genügen. Diese Gleichungen müssen, da Interferenz des Lichtes möglich ist, linear und, falls man von der Dispersion und der Zirkularpolarisation absieht, auch homogen sein. Sollen diese Gleichungen auf die *Fresnel*sche Wellenfläche führen, so müssen sie z. B. die Form haben:

$$(122)\ (\mathrm{A}_1)\quad \frac{\partial^2 u}{\partial t^2} = \mathfrak{a}\frac{\partial^2 u}{\partial x^2} + c^2\frac{\partial^2 u}{\partial y^2} + b^2\frac{\partial^2 u}{\partial z^2} + \frac{\mu}{\lambda}(\mathfrak{b} - c^2)\frac{\partial^2 v}{\partial x \partial y} + \frac{\nu}{\lambda}(\mathfrak{c} - b^2)\frac{\partial^2 w}{\partial x \partial z}.$$

Darin treten neben den Hauptbrechungsindizes a, b, c die fünf willkürlichen Konstanten $\mathfrak{a}$, $\mathfrak{b}$, $\mathfrak{c}$, $\mu : \lambda$, $\nu : \lambda$ auf. Außer dieser Form sind noch drei andere möglich, in denen nur die acht Konstanten in etwas anderer Anordnung auf die Terme der rechten Seiten verteilt sind. Die Verteilung der Konstanten in den vier Formen ist folgende:

$$(122\mathrm{a})\quad \begin{cases} (\mathrm{A}_1) & \mathfrak{a},\ c^2,\ b^2,\ \frac{\mu}{\lambda}(\mathfrak{b} - c^2),\ \frac{\nu}{\lambda}(\mathfrak{c} - b^2); \\ (\mathrm{A}_2) & \mathfrak{a},\ c^2,\ b^2,\ \frac{\mu}{\lambda}(\mathfrak{a} - c^2),\ \frac{\nu}{\lambda}(\mathfrak{a} - b^2); \\ (\mathrm{B}_1) & \mathfrak{a},\ a^2,\ a^2,\ \frac{\mu}{\lambda}(\mathfrak{b} - a^2),\ \frac{\nu}{\lambda}(\mathfrak{c} - a^2); \\ (\mathrm{B}_2) & \mathfrak{a},\ a^2,\ a^2,\ \frac{\mu}{\lambda}(\mathfrak{a} - b^2),\ \frac{\nu}{\lambda}(\mathfrak{a} - c^2). \end{cases}$$

Alle vier Systeme ergeben für das Quadrat der Fortpflanzungsgeschwindigkeit eine Gleichung dritten Grades, die in zwei Faktoren zerfällt, deren einer die *Fresnel*sche Gleichung für transversale Schwingungen ergibt. Damit die dritte Welle fortfällt, ist nur nötig,

139) Über die Theorie des Lichtes, Ann. Phys. Chem. 121 (1864), p. 579—600.
140) Paris C. R. 105 (1887); Journ. de math. (4) 4 (1888).

den Konstanten $\mathfrak{a}$, $\mathfrak{b}$, $\mathfrak{c}$ negative Werte zu geben. Die Konstanten $\mu : \lambda$, $\nu : \lambda$ bestimmen die Schwingungsrichtung der nicht fortfallenden Wellen. Je nach der Annahme über $\mathfrak{a}$, $\mathfrak{b}$, $\mathfrak{c}$, $\mu : \lambda$, $\nu : \lambda$ ergeben sich die verschiedenen Theorien. Z. B. folgen aus dem System (A_2) für

$$\mathfrak{a} = \mathfrak{b} = \mathfrak{c} = 0, \quad \frac{\mu}{\lambda} = \frac{\nu}{\lambda} = 1$$

die Theorien von *F. Neumann*, *Mac Cullagh* und *Lamé*. Die Gleichungen (B_2) ergeben unter denselben Annahmen die *Fresnel*sche Theorie. Durch andere Annahmen wiederum kann man die Resultate der *Sarrau*schen Theorie erhalten.

Die obigen Gleichungen setzen voraus, daß der betrachtete Kristall in bezug auf drei rechtwinklige Ebenen symmetrisch ist. Besteht diese Symmetrie nicht, so braucht man, um zur *Fresnel*schen Wellenfläche zu gelangen, nur u, v, w durch beliebige lineare Funktionen dieser Größen zu ersetzen.

38. **P. Drude.** *Drudes* Untersuchung[141]) bezieht sich darauf, wie weit die Resultate der hauptsächlichsten bisher aufgestellten Theorien, ganz abgesehen von ihrer Begründung und Herleitung, den Anforderungen der praktischen Physik genügen, d. h. imstande sind, eine Klasse von optischen Erscheinungen bequem zu beschreiben, sowie numerische Beziehungen zwischen verschiedenen Erscheinungen abzuleiten. Dabei wird der Zusammenhang zwischen den verschiedenen Theorien erörtert.

Für durchsichtige isotrope Medien wird ein experimentell sicher begründetes Erklärungssystem durch die Differentialgleichungen

$$(123) \qquad \frac{\partial^2 u}{\partial t^2} = a \Delta u = a \left(\frac{\partial \eta}{\partial z} - \frac{\partial \zeta}{\partial y} \right), \quad \text{usw.}$$

gebildet, verbunden mit den Grenzbedingungen

$$(124) \qquad u_1 = u_2, \quad v_1 = v_2, \quad a_1 \xi_1 = a_2 \xi_2, \quad a_1 \eta_1 = a_2 \eta_2$$

oder

$$(124') \qquad u_1 = u_2, \quad v_1 = v_2, \quad \xi_1 = \xi_2, \quad \eta_1 = \eta_2.$$

Darin sind u, v, w die Komponenten eines periodisch mit der Zeit sich ändernden Vektors, für den $\frac{\partial u}{\partial x} + \frac{\partial v}{\partial y} + \frac{\partial w}{\partial z} = 0$; ξ, η, ζ die Komponenten eines anderen Vektors, der mit dem vorigen durch die Gleichungen

$$\xi = \frac{\partial w}{\partial y} - \frac{\partial v}{\partial z} \quad \text{usw.}$$

141) In wie weit genügen die bisherigen Lichttheorien den Anforderungen der praktischen Physik? Gött. Nachr. 1892, p. 366—412.

zusammenhängt. Die Indizes 1 und 2 beziehen sich auf zwei Medien, deren Trennungsfläche die Ebene $z = 0$ ist. Das System (123) in Verbindung mit (124) entspricht der *F. Neumann*schen, (123) zusammen mit (124′) der *Fresnel*schen Theorie. Man gelangt von den *Neumann*schen Grenzbedingungen (124) zu den *Fresnel*schen (124′), wenn man nicht u, v, w, sondern $a\xi$, $a\eta$, $a\zeta$ als Komponenten des Lichtvektors interpretiert. Ebenso wird man umgekehrt von den Grenzbedingungen (124′) zu den Bedingungen (124) geführt, wenn nicht u, v, w, sondern ξ, η, ζ als Komponenten des Lichtvektors angesehen werden[142]). In der einen Theorie folgt der kinetische Vektor, d. h. der, mit dessen Verschwinden die kinetische Energie verschwindet, den *Neumann*schen, der potentielle Vektor den *Fresnel*schen Gesetzen, während in der anderen Theorie gerade das Umgekehrte stattfindet. Beide Theorien sind völlig gleichwertig.

Zur Erklärung der Dispersion muß man der Gleichung (123) Zusatzglieder hinzufügen, die als herrührend von der Einwirkung der ponderablen Teilchen angesehen werden können, und die Gleichungen lauten dann in der *Neumann*schen Theorie

$$\frac{\partial^2 u}{\partial t^2} = a' \Delta u + a'' \frac{\partial^2 \Delta u}{\partial t^2} + a''' \frac{\partial^4 \Delta u}{\partial t^4} + \cdots, \tag{125}$$

in der *Fresnel*schen

$$\frac{1}{a'} \frac{\partial^2 u}{\partial t^2} + \frac{1}{a''} \frac{\partial^4 u}{\partial t^4} + \frac{1}{a'''} \frac{\partial^6 u}{\partial t^6} + \cdots = \Delta u. \tag{125'}$$

Die Zusatzglieder sind als Reihenentwicklungen aufzufassen, die konvergieren, so lange die Schwingungsdauer des Lichtes nicht mit der eigenen Schwingungsdauer der Materie zusammenfällt. Zur Darstellung der Erscheinungen absorbierender Medien muß man in den Gleichungen (123) der Konstante a komplexe Werte beilegen. Will man für derartige Medien auch die Dispersion berücksichtigen, so muß man auf der rechten Seite von (125) weitere Zusatzglieder der Form

$$b \frac{\partial \Delta u}{\partial t} + b' \frac{\partial^3 \Delta u}{\partial t^3} + \cdots$$

hinzufügen, dagegen auf der linken Seite (125′) Glieder der Form

$$-\frac{1}{b} \frac{\partial u}{\partial t} - \frac{1}{b'} \frac{\partial^3 u}{\partial t^3} - \cdots$$

Für *natürliche aktive* Medien ist das einfachste Erklärungssystem

---

142) Die Beziehungen der Schwingungskomponenten von *Fresnel*, *Neumann* und *Sarrau* legt auch *Poincaré* in seinen Vorlesungen über die mathematische Theorie des Lichtes, § 178, dar, die Beziehungen zwischen den ersten beiden *W. Voigt*, Ann. Phys. Chem. (2) 43 (1891), p. 410.

$$\frac{\partial^2 u}{\partial t^2} = a\Delta u + \sigma \cdot \xi, \quad \text{usw.,} \tag{126}$$

und die Grenzbedingungen sind entweder, der *Neumann*schen Anschauung entsprechend,

$$\begin{gathered} u_1 = u_2, \quad v_1 = v_2, \quad a_1 \xi_1 + \sigma_1 u_1 = a_2 \xi_2 + \sigma_2 u_2, \\ a_1 \eta_1 + \sigma_1 v_1 = a_2 \eta_2 + \sigma_2 v_2, \end{gathered} \tag{127}$$

oder, den *Fresnel*schen Vorstellungen entsprechend,

$$u_1 = u_2, \quad v_1 = v_2, \quad \xi_1 = \xi_2, \quad \eta_1 = \eta_2. \tag{127'}$$

Vor dem *Mac Cullagh*schen System, in dem in den Gleichungen (126) rechts $\Delta\xi$ an Stelle von ξ steht, verdient das System (126) den Vorzug.

Drude bespricht in seinem Aufsatz auch die elektromagnetische Lichttheorie und ihr Erklärungssystem für die Erscheinungen isotroper wie kristallinischer Medien. Er bezeichnet diese Theorie, wenn man sie in ihrer dispersionsfreien Gestalt auch nicht als vollkommen betrachten könne, doch als den besten Pfadfinder.

39. W. Voigts spätere Darstellung. Eine ganz andere Darstellung der Optik als in seinen früheren Arbeiten (vgl. Nr. 35) hat *Voigt* in seinem Kompendium der theoretischen Physik gegeben. Aus der Tatsache, daß das Licht aus ebenen transversalen Wellen besteht, die sich *im leeren Raum* mit einer Geschwindigkeit fortpflanzen, die von dem stattfindenden Schwingungszustand und von der Fortpflanzungsrichtung unabhängig ist, und daß mehrere Schwingungen sich superponieren, ohne aufeinander einzuwirken, folgt für die Komponenten u, v, w des Lichtvektors die Darstellung

$$u = \sum F_h\left(t - \frac{r}{V}\right), \tag{128}$$

wo V konstant, $r = \alpha x + \beta y + \gamma z$ ist, während die F_h beliebige periodische Funktionen darstellen, die für die anderen Komponenten andere Werte haben. Eliminiert man aus diesen Formeln die willkürlichen Funktionen $F_h, \ldots$ und die Richtungskosinus α, β, γ, so erhält man für jede der Komponenten eine Differentialgleichung der Form

$$\frac{\partial^2 u}{\partial t^2} = V^2 \Delta u = V^2\left(\frac{\partial \eta}{\partial z} - \frac{\partial \zeta}{\partial y}\right); \tag{129}$$

die zweite Form, in der ξ, η, ζ die Komponenten eines zweiten, mit den u, v, w durch die Gleichungen

$$\xi = \frac{\partial w}{\partial y} - \frac{\partial v}{\partial z}, \ldots$$

verbundenen Vektors sind, ergibt sich aus der ersten mit Rücksicht darauf, daß die räumliche Dilatation gleich Null ist. Diese Hauptgleichungen kann man nun ersetzen durch das *Hamilton*sche Prinzip, das für Lichtschwingungen folgendermaßen lautet: Setzt man

$$\frac{\partial u}{\partial t} = u' \quad \text{usw.},$$

ferner

$$(130) \qquad 2\varphi = V^2(\xi^2 + \eta^2 + \zeta^2), \quad 2\psi = u'^2 + v'^2 + w'^2,$$

$$\int \varphi \, dS = \Phi, \quad \int \psi \, dS = \Psi,$$

wo dS das Volumenelement und die Integration über den ganzen leeren Raum zu erstrecken ist, so ist

$$(131) \qquad \int_{t_0}^{t_1} \delta(\Phi - \Psi) dt = 0.$$

Um die Lichtbewegung in anderen Medien zu erhalten, ist es nur nötig, die Funktion φ, die als potentielle Energie der Volumeneinheit angesehen werden kann, angemessen zu erweitern, während die Funktion ψ, die kinetische Energie der Volumeneinheit, ihre Form behält, da sie bei einer Erweiterung diesen Charakter verlieren würde. Aus dem so erweiterten *Hamilton*schen Prinzip folgen nicht nur die allgemeinen Gleichungen der Lichtbewegung, sondern auch die Grenzbedingungen für den Übergang von einem Medium zum anderen; und zwar ergeben sich diese Oberflächenbedingungen durch Grenzübergang aus den Hauptgleichungen.

Die wichtigste Erweiterung von φ ist:

$$(132) \qquad 2\varphi = a_{11}\xi^2 + a_{22}\eta^2 + \cdots + 2a_{12}\xi\eta,$$

wo die Koeffizienten a_{11} usw. nicht mehr konstant sind, sondern Funktionen der Schwingungsdauer τ. Dieser Ansatz für φ liefert die Differentialgleichungen für die Lichtbewegung in gewöhnlichen durchsichtigen Kristallen, und zwar haben dieselben die Form:

$$(133) \qquad u'' = \frac{\partial}{\partial z}\left(\frac{\partial \varphi}{\partial \eta}\right) - \frac{\partial}{\partial y}\left(\frac{\partial \varphi}{\partial \zeta}\right), \ldots$$

Die Grenzbedingungen sind für ein der xy-Ebene paralleles Element:

$$(134) \qquad \bar{u}_h = \bar{u}_i, \quad \bar{v}_h = \bar{v}_i, \quad \left(\frac{\partial \bar{\varphi}}{\partial \xi}\right)_h = \left(\frac{\partial \bar{\varphi}}{\partial \xi}\right)_i, \quad \left(\frac{\partial \bar{\varphi}}{\partial \eta}\right)_h = \left(\frac{\partial \bar{\varphi}}{\partial \eta}\right)_i,$$

wobei sich der Index h auf das eine, i auf das andere Medium bezieht. An Stelle einer der beiden ersten Gleichungen (134) kann auch die andere $\bar{\zeta}_h = \bar{\zeta}_i$ treten, an Stelle einer der beiden letzteren die Gleichung $\bar{w}_h = \bar{w}_i$. Aus diesen Gleichungen werden alle Gesetze der Kristalloptik, ferner die Formeln für Reflexion an Kristallflächen, sowie an der Grenze isotroper Medien, einschließlich der für totale Reflexion, abgeleitet. Dabei wird auch der Einfluß von Oberflächenschichten erörtert.

Auch zur Erklärung der optischen Eigenschaften von Kristallen bei der Einwirkung von Temperaturänderungen, von Deformationen und von elektrischen Kräften bedarf es keines neuen Ansatzes für φ; nur nehmen infolge jener Einwirkung die Konstanten in (132) andere Werte an, und das Wesen der Untersuchung besteht in der Aufsuchung der Beziehungen zwischen den alten und den neuen Konstanten.

Eine zweite Erweiterung, bei der

$$\delta\varphi = c(u\delta\xi + v\delta\eta + w\delta\zeta) \tag{135}$$

wird, verbunden mit dem aus (132) folgenden Werte von $\delta\varphi$, liefert die Gesetze der Erscheinungen für die natürliche und für die magnetische Drehung der Polarisationsebene.

Dem Einfluß der Bewegung auf das optische Verhalten trägt *Voigt* dadurch Rechnung, daß er den Differentialgleichungen (129) Zusatzglieder gibt, so daß diese Gleichungen die Form annehmen:

$$u'' = a\left(\frac{\partial\eta}{\partial z} - \frac{\partial\zeta}{\partial y}\right) - 2a'\frac{\partial u}{\partial s}, \tag{136}$$

wo s die Richtung der Translation bezeichnet.

Für absorbierende Medien nimmt, da hier die Schwingungsenergie verkleinert wird, das *Hamilton*sche Prinzip die Form an:

$$\int_{t_1}^{t_2} dt \int [\delta(\varphi - \psi) - \delta'\alpha]\, dk, \tag{137}$$

wo α die in der Volumeneinheit geleistetete Arbeit bezeichnet. Von verschiedenen Ansätzen betreffs $\delta'\alpha$ erweist sich nur der eine als brauchbar:

$$-\delta'\alpha = \frac{\partial\chi}{\partial\xi'}\delta\xi + \frac{\partial\chi}{\partial\eta'}\delta\eta + \frac{\partial\chi}{\partial\zeta'}\delta\zeta, \tag{138}$$

wo

$$2\chi = m_{11}\xi'^2 + m_{22}\eta'^2 + \cdots + 2m_{12}\xi'\eta' \tag{139}$$

ist. Die daraus folgenden Differentialgleichungen und Grenzbedingungen unterscheiden sich von den Gleichungen (133), (134) nur dadurch, daß $\frac{\partial\varphi}{\partial\xi} + \frac{\partial\chi}{\partial\xi'}$ an Stelle von $\frac{\partial\varphi}{\partial\xi}$ steht. Durch Einführung komplexer Größen kann man die in Rede stehenden Gleichungen genau auf die Form der Gleichungen (133), (134) bringen.

40. Schlußwort. Den Höhepunkt der elastischen Optik bezeichnen ohne Frage die genialen Arbeiten *Fresnels*. Seine Anschauung von der Natur der optischen Vorgänge einschließlich der durch seine Nachfolger bewirkten Vervollständigung und Erweiterung erwies sich als sicherer Führer durch die Mannigfaltigkeit der Erscheinungen und als glücklicher Wegweiser zur Entdeckung neuer experimenteller Tatsachen. In dieser Hinsicht hat auch die elektromagnetische Auffassung der optischen Phänomene kaum mehr zu leisten vermocht. Indes haben die immer wieder aufgenommenen Versuche, aus den *Fresnel*schen Sätzen ein konsequentes mechanisches System zu entwickeln, keinen befriedigenden Abschluß gefunden und konnten nur durchgeführt werden auf Kosten der ursprünglichen Einfachheit und Anschaulichkeit der Grundlagen, oder schließlich unter Drangabe jeder spezielleren mechanischen Vorstellung.

(Abgeschlossen im November 1907.)

V 22. ELEKTROMAGNETISCHE LICHTTHEORIE.

Von

W. WIEN

IN WÜRZBURG.

MIT EINEM BEITRAG ÜBER MAGNETOOPTISCHE PHÄNOMENE.

Von **H. A. LORENTZ** in Leiden.

Inhaltsübersicht.

21. Dispersionstheorie von *H. A. Lorentz.*
22. Theorie der Dispersion von *Planck.*
23. Theorie der Fluoreszenz.
24. Grundlagen der Kristalloptik.
25. Ponderomotorische Kräfte.
26. Lichtdruck.
27. Relativitätstheorie.
28. Vergleich mit der Erfahrung.

Literatur.

Lehrbücher.

J. Cl. Maxwell, A treatise on electricity and magnetism, 1873, 2. Aufl. 2 Bde. Oxford 1881; deutsch von *Weinstein*, Berlin 1883.

Tumlirz, Die elektromagnetische Theorie des Lichts, Leipzig 1883.

J. E. H. Gordon, A physical treatise on electricity and magnetism, London 1880.

Mascart et Joubert, Électricité et magnétisme, deutsch von *Levy*, Berlin 1886.

Poincaré, Électricité et optique, Paris Carré 1890; deutsch von *Gumlich* u. *Jäger*, Berlin 1894.

Drude, Physik des Äthers auf elektromagnetischer Grundlage, Stuttgart 1894.

Föppl, Einführung in die Maxwellsche Theorie, Leipzig 1894; 2. Aufl. von *Abraham*, 2 Bde. 1905.

Helmholtz, Vorlesungen über die elektromagnetische Theorie des Lichts, Hamburg und Leipzig 1897.

Drude, Lehrbuch der Optik, Leipzig 1900; 2. Aufl. 1905.

E. Cohn, Das elektromagnetische Feld, Vorlesungen über die Maxwellsche Theorie, Leipzig 1900.

J. J. Thomson, Recent researches on electricity and magnetism, Oxford 1893.

W. Voigt, Compendium der theoretischen Physik, 2 Bde. Leipzig 1895.

P. Volkmann, Vorlesungen über die Theorie des Lichts, Leipzig 1891.

II. Vorläufer der Maxwellschen Theorie.

Mac Cullagh, Transactions Irish Academy, Bd. 27 part III, p. 461; Proc. of the Ir. Acad. I (1837—1840), p. 383. Bd. 21; An essay towards a dynamical theory of cristalline reflection and refraction. Vgl. *G. F. Fitzgerald,* Phil. Mag. (5) 7 (1879), p. 216.

Riemann, Ein Beitrag zur Elektrodynamik, Ann. Phys. 131 (1858), p. 237; Ges. Abh., p. 270.

Lorenz, Über die Identität der Schwingungen des Lichts mit den elektrischen Strömen, Pogg. Ann. 31 (1867), p. 243; außerdem Ann. Phys. Chem. 18 (1863), p. 111; 121 (1864), p. 579; Ann. 7 (1879), p. 161.

III. Grundlegende Abhandlungen über elektromagnetische Lichttheorie.

Faraday, Experimental researches on electricity, 3 Bde, London 1839—1855.

Maxwell, A dynamical theory of the electromagnetic field, Scient. pap. 1, p. 526; London Phil. Transact. 155 (1864), p. 459; On the general equations of the electromagnetic field, London Phil. Trans. 5, 1865, p. 459.

Helmholtz, Über die Bewegungsgleichungen der Elektrizität für ruhende leitende Körper, Wiss. Abh. 1, p. 545; J. f. Math. 72, p. 57.

— Über die auf das Innere magnetisch oder dielektrisch polarisierbaren Körper wirkenden Kräfte, Wiss. Abh. 1, p. 798; Ann. Phys. Chem. 13 (1881), p. 385.

Stefan, Über die Gesetze der magnetischen und elektrischen Kräfte in magnetischen und dielektrischen Medien und ihre Beziehung zur Theorie des Lichts, Wien Ber. 70 (1874), p. 589.

H. A. Rowland, On the general equations of the electromagnetic action, Amer. Journ. of math. 2 (1874), p. 354; 3, p. 89.

— On the propagation of an arbitrary electromagnetic disturbance, Am. Journ. 6, Nr. 4.

H. A. Lorentz, Theorie der Reflexion und Brechung des Lichtes, Zeitschr. Math. Phys. 23 (1877), p. 197.

Rayleigh, On the electromagnetic theory of light, Phil. Mag. 12 (1881), p. 81.

Poynting, On the transfer of energy in the electromagnetic field, Phil. Trans. 2 (1884), p. 343.

H. Hertz, Über die Grundgleichungen der Elektrodynamik für ruhende Körper, Gött. Nachr., März 1890; Ann. Phys. 41 (1890), p. 369; Ges. Abh. 2, p. 208; für bewegte Körper, Ann. Phys. 41 (1890), p. 369; Ges. Abh. 2, p. 256.

O. Heaviside, Electrical papers, London „The electrician", 2 Bde.

— Electromagnetic theory, London „The electrician", 2 Bde. 1899.

— On the electromagnetic wave surface, Phil. Mag. 19 (1885), p. 397.

E. Cohn, Elektrodynamik der Leiter, Berlin Ber. 26 (1889), p. 405.

Sir William Thomson, Lectures of molecular dynamics and the wave theory of light, Baltimore 1884 (Nachschrift von *Hathaway*).

F. Kolacek, Versuch einer Dispersionserklärung vom Standpunkte der elektromagnetischen Lichttheorie, Ann. Phys. Chem. 32 (1887), p. 224, 429; 34 (1888), p. 673. S. dagegen *Goldhammer*, ebenda 46 (1892), p. 104.

Goldhammer, die Dispersion und Absorption des Lichtes nach der elektrischen Lichttheorie, Ann. Phys. 47 (1892), p. 93.

Helmholtz, Elektromagnetische Theorie der Farbenzerstreuung, Berlin Ber. 15. Dez. 1892; Wiedem. Ann. 48 (1893), p. 389.

Drude, Über die Beziehungen der Dielektrizitätskonstanten zum optischen Brechungsexponenten, Göttinger Nachrichten 1893, Nr. 2, p. 1.

Boltzmann, Vorlesungen über Maxwells Theorie der Elektrizität und des Lichtes, 2 Bde. Leipzig 1891 (Mechanische Analogien).

H. A. Lorentz, La théorie électromagnétique de Maxwell et son application aux corps mouvants, Arch. néerlandaises des sciences exactes et naturelles, T. XXV, Leiden, J. B. Brill 1892.

— Versuch einer Theorie der elektrischen und optischen Erscheinungen in bewegten Körpern, Leiden 1895.

Birkeland, Intégration générale des équations de Maxwell, Arch. de Génève 34 (1894), p. 1.

Reiff, Zur Dispersionstheorie, Ann. Phys. Chem. 55 (1895), p. 82.

M. Planck, Zur elektromagnetischen Theorie der Dispersion in isotropen Nichtleitern, Berlin Ber. 1. Mai 1902.

P. Drude, Optische Eigenschaften und Elektronentheorie, Ann. Phys. 14 (1904), p. 677, 936.

H. A. Lorentz, Über elektromagnetische Systeme, die sich mit kleinerer als der Lichtgeschwindigkeit bewegen, Akad. v. Wetensch. Amsterdam 1904, p. 986.
A. Einstein, Zur Elektrodynamik bewegter Systeme, Ann. Phys. 17 (1905), p. 891.

Bezeichnungen.

dS Raumelement.
$d\omega$ Flächenelement.
$d\Omega$ Flächenelement der Einheitskugel.
N Äußere Normale einer Fläche.
c Lichtgeschwindigkeit im Vakuum.
c_1 Geschwindigkeit der Wellen (Phasen) im Körper.
c_g Gruppengeschwindigkeit.
$\mathfrak{E}$ elektrische Feldstärke.
$\mathfrak{H}$ magnetische Feldstärke.
$\mathfrak{D}$ elektrische „Erregung“.
$\mathfrak{B}$ magnetische „Erregung“.
$\mathfrak{p}$ elektrisches Moment beim Verschieben eines Ions.
$\mathfrak{P}$ elektrisches Moment der Volumeneinheit, elektrische „Polarisation“.
$\mathfrak{S}$ *Poynting*scher Strahlungsvektor.
ε Dielektrizitätskonstante.
μ Permeabilität.
σ Leitfähigkeit.
ϱ_e Dichte der wahren Elektrizität.
e Elektrizitätsmenge, Elementarquantum.
ν Brechungsverhältnis.
$\mathfrak{N}$ Anzahl der Ionen pro Volumeneinheit.
$n = \frac{2\pi}{\tau}$ Schwingungszahl.
$\lambda = \frac{2\pi}{b}$ Wellenlänge.
ϑ Phasenwinkel.
α Einfallswinkel.
β Brechungswinkel.
α_0 Haupteinfallswinkel.
h_0 Hauptazimuth.
a Absorptionsindex für die Länge 1.
$k = \frac{a}{b}$ Absorptionsindex für die Wellenlänge.

Die Vorläufer.

1. Die Lichttheorie von Mac Cullagh. Die ersten Keime der elektromagnetischen Lichttheorie liegen bereits in älteren elastischen Theorien, besonders in den Untersuchungen von *Mac Cullagh*[1]). Obwohl von einer elektromagnetischen Deutung keine Rede sein konnte, haben doch die von *Mac Cullagh* aufgestellten Differentialgleichungen bereits große Verwandtschaft mit den Maxwellschen Gleichungen. Denken wir uns eine elastische Verschiebung, deren Vektor $\mathfrak{r}$ sei, bezeichnen mit $\mathfrak{s}$ die negative Rotation derselben und mit $\mathfrak{R}$ einen geeignet definierten Kraftvektor, so setzt *Mac Cullagh*[2])

$$\text{(I)} \qquad -s\frac{d^2\mathfrak{r}}{dt^2} = \operatorname{rot}\mathfrak{R},$$

wo s die Dichtigkeit des Äthers bezeichnet.

Multiplizieren wir die Gleichungen mit $\frac{d\mathfrak{r}}{dt}dt$ und integrieren über einen geschlossenen Raum, dessen Volumelement dS, dessen Oberflächenelement $d\omega$ und dessen äußere Normale an der Oberfläche N heiße, so ist

$$\text{(II)} \qquad \begin{aligned} dts\int dS\left(\frac{d^2\mathfrak{r}}{dt^2}\frac{d\mathfrak{r}}{dt}\right) &= \frac{s}{2}\frac{d}{dt}\int dS\left(\frac{d\mathfrak{r}}{dt}\right)^2 dt = \\ -\int d\omega\left[\mathfrak{R}\frac{d\mathfrak{r}}{dt}\right]_N dt &+ \int dS \operatorname{rot}\left(\mathfrak{R}\frac{d\mathfrak{s}}{dt}\right)dt \end{aligned}$$

wo $-\mathfrak{s} = \operatorname{rot}\mathfrak{r}$ ist. Nennen wir $\frac{d\mathfrak{s}}{dt}dt$ die Deformation im Volumelement dS, so wird das letzte Glied die Deformationsarbeit oder die potentielle Energie ausdrücken, während das Glied auf der linken Seite die Änderung der kinetischen Energie mißt.

Für diese potentielle Energie wird nun der Ausdruck angenommen:

$$\text{(III)} \qquad \begin{aligned} G = \tfrac{1}{2}(a_{11}\mathfrak{s}_x^2 &+ a_{22}\mathfrak{s}_y^2 + a_{33}\mathfrak{s}_z^2 \\ &+ 2a_{12}\mathfrak{s}_x\mathfrak{s}_y + 2a_{23}\mathfrak{s}_y\mathfrak{s}_z + a_{13}\mathfrak{s}_x\mathfrak{s}_z), \end{aligned}$$

woraus sich dann $\mathfrak{R} = \frac{\partial G}{\partial \mathfrak{s}}$ ergibt.

Für isotrope Medien ist

$$a_{12} = a_{23} = a_{13} = 0, \qquad a_{11} = a_{22} = a_{33},$$

1) *Mac Cullagh*, An essay towards a dynamical theory of cristalline reflection and refraction, Irish Trans. 21.

2) Vgl. *Volkmann*, Vorlesungen über die Theorie des Lichtes, Leipzig 1891; *Drude*, Gött. Nachr. 1892, p. 400, sowie den vorangehenden Artikel von *Wangerin* Nr. 24.

also $G = \frac{1}{2} a \mathfrak{s}^2$, daher $\mathfrak{R} = a \mathfrak{s}$ und

(IV) $$-s \frac{d^2 \mathfrak{r}}{dt^2} = a \operatorname{rot} \mathfrak{s}.$$

Diese Gleichung in Gemeinschaft mit

$$-\mathfrak{s} = \operatorname{rot} \mathfrak{r}$$

gibt bereits den Grundtypus des Systems der *Maxwell*schen Differentialgleichungen in bezug auf die räumlichen Differentialquotienten an. Die Differentialquotienten nach der Zeit sind indessen verschieden und hierin beruht zum Teil die Schwierigkeit, die *Maxwell*schen Gleichungen mechanisch zu deuten[2a]). Für die Optik indessen kann dies System mit dem *Maxwell*schen als gleichwertig bezeichnet werden und man kann andererseits wieder das allgemeinere *Mac Cullagh*-System für Kristalle zur Erweiterung der *Maxwell*schen Gleichungen für anisotrope Medien benutzen.

Besonders charakteristisch für die *Mac Cullagh*sche Theorie ist der Umstand, daß nicht die gewöhnlichen elastischen Deformationen, welche den Größen

$$\frac{\partial \mathfrak{r}_x}{\partial x}, \quad \frac{\partial \mathfrak{r}_y}{\partial y}, \quad \frac{\partial \mathfrak{r}_z}{\partial z}, \quad \frac{\partial \mathfrak{r}_y}{\partial z} + \frac{\partial \mathfrak{r}_z}{\partial y}$$

usw. proportional sind, vorkommen, sondern die Drehungen.

Vom Standpunkte der rein elastischen Theorien mußte daher die *Mac Cullagh*sche Behandlung weniger befriedigen, weil sie schon in den Grundlagen von der Theorie fester Körper mehr abwich, als die Theorien von *Green, Neumann* und *Kirchhoff*, wo die potentielle Energie des Äthers nur von den Deformationen der gewöhnlichen Elastizitätstheorie abhing.

Dem elektromagnetischen Standpunkt steht aber die *Mac Cullagh*sche Theorie näher als die anderen und kann in gewisser Beziehung als Vorläufer bezeichnet werden[3]).

Auch die Grenzbedingungen beim Übergang von einem Medium in ein anderes sind bei *Mac Cullagh* dieselben wie bei der elektromagnetischen Theorie, obwohl eine genauere Begründung nicht gegeben werden konnte.

2. B. Riemann. Als ein Vorläufer der elektromagnetischen Lichttheorie von elektrischer Seite ist die Arbeit von *Riemann*[4]) anzusehen,

2a) Vgl. *M. Witte,* Ann. Phys. 26, p. 235.

3) Die Übereinstimmung der Lichttheorie von *Mac Cullagh* mit der *Maxwell*schen hat *Fitz Gerald* gezeigt: Phil. Mag. (5) 7 (1879), p. 216.

4) *Riemann,* Ann. Phys. Chem. 91; Ges. Abh., p. 270. Vgl. Encykl. V 12, Art. Reiff und Sommerfeld, p. 46.

die im wesentlichen die Übereinstimmung zwischen Lichtgeschwindigkeit und dem Verhältnis der elektromagnetischen und elektrostatischen Einheiten zu einer Verknüpfung beider Gebiete zu benutzen sucht. *Riemann* erweitert die gewöhnliche *Poisson*sche Differentialgleichung des elektrostatischen Potentials

$$\Delta\varphi - 4\pi\varrho = 0$$

in die Gleichung

$$\text{(V)} \qquad \frac{\partial^2\varphi}{\partial t^2} - c^2\Delta\varphi + c^2 4\pi\varrho = 0,$$

aus der ohne weiteres folgt, daß bei genügend langsamer Veränderlichkeit das Glied $\frac{\partial^2\varphi}{\partial t^2}$ nur als Korrektionsglied anzusehen ist.

Diese Gleichung ist den aus der *Maxwell*schen Theorie gefolgerten analog gebildet und spricht aus, daß sich die Wirkung von einem Punkt aus mit endlicher Geschwindigkeit ausbreitet. Die aus dieser Gleichung von *Riemann* gezogenen Folgerungen sind nach der Kritik von *Clausius*[5]) nicht einwandsfrei.

Der Unterschied der *Riemann*schen Gleichung von den *Maxwell*schen liegt darin, daß in den letzteren die von *Riemann* für das Potential aufgestellte Gleichung für jede Komponente der elektrischen und magnetischen Kraft gelten muß. Die *Riemann*sche Gleichung ist im allgemeinen mit den *Maxwell*schen unvereinbar, weil nach dieser bei veränderlichen Zuständen überhaupt kein Potential existiert.

3. Die Theorie von L. Lorenz. Etwas näher an die *Maxwell*sche Theorie rückt die von *Lorenz*[6]) heran. Er fügt zu den für Ströme geltenden Gesetzen, die aus der Fernwirkungstheorie abgeleitet sind, Glieder hinzu, welche aussprechen, daß die Wirkung in die Ferne Zeit zur Ausbreitung braucht, und welche mit den von *Kirchhoff* aus dem *Weber*schen Gesetz abgeleiteten Formeln übereinstimmen, wenn man die Glieder dritter Ordnung vernachlässigt.

Die *Kirchhoff*schen Gleichungen[6a]) lauten, wenn J_x den elektrischen Strom in der x-Richtung, ϱ die Dichte der Elektrizität, σ die Leitfähigkeit, r den Abstand des Aufpunktes xyz vom Integrationspunkte $x'y'z'$ bedeutet:

---

5) *Clausius,* Ann. Phys. Chem. 95, p. 606.

6) *Lorenz,* Über die Identität der Schwingungen des Lichtes mit elektrischen Strömen, Ann. Phys. Chem. 131, p. 243—263.

6a) *G. Kirchhoff,* Ges. Abh., p. 155.

$$\frac{J_x}{\sigma} = -\frac{\partial \varphi}{\partial x} - \frac{1}{c^2}\frac{\partial U_x}{\partial t},$$

(VI) $$U_x = \int d\,S' \frac{x - x'}{r^3}\left\{J_x(x - x') + J_y(y - y') + J_z(z - z')\right\}$$

$$\varphi = \int d\,S' \frac{\varrho}{r},$$

wobei die Beziehung

(VIa) $$\operatorname{div} J = -\frac{\partial \varrho}{\partial t}$$

gilt.

Die Abhängigkeit der Raumdichte der Elektrizität ϱ von der Zeit wird nun so modifiziert, daß an einem bestimmten Raumpunkt die von einem elektrisierten Volumelement ausgehende Wirkung nicht von der Raumdichte der Elektrizität in der Entfernung r zu derselben Zeit, sondern von der um $\frac{r}{c_1}$ zurückliegenden Zeit abhängt. *Lorenz* geht also von demselben Gedanken wie *Riemann* aus; c_1 ist die Ausbreitungsgeschwindigkeit der Wirkung.

Berücksichtigen wir nur Glieder zweiter Ordnung der Größe $\frac{r}{c_1 t}$, so ist

(VII) $$\varrho_{t-\frac{r}{c_1}} = \varrho_t - \frac{\partial \varrho}{\partial t}\frac{r}{c_1} + \frac{1}{2}\frac{\partial^2 \varrho}{\partial t^2}\frac{r^2}{c_1^2},$$

ferner

$$\frac{\partial}{\partial x}\left(\frac{\varrho_{t-\frac{r}{c_1}}}{r}\right) = \frac{\partial}{\partial x}\left(\frac{\varrho_t}{r}\right) + \frac{1}{2c_1^2}\frac{\partial^2 \varrho}{\partial t^2}\frac{x - x'}{r}.$$

Nennen wir Φ die Funktion, welche entsteht, wenn wir in φ anstatt t die Variable $t - \frac{r}{c_1}$ einführen, so ist

$$\begin{aligned}\frac{\partial \Phi}{\partial x} &= \frac{\partial \varphi}{\partial x} + \frac{1}{2c_1^2}\frac{\partial^2}{\partial t^2}\int d\,S' \varrho \frac{x - x'}{r}\\ &= \frac{\partial \varphi}{\partial x} + \frac{1}{2c_1^2}\frac{\partial}{\partial t}\int d\,S' \frac{d\varrho}{dt}\frac{x - x'}{r}.\end{aligned}$$

Setzen wir für $\frac{\partial \varrho}{\partial t}$ seinen Wert aus (VIa), integrieren partiell über einen unendlich großen Raum, an dessen Grenzen die Wirkungen verschwinden, so erhalten wir

$$\frac{\partial \Phi}{\partial x} = \frac{\partial \varphi}{\partial x} - \frac{1}{2c_1^2}\frac{\partial}{\partial t}\int \frac{d\,S'}{r} J_x + \frac{1}{2c_1^2}\frac{\partial U_x}{\partial t}$$

oder bei Vernachlässigung von Gliedern vierter Ordnung

$$\frac{\partial \Phi}{\partial x} + \frac{1}{2c_1^2}\frac{\partial}{\partial t}\int \frac{d\,S'}{r} J_{x_{t-\frac{r}{c_1}}} = \frac{\partial \varphi}{\partial x} + \frac{1}{2c_1^2}\frac{\partial U_x}{\partial t}.$$

Mit der angewandten Näherung können wir demnach setzen, wenn $c^2 = 2c_1^2$ ist:

$$(\text{VIII}) \qquad \frac{J_x}{\sigma} = -\frac{\partial \varphi}{\partial x} - \frac{1}{c^2}\frac{\partial U_x}{\partial t} = -\frac{\partial \Phi}{\partial x} - \frac{1}{c^2}\frac{\partial}{\partial t}\int \frac{dS'}{r} J_{x_{t-\frac{r}{c_1}}}.$$

Die Gleichungen sind deshalb bemerkenswert, weil die Form der Ausdrücke gerade die ist, welche in den neueren, besonders an die Arbeiten von *H. A. Lorentz*[7]) anknüpfenden Untersuchungen vorkommt.

Die Differentialgleichungen in der Form, wie sie für die Theorie des Lichtes gebraucht werden, gewinnt *Lorenz* durch die Benutzung eines von ihm aufgestellten Satzes[7a]), der ebenfalls in der Elektronentheorie eine große Rolle spielt.

Hiernach ist

$$(\text{IX}) \qquad \left(\Delta - \frac{1}{c_1^2}\frac{\partial^2}{\partial t^2}\right)\int \frac{dS'}{r} F\left(t - \frac{r}{c_1}, x', y', z'\right) = -4\pi F(t, x, y, z).$$

Der Beweis dieses Satzes gelingt leicht, wenn man um den Punkt $x = x'$, $y = y'$, $z = z'$, also um $r = 0$, eine Kugel mit unendlich kleinem Radius beschreibt und für das Raumelement das durch Polarkoordinaten ausgedrückte $r^2 dr \sin\alpha\, d\alpha\, d\beta$ einführt.

Im ganzen Raum außerhalb der Kugel haben wir:

$$\frac{\partial \frac{F}{r}}{\partial r} = -\frac{F'}{c_1 r} - \frac{F}{r^2}, \qquad \frac{\partial^2 \frac{F}{r}}{\partial r^2} = \frac{F''}{c_1^2 r} + \frac{2F'}{c_1 r^2} + \frac{2}{r^3}F,$$

$$\Delta \frac{F}{r} = \frac{\partial^2 F}{\partial r^2} + \frac{2}{r}\frac{\partial F}{\partial r} = \frac{F''}{c_1^2 r} = \frac{1}{c_1^2}\frac{\partial^2}{\partial t^2}\left(\frac{F}{r}\right),$$

so daß also in diesem Raum

$$\left(\Delta - \frac{1}{c_1^2}\frac{\partial^2}{\partial t^2}\right)\int \frac{dS'}{r} F$$

verschwindet.

Für das Raumintegral über die kleine Kugel können wir nach dem *Green*schen Satz schreiben:

$$\Delta \int \frac{dS'}{r} F = \int d\omega \frac{\partial}{\partial N}\left(\frac{F}{r}\right) = \iint r^2 \sin\alpha\, d\alpha\, d\beta \frac{\partial}{\partial r}\left(\frac{F}{r}\right)$$
$$= 4\pi r^2 \left(\frac{\partial F}{\partial r}\frac{1}{r} - \frac{F}{r^2}\right)$$
$$= -4\pi F \quad \text{für} \quad \lim r = 0.$$

7) *H. A. Lorentz,* Théorie électromagnétique de *Maxwell,* Leiden 1892, p. 119; Versuch einer Theorie usw., Leiden 1895, p. 51.

7a) *L. Lorenz,* J. f. Math. 58 (1861), p. 329.

Macht man dieselbe Umformung im Integral $\frac{1}{c_1^2}\frac{\partial^2}{\partial t^2}\int\frac{dS'}{r}$, so sieht man unmittelbar, daß es für lim $r = 0$ verschwindet. Es bleibt also nur $-4\pi F_{r=0}$ übrig.

Mit Hilfe dieses Satzes werden die Gleichungen (VIII) in folgende verwandelt:

$$\Delta J_x - \frac{1}{c_1^2}\frac{\partial^2 J_x}{\partial t^2} = 4\pi\sigma\left(\frac{\partial\varrho}{\partial x} + \frac{1}{c^2}\frac{\partial J_x}{\partial t}\right). \tag{X}$$

Hier ist die Fortpflanzungsgeschwindigkeit der Wirkungen

$$= c_1 = \frac{c}{\sqrt{2}},$$

doch kann ebenso gut ein anderer Wert gefunden werden, wenn man nicht gerade von den *Kirchhoff*schen Gleichungen ausgeht, die sich auf das *Weber*sche Gesetz stützen.

Im leeren Raum ist $\varrho = 0$ und dann haben wir es mit reinen transversalen Wellen zu tun.

Auch die Grenzbedingungen werden in der Theorie von *Lorenz* bereits in derselben Weise, wie es in der *Maxwell*schen Theorie geschieht, angegeben.

Sie steht aber hinter dieser insofern zurück, als nur auf die elektrischen Kräfte, nicht auf die magnetischen, Rücksicht genommen wird. Der wichtige Umstand, daß neben der elektrischen immer eine magnetische Kraft besteht, die bei transversalen Wellen senkrecht aufeinander stehen, fehlt bei *Lorenz*. Dadurch geht ihr aber einer der wichtigsten Vorzüge der *Maxwell*schen Theorie verloren, daß sie die beiden einander gegenüberstehenden Systeme der älteren Theorie, deren Vektoren auch senkrecht zueinander angenommen werden mußten, zusammenfaßt[8]).

Die Theorie Maxwells.

4. Die Grundlagen. Die Grundlagen der *Maxwell*schen Theorie[9]) bedürfen noch sehr einer kritischen Bearbeitung. Es ist bisher noch

8) In bezug auf andere Theorien, die mit der *Maxwell*schen den Gedanken gemeinsam haben, daß die elektrische Fernwirkung Zeit braucht, vgl. *C. Neumann,* Die elektrischen Kräfte, Leipzig 1875; Prinzipien der Elekrodynamik, Tübingen 1868; *Loschmidt,* Wien Ber. 58 (1868), p. 17; *Edlund,* Théorie des phénomènes électriques, Mem. de l'acad. de Suède 12 (1873).

9) *Maxwell,* Phil. Trans. 1865, p. 459. Die *Maxwell*schen Gleichungen als Grenzfall in eine sowohl Fernkräfte als Polarisation des Mediums enthaltenden Theorie aufzunehmen versucht *Helmholtz,* Wiss. Abh. 1, p. 611. Vgl. *Glazebrook,* Cambridge Phil. Soc. 5 (1884—86), p. 142. Zu den Schwierigkeiten des Grenzüberganges vgl. *Heaviside,* Electrom. theory 2, p. 504.

nicht genügend klar dargestellt, was hypothetisch und was durch Vergleich mit experimentellen Ergebnissen sichergestellt ist. Es ist hier nicht der Ort, ausführlich auf diese Fragen einzugehen. Deshalb sei die Aufstellung der *Maxwell*schen Differentialgleichungen hier nur kurz erwähnt. Über ihre systematische Formulierung vgl. Encykl. V. 13, Art. *H. A. Lorentz.*

Als genügend durch Versuche bestätigt kann die Tatsache gelten, daß bei geschlossenen Strömen diese eine zirkulare magnetische Erregung des umgebenden Feldes hervorrufen, durch das die Stärke des Stromes selbst bestimmt werden kann. Wir haben daher die erste Fundamentalgleichung

$$\frac{1}{c}\mathfrak{J} = \operatorname{rot}\mathfrak{H}.$$

Eine Erweiterung auf ungeschlossene Ströme ist bereits hypothetisch. Es bildet einen wesentlichen Teil der *Maxwell*schen Theorie, daß die zeitlichen Änderungen der elektrischen Erregung $\mathfrak{D}$ als Strömen gleichwertig betrachtet werden können und sich zu diesen ohne gegenseitige Störung addieren.

Die erweiterte Gleichung wird hiernach

$$\mathfrak{C} = \frac{\partial \mathfrak{D}}{\partial t} + \mathfrak{J} = c \operatorname{rot}\mathfrak{H}. \tag{1}$$

Da nun $\operatorname{div}\mathfrak{D} = \varrho_e$ ist, so wird auch

$$\operatorname{div}\mathfrak{J} = -\frac{\partial \varrho_e}{\partial t} \quad \text{oder} \quad \operatorname{div}\mathfrak{C} = 0. \tag{1a}$$

Hieraus ergibt sich durch partielle Integration nach den Koordinaten

$$0 = \int d\omega\, \mathfrak{C}_N$$

erstreckt über eine geschlossene Fläche.

Diese Gleichung spricht aus, daß die durch eine geschlossene Fläche gehende Gesamtströmung Null ist.

Daher ist die Hypothese, daß die Gleichungen (1) nur für geschlossene Ströme gelten, unnötig und es genügt die eine, Leitungsstrom und Änderung der Erregung als gleichwertig anzusehen.

Das zweite System der *Maxwell*schen Gleichungen, welches aussagt, daß Änderungen der magnetischen Erregung zirkulare elektrische Kräfte hervorrufen, ist zunächst ganz hypothetisch, da diese Wirkungen bisher experimentell nicht mit Sicherheit nachgewiesen sind[10]).

10) Vgl. *H. Hertz*, Ann. Phys. Chem. 23 (1884), p. 84; Ges. Abh. 1, p. 295.

Man kann jedoch diese Hypothese umgehen, wenn man dafür eine andere einführt, die bereits experimentelle Bestätigung gefunden hat, daß die elektrische Kraft sich mit der Phasengeschwindigkeit c_1 im Raum ausbreitet.

Da diese Ausbreitung bisher nur in isolierenden Medien sich hat bestimmen lassen, so können wir in Gleichung (X) $\sigma = 0$ setzen und haben nach unserer Hypothese für $\mathfrak{J}$ die Änderungsgeschwindigkeit der Erregung einzusetzen. So erhalten wir

$$c_1^2 \Delta \mathfrak{D} = \frac{\partial^2 \mathfrak{D}}{\partial t^2}. \tag{2}$$

Da ferner bei dieser Ausbreitung erfahrungsmäßig keine Ladungen im Innern des Mediums auftreten, so haben wir

$$\operatorname{div} \mathfrak{D} = 0.$$

Unter dieser Bedingung ist

$$\operatorname{rot} \operatorname{rot} \mathfrak{D} = - \Delta \mathfrak{D} = - \frac{1}{c_1^2} \frac{\partial^2 \mathfrak{D}}{\partial t^2}.$$

Für Isolatoren ist nach (1):

$$\frac{\partial \mathfrak{D}}{\partial t} = c \operatorname{rot} \mathfrak{H}, \qquad \frac{\partial^2 \mathfrak{D}}{\partial t^2} = c \operatorname{rot} \frac{\partial \mathfrak{H}}{\partial t} = - c_1^2 \operatorname{rot} \operatorname{rot} \mathfrak{D}.$$

Daher

$$\frac{c}{c_1^2} \frac{\partial \mathfrak{H}}{\partial t} = - \operatorname{rot} \mathfrak{D}.$$

Ist nun

$$\mathfrak{D} = \varepsilon \mathfrak{E}, \qquad \mathfrak{B} = \mu \mathfrak{H}, \qquad \mu = \frac{c^2}{c_1^2} \frac{1}{\varepsilon},$$

so haben wir

$$\frac{\partial \mathfrak{B}}{\partial t} = - c \operatorname{rot} \mathfrak{E}. \tag{3}$$

Nun kommen erfahrungsmäßig bei Änderungen der magnetischen Kraft keine solchen vor, die einem Strom analog wären. Die Gleichung (3) bedarf daher keiner Ergänzungen. Die der Gleichung $\mathfrak{D} = \varepsilon \mathfrak{E}$ analoge $\mathfrak{B} = \mu \mathfrak{H}$ stellt die einfachsten Fälle der statischen Magnetisierung dar.

Die beiden Systeme (1) und (3) bilden nun die Basis der elektromagnetischen Lichttheorie.

Aus ihnen folgt:

$$\frac{\partial}{\partial t} \operatorname{div} \mathfrak{B} = 0, \qquad \frac{\partial}{\partial t} \operatorname{div} \mathfrak{D} = - \operatorname{div} \mathfrak{J}.$$

Nach dem *Ohm*schen Gesetz ist[11])

$$\mathfrak{J} = \sigma \mathfrak{E};$$

11) Das *Ohm*sche Gesetz ist gleichbedeutend mit der Aussage, daß eine sich selbst überlassene elektrische Kraft nach der Differentialgleichung

daher ist

$$(4)\qquad \begin{aligned} \varepsilon \frac{\partial \mathfrak{E}}{\partial t} + \sigma \mathfrak{E} &= c \operatorname{rot} \mathfrak{H}, \\ \mu \frac{\partial \mathfrak{H}}{\partial t} &= - c \operatorname{rot} \mathfrak{E}; \end{aligned}$$

$$(4a)\qquad \operatorname{div} \mathfrak{B} = \varrho_m, \quad \operatorname{div} \mathfrak{D} = \varrho_e, \quad \frac{\partial \varrho_e}{\partial t} = - \frac{\sigma}{\varepsilon} \varrho_e, \quad \varrho_e = \varrho_{e_0} e^{-\frac{\sigma t}{\varepsilon}}$$

Ist h eine der Koordinaten x, y, z, so haben wir

$$\operatorname{rot} \operatorname{rot} \mathfrak{E} = - \Delta \mathfrak{E}_h - \frac{\partial \varrho_e}{\partial h},$$

und wenn wir $\varrho_m = 0$ annehmen

$$\operatorname{rot} \operatorname{rot} \mathfrak{H} = - \Delta \mathfrak{H}.$$

Wenden wir diese Operationen auf (4) an, so können wir einmal $\mathfrak{E}$ und dann $\mathfrak{H}$ eliminieren und erhalten

$$(5)\qquad \begin{aligned} \varepsilon \mu \frac{\partial^2 \mathfrak{H}}{\partial t^2} + \mu \sigma \frac{\partial \mathfrak{H}}{\partial t} &= c^2 \Delta \mathfrak{H}, \\ \varepsilon \mu \frac{\partial^2 \mathfrak{E}_h}{\partial t^2} + \mu \sigma \frac{\partial \mathfrak{E}_h}{\partial t} &= c^2 \Delta \mathfrak{E}_h + \frac{\partial \varrho_e}{\partial h}. \end{aligned}$$

So lange $\varrho_e = 0$ ist, breiten sich hiernach die elektrischen und magnetischen Kräfte in ganz gleicher Weise aus. Sie sind untrennbar miteinander verbunden und wenn durch die Leitungsfähigkeit des Mediums zunächst nur die elektrischen Kräfte direkt beeinflußt werden, so werden doch durch den Zusammenhang der magnetischen mit den elektrischen auch die ersteren bei der Ausbreitung der Schwingungen in derselben Weise verändert.

Die elektrische Energie setzen wir[12])

$$(6)\qquad W_e = \tfrac{1}{2} (\mathfrak{E} \mathfrak{D}), \quad \text{also wenn} \quad \mathfrak{D} = \varepsilon \mathfrak{E} \text{ ist:} \quad W_e = \frac{\varepsilon}{2} \mathfrak{E}^2.$$

die magnetische

$$W_m = \tfrac{1}{2} (\mathfrak{H} \mathfrak{B}), \quad \text{also wenn} \quad \mathfrak{B} = \mu \mathfrak{H} \text{ ist:} \quad W_m = \frac{\mu}{2} \mathfrak{H}^2.$$

$$\frac{\varepsilon}{c} \frac{\partial \mathfrak{E}}{\partial t} = - \frac{\sigma}{c} \mathfrak{E}$$

abnimmt. Dies wäre wohl die einfachste Deutung im ursprünglichen Faraday-Maxwellschen Sinne. Die Vorstellungen der Elektronentheorie sind mehr denen W. Webers ähnlich. Vgl. *E. Cohn*, Berlin Ber. 26 (1889), p. 405.

12) Dieser Ausdruck für die Energie ist die hypothetische Verallgemeinerung des für statische und stationäre Zustände geltenden, aus dem die tatsächlichen Beobachtungen ponderomotorischer Kräfte durch Variation der Lage sich ergeben. Vgl. *Helmholtz*, Ann. Phys. Chem. 13 (1881), p. 400; Wiss. Abh. 1, p. 798; *Hertz*, Ann. Phys. Chem. 41 (1890), p. 369; Ges. Abh. 2, p. 256.

Multiplizieren wir das erste Gleichungssystem (4) mit $\mathfrak{E}$, das zweite mit $\mathfrak{H}$ und addieren beide, so erhalten wir

$$\varepsilon\mathfrak{E}\frac{\partial\mathfrak{E}}{\partial t}+\sigma\mathfrak{E}^2+\mu\mathfrak{H}\frac{\partial\mathfrak{H}}{\partial t}=c(\mathfrak{E}\operatorname{rot}\mathfrak{H}-\mathfrak{H}\operatorname{rot}\mathfrak{E}).$$

Nun ist

$$\mathfrak{E}\operatorname{rot}\mathfrak{H}-\mathfrak{H}\operatorname{rot}\mathfrak{E}=\operatorname{div}[\mathfrak{H}\mathfrak{E}].$$

Nennen wir N die nach außen gerichtete Normale einer geschlossenen Fläche, integrieren über den von ihr umschlossenen Raum, so haben wir

$$\begin{aligned}\frac{1}{2}\frac{\partial}{\partial t}\int(\varepsilon\mathfrak{E}^2+\mu\mathfrak{H}^2)\,dS&=-\int d\omega\,\mathfrak{S}_N-\int dS\,\sigma\mathfrak{E}^2\\ &=\frac{\partial}{\partial t}(W_e+W_m),\end{aligned}\tag{7}$$

wo $\mathfrak{S}=c[\mathfrak{E}\mathfrak{H}]$.

Dies ist der *Poynting*sche Satz[13]). Den Vektor $\mathfrak{S}$ können wir den *Poynting*schen Vektor nennen. Er sagt aus, daß die zeitliche Änderung der gesamten elektromagnetischen Energie sich aus zwei Teilen zusammensetzt.

Der eine ist die Energie, die durch das Leitungsvermögen im Raum selbst in *Joule*sche Wärme verwandelt wird, der andere geht durch die Oberfläche des betrachteten Raumes hindurch.

Aus den Eigenschaften des Vektorprodukts folgt, daß $\mathfrak{S}$ auf $\mathfrak{H}$ und $\mathfrak{E}$ senkrecht steht.

5. Grenzbedingungen. Von großer Wichtigkeit für die elektromagnetische Lichttheorie sind die Bedingungen, die an der Grenze verschiedenartiger Körper zu erfüllen sind. Diese Grenzbedingungen haben der älteren elastischen Theorie große Schwierigkeiten gemacht, weil es nicht möglich war, sie aus der Theorie der Elastizität fester Körper in der Weise zu entwickeln, wie es zur Ableitung der Gesetze der Reflexion und Brechung erforderlich war. Erst *F. Neumann*[14]) und *Kirchhoff* haben diese Schwierigkeiten bis zu einem gewissen Grade überwunden, indem sie das Prinzip der Erhaltung der Energie einführten. Hierbei war allerdings die Hypothese von Druckkräften, die an der Grenze wirksam werden, nicht zu vermeiden.

---

13) *Poynting*, London, Phil. Trans. 2 (1884), p. 343.

14) Von *F. Neumann* rührt die Anwendung des Prinzips der Erhaltung der Energie auf die Grenzbedingungen her, wobei indessen neue hypothetische Druckkräfte eingeführt werden müssen. Ann. Phys. Chem. 25; Vorles. über theoretische Optik, herausgeg. von Dorn, Leipzig 1885, p. 190. Die sachliche Formulierung hat *Kirchhoff* gegeben, Ges. Abh., p. 352. Noch allgemeiner *W. Voigt*, Ann. Phys. Chem. 43 (1891), p. 410.

Es ist einer der wesentlichen Vorzüge der elektromagnetischen Theorie, daß sich die notwendigen Grenzbedingungen ohne Zuhilfenahme irgend einer Hypothese aus den Differentialgleichungen selbst ableiten lassen [15]). Man kann sie nach *Hertz* [16]) aus der Annahme gewinnen, daß die elektrischen und magnetischen Kräfte beim Übergang von einem Körper in einen anderen nicht einen plötzlichen Sprung machen, sondern in der Grenzschicht schnell aber nicht unstetig von einem Wert zum anderen übergehen. Jedenfalls dürfen die Komponenten der elektrischen und magnetischen Kräfte nicht unendlich werden. Bei der Bildung von rot $\mathfrak{E}$ und rot $\mathfrak{H}$ dürfen daher nach den Grundgleichungen auch diese Ausdrücke nicht unendlich werden.

Bilden wir die Differentialquotienten normal zur Grenzschicht, so müssen die Größen, die wir nach der Normale differenzieren, auf beiden Seiten der Grenzschicht gleiche Werte haben. Nun kommen bei der Operation rot nur Differentialquotienten vor, bei denen jede Komponente der Vektoren nach einer zu ihr senkrechten Richtung differenziert wird. Bei einer Differentiation nach der Normalen zur Grenzschicht kommen daher nur die zur Grenzschicht parallelen Komponenten in Betracht, während die normalen an beiden Seiten verschiedene Werte haben dürfen. Daß die normalen Komponenten unstetig sein dürfen, hängt damit zusammen, daß sich an der Oberfläche der Körper Ladungen ausbilden können. Auch bei der elektromagnetischen Lichttheorie müssen wir solche periodisch wechselnde Ladungen an den Grenzflächen der Körper annehmen.

Nach der allgemeinen elektromagnetischen Theorie können auch die magnetischen Komponenten normal zu den Grenzflächen verschiedene Werte annehmen. Die Erfahrung hat indessen gezeigt, daß bei den optischen Erscheinungen dazu kein Anlaß vorliegt und daß für diese die Permeabilität für alle Medien gleich, also

$$\mu = 1$$

zu setzen ist, so daß auch div $\mathfrak{H} = 0$ ist. Es kommt kein freier Magnetismus vor. Diese Gleichung erfordert denn auch, daß die Bedingung der Stetigkeit der parallelen magnetischen Komponenten auch

15) Daß die elektromagnetische Theorie ohne Zuhilfenahme besonderer Annahmen die richtigen Grenzbedingungen liefert zeigte *Helmholtz*, Wiss. Abh. 1, p. 558; J. f. Math. 72.

16) *H. Hertz*, Gött. Nachr. 19. März 1890; Ann. Phys. Chem. 40, p. 577; Ges. Abh. 2, p. 208.

die der normalen nach sich zieht, weil die Unstetigkeit dieser Komponente freien Magnetismus bedeuten würde.

Ist die Grenzfläche parallel der yx-Ebene, so folgt aus diesen Grenzbedingungen zunächst

$$\mathfrak{E}_x = \mathfrak{E}_x', \quad \mathfrak{E}_y = \mathfrak{E}_y', \quad \mathfrak{H}_x = \mathfrak{H}_x', \quad \mathfrak{H}_y = \mathfrak{H}_y', \quad \mathfrak{H}_z = \mathfrak{H}_z'$$

wenn sich die nicht gestrichenen Größen auf das eine Medium, die gestrichenen auf das andere beziehen.

Ferner geht aus den Gleichungen (4) hervor, daß auch

$$\varepsilon \frac{\partial \mathfrak{E}_z}{\partial t} + \sigma \mathfrak{E}_z$$

auf beiden Seiten gleiche Werte haben.

6. Ebene Wellen. Die Gleichungen (5) für

$$\varrho_e = 0, \quad \mu = 1$$

werden integriert durch den Ansatz:

$$\left.\begin{matrix}\mathfrak{E}\\ \mathfrak{H}\end{matrix}\right\} = A e^{int-(a+ib)z+i\vartheta}, \tag{8}$$

wenn die Gleichung besteht:

$$-\varepsilon n^2 + in\sigma = c^2(a+ib)^2$$

oder

$$\begin{aligned} -\varepsilon n^2 &= c^2(a^2 - b^2), \\ n\sigma &= 2c^2ab. \end{aligned} \tag{9}$$

Hierdurch werden ebene Wellen dargestellt. $\mathfrak{E}$ und $\mathfrak{H}$ behält denselben Wert, wenn $a = 0$ und $nt - bz + \vartheta = 0$ ist.

Dieser Ort schreitet mit der Geschwindigkeit $\frac{n}{b} = c_1$ in der Richtung der positiven z fort. Wir nennen diese Geschwindigkeit die Phasengeschwindigkeit.

Da die Größe $e^{int-ibz+i\vartheta}$ periodisch ist, so haben wir an einem feststehenden Ort periodische Schwankungen der Größen $\mathfrak{E}$ und $\mathfrak{H}$. Betrachten wir Wellen, die parallel der z-Achse fortschreiten und nehmen nur $\mathfrak{E}_x$ von Null verschieden an, so folgt aus den Gleichungen (4), wenn in $\mathfrak{E}$ und $\mathfrak{H}$ die Größen A als A_e und A_m, die Größen ϑ als ϑ und ϑ_1 unterschieden werden:

$$\begin{aligned} \mathfrak{H}_x = \mathfrak{H}_z = 0, \quad \mathfrak{H}_y &= A_m e^{int-(a+ib)z+i\vartheta}, \\ A_e(i\varepsilon n + \sigma) &= A_m c(a+ib) e^{i(\vartheta_1 - \vartheta)}, \\ A_m in &= A_e c(a+ib) e^{i(\vartheta - \vartheta_1)}. \end{aligned} \tag{10}$$

Durch Elimination von A_e und A_m ergeben sich wieder die Gleichungen (9).

Ist σ von Null verschieden, so ist es auch a. Schreiten die Wellen in der Richtung der positiven z fort, so ist b und damit auch a positiv und die Amplitude A erhält den Faktor e^{-az}, der ausspricht, daß die Amplitude beim Fortschreiten kleiner wird. Die Leitungsfähigkeit des Mediums bedingt Dämpfung der Wellen.

Da A_e und A_m, die Amplituden der elektrischen und magnetischen Wellen, reell sein müssen, so folgt

$$a \cos(\vartheta - \vartheta_1) - b \sin(\vartheta - \vartheta_1) = 0,$$

$$(11) \qquad \vartheta - \vartheta_1 = \operatorname{arctg} \frac{a}{b} = \operatorname{arctg} \frac{1}{2} \frac{c_1^2}{c^2} \frac{\sigma}{n},$$

$$A_m = A_e \frac{c}{n} \sqrt{a^2 + b^2}.$$

Durch das Leitungsvermögen σ wird eine Phasendifferenz $\vartheta - \vartheta_1$ der magnetischen Kraft gegenüber der elektrischen bedingt. Ist $\sigma = 0$, so haben elektrische und magnetische Kraft gleiche Phase.

Die einzelnen Konstanten haben folgende Bedeutung:

n ist die Schwingungszahl in 2π Sekunden. Die Schwingungsdauer τ ist gleich $\frac{2\pi}{n}$; die Wellenlänge ist die Strecke in der Richtung z, auf der sich die Vektoren periodisch wiederholen, also $\lambda = \frac{2\pi}{b}$; die Konstante a bedingt die Dämpfung der Amplitude. a ist der Absorptionsindex für die Längeneinheit. Nach (9) ist dann

$$(12) \qquad a = \frac{1}{2} \frac{n\sigma}{c^2 b} = \frac{1}{2} \frac{\sigma}{c} \frac{c_1}{c};$$

er hängt also außer von dem Leitungsvermögen nur noch von den Fortpflanzungsgeschwindigkeiten in dem Medium und im freien Äther ab.

Die Phasengeschwindigkeit $\frac{n}{b}$ ergibt sich aus (9)

$$(13) \qquad c_1 = \frac{c}{\sqrt{\varepsilon + \frac{a^2 c^2}{n^2}}}.$$

Für nicht absorbierende Medien ist $c_1 = \frac{c}{\sqrt{\varepsilon}}$, *das Verhältnis der Phasengeschwindigkeit im Medium zu der im leeren Raum ist* $\frac{1}{\sqrt{\varepsilon}}$.

Für $\mathfrak{E}$ kann man sowohl den reellen wie den imaginären Teil nehmen.

Nehmen wir den reellen, so ist

$$(14) \qquad \begin{aligned} \mathfrak{E}_x &= A_e \cos(nt - bz + \vartheta)\, e^{-az}, \\ \mathfrak{H}_y &= A_e \frac{c}{n} \sqrt{a^2 + b^2} \cos(nt - bz + \vartheta_1) e^{-az}. \end{aligned}$$

Schreiben wir das Argument

$$nt - bz + \vartheta = \Theta,$$

so ist

$$(15) \qquad \begin{aligned} \mathfrak{H}_y &= A_e \frac{c}{n} \sqrt{a^2 + b^2} \cos(\Theta + \vartheta_1 - \vartheta) e^{-az}, \\ \mathfrak{E}_x &= A_e \cos \Theta e^{-az}. \end{aligned}$$

Nun ist die elektrische Energie

$$W_e = \frac{\varepsilon}{2} \mathfrak{E}_x^2 = A_e^2 \frac{\varepsilon}{2} \cos^2 \Theta \, e^{-2az}.$$

Bilden wir den Mittelwert über eine ganze Schwingung, nämlich

$$(16) \qquad \frac{1}{\tau} \int_0^\tau W_e dt = \frac{\varepsilon A_e^2}{4} e^{-2az} = \frac{c^2}{n^2} \frac{A_e^2}{4} e^{-2az} (b^2 - a^2),$$

letzteres wegen (9); ebenso ergibt sich

$$\frac{1}{\tau} \int_0^\tau W_m dt = \frac{c^2}{n^2} e^{-2az} \frac{A_e^2}{4} (b^2 + a^2).$$

Hieraus folgt, daß die mittlere magnetische Energie im allgemeinen größer ist als die elektrische; nur wenn a gleich Null ist, also in nicht leitenden Substanzen, sind beide gleich. Da die mittlere elektrische Energie nicht negativ sein kann, so muß $a < b$ sein[17]). Die Schwächung der Wellen darf auf die Strecke z nicht $> e^{-bz}$ sein. Tatsächlich ist die Absorption bei Metallen beträchtlich größer. Hieraus läßt sich folgern, daß die *Maxwell*schen Gleichungen in dieser Form für die Theorie des Durchgangs des Lichts durch Metalle unzureichend sind.

Aus den Gleichungen (4) kann man sehen, daß Umkehr des Vorzeichens von b, also Umkehr der Fortpflanzungsrichtung, bei *isolierenden* Substanzen das entgegengesetzte Vorzeichen entweder der elektrischen oder der magnetischen Vektoren bedingt, was auch durch die Vektorenformel $\mathfrak{S} = c\,[\mathfrak{E}\mathfrak{H}]$ ausgedrückt wird.

Wir haben bei vollständiger senkrechter Reflexion nach Gleichung (10) und (9) für $\sigma = 0$, wenn sich die einfallende Welle $\mathfrak{E}_x$, $\mathfrak{H}_y$ in der negativen, die reflektierte Welle $\mathfrak{E}_x'$, $\mathfrak{H}_y'$ in der positiven z-Richtung fortpflanzt:

$$\begin{aligned} \mathfrak{E}_x &= \quad A_e \cos(nt + bz), \\ \mathfrak{H}_y &= - A_e \sqrt{\varepsilon} \cos(nt + bz), \end{aligned}$$

und

17) *E. Cohn*, Ann. Phys. Chem. 45 (1892), p. 58.

$$\mathfrak{E}_x' = A_e \cos(nt - bz),$$

$$\mathfrak{H}_y' = A_e \sqrt{\varepsilon} \cos(nt - bz),$$

daher

$$\mathfrak{E}_x + \mathfrak{E}_x' = 2 A_e \cos nt \cos bz,$$

$$\mathfrak{H}_y + \mathfrak{H}_y' = 2 \sqrt{\varepsilon} A_e \sin nt \sin bz.$$

Hierdurch werden stehende Wellen dargestellt. Wenn die elektrische Kraft ihr Maximum hat sowohl in bezug auf Zeit wie Raum, so ist die magnetische Null und umgekehrt. Es geht daher abwechselnd magnetische und elektrische Energie ineinander über und zu bestimmten Zeiten gibt es keine elektrische, zu anderen keine magnetische Energie im ganzen Raum.

Da nach (10) *elektrische und magnetische Vektoren senkrecht aufeinander stehen,* so ist die Energieströmung ein Maximum. Sie erfolgt in der Richtung der fortschreitenden Welle, indem

$$\mathfrak{S}_z = - A_e^2 \sqrt{\varepsilon} \cos^2(nt + bz)$$

und

$$\mathfrak{S}_z' = A_e^2 \sqrt{\varepsilon} \cos^2(nt - bz)$$

ist. Daher ist

$$\frac{1}{\tau} \int_0^\tau \mathfrak{S}_z \, dt = - \frac{A_e^2 \sqrt{\varepsilon}}{2}$$

und

$$\frac{1}{\tau} \int_0^\tau \mathfrak{S}_z' \, dt = \frac{A_e^2 \sqrt{\varepsilon}}{2}.$$

Die über eine ganze Schwingung erstreckte Strömung der Energie hebt sich daher bei stehenden Wellen auf.

7. Allgemeine Integrale der Maxwellschen Gleichungen in einem beliebigen unendlich ausgedehnten Medium. Die *Maxwell*schen Gleichungen (5) lassen sich häufig in solchen Fällen integrieren, wo es sich um Ausbreitung elektromagnetischer Störungen, die durch gegebene Anfangsbedingungen hervorgerufen werden, handelt. Die mathematischen Hilfsmittel dazu sind durch die Sätze von *Poisson, Gauß, Green, Helmholtz, Kirchhoff* u. a. geliefert.

Zunächst können wir die Gleichung

$$\varepsilon\mu \frac{\partial^2 \mathfrak{E}_h}{\partial t^2} + \mu\sigma \frac{\partial \mathfrak{E}_h}{\partial t} = c^2 \Delta \mathfrak{E}_h + \frac{\partial \varrho_e}{\partial h}$$

vereinfachen. Es ist $\varrho_e = \varrho_{e_0} e^{-\frac{\sigma}{\varepsilon} t}$ (nach 4a).

Setzen wir nun

(17) $$\mathfrak{E} = \mathfrak{E}_h + \frac{\varrho_e^{-\frac{\sigma}{\varepsilon}t}}{4\pi}\int \frac{dS}{r}\frac{\partial \varrho_{e_0}}{\partial h},$$

so haben wir die Gleichung

(18) $$\varepsilon\mu\frac{\partial^2\mathfrak{E}}{\partial t^2} + \mu\sigma\frac{\partial\mathfrak{E}}{\partial t} = c^2\Delta\mathfrak{E},$$

die jetzt mit der Gleichung für den magnetischen Vektor identisch ist.

Die Gleichung (17) lehrt den Einfluß etwa vorhandener Ladungen berechnen. In Leitern nimmt dieser Einfluß sehr schnell ab.

Für die Integration haben wir uns nur mit Gleichungen von der Form (18) zu beschäftigen.

Wenn zur Zeit $t = 0$ die Größen $\mathfrak{E}$ und $\mathfrak{H}$ in einem bestimmten Raum S vorgeschriebene Werte haben und außerhalb desselben Null sind, so läßt sich nach einem von *Birkeland*[18]) angegebenen Verfahren der Wert dieser Größen zu einer beliebigen anderen Zeit bestimmen.

Wir machen zunächst einige vorbereitende Betrachtungen.

Es sei

(19) $$U = \int \frac{F}{t}\, d\omega,$$

ausgedehnt über eine Kugelfläche vom Radius $r = c_1 t$.

F ist eine Funktion der drei Variabeln

$$x + c_1 t\cos\alpha,\quad y + c_1 t\sin\alpha\cos\beta,\quad z + c_1 t\sin\alpha\sin\beta,$$

α, β sind die Winkel der Polarkoordinaten. Die Funktion F ist beliebig und wird später das zur Zeit $t = 0$ gegebene Feld darzustellen haben.

Nun ist

$$\int_0^r dr\, U = V$$

das über das Innere unserer Kugel erstreckte Raumintegral. Daher ist auch

$$U = \frac{\partial V}{\partial r},\qquad V = \int \frac{F}{t}\, dS$$

und

$$\Delta U = \frac{\partial}{\partial r}\int \frac{1}{t}\,\Delta F\, dS.$$

Hier ist zunächst nach x, y, z zu differenzieren. Setzen wir $r\cos\alpha = x'$ usw., so können wir x und x' vertauschen. Wir können da-

18) *Birkeland,* Arch. de Génève 34 (1895), p. 1. Die Darstellung folgt der Entwicklung von *Cohn*, Das elektromagnetische Feld, Leipzig 1900, p. 412.

her auch nach den Variabeln differenzieren, über die die Integration erstreckt wird.

Nach dem *Green*schen Satz ist aber

$$\int \Delta F \, dS = \int \frac{\partial F}{\partial r} \, d\omega,$$

also

$$\Delta U = \frac{\partial}{\partial r} \int \frac{1}{t} \frac{\partial F}{\partial r} \, d\omega = \frac{\partial}{\partial r} \int \frac{1}{t} \frac{\partial F}{\partial r} r^2 d\Omega,$$

wo $d\Omega$ das Flächenelement der Kugel vom Radius Eins ist.

Weiter ist

$$\Delta U = \int \frac{1}{t} \left(r^2 \frac{\partial^2 F}{\partial r^2} + 2r \frac{\partial F}{\partial r} \right) d\Omega \quad \text{und da} \quad r = c_1 t,$$

$$= \int \left(t \frac{\partial^2 F}{\partial t^2} + 2 \frac{\partial F}{\partial t} \right) d\Omega.$$

Nun ist auf der Kugeloberfläche

$$U = c_1^2 \int d\Omega \, tF,$$

$$\frac{\partial^2 U}{\partial t^2} = c_1^2 \int d\Omega \left(t \frac{\partial^2 F}{\partial t^2} + 2 \frac{\partial F}{\partial t} \right) = c_1^2 \Delta U. \tag{20}$$

Für die weiteren Vorbereitungen bilden wir die Funktion

$$W = \frac{\sigma_1^2}{8 c_1^3} \int_0^{c_1 t} dr \int r^2 d\Omega \, F \varphi + \int F t \, d\Omega, \tag{21}$$

wo φ eine Funktion von $c_1^2 t^2 - r^2$ sein soll, die für $c_1 t = r$ gleich Eins wird und die durch eine Differentialgleichung bestimmt werden wird, um später die Integration der Maxwellschen Gleichungen zu ermöglichen; über die Konstante σ_1 wird unten verfügt werden. Ferner ist

$$\frac{\partial^2 W}{\partial t^2} = \frac{\sigma_1^2}{8 c_1^3} \int_0^{c_1 t} dr \int r^2 d\Omega \, F \frac{\partial^2 \varphi}{\partial t^2} + \frac{\sigma_1^2 \mathfrak{R} t^2}{8} \int_{r = c_1 t} F \, d\Omega + \frac{\sigma_1^2}{4} t \int F \, d\Omega \tag{22}$$

$$+ \frac{\sigma_1^2}{8} t^2 \frac{\partial}{\partial t} \int_{r = c_1 t} F \, d\Omega + \frac{\partial^2}{\partial t^2} \int F t \, d\Omega,$$

wo $\mathfrak{R} = \left.\frac{d\varphi}{dt}\right|_{r = c_1 t}$ ist.

Ferner ist

$$c_1^2 \Delta W = \frac{\sigma_1^2}{8 c_1} \int_0^{c_1 t} dr \int r^2 d\Omega \, \Delta F \varphi + c_1^2 \Delta \int F t \, d\Omega. \tag{23}$$

Auch hier können wir die Variabeln vertauschen und nach dem *Green*schen Satz schreiben

$$\int dS\, \Delta F \varphi = \int F \Delta \varphi\, dS + \int d\omega \left(\varphi \frac{\partial F}{\partial r} - F \frac{\partial \varphi}{\partial r}\right).$$

An der Oberfläche ist $r = c_1 t$,

$$d\omega = r^2 d\Omega = c_1^2 t^2 d\Omega, \quad \frac{\partial \varphi}{\partial r} = -\frac{\partial \varphi}{\partial t}\frac{1}{c_1} = -\frac{\mathfrak{K}}{c_1},$$

da φ eine Funktion von $c_1^2 t^2 - r^2$ ist.

Daher ist

$$(24) \qquad \int dS\, \Delta F \varphi = \int F \Delta \varphi\, dS + c_1 t^2 \int d\Omega \frac{\partial F}{\partial t} + \mathfrak{K} c_1 t^2 \int F\, d\Omega.$$

Ziehen wir nun (23) von (22) ab und berücksichtigen (20) und (24), so ergibt sich

$$\frac{\partial^2 W}{\partial t^2} - c_1^2 \Delta W = \frac{\sigma_1^2}{8 c_1^3} \int dS\, F \left(\frac{\partial^2 \varphi}{\partial t^2} - c_1^2 \Delta \varphi\right) + \frac{\sigma_1^2 t}{4} \int F\, d\Omega.$$

Bestimmen wir nun φ durch die Gleichung

$$\frac{\partial^2 \varphi}{\partial t^2} - c_1^2 \Delta \varphi = \frac{\sigma_1^2}{4} \varphi$$

und so, daß für $c_1^2 t^2 = r^2$ die Funktion $\varphi = 1$ wird, dann ist

$$(25) \qquad \frac{\partial^2 W}{\partial t^2} - c_1^2 \Delta W = \frac{\sigma_1^2}{4} W.$$

Nun ist φ eine Funktion von $c_1^2 t^2 - r^2$, daher

$$\frac{\partial^2 \varphi}{\partial t^2} - c_1^2 \Delta \varphi = 4 \varphi'' c_1^2 (c_1^2 t^2 - r^2) + 8 \varphi' c_1^2 = \frac{\sigma_1^2}{4} \varphi,$$

wo φ' und φ'' die erste und zweite Derivierte nach $c_1^2 t^2 - r^2$ sind. Daher haben wir für φ die Gleichung

$$\varphi'' + \frac{2}{c_1^2 t^2 - r^2} \varphi' - \frac{\sigma_1^2}{16 c_1^2} \frac{\varphi}{c_1^2 t^2 - r^2} = 0.$$

Setzen wir $c_1^2 t^2 - r^2 = -\frac{u^2}{4}$, so erhalten wir

$$\frac{d^2 \varphi}{du^2} + \frac{3}{u}\frac{d\varphi}{du} + \frac{\sigma_1^2}{16 c_1^2} \varphi = 0,$$

die durch die *Bessel*sche Funktion $J_1\left(\frac{u \sigma_1}{4 c_1}\right)$ integriert wird.

Für kleine Werte von $\frac{u \sigma}{4 c_1}$ gilt die Reihenentwicklung

$$(26) \qquad \begin{aligned} \varphi &= 1 - \frac{u^2 \sigma_1^2}{2 \cdot 4 \cdot 16} \frac{1}{c_1^2} + \frac{u^4 \sigma_1^4}{2 \cdot 4 \cdot 4 \cdot 6} \frac{1}{(16 c_1^2)^2} \cdots \\ &= 1 + \frac{(c_1^2 t^2 - r^2)\sigma_1^2}{2 \cdot 4 \cdot c_1^2} \frac{1}{4} + \frac{(c_1^2 t^2 - r^2)\sigma_1^2}{2 \cdot 4 \cdot c_1^4} \frac{1}{16} \cdots. \end{aligned}$$

Nach diesen Vorbereitungen läßt sich die Lösung der Aufgabe ohne weiteres hinschreiben. Im Raum S ist $\mathfrak{E} = \Phi$ als Funktion des Orts zur Zeit $t = 0$ gegeben. Da auch die magnetischen Kräfte gegeben sein müssen, so ist durch die Gleichungen (4) auch $\frac{\partial \mathfrak{E}}{\partial t} = \Phi_1$ bekannt.

Im übrigen muß $\mathfrak{E}$ der Gleichung (18) genügen.

Setzen wir

$$\mathfrak{E} = e^{-\frac{\sigma}{2\varepsilon}t}\,\mathfrak{E}_1,$$

so haben wir, wenn wir $\frac{\sigma}{\varepsilon} = \sigma_1$, $\frac{c^2}{\varepsilon\mu} = c_1^2$ setzen, für $\mathfrak{E}_1$ die Gleichung

$$\frac{\partial^2 \mathfrak{E}_1}{\partial t^2} - \frac{\sigma_1^2}{4}\,\mathfrak{E}_1 = c_1^2 \Delta \mathfrak{E}_1. \tag{27}$$

Wir behaupten, daß diese Differentialgleichung durch den Ausdruck integriert wird:

$$\mathfrak{E}_1 = \frac{1}{4\pi}\frac{\sigma_1^2}{8c_1^3}\int_0^{c_1 t} dr \left[\int r^2 d\Omega\,\varphi\left(\frac{\sigma_1}{2}\,\Phi + \Phi_1\right) + \frac{\partial}{\partial t}\int \Phi\,\varphi r^2 d\Omega\right]$$
$$+ \frac{1}{4\pi}\left[\int t\,d\Omega\left(\frac{\sigma_1}{2}\,\Phi + \Phi_1\right) + \frac{\partial}{\partial t}\int t\,d\Omega\,\Phi\right].$$

In der Tat, da $\mathfrak{E}_1$ analog der durch (21) definierten Funktion W gebildet ist, so genügt sie der Gleichung (25) oder, was dasselbe ist (27). Für $t = 0$ wird der Radius der Kugel $r = c_1 t$ ebenfalls Null Es verschwinden daher die Volumintegrale und es bleibt nur

$$\mathfrak{E}_1 = \frac{1}{4\pi}\int \Phi\, d\,\Omega = \Phi.$$

Da nun für $t = 0$

$$\mathfrak{E}_1 = \mathfrak{E}$$

ist, so ist auch

$$\mathfrak{E} = \Phi$$

für $t = 0$.

Andererseits ist

$$\frac{\partial \mathfrak{E}_1}{\partial t} = \frac{1}{4\pi}\int d\,\Omega\left(\frac{\sigma_1}{2}\,\Phi + \Phi_1\right) = \frac{\sigma_1}{2}\,\Phi + \Phi_1 \text{ für } t = 0,$$
$$\frac{\partial \mathfrak{E}}{\partial t} = -\frac{\sigma_1}{2}\,\mathfrak{E}_1 + \frac{\partial \mathfrak{E}_1}{\partial t} = -\frac{\sigma_1}{2}\,\Phi + \Phi_1 + \frac{\sigma_1}{2}\,\Phi = \Phi_1 \text{ für } t = 0.$$

Also sind auch die Anfangsbedingungen erfüllt.

Zunächst folgt, daß für alle Punkte, die so liegen, daß die um sie mit dem Radius $r = c_1 t$ gelegte Kugel das Störungsgebiet, wo Φ und Φ_1 von Null verschieden sind, nicht trifft, $\mathfrak{E}$ verschwindet. Man denke sich um einen solchen Aufpunkt außerhalb des Störungsgebiets die Kugel mit dem Radius $c_1 t$ gelegt, die sich mit vorrückender Zeit allmählich erweitert. $\mathfrak{E}$ ist so lange Null, bis die Kugel das Störungsgebiet berührt. Dringt sie nun in das Störungsgebiet ein, so sind Φ und Φ_1 von Null verschieden und zwar für das Stück der Kugeloberfläche, die sich im Störungsgebiet befindet und für den Raumteil, der sich im Innern der Kugel befindet. Bei weiterem Vorrücken der Kugel geht ihre Oberfläche wieder aus dem Störungsgebiet heraus, dann sind Φ und Φ_1 an der Kugeloberfläche wieder Null, aber das ganze Störungsgebiet liegt im Innern der Kugel.

Ist also σ von Null verschieden, so ist $\mathfrak{E}$ zunächst Null, bis die Kugel das Störungsgebiet berührt, es wird dann von Null verschieden in einem genau angebbaren Moment. Dann bleibt es von Null verschieden, da zunächst Oberflächenintegrale und Raumintegrale, dann die letzteren allein Beiträge liefern, bis für $t = \infty$ der Wert von $\mathfrak{E} = 0$ wird.

Ist dagegen $\sigma = 0$, das Medium also ein Isolator, dann verschwinden die Raumintegrale und $\mathfrak{E}$ wird wieder Null, sobald die Kugel das Störungsgebiet wieder verläßt. In diesem Falle tragen zum Werte von $\mathfrak{E}$ nur die Punkte im Störungsgebiet bei, die auf der Kugelfläche liegen. Dagegen tragen bei einem leitenden Medium alle Punkte zum Werte von $\mathfrak{E}$ bei, welche die sich erweiternde Kugel einmal aufgenommen hat. Sobald also die Kugel durch das Störungsgebiet hindurchgegangen ist, hängt der Wert von $\mathfrak{E}$ von allen Punkten des Störungsgebietes ab.

Wird z. B. eine fluoreszierende Substanz, die sich in einem durchsichtigen Medium befindet, plötzlich bestrahlt und leuchtet unter dieser Strahlung selbst, so wird die Lichtintensität des Fluorescenzlichts an einem Ort des Mediums bestimmt werden durch die Wellen, die von jedem Element der leuchtenden Substanz ausgehen. Wenn dagegen das Medium absorbiert, so gelangt zwar die Strahlung an jeden Ort mit einer bestimmten Geschwindigkeit. Außerdem ist aber noch eine Nachwirkung vorhanden, die von allen Elementen der leuchtenden Substanz ausgehend zu derselben Zeit eine bestimmte allmählich abklingende Lichtintensität hervorruft.

Wie übrigens bereits erwähnt, sind die *Maxwell*schen Gleichungen in der Form, wie wir sie auf elektromagnetischer Grundlage aufgestellt haben, für die Darstellung der Absorption des Lichtes unzureichend.

Auf die notwendigen Ergänzungen kommen wir später zurück.

Dagegen sind die Gleichungen für durchsichtige Medien ausreichend, sobald man von den Erscheinungen der Dispersion, die mit der Absorption eng zusammenhängt, absieht.

8. Ausbreitung beliebiger Störungen in durchsichtigen Medien. Für durchsichtige Medien haben wir die Gleichungen

$$
(28)\qquad
\begin{aligned}
c_1^2 \Delta \mathfrak{E} &= \frac{\partial^2 \mathfrak{E}}{\partial t^2},\\
c_1^2 \Delta \mathfrak{H} &= \frac{\partial^2 \mathfrak{H}}{\partial t^2},\\
\operatorname{div} \mathfrak{E} = 0, &\quad \operatorname{div} \mathfrak{H} = 0.
\end{aligned}
$$

Für die Behandlung spezieller Fälle sich ausbreitender elektromagnetischer Störungen, die namentlich auch für die Beugungstheorie nützlich sind, dienen folgende Theoreme[19]).

Sei

$$x^2 + y^2 + z^2 = r^2.$$

Wir differenzieren $\frac{1}{r}$ nach $\mathfrak{a}$ verschiedenen Richtungen $p_1, \ldots, p_{\mathfrak{a}}$. Dann ist eine „räumliche Kugelfunktion" F und eine zugehörige „Kugelflächenfunktion" f dargestellt durch

$$F_{\mathfrak{a}} = \frac{(-1)^{\mathfrak{a}}}{\mathfrak{a}!} \frac{\partial}{\partial p_1} \frac{\partial}{\partial p_2} \cdots \frac{\partial}{\partial p_{\mathfrak{a}}} \left(\frac{1}{r}\right) = \frac{f_{\mathfrak{a}}}{r^{\mathfrak{a}+1}},$$

wo f nicht von der Größe von r, sondern nur von der Richtung abhängt.

Aus der Homogenität von F folgt[20]), daß

$$x \frac{\partial F_{\mathfrak{a}}}{\partial x} + y \frac{\partial F_{\mathfrak{a}}}{\partial y} + z \frac{\partial F_{\mathfrak{a}}}{\partial z} = -(\mathfrak{a}+1) F_{\mathfrak{a}}$$

und aus der Darstellung von F als Differentialquotient von $1/r$, daß

$$\Delta F_{\mathfrak{a}} = 0$$

ist. Wir machen nun für $\mathfrak{E}$ den speziellen Ansatz

$$(29)\qquad \mathfrak{E} = \psi\, [\mathfrak{h} \operatorname{grad} F_{\mathfrak{a}}],$$

wo ψ nur eine Funktion von r ist und $\mathfrak{h}$ den Vektor x, y, z bezeichnet.

Zunächst folgt

$$\operatorname{div} \mathfrak{E} = 0.$$

Mit Rücksicht auf $\Delta F_{\mathfrak{a}} = 0$ ist

$$
\begin{aligned}
\Delta \mathfrak{E}_x = \left(\frac{d^2\psi}{dr^2} + \frac{2}{r}\frac{d\psi}{dr}\right)\left(y \frac{\partial F_{\mathfrak{a}}}{\partial z} - z \frac{\partial F_{\mathfrak{a}}}{\partial y}\right)&\\
+ \frac{2}{r}\frac{d\psi}{dr}\Big(xy \frac{\partial^2 F_{\mathfrak{a}}}{\partial x \partial z} + y^2 \frac{\partial^2 F_{\mathfrak{a}}}{\partial y \partial z} + yz \frac{\partial^2 F_{\mathfrak{a}}}{\partial z^2} + y \frac{\partial F_{\mathfrak{a}}}{\partial z}&\\
- xz \frac{\partial^2 F_{\mathfrak{a}}}{\partial x \partial y} - yz \frac{\partial^2 F_{\mathfrak{a}}}{\partial y^2} - z^2 \frac{\partial^2 F_{\mathfrak{a}}}{\partial y \partial z} - z \frac{\partial F_{\mathfrak{a}}}{\partial y}\Big)&.
\end{aligned}
$$

---

19) *H. A. Rowland,* Amer. J. of math. 6, Nr. 4. Vgl. auch Phil. Mag. (5) 17, (1884), p. 413.

20) *Maxwell,* Treatise on electr. and magn. 1, p. 180.

Schreiben wir

$$y \frac{\partial F_{\mathfrak{a}}}{\partial z} - z \frac{\partial F_{\mathfrak{a}}}{\partial y} = \chi,$$

so ist

$$\Delta \mathfrak{E}_x = \left(\frac{d^2 \psi}{d r^2} + \frac{2}{r} \frac{d \psi}{d r}\right) \chi + \frac{2}{r} \frac{d \psi}{d r} \left(x \frac{\partial \chi}{\partial x} + y \frac{\partial \chi}{\partial y} + z \frac{\partial \chi}{\partial z}\right).$$

Da nun χ ebenfalls eine homogene Funktion der Koordinaten von demselben Grade wie $F_{\mathfrak{a}}$ ist, so haben wir

$$x \frac{\partial \chi}{\partial x} + y \frac{\partial \chi}{\partial y} + z \frac{\partial \chi}{\partial z} = -(\mathfrak{a}+1) \chi$$

und

(29a) $$\Delta \mathfrak{E}_x = \left[\frac{d^2 \psi}{d r^2} - \frac{d \psi}{d r} \frac{2}{r} \mathfrak{a}\right] \chi.$$

Zunächst folgt aus der Gleichung (28) und (29 a), wenn wir

$$\psi = \varphi_{\mathfrak{a}} r^{\mathfrak{a}} e^{i(nt + br)}$$

setzen, wo φ nur von r abhängt, daß wir ψ der Differentialgleichung

$$\frac{d^2 \psi}{d r^2} - \frac{2}{r} \mathfrak{a} \frac{d \psi}{d r} = -\frac{n^2}{c_1{}^2} \psi,$$

und da

$$\frac{n^2}{c_1{}^2} = b^2$$

ist, daß wir $\varphi_{\mathfrak{a}}$ der Differentialgleichung

(30) $$\frac{d^2 \varphi_{\mathfrak{a}}}{d r^2} + \frac{2 i n}{c_1} \frac{d \varphi_{\mathfrak{a}}}{d r} - \frac{\mathfrak{a}(\mathfrak{a}+1)}{r^2} \varphi_{\mathfrak{a}} = 0$$

unterwerfen müssen.

Zu demselben Resultat führt die Behandlung von $\mathfrak{E}_y$ und $\mathfrak{E}_z$, so daß durch die Ausdrücke (29) die Gleichungen (28) integriert werden, sobald (30) erfüllt ist. Durch diese Wahl von φ ist also die Abhängigkeit der durch (29) dargestellten speziellen Lösungen $\mathfrak{E}$ von r festgelegt.

Setzen wir

$$\varphi_{\mathfrak{a}} = a_0 + a_1 \frac{i c_1}{n} \frac{1}{r} - a_2 \frac{c_1{}^2}{n^2} \frac{1}{r^2} \cdots + a_j \left(\frac{i c_1}{n}\right)^j \frac{1}{r^j} + \cdots,$$

so ergibt sich a_j aus a_{j-1} nach der Formel

$$a_j = \frac{\mathfrak{a}(\mathfrak{a}+1) a_{j-1} - j(j-1) a_{j-1}}{2 j}.$$

Ist $\mathfrak{a}$ ganzzahlig, so ist für ein bestimmtes j

$$-\mathfrak{a}(\mathfrak{a}+1) + j(j-1) = 0;$$

wenn daher

$$j = \mathfrak{a} + 1$$

ist, wird

$$a_j = 0.$$

Mit diesem Gliede bricht die Reihe ab.

Für $r = \infty$ wird $\varphi_{\mathfrak{a}} = a_0$.

Wir gehen jetzt von unseren speziellen Lösungen $\mathfrak{E}$ zu einer allgemeineren über.

Denken wir uns die Werte von $\mathfrak{E}$ auf der unendlichen Kugelfläche gegeben, so müssen diese sich nach der Beziehung

$$F_a = \frac{f_a}{r^{a+1}},$$

wo f nicht von r abhängt, für konstantes r ausdrücken lassen durch die Gleichungen (29), wobei die F in Reihen, die nach den Funktionen f fortschreiten, entwickelt sind. Dadurch sind die $\mathfrak{E}$ ebenfalls durch Reihen, die nach Größen $\mathfrak{E}_a$ fortschreiten, dargestellt.

Daß dies möglich ist, folgt aus der Theorie der Kugelfunktionen.

Die $\mathfrak{E}$ sind von r unabhängig, aber sie müssen der Gleichung

$$\operatorname{div} \mathfrak{E}_a = 0$$

genügen. Sind α und β die Winkel der Polarkoordinaten, so daß

$$x = r \cos\alpha,$$
$$y = r \sin\alpha \cos\beta,$$
$$z = r \sin\alpha \sin\beta$$

ist, so können wir die $\mathfrak{E}$ auf die Form bringen

$$\mathfrak{E}_{a,x} = \text{const.} \frac{\partial F_a}{\partial \beta},$$

$$\text{(31)} \qquad \mathfrak{E}_{a,y} = \text{const.} \left(- \sin\beta \frac{\partial F_a}{\partial \alpha} - \cos\beta \operatorname{cotg}\alpha \frac{\partial F_a}{\partial \beta}\right),$$

$$\mathfrak{E}_{a,z} = \text{const.} \left(\cos\beta \frac{\partial F_a}{\partial \alpha} - \sin\beta \operatorname{cotg}\alpha \frac{\partial F_a}{\partial \beta}\right),$$

wodurch die Gleichung $\operatorname{div} \mathfrak{E}_a = 0$ für $r = \text{const.}$ erfüllt ist. Dies ist die Operation $[\mathfrak{h} \operatorname{grad} F_a]$ für $r = \text{const.}$

Man überzeugt sich davon leicht, wenn man beachtet, daß für $r = \text{const.}$

$$\frac{\partial}{\partial x} = - \frac{\sin\alpha}{r} \frac{\partial}{\partial \alpha},$$

$$\text{(32)} \qquad \frac{\partial}{\partial y} = \frac{\cos\alpha \cos\beta}{r} \frac{\partial}{\partial \alpha} - \frac{\sin\beta}{r \sin\alpha} \frac{\partial}{\partial \beta},$$

$$\frac{\partial}{\partial z} = \frac{\cos\alpha \sin\beta}{r} \frac{\partial}{\partial \alpha} + \frac{\cos\beta}{r \sin\alpha} \frac{\partial}{\partial \beta}$$

ist. An der Oberfläche $r = R = \infty$ sollen nun die $\mathfrak{E}$ durch die $\mathfrak{E}_a$ dargestellt sein:

$$\text{(33a)} \qquad \mathfrak{E}_{r=R} = \frac{a_0 e^{i(nt+bR)}}{R} \{A_0 \mathfrak{E}_0 + A_1 \mathfrak{E}_1 + A_2 \mathfrak{E}_2 \ldots\}.$$

Wir behaupten, daß im übrigen Raum die $\mathfrak{E}$ gegeben sind durch

$$(33) \qquad \mathfrak{E} = \frac{e^{i(nt+br)}}{r}\{A_0\varphi_0\mathfrak{E}_0 + A_1\varphi_1\mathfrak{E}_1 + A_2\varphi_2\mathfrak{E}_2\ldots\}.$$

Für $r = \text{const.}$ ist: $\mathfrak{E} = \frac{\psi}{r^{\mathfrak{a}+1}}[\mathfrak{h} \operatorname{grad} f_{\mathfrak{a}}] = \frac{\varphi}{r}[\mathfrak{h} \operatorname{grad} f_{\mathfrak{a}}]$. Da nun durch (31) diese Beziehung erfüllt ist, so muß jedes Glied der Gleichung (33) die Gleichungen (28) erfüllen, wenn die $\varphi_{\mathfrak{a}}$ der Gleichung (30) genügen.

Da für $r = R = \infty$ die sämtlichen $\varphi = a_0$ werden, so geht für diesen Wert (33) in (33a) über.

Wir haben daher das Theorem:

Wenn die Vektoren $\mathfrak{E}$ auf der unendlichen Kugelfläche bekannt sind, lassen sie sich durch Reihen, die nach Kugelfunktionen fortschreiten, an jeder Stelle des Raumes ausdrücken.

Ganz dieselben Betrachtungen beziehen sich auf die magnetischen Kräfte, die, sobald die elektrischen Kräfte gegeben sind, durch die Gleichungen (4) bestimmt sind.

Man kann indessen auch von der magnetischen Kraft ausgehen und die Gleichungen (29) auf diese anwenden.

Setzen wir, um einen speziellen Fall zu betrachten,

$$F = \frac{\partial}{\partial z}\left(\frac{1}{r}\right) = -\frac{z}{r^3},$$

so erhalten wir Symmetrieverhältnisse um die z-Achse.

Dann ist bei Anwendung von (29)

$$\mathfrak{H}_x = -\frac{\psi y}{r^3},$$

$$\mathfrak{H}_y = \frac{\psi x}{r^3},$$

$$\mathfrak{H}_z = 0.$$

Da $\mathfrak{H}_x x + \mathfrak{H}_y y = 0$ ist, gibt es keine radialen magnetischen Kräfte.

Diese bilden Kreise um die z-Achse.

Es ist $\mathfrak{a} = 1$, also folgt $a_{\mathfrak{a}} = -a_0$, daher

$$\psi = a_0\left(r - \frac{ic_1}{n}\right)e^{i(nt+br)}$$

und

$$\mathfrak{H}_x = -a_0\left(r - \frac{ic_1}{n}\right)\frac{y}{r^3}e^{i(nt+br)},$$

$$\mathfrak{H}_y = a_0\left(r - \frac{ic_1}{n}\right)\frac{x}{r^3}e^{i(nt+br)}.$$

Ferner ist

$$\frac{n}{c_1} = -b = \frac{2\pi}{\lambda}$$

daher

$$(34)\qquad \begin{aligned} \mathfrak{H}_x &= \quad i a_0 \frac{\partial}{\partial y}\left(\frac{e^{i(nt+br)}}{r}\right), \\ \mathfrak{H}_y &= -i a_0 \frac{\partial}{\partial x}\left(\frac{e^{i(nt+br)}}{r}\right). \end{aligned}$$

Hieraus folgt nach (4)

$$(35)\qquad \begin{aligned} \varepsilon \mathfrak{E}_x &= \frac{a_0}{b} \frac{\partial^2}{\partial x \partial z}\left(\frac{e^{i(nt+br)}}{r}\right), \\ \varepsilon \mathfrak{E}_y &= \frac{a_0}{b} \frac{\partial^2}{\partial y \partial z}\left(\frac{e^{i(nt+br)}}{r}\right), \\ \varepsilon \mathfrak{E}_z &= -\frac{a_0}{b}\left(\frac{\partial^2}{\partial x^2}\left(\frac{e^{i(nt+br)}}{r}\right) + \frac{\partial^2}{\partial y^2}\left(\frac{e^{i(nt+br)}}{r}\right)\right). \end{aligned}$$

Für sehr kleine r wird

$$e^{i(nt+br)} = e^{int}.$$

Daher ist

$$(36)\qquad \begin{gathered} \mathfrak{E}_x = \frac{\partial \Phi}{\partial x}, \quad \mathfrak{E}_y = \frac{\partial \Phi}{\partial y}, \quad \mathfrak{E}_z = \frac{\partial \Phi}{\partial z}, \quad \Delta \Phi = 0, \\ \Phi = \frac{a_0 \partial}{b \partial z}\left(\frac{e^{int}}{r}\right). \end{gathered}$$

Dies ist das Potential eines elektrischen Doppelpols, dessen Moment $\frac{a_0}{b}$ ist und dessen Ladung in der Periode $\frac{2\pi}{n}$ zwischen gleichen positiven und negativen Werten hin und her schwankt.

Die aufgestellten Formeln erlauben, die elektrischen und magnetischen Kräfte im ganzen Raum zu berechnen[21]). Durch sie werden die *Hertz*schen Schwingungen eines kleinen Senders dargestellt.

Zu demselben Ausdruck wird man geführt, wenn man annimmt, daß eine sehr kleine elektrische Ladung sich um ihre Ruhelage hin und her bewegt. Nur müssen die Elongationen klein gegen $\frac{1}{b}$ sein. Vgl. Encykl. V. 14, Art. *Lorentz*, Nr. **17**.

Bei diesen im Punkte $r = 0$ erregten elektrischen Schwingungen wird bei jeder Schwingung Energie ausgestrahlt.

Wird die Amplitude der Schwingung $\frac{a_0}{b} = A$ konstant gehalten, so berechnet sich die ausgestrahlte Energie, indem man den Poynting-

---

21) Diese Formeln sind zuerst von *Rowland* a. a. O. gegeben. Später hat sie offenbar unabhängig *Hertz* entwickelt, Ann. Phys. Chem. 36 (1888), p. 1; Ges. Abh. 2, p. 147. Vgl. *H. A. Lorentz*, Versuch einer Theorie usw., p. 54 sowie Encykl. V 18 Art *Abraham*.

schen Vektor über eine unendlich große Kugelfläche integriert. Es ergibt sich für eine Schwingung

$$\frac{16\pi^4 A^2}{3\lambda^3}.$$

Es ist sehr wahrscheinlich, daß der hier betrachtete Typus von Schwingungen auch bei der Lichterregung im wesentlichen mitspielt. Es ist jedoch nicht nötig, auf diesen Mechanismus näher einzugehen, wenn es sich nur darum handelt, die Art der Ausbreitung im Raum zu untersuchen. Dann kann die Störung selbst beliebig sein.

Man braucht daher nur eine Lösung der Gleichungen (28)

$$\frac{\partial^2 \varphi}{\partial t^2} = c_1{}^2 \Delta \varphi$$

zu benutzen, die an der Erregungsstelle selbst unendlich werden muß, wodurch ausgedrückt wird, daß dort Zufuhr von Energie stattfindet.

Nehmen wir

$$\varphi = A\,\frac{e^{i(nt+br)}}{r}.$$

Dann haben wir Schwingungen, die im Punkte $r = 0$ erregt werden und sich nach allen Seiten mit der Geschwindigkeit

$$-\frac{n}{b} = c_1$$

ausbreiten.

9. Das Huygenssche Prinzip. Für das Studium dieser Ausbreitung ist das *Huygens*sche Prinzip von großem Nutzen, das seine präzise Formulierung in einer Erweiterung des *Green*schen Satzes[22]) findet. Nach dem *Green*schen Satz ist

$$(37) \qquad \int dS(V\Delta\varphi - \varphi\Delta V) = \int d\omega\left(V\frac{\partial \varphi}{\partial N} - \varphi\frac{\partial V}{\partial N}\right).$$

Wenn nun

$$V = \frac{A e^{i(nt+br)}}{r}$$

ist, so haben wir nach (28)

$$\Delta V + \frac{n^2}{c^2} V = 0 \quad \text{oder} \quad \Delta V + b^2 V = 0.$$

Genügt φ derselben Gleichung, so können wir schreiben:

$$\int dS(V\Delta\varphi + b^2 V\varphi - \varphi\Delta V - b^2 V\varphi) = \int d\omega\left(V\frac{\partial\varphi}{\partial N} - \varphi\frac{\partial V}{\partial N}\right)$$

22) Vgl. *Helmholtz,* Theorie der Luftschwingungen in Röhren mit offenen Enden, J. f. Math. 57 (1859), p. 1; Wiss. Abh. I, p. 303; *Kirchhoff*, Zur Theorie der Lichtstrahlen, Berlin Ber. 22. Juni 1881, p. 641; Ann. Phys. Chem. 18 (1883), p. 663; Ges. Abh. Nachtrag, p. 22.

oder

(37a) $$0 = \int d\omega \left(V \frac{\partial \varphi}{\partial N} - \varphi \frac{\partial V}{\partial N} \right).$$

Nun ist

$$\frac{\partial V}{\partial N} = \frac{\partial V}{\partial r} = -\frac{A}{r^2} e^{i(nt+br)} + \frac{i A b e^{i(nt+br)}}{r},$$

wenn es sich um eine Kugelfläche handelt. Eine kleine Kugel legen wir um den Punkt $r = 0$, um diesen, in dem die Funktion unstetig wird, auszuschließen. Ist $d\Omega$ das Element der Kugeloberfläche vom Radius Eins, so haben wir $d\omega = r^2 d\Omega$, daher über diese Kugel erstreckt

$$A \int\limits_{\lim r=0} d\Omega \left\{ r e^{i(nt+br)} \frac{\partial \varphi}{\partial r} + \left(e^{i(nt+br)} - i b r e^{i(nt+br)}\right) \varphi \right\},$$

$$= 4\pi A e^{int} \varphi_0,$$

wo φ_0 den Wert von φ für $r = 0$ bezeichnet.

Außerdem sind die Integrationen über die Grenzflächen des betrachteten Raumes zu erstrecken. Daher bleibt

(38) $$4\pi \varphi_0 = \int d\omega \varphi \frac{\partial}{\partial r} \left(\frac{e^{ibr}}{r} \right) \frac{\partial r}{\partial N} - \int d\omega \frac{e^{ibr}}{r} \frac{\partial \varphi}{\partial N}.$$

Diese Gleichung stellt eine präzise Fassung des *Huygens*schen Prinzips dar[23]).

Das zweite Integral stellt eine auf der Oberfläche ausgebreitete Schicht von Erregungspunkten dar, deren Amplitude $\frac{\partial \varphi}{\partial N}$ proportional ist.

Das erste bedeutet eine Doppelschicht von Erregungspunkten. Die Amplitude der einen Schicht ist $-\frac{\varphi}{dN}$, die der anderen, die sich im Abstande dN befindet, $+\frac{\varphi}{dN}$ proportional. Die erste hat den Faktor $\frac{e^{ibr}}{r}$, die andere $\frac{e^{ibr}}{r} + \frac{\partial}{\partial N}\left(\frac{e^{ibr}}{r}\right) dN$. Wenn beide zusammenwirken, bleibt $\varphi \frac{\partial}{\partial N} \left(\frac{e^{ibr}}{r} \right)$.

Sei nun φ die Funktion, wenn ein undurchsichtiger Körper in den Raum gebracht wird, φ' dieselbe Funktion ohne den Körper.

Nach (38) kann die Änderung von φ' durch die Anwesenheit des Körpers durch ein über seine Oberfläche genommenes Integral berücksichtigt werden.

Daher ist

$$4\pi(\varphi - \varphi') = \int d\omega \varphi \frac{\partial}{\partial r} \left(\frac{e^{ibr}}{r} \right) \frac{\partial r}{\partial N} - \int d\omega \frac{e^{ibr}}{r} \frac{\partial \varphi}{\partial N}.$$

---

23) Eine Erweiterung auf absorbierende und kristallinische Medien gibt *H. A. Lorentz*, Wiss. Abh. I, Leipzig 1907, p. 415.

Wir nehmen nun für φ die Funktion

$$\frac{1}{r_1} e^{i(nt+br_1)},$$

wo r_1 die Entfernung eines zweiten Punktes, den wir 1 nennen wollen, bezeichnet. Auch diese Funktion genügt der Gleichung (28). Daher wird

$$(39) \qquad 4\pi(\varphi - \varphi') = \int d\omega \left\{ \frac{1}{rr_1}\left(\frac{1}{r_1}\frac{\partial r_1}{\partial N} - \frac{1}{r}\frac{\partial r}{\partial N}\right) + \frac{ib}{rr_1}\left(\frac{\partial r}{\partial N} - \frac{\partial r_1}{\partial N}\right)\right\} e^{int+ib(r+r_1)}.$$

In der weiteren Behandlung des Integrals (39) spielt nun der Umstand eine wesentliche Rolle, daß die Wellenlänge des Lichts unendlich klein gegen die in Betracht kommenden Entfernungen, also gegen die vorkommenden Werte von r ist. Dann ist $b = \frac{2\pi}{\lambda}$ als unendlich groß anzusehen.

Es hängt diese Vereinfachung mit dem Umstande zusammen, daß das Integral

$$(40) \qquad \int \frac{dF}{d\xi} \sin(b\xi + \vartheta)\, d\xi,$$

genommen zwischen endlichen Grenzen, für $b = \infty$ verschwindet, wenn $\frac{dF}{d\xi}$ zwischen diesen Grenzen endlich und stetig bleibt.

Der Beweis gelingt leicht, wenn man $\frac{dF}{d\xi}$ in eine *Fourier*sche Reihe entwickelt:

$$\frac{dF}{d\xi} = a_0 + b_1 \sin\xi + b_2 \sin 2\xi + \cdots + a_1 \cos\xi + a_2 \cos 2\xi + \cdots.$$

Wir haben dann Glieder von der Form

$$\cos a\xi \sin(b\xi + \vartheta) \quad \text{und} \quad \sin a\xi \sin(b\xi + \vartheta).$$

Für das erste können wir einsetzen.

$$\tfrac{1}{2}(\sin(a\xi + b\xi + \vartheta) - \sin(a\xi - b\xi - \vartheta)), \text{ für das zweite}$$

$$\tfrac{1}{2}(\cos(a\xi + b\xi + \vartheta) - \cos(a\xi - b\xi - \vartheta)).$$

Bei der Ausführung der Integration haben wir dann für jedes Glied

$$\lim_{b=\infty} \frac{\pm \begin{matrix}\cos\\ \sin\end{matrix}\Big\}(a\xi \pm (b\xi + \vartheta))}{a \pm b} = 0.$$

Ein analoges Resultat ergibt sich, wenn anstatt sinus in (40) und (41) cosinus eingeführt wird, da ja das Ergebnis für jeden Wert von ϑ also auch für $\frac{\pi}{2} - \vartheta$ gilt.

Andererseits ist

$$(41) \qquad \lim_{b=\infty} b \int \frac{dF}{d\zeta} \sin(b\zeta + \vartheta)\, d\zeta = -\frac{dF}{d\zeta} \cos(b\zeta + \vartheta),$$

wie sich leicht durch partielle Integration und Benutzung des eben abgeleiteten Resultates ergibt.

Für unendlich großes b ist

$$4\pi(\varphi - \varphi') = ib \int d\omega \frac{1}{r r_1} \left(\frac{\partial r}{\partial N} - \frac{\partial r_1}{\partial N}\right) e^{int + ib(r + r_1)},$$

und wenn wir nur den imaginären Teil der Exponentialfunktion nehmen:

$$(42) \quad 4\pi(\varphi - \varphi') = -b \int d\omega \frac{1}{r r_1} \left(\frac{\partial r}{\partial N} - \frac{\partial r_1}{\partial N}\right) \sin(nt + b(r + r_1)).$$

Wir setzen nun $r + r_1 = \zeta$. Dann werden durch die Gleichung

$$\zeta = \text{const.}$$

Rotationsellipsoide dargestellt. Diese Rotationsellipsoide schneiden die Fläche ω in bestimmten Kurven, für die ζ konstant ist. Wir wählen zwei solche Kurven, deren eine festgehalten werden soll, während die andere variiert wird. Das Integral

$$\int d\omega \frac{1}{r r_1} \left(\frac{\partial r}{\partial N} - \frac{\partial r_1}{\partial N}\right),$$

ausgedehnt auf die Fläche ω zwischen den Kurven, ist dann eine Funktion von ζ. Sind die Kurven benachbart, so können wir setzen:

$$\frac{dF}{d\zeta} d\zeta = \int d\omega \frac{1}{r r_1} \left(\frac{\partial r}{\partial N} - \frac{\partial r_1}{\partial N}\right),$$

wo das Integral auf den unendlich schmalen Streifen zwischen den Kurven zu erstrecken ist. Für diesen ist ζ konstant, so daß

$$\sin(nt + b\zeta) \frac{dF}{d\zeta} d\zeta = \int d\omega \frac{1}{r r_1} \left(\frac{\partial r}{\partial N} - \frac{\partial r_1}{\partial N}\right) \sin(nt + b\zeta)$$

ist. Über die ganze Fläche ω erstreckt ist dann das Integral

$$\int_{\zeta_0}^{\zeta_1} \sin(nt + b\zeta) \frac{dF}{d\zeta} d\zeta = \int d\omega \frac{1}{r r_1} \left(\frac{\partial r}{\partial N} - \frac{\partial r_1}{\partial N}\right) \sin(nt + b\zeta).$$

Aus (42) ergibt sich daher unter Berücksichtigung von (41)

$$(43) \qquad 4\pi(\varphi - \varphi') = \left(\frac{dF}{d\zeta} \cos(b\zeta + nt)\right)_{\zeta_0}^{\zeta_1}.$$

Diese Ableitung setzt voraus, daß der Differentialquotient $\frac{dF}{d\zeta}$ in der Fläche ω nirgends unendlich wird. Sie setzt ferner voraus, daß keine Konzentrationen der Strahlen durch konkave Flächen stattfinden. Einer von den Fällen, wo diese Voraussetzung nicht erfüllt ist, ist der, daß die Fläche ω von der Verbindungslinie der beiden Punkte $r = 0$ und $r_1 = 0$ geschnitten wird. Dann hat an dieser Stelle $\zeta = r + r_1$ ein Minimum, und daher ist $d\zeta = 0$ und $\frac{dF}{d\zeta}$ wird unendlich.

Wenn die Verbindungslinie die Fläche ω nicht schneidet, dann liegen die Punkte $\zeta = \zeta_0$ und $\zeta = \zeta_1$ in der Linie, in der eine von $r_1 = 0$ ausgehende Kegelfläche die Fläche ω berührt. Durch die Ellipsoide $\zeta_0 + d\zeta$ und $\zeta_1 + d\zeta$ werden dann Flächenstücke abgeschnitten, die verschwindend klein gegen die an den übrigen Teilen der Fläche von zwei Ellipsoiden ζ und $\zeta + d\zeta$ begrenzten sind, weil die Ellipsoide bei ζ_0 und ζ_1 erst in die Fläche ω einzudringen beginnen. Daher ist $\frac{dF}{d\zeta} = 0$ und $\varphi = \varphi'$, wenn (43) gilt.

Nun nehmen wir an, daß der Punkt $r_1 = 0$ leuchtend sei, d. h. daß in ihm eine Energiezufuhr von außen stattfindet, ferner daß die Verbindungslinie der beiden Punkte die Fläche einmal schneidet, so daß (43) nicht gilt. Dann breitet sich diese Energie in Kugelwellen aus, die auf die Oberfläche ω fallen. Ist diese vollkommen schwarz, d. h. reflektiert sie nichts von den auffallenden Wellen und läßt sie auch nichts hindurch, so ist an dem Teil der Oberfläche, auf den die Wellen direkt auffallen können, der Zustand angenähert so, als ob der Körper nicht vorhanden wäre. D. h. es ist $\varphi = \varphi'$, $\frac{\partial \varphi}{\partial N} = \frac{\partial \varphi'}{\partial N}$.

Ergänzen wir diesen Teil der Fläche ω zu einer geschlossenen, die den Punkt $r_1 = 0$ umschließt und an der überall $\varphi = \varphi'$, $\frac{\partial \varphi}{\partial N} = \frac{\partial \varphi'}{\partial N}$ ist. Dies ist möglich, wenn keine Reflexion an dem Körper stattfindet.

Nach (38) ist dann über die ganze Fläche erstreckt:

$$\int d\omega\, \varphi \frac{\partial}{\partial r}\left(\frac{e^{ibr}}{r}\right)\frac{\partial r}{\partial N} - \int d\omega \frac{e^{ibr}}{r}\frac{\partial \varphi}{\partial N} = 4\pi\varphi'.$$

Da die Verbindungslinie der Punkte 0 und 1 die Ergänzungsfläche nicht schneidet, so ist der über sie erstreckte Teil Null, bei dem anderen, der Oberfläche des Körpers angehörenden, ist die Normale entgegengesetzt zu nehmen, weil sie jetzt ins Innere des umschlossenen Raumes gerichtet ist. Daher ist das Gesamtintegral

$$-4\pi\varphi' \quad \text{und} \quad 4\pi(\varphi - \varphi') = -4\pi\varphi'.$$

Daher ist

$$4\pi\varphi = 4\pi\varphi'$$

oder

$$4\pi\varphi = 4\pi\varphi' - 4\pi\varphi' = 0,$$

je nachdem die gerade Verbindungslinie von $r_1 = 0$ und $r = 0$ an dem Körper vorbeigeht, oder ihn schneidet.

Im ersten Falle ist das Licht durch die Anwesenheit des Körpers nicht beeinflußt, im zweiten herrscht Dunkelheit.

Dieser Satz spricht also die geradlinige Ausbreitung des Lichtes aus. Die Tatsache, daß die Wellenlänge des Lichtes nicht verschwindend klein, sondern endlich ist, bedingt, daß die gezogenen Schlußfolgerungen nicht streng sind. So kann der Ausdruck (40), wie schon erwähnt, endlich bleiben, wenn $\zeta = r + r_0$ für einen Teil der Fläche annähernd konstant ist, weil dann $d\zeta$ gegen Null konvergiert und $\frac{dF}{d\zeta}$ unendlich wird. Der Ausdruck (40) wird sehr klein, weil er mit der Wellenlänge multipliziert erscheint. Von der Größe der Wellenlänge hängt es also ab, wie groß der Ausdruck bleibt, wenn $r + r_1$ nur geringe Abweichungen von einem konstanten Werte zeigen. Die Größe $r + r_1$ ist nahe konstant, wenn annähernd parallele Strahlen auf einen Schirm mit einer Öffnung fallen. Dann geht Licht in den geometrischen Schatten und gibt Veranlassung zu den *Fraunhofer*schen Beugungserscheinungen. Einen anderen Fall, bei dem $r + r_1$ nahe konstant ist, bietet das von *Fresnel* angestellte Experiment, bei dem von einer Lichtquelle von geringer Ausdehnung Strahlen auf einen kreisförmigen Schirm oder auf einen Schirm mit kreisförmiger Öffnung fielen. Hier ist $r + r_1$ für den Rand konstant und es zeigen sich ebenfalls Beugungserscheinungen.

Wie wir gesehen haben, herrscht im Punkt $r = 0$ Dunkelheit oder Licht, je nachdem die Verbindungslinie zwischen $r = 0$ und $r_1 = 0$ den Körper schneidet oder nicht schneidet. Geht sie unmittelbar an dem Körper vorbei, so findet dort ein plötzlicher Übergang von dem einen Fall zum anderen statt. Wäre die Wellenlänge wirklich unendlich klein, so wäre dieser Übergang unstetig. Da aber die Wellenlänge endlich ist, so ist der Übergang stetig und die Region dieses Übergangs hängt von der Wellenlänge ab. Strahlen, die nahe an dem Körper vorbeigehen, werden daher auch von ihm modifiziert und es treten auch hier Beugungserscheinungen auf, die Licht in den geometrischen Schatten bringen. Für die spezielle Beugungstheorie sei auf Art. 25 verwiesen.

10. Reflexion und Brechung in durchsichtigen Medien. Ein wesentlicher Vorteil der elektromagnetischen Lichttheorie liegt in dem Umstande, daß die Grenzbedingungen, wie sie für die allgemeinen elektromagnetischen Vorgänge gelten, ohne weiteres die beobachteten Gesetze der Reflexion und Brechung ergeben, während die elastischen Theorien gezwungen waren, neue Hypothesen über die an der Grenze wirkenden Kräfte zu Hilfe zu nehmen.

Legen wir die z-Achse in die Richtung der Normale der als eben vorausgesetzten Grenzfläche beider Medien und die xy-Ebene in die Grenzebene selbst. Die Einfallsebene ist die Ebene, die durch die Normale und die Fortpflanzungsrichtung der als eben angenommenen einfallenden Welle gelegt ist. Sie sei die yz-Ebene. Normale und Fortpflanzungsrichtung bilden miteinander den Winkel α, den Einfallswinkel. Erfahrungsmäßig treten an der Grenzebene zwei neue Wellensysteme auf, von denen das eine sich in das zweite Medium hinein fortpflanzt, mit der Normale den Winkel β bildend. Das andere geht in das erste Medium zurück.

Wir betrachten zunächst den Fall, daß die magnetischen Schwingungen senkrecht zur Einfallsebene yz liegen. Nach den Entwicklungen p. 109 liegen dann die elektrischen in der Einfallsebene. Es sind also nur $\mathfrak{E}_y$ und $\mathfrak{E}_z$, sowie $\mathfrak{H}_x$ von Null verschieden.

Die Gleichungen (4) ergeben daher für $\sigma = 0$:

$$\text{(44)}\qquad \begin{gathered} \frac{\varepsilon}{c}\frac{\partial \mathfrak{E}_y}{\partial t} = \frac{\partial \mathfrak{H}_x}{\partial z}, \qquad \frac{\varepsilon}{c}\frac{\partial \mathfrak{E}_z}{\partial t} = -\frac{\partial \mathfrak{H}_x}{\partial y}, \\ \frac{\mu}{c}\frac{\partial \mathfrak{H}_x}{\partial t} = \frac{\partial \mathfrak{E}_y}{\partial z} - \frac{\partial \mathfrak{E}_z}{\partial y}. \end{gathered}$$

Wir setzen nun für die einfallende Welle

$$\text{(45)}\qquad \begin{aligned} \mathfrak{E}_{ey} &= A_e \cos\alpha\, e^{i(nt - b(y\sin\alpha + z\cos\alpha))}, \\ \mathfrak{E}_{ez} &= -A_e \sin\alpha\, e^{i(nt - b(y\sin\alpha + z\cos\alpha))}, \qquad \frac{n}{b} = \frac{c}{\sqrt{\varepsilon\mu}}. \\ \mathfrak{H}_{ex} &= -A_e\sqrt{\frac{\varepsilon}{\mu}}\, e^{i(nt - b(y\sin\alpha + z\cos\alpha))}, \end{aligned}$$

Hierdurch wird den Gleichungen (44) genügt.

Für die reflektierte Welle ist $-z$ statt z zu setzen, weil diese ins erste Medium zurückgeht. Um die Grenzbedingung erfüllen zu können, muß für $z = 0$ das Argument der Exponentialfunktion für die einfallende und reflektierte Null gleich sein, daher ist

$$\text{(45)}\qquad \begin{aligned} \mathfrak{E}_{ry} &= -A_r \cos\alpha\, e^{int - ib(y\sin\alpha - z\cos\alpha)}, \\ \mathfrak{E}_{rz} &= -A_r \sin\alpha\, e^{int - ib(y\sin\alpha - z\cos\alpha)}, \\ \mathfrak{H}_{rx} &= -A_r\sqrt{\frac{\varepsilon}{\mu}}\, e^{int - ib(y\sin\alpha - z\cos\alpha)}. \end{aligned}$$

Hierdurch ist ausgesprochen, daß der Reflexionswinkel gleich dem Einfallswinkel ist.

Für die eindringende Welle ist z positiv, aber es muß berücksichtigt werden, daß dort ε, μ und b andere Werte haben. Da es sich um erzwungene Schwingungen handelt, so wird vorausgesetzt, daß die Schwingungszahl n durch äußere Einwirkung konstant gehalten wird.

Für die eindringende Welle ist demnach

$$
\begin{aligned}
\mathfrak{E}_{gy} &= A_g \cos\beta\, e^{int - ib_1(y\sin\beta + z\cos\beta)}, \\
\mathfrak{E}_{gz} &= -A_g \sin\beta\, e^{int - ib_1(y\sin\beta + z\cos\beta)}, \qquad (45\text{a}) \\
\mathfrak{H}_{gx} &= -A_g \sqrt{\frac{\varepsilon_1}{\mu_1}}\, e^{int - ib_1(y\sin\beta + z\cos\beta)}.
\end{aligned}
$$

Nach den Grenzbedingungen p. 109 müssen die tangentialen Komponenten auf beiden Seiten der Grenze gleich sein, also

$$
\begin{aligned}
\mathfrak{E}_{ey} + \mathfrak{E}_{ry} &= \mathfrak{E}_{gy}, \\
\mathfrak{H}_{ex} + \mathfrak{H}_{rx} &= \mathfrak{H}_{gx},
\end{aligned}
$$

daher für $z = 0$ zunächst $b_1 \sin\beta = b \sin\alpha$

$$(A_e - A_r)\cos\alpha = A_g \cos\beta \qquad (46)$$

sowie

$$A_e\sqrt{\frac{\varepsilon}{\mu}} + A_r\sqrt{\frac{\varepsilon}{\mu}} = A_g\sqrt{\frac{\varepsilon_1}{\mu_1}}. \qquad (46\text{a})$$

Die erste Gleichung

$$\frac{b_1}{b} = \frac{\sin\alpha}{\sin\beta} = \frac{\lambda}{\lambda_1} = \sqrt{\frac{\varepsilon_1\mu_1}{\varepsilon\mu}} = \frac{c_1}{c} = \nu \qquad (47)$$

spricht das *Snellius*sche Brechungsgesetz aus; $\frac{\sin\alpha}{\sin\beta} = \nu$ ist das Brechungsverhältnis.

Ist $\mu = \mu_1$, so ist

$$\nu = \frac{\sin\alpha}{\sin\beta} = \sqrt{\frac{\varepsilon_1}{\varepsilon}}, \qquad (48)$$

wodurch die wichtige Maxwellsche Beziehung zwischen Dielektrizitätskonstante und Brechungsverhältnis ausgesprochen wird.

Eliminieren wir aus (46) und (46a) A_g, so erhalten wir wegen $\frac{\sin\alpha}{\sin\beta} = \sqrt{\frac{\varepsilon_1}{\varepsilon}}$, wenn $\mu = \mu_1$ ist.

$$A_r\left(\frac{\cos\alpha}{\cos\beta} + \frac{\sin\beta}{\sin\alpha}\right) = A_e\left(\frac{\cos\alpha}{\cos\beta} - \frac{\sin\beta}{\sin\alpha}\right),$$

$$A_r = \frac{\operatorname{tg}(\alpha - \beta)}{\operatorname{tg}(\alpha + \beta)} A_e. \qquad (49)$$

Dies ist die bereits von *Fresnel* aufgestellte Formel für die reflektierte Amplitude.

Ist $A_r = 0$, so haben wir für diese Schwingungsrichtung des einfallenden Lichtes kein reflektiertes Licht. Dann ist nach der der Gleichung (49) vorangehenden Formel

$$\frac{\cos\alpha}{\cos\beta} = \frac{\sin\beta}{\sin\alpha},$$

$$\sin 2\alpha = \sin 2\beta.$$

Nun kann α nicht gleich β sein. Daher muß

$$2\alpha = \pi - 2\beta, \qquad \alpha + \beta = \frac{\pi}{2}$$

sein, d. h. es steht der gebrochene Strahl auf dem reflektierten senkrecht. Man bezeichnet diesen Winkel als Polarisationswinkel, weil nur eine Schwingungsrichtung reflektiert werden kann.

Würden wir in der reflektierten Welle

$$\mathfrak{E}_{ry} = A_r \cos\alpha\, e^{int - ib(y\sin\alpha - z\cos\alpha)},$$

statt

$$-A_r \cos\alpha\, e^{int - ib(y\sin\alpha - z\cos\alpha)}$$

setzen, so müßte auch für $\mathfrak{E}_{rz}$ und $\mathfrak{H}_{rx}$ das Vorzeichen verändert werden.

Dann erhielten wir

$$A_r = -\frac{\operatorname{tg}(\alpha - \beta)}{\operatorname{tg}(\alpha + \beta)} A_e,$$

so daß die Umkehr des Vorzeichens der tangentialen Komponente der elektrischen Kraft in dem Vorgange der Reflexion begründet ist. Denkt man sich selbst in der Richtung des Lichtes schwimmend und blickt senkrecht zur Einfallsebene, so wird, wenn im Augenblick der Reflexion die Amplitude der elektrischen Kraft die Richtung nach links hatte, sie auch im reflektierten Strahl die Richtung nach links haben.

Liegen die magnetischen Schwingungen in der Einfallsebene, so ist zu setzen:

$$\mathfrak{E}_{ex} = A_e e^{i(nt - b(y\sin\alpha + z\cos\alpha))},$$

$$\mathfrak{E}_{rx} = A_r e^{i(nt - b(y\sin\alpha - z\cos\beta))},$$

$$\mathfrak{E}_{gx} = A_g e^{i(nt - b_1(y\sin\beta + z\cos\beta))},$$

und

(51)
$$\begin{aligned}
\mathfrak{H}_{ey} &= \quad A_e \sqrt{\frac{\varepsilon}{\mu}} \cos\alpha\, e^{i(nt - b(y\sin\alpha + z\cos\alpha))}, \\
\mathfrak{H}_{ez} &= - A_e \sqrt{\frac{\varepsilon}{\mu}} \sin\alpha\, e^{i(nt - b(y\sin\alpha + z\cos\alpha))}, \\
\mathfrak{H}_{ry} &= - A_r \sqrt{\frac{\varepsilon}{\mu}} \cos\alpha\, e^{i(nt - b(y\sin\alpha - z\cos\alpha))}, \\
\mathfrak{H}_{rz} &= - A_r \sqrt{\frac{\varepsilon}{\mu}} \sin\alpha\, e^{i(nt - b(y\sin\alpha - z\cos\alpha))}, \\
\mathfrak{H}_{gy} &= \quad A_g \sqrt{\frac{\varepsilon_1}{\mu_1}} \cos\beta\, e^{i(nt - b_1(y\sin\beta + z\cos\beta))}, \\
\mathfrak{H}_{gz} &= - A_g \sqrt{\frac{\varepsilon_1}{\mu_1}} \sin\beta\, e^{i(nt - b_1(y\sin\beta + z\cos\beta))}.
\end{aligned}$$

Die Grenzbedingungen ergeben wieder

$$b \sin\alpha = b_1 \sin\beta,$$

so daß auch hier das *Snellius*sche Brechungsgesetz gelten muß.

Ferner für $\mu = \mu_1$

$$A_e + A_r = A_g,$$

$$\sqrt{\varepsilon}\, A_e \cos\alpha - \sqrt{\varepsilon}\, A_r \cos\alpha = A_g \sqrt{\varepsilon_1} \cos\beta,$$

woraus die *Fresnel*sche Formel

(52) $$A_r = - A_e \frac{\sin(\alpha - \beta)}{\sin(\alpha + \beta)} \text{ folgt.}$$

Wir haben also das Vorzeichen von A_r umzukehren, so daß auch hier folgt, daß sich die elektrische Kraft bei der Reflexion umkehrt, während die magnetische ihre Richtung beibehält.

Die beiden Formeln (49) und (52) stimmen mit der Erfahrung überein, wenn im ersten Falle die Polarisationsebene senkrecht, im zweiten parallel zur Einfallsebene liegt. Die magnetischen Schwingungen müssen also in der Polarisationsebene, die elektrischen senkrecht zu ihr erfolgen.

Die elektromagnetische Theorie faßt also die beiden Theorien von *Neumann* und *Fresnel* zusammen. Vgl. Artikel *Wangerin* Nr. **10.** Die erste geht von der Hypothese aus, daß die Lichtschwingungen in der Polarisationsebene erfolgen und daß die Dichtigkeit des Lichtäthers überall dieselbe ist. Die zweite nimmt an, daß die Lichtschwingungen senkrecht zur Polarisationsebene erfolgen und daß die Elastizität in allen Medien die gleiche ist.

Der *Fresnel*sche Lichtvektor ist also mit der elektrischen, der *Neumann*sche mit der magnetischen Kraft identisch.

Alle Versuche, eine Entscheidung zwischen beiden Theorien herbeizuführen, mußten scheitern, wenn in der Tat beide Vektoren vorhanden sind.

Obwohl durch die elektromagnetische Hypothese der Streitfall in der ursprünglichen Form erledigt ist, so bleibt doch die Frage offen, ob die elektrische oder die magnetische Kraft die Lichtwirkungen hervorruft. Nach den neueren Anschauungen, wonach die Wirkung des Lichts auf die Körper durch die Ladungen der Atome vermittelt wird, ist es allerdings wahrscheinlich geworden, daß die elektrische Kraft bei den Lichtschwingungen die unmittelbare Wirkung hervorruft.

Ist der Winkel $\alpha = 0$, so ist auch $\beta = 0$ und die Formeln (49) und (52) geben gemeinschaftlich vom Vorzeichen abgesehen

$$A_e \frac{\alpha - \beta}{\alpha + \beta} = A_r,$$

und da

$$\frac{\alpha}{\beta} = \nu \quad \text{für} \quad \lim \alpha \text{ und } \lim \beta = 0,$$

so ist

(52a)
$$A_r = A_e \frac{\nu - 1}{\nu + 1}.$$

Nach (50) wird kein Licht reflektiert, wenn die magnetische Kraft senkrecht zur Polarisationsebene schwingt und der gebrochene Strahl senkrecht auf dem reflektierten steht. Aus der Beziehung

$$\frac{\cos \alpha}{\cos \beta} = \sqrt{\frac{\varepsilon}{\varepsilon_1}} \quad \text{und} \quad \sqrt{\frac{\varepsilon_1}{\varepsilon}} = \frac{\sin \alpha}{\sin \beta}$$

folgt in diesem Fall

$$\frac{\operatorname{tg} \alpha}{\operatorname{tg} \beta} = \frac{\varepsilon_1}{\varepsilon},$$

und da außerdem $\operatorname{tg} \alpha = \operatorname{cotg} \beta$ ist, so folgt

$$\operatorname{tg}^2 \alpha = \frac{\varepsilon_1}{\varepsilon}, \quad \operatorname{tg} \alpha = \nu,$$

wodurch das *Brewster*sche Gesetz ausgesprochen wird.

Wenn diese Bedingung erfüllt ist, geht alles einfallende Licht hindurch.

In der Reflexionsformel

$$A_r = A_e \frac{\operatorname{tg}(\alpha - \beta)}{\operatorname{tg}(\alpha + \beta)}$$

kommt dieser Fall dadurch zum Ausdruck, daß für $\alpha + \beta = \frac{\pi}{2}$ die Tangente unendlich wird, wodurch A_r verschwindet.

Wenn die magnetischen Schwingungen in der Einfallsebene erfolgen, ist eine solche Möglichkeit nicht gegeben, weil $\frac{\sin(\alpha - \beta)}{\sin(\alpha + \beta)}$ niemals Null werden kann.

11. Totalreflexion. Ist $\varepsilon_1 < \varepsilon$,[23]) so ist $\frac{\sin\alpha}{\sin\beta} < 1$; überschreitet dann α eine gewisse Grenze, so kann die Gleichung nicht mehr durch reelle Werte von β erfüllt werden, da für solche $\sin\beta \leqq 1$ ist.

Setzen wir

$$\sin\beta = p, \quad \cos\beta = \pm\sqrt{1-p^2},$$

so muß für solche Fälle

$$\cos\beta = \pm\, i\sqrt{p^2-1}, \quad p > 1$$

sein. Die Exponentialfunktion in den Ausdrücken (45) wird dann

$$e^{int - ib(py \pm iz\sqrt{p^2-1})}.$$

Hier muß das untere Vorzeichen im Exponenten gelten, weil sonst die Größe mit wachsendem z unendlich werden würde.

Die Schwingungen nehmen also im zweiten Medium wegen des Faktors

$$e^{-z\sqrt{p^2-1}}$$

schnell ab.

Die Grenzbedingungen (46) geben für $\mu = \mu_1$, wenn die magnetischen Schwingungen senkrecht zur Einfallsebene liegen

$$(A_e - A_r)\cos\alpha = -A_g i\sqrt{p^2-1},$$
$$A_e\sqrt{\varepsilon} + A_r\sqrt{\varepsilon} = A_g\sqrt{\varepsilon_1},$$

oder

$$A_e\left(\cos\alpha + i\sqrt{\frac{\varepsilon}{\varepsilon_1}}\sqrt{p^2-1}\right) = A_r\left(\cos\alpha - i\sqrt{\frac{\varepsilon}{\varepsilon_1}}\sqrt{p^2-1}\right).$$

Setzen wir nun

$$\frac{\cos\alpha}{\sqrt{\varepsilon}} = \varrho\cos\vartheta, \quad \frac{\sqrt{p^2-1}}{\sqrt{\varepsilon_1}} = \varrho\sin\vartheta,$$

also

(53) $$\operatorname{tg}\vartheta = \frac{\sqrt{\varepsilon}\sqrt{p^2-1}}{\sqrt{\varepsilon_1}\cos\alpha}, \quad \varrho = \sqrt{\frac{\cos^2\alpha}{\varepsilon} + \frac{p^2-1}{\varepsilon_1}},$$

so wird

$$A_e e^{i\vartheta} = A_r e^{-i\vartheta}, \quad A_r = A_e e^{2i\vartheta}.$$

Der Modul von A_e ist gleich dem von A_r; also die Amplitude des reflektierten Lichts gleich der des einfallenden. Der Faktor $e^{2i\vartheta}$ bedeutet, daß die reflektierte Welle gegenüber der einfallenden in der Phase um 2ϑ verschoben ist.

---

23) Die Gesetze der totalen Reflexion sind bereits durch Einführung komplexer Größen von *Fresnel* abgeleitet; Oeuvres compl. 1, p. 779; strenger von *Neumann*, Vorles. über theoretische Optik, p. 157. Vgl. auch Art. *Wangerin*, Nr. **12** und **20**.

Dabei ist

(54) $$\vartheta = \operatorname{arctg}\sqrt{\frac{\varepsilon}{\varepsilon_1}}\frac{\sqrt{p^2-1}}{\cos\alpha} = 2\operatorname{arctg}\frac{\nu\sqrt{p^2-1}}{\cos\alpha},$$

oder wegen

$$\frac{\sin\alpha}{p} = \frac{1}{\nu},$$

da jetzt der Strahl aus dem Medium mit größerem ε kommt,

$$\vartheta = \vartheta_s = \operatorname{arctg}\frac{\nu\sqrt{\nu^2\sin^2\alpha-1}}{\cos\alpha}.$$

Hier deutet der Index s an, daß die magnetischen Schwingungen senkrecht zur Einfallsebene erfolgen.

Es hängt also die Phasenverschiebung vom Brechungsverhältnis und vom Einfallswinkel ab.

Liegen die magnetischen Schwingungen in der Einfallsebene (Index p), so ist

$$A_e + A_r = A_g,$$

$$(\sqrt{\varepsilon}A_e - \sqrt{\varepsilon}A_r)\cos\alpha = -A_g i\sqrt{p-1}\sqrt{\varepsilon_1}$$
$$= -(A_e + A_r)i\sqrt{p^2-1}\sqrt{\varepsilon_1}.$$

Wir setzen hier

$$\sqrt{\varepsilon}\cos\alpha = \varrho\cos\vartheta, \quad \sqrt{\varepsilon_1}\sqrt{p^2-1} = \varrho\sin\vartheta$$

und haben

$$A_e e^{i\vartheta} = A_r e^{-i\vartheta}, \quad A_r = A_e e^{2i\vartheta},$$

$$\vartheta_p = \operatorname{arctg}\frac{\sqrt{p^2-1}\sqrt{\varepsilon_1}}{\sqrt{\varepsilon}\cos\alpha} = \operatorname{arctg}\frac{\sqrt{p^2-1}}{\nu\cos\alpha} = \operatorname{arctg}\frac{\sqrt{\nu^2\sin^2\alpha-1}}{\nu\cos\alpha}.$$

Der Unterschied in der Phasenverschiebung in beiden Fällen ist

(55) $$2(\vartheta_s - \vartheta_p) = 2\operatorname{arctg}\left(\frac{\cos\alpha\sqrt{\nu^2\sin^2\alpha-1}}{\nu\sin^2\alpha}\right).$$

Die Zusammensetzung von Schwingungen, die rechtwinklig aufeinander mit einem bestimmten Phasenunterschied erfolgen, ergibt elliptisch polarisiertes Licht.

12. Metallreflexion. Ableitung der Cauchyschen Formeln nach Lorentz. Die Formeln der Reflexion für absorbierende, also leitende Medien lassen sich in ganz ähnlicher Weise gewinnen.

Wenn die Leitfähigkeit des Mediums, auf das der Strahl fällt, unendlich groß ist, so gestalten sich die Verhältnisse sehr einfach.

Aus den Gleichungen (4) ergibt sich für $\sigma = \infty$

$$\mathfrak{E} = 0.$$

Da nun die tangentialen Komponenten an beiden Seiten der Grenzfläche beider Medien gleich sein sollen, so müssen an dieser

Grenzfläche die tangentialen Komponenten der elektrischen Kraft in *beiden* Medien Null sein. Ferner folgt aus dieser Bedingung, daß dann auch der Differentialquotient nach der Zeit der normalen Komponente der magnetischen Kraft verschwinden muß.

Diese Bedingung läßt sich bei auffallenden elektromagnetischen Wellen nur erfüllen, wenn die Amplitude der reflektierten Welle der der einfallenden gleich und entgegengesetzt ist. Wir haben also totale Reflexion bei jedem Einfallswinkel.

Für elektromagnetische Wellen von großer Länge kann man häufig diese vereinfachte Betrachtung benutzen. Für Lichtwellen ist sie unzureichend. Auch die Formeln, die man gewinnt, wenn man für σ das durch Messungen an stationären Strömen bekannte Leitungsvermögen einsetzt, stehen, wie wir oben, p. 111, gesehen haben, mit der Erfahrung in Widerspruch.

Es ist daher eine Erweiterung der *Maxwell*schen Gleichungen geboten, die *H. A. Lorentz*[24]) zunächst in der Richtung gesucht hat, daß er das *Ohm*sche Gesetz für die Lichtschwingungen nicht mehr als gültig annahm. Das *Ohm*sche Gesetz wird durch die Gleichung

$$\mathfrak{J} = \sigma \mathfrak{E}$$

ausgesprochen. *Lorentz* setzt nun hierfür

$$\mathfrak{E} = \mathfrak{J} \frac{1}{\sigma} + k_1 \frac{\partial \mathfrak{J}}{\partial t}.$$

Da bei den Lichtschwingungen die Abhängigkeit von der Zeit sich auf den Faktor e^{int} beschränkt, so ist diese Erweiterung gleichbedeutend damit, anstatt $\frac{1}{\sigma}$ die Größe $\frac{1}{\sigma} + ink_1$ einzusetzen.

Aus den Gleichungen (9) erhalten wir daher

$$-\varepsilon n^2 + \frac{in}{\frac{1}{\sigma} + ink_1} = c^2(a + ib)^2, \tag{56}$$

woraus

$$\begin{aligned} -\varepsilon n^2 - \frac{n^2 k_1}{\frac{1}{\sigma^2} + n^2 k_1{}^2} &= c^2(a^2 - b^2), \\ \frac{\frac{n}{\sigma}}{\frac{1}{\sigma^2} + n^2 k_1{}^2} &= 2ab \end{aligned} \tag{57}$$

folgt.

Da die Grenzbedingungen dieselben sind, wie für durchsichtige Medien, so können wir die dort gewonnenen Formeln ohne weiteres

24) *H. A. Lorentz*, Zeitschr. Math. Phys. (23) (1878), p. 209.

benutzen, wenn wir berücksichtigen, daß die Konstanten komplex sind. Aus den Gleichungen (9) folgt, daß die den Konstanten b in Gleichung (47) entsprechenden Größen für absorbierende Medien komplex sind.

Wir setzen daher

$$\text{(57a)} \qquad \frac{\sin\alpha}{\sin\beta} = \varrho e^{i\theta}, \quad \cos\beta = \varrho_1 e^{i\theta_1}.$$

Grenzt nun ein durchsichtiges Medium mit der Dielektrizitätskonstanten ε an ein absorbierendes und gilt α für ersteres, β für das zweite, so ist $\sin\alpha$ reell. Die Gleichung (47) gibt dann, da für das absorbierende Medium $a_1 + ib_1$ statt b zu setzen ist,

$$\text{(57b)} \qquad \frac{(a_1 + ib_1)^2}{(ib)^2} = \left(\frac{\sin\alpha}{\sin\beta}\right)^2 = \frac{\varepsilon_1 - \dfrac{i}{\dfrac{n}{\sigma} + ik_1 n^2}}{\varepsilon}$$

$$= \varrho^2 e^{2i\Theta} = \frac{b_1{}^2 - a_1{}^2}{b^2} - \frac{2a_1 b_1 i}{b^2}.$$

Indessen läßt sich auch ohne diese *Lorentz*sche Hypothese eine Theorie der Metallreflexion geben, wenn man nur berücksichtigt, daß die bei durchsichtigen Medien reellen Konstanten bei absorbierenden komplex werden. Wir setzen das Verhältnis der einfallenden zur reflektierten Amplitude nach (49) und (52)

$$p + qi = -\frac{\sin(\alpha - \beta)}{\sin(\alpha + \beta)}, \quad p_1 + q_1 i = \frac{\operatorname{tg}(\alpha - \beta)}{\operatorname{tg}(\alpha + \beta)},$$

die erste Formel gilt für die magnetischen Schwingungen in der Einfallsebene, die zweite für die senkrecht zur Einfallsebene.

Dann ist wegen (57a)

$$p + qi = -\frac{\dfrac{\varrho\varrho_1 e^{i(\theta+\theta_1)}}{\cos\alpha} - 1}{\dfrac{\varrho\varrho_1 e^{i(\theta+\theta_1)}}{\cos\alpha} + 1}.$$

Um Amplituden- und Phasenänderung zu erhalten, muß nun $p + qi$ und $p_1 + q_1 i$ auf die Form $Ae^{i\vartheta}$ gebracht werden, so daß

$$A^2 = p^2 + q^2, \quad \vartheta = \operatorname{arctg}\frac{q}{p},$$

$$A_1{}^2 = p_1{}^2 + q_1{}^2, \quad \vartheta_1 = \operatorname{arctg}\frac{q_1}{p_1}$$

sind. A ist dann nach (52) das Verhältnis der reflektierten Amplitude zur einfallenden, wenn die magnetischen Schwingungen in der Einfallsebene liegen, A_1 nach (51a) dasselbe Verhältnis, wenn sie senkrecht zur Einfallsebene liegen. ϑ und ϑ_1 geben die entsprechenden Phasendifferenzen. Setzen wir weiter

$$p^2 + q^2 = \operatorname{tg}^2 \gamma, \quad p_1{}^2 + q_1{}^2 = \operatorname{tg}^2 \gamma_1,$$

so folgt

$$\cos 2\gamma = \frac{1 - \operatorname{tg}^2 \gamma}{1 + \operatorname{tg}^2 \gamma} = \frac{1 - (p^2 + q^2)}{1 + (p^2 + q^2)} = \frac{2 \varrho \varrho_1 \cos(\theta + \theta_1)}{\cos\alpha \left(1 + \frac{\varrho^2 \varrho_1{}^2}{\cos^2 \alpha}\right)}.$$

Führen wir zur Vereinfachung

$$\frac{\varrho \varrho_1}{\cos \alpha} = \operatorname{tg} \xi$$

ein, so wird

$$\cos 2\gamma = \cos(\theta + \theta_1) \frac{2 \operatorname{tg} \xi}{1 + \operatorname{tg}^2 \xi} = \cos(\theta + \theta_1) \sin 2\xi$$

$$= \cos(\theta + \theta_1) \sin \left\{ 2 \operatorname{arctg} \left(\frac{\varrho \varrho_1}{\cos \alpha} \right) \right\},$$

$$\operatorname{tg} \vartheta = - \sin(\theta + \theta_1) \operatorname{tg} \left\{ 2 \operatorname{arctg} \left(\frac{\varrho \varrho_1}{\cos \alpha} \right) \right\},$$

und ebenso

$$\cos 2\gamma_1 = \cos(\theta + \theta_1) \sin \left\{ 2 \operatorname{arctg} \left(\frac{\varrho}{\varrho_1} \cos \alpha \right) \right\}$$

$$\operatorname{tg} \vartheta_1 = - \sin(\theta - \theta_1) \operatorname{tg} \left\{ 2 \operatorname{arctg} \left(\frac{\varrho}{\varrho_1} \cos \alpha \right) \right\}.$$

Bei der Beobachtung kommt es auf den Phasenunterschied der beiden Komponenten senkrecht und parallel zur Einfallsebene an, also auf die Größe $\vartheta - \vartheta_1$, und auf das Verhältnis der Intensitäten

$$\frac{A^2}{A_1{}^2} = \frac{p^2 + q^2}{p_1{}^2 + q_1{}^2}.$$

Setzen wir

$$\frac{p + qi}{p_1 + q_1 i} = \mathfrak{P} + \mathfrak{Q} i,$$

so ist

$$\frac{p^2 + q^2}{p_1{}^2 + q_1{}^2} = \frac{A^2}{A_1{}^2} = \mathfrak{P}^2 + \mathfrak{Q}^2.$$

Ferner haben wir

$$\mathfrak{P} + \mathfrak{Q} i = - \frac{\cos(\alpha + \beta)}{\cos(\alpha - \beta)} = \frac{\frac{\sin^2 \alpha}{\varrho \varrho_1 \cos \alpha} e^{-i(\theta + \theta_1)} - 1}{\frac{\sin^2 \alpha}{\varrho \varrho_1 \cos \alpha} e^{-i(\theta + \theta_1)} + 1}.$$

Schreiben wir nun

(57c) $$\mathfrak{P}^2 + \mathfrak{Q}^2 = \operatorname{tg}^2 h = \frac{A^2}{A_1{}^2},$$

so ist h der Winkel, den die resultierende Schwingung mit der Richtung von A_1 bildet. Wir erhalten

(58) $$\begin{aligned} \cos 2h &= \cos(\theta + \theta_1) \sin \left\{ 2 \operatorname{arctg} \left(\frac{\sin^2 \alpha}{\varrho \varrho_1 \cos \alpha} \right) \right\}, \\ \operatorname{tg}(\vartheta - \vartheta_1) &= \sin(\theta + \theta_1) \operatorname{tg} \left\{ 2 \operatorname{arctg} \left(\frac{\sin^2 \alpha}{\varrho \varrho_1 \cos \alpha} \right) \right\}. \end{aligned}$$

Dies sind die *Cauchy*schen Formeln der Metallreflexion, die er selbst formal abgeleitet hat. Bei ihrer Entwicklung konnte er die Schwierigkeiten der Grenzbedingungen noch nicht überwinden.

13. Metallreflexion. Zusammenhang der optischen Konstanten mit beobachtbaren Größen. Für die Beobachtung der Metallreflexion sind besonders die des Hauptazimuths und Haupteinfallswinkels geeignet. Unter dem letzteren versteht man den Wert $\alpha = \alpha_0$, bei der die Phasendifferenz

$$\vartheta - \vartheta_1 = \frac{\pi}{2}$$

wird, unter dem ersteren den zugehörigen Wert $h = h_0$.

Für diese Spezialwerte ist $\operatorname{tg}(\vartheta - \vartheta_1) = \infty$. Dann muß

$$2 \operatorname{arctg}\left(\frac{\sin^2 \alpha_0}{\varrho \varrho_1 \cos \alpha_0}\right) = \frac{\pi}{2}$$

sein. Hieraus folgt

$$\operatorname{tg}\frac{\pi}{4} = 1 = \frac{\sin^2 \alpha_0}{\varrho \varrho_1 \cos \alpha_0}, \tag{59}$$

$$\cos 2h_0 = \cos(\theta + \theta_1), \quad \pm 2h_0 = \theta + \theta_1.$$

Man beobachtet die Werte von α_0 und h_0. Um aus ihnen $\theta, \theta_1, \varrho, \varrho_1$ zu berechnen, verfahren wir folgendermaßen.

Aus (57a) folgt

$$\varrho^2 \varrho_1^2 \cos 2(\theta + \theta_1) = \varrho^2 \cos 2\theta - \sin^2 \alpha,$$

$$\varrho^2 \varrho_1^2 \sin 2(\theta + \theta_1) = \varrho^2 \sin 2\theta.$$

Daher für die betrachteten Spezialwerte von α und h bei Berücksichtigung von (59)

$$\begin{aligned} \varrho^2 \cos 2\theta &= \frac{\sin^4 \alpha_0}{\cos^2 \alpha_0} \cos 4h_0 + \sin^2 \alpha_0, \\ \varrho^2 \sin 2\theta &= \frac{\sin^4 \alpha_0}{\cos^2 \alpha_0} \sin 4h_0. \end{aligned} \tag{60}$$

Quadriert und addiert man die letzten beiden Gleichungen, so ergibt sich

$$\varrho^4 = \operatorname{tg}^4 \alpha_0 (1 - \sin^2 2\alpha_0 \sin^2 2h_0),$$

$$\sin 2\theta = \frac{\sin^4 \alpha_0}{\cos^2 \alpha_0} \frac{\sin 4h_0}{\varrho^2}.$$

Auf diese Weise sind ϱ und θ durch α_0 und h_0 bestimmt.

Durch die Gleichungen $\theta + \theta_1 = \pm 2h_0$ und $\varrho_1 = \frac{\sin^2 \alpha_0}{\varrho \cos \alpha_0}$ sind es auch θ_1 und ϱ_1. Dann sind durch (58) h und $\vartheta - \vartheta_1$ bestimmt und nach (57c) $\frac{A^2}{A_1^2}$. Aus der Beobachtung von Hauptazimut und Haupteinfallswinkel lassen sich daher Phasendifferenz und Amplitudenverhältnis der reflektierten, mit ihren magnetischen Schwingungen parallel und senkrecht zur Einfallsebene orientierten Wellen berechnen. Nimmt man dann die *Lorentz*sche Hypothese hinzu, so kann man die unbekannten Konstanten k_1 und ε_1 berechnen, wenn noch σ gegeben ist. Nach (57a) hatten wir

$$\varrho^2 e^{2i\theta} = \frac{\varepsilon_1 - \frac{i}{\frac{n}{\sigma} + i k_1 n^2}}{\varepsilon},$$

$$(62) \qquad \varrho^2 \cos 2\theta = \frac{\varepsilon_1}{\varepsilon}\left(1 + \frac{k_1}{\varepsilon_1\left(\frac{1}{\sigma^2} + k_1{}^2 n^2\right)}\right)$$

$$= \operatorname{tg}^2 \alpha_0 (\sin^2 \alpha_0 \cos 4h_0 + \cos^2 \alpha_0) = -\frac{a_1{}^2 - b_1{}^2}{b^2},$$

$$(63) \qquad \varrho^2 \sin 2\theta = -\frac{1}{\varepsilon}\frac{1}{\sigma\left(\frac{n}{\sigma^2} + k_1{}^2 n^3\right)}$$

$$= \pm \operatorname{tg}^2 \alpha_0 \sin^2 \alpha_0 \sin 4h_0 = -\frac{2a_1 b_1}{b^2}.$$

Aus diesen beiden Gleichungen lassen sich k_1 und ε_1 berechnen. Für $h_0 = \frac{\pi}{4}$ ist $\sin 4h_0 = 0$. Da nun $\frac{1}{\varepsilon}\frac{1}{\sigma\left(\frac{n}{\sigma^2} + k_1{}^2 n^3\right)}$ nicht verschwinden kann, so darf das Hauptazimut diesen Betrag nicht überschreiten.

Da die Beobachtungen in einzelnen Fällen für h_0 Werte ergeben, die nahe an $\frac{\pi}{4}$ herangehen, so nähert sich $\cos 4h_0$ dem Wert -1. Da nun der zugehörige Haupteinfallswinkel α_0 bis 70^0 beträgt, so wird die rechte Seite von (62) negativ. Weil aber die ε positiv sein müssen, so folgt mit Notwendigkeit, daß k_1 von Null verschieden ist. Die beiden Formeln (62) und (63) stellen die bisherigen Beobachtungen genügend dar, doch ist die Abhängigkeit von der Schwingungszahl n noch nicht durch ausreichendes Beobachtungsmaterial festgestellt.

Die in das absorbierende Medium gebrochene Welle wird durch den Ausdruck dargestellt

$$e^{int - (a_1 + b_1 i)(y \sin\beta + z \cos\beta)},$$

da nach (57a) und (57b)

$$\frac{a_1 + b_1 i}{ib} = \frac{\sin\alpha}{\sin\beta}, \quad \frac{a_1 + b_1 i}{ib} = \varrho e^{i\theta}, \quad \cos\beta = \varrho_1 e^{i\theta_1}$$

ist, so kann man ihn auch schreiben

$$(64) \qquad e^{z\varrho\varrho_1 b \sin(\theta + \theta_1) + i(nt - yb\sin\alpha - z\varrho\varrho_1 b\cos(\theta + \theta_1))}.$$

Wollen wir die Verhältnisse der gebrochenen Welle in der für durchsichtige Medien geltenden Form betrachten, so können wir die

Gleichungen

(65)
$$\frac{a_1 + b_1 i}{ib} = \frac{\sin\alpha}{\sin\beta},$$

$$i\varrho\varrho_1 b e^{i(\theta+\theta_1)} = (a_1 + b_1 i)\cos\beta$$

benutzen. Der reelle Teil des Exponenten (64) mißt die Absorption der gebrochenen Welle. Der imaginäre Teil läßt sich auf die Form bringen, die er auch für durchsichtige Medien haben würde, wenn β_1 der Brechungswinkel wäre. Dann muß nach dem Brechungsgesetz für durchsichtige Medien und nach Analogie (45a) oder (51) sein

$$b_1' \sin\beta_1 = b\sin\alpha, \quad b_1'\cos\beta_1 = b\varrho\varrho_1\cos(\theta+\theta_1),$$

und durch Quadrieren und Addieren erhalten wir

(66)
$$\frac{b_1'^2}{b^2} = \sin^2\alpha + \varrho^2\varrho_1^2\cos^2(\theta+\theta_1).$$

Die Größe $\frac{\sin\alpha}{\sin\beta_1} = \frac{b_1'}{b}$ können wir auch hier der Analogie nach als Brechungsverhältnis ν bezeichnen.

Setzen wir

$$s + \mathfrak{s}i = \varrho\varrho_1 e^{i(\theta+\theta_1)},$$

so ist

$$-(a_1 + b_1 i)^2 = b^2\sin^2\alpha + b^2(s^2 + \mathfrak{s}i)^2.$$

Weiter ist

$$(s+\mathfrak{s}i)^2 = \varrho^2\varrho_1^2 e^{2i(\theta+\theta_1)} = \varrho^2 e^{2i\theta}(1-\sin^2\beta)$$
$$= \varrho^2 e^{2i\theta} - \sin^2\alpha,$$

so daß

$$s^2 - \mathfrak{s}^2 = \varrho^2\cos 2\theta - \sin^2\alpha,$$
$$2s\mathfrak{s} = \varrho^2\sin 2\theta$$

wird. Hieraus folgt

$$s^2 - \frac{\varrho^4\sin^2 2\theta}{4s^2} = \varrho^2\cos 2\theta - \sin^2\alpha$$

und

$$2s^2 = \varrho^2\cos 2\theta - \sin^2\alpha + \sqrt{(\varrho^2\cos 2\theta - \sin^2\alpha)^2 + \varrho^4\sin^2 2\theta},$$

sowie nach (66)

(67)
$$\nu^2 = \frac{b_1^2}{b^2} = \sin^2\alpha + s^2 = \frac{1}{2}\sin^2\alpha + \frac{1}{2}\varrho^2\cos 2\theta$$
$$+ \frac{1}{2}\sqrt{(\varrho^2\cos 2\theta - \sin^2\alpha)^2 + \varrho^4\sin^2 2\theta}.$$

Die Größen $\varrho^2\cos 2\theta$ und $\varrho^2\sin 2\theta$ sind den Gleichungen (60) zu entnehmen.

Aus dieser Gleichung sieht man, daß das Brechungsverhältnis ν vom Einfallswinkel α abhängig ist. Ist keine Absorption vorhanden, so ist $\theta = 0$ und die Gleichung (67) geht in die identische

$$\nu^2 = \frac{b_1{}^2}{b^2} = \varrho^2$$

über.

Von großer Wichtigkeit ist die Tatsache, daß auch die Fortpflanzungsgeschwindigkeit der gebrochenen Welle vom Einfallswinkel abhängt, da das Verhältnis der Fortpflanzungsgeschwindigkeiten vom Brechungsverhältnis bestimmt wird.

Ändert sich also das Brechungsverhältnis, so ändert sich damit auch die Fortpflanzungsgeschwindigkeit der gebrochenen Welle im absorbierenden Medium. Es hängt dies damit zusammen, daß die Intensität längs der Welle nicht überall gleichen Wert hat.

Man muß daher in absorbierenden Medien die Fortpflanzungsgeschwindigkeit gebrochener Wellen wohl von der Fortpflanzungsgeschwindigkeit unbegrenzter ebener Wellen, die überall gleiche Intensität haben, unterscheiden. Das Verhältnis der Fortpflanzungsgeschwindigkeit der letzten in beiden Medien wird durch die Größe

$$\frac{b_1}{b} = \varrho \cos \theta$$

bestimmt. Für $\alpha = 0$, also senkrechte Inzidenz, ist auch

$$\nu = \varrho \cos \theta,$$

während sonst bei schwacher Absorption, also kleinen Werten von $\varrho^2 \sin 2\theta$, annähernd

$$\nu^2 = \varrho^2 \cos 2\theta + \frac{1}{4} \frac{\varrho^4 \sin^2 2\theta}{\varrho^2 \cos 2\theta - \sin^2 \alpha}$$

ist.

Außer dem Brechungsverhältnis ist der Absorptionsindex a_1 für absorbierende Medien wesentlich; a_1 ist der Absorptionsindex für die Längeneinheit; $b_1 = \frac{2\pi}{\lambda}$ bezieht sich auf das absorbierende Medium bei senkrechter Inzidenz. Nun ist nach (62) und (63)

$$\varrho^4 = \frac{(a_1{}^2 + b_1{}^2)^2}{b^4} = \operatorname{tg}^4 \alpha_0 (\sin^4 \alpha_0 + 2 \sin^2 \alpha_0 \cos^2 \alpha_0 \cos 4h_0 + \cos^4 \alpha_0),$$

$$\frac{(a_1{}^2 - b_1{}^2)^2}{b^4} = \operatorname{tg}^4 \alpha_0 (\sin^2 \alpha_0 \cos 4h_0 + \cos^2 \alpha_0)^2,$$

woraus sich $\frac{a_1}{b}$ und $\frac{b_1}{b}$ ergeben.

In vielen Fällen kann man $\cos^2 \alpha_0$ vernachlässigen und erhält dann

$$\frac{a_1{}^2 + b_1{}^2}{b^2} = \operatorname{tg}^2 \alpha_0 \sin^2 \alpha_0,$$

$$\frac{a_1{}^2 - b_1{}^2}{b^2} = - \operatorname{tg}^2 \alpha_0 \sin^2 \alpha_0 \cos 4h_0,$$

$$\frac{b_1^2}{b^2} = \frac{1}{2}\,\mathrm{tg}^2\,\alpha_0 \sin^2\alpha_0(\cos 4h_0 + 1) = \mathrm{tg}^2\,\alpha_0 \sin^2\alpha_0 \cos^2 2h_0,$$

$$\frac{a_1^2}{b^2} = \frac{1}{2}\,\mathrm{tg}^2\,\alpha_0 \sin^2\alpha_0(1 - \cos 4h_0) = \mathrm{tg}^2\,\alpha_0 \sin^2\alpha_0 \sin^2 2h_0$$

und

$$\frac{a_1}{b_1} = \mathrm{tg}\, 2h_0.$$

Die Größe $\frac{a_1}{b_1}$ ist der Absorptionsindex bezogen auf die Wellenlänge.

Setzen wir nämlich

$$a_1 = \frac{2\pi k}{\lambda},$$

so ist

$$\frac{a_1}{b_1} = k.$$

Aus dem Ausdruck

$$e^{-a_1 z} = e^{-\frac{2\pi}{\lambda}kz}$$

sieht man, daß durch die Absorption auf der Strecke $z = \lambda$ die Amplitude im Verhältnis $1 : e^{-2\pi k}$ abnimmt.

Da $\frac{b_1'}{b} = \nu$, bei senkrechter Inzidenz $b_1' = b_1$, $\frac{a_1}{b_1} = k$ ist, so wird nach (57b)

$$(68) \qquad \begin{aligned} \varrho^2 \cos 2\theta &= \nu^2(1 - k^2), \\ \varrho^2 \sin 2\theta &= -2\nu^2 k. \end{aligned}$$

Von großer Wichtigkeit für das Experiment ist der Zusammenhang von Reflexionsvermögen eines Metalls mit dem Brechungsverhältnis und Absorptionsindex. Unter Reflexionsvermögen versteht man die bei senkrechter Inzidenz zurückgeworfene Lichtmenge dividiert durch die auffallende für eine ganze Schwingung berechnet.

Die reflektierte Amplitude erhalten wir aus (52a)

$$A_r = A_e \frac{\frac{\sin\alpha}{\sin\beta} - 1}{\frac{\sin\alpha}{\sin\beta} + 1}.$$

Für $\frac{\sin\alpha}{\sin\beta}$ müssen wir $\varrho e^{i\theta} = \frac{a_1 + ib_1}{ib} = \nu(1 - ik)$ einsetzen, so daß

$$A_r = A_e \frac{\nu(1 - ik) - 1}{\nu(1 - ik) + 1}.$$

Nun hat A_e den Faktor e^{int}. Daher ist der reelle Teil

$$\frac{(\nu^2 - 1 + k^2\nu^2)\cos nt + 2k\nu \sin nt}{(\nu + 1)^2 + k^2\nu^2}.$$

Nimmt man hiervon das Quadrat und integriert über eine ganze Schwingung, integriert ebenso das Quadrat der auffallenden Amplitude über eine ganze Schwingung, so erhält man das Verhältnis

$$\mathfrak{R} = \frac{(\nu-1)^2 + k^2\nu^2}{(\nu+1)^2 + k^2\nu^2} \tag{68a}$$

als Reflexionsvermögen. Mit zunehmendem k nähert sich das Reflexionsvermögen dem Werte Eins. Die Metalle von besonders starker Absorption reflektieren daher das Licht fast vollständig. Für lange Wellen kann man k_1 und ε_1 vernachlässigen, so daß dann $k = 1$ und $\nu = \frac{1}{2}\sqrt{\frac{\lambda c \sigma}{\pi}}$ ist. Für große ν ist dann $\mathfrak{R} = \frac{\nu - 1}{\nu + 1} = 1 - \frac{2}{\nu}$.

14. Stehende Wellen. Starke Reflexion kann Veranlassung zur Bildung stehender Wellen sein. Vgl. p. 113. Bei senkrechter Inzidenz sind stehende Wellen sowohl für den elektrischen als auch bei anderer Polarisationsrichtung für den magnetischen Vektor vorhanden.

Nehmen wir vollständige Reflexion an, so kann gesetzt werden $A_e = A_r = 1$, und wir haben nach den Formeln (45), wenn wir $i(nt - b(y \sin\alpha + z\cos\alpha)) = iu_e$, $i(nt - b(y\sin\alpha - z\cos\alpha)) = iu_r$ setzen,

$$\mathfrak{E}_y = \cos\alpha\,(e^{iu_e} - e^{iu_r}),$$

$$\mathfrak{E}_z = -\sin\alpha\,(e^{iu_e} + e^{iu_r}),$$

$$\mathfrak{H}_x = -\sqrt{\frac{\varepsilon}{\mu}}\,(e^{iu_e} + e^{iu_r}).$$

Hier liegen die magnetischen Schwingungen senkrecht zur Einfallsebene. Liegen sie parallel zur Einfallsebene, so ist nach (51)

$$\mathfrak{E}_x = e^{iu_e} + e^{iu_r},$$

$$\mathfrak{H}_y = \sqrt{\frac{\varepsilon}{\mu}}\cos\alpha\,(e^{iu_e} - e^{iu_r}),$$

$$\mathfrak{H}_z = -\sqrt{\frac{\varepsilon}{\mu}}\sin\alpha\,(e^{iu_e} + e^{iu_r}).$$

Nehmen wir die reellen Teile, so ist im ersten Fall

$$\mathfrak{E}_y = 2\cos\alpha\sin(nt - by\sin\alpha)\sin(bz\cos\alpha),$$

$$\mathfrak{E}_z = -2\sin\alpha\cos(nt - by\sin\alpha)\cos(bz\cos\alpha),$$

$$\mathfrak{H}_x = -2\sqrt{\frac{\varepsilon}{\mu}}\cos(nt - by\sin\alpha)\cos(bz\cos\alpha).$$

Hier verschwindet $\mathfrak{H}_x$ für alle Orte, wo $bz\cos\alpha = (2n+1)\frac{\pi}{2}$ ist.

Aber $\mathfrak{E}_y$ und $\mathfrak{E}_z$ können nicht gleichzeitig verschwinden. Es bleibt daher immer elektrische Kraft übrig. Für $\alpha = \frac{\pi}{4}$ ist

$$\cos\alpha = \sin\alpha = \frac{1}{\sqrt{2}}$$

und

$$\frac{1}{\tau}\int_0^\tau (\mathfrak{E}_y^2 + \mathfrak{E}_z^2) = 1,$$

d. h. der Mittelwert der Energie über eine ganze Schwingung genommen ist vom Orte unabhängig. Im zweiten Fall haben wir

$$\mathfrak{E}_x = \quad 2 \cos(nt - by \sin\alpha) \cos(bz \cos\alpha),$$

$$\mathfrak{H}_y = \quad 2\sqrt{\frac{\varepsilon}{\mu}} \cos\alpha \sin(nt - by \sin\alpha) \sin(bz \cos\alpha),$$

$$\mathfrak{H}_z = -2\sqrt{\frac{\varepsilon}{\mu}} \sin\alpha \cos(nt - by \sin\alpha) \cos(bz \sin\alpha).$$

Hier verschwindet die elektrische Kraft an einzelnen Stellen und der Mittelwert der magnetischen Energie ist überall gleich.

15. Theorie der Dispersion. Allgemeines über die Hypothese mitschwingender Ionen. Obwohl die hier behandelte Theorie der Metallreflexion die beobachteten Tatsachen bis zu einem gewissen Grade darstellt, so muß sie doch als ungenügend angesehen werden, da erfahrungsmäßig die Absorption eng mit einer anderen Erscheinung zusammenhängt, die in den bisherigen Gleichungen der elektromagnetischen Theorie nicht vorkommt, der Dispersion. So hat denn auch die *Lorentz*sche Annahme einer Modifikation des *Ohm*schen Gesetzes nur das Verdienst, zu zeigen, nach welcher Richtung bei den Lichtschwingungen Abweichungen vom *Ohm*schen Gesetz zu erwarten sind, ohne daß sie als eine ausreichende Theorie der Absorption gelten könnte.

Allgemein kann man sagen, daß die Dispersion die Zuhilfenahme weiterer Vektoren außer dem magnetischen und elektrischen beansprucht[25]).

---

25) *Cauchy* versuchte zuerst auf Grund der Annahme in den Äther eingebetteter Atome die Theorie der Dispersion zu geben, Nouveaux exercices de mathématiques, Prag 1835; Mém. sur les vibrations d'un double système et de l'éther contenu dans un corps cristallisé; Paris Mém. de l'acad. des sciences 22, p. 615. Vgl. *Tovey*, Phil. Mag. (3) 8, p. 7. Die Theorie des Mitschwingens führte *Sellmeier* ein, Ann. Phys. Chem. 145, p. 582; 147 (1871, 1872), p. 386 und 525; vgl. *Ketteler*, Ann. Phys. Chem., Pogg. Jubelband 1874. Eine Reibungskraft benutzte *O. E. Meyer*; Ann. Phys. Chem. 145, p. 80. Wie Lord *Rayleigh* ausführt Phil. Mag. 48 (1889), p. 151, hat bereits *Maxwell* in Cambr. Callendar 1869 auf derselben Grundlage die Theorie der anormalen Dispersion gegeben. Einen neuen Vektor für die mitschwingenden Moleküle und damit eine neu hinzukommende Differentialgleichung führte aber erst *Helmholtz* in die Theorie ein, Berlin Ber. Oktober 1874; Ann. Phys. Chem. 154 (1875), p. 582.

Setzen wir anstatt $\mathfrak{D} = \varepsilon \mathfrak{E}$

$$\mathfrak{D} = \mathfrak{E} + \sum_{\mathfrak{a}} \mathfrak{E}_{\mathfrak{a}}$$

und nehmen an, daß zwischen $\mathfrak{E}$ und $\mathfrak{E}_{\mathfrak{a}}$ lineare Differentialgleichungen bestehen

$$\mathfrak{E}_{\mathfrak{a}} + a_{\mathfrak{a}} \frac{\partial \mathfrak{E}_{\mathfrak{a}}}{\partial t} + b_{\mathfrak{a}} \frac{\partial^2 \mathfrak{E}_{\mathfrak{a}}}{\partial t^2} + \cdots = \varepsilon_{\mathfrak{a}} \mathfrak{E} + a'_{\mathfrak{a}} \frac{\partial \mathfrak{E}}{\partial t} + b'_{\mathfrak{a}} \frac{\partial^2 \mathfrak{E}}{\partial t^2} \cdots$$

Für periodische Störungen haben wir die Abhängigkeit von der Zeit auf den Faktor e^{int} zu beschränken und erhalten

$$\begin{aligned} &\mathfrak{E}_{\mathfrak{a}} = \mathfrak{E} \frac{\varepsilon_{\mathfrak{a}} + a'_{\mathfrak{a}} in - b'_{\mathfrak{a}} n^2 \ldots}{1 + a_{\mathfrak{a}} in - b_{\mathfrak{a}} n^2 \ldots}, \\ (69) \qquad &\mathfrak{D} = \mathfrak{E} \left(1 + \sum_{\mathfrak{a}} \frac{\varepsilon_{\mathfrak{a}} + a'_{\mathfrak{a}} in - b'_{\mathfrak{a}} n^2 \ldots}{1 + a_{\mathfrak{a}} in - b_{\mathfrak{a}} n^2 \ldots}\right). \end{aligned}$$

Diese Verallgemeinerung ist gleichbedeutend damit, daß anstatt der Dielektrizitätskonstante ε gesetzt wird

$$(69\text{a}) \qquad 1 + \sum_{\mathfrak{a}} \frac{\varepsilon_{\mathfrak{a}} + a'_{\mathfrak{a}} in - b'_{\mathfrak{a}} n^2 \ldots}{1 + a_{\mathfrak{a}} in - b_{\mathfrak{a}} n^2 \ldots}.$$

Die Konstanten a, a', b, b' sind nur durch bestimmte Hypothesen zu gewinnen. Solche erhält man am einfachsten, wenn man nach dem Vorgange von *Helmholtz* die elektrisch geladenen Ionen der Körper durch die elektrischen Schwingungen des Lichts in Bewegung setzen läßt. Die Erscheinungen der Dispersion durch Mitschwingen der wägbaren Teile zu erklären ist bereits auf Grund der elastischen Theorie von *Maxwell*, *Sellmeier*, *O. E. Meyer*, *Ketteler* und *Helmholtz* mit Erfolg versucht. Aus diesen Theorien ging bereits mit Sicherheit hervor, daß die gewöhnliche Dispersion durch bloßes Mitschwingen, die anomale Dispersion aber durch gleichzeitige Absorption erklärt werden müsse.

Die elektromagnetische Theorie konnte diese Hypothese direkt übernehmen, doch mußte auf die Wechselwirkung zwischen Materie und Äther näher eingegangen werden. Der erste derartige Versuch rührt von *Kolaček*[26]) her. Er nimmt an, daß durch die elektromagnetischen Schwingungen Ströme in den Molekülen der Körper hervorgerufen werden, die wieder auf die Schwingungen im Äther nach dem Induktionsgesetz zurückwirken. Obwohl auf dieser Grundlage eine Theorie der Dispersion sehr wohl möglich ist, so entspricht sie doch nicht den modernen Anschauungen, nach denen man geneigt ist,

26) *Kolaček*, Ann. Phys. Chem. 32 (1887), p. 224 und 429; 34 (1887), p. 673.

Ströme auf Bewegung der Elektronen zurückzuführen. Dann sind Ströme innerhalb der Moleküle oder Atome undenkbar.

Eine möglichst von Hypothesen freie formale Darstellung der Dispersion hat *Drude*[27]) nach einer Anregung von *Hertz* gegeben, wobei im wesentlichen die oben dargelegte Erweiterung der Dielektrizitätskonstante benutzt wird.

Am einfachsten und anschaulichsten kommt man indessen zu der Theorie der Dispersion durch Verfolgung der *Helmholtz*schen Annahme[28]) des Mitschwingens geladener Atome, die übrigens schon vor Helmholtz von *H. A. Lorentz* gemacht war (vgl. Nr. **21**). Man kann diese Annahme nicht als neue Hypothese bezeichnen, weil wir schon durch die Vorgänge der Elektrolyse gezwungen sind, solche elektrische Ladungen der Atome vorauszusetzen. Neu ist nur die weitere Annahme, daß das positive und negative Quantum räumlich in gewissem Abstand voneinander sich befinden müssen, weil sonst die Wirkung der elektrischen Kräfte sich aufheben würde.

Der weiter von *Helmholtz* benutzte Weg, die elektromagnetischen Differentialgleichungen zugleich mit den Bewegungsgleichungen der Atome aus dem *Hamilton*schen Prinzip abzuleiten, kann indessen nicht als zweckmäßig bezeichnet werden. Ganz abgesehen davon, daß bei der Anwendung des *Hamilton*schen Prinzips alles auf die Art der Variation ankommt, die bei Vorgängen mit unbekannten Parametern zweifelhaft bleibt, läßt sich auch der Ausdruck für die Energie, aus der die Gleichungen zu entwickeln sind, nicht mit Sicherheit aufstellen.

Bezeichnen wir mit $\mathfrak{p}$ den Vektor des elektrischen Moments der Ionen bezogen auf die Volumeinheit, mit e ihre Ladung, mit v die Geschwindigkeit, so ist

$$\frac{d\mathfrak{p}}{dt} = ve.$$

Denken wir uns nämlich ein Volumelement $dx\,dy\,dz$, so sind $\mathfrak{p}_x dy\,dz$ die durch $dy\,dz$ hindurchgehenden Momente. Ändert sich nun $\mathfrak{p}_x$ um $\frac{\partial \mathfrak{p}_x}{\partial x}\,dx$, so ist

$$\frac{\partial \mathfrak{p}_x}{\partial x}\,dx \cdot dy\,dz = e\,dx\,dy\,dz$$

die infolge dieser Veränderung durch $dy\,dz$ hindurchgehende Ladung. Daher ist auch

$$\frac{d\mathfrak{p}_x}{dt} = \frac{\partial \mathfrak{p}_x}{\partial x}\,\frac{dx}{dt} = ev_x.$$

27) *Drude,* Gött. Nachr. 1892, Nr. 2, p. 1.

28) *Helmholtz,* Elektromagn. Theorie der Farbenzerstreuung, Berlin Ber. 15. Dez. 1892; Ann. Phys. Chem. 48 (1893), p. 389.

Helmholtz setzt nun die elektrische Energie gleich

$$\frac{1}{2}\left\{\varepsilon\mathfrak{E}^2 - 2\mathfrak{E}\mathfrak{p}\cos(\mathfrak{E}\mathfrak{p}) + \frac{\mathfrak{p}^2}{\varepsilon_1}\right\},$$

wo ε_1 eine neue Konstante bezeichnet. Haben $\mathfrak{E}$ und $\mathfrak{p}$ gleiche Richtung, wie es in isotropen Medien der Fall ist, so haben wir

$$\cos(\mathfrak{E}\mathfrak{p}) = 1.$$

Reiff[29]) dagegen hält einen Ausdruck der Energie für wahrscheinlicher wo das zweite Glied ganz fehlt, und in der Tat ergeben sich daraus Gleichungen, die zu denselben Dispersionsformeln führen, wie der *Helmholtz*sche Ausdruck. Mit noch größerem Recht könnte man aber auch voraussetzen, daß die Feldstärke im Äther $\mathfrak{E}$ und die Erregung in den Molekülen $\mathfrak{p}$ sich einfach addieren, so daß die Gesamterregung

$$\mathfrak{D} = \mathfrak{E} + \mathfrak{p}$$

würde. Nach dem allgemeinen Ausdruck für die Energie (6) ergibt sich diese dann gleich

$$\frac{1}{2}\mathfrak{D}\mathfrak{E} = \frac{1}{2}(\mathfrak{E}^2 + \mathfrak{E}\mathfrak{p}).$$

Bei dieser Unsicherheit erscheint es daher überhaupt nicht zweckmäßig, von dem unbekannten Ausdruck der Energie auszugehen und es empfiehlt sich mehr, die direkten Bewegungsgleichungen aufzustellen, weil hier die Grundannahmen durchsichtiger bleiben.

Da von magnetischen Erregungen durch die Lichtschwingungen in den Molekülen abgesehen wird, so bleibt das eine System der *Maxwell*schen Gleichungen unverändert,

$$\frac{\partial\mathfrak{B}}{\partial t} = -c \operatorname{rot} \mathfrak{E}.$$

Zu der elektrischen Feldstärke im anderen System kommen die durch die Verschiebung der Ionen hervorgerufenen $\mathfrak{p}$ hinzu, so daß dann dies System die Gestalt erhält

$$\frac{1}{c}\frac{\partial}{\partial t}(\mathfrak{E} + \mathfrak{p}) = \operatorname{rot} \mathfrak{H}. \tag{70}$$

Es kommt nun auf die Bestimmung von $\mathfrak{p}$ an.

Wir nennen m_a die Masse eines Ions, e_a seine Ladung, l_a seine Verschiebung aus der Ruhelage, $\mathfrak{N}_a$ die Anzahl der Ionen in der Volumeinheit, so ist

$$\frac{d\mathfrak{p}}{dt} = e_a \mathfrak{N}_a \frac{dl_a}{dt}$$

29) *Reiff*, Über die Fortpflanzung des Lichtes in bewegten Medien, Ann. Phys. Chem. 50 (1893), p. 361.

die Elektrizitätsmenge, die durch die Querschnittseinheit fließt. Diese ist einem Strom äquivalent und superponiert sich zu $\frac{\partial \mathfrak{E}}{\partial t}$.

Auf jedes Ion wirkt nun

1) eine Kraft $e_a \mathfrak{E}$,

2) eine Kraft $-e_a^2 f_a{}^2 l_a$, welche das Ion in die Ruhelage zurückzieht. Der Ursprung dieser Kraft bleibt dunkel und sie ist als Notbehelf anzusehen. Daß die Ladung im Quadrat auftritt, soll andeuten, daß die Richtung der Kraft bei positiver und negativer Ladung dieselbe ist. Da aber die unbekannte Konstante f_a als Faktor hinzutritt, ist es gleichgültig, in welcher Form e_a vorkommt.

3) Dasselbe gilt für das Reibungsglied, das zur Erklärung der Absorption hinzugefügt werden muß.

Die Bewegungsgleichung des Ions lautet demnach

$$m_a \frac{d^2 l_a}{dt^2} = e_a \mathfrak{E} - e_a^2 f^2 l_a - \eta_a e_a^2 \frac{d l_a}{dt}.$$

Da die Abhängigkeit von t wieder auf den Faktor e^{int} zu beschränken ist, so haben wir

$$-m_a n^2 l_a = e_a \mathfrak{E} - e_a^2 f_a^2 l_a - \eta_a e_a^2 i n l_a,$$

daher

$$l_a = \frac{e_a \mathfrak{E}}{e_a^2 f_a^2 - m_a n^2 + \eta_a e_a^2 i n}$$

und

$$\mathfrak{p} = \frac{e_a^2 \mathfrak{E} \mathfrak{N}_a}{e_a^2 f_a^2 - m_a n^2 + \eta_a e_a^2 i n}. \tag{71}$$

Die Gleichung (70) wird demnach

$$\frac{1}{c} \frac{\partial \mathfrak{E}}{\partial t} \left(1 + \frac{e_a^2 \mathfrak{N}_a}{e_a^2 f_a^2 - m_a n^2 + \eta_a e_a^2 i n}\right) = \operatorname{rot} \mathfrak{H},$$

der Einfluß auf die Gleichung (70) ist also derselbe, als wenn wir in der Gleichung

$$\frac{\varepsilon}{c} \frac{\partial \mathfrak{E}}{\partial t} = \operatorname{rot} \mathfrak{H}$$

$$\varepsilon = 1 + \frac{e_a^2 \mathfrak{N}_a}{e_a^2 f_a^2 - m_a n^2 + \eta_a e_a^2 i n}$$

oder auch

$$\varepsilon = 1 + \frac{1}{A^2 - B^2 n^2 + C^2 i n} \tag{72}$$

$$A^2 = \frac{f_a^2}{\mathfrak{N}_a}, \qquad B^2 = \frac{m_a}{e_a^2 \mathfrak{N}_a}, \qquad C^2 = \frac{\eta_a}{\mathfrak{N}_a}$$

schreiben. Will man dem Medium auch ohne Mitschwingen der Moleküle eine Dielektrizitätskonstante ε_0 zuschreiben, so ist

$$\varepsilon = \varepsilon_0 + \frac{1}{A^2 - B^2 n^2 + C^2 i n}$$

zu setzen. Haben wir es mit mehreren Atomgruppen zu tun, ist anstatt $\mathfrak{p}$

$$\mathfrak{p}_1 + \mathfrak{p}_2 + \cdots$$

zu setzen und wir erhalten für die Dielektrizitätskonstante

$$\varepsilon = \varepsilon_0 + \sum_{\mathfrak{a}} \frac{1}{A_{\mathfrak{a}}^2 - B_{\mathfrak{a}}^2 n^2 + C_{\mathfrak{a}}^2 i n}.$$

16. Ableitung spezieller Dispersionsformeln.

a) *Vernachlässigung des Reibungsgliedes* ($\eta = 0$). Durch die Gleichung

$$m_{\mathfrak{a}} \frac{d^2 l_{\mathfrak{a}}}{dt^2} = -\,\mathfrak{f}^2 e_{\mathfrak{a}} l_{\mathfrak{a}}$$

wird die freie Schwingung bestimmt. Sie ergibt

(72a) $$m_{\mathfrak{a}} n_{\mathfrak{a}}^2 = \mathfrak{f}_{\mathfrak{a}}^2 e_{\mathfrak{a}}^2 \quad \text{oder} \quad n_{\mathfrak{a}} = \frac{A}{B}.$$

In unserem Fall würde die Dielektrizitätskonstante bei der der freien Schwingung entsprechenden Schwingungszahl n unendlich werden. In der Nähe der Eigenschwingung muß daher immer auf die Absorption Rücksicht genommen werden.

Durchsichtig sind die Körper, bei denen die Eigenschwingungen der Atomgruppen vom Gebiet des Sichtbaren entfernt liegen. Hierbei sind die Eigenschwingungen im Ultraroten von denen im Ultravioletten zu unterscheiden. Sind Eigenschwingungen im Ultraroten vorhanden, so ist für das sichtbare Gebiet $B^2 n^2 > A^2$, bei Eigenschwingungen im Ultraviolett ist $A^2 > B^2 n^2$. Wir können also bei Absorption im Ultraviolett entwickeln

$$\frac{1}{A^2 - B^2 n^2} = \frac{1}{A^2\left(1 - \frac{B^2 n^2}{A^2}\right)} = \frac{1}{A^2}\left\{1 + \frac{B^2}{A^2} n^2 + \frac{B^4}{A^4} n^4 + \cdots\right\}$$

und für ein Absorptionsgebiet im Ultrarot

$$\frac{1}{A^2 - B^2 n^2} = -\frac{1}{B^2 n^2\left(1 - \frac{A^2}{B^2 n^2}\right)} = -\frac{1}{B^2 n^2}\left\{1 + \frac{A^2}{B^2 n^2} + \frac{A^4}{B^4 n^4} + \cdots\right\}.$$

Die Dielektrizitätskonstante ist, wenn nur ein Absorptionsstreifen vorhanden ist,

$$\varepsilon = \varepsilon_0 + \frac{1}{A^2 - B^2 n^2}.$$

Nun ist das Brechungsverhältnis gegen das Vakuum gleich der

Quadratwurzel aus der Dielektrizitätskonstanten (vgl. (48)), also

(73) $$\nu^2 = \varepsilon_0 + \frac{1}{A^2 - B^2 n^2},$$

also für ein Absorptionsgebiet im Ultraroten

$$\nu^2 = \varepsilon_0 - \frac{1}{B^2 n^2} - \frac{A^2}{B^4 n^4} - \cdots .$$

Kommt noch ein solches im Ultravioletten hinzu, so ist

$$\nu^2 = \varepsilon_0 - \frac{1}{B^2 n^2} - \frac{A^2}{B^4 n^4} - \cdots + \frac{1}{A'^2} + \frac{B'^2}{A'^2} n^2 + \cdots .$$

Beschränken wir uns auf die ersten Glieder, so ist

$$\nu^2 = \varepsilon_0 + \frac{1}{A'^2} - \frac{1}{B^2 n^2} + \frac{B'^2}{A'^2} n^2.$$

Hier rührt das Glied mit dem Faktor n^2 von dem Absorptionsgebiet im Ultravioletten, das mit $\frac{1}{n^2}$ von dem im Ultraroten her.

Aus dieser Gleichung folgt, daß ν immer mit n wächst.

Für $n = 0$, also sehr langsame Schwingungen, ist

$$\underset{n=0}{\varepsilon} = \varepsilon_0 + \frac{1}{A^2}.$$

Dies ist die nach den gewöhnlichen Methoden gemessene Dielektrizitätskonstante. Die Gleichung

$$\underset{n=0}{\varepsilon} = \nu^2$$

kann im sichtbaren Gebiet nur dann annähernd gelten, wenn im Ultraroten keine Eigenschwingungen liegen, weil sonst das Gebiet $n = 0$ von dem sichtbaren durch die Eigenschwingung, wo $\varepsilon = \infty$ werden würde, getrennt ist.

Bei mehreren Eigenschwingungen ist für die Dielektrizitätskonstante außerhalb des Absorptionsgebiets zu setzen

(73a) $$\varepsilon_0 + \sum_{\mathfrak{a}} \frac{1}{A_{\mathfrak{a}}^2 - B_{\mathfrak{a}}^2 n^2}.$$

Schreiben wir $\frac{2\pi c}{\lambda} = n$, so haben wir

$$\varepsilon = \nu^2 = \varepsilon_0 + \sum_{\mathfrak{a}} \frac{1}{A_{\mathfrak{a}}^2 - B_{\mathfrak{a}}^2 \frac{4\pi^2 c^2}{\lambda^2}}$$

$$= \varepsilon_0 + \sum_{\mathfrak{a}} \frac{1}{A_{\mathfrak{a}}^2} + \sum_{\mathfrak{a}} \frac{B_{\mathfrak{a}}^2 4\pi^2 c^2}{A_{\mathfrak{a}}^2 (A_{\mathfrak{a}}^2 \lambda^2 - B_{\mathfrak{a}}^2 4\pi^2 c^2)}.$$

Für $\lambda = \infty$ wird

$$\varepsilon = \varepsilon_0 + \sum_{\mathfrak{a}} \frac{1}{A_{\mathfrak{a}}^2},$$

das heißt die Dielektrizitätskonstante wird durch die Eigenschwingungen der Moleküle vergrößert.

Nun ist die Wellenlänge der Eigenschwingung

$$\lambda_a = 2\pi c \frac{B_a}{A_a}.$$

Daher ist

$$\varepsilon = \varepsilon_{\lambda=\infty} + \sum \frac{\lambda_a^2}{A_a^2(\lambda^2 - \lambda_a^2)}.$$

Bei zwei Eigenschwingungen im sichtbaren Gebiete haben wir

(74) $$\nu^2 = C_0 + \frac{C_1}{\lambda^2 - \lambda_1^2} + \frac{C_2}{\lambda^2 - \lambda_2^2}$$

als Dispersionsformel.

b) *Beibehaltung des Reibungsgliedes. Die Umgebung der Absorptionslinien.* Kommt man in die Nähe der Eigenschwingung, so muß die Absorption berücksichtigt werden. Dann haben wir für die Dielektrizitätskonstante

$$\varepsilon_0 + \frac{1}{A^2 - B^2 n^2 + C^2 i n}.$$

Die Gleichung (9) gibt uns

$$-\varepsilon n^2 = c^2(a + ib)^2,$$

also

$$-\frac{c^2}{n^2}(a + ib)^2 = \varepsilon_0 + \frac{1}{A^2 - B^2 n^2 + C^2 i n},$$

bei Einführung zweier Hilfsgrößen P_1 und P_2 wird

$$\frac{c^2}{n^2}(b^2 - a^2) = \varepsilon_0 + \frac{A^2 - B^2 n^2}{(A^2 - B^2 n^2)^2 + C^4 n^2} = P_1,$$

$$2ab\frac{c^2}{n^2} = \frac{C^2 n}{(A^2 - B^2 n^2)^2 + C^4 n^2} = P_2.$$

Hieraus folgt

$$\frac{c^2}{n^2}(b^2 + a^2) = \sqrt{P_1^2 + P_2^2},$$

(75) $$\frac{c^2 a^2}{n^2} = \tfrac{1}{2}\sqrt{P_1^2 + P_2^2} - \tfrac{1}{2} P_1,$$

$$\frac{c^2 b^2}{n^2} = \tfrac{1}{2}\sqrt{P_1^2 + P_2^2} + \tfrac{1}{2} P_1.$$

Nehmen wir zunächst die Absorption als klein an, so ist P_2 klein gegen P_1 und

$$\frac{c^2 a^2}{n^2} = \frac{1}{4}\frac{P_2^2}{P_1},$$

$$\frac{c^2 b^2}{n^2} = P_1.$$

Nun ist $\frac{n}{b}$ die Fortpflanzungsgeschwindigkeit in dem Medium, $\frac{n}{bc}$ ist das Verhältnis dieser Fortpflanzungsgeschwindigkeit zu der im Vakuum, also $\frac{1}{\nu}$, so daß

$$\nu^2 = P_1$$

ist. Ferner ist

$$\frac{dP_1}{dn} = \frac{2n[B^2(A^2 - B^2n^2)^2 - A^2C^4]}{[(A^2 - B^2n^2)^2 + C^4n^2]^2}. \tag{75a}$$

Dies wird Null für

$$A^2 - B^2n^2 = \pm \frac{AC^2}{B},$$

woraus

$$n^2 = \frac{A^2 \mp \frac{A}{B}C^2}{B^2}$$

folgt.

Dies sind die einzigen endlichen Werte von n, für die $\frac{dP_1}{dn}$ verschwindet. Es muß also der eine einem Maximum, der andere einem Minimum entsprechen. Nun ist für diese Werte von n

$$\nu^2 = P_1 = \varepsilon_0 \pm \frac{B^2}{C^2} \frac{1}{2AB \mp C^2}. \tag{76}$$

Es entspricht also das obere Vorzeichen einem Maximum, das untere einem Minimum von P_1, dem oberen Vorzeichen entspricht der kleinere, dem unteren der größere Wert von n.

Das Maximum von $P_1 = \nu^2$ liegt also bei den kleineren Schwingungszahlen, das Minimum bei den größeren. Werden daher die Werte von ν als Ordinaten, von n als Abszissen aufgetragen, so ist zunächst $\nu = \varepsilon_0 + \frac{1}{A^2}$ für $n = 0$. So lange die Absorption keine Rolle spielt, wächst ν mit zunehmendem n bis zum Maximum. In der Nähe des Maximums beginnt die Absorption, ν fällt mit weiter zunehmendem n bis zum Minimum herab und steigt dann wieder, um sich für $n = \infty$ dem Werte ε_0 zu nähern. Den Gang des Brechungsindex ν als Funktion der Schwingungszahl n veranschaulicht beistehende Figur, wo das schraffierte Gebiet das Absorptionsgebiet darstellt.

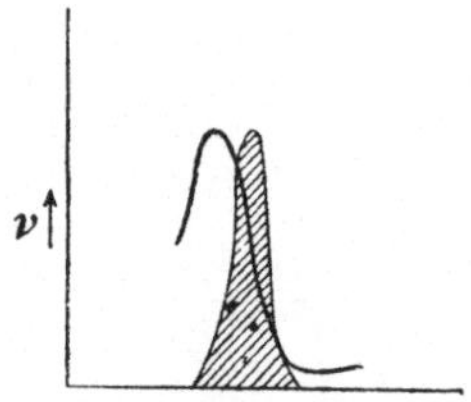

Fig. 1.

Auf der Strecke zwischen dem Maximum und dem Minimum, wo ν mit zunehmendem n abnimmt, liegt anomale Dispersion. Sie kann nur bei gleichzeitiger starker Absorption vorhanden sein.

Aus der Folgerung, daß ν von dem Minimum aus mit zunehmendem n wachsend dem Werte ε_0 sich nähert, folgt weiter, daß das Minimum selbst bei Werten von ν liegt, die kleiner als ε_0 sind.

Die Fortpflanzungsgeschwindigkeit muß hier größer sein als im Vakuum, wenn $\varepsilon_0 = 1$ angenommen wird. Derartige Brechungsverhältnisse sind bisher nur bei einigen Metallen beobachtet. Bei allen durchsichtigen Substanzen müssen Eigenschwingungen im Ultraviolett liegen, welche das Brechungsverhältnis im sichtbaren Teil auf einen größeren Wert hinaufdrücken.

Entfernen wir uns von der Eigenschwingung in der Richtung wachsender n, so folgt wegen (75a) und (76), daß $\nu \frac{d\nu}{dn}$ groß ist für große Werte von B^2 und kleine von C^2 und klein im umgekehrten Falle. Große Werte von B^2 bedeuten große mitschwingende Massen, große von C^2 starke Reibung. Die Kurve für ν^2 ist daher steil bei großen mitschwingenden Massen und kleiner Reibung, flach bei kleinen Massen und großer Reibung.

Im ersteren Falle sind die Absorptionsstreifen schmal, im zweiten breit.

Die hier behandelte Theorie läßt sich auch ohne weiteres auf die Metallreflexion anwenden.

Bei mehreren mitschwingenden Ionenarten haben wir anstatt der Dielektrizitätskonstanten

$$\varepsilon_0 + \sum_a \frac{1}{A^2 - B^2 n^2 + C^2 i n}$$

zu setzen.

Nach (57a) ist dies gleich $\varrho^2 e^{2i\theta}$, während nach (62), (63) und (68)

$$(77) \qquad \nu^2(1-k^2) = \varrho^2 \cos 2\theta = \varepsilon_0 + \sum_a \frac{A^2 - B^2 n^2}{(A^2 - B^2 n^2)^2 + C^4 n^2}$$
$$= \operatorname{tg}^2\alpha_0 \, (\sin^2\alpha_0 \cos 4h_0 + \cos^2\alpha_0),$$
$$-2\nu^2 k = \varrho^2 \sin 2\theta = -\sum_a \frac{C^2 n}{(A^2 - B^2 n^2)^2 + C^4 n^2}$$
$$= \pm \operatorname{tg}^2\alpha_0 \sin^2\alpha_0 \sin 4h_0$$

folgen. Wir haben hier Systeme von drei Konstanten A, B, C durch die Beobachtungen zu bestimmen, während die Beobachtung für eine Farbe nur zwei Konstanten liefert. Zur Prüfung der Theorie müssen diese daher erst durch Beobachtungen von α_0 und h_0 für die verschiedenen n bestimmt sein. Vgl. Nr. 10.

17. Drudes Bestimmung der bei der Dispersion wirksamen Ionenarten[27]. Wir hatten nach Gleichung (72a) für die Eigen-

27) *Drude*, Ann. d. Phys. 14 (1904), p. 677, 936,

schwingung in nicht absorbierenden Medien

$$n_a = \frac{f_a e_a}{\sqrt{m_a}}.$$

Ferner nach (73) für nicht absorbierende Medien

$$\nu^2 = \varepsilon_0 + \sum_a \frac{1}{A^2 - B^2 n^2} = \varepsilon_0 + \sum_a \frac{e_a^2 \mathfrak{N}_a}{e_a^2 f_a^2 - m_a n^2}$$

$$= \varepsilon_0 + \sum_a \frac{M_a}{n_a^2 - n^2}, \quad \text{wo} \quad M_a = \frac{e_a^2 \mathfrak{N}_a}{m_a}$$

gesetzt ist.

Schreiben wir

$$n = \frac{2\pi c}{\lambda}, \qquad n_a = \frac{2\pi c}{\lambda_a},$$

so wird

$$\nu^2 = \varepsilon_0 + \sum_a \frac{M_a \lambda_a^2}{4\pi^2 c^2} + \sum_a \frac{M_a \lambda_a^4}{4\pi^2 c^2 (\lambda^2 - \lambda_a^2)}$$

$$= \mathfrak{C} + \sum_a \frac{\mathfrak{F}_a}{\lambda^2 - \lambda_a^2}, \qquad \mathfrak{F}_a = \frac{e_a^2 \mathfrak{N}_a \lambda_a^4}{m_a 4\pi^2 c^2}.$$

Bei solchen Körpern, deren Dispersion sich durch die zweikonstantige Dispersionsformel (74) darstellen läßt, haben wir zwei Ionenarten anzunehmen, von denen die eine positiv, die andere negativ geladen sein muß, weil keine freien Ladungen auftreten.

Diese Bedingung liefert die Gleichung

$$\mathfrak{N}_1 e_1 + \mathfrak{N}_2 e_2 = 0$$

oder

$$\frac{\mathfrak{F}_1 m_1}{e_1 \lambda_1^4} + \frac{\mathfrak{F}_2 m_2}{e_2 \lambda_2^4} = 0.$$

Nun ist bei allen solchen Körpern für die im Ultrarot liegende Eigenschwingung $\frac{\mathfrak{F}_1}{\lambda_1^4}$ viel kleiner als für die ultraviolette Eigenschwingung $\frac{\mathfrak{F}_2}{\lambda_2^4}$, d. h. $\frac{m_1}{e_1}$ muß viel kleiner als $\frac{m_2}{e_2}$ sein.

Diese Tatsache läßt sich aus der Hypothese erklären, daß die ultravioletten Schwingungen durch negative Elektronen, bei denen $\frac{m_2}{e_2}$ klein ist, dagegen die ultraroten Eigenschwingungen durch positive Ionen mit großem $\frac{m_1}{e_1}$ bedingt werden.

Für die negativen Elektronen hätte man $\frac{m}{e}$ konstant und gleich dem an Kathodenstrahlen gemessenen Wert zu setzen.

Nennt man nun i die Zahl der Elektronen, die an einem positiven Ion haften, s die Dichte des Körpers, M sein Molekulargewicht, m_H die Masse eines Wasserstoffatoms, so ist

$$s = \frac{\mathfrak{N}}{i} m_H M = \frac{\mathfrak{F} m 4 \pi^2 c^2}{e^2 \lambda^4 i} m_H M$$

oder

$$i = \frac{4 \pi^2 c^2 \mathfrak{F} M}{s \lambda^4} \frac{m_H}{e} \cdot \frac{m}{e}.$$

Für $\frac{m_H}{e}$ ist der aus der Elektrolyse, für $\frac{m}{e}$ der aus Kathodenstrahlenmessungen bekannte Wert einzusetzen.

Die auf diese Weise gewonnenen Zahlen stimmen in roher Annäherung mit den Valenzzahlen der betreffenden Körper überein, so daß die Hypothese möglich wird, daß die Valenzzahlen durch die Anzahl der schwingungsfähigen Elektronen gegeben werden. Die neueren Untersuchungen über das Zeemanphänomen bei festen Körpern und bei den Bandenspektren, bei denen die elementare Theorie Werte von $\frac{e}{m}$ giebt, die weit größer sind als der aus den Messungen an Kathodenstrahlen bekannte, lassen es zweifelhaft erscheinen, ob die tatsächlichen Verhältnisse wirklich so einfach liegen.

18. Absorption in Metallen bei Annahme von Leitungselektronen. *Drude*[28]) hat die Theorie der Metalloptik noch dadurch modifiziert, daß er die Eigenschaft der Leitung der Elektrizität auf Ionen zurückführt, die sich innerhalb des Körpers frei verteilen können und nur Reibungskräften unterworfen sind[29]).

Im allgemeinen hat man frei bewegliche und schwingende Ionen gesondert anzunehmen: für die frei beweglichen fehlt die elastische Kraft, welche das Ion in die Gleichgewichtslage zurückzieht, d. h. die Konstante A^2 in (77) ist Null.

Wir haben daher

$$\nu^2(1 - k^2) = \varepsilon_0 - \sum_{\alpha} \frac{B_\alpha^2}{B_\alpha^4 n^2 + C_\alpha^4},$$

$$2\nu^2 k = \frac{1}{n} \sum_{\alpha} \frac{C_\alpha^2}{B_\alpha^4 n^2 + C_\alpha^4}.$$

Nimmt man zwei Ionengattungen an, so haben wir außer ε_0 die Konstanten B_1, B_2, C_1, C_2. Die Konstanten C_1 und C_2 sind indessen nicht unabhängig voneinander, da die Bewegungen der beiden

28) *Drude*, Physik. Zeitschr. 1 (1899/1900), p. 161.

29) Die Hypothese freier Elektronen in Metallen scheint wegen des zu großen Wertes, den dann die spezifische Wärme annehmen würde, nicht haltbar zu sein. Wahrscheinlich sind die Elektronen nur kurze Zeit frei, im übrigen gebunden.

Ionen die Leitfähigkeit des Mediums ausmachen sollen. Es war nach (71) und (72)

$$C^2 = \frac{\eta_\alpha}{\mathfrak{N}_\alpha}.$$

$\eta_\alpha e_\alpha^2$ war die Reibungskonstante, sodaß $\frac{1}{\eta_\alpha e_\alpha}$ die Geschwindigkeit ausdrückt, welche das Ion unter dem Einfluß der Feldeinheit erreicht. Daher ist $\frac{\mathfrak{N}_\alpha}{\eta_\alpha} = \frac{1}{C^2}$ die Leitfähigkeit σ, nämlich das Produkt aus Anzahl der Ionen, Geschwindigkeit im Felde Eins Ladung des Ions. Bei zwei Ionengattungen muß die gesamte Leitfähigkeit

$$\sigma = \sigma_1 + \sigma_2 = \frac{1}{C_1^2} + \frac{1}{C_2^2}$$

sein. Wir können demnach auch schreiben

$$(78)\quad \begin{aligned} \nu^2(1 - k^2) &= \varepsilon_0 - \sum_{\alpha=1}^{\alpha=2} \frac{B_\alpha^2 \sigma_\alpha^2}{n^2 B_\alpha^4 \sigma_\alpha^2 + 1} = \mathfrak{A}, \\ 2\nu^2 k &= \frac{1}{n} \sum_{\alpha=1}^{\alpha=2} \frac{\sigma_\alpha}{n^2 B_\alpha^4 \sigma_\alpha^2 + 1} = \mathfrak{B}. \end{aligned}$$

Nach diesen Gleichungen kann $k > 1$ sein, ohne daß die Dielektrizitätskonstante ε_0 negativ wird.

Ferner ist

$$\nu^2 k < \frac{\sigma}{n};$$

beides entspricht den an Metallen gemachten Beobachtungen. $\nu^2 k$ muß stets mit n abnehmen.

Ferner haben wir

$$2\nu^2 = \frac{\mathfrak{B}^2}{-\mathfrak{A} + \sqrt{\mathfrak{A}^2 + \mathfrak{B}^2}}, \qquad k = -\frac{\mathfrak{A}}{\mathfrak{B}} + \sqrt{\frac{\mathfrak{A}^2}{\mathfrak{B}^2} + 1}.$$

Da $\mathfrak{B}$ schneller als $\mathfrak{A}$ mit zunehmendem n abnimmt, so nimmt auch ν in diesen Fällen mit zunehmendem n ab, d. h. bei Metallen ist anomale Dispersion Regel. Soweit dies nicht zutrifft, müssen außer den Leitungsionen noch mitschwingende Ionen herangezogen werden. Aber auch hier liegen die Verhältnisse wahrscheinlich viel verwickelter.

19. Theorie der Dispersion von Gibbs[30]. In eigentümlicher Weise hat *J. W. Gibbs* die Theorie der Dispersion behandelt, indem

30) *J. W. Gibbs*, Notes on the electromagnetic theory of light, Americ. Journ. of science 23, p. 262, 466; 25, p. 107.

er als notwendigen zweiten Vektor eine unregelmäßige Bewegung des Mediums annimmt. Diese soll auf die elektrischen Kräfte in der Weise zurückwirken, daß die elektrische Energie um einen Betrag proportional $\frac{\varepsilon}{2}\left(\frac{\partial \mathfrak{E}}{\partial t}\right)^2$ vermehrt wird. Eine exakte Begründung dieses Ansatzes wird nicht gegeben. Nimmt man an, daß durch das Licht Wärme, also unregelmäßige Bewegung der Moleküle, erzeugt wird, so kann man ihre Energie wohl als Energie auffassen, welche neu hinzukommt, und da diese nur auftritt, wenn die Moleküle durch die elektrischen Kräfte bewegt werden, so mag zugegeben werden, daß sie proportional $\frac{\varepsilon}{2}\left(\frac{\partial \mathfrak{E}}{\partial t}\right)^2$ ist. Warum indessen die bereits sonst vorhandene Wärme, die bei verschiedenen Temperaturen verschieden ist, nicht auf das Licht einwirkt, erhellt nicht.

Wie wir oben Nr. 6 sahen ist die elektrische Energie gleich der magnetischen und wenn man das auch hier annimmt, was indessen als weitere Hypothese anzusehen ist, so hat man

$$\frac{1}{2}\mathfrak{H}^2 = \frac{\varepsilon}{2}\mathfrak{E}^2 + \frac{A\varepsilon}{2}\left(\frac{\partial \mathfrak{E}}{\partial t}\right)^2,$$

wo A der Proportionalitätsfaktor der Zusatzenergie ist.

Bei periodischer Schwingung gibt der Faktor e^{int}

$$\frac{1}{\varepsilon} = \frac{\mathfrak{E}^2}{\mathfrak{H}^2} - An^2\frac{\mathfrak{E}^2}{\mathfrak{H}^2},$$

woraus durch Mittelbildung

$$\frac{1}{\varepsilon} = \frac{1}{\nu^2} = A_1 - A_2 n^2$$

als Dispersionsformel folgt.

20. Theorie von William Thomson. Lord *Kelvin*[31]) hat in den Vorlesungen, die er im Jahre 1884 in Baltimore gehalten hat, die Mechanik eines Moleküls analysiert, das aus elastischen, durch elastische Federn symmetrisch miteinander verbundenen konzentrischen Kugelschalen besteht. Obwohl diese Theorie mit der elektromagnetischen Lichttheorie außer Zusammenhang steht, hat sie doch enge Beziehungen zur Theorie der Dispersion, weil sie sehr weit auf eine allerdings sehr hypothetische Mechanik des Moleküls eingeht.

Seien ξ und M Verschiebung und Masse eines Ätherteilchens, das an der äußersten Kugelschale anliegt, $\xi_1, \xi_2, \xi_3, \ldots, M_1, M_2, M_3, \ldots$ Verschiebungen und Massen der Schalen. Die durch die Verschiebungen

31) Sir *William Thomson*, Lectures of molecular dynamics and the wave theory of light, Baltimore 1884 (Nachschrift von *Hathaway*).

hervorgerufenen elastischen Kräfte der Federn sollen den relativen Verschiebungen proportional gesetzt werden. Dann sind die Differentialgleichungen der Bewegung

$$M_1 \frac{d^2 \xi_1}{dt^2} = C_1(\xi - \xi_1) - C_2(\xi_1 - \xi_2),$$

$$M_2 \frac{d^2 \xi_2}{dt^2} = C_2(\xi_1 - \xi_2) - C_3(\xi_2 - \xi_3),$$

$$\cdots\cdots\cdots\cdots\cdots$$

$$M_a \frac{d^2 \xi_a}{dt^2} = C_a(\xi_{a-1} - \xi_a) - C_{a+1}(\xi_a - \xi_{a+1}).$$

Werden sämtliche Schalen in periodische Schwingungen von der Schwingungszahl n gesetzt, so haben wir für alle ξ den Faktor e^{int} anzunehmen. Dann ist

$$-M_1 n^2 = C_1\left(\frac{\xi}{\xi_1} - 1\right) - C_2\left(1 - \frac{\xi_2}{\xi_1}\right),$$

$$-M_2 n^2 = C_2\left(\frac{\xi_1}{\xi_2} - 1\right) - C_a\left(1 - \frac{\xi_3}{\xi_2}\right),$$

$$\cdots\cdots\cdots\cdots\cdots$$

$$-M_a n^2 = C_a\left(\frac{\xi_{a-1}}{\xi_a} - 1\right) - C_{a+1}\left(1 - \frac{\xi_{a+1}}{\xi_a}\right).$$

Aus der ersten Gleichung ergibt sich

$$\frac{\xi}{\xi_1} = -\frac{M_1}{C_1} n^2 + 1 + \frac{C_2}{C_1}\left(1 - \frac{\xi_2}{\xi_1}\right)$$

und durch Elimination von $\frac{\xi_2}{\xi_1}$ aus der zweiten

$$\frac{\xi}{\xi_1} = -\frac{M_1}{C_1} n^2 + 1 + \frac{C_2}{C_1}\left\{1 - \frac{1}{-\frac{M_2}{C_2} n^2 + 1 + \frac{C_3}{C_2}\left(1 - \frac{\xi_3}{\xi_2}\right)}\right\}.$$

Man erhält also allgemein durch fortgesetzte Elimination für $\frac{\xi}{\xi_1}$ einen Ausdruck von der Form

$$\frac{\xi_1}{\xi} = \frac{A_0 + A_1 n^2 + A_1 n^4 + \cdots + A_{a-1} n^{2a-2}}{B_0 + B_1 n^2 + B_2 n^4 + \cdots + B_a n^{2a}}$$

der, in Partialbrüche zerlegt, die Gestalt annimmt

$$= \frac{q_1}{\frac{n^2}{k_1^2} - 1} + \frac{q_2}{\frac{n^2}{k_2^2} - 1} + \cdots,$$

wo die k_1, k_2 die Wurzeln der algebraischen Gleichung

$$B_0 + B_1 n^2 + B_2 n^4 + \cdots = 0$$

sind. Für jede Wurzel wird ξ_1 unendlich. Sie entspricht der Eigenschwingung einer Schale. Differenzieren wir $\frac{\xi}{\xi_1}$ nach n^2, so wird

$$\frac{d}{dn^2}\left(\frac{\xi}{\xi_1}\right) = -\frac{M_1}{C_1} - \frac{C_2}{C_1}\frac{d}{dn^2}\left(\frac{\xi_2}{\xi_1}\right)$$

$$= -\frac{M_1}{C_1} + \frac{C_2}{C_1}\left(\frac{\xi_2^2}{\xi_1^2}\right)\left[-\frac{M_2}{C_2} - C_3\frac{d}{dn^2}\left(\frac{\xi_3}{\xi_2}\right)\right]$$

und

$$-C_1\frac{d}{dn^2}\left(\frac{\xi}{\xi_1}\right) = M_1 + M_2\left(\frac{\xi_2}{\xi_1}\right)^2 + M_3\left(\frac{\xi_3}{\xi_2}\right)^2 + \cdots.$$

Die lebendige Kraft des ganzen Systems ist

$$E = \frac{1}{2}n^2(M_1\xi_1^2 + m_2\xi_2^2 + \cdots),$$

die der ersten Schale

$$E_1 = \frac{1}{2}M_1 n^2\xi_1^2,$$

daher

$$-\frac{C_1}{M_1}\frac{d}{dn^2}\left(\frac{\xi}{\xi_1}\right) = \frac{E}{E_1}.$$

Andererseits ist

$$\frac{d}{dn^2}\left(\frac{\xi}{\xi_1}\right) = \frac{1}{k_1^2 q_1} \quad \text{für } n^2 = k_1^2.$$

In derselben Weise ergeben sich $q_2, q_3, q_4, \ldots$, so daß, wenn wir $\frac{E_1}{E}$ für $n^2 = k_1^2$ mit R_1, $\frac{E_2}{E}$ für $n^2 = k_2^2$ mit R_2 bezeichnen:

$$\frac{\xi_1}{\xi} = -\frac{C_1}{M_1}\left(\frac{R_1}{n^2 - k_1^2} + \frac{R_2}{n^2 - k_2^2} + \cdots\right).$$

Die Bewegungsgleichung des mit der äußersten Schale elastisch verbundenen Äthers lautet, wenn M seine Dichte, e seine Elastizitätskonstante bedeuten,

$$M\frac{\partial^2\xi}{\partial t^2} = C\frac{\partial^2\xi}{\partial x^2} + C_1(\xi_1 - \xi).$$

Die herankommende Lichtwelle bewirkt eine Verschiebung des Äthers

$$\xi = Ae^{i(nt - bx)},$$

so daß

$$-\frac{Mn^2}{C_1} = -\frac{Cb^2}{C_1} + \left(\frac{\xi_1}{\xi} - 1\right)$$

und

$$\frac{\xi_1}{\xi} = -\frac{Mn^2}{C_1} + \frac{C}{C_1}b^2 + 1$$

ist. Wir haben daher $\frac{\xi_1}{\xi}$ einmal durch die Wirkung der herankommenden Lichtwelle, das andere Mal durch die inneren Schwingungen des Moleküls ausgedrückt. Setzen wir beide gleich, so haben wir

$$-\frac{Mn^2}{C_1} + \frac{C}{C_1}b^2 + 1 = -\frac{C_1}{M_1}\left\{\frac{R_1}{n^2 - k_1^2} + \frac{R_2}{n^2 - k_2^2} + \cdots\right\},$$

$$\frac{b^2}{n^2} = \frac{1}{C}\left\{M - \frac{C_1}{n^2}\left(1 + \frac{C_1}{M_1}\left(\frac{R_1}{n^2 - k_1^2} + \frac{R_2}{n^2 - k_2^2} + \cdots\right)\right)\right\}.$$

Diese Formel enthält die Abhängigkeit der Lichtgeschwindigkeit von der Anwesenheit der Moleküle. Nun ist nach der Elastizitätstheorie $\sqrt{\frac{C}{M}}$ die Fortpflanzungsgeschwindigkeit im freien Äther. Das Brechungsverhältnis ergibt sich daher

$$\nu = \sqrt{\frac{C}{M}} \cdot \frac{b}{n},$$

da $\frac{b}{n}$ die Fortpflanzungsgeschwindigkeit in dem mit Molekülen beladenen Äther ist.

Daher haben wir

$$(81) \quad \nu^2 = \frac{b^2}{n^2}\frac{C}{M} = 1 - \frac{C_1}{Mn^2}\left(1 + \frac{C_1}{M_1}\left(\frac{R_1}{n^2 - k_1^2} + \frac{R_2}{n^2 - k_2^2} + \cdots\right)\right).$$

Ist nur eine Kugelschale vorhanden, so ist

$$(81\text{a}) \quad \begin{aligned} \nu^2 &= 1 - \frac{C_1}{Mn^2}\left(1 + \frac{C_1}{M_1}\frac{R}{n^2 - k_1^2}\right) \\ &= 1 - \frac{A}{n^2}\left(1 + \frac{B}{n^2 - B_1}\right). \end{aligned}$$

Aus dem Vergleich dieser mit den früheren Formeln ist ersichtlich, daß man zu einander ähnlichen Dispersionsformeln geführt wird, wenn man die Annahme mitschwingender Gebilde macht, denen bestimmte Eigenschwingungen zukommen, ohne daß es auf die sonstigen speziellen Voraussetzungen der Theorie ankommt.

21. Dispersionstheorie von H. A. Lorentz. *Lorentz*[32]) gelangt zu den Gleichungen, welche die Fortpflanzung des Lichtes in ponderablen Körpern bestimmen, indem er ein System von Molekülen betrachtet, deren jedes ein einzelnes bewegliches Elektron enthält. Letzteres hat eine bestimmte Gleichgewichtslage, aus der es aber verschoben wird, sobald das Molekül von elektrischen Schwingungen getroffen wird, und es ist nun zu berücksichtigen, daß die mitschwingenden Elektronen zu Mittelpunkten elektromagnetischer Wellen werden, die ihrerseits die Elektronenbewegungen beeinflussen.

Es sei $\mathfrak{q}$ die Verschiebung eines Elektrons aus der Gleichgewichtslage, e die Ladung, und also

$$\mathfrak{p} = e\mathfrak{q}$$

das durch die Verschiebung in dem Molekül hervorgebrachte elektrische Moment. Indem wir dieses als für benachbarte Moleküle

32) *H. A. Lorentz,* La théorie électromagnétique de Maxwell et son application aux corps mouvants, Arch. néerl. 25 (1892), p. 363. Der folgenden Darstellung liegt eine freundliche persönliche Mitteilung von Herrn *H. A. Lorentz* zugrunde.

gleich groß betrachten (anderenfalls hätte man mit Mittelwerten zu rechnen) erhalten wir für das elektrische Moment des Körpers pro Volumeneinheit

$$\mathfrak{P} = \mathfrak{N}\mathfrak{p} = \mathfrak{N}e\mathfrak{q}, \tag{82}$$

wo $\mathfrak{N}$ die Anzahl der Moleküle in der Volumeneinheit bedeutet.

Für die elektrische Kraft $\mathfrak{d}$ und die magnetische Kraft $\mathfrak{h}$, welche ein einzelnes Molekül in einem um r entfernten Punkt (x, y, z) hervorbringt, gelten die Gleichungen[32a])

$$\mathfrak{d} = -\frac{1}{4\pi c^2 r}[\ddot{\mathfrak{p}}] + \frac{1}{4\pi}\operatorname{grad}\left\{\frac{\partial}{\partial x}\frac{[\mathfrak{p}_x]}{r} + \frac{\partial}{\partial y}\frac{[\mathfrak{p}_y]}{r} + \frac{\partial}{\partial z}\frac{[\mathfrak{p}_z]}{r}\right\}, \tag{83}$$

$$\mathfrak{h} = \frac{1}{4\pi c}\operatorname{rot}\left\{\frac{1}{r}[\dot{\mathfrak{p}}]\right\}, \tag{84}$$

in welchen die rechteckigen Klammern dazu dienen, die Werte von $\mathfrak{p}_x$ usw. für die Zeit $t - \frac{r}{c}$ anzuzeigen. Mittels dieser Formeln kann man auch das Feld berechnen, welches irgend ein Teil S des Körpers in einem äußeren Punkte (x, y, z) zur Folge hat; man hat nur $[\mathfrak{p}]$ durch $[\mathfrak{P}]dS$ zu ersetzen und sodann über den betreffenden Raum zu integrieren.

Wir fassen jetzt ein bestimmtes Molekül A ins Auge und bilden die Bewegungsgleichung für das in demselben enthaltene Elektron. Auf dieses Teilchen möge zunächst eine Kraft $-f\mathfrak{q}$ wirken (f positive Konstante), die es nach der Gleichgewichtslage zurücktreibt. Ferner besteht eine Wirkung des eigenen Feldes und zwar zerfällt diese in einen Widerstand, den wir hier vernachlässigen wollen, und eine der Beschleunigung proportionale und entgegengesetzte Kraft, die wir dadurch berücksichtigen, daß wir in den Bewegungsgleichungen unter m die Summe der materiellen und der sogenannten elektromagnetischen Masse des Elektrons verstehen. (Hierbei ist zu bemerken, daß nach neueren Erfahrungen negative Elektronen gar keine materielle Masse haben, so daß für solche m einfach die elektromagnetische Masse bedeutet.) Bezeichnen wir nun mit $(\mathfrak{E}', \mathfrak{H}')$ das Feld, welches an der Stelle von A besteht, mit Ausschluß des eigenen Feldes, so lautet die Bewegungsgleichung

$$m\ddot{\mathfrak{q}} = -f\mathfrak{q} + e\mathfrak{E}'.$$

Wir legen um A als Mittelpunkt eine physikalisch unendlich kleine Kugel, und verstehen unter $(\mathfrak{E}_1, \mathfrak{H}_1)$, $(\mathfrak{E}_2, \mathfrak{H}_2)$, $(\mathfrak{E}_0, \mathfrak{H}_0)$ die Felder, welche von den in dieser Kugel liegenden Molekülen, von den übrigen Teilchen des Körpers, und von äußeren Ursachen herrühren,

---

32a) Vgl. diese Encyklopädie V 14, Art. *H. A. Lorentz* Nr. 13.

so daß

$$\mathfrak{E}' = \mathfrak{E}_1 + \mathfrak{E}_2 + \mathfrak{E}_0,$$

$$\mathfrak{H}' = \mathfrak{H}_1 + \mathfrak{H}_2 + \mathfrak{H}_0$$

ist.

Es läßt sich nun zeigen, daß man von $\mathfrak{H}_1$ absehen darf, und daß man für $\mathfrak{E}_1$ schreiben kann

$$\mathfrak{E}_1 = s\mathfrak{P},$$

wo s eine von der Anordnung der Moleküle abhängige Konstante bedeutet. In dem einfachen Falle einer kubischen Anordnung ist $s = 0$.

Den Wert von $\mathfrak{E}_2$ erhält man, wenn man den Ausdruck (83) in der oben angegebenen Weise integriert, und das Resultat läßt sich in einfacher Weise darstellen, wenn man das Vektor-Potential

$$\mathfrak{A} = \int \frac{[\mathfrak{P}]}{r} dS \tag{85}$$

einführt. Berechnet man $\mathfrak{E}_2$ in der Weise für einen beliebigen Punkt (x, y, z), daß man immer eine physikalisch unendlich kleine um (x, y, z) als Mittelpunkt gelegte Kugel von der Integration ausschließt, so wird $\mathfrak{A}$ eine bestimmte Funktion von x, y, z, t, und man findet

$$\mathfrak{E}_2 = \frac{1}{3}\mathfrak{P} - \frac{1}{4\pi c^2}\ddot{\mathfrak{A}} + \frac{1}{4\pi}\operatorname{grad}\operatorname{div}\mathfrak{A},$$

$$\mathfrak{H}_2 = \frac{1}{4\pi c}\operatorname{rot}\dot{\mathfrak{A}}.$$

Um nun Gleichungen zu gewinnen, die für die Lösung des Problems geeignet sind, kann man folgenderweise (einfacher als in der zitierten Abhandlung) verfahren. Während nach obigen Formeln die magnetische Kraft an der Stelle des Moleküls A den Wert

$$\mathfrak{H} = \frac{1}{4\pi c}\operatorname{rot}\dot{\mathfrak{A}} + \mathfrak{H}_0 \tag{86}$$

hat, verstehe man unter „elektrischer Kraft“ den Vektor

$$\mathfrak{E} = -\frac{1}{4\pi c^2}\ddot{\mathfrak{A}} + \frac{1}{4\pi}\operatorname{grad}\operatorname{div}\mathfrak{A} + \mathfrak{E}_0, \tag{87}$$

eine Definition, die darauf hinausläuft, daß man $\mathfrak{E}$ als die Kraft im Innern einer langen und engen unendlich kleinen, zylindrischen Höhlung, deren Achse mit der Richtung von $\mathfrak{P}$ zusammenfällt, auffaßt, was einer bekannten Definition der magnetischen Kraft für das Innere eines magnetisierten Körpers entspricht.

Die Bewegungsgleichung wird jetzt

$$m\ddot{\mathfrak{q}} = -f\mathfrak{q} + e(\tfrac{1}{3} + s)\mathfrak{P} + e\mathfrak{E},$$

oder, mit Berücksichtigung der Formel (82),

$$\frac{m}{\mathfrak{N}e^2}\ddot{\mathfrak{P}} + \left(\frac{f}{Ne^2} - s - \frac{1}{3}\right)\mathfrak{P} = \mathfrak{E}. \tag{88}$$

Ferner folgt aus (86)

$$\operatorname{rot}\mathfrak{H} = \frac{1}{4\pi c}\operatorname{rot}\operatorname{rot}\dot{\mathfrak{A}} + \operatorname{rot}\mathfrak{H}_0 = \frac{1}{4\pi c}(\operatorname{grad}\operatorname{div}\dot{\mathfrak{A}} - \Delta\dot{\mathfrak{A}}) + \operatorname{rot}\mathfrak{H}_0,$$

also, wenn man die Beziehung

$$\operatorname{rot}\mathfrak{H}_0 = \frac{1}{c}\dot{\mathfrak{E}}_0,$$

die aus (85) folgende Gleichung

$$\Delta\mathfrak{A} - \frac{1}{c^2}\ddot{\mathfrak{A}} = -4\pi\mathfrak{P}$$

und auch (87) beachtet,

$$\operatorname{rot}\mathfrak{H} = \frac{1}{c}(\dot{\mathfrak{E}} + \dot{\mathfrak{P}}).$$

Zur Abkürzung kann man hier noch

$$\mathfrak{E} + \mathfrak{P} = \mathfrak{D} \tag{89}$$

setzen (elektrische Erregung), so daß

$$\operatorname{rot}\mathfrak{H} = \frac{1}{c}\dot{\mathfrak{D}} \tag{90}$$

wird.

Desgleichen ergibt sich aus (86) und (87)

$$\operatorname{rot}\mathfrak{E} = -\frac{1}{c}\dot{\mathfrak{H}}, \tag{91}$$

wobei der Umstand benutzt worden ist, daß zwischen $\mathfrak{E}_0$ und $\mathfrak{H}_0$ die entsprechende Relation besteht.

Während nun (90) und (91) die gewöhnliche Gestalt der Feldgleichungen haben, wird für den vorliegenden Fall der Zusammenhang zwischen der elektrischen Kraft und der Elektrizitätsbewegung durch (88) — in Verbindung mit (89) — ausgedrückt.

Fügt man zu (88) noch ein Dämpfungsglied $\gamma\frac{d\mathfrak{P}}{dt}$ hinzu, so erhält man in derselben Weise wie bei der Ableitung der Gleichung (71), (72)

$$\varepsilon = 1 + \frac{1}{-\frac{n^2 m}{\mathfrak{N}e^2} + in\gamma + \frac{f}{\mathfrak{N}e^2} - s - \frac{1}{3}}$$

und für unendlich lange Wellen ($n = 0$)

$$\varepsilon = \frac{f + (\frac{2}{3} - s)\mathfrak{N}e^2}{f - (\frac{1}{3} + s)\mathfrak{N}e^2},$$

woraus für $s = 0$

$$\varepsilon = \frac{1 + \frac{2}{3} \frac{\mathfrak{N} e^2}{f}}{1 - \frac{1}{3} \frac{\mathfrak{N} e^2}{f}}$$

entsprechend der *Clausius-Mosotti*schen Formel folgt.

22. Theorie der Dispersion von Planck[33]). Man findet als Gleichung für einen kleinen elektromagnetischen Resonator, dessen Dämpfung nur durch Strahlung erfolgt (vgl. unten Art. Strahlung):

$$(92) \qquad \frac{d^2 \mathfrak{p}}{dt^2} - \frac{1}{\pi n_0} l \frac{d^3 \mathfrak{p}}{dt^3} + n_0^2 \mathfrak{p} = \frac{\mathfrak{E}_0 3 c^3 l}{2 \pi n_0},$$

wobei die Dämpfung

$$l = \frac{16 \pi^4}{3 \lambda^3 K}$$

und die Energie des Resonators

$$U = \frac{1}{2} K \mathfrak{p}^2 + \frac{1}{2} L \left(\frac{d\mathfrak{p}}{dt}\right)^2,$$

$$L = \frac{2 \pi n}{3 c^3 l}, \qquad K = \frac{2 \pi n_0^3}{3 c^3 l}$$

und wo $\mathfrak{E}_0$ die auf den Resonator ausgeübte Kraft ist.

$\mathfrak{p}$ ist das elektrische Moment eines Resonators (Moleküls), also $\frac{\mathfrak{p}}{e}$ seine Elongation aus der Gleichgewichtslage. Dann ist die kinetische Energie

$$\frac{1}{2} m \left(\frac{d\mathfrak{p}}{dt} \frac{1}{e}\right)^2 = \frac{L}{2} \left(\frac{d\mathfrak{p}}{dt}\right)^2 = \frac{\pi n}{3 c^3 l} \left(\frac{d\mathfrak{p}}{dt}\right)^2,$$

infolgedessen

$$\frac{e^2}{m} = \frac{3 c^3 l}{2 \pi n};$$

ist die Masse rein elektromagnetisch, so ist unter der Annahme, daß die Ladung e gleichmäßig auf der Oberfläche einer Kugel vom Radius R ausgebreitet ist[33a]):

$$m = \frac{2}{3} \frac{e^2}{c^2} \frac{1}{R},$$

also

$$R = \frac{cl}{\pi n}.$$

33) *M. Planck*, Berlin Ber., 1. Mai 1902.

33a) *M. Abraham,* Gött. Nachr. 1902, Heft 1, p. 19); Encykl. V 14, Art. *H. A. Lorentz,* Nr. 21. Nach der Relativitätstheorie ist die elektromagnetische Masse einer bewegten Ladung nichts anderes als die Trägheit der elektrostatischen Energie.

Machen wir mit *Planck* die Annahme, daß die elektrische Polarisation durch die Anwesenheit der Moleküle bedingt ist, so ist $\mathfrak{p}$ das durch die Verteilung der Ladung e erzeugte Moment. Ist $\mathfrak{N}$ die Anzahl der Ladungen in der Volumeinheit, $\bar{\mathfrak{p}}$ das mittlere Moment, so ist die Erregung $\mathfrak{D} = \mathfrak{E} + 4\pi\mathfrak{N}\bar{\mathfrak{p}}$. Die Grundgleichungen

$$\frac{1}{c}\frac{\partial\mathfrak{D}}{\partial t} = \operatorname{rot}\mathfrak{H},$$

$$\frac{1}{c}\frac{\partial\mathfrak{H}}{\partial t} = -\operatorname{rot}\mathfrak{E}$$

ergeben wieder

$$\frac{\partial^2\mathfrak{E}}{\partial t^2} + 4\pi\mathfrak{N}\frac{\partial^2\bar{\mathfrak{p}}}{\partial t^2} = c^2\Delta\mathfrak{E};$$

die von den übrigen Molekülen auf einen Resonator ausgeübte Wirkung ist wie bei der Bildung des ersten Gliedes von $\mathfrak{E}_2$ auf p. 164 gleich $\frac{4\pi\mathfrak{N}\bar{\mathfrak{p}}}{3}$, und die gesamte Kraft

$$\mathfrak{E}_0 = \mathfrak{E} + \frac{4\pi\mathfrak{N}\bar{\mathfrak{p}}}{3}. \tag{92a}$$

Daher folgt aus (92) und (92a)

$$\frac{\partial^2\bar{\mathfrak{p}}}{\partial t^2} - \frac{l}{\pi n_0}\frac{\partial^3\bar{\mathfrak{p}}}{\partial t^3} + \left(n_0{}^2 - \frac{2l\mathfrak{N}c^3}{n_0}\right)\bar{\mathfrak{p}} = \frac{3lc^3}{2\pi n_0}\mathfrak{E}.$$

Setzen wir nun $\mathfrak{E}_z = \mathfrak{E}_y = 0$

$$\mathfrak{E}_x = Ae^{int-(a+bi)z}, \quad \bar{\mathfrak{p}}_x \doteq Be^{int-(a+bi)z},$$

$$k = \frac{a}{b}, \quad \frac{bc}{n} = \nu, \quad g = \frac{2l\mathfrak{N}c^3}{n_0{}^3}, \quad \alpha = \frac{n^2-(1-g)n_0{}^2}{3gn_0{}^2}, \quad \beta = \frac{ln^3}{3\pi g n_0{}^3},$$

so ergibt sich

$$\left.\begin{aligned}\nu^2 &= \frac{\sqrt{(\alpha^2+\beta^2-\alpha)^2+\beta^2}+(\alpha^2+\beta^2-\alpha)}{2(\alpha^2+\beta^2)},\\ k^2\nu^2 &= \frac{\sqrt{(\alpha^2+\beta^2-\alpha)^2+\beta^2}-(\alpha^2+\beta^2-\alpha)}{2(\alpha^2+\beta^2)}.\end{aligned}\right\} \tag{92b}$$

Ist die Dämpfung l klein, so daß β^2 gegen α^2 vernachlässigt werden kann, so folgt

$$\nu^2 = 1 - \frac{1}{\alpha} = 1 - \frac{3gn_0{}^2}{n^2-(1-g)n_0{}^2}$$

als Dispersionsformel. Für $n = 0$, also unendliche Schwingungsdauer, erhält man

$$\nu^2 = \frac{1+2g}{1-g}$$

in Übereinstimmung mit der *Clausius-Mosotti*schen Formel. Die *Lorentz*sche Theorie ergab diese Formel, wenn von der Dämpfung abgesehen wurde, während bei der *Planck*schen immer eine schwache Dämpfung vorhanden sein muß, da diese ja durch die Strahlung bedingt wird.

Aus der Vergleichung mit den Beobachtungen am Wasserstoff ergibt sich für die Linie D, wo $\nu = 1{,}0001429$ ist,

$$k\nu = 9{,}6 \cdot 10^{-14}.$$

Der Absorptionsindex für die Längenheit a ist

$$a = bk = \frac{k\nu n}{c}.$$

Aus (92b) folgt für kleine β

$$k^2\nu^2 = \frac{\beta^2}{4\alpha^3(\alpha - 1)}, \quad \nu^2 = 1 - \frac{1}{\alpha}$$

und hieraus

$$k\nu = \frac{\beta(\nu^2 - 1)^2}{2\nu},$$

so daß

$$a = \frac{\beta(\nu^2 - 1)^2 n}{2\nu c} = \frac{n^4(\nu^2 - 1)^2}{12\pi c^4 \nu \mathfrak{N} \lambda^4} = \frac{4\pi^3(\nu^2 - 1)^2}{3\nu\mathfrak{N}\lambda^4}$$

wird.

Ist ν nicht weit von 1 verschieden, so ist annähernd

$$\nu^2 - 1 = 2(\nu - 1)$$

und dann wird

$$a = \frac{16\pi^3(\nu - 1)^2}{3\mathfrak{N}\lambda^4}$$

$2a$ ist der Absorptionskoeffizient für die Intensität und der Wert von $2a$ stimmt genau mit dem von *Lord Rayleigh*[34]) abgeleiteten überein. Da die absorbierte Energie wieder in der Form von Strahlung ausgesandt wird, so wird durch die Gasmoleküle eine Zerstreuung des Lichtes hervorgerufen. Da a sehr stark mit abnehmender Wellenlänge zunimmt, so muß blaues Licht viel mehr als rotes zerstreut werden. Nach Rayleigh hat man die Entstehung des Himmelsblaus in dieser Weise aufzufassen.

23. Theorie der Fluoreszenz. Wenn man die einfache Differentialgleichung eines schwingenden Moleküls

$$m\frac{d^2x}{dt^2} = -a^2x - K\frac{dx}{dt}$$

betrachtet, welche als Integral

$$x = \mathfrak{A}e^{(-\alpha + \beta i)t}$$

34) Lord *Rayleigh,* Phil. Mag. 49 (1899), p. 379.

hat, so ist $\beta_0 = \frac{a}{\sqrt{m}}$ die Schwingungszahl der ungedämpften Einzelschwingung und $\beta^2 = \sqrt{\beta_0 - \frac{K^2}{4m^2}}$ die Schwingungszahl der gedämpften Schwingung.

Den Ausdruck für die gedämpfte Schwingung kann man als *Fourier*sches Integral umformen und erhält

$$e^{-\alpha t} \sin(\beta t + \Delta) = \frac{\alpha}{\pi} \int_{-\infty}^{\infty} \frac{\sin((\beta + x)t + \Delta)\, dx}{\alpha^2 + x^2}.$$

Man sieht hieraus, daß eine gedämpfte Schwingung durch Summierung einer unendlichen Anzahl ungedämpfter mit unendlich kleinen Amplituden dargestellt werden kann.

Eine Erweiterung der Gleichung der Molekularschwingung durch Hinzufügung von Gliedern, die dem Quadrate oder höheren Potenzen der Elongation proportional sind, führt zu Schwingungen, die die Summations- und Differenztöne der anregenden und gedämpften Schwingung enthalten.

Man kann auf diese Weise leicht mannigfache Schwingungen als durch eine bestimmte einfache erregt ableiten und auf dieser Unterlage eine Theorie der Absorption und Fluoreszenz geben[35]).

Derartige Theorien entsprechen aber nicht ganz den Anforderungen der modernen theoretischen Physik, die verlangt entweder von bestimmt präzisierten Vorstellungen und Hypothesen oder von allgemeinen Gesetzen auszugehen.

Die gewöhnlichen Gleichungen, die eine Eigenschwingung der Ionen enthalten, zur Erklärung der Fluoreszenz heranzuziehen, ist deshalb aussichtslos, weil die Farbe des Fluoreszenzlichtes immer von der des erregenden Lichtes abweicht. Bei linearen Gleichungen sind aber immer die Periode der Erregung und die des ausgesandten Lichtes identisch.

W. Voigt[35a]) hat eine Theorie der Fluoreszenz aufgestellt, wonach die Ionen zwei verschiedene Eigenschwingungen besitzen, von denen die eine große, die andere kleine Dämpfung hat. Die erstere würde stark absorbierend wirken, und diese Energie könnte dann in der anderen Schwingung mit geringer Dämpfung ausgestrahlt werden.

24. Grundlagen der Kristalloptik. Die Erweiterung der elektromagnetischen Lichttheorie für Kristalle geschieht am einfachsten durch

---

35) *E. Lommel,* Ann. Phys. Chem. 3 (1878), p. 251.

35a) *W. Voigt*, Arch. Néerl. (2) 6, p. 352.

die Annahme, daß die Dielektrizitätskonstante in verschiedenen Richtungen des Mediums verschieden ist[36]). Da die magnetische Konstante μ erfahrungsmäßig sich bei den optischen Vorgängen in Kristallen nicht von Eins unterscheidet, so braucht auf sie keine Rücksicht genommen zu werden.

Die *Maxwell*schen Gleichungen sind in dieser erweiterten Form

$$
(93)\quad
\begin{aligned}
\frac{1}{c}\left(\varepsilon_{11}\frac{\partial \mathfrak{E}_x}{\partial t}+\varepsilon_{12}\frac{\partial \mathfrak{E}_y}{\partial t}+\varepsilon_{13}\frac{\partial \mathfrak{E}_z}{\partial t}\right)&=\frac{\partial \mathfrak{H}_z}{\partial y}-\frac{\partial \mathfrak{H}_y}{\partial z}=\frac{1}{c}\frac{\partial \mathfrak{D}_x}{\partial t}\\
\frac{1}{c}\left(\varepsilon_{21}\frac{\partial \mathfrak{E}_x}{\partial t}+\varepsilon_{22}\frac{\partial \mathfrak{E}_y}{\partial t}+\varepsilon_{23}\frac{\partial \mathfrak{E}_z}{\partial t}\right)&=\frac{\partial \mathfrak{H}_x}{\partial z}-\frac{\partial \mathfrak{H}_z}{\partial x}=\frac{1}{c}\frac{\partial \mathfrak{D}_y}{\partial t}\\
\frac{1}{c}\left(\varepsilon_{31}\frac{\partial \mathfrak{E}_x}{\partial t}+\varepsilon_{32}\frac{\partial \mathfrak{E}_y}{\partial t}+\varepsilon_{33}\frac{\partial \mathfrak{E}_z}{\partial t}\right)&=\frac{\partial \mathfrak{H}_y}{\partial x}-\frac{\partial \mathfrak{H}_x}{\partial y}=\frac{1}{c}\frac{\partial \mathfrak{D}_z}{\partial t}.
\end{aligned}
$$

Abgekürzt schreiben wir

$$\mathfrak{D}=(\varepsilon)\mathfrak{E},$$

so daß dann die allgemeinen Gleichungen werden

$$
\begin{aligned}
\frac{1}{c}\frac{\partial \mathfrak{D}}{\partial t}&=\operatorname{rot}\mathfrak{H},\\
\frac{1}{c}\mu\frac{\partial \mathfrak{H}}{\partial t}&=-\operatorname{rot}\mathfrak{E}.
\end{aligned}
$$

Setzen wir

$$
\frac{\partial \mathfrak{E}}{\partial t}=\mathfrak{x},\quad 2F=\varepsilon_{11}\mathfrak{x}_x^2+\varepsilon_{22}\mathfrak{x}_y^2+\varepsilon_{33}\mathfrak{x}_z^2
+2\varepsilon_{12}\mathfrak{x}_x\mathfrak{x}_y+2\varepsilon_{13}\mathfrak{x}_x\mathfrak{x}_z+2\varepsilon_{23}\mathfrak{x}_y\mathfrak{x}_z
$$

und nehmen an, daß $\varepsilon_{12}=\varepsilon_{21}$, $\varepsilon_{13}=\varepsilon_{31}$, $\varepsilon_{23}=\varepsilon_{32}$ ist, so haben wir

$$\frac{1}{c}\frac{\partial}{\partial t}\left(\frac{\partial F}{\partial \mathfrak{x}}\right)=\operatorname{rot}\mathfrak{H}.$$

Faßt man den Vektor $\mathfrak{x}$ als Längenvektor auf, so wird durch F ein Ellipsoid dargestellt. Legt man die Koordinatachsen in die Achsen des Ellipsoids, so ist

$$2F=\varepsilon_{11}\mathfrak{x}_x^2+\varepsilon_{22}\mathfrak{x}_y^2+\varepsilon_{33}\mathfrak{x}_z^2.$$

Bei passender Wahl des Koordinatensystems kann man daher

$$\varepsilon_{12}=\varepsilon_{13}=\varepsilon_{23}=0$$

---

36) *Maxwell,* Treatise on electr. and magn. 2, Art. 794. Mit der elektromagnetischen Theorie stimmen überein die von *Kirchhoff* präziser gefaßte *Neumann*sche Theorie, Berlin Abh. 1876 = Ges. Abh., p. 352. Vgl. *Voigt*, Ann. Phys. Chem. 43 (1891), p. 436 und die Theorie von *Mac Cullagh,* Irish Trans. 21; vgl. *Fitzgerald*, Phil. Mag. (5) 7, p. 216. Weiterbildungen der *Fresnel*schen Theorie sind die Theorien von *Boussinesq*, Journ. de math. (2) 13 (1868), p. 330; Lord *Rayleigh*, Phil. Mag. (4) 41 (1871), p. 519, und *Sarrau*, Journ. de math. (2) 17 (1867), p. 167; 13 (1868), p. 59, die jedoch nicht ganz mit der elektromagnetischen Theorie übereinstimmen.

setzen. Die allgemeinen Gleichungen werden dadurch einfacher, indem

$$\mathfrak{D}_x = \varepsilon_1 \mathfrak{E}_x, \quad \mathfrak{D}_y = \varepsilon_2 \mathfrak{E}_y, \quad \mathfrak{D}_z = \varepsilon_3 \mathfrak{E}_z$$

wird. Wir integrieren die allgemeinen Gleichungen, indem wir allen Vektoren den Faktor

$$e^{i(nt + b_x x + b_y y + b_z z)},$$

durch den ebene Wellen dargestellt werden, beilegen. Wir erhalten zunächst

$$(94)\qquad \begin{aligned} \frac{1}{c}\varepsilon_1 n \mathfrak{E}_x &= b_y \mathfrak{H}_z - b_z \mathfrak{H}_y, & \frac{1}{c} n \mu \mathfrak{H}_x &= b_z \mathfrak{E}_y - b_y \mathfrak{E}_z, \\ \frac{1}{c}\varepsilon_2 n \mathfrak{E}_y &= b_z \mathfrak{H}_x - b_x \mathfrak{H}_z, & \frac{1}{c} n \mu \mathfrak{H}_y &= b_x \mathfrak{E}_z - b_z \mathfrak{E}_x, \\ \frac{1}{c}\varepsilon_3 n \mathfrak{E}_z &= b_x \mathfrak{H}_y - b_y \mathfrak{H}_x, & \frac{1}{c} n \mu \mathfrak{H}_z &= b_y \mathfrak{E}_x - b_x \mathfrak{E}_y. \end{aligned}$$

Multiplizieren wir diese Gleichungen beziehentlich mit b_x, b_y, b_z und addieren, so erhalten wir

$$(95)\qquad b_x \varepsilon_1 \mathfrak{E}_x + b_y \varepsilon_2 \mathfrak{E}_y + b_z \varepsilon_3 \mathfrak{E}_z = 0$$

oder

$$b_x \mathfrak{D}_x + b_y \mathfrak{D}_y + b_z \mathfrak{D}_z = 0$$

und

$$b_x \mathfrak{H}_x + b_y \mathfrak{H}_y + b_z \mathfrak{H}_z = 0.$$

Nun sind $b_x x + b_y y + b_z z = \text{const.}$ die Ebenen gleicher Phase. Daher hat der Vektor b die Richtung, in der die Welle fortschreitet. Es stehen also die magnetischen Kräfte und die elektrischen Erregungen senkrecht auf der Wellennormale. Dagegen bildet die elektrische Kraft einen Winkel mit der Wellennormale, der nicht ein rechter ist, da elektrische Kraft und Erregung nicht dieselbe Richtung haben.

Multiplizieren wir das erste System der Gleichungen (94) mit $\mathfrak{H}_x$, $\mathfrak{H}_y$, $\mathfrak{H}_z$, das zweite mit $\mathfrak{E}_x$, $\mathfrak{E}_y$, $\mathfrak{E}_z$ und addieren, so erhalten wir

$$\mathfrak{d}_x \mathfrak{H}_x + \mathfrak{d}_y \mathfrak{H}_y + \mathfrak{d}_z \mathfrak{H}_z = 0,$$
$$\mathfrak{B}_x \mathfrak{E}_x + \mathfrak{B}_y \mathfrak{E}_y + \mathfrak{B}_z \mathfrak{E}_z = 0,$$

d. h. es stehen elektrische und magnetische Erregung senkrecht auf magnetischer und elektrischer Kraft[37]).

Bei den kristallinischen Medien hat man die Richtung der Wellennormale von der des Strahls zu unterscheiden.

Bilden wir hier den *Poynting*schen Energiestrom, so erhalten wir

---

37) *O. Heaviside*, On the electrom. wave surface, Phil. Mag. (5) 19 (1885), p. 397. Über die allgemeine Wellenfläche vgl. *Heaviside*, Electrom. theory 2, p. 520.

wie Gl. (7)

$$\frac{1}{2}\frac{\partial}{\partial t}\int dS\,(\varepsilon_{11}\mathfrak{E}_x^2+\varepsilon_{22}\mathfrak{E}_y^2+\varepsilon_{33}\mathfrak{E}_z^2+\mu\mathfrak{H}^2)=-\int d\omega\,\mathfrak{S}_N,$$

$$\mathfrak{S}=c\,[\mathfrak{E}\mathfrak{H}].$$

Definieren wir die Richtung des Lichtstrahls als Richtung des *Poynting*schen Vektors $\mathfrak{S}$, so steht der Strahl senkrecht auf der elektrischen und magnetischen Kraft.

Die Richtung der elektrischen Erregung ist dagegen nicht transversal, da sie von der der elektrischen Kraft abweicht.

Nun ist $\sqrt{b_x^2+b_y^2+b_z^2}$ die reziproke Länge, welche die in der Richtung N der Wellennormale fortschreitende Welle in der Zeit $\frac{1}{n}$ durchschreitet, daher ist

$$b_x^2+b_y^2+b_z^2=\frac{n^2}{c_N^2}, \tag{96}$$

wo c_N die in der Richtung N der Wellennormale gemessene Geschwindigkeit bezeichnet.

Eliminieren wir nun aus den Gleichungen (94) die $\mathfrak{H}$, so erhalten wir

$$\varepsilon_1\mathfrak{E}_x=\frac{c^2}{n^2\mu}\left(\frac{n^2}{c_N^2}\mathfrak{E}_x-b_x(b_x\mathfrak{E}_x+b_y\mathfrak{E}_y+b_z\mathfrak{E}_z)\right)$$

$$\varepsilon_2\mathfrak{E}_y=\frac{c^2}{n^2\mu}\left(\frac{n^2}{c_N^2}\mathfrak{E}_y-b_y(b_x\mathfrak{E}_x+b_y\mathfrak{E}_y+b_z\mathfrak{E}_z)\right)$$

$$\varepsilon_3\mathfrak{E}_z=\frac{c^2}{n^2\mu}\left(\frac{n^2}{c_N^2}\mathfrak{E}_z-b_z(b_x\mathfrak{E}_x+b_y\mathfrak{E}_y+b_z\mathfrak{E}_z)\right)$$

oder

$$\varepsilon_1\mathfrak{E}_x=\frac{c^2b_x}{n^2\mu\left(\frac{c^2}{\mu c_N^2\varepsilon_1}-1\right)}(b_x\mathfrak{E}_x+b_y\mathfrak{E}_y+b_z\mathfrak{E}_z) \tag{97}$$

usw.

Multiplizieren wir die letzten Gleichungen mit b_x, b_y, b_z und addieren, so erhalten wir mit Berücksichtigung von (95) und (96)

$$\frac{b_x^2}{\frac{c^2}{\varepsilon_1}-\mu c_N^2}+\frac{b_y^2}{\frac{c^2}{\varepsilon_2}-\mu c_N^2}+\frac{b_z^2}{\frac{c^2}{\varepsilon_3}-\mu c_N^2}=0. \tag{98}$$

Nun sind

$$\frac{b_x}{\sqrt{b_x^2+b_y^2+b_z^2}}=\alpha_x,\quad \frac{b_y}{\sqrt{b_x^2+b_y^2+b_z^2}}=\alpha_y,\quad \frac{b_z}{\sqrt{b_x^2+b_y^2+b_z^2}}=\alpha_z$$

die Richtungskosinus von b oder N. Wir können die Gleichung daher auch schreiben:

$$\frac{\alpha_x^2}{\frac{c^2}{\varepsilon_1}-\mu c_N^2}+\frac{\alpha_y^2}{\frac{c^2}{\varepsilon_2}-\mu c_N^2}+\frac{\alpha_z^2}{\frac{c^2}{\varepsilon_3}-\mu c_N^2}=0.$$

Diese Gleichung ist bereits von *Fresnel*[38]) abgeleitet, von dem die erste Theorie der Lichtbrechung in Kristallen herrührt.

Wir haben im allgemeinen eine quadratische Gleichung für c_N^2 als Funktion von α_x, α_y, α_z. Es gibt daher im allgemeinen zwei verschiedene Fortpflanzungsgeschwindigkeiten und zwei verschiedene Wellen. Die Fortpflanzungsgeschwindigkeiten hängen von der Richtung im Kristall ab.

Geht der Lichtstrahl in der Richtung der x-Achse, so ist

$$\alpha_y = \alpha_z = 0.$$

Dann sind die beiden Lichtgeschwindigkeiten

$$c_N = \frac{c}{\sqrt{\varepsilon_2 \mu}} \quad \text{und} \quad c_N = \frac{c}{\sqrt{\varepsilon_3 \mu}}.$$

Für gewisse Kristalle ist $\varepsilon_2 = \varepsilon_3$, für diese ist also in dieser einen Richtung nur eine Geschwindigkeit vorhanden. Man nennt sie einachsige Kristalle.

Im allgemeinen ist die quadratische Gleichung für c_N^2

$$\begin{aligned}(99)\quad \mu^2 c_N^4 - \mu c_N^2\Big[\alpha_x^2\Big(\frac{c^2}{\varepsilon_2} + \frac{c^2}{\varepsilon_3}\Big) + \alpha_y^2\Big(\frac{c^2}{\varepsilon_3} + \frac{c^2}{\varepsilon_1}\Big) + \alpha_z^2\Big(\frac{c^2}{\varepsilon_1} + \frac{c^2}{\varepsilon_2}\Big)\Big] \\ + \alpha_x^2 \frac{c^4}{\varepsilon_2 \varepsilon_3} + \alpha_y^2 \frac{c^4}{\varepsilon_3 \varepsilon_1} + \alpha_z^2 \frac{c^4}{\varepsilon_1 \varepsilon_2} = 0.\end{aligned}$$

Da nun $\alpha_x^2 + \alpha_y^2 + \alpha_z^2 = 1$ ist, so können wir das von c_N freie Glied mit $\alpha_x^2 + \alpha_y^2 + \alpha_z^2$ multiplizieren. Wir erhalten dann[39]), wenn wir zur Abkürzung

$$\mathfrak{A} = \alpha_x^2\Big(\frac{c^2}{\varepsilon_2} - \frac{c^2}{\varepsilon_3}\Big), \quad \mathfrak{B} = \alpha_y^2\Big(\frac{c^2}{\varepsilon_3} - \frac{c^2}{\varepsilon_1}\Big), \quad \mathfrak{C} = \alpha_z^2\Big(\frac{c^2}{\varepsilon_1} - \frac{c^2}{\varepsilon_2}\Big)$$

setzen,

$$\begin{aligned}c_N^2 = \frac{1}{2}\Big[\alpha_x^2\Big(\frac{c^2}{\varepsilon_2} + \frac{c^2}{\varepsilon_3}\Big) + \alpha_y^2\Big(\frac{c^2}{\varepsilon_3} + \frac{c^2}{\varepsilon_1}\Big) + \alpha_z^2\Big(\frac{c^2}{\varepsilon_1} + \frac{c^2}{\varepsilon_2}\Big)\Big] \\ \pm \tfrac{1}{2}\sqrt{\mathfrak{A}^2 + \mathfrak{B}^2 + \mathfrak{C}^2 - 2\mathfrak{B}\mathfrak{C} - 2\mathfrak{C}\mathfrak{A} - 2\mathfrak{A}\mathfrak{B}}.\end{aligned}$$

Die Größe unter dem Wurzelzeichen ist gleich

$$(\mathfrak{A} + \mathfrak{B} - \mathfrak{C})^2 - 4\mathfrak{A}\mathfrak{B}.$$

Nun sei

$$\varepsilon_1 < \varepsilon_2 < \varepsilon_3 \quad \text{oder} \quad \varepsilon_3 < \varepsilon_2 < \varepsilon_1,$$

dann haben $\mathfrak{A}$ und $\mathfrak{C}$ gleiches, $\mathfrak{B}$ entgegengesetztes Vorzeichen. Also ist $-\mathfrak{A}\mathfrak{B}$ positiv und der Ausdruck unter der Wurzel kann nicht

38) *Fresnel*, Paris Mém. 7, p. 45.

39) *G. Kirchhoff*, Vorles. über Optik, herausgeg. v. *Hensel*, Leipzig 1891, p. 201.

negativ werden und nur verschwinden, wenn

$$\mathfrak{B} = 0 \quad \text{und} \quad \mathfrak{A} = \mathfrak{C}$$

sind. (Da nämlich $\mathfrak{C}$ und $\mathfrak{B}$ entgegengesetztes Vorzeichen haben, so kann nicht $\mathfrak{A} = 0$ und $\mathfrak{C} = \mathfrak{B}$ sein.) Wir haben also für diesen Fall

$$\alpha_y = 0, \quad \alpha_x = \pm\sqrt{\frac{\varepsilon_2 - \varepsilon_1}{\varepsilon_3 - \varepsilon_1}}, \quad \alpha_z = \pm\sqrt{\frac{\varepsilon_3 - \varepsilon_2}{\varepsilon_1 - \varepsilon_2}}.$$

Bei dieser Richtung der Wellen fallen also die beiden Wurzeln der quadratischen Gleichung zusammen und wir haben nur eine Fortpflanzungsgeschwindigkeit. Man nennt diese Richtungen die optischen Achsen. Im allgemeinen gibt es wegen des unbestimmten Vorzeichens zwei solche Achsen. Nur wenn $\varepsilon_2 = \varepsilon_3$ ist, ist $\alpha_z = 0$ und

$$\alpha_x = \pm 1.$$

Dann haben wir nur eine solche Richtung.

25. Ponderomotorische Kräfte. Die theoretische Ableitung der von elektromagnetischen Wellen ausgeübten Strahlung ist von größter Wichtigkeit, weil nicht nur wichtige Folgerungen für die Gesetze der Strahlung sich hieraus ergeben, sondern weil diese Kräfte auch die einzigen bisher experimentell bestätigten sind, die dem Gesetz der Gleichheit von Wirkung und Gegenwirkung nicht unterliegen, wenn der Lichtäther als ruhend angenommen wird. Allerdings kann dies Gesetz in der Form aufrecht gehalten werden, daß man der Energie, auch der frei ausgestrahlten, Trägheit zuschreibt, wie es aus dem Prinzip der Relativität gefolgert werden muß.

Die von *Maxwell*[40]) gegebene Ableitung für die allgemeinen in anisotropen Körpern wirkenden Kräfte muß als schwer verständlich bezeichnet werden. Außerdem stimmen die von ihm angegebenen Druckkräfte nicht nur nicht mit den von *Helmholtz* und *Hertz* entwickelten überein, sondern auch nicht mit der von ihm selbst gemachten Anwendung auf den speziellen Fall des Strahlungsdrucks.

Für den Fall, daß die elektromagnetischen Zustände statisch oder stationär sind, lassen sich die ponderomotorischen Kräfte, wie *Helmholtz* gezeigt hat, aus den Änderungen der Energie bei einer Variation der Lage der magnetisierten und elektrisierten Körper gegeneinander berechnen nach einem Prinzip, das dem der virtuellen Verrückungen in der Mechanik entspricht. Bei allgemein veränderlichen Zuständen

---

40) *Maxwell*, Electr. and magn., art. 640ff. Vgl. hierzu Lord *Rayleigh*, Phil. Mag. (5) 45 (1898) p. 522.

41) *Helmholtz*, Erhaltung der Kraft, Ges. Abh. 1, p. 62; ferner 1, p. 798.

hängt aber die Energie nicht nur von der Lage der elektrischen und magnetischen Körper oder der Stromträger ab, und die Ortsänderungen dieser gegeneinander ergeben daher auch nicht die vollständigen ponderomotorischen Kräfte. *Hertz* hat die ponderomotorischen Kräfte als Druckkräfte aus den Energieänderungen berechnet, die sich bei Deformation des elektromagnetischen Mediums einstellen. Diese Ableitung wird zweifelhaft, wenn die Frage entsteht, ob der Lichtäther an der Deformation der Körper teilnimmt und versagt ganz im reinen Äther, dessen mögliche Deformationen vollkommen zweifelhaft sind.

Bei diesen Betrachtungen muß auch noch die Form, in welcher die Energie einzuführen ist, als bekannt vorausgesetzt werden, was ohne Hypothesen oder ohne Zurückgreifen auf die Kenntnis der ponderomotorischen Kräfte nicht möglich ist.

Die *Hertz*sche Ableitung der ponderomotorischen Kräfte bringt Art. *H. A. Lorentz*, V 13 Nr. **23** zur Darstellung. Für den vorliegenden Zweck, die Bestimmung des Lichtdruckes, können wir die Darstellung sehr vereinfachen, indem wir uns auf ruhende nicht deformierbare Medien beschränken und von den bekannten ponderomotorischen Kräften zwischen Strömen und Magneten ausgehen, die wir dann in naheliegender Weise hypothetisch zu verallgemeinern haben werden. Als bekannt müssen die ponderomotorischen Kräfte für statische und stationäre Zustände vorausgesetzt werden. Die Anwendung auf nicht stationäre Zustände ist dann ohne hypothetische Verallgemeinerung nicht möglich.

Diese Kräfte finden ihren einfachsten Ausdruck in dem *Coulomb*schen Gesetz der elektrischen Anziehung und Abstoßung, in der Anwendung desselben Gesetzes auf die Wechselwirkung zwischen Magneten und in dem *Biot-Savart*schen Gesetz für die Wirkung magnetischer Kräfte auf Stromelemente.

Das gewöhnliche *Coulomb*sche Gesetz muß insofern erweitert werden, als noch die durch die Erfahrung bestätigte Aussage hinzuzufügen ist, daß elektrische und magnetische Kräfte in einem polarisierbaren Medium auf dort vorhandene elektrische oder magnetische Quanten immer so einwirken, als ob das Medium nicht vorhanden wäre. Sie wirken nach der *Hertz*schen Bezeichnungsweise auf die wahre Elektrizität (beziehentlich Magnetismus). Die von den Quanten ausgehenden Kräfte dagegen werden durch die entgegengesetzte Wirkung der durch Polarisation frei gewordenen Mengen im Verhältnis $\frac{1}{\varepsilon}$ oder $\frac{1}{\mu}$ verringert. Zwei in einem polarisierbaren Medium liegende

Mengen wirken daher aufeinander im Vergleich zur Wirkung im Vakuum, als ob jede im Verhältnis $1 : \sqrt{\varepsilon}$ verkleinert wäre[43]).

Dieser Ableitung liegt die Annahme zugrunde, daß die Kräfte, die auf die durch Polarisation freigewordene Elektrizität wirken, diese Wirkung nicht auf die in das Medium eingebettete Elektrizität übertragen können. Wenn eine positiv geladene Kugel sich in einem flüssigen Dielektrikum befindet, so wird sich um die Kugel aus dem Dielektrikum negative Elektrizität ansammeln. Die Kräfte, die auf diese negative Elektrizität wirken, sollen keine Wirkung auf die Kugel haben.

Die auf ein Stromelement nach dem *Biot-Savart*schen Gesetz einwirkenden magnetischen Kräfte müssen ebenfalls daraufhin untersucht werden, wie sie abzuändern sind, wenn das Stromelement in ein magnetisch polarisierbares Medium eingebettet ist. Hierzu dient folgende Betrachtung. Sei das magnetisch polarisierbare Medium zunächst homogen, so werden die um den Strom verlaufenden kreisförmigen magnetischen Kraftlinien eine gleichgerichtete Erregung hervorrufen. Da diese Kraftlinien in sich zurücklaufen, also keine freien Enden haben, so tritt durch die Erregung auch kein freier Magnetismus auf und die ponderomotorische Kraft auf einen Magnetpol wird durch das polarisierbare Medium nicht geändert. Bringen wir also Strom und Magnetpol aus Luft in ein magnetisierbares Medium, so bleiben die gegenseitigen Kräfte ungeändert. Die Kraft des Pols ist aber im Verhältnis $\frac{1}{\mu}$ kleiner geworden. Bei konstant gehaltener Kraft wird daher die Wirkung auf den Strom im Verhältnis $1 : \mu$ vergrößert, d. h. wir erhalten die richtige Größe, wenn wir anstatt der Kraft die „Erregung“ $\mathfrak{B}$ einführen[43a]).

Wenn nun aber nach *Maxwells* Anschauung die Kraft auf jeden Teil des Stroms durch den Zustand der unmittelbaren Nachbarschaft bestimmt wird, so muß auch im allgemeinen Fall eines nicht isotropen Mediums die Erregung für die Stärke der ponderomotorischen Einwirkung maßgebend sein.

In Luft wirkt ein Feld $\mathfrak{H}$ auf den Strom i mit den Kraftkomponenten

---

42) *Hertz,* Ges. Abh. 2, p. 275.

43) *Helmholtz,* Ges. Abh. 1, p. 614; *Stefan,* Wien Ber. 70 (1874), p. 589; *Silow,* Ann. Phys. Chem. 156 (1875), p. 389.

43a) Dies war die bisher gebräuchliche Auffassung. *Einstein* und *Laub* sind zu einer etwas andern Anschauung gelangt, Ann. Phys. 26 (1908), p. 545.

$$i_y \mathfrak{H}_z - i_z \mathfrak{H}_y,$$
$$i_z \mathfrak{H}_x - i_x \mathfrak{H}_z,$$
$$i_x \mathfrak{H}_z - i_y \mathfrak{H}_x,$$

in einem polarisierbaren Medium mit den Komponenten

(100) $$i_y \mathfrak{B}_z - i_z \mathfrak{B}_y$$

usw. ein.

Seien nun in dem Medium magnetische Quanten und Ströme beliebig verteilt, so ist die Menge des wahren Magnetismus in dem Volumelement

$$\left(\frac{\partial \mathfrak{B}_x}{\partial x} + \frac{\partial \mathfrak{B}}{\partial y} + \frac{\partial \mathfrak{B}_z}{\partial z}\right) dx dy dz$$

und die zugehörige, *Coulomb*sche ponderomotorische Kraft in der Richtung x

$$\mathfrak{H}_x \left(\frac{\partial \mathfrak{B}_x}{\partial x} + \frac{\partial \mathfrak{B}_y}{\partial y} + \frac{\partial \mathfrak{B}_z}{\partial z}\right) dx dy dz.$$

Die *Biot-Savart*sche ponderomotorische Kraft auf den Strom ist durch (100) bestimmt.

Verstehen wir unter i den totalen Strom, d. h. die Summe von Verschiebungs- und Leitungsstrom, so haben wir einzuführen

$$i_y = \frac{\partial \mathfrak{H}_x}{\partial z} - \frac{\partial \mathfrak{H}_z}{\partial x},$$
$$i_z = \frac{\partial \mathfrak{H}_y}{\partial x} - \frac{\partial \mathfrak{H}_x}{\partial y}.$$

Addieren wir beide Ausdrücke für die ponderomotorischen Kräfte und drücken die Erregungen entsprechend dem Schema (93) durch die Kräfte aus, so erhalten wir unter der Voraussetzung, daß

$$\mu_{12} = \mu_{21}, \quad \mu_{13} = \mu_{31}, \quad \mu_{23} = \mu_{32}$$

ist, für die Gesamtkraft auf die Volumeinheit bezogen, parallel x soweit dieselbe von den magnetischen Wirkungen abhängt,

oder

(100) $$\begin{aligned} \mathfrak{F}_x = \frac{1}{2}\frac{\partial}{\partial x}[\mathfrak{B}_x \mathfrak{H}_x - \mathfrak{B}_y \mathfrak{H}_y - \mathfrak{B}_z \mathfrak{H}_z] \\ + \frac{\partial}{\partial y}[\mathfrak{B}_y \mathfrak{H}_x] \\ + \frac{\partial}{\partial z}[\mathfrak{B}_z \mathfrak{H}_x]. \end{aligned}$$

Diese Kraft kann also durch die parallel x wirkenden Druckkräfte ersetzt werden

$$X_x = [\mathfrak{B}_x \mathfrak{H}_x - \mathfrak{B}_y \mathfrak{H}_y - \mathfrak{B}_z \mathfrak{H}_z]$$

normal auf das Flächenelement $dydz$, und

$$X_y = \mathfrak{B}_y \mathfrak{H}_x$$

tangential auf das Flächenelement $dxdz$, und

$$X_z = \mathfrak{B}_z \mathfrak{H}_x$$

tangential auf $dxdy$. Die anderen Komponenten ergeben sich durch Vertauschung der Indizes.

Bei *Maxwell* ist $X_x = \mathfrak{B}_x \mathfrak{H}_x - \frac{1}{2}(\mathfrak{H}_x^2 + \mathfrak{H}_y^2 + \mathfrak{H}_z^2)$, bei *Hertz* und *Helmholtz* $X_y = \frac{1}{2}(\mathfrak{B}_y \mathfrak{H}_x + \mathfrak{H}_y \mathfrak{B}_x)$. Die letzteren Werte erhält man, wenn man verlangt, daß $X_y = Y_x$ ist.

Unsere Ausdrücke stimmen für den freien Äther sowohl mit den von *Maxwell* als mit den von *Hertz* und *Helmholtz* angegebenen überein. Mit letzteren stimmen sie auch noch für isotrope Körper; für anisotrope Körper stimmen die tangentialen Kräfte mit *Maxwell*, die normalen mit *Hertz* und *Helmholtz* überein. Da sich hier ebenso wie bei *Maxwell*

$$X_y = \mathfrak{B}_y \mathfrak{H}_x,$$

andererseits

$$Y_x = \mathfrak{B}_x \mathfrak{H}_y$$

ergeben hat, so ist im allgemeinen X_y nicht gleich Y_x wie bei *Hertz*. Bekanntlich tritt dann ein Drehungsmoment am Volumelement $dxdydz$ um die z-Achse auf, dessen Größe

$$Y_x - X_y$$

ist. Bei der Symmetrie, die in der *Maxwell*schen Theorie zwischen elektrischen und magnetischen Größen besteht, wird man das gefundene System von Druckkräften auch für die elektrischen Kräfte in Anspruch nehmen. Hierin liegt, daß man als Gegenstück zu der *Biot-Savart*schen Kraft $[i\mathfrak{B}]$ eine „*Hertz*sche Kraft" (vgl. *Lorentz*, V 13, Nr. **24** d) von der Größe $-\frac{1}{c}[\dot{\mathfrak{B}}\mathfrak{D}]$ postuliert, d. h. zu der Wirkung des Magnetfeldes auf den elektrischen Strom eine Wirkung des elektrischen Feldes auf den „magnetischen Strom" hinzunimmt.

In isotropen Körpern sind die Druckkräfte, die von den elektrischen Kräften herrühren,

$$\begin{aligned}
X_x &= \frac{\varepsilon}{2}(\mathfrak{E}_x^2 - \mathfrak{E}_y^2 - \mathfrak{E}_z^2),\\
Y_y &= \frac{\varepsilon}{2}(-\mathfrak{E}_x^2 + \mathfrak{E}_y^2 - \mathfrak{E}_z^2),\\
Z_z &= \frac{\varepsilon}{2}(-\mathfrak{E}_x^2 - \mathfrak{E}_y^2 + \mathfrak{E}_z^2),\\
X_y &= Y_x = \varepsilon \mathfrak{E}_x \mathfrak{E}_y,\\
X_z &= Z_x = \varepsilon \mathfrak{E}_x \mathfrak{E}_z,\\
Y_z &= Z_y = \varepsilon \mathfrak{E}_y \mathfrak{E}_z.
\end{aligned} \tag{100a}$$

Haben wir eine ebene in der Richtung der z fortschreitende Welle, so ist, wenn die elektrische Kraft parallel x gerichtet ist, nur noch $\mathfrak{H}_y$ von Null verschieden. Dann ist also von den elektrischen Kräften herrührend

$$\text{(100 b)} \qquad \begin{aligned} X_x &= \frac{\varepsilon}{2}\mathfrak{E}_x^2, \\ Y_y &= -\frac{\varepsilon}{2}\mathfrak{E}_x^2, \qquad X_y = X_z = Y_z = 0, \\ Z_z &= -\frac{\varepsilon}{2}\mathfrak{E}_x^2, \end{aligned}$$

von den magnetischen Kräften herrührend

$$\text{(100 c)} \qquad \begin{aligned} X_x &= -\frac{\mu}{2}\mathfrak{H}_y^2, \\ Y_y &= \frac{\mu}{2}\mathfrak{H}_y^2, \qquad X_y = X_z = Y_z = 0, \\ Z_z &= -\frac{\mu}{2}\mathfrak{H}_y^2, \end{aligned}$$

Da nun $\frac{\varepsilon}{2}\mathfrak{E}_x^2 = \frac{\mu}{2}\mathfrak{H}_y^2$ ist, so ist die Gesamtwirkung gegeben durch die Komponenten

$$\text{(100 d)} \qquad X_x = Y_z = 0, \qquad Z_z = -\frac{\varepsilon}{2}\mathfrak{E}_x^2 - \frac{\mu}{2}\mathfrak{H}_y^2.$$

Dieselbe Kraft ist ein Druck in der Richtung z normal auf ein Flächenelement, das senkrecht zu z steht.

Auch ein Strahlen aussendender Körper muß einen solchen Druck an jeder Stelle seiner Oberfläche erleiden. Ein Körper, der nach einer Richtung mehr Strahlen aussendet als nach der entgegengesetzten, erfährt also als Resultante der Einzeldrucke einen einseitigen Druck und bildet das einfachste Beispiel einer Ausnahme des Satzes der Gleichheit von Wirkung und Gegenwirkung.

Diese Nichterfüllung des Satzes der Gleichheit von Wirkung und Gegenwirkung hängt damit zusammen, daß die Druckkräfte auf ein Volumenelement bei allgemein veränderlichen Zuständen sich nicht aufheben.

Im leeren Raum ist die X-Komponente der auf ein Volumenelement wirkenden Kraft

$$\mathfrak{F}_x = \frac{1}{2}\frac{\partial}{\partial x}(\mathfrak{E}_x^2 - \mathfrak{E}_y^2 - \mathfrak{E}_z^2) + \frac{\partial}{\partial y}(\mathfrak{E}_x\mathfrak{E}_y) + \frac{\partial}{\partial z}(\mathfrak{E}_x\mathfrak{E}_z)$$

oder bei Berücksichtigung der Gleichung $\operatorname{div}\mathfrak{E} = 0$

$$= \mathfrak{E}_y\left(\frac{\partial \mathfrak{E}_x}{\partial y} - \frac{\partial \mathfrak{E}_y}{\partial x}\right) + \mathfrak{E}_z\left(\frac{\partial \mathfrak{E}_x}{\partial z} - \frac{\partial \mathfrak{E}_z}{\partial x}\right)$$

usw. oder

$$= \frac{\mathfrak{E}_y}{c}\frac{\partial \mathfrak{H}_z}{\partial t} - \frac{\mathfrak{E}_z}{c}\frac{\partial \mathfrak{H}_y}{\partial t}.$$

Ganz analog ergibt sich aus den magnetischen Kräften eine x-Komponente

$$= -\frac{\mathfrak{H}_y}{c}\frac{\partial \mathfrak{E}_z}{\partial t} + \frac{\mathfrak{H}_z}{c}\frac{\partial \mathfrak{E}_y}{\partial t}.$$

Beide zusammen geben die Komponente der Gesamtkraft

$$= \frac{1}{c}\frac{\partial}{\partial t}(\mathfrak{E}_y \mathfrak{H}_z - \mathfrak{E}_z \mathfrak{H}_y)$$

$$= \frac{1}{c^2}\frac{\partial \mathfrak{S}_x}{\partial t}.$$

Die Kraft auf das Volumelement ist also nur von Null verschieden, wenn eine zeitliche Änderung des Poyntingschen Energiestroms vorhanden ist. Ihre Richtung ist die des Vektors $\partial\mathfrak{S}/\partial t$. Da sie mit dem Quadrat der Lichtgeschwindigkeit dividiert wird, so können merkliche Werte nur bei große Änderungsgeschwindigkeit des Energiestroms eintreten[43]).

Anders gestalten sich die allgemeinen ponderomotorischen Kräfte, wenn man sich auf den Boden der Elektronentheorie stellt.

Nach Bd. V 14, p. 161 ist die auf einen Körper wirkende Kraft durch eine Gleichung bestimmt, die von *Lorentz* eingeführt ist,

$$\mathfrak{F} = \int \varrho(\mathfrak{E} + \frac{1}{c}[\mathfrak{v}\mathfrak{H}]\,dS,$$

und die sich in die Gleichung

$$\mathfrak{F} = \mathfrak{F}_1 + \mathfrak{F}_2$$

durch geteilte Integration umformen läßt. Hier ist

$$\mathfrak{F}_2 = -\frac{1}{c^2}\int \frac{\partial \mathfrak{S}}{\partial t}\,dS, \tag{101}$$

während $\mathfrak{F}_1$ mit den oben entwickelten, auf den Fall des reinen Äthers spezialisierten Spannungen an einer Fläche identisch ist. Daher ist im freien Äther

$$\mathfrak{F}_1 + \mathfrak{F}_2 = 0, \tag{102}$$

wie es ja aus der Grundgleichung hervorgeht, da hier $\varrho = 0$ ist.

---

43) Auf die Tatsache, daß bei allgemein veränderlichen Zuständen die Volumelemente des leeren Raums Kräfte erfahren, hat zuerst *Hertz* aufmerksam gemacht (Ges. Abh. 2, p. 235; der Ausdruck (101) findet sich bei *Helmholtz*, Ges. Abh. 3, p. 531).

26. Lichtdruck. Trotz der Verschiedenheit der allgemeinen Ausdrücke für die Kräfte führen in speziellen Fällen die *Maxwell*schen Spannungen und die Elektronentheorie zu denselben Werten für die ponderomotorische Kraft, nämlich wenn $\frac{\partial \mathfrak{S}}{\partial t}$ verschwindet. Bei rein periodischen Vorgängen verschwindet $\frac{\partial \mathfrak{S}}{\partial t}$ über eine ganze Periode integriert, so daß in diesen Fällen die *Maxwell*schen Spannungen mit der Elektronentheorie übereinstimmende *Mittelwerte* der ponderomotorischen Kräfte ergeben.

Man kann aber den Lichtdruck einfacher aus $\mathfrak{F}_2$ gewinnen, wenn man die Fläche, auf welche die Spannungen $\mathfrak{F}_1$ wirken würden, so weit entfernt denkt, daß hier das Feld verschwindet.

Die Größe $\frac{1}{c^2}\mathfrak{S}$ nennt *Abraham*[44]) die elektromagnetische Bewegungsgröße der Volumeneinheit.

Nun ist S die durch die Flächeneinheit, deren Normale die Richtung $\mathfrak{S}$ hat, in der Sekunde fließende Energie.

Wir könnten $\frac{S}{c^2}$ auch die Raumdichte der Bewegungsgröße nennen. In der Zeit τ hat sich ein Zylinder von der Länge $l = c\tau$ mit dieser Dichte gefüllt. Geben wir dem Zylinder die Einheit des Querschnitts, so ist sein Volumen $c\tau$. Ist nun der Zylinder leer und geht sämtliche Strahlung durch ihn hindurch, so ist die auf ihn wirkende Kraft Null. Wenn aber im vorderen Querschnitt die Energie vernichtet wird, so ist der Mittelwert von $\frac{\partial \mathfrak{S}}{\partial t}$ über die Schwingungsdauer erstreckt, nicht Null sondern $\frac{1}{\tau}(\mathfrak{S}_\tau - \mathfrak{S}_0)$. Ist die Absorption sehr stark, so ist $\mathfrak{S}_\tau$ klein gegen $\mathfrak{S}_0$. Daher ist die auf den Cylinder wirkende Kraft $\mathfrak{F}_2 = \frac{\mathfrak{S}_0}{c^2\tau} \cdot c\tau = \frac{\mathfrak{S}_0}{c}$.

Der so gewonnene Ausdruck für die Kraft gestattet den Lichtdruck auch für Bewegung mit beliebigen Geschwindigkeiten unter der Lichtgeschwindigkeit zu berechnen[45]).

Sei die x-Achse die Richtung der Normale eines vollkommenen Spiegels nach außen, α_1 und α_2 seien die Winkel, welche der einfallende und reflektierte Strahl mit der x-Achse bildet, S_1, S_2 und $\mathfrak{S}_1$, $\mathfrak{S}_2$ Energie und Bewegungsgröße des einfallenden und reflektierten Strahles.

Wir machen nun die Annahme, daß eine Bewegung des Spiegels

44) *M. Abraham*, Ann. Phys. 10 (1903), p. 105.

45) *M. Abraham*, Theorie der Elektrizität 2, p. 343.

in seiner Ebene keinen Einfluß auf den Reflexionsvorgang besitzt und auch mit keiner Arbeitsleistung verbunden ist. Dann kommt offenbar nur die normale Komponente der Geschwindigkeit u_x in betracht. (Über die Beziehung dieser Annahme zum *Huygens*schen Prinzip vgl. *Abraham* a. a. O.) Die auf den Spiegel fallenden, beziehentlich von ihm ausgehenden Energiemengen sind

$$\frac{S_1}{c}(-c\cos\alpha_1 + u_x) \quad \text{und} \quad \frac{S_2}{c}(c\cos\alpha_2 - u_x) \tag{103a}$$

und die Kraft

$$\frac{\mathfrak{S}_1}{c^2}(-c\cos\alpha_1 + u_x) \text{ und } -\frac{\mathfrak{S}_2}{c^2}(c\cos\alpha_2 - u_x). \tag{103b}$$

Die Differenz zwischen auffallender und reflektierter Strahlung ist bei vollkommener Spiegelung gleich der Arbeitsleistung des Strahlungsdrucks, so daß

$$\begin{aligned} &\frac{S_1}{c^2}(-c\cos\alpha_1 + u_x)u\cos\varphi_1 - \frac{S_2}{c^2}(c\cos\alpha_2 - u_x)u\cos\varphi_2 \\ &= \frac{S_1}{c}(-c\cos\alpha_1 + u_x) - \frac{S_2}{c}(c\cos\alpha_1 - u_x) \end{aligned} \tag{104}$$

ist, wenn φ_1 und φ_2 die Winkel bezeichnen, die einfallender und reflektierter Strahl mit der Richtung von u bilden.

Nun ergibt die Bedingung, daß der Lichtdruck keine tangentielle Komponente hat,

$$\sqrt{1-\cos^2\alpha_1}\, S_1(-c\cos\alpha_1 + u_x) - S_2(c\cos\alpha_2 - u_x)\sqrt{1-\cos^2\alpha_2} = 0, \tag{105}$$

so daß wir zusammen mit (104) erhalten

$$\frac{1-\frac{u}{c}\cos\varphi_1}{\sqrt{1-\cos^2\alpha_1}} = \frac{1-\frac{u}{c}\cos\varphi_2}{\sqrt{1-\cos^2\alpha_2}}. \tag{106}$$

Nun ist

$$\begin{aligned} \cos\varphi_1 &= \frac{u_x}{u}\cos\alpha_x + \frac{u_y}{u}\cos\alpha_y + \frac{u_z}{u}\cos\alpha_z \\ &= \frac{u_x}{u}\cos\alpha_x + \frac{\sin\alpha_x}{u}\sqrt{u_y^2 + u_z^2}. \end{aligned}$$

Daher

$$\begin{aligned} c - u\cos\varphi_1 &= c - u_x\cos\alpha_1 + \sqrt{1-\cos^2\alpha_1}\sqrt{u_y^2+u_z^2}, \\ c - u\cos\varphi_2 &= c - u_x\cos\alpha_2 + \sqrt{1-\cos^2\alpha_2}\sqrt{u_y^2+u_z^2}. \end{aligned}$$

Hieraus folgt in Verbindung mit (106)

$$\frac{c-u_x\cos\alpha_1}{c-u_x\cos\alpha_2} = \frac{\sqrt{1-\cos^2\alpha_1}}{\sqrt{1-\cos^2\alpha_2}}. \tag{106a}$$

Aus dieser Gleichung lassen sich nach einigen Umformungen

die neuen Gleichungen ableiten

$$\frac{2}{1-\frac{u_x^2}{c^2}} = \frac{-\cos\alpha_1}{-\cos\alpha_1+\frac{u_x}{c}} + \frac{\cos\alpha_2}{\cos\alpha_2-\frac{u_x}{c}}, \tag{107a}$$

$$\frac{1-\frac{u_x}{c}\cos\alpha_1}{-\cos\alpha_1+\frac{u_x}{c}} = \frac{1-\frac{u_x}{c}\cos\alpha_2}{\cos\alpha_2-\frac{u_x}{c}}. \tag{107b}$$

Die vorangehenden Formeln enthalten einfache geometrische Sätze über den relativen, d. h. den vom bewegten Spiegel aus beurteilten Strahlengang. So sagt Gl. (106a) aus, daß im relativen Strahlengang die Tangente des Einfallswinkels gleich der Tangente des Reflexionswinkels ist.

Wir erhalten aus (103b) für den Lichtdruck parallel der x-Achse

$$p = -\frac{1}{c}\left\{S_1\cos\alpha_1\left(-\cos\alpha_1+\frac{u_x}{c}\right) - S_2\cos\alpha_2\left(\cos\alpha_2-\frac{u_x}{c}\right)\right\}$$

und unter Benutzung von (105), (106a) und (107b)

$$p = \frac{S_1}{c}\left(-\cos\alpha_1+\frac{u_x}{c}\right)^2\left\{\frac{-\cos\alpha_1}{-\cos\alpha_1+\frac{u_x}{c}} + \frac{\cos\alpha_2}{\cos\alpha_2-\frac{u_x}{c}}\right\}$$

und unter Anwendung von (107a)

$$p = \frac{2S_1\left(-\cos\alpha_1+\frac{u_x}{c}\right)^2}{c\left(1-\left(\frac{u_x}{c}\right)^2\right)}. \tag{108}$$

Wie wir gesehen haben, hängt dieser Ausdruck für den Lichtdruck aufs engste zusammen mit der Definition der *Lorentz*schen ponderomotorischen Kraft.

Es ist bemerkenswert, daß man zu demselben Wert für den Lichtdruck gelangt, wenn man von der Relativitätstheorie ausgeht.

27. Die Relativitätstheorie. *H. A. Lorentz*[46]) hat gezeigt, daß die *Maxwell*schen Gleichungen für ruhende Körper ihre Form behalten, wenn man die Zustandsgrößen auf ein mit konstanter Geschwindigkeit bewegtes Koordinatensystem bezieht und neue Variable einführt.

---

46) *H. A. Lorentz*, Acad. v. Wetensch. Amsterdam 12 (1904), p. 986. Dieselbe Transformation nur für die Strahlungsvorgänge ist gegeben *W. Wien,* Ann. d. Phys. 13 (1904), p. 641.

Einstein[47]) hat dieselbe Transformation von einem etwas anderen Standpunkt aus durchgeführt, indem er nämlich postuliert, daß durch eine Koordinatentransformation auf ein zweites, relativ bewegtes System die *Maxwell*schen Gleichungen invariant bleiben, und daß die Vorgänge unabhängig davon sind, ob man sie auf das eine oder andere System bezieht.

Nach dieser Transformation bleiben die Gleichungen der Elektrodynamik ungeändert, wenn anstatt $\mathfrak{E}$, $\mathfrak{H}$, der Geschwindigkeit der Elektronen u, ϱ, x, y, z, t für eine konstante Bewegung mit der Geschwindigkeit v parallel der x-Achse eingeführt werden, die gestrichelten Größen

$$
(109)\quad \left\{
\begin{aligned}
&\mathfrak{E}_x' = \mathfrak{E}_x, \quad \mathfrak{E}_y' = k\left(\mathfrak{E}_y - \frac{v}{c}\mathfrak{H}_z\right), \quad \mathfrak{E}_z' = k\left(\mathfrak{E}_z + \frac{v}{c}\mathfrak{H}_z\right),\\
&\mathfrak{H}_x' = \mathfrak{H}_x, \quad \mathfrak{H}_y' = k\left(\mathfrak{H}_y + \frac{v}{c}\mathfrak{E}_z\right), \quad \mathfrak{H}_z' = k\left(\mathfrak{H}_z - \frac{v}{c}\mathfrak{E}_y\right),\\
&x' = k(x - vt), \quad y' = y, \quad z' = z, \quad t' = k\left(t - \frac{v}{c^2}x\right)\\
&u_x' = \frac{u_x - v}{\left(1 - \frac{u_x v}{c^2}\right)}, \quad u_y' = \frac{u_y}{k\left(1 - \frac{u_x v}{c^2}\right)}, \quad u_z' = \frac{u_z}{k\left(1 - \frac{u_x v}{c^2}\right)},\\
&\varrho' = k\left(1 - \frac{v u_x}{c^2}\right)\varrho,\\
&k^2 = \frac{1}{1 - \frac{v^2}{c^2}}.
\end{aligned}
\right.
$$

Aus diesen Ansätzen läßt sich nun zunächst der allgemeine Schluß ziehen, daß im ruhenden System mögliche elektromagnetische Vorgänge auch im bewegten sich in gleicher Weise abspielen müssen und wir deshalb kein Mittel haben, aus Vorgängen in einem bewegten System auf die Bewegung selbst zu schließen. In der Tat enthalten die Größen $\mathfrak{E}'$, $\mathfrak{H}'$, x', t' nur die entsprechenden ungestrichelten Größen, die, wenn man nur das bewegte System kennt, unbekannt bleiben.

Was schließlich die Größen u anlangt, so sind die hierfür gefundenen Ausdrücke identisch mit denen, die man als Additionstheorem zweier Geschwindigkeiten in der Relativitätstheorie erhält. Da nämlich die Lichtgeschwindigkeit im leeren Raume als konstant betrachtet werden muß, so muß die Möglichkeit ausgeschlossen werden, daß die Lichtgeschwindigkeit durch Addition zweier kleinerer Geschwindigkeiten überschritten wird. Ein Überschreiten der Licht-

47) *A. Einstein,* Ann. d. Phys. 17 (1905), p. 891.

geschwindigkeit würde nicht vereinbar sein mit der obigen Transformation. Denn für $v > c$ wird k imaginär nnd die Transformation sinnlos. Das erwähnte Additionstheorem bewirkt nun, daß zwei Geschwindigkeiten zusammen nie die Lichtgeschwindigkeit überschreiten können.

Die Größen u' sind daher nichts anderes als die Zusammensetzung von u und v.

Man erhält die Ladungsdichte

$$\varrho' = \frac{\partial \mathfrak{E}_x'}{\partial x'} + \frac{\partial \mathfrak{E}_y'}{\partial y'} + \frac{\partial \mathfrak{E}_z'}{\partial z'}.$$

Aus (109) folgt für konstantes t und für $u'_x = 0$

$$dx' = k dx, \; dy' = dy, \; dz' = dz, \; \varrho' dx' = \varrho dx,$$

also auch

$$\varrho \, dx \, dy \, dz = \varrho' dx' dy' dz',$$

so daß die Ladungen ungeändert bleiben, ob sie vom ruhenden oder bewegten System gemessen werden.

Man kann daher eine optische Beziehung, die für ein ruhendes System gefunden ist, durch eine einfache Koordinatentransformation für ein bewegtes System ableiten. Auf diese Weise läßt sich die Richtung eines von einem bewegten Spiegel reflektierten Lichtstrahls bestimmen und die reflektierte Energie. Das Energieprinzip gibt daher die vom Strahlungsdruck geleistete Arbeit, aus der sich der Strahlungsdruck selbst entnehmen läßt[48]) in Übereinstimmung mit dem oben gefundenen Wert (108).

Aus der Gleichung

$$t = k\left(t' + \frac{v}{c^2} x'\right)$$

folgt für $x' = 0$, d. h. für den dem Ort des mit dem gestrichenen System bewegten Beobachters, $t = kt'$, so daß das Verhältnis zweier Schwingungszahlen

$$\frac{n'}{n} = k$$

wird. Eine in einem ruhenden System beobachtete elektromagnetische Schwingungszahl n wird von einem relativ Bewegten aus als $n' = nk$ gemessen, wozu noch die gewöhnliche Änderung nach dem *Doppler*schen Prinzip kommt. Dasselbe folgt aus der Gleichung $t' = kt$ für $x = 0$, $\frac{n}{n'} = k$, wo jetzt n' die relativ bewegte Schwingungszahl ist. Man beobachtet hiernach auch senkrecht zur Beobachtungsrichtung

48) *A. Einstein*, a. a. O. p. 915.

nicht die unveränderte Schwingungszahl, sondern

$$n' = \frac{n}{\sqrt{1 - \frac{v^2}{c^2}}}.$$

Bildet die Richtung des Strahls mit der Richtung der Bewegung den Winkel φ, so ist allgemein[49])

$$n' = n \frac{1 - \cos\varphi \frac{v}{c}}{\sqrt{1 - \frac{v^2}{c^2}}}.$$

Auch der Mitführungskoeffizient läßt sich nach der Relativitätstheorie ableiten.

28. Vergleich mit der Erfahrung. Nach der elektromagnetischen Lichttheorie soll die Lichtgeschwindigkeit im leeren Raum c dieselbe sein, welche die Beziehung zwischen dem elektrostatischen und elektromagnetischen Maßsystem feststellt (vgl. V 13, p. 82). Obwohl diese Theorie von *Maxwell* in *Faradays* Ideen über die Vermittelung der elektromagnetischen Wirkungen durch Übertragung von einem Körperelement zum anderen wurzelt, so ist doch das Ergebnis eines Versuchs für ihre Entstehung entscheidend gewesen. Es war dies die Bestimmung des Verhältnisses der elektromagnetischen und elektrostatischen Einheiten durch *Kohlrausch* und *Weber*[50]). Auch die Theorien von *B. Riemann* und *Lorenz* sind durch die Ergebnisse von *Kohlrausch* und *Weber* angeregt. Bei der Zurückführung der elektromagnetischen Einheiten auf absolutes mechanisches Maß kann man entweder von der mechanischen Kraft zwischen elektrischen Körpern oder zwischen Magnetpolen ausgehen. Man erhält so zwei voneinander unabhängige Maßsysteme, deren Beziehung zueinander durch das *Biot-Savart*sche Gesetz der Wirkungen eines Stromelements auf einen Magnetpol bestimmt ist. Hierbei kommt es auf die durch das Element strömende Elektrizitätsmenge an, oder, was auf dasselbe hinauskommt, auf die Geschwindigkeit, mit der eine bestimmte Dichte der Elektrizität durch den Leiter strömt. Das Verhältnis der beiden Systeme wird hiernach durch eine Geschwindigkeit bestimmt, die *Kohlrausch* und *Weber* in der Weise messen, daß eine elektrostatisch

---

49) *A. Einstein*, a. a. O. p. 911.

50) *Kohlrausch* und *Weber*, Elektrodynamische Maßbestimmungen, insbesondere Zurückführung der Stromintensitäten auf mechanisches Maß; *W. Weber*, Elektrodynamische Maßbestimmungen, insbesondere Widerstandsmessungen, § 27.

gemessene Elektrizitätsmenge durch ein ballistisches Galvanometer geleitetet und ihre magnetische Wirkung beobachtet wurde. Das Ergebnis war:

$$3{,}111 \cdot 10^{10} \frac{\text{cm}}{\text{sec}}$$

(nach einer Korrektion von *W. Voigt* Ann. Phys. 2, p. 476).

Die Methode ist ungenau, weil die statische Elektrizität in einer Leydener Flasche angesammelt war, bei der ein unvermeidlicher Rückstand bei der Entladung bleibt. *Maxwell*[51]) hat daher die Methode modifiziert. Er lud eine bewegliche mit festem Schutzring versehene Scheibe, die an dem Arm einer Torsionswage befestigt war und einer zweiten, festen gegenüberstand, durch eine Batterie von 2600 Quecksilberchloridelementen, und maß durch die Torsion die elektrostatische Anziehung. Dieselbe Batterie wurde durch ein Galvanometer und einen sehr großen Widerstand geschlossen und die magnetische Wirkung an der Ablenkung der Galvanometernadel beobachtet.

Obwohl diese Methode der von *Kohlrausch* und *Weber* an sich zweifellos überlegen ist, so sind die Ergebnisse der Versuche ungenau, wahrscheinlich weil die Konstanz der Batterie nicht genügend war. Diese Versuche sind von *Exner*[52]) wiederholt, der anstatt der Torsionswage eine empfindliche gewöhnliche Wage verwendet. *W. Thomson*[53]) hat dieselbe Methode angewandt, benutzt aber nur 60 Daniellsche Elemente und mißt die elektrostatische Anziehung mit seinem absoluten Elektrometer. Seine Messungen sind von *M'Kichen* und *King*[54]) und von *Shida*[55]) wiederholt. Bei den neueren Bestimmungen wird meistens ein Kondensator von bekannter Kapazität durch eine Batterie von konstanter Spannung geladen und durch ein Galvanometer entladen, so bei der Methode von *Ayrton* und *Perry*[56]). *Klemenčic*[57]) ladet nach einem Vorschlag von *Boltzmann* den Kondensator durch einen Stimmgabelunterbrecher 70 Mal in der Sekunde und entlädt ihn eben so oft durch ein Galvanometer, das hierdurch einen konstanten Ausschlag zeigt. Dieselbe Methode wendet *Stoletow*[58]) an, während *J. J. Thomson*[59]) den Unterbrecher in einen Zweig einer Wheatstoneschen

---

51) *Maxwell,* Phil. Trans. 1868. p. 643. Phil. Mag. (4) 36 (1868), p. 316.

52) *F. Exner*, Wien Ber. 86 (1882), p. 106.

53) *W. Thomson,* Proc. Royal Soc., Febr. 23, Apr. 12 (1860).

54) *M'Kichen*, Phil. Mag. (4) 47 (1874), p. 218.

55) *Shida*, Phil. Mag. (5) 10 (1880), p. 431.

56) *Ayrton* und *Perry*, Phil. Mag. (5) 7 (1879), p. 277.

57) *Klemenčic,* Wien Ber. (2) 83 (1881), p. 603.

58) *Stoletow*, Soc. franç. de phys. 4. Nov. 1881.

59) *J. J. Thomson*, Trans. of Royal Soc. (3) (1883), p. 707.

Brücke legt. Ähnliche Methoden haben *Himstedt*[60]), *Rowland*[61]), *H. Abraham*[62]) benutzt.

Auf einem ganz anderen Wege, nämlich durch Beobachtung elektrischer Schwingungen, ist *Colley*[63]) die Bestimmung des Verhältnisses der elektrischen Einheiten gelungen. Nach den Theorien von *W. Thomson*[64]) und *Kirchhoff*[65]) ist die Schwingungsdauer einer elektrischen Schwingung in einem Leiter von der Kapazität K und der Selbstinduktion L (beide elektrostatisch gemessen)

$$\tau = 2\pi \frac{\sqrt{LK}}{c},$$

wo c das Verhältnis der Einheiten ist. Kennt man L, K und τ, so läßt sich hieraus c berechnen. Die Bestimmung von L und K macht keine Schwierigkeiten. Die Beobachtung von τ geschah in der Weise, daß der Wechselstrom auf einen Magneten wirkte, mit dem ein Spiegel befestigt war. Die Schwingungen dieses Spiegels wurden dann nach der stroboskopischen Methode analysiert. Bei den Versuchen war

$$L = 154{,}7 \cdot 10^6 \text{ cm}, \quad K = 2{,}764 \cdot 10^6 \text{ cm}, \quad \tau = 0{,}002154 \text{ sec.}$$

In der folgenden Tabelle sind die verschiedenen Werte für c zusammengestellt[66]).

Es fehlte jedoch lange der wichtige Beweis, daß sich elektromagnetische Störungen mit Lichtgeschwindigkeit ausbreiten, wie es von der *Maxwell*schen Theorie gefordert wird. Dieser Beweis ist durch die *Hertz*schen Versuche erbracht. Es muß jedoch ausdrücklich darauf hingewiesen werden, daß die Messungen der Ausbreitungsgeschwindigkeit an Drähten, wie die von *Lecher* und *Sarasin* und *De la Rive*, für die *Maxwell*sche Theorie nichts beweisen, da für diesen Fall die gleiche Ausbreitungsgeschwindigkeit auch von anderen Theorien verlangt wird. Entscheidend sind die Versuche mit stehenden Wellen im freien Raum, die durch Reflexion an einer Wand erzeugt werden[67]), und die Versuche von *Klemenčic* und *Czermak*[68]), bei denen die elek-

60) *Himstedt*, Ann. Phys. Chem. 29 (1886), p. 560; 33 (1888), p. 1.
61) *H. A. Rowland*, Phil. Mag. (5) 28 (1889), p. 304.
62) *H. Abraham*, Paris C. R. 114 (1892), p. 654 u. 1355.
63) *Colley*, Ann. Phys. Chem. 26, p. 432; 28 (1885), p. 1.
64) *W. Thomson*, Phil. Mag (4) 5 (1853), p. 393.
65) *G. Kirchhoff*, Ges. Abh., p. 168.
66) Rapport II du Congrès international de physique 1900, p. 247.
67) *H. Hertz*, Ann. Phys. Chem. 34 (1880), p. 610; Ges. Abh., p. 133.
68) *J. Klemenčic* und *Paul Czermak*, Ann. Phys. Chem. 50 (193), p. 174.

trischen Wellen durch Reflexion an zwei Spiegeln, ähnlich wie beim *Fresnel*schen Spiegelversuch, zur Interferenz gebracht werden. Eine

Beobachter	$c \cdot 10^{-10}$
Weber und Kohlrausch	3,111
Maxwell	2,842
W. Thomson	2,825
M'Kichen und King	2,892
Shida	2,958
Ayrton und Perry	2,960
Exner	2,920
Klemenčic	3,018
Stoletow	2,999
J. J. Thomson	2,963
Himstedt	3,0057
Rosa	2,999
H. Abraham	2,992
Colley	3,015
Pellat	3,0092
Hurmuzescu	3,001
Perrot und Fabry	2,9978
Rosa und Dorsey 1907[69])	2,9971

solche Interferenz kann nur dann zustande kommen, wenn die beiden von den Spiegeln zurückgeworfenen Wellen einen Gangunterschied gegeneinander haben, der nur bei endlicher Ausbreitungsgeschwindigkeit der elektrischen Wellen in Luft möglich ist.

Auf große Genauigkeit können diese Messungen indessen keinen Anspruch machen und namentlich ist die Bestimmung der Fortpflanzungsgeschwindigkeit unsicher, weil die Beobachtungen direkt die Wellenlänge geben, während die Schwingungsdauer nach der Formel $\tau = \frac{2\pi}{c}\sqrt{LK}$ berechnet werden muß. Hier werden für L und K die für stationäre Verhältnisse gewonnenen Werte eingesetzt, was für sehr schnelle Schwingungen nicht mehr richtig ist.

Über die Lichtgeschwindigkeit liegt ebenfalls eine große Zahl verschiedener Beobachtungen vor.

Die älteren astronomischen Beobachtungen aus der Aberration und Verfinsterung der Jupiterstrabanten hatten ergeben $c = 3{,}08 \cdot 10^{10}$.

Die erste von *Fizeau*[70]) ausgeführte terrestrische Bestimmung

69) *E. A. Rosa* und *N. E. Dorsey*, Bulletin Bureau of Standard vol. VI 3 u. 4, 1907.

70) *Fizeau*, Paris C. R. (1849); Pogg. Ann. 79.

der Lichtgeschwindigkeit beruhte darauf, daß ein paralleles Lichtbündel durch die Lücken eines Zahnrades geschickt und nach Durchlaufen einer größeren Strecke auf demselben Wege zurückreflektiert wurde. Bei einer bestimmten Umdrehungsgeschwindigkeit des Zahnrades war dem zurückkehrenden Lichtstrahl durch das Vorrücken des Zahns der Durchgang verschlossen. Die zweite terrestrische Methode rührt von *Foucault*[71]) her. Hier wird das Licht durch einen Spalt auf einen rotierenden Hohlspiegel geworfen, der es auf einen festen Spiegel wirft, von wo es auf demselben Wege zum rotierenden Spiegel zurückkehrt. Da dieser inzwischen seine Stellung bei der Rotation geändert hat, wird das Lichtbündel auf einen Weg geleitet, der mit der Richtung des Hingangs einen Winkel bildet. Das von dem zurückkehrenden Licht entworfene Bild des Spalts fällt in der ursprünglichen *Foucault*schen Anordnung mit dem Spalt selbst nahe zusammen. Da nämlich bei *Foucault* das Licht nur geringe Strecken zurücklegte, so war die Verschiebung des Bildes nur 0,8 mm.

Die *Fizeau*sche Methode ist von *Cornu* 1874 und 1878 wiederholt, außerdem von *Young* und *Forbes*[72]), bei deren Versuchen sich eine Verschiedenheit der Fortpflanzungsgeschwindigkeit von rotem und blauem Licht um 1,8% ergeben hat, ein Ergebnis, das mit allen anderen Beobachtungen und namentlich mit den astronomischen unvereinbar ist.

Die *Foucault*sche Methode ist von *A. A. Michelson*[73]) wiederholt angewendet worden. Bei ihr waren die Abstände so vergrößert, daß die Verschiebung des Bildes 133 mm betrug. Auch *Newcomb*[74]) hat dieselbe Methode angewendet. Eine genaue Theorie der Messung in Luft rührt von *H. A. Lorentz* her[75]).

A. A. Michelson[75]) hat ferner die *Foucault*schen Versuche, die Lichtgeschwindigkeit in verschiedenen Flüssigkeiten zu bestimmen, wiederholt und quantitative Ergebnisse erhalten. Er fand für das Verhältnis in Luft und Schwefelkohlenstoff 1 : 1,75, während aus dem Brechungsverhältnis 1 : 1,65 erwartet werden muß. Das Verhältnis in Luft und in Wasser fand er 1,33. Das Verhältnis von Rot und Blau war in Schwefelkohlenstoff 1,014. Die letztere Zeit stimmt

---

71) *Foucault*, Paris C. R. 60, p. 501, 792; Ann. Phys. Chem. 118.

72) *Young* and *Forbes*, Phil. Trans. R. Soc. London 1882, p. 231.

73) *A. A. Michelson*, Proc. of Americ. Assoc. for the advancement of science St. Louis Meeting Aug. 1878, p. 71—77; Sillim. Journ. (3) 18, p. 390—393.

74) *Newcomb*, Astron. pap. prepared for the use of the Americ. Ephem. and Nautical almanac 1885, p. 12—230.

75) *H. A. Lorentz*, Ges. Abh. I, S. 470, Leipzig 1907.

mit der aus der Abhängigkeit des Brechungsverhältnisses von der Wellenlänge sich ergebenden gar nicht überein, da die Brechungsverhältnisse zwischen den Linien B und G sich wie $\frac{167}{161}$ verhalten.

Indessen hatte schon Lord *Rayleigh*[76]) darauf aufmerksam gemacht, daß mit den Methoden, die man zur terrestrischen Bestimmung der Lichtgeschwindigkeit benutzt, nicht die eigentliche Lichtgeschwindigkeit, sondern entweder die Gruppengeschwindigkeit, wie nach der *Fizeau*schen Methode, oder das Verhältnis des Quadrates der Lichtgeschwindigkeit zur Gruppengeschwindigkeit, wie bei der *Foucault*schen Methode, bestimmt wird.

Die einfachsten Gruppen gewinnt man durch Übereinanderlagerung zweier Wellenzüge von etwas verschiedener Wellenlänge und Fortpflanzungsgeschwindigkeit. Setzen wir

$$\begin{aligned}\mathfrak{E} &= A \sin(n_1 t - b_1 x) + \sin(n_2 t - b_2 x)\\ &= 2A \sin\left(\frac{n_1 + n_2}{2} t - \frac{b_1 + b_2}{2} x\right) \cos\left(\frac{n_2 - n_1}{2} t - \frac{b_2 - b_1}{2} x\right).\end{aligned}$$

Ist nun b_2 nahe gleich b_1, so ist auch n_2 nahe gleich n_1, das Argument des Kosinus ist klein und dieser ändert seinen Wert langsam.

Durch den Sinus wird eine Wellenlinie dargestellt, deren Amplitude zufolge des sich langsam ändernden Kosinus langsam auf $2A$ ansteigt und wieder fällt. Dadurch werden Gruppen von Wellen dargestellt, die durch Zwischenräume kleiner Amplitude voneinander getrennt sind. Entsprechende Punkte zweier Gruppen sind durch die Strecke $\frac{4\pi}{b_2 - b_1}$ voneinander getrennt, die Geschwindigkeit der Gruppe ist $\frac{n_2 - n_1}{b_2 - b_1} = \frac{dn}{db}$. Die Geschwindigkeit der einzelnen Welle ist $c_1 = \frac{n}{b}$, so daß die Gruppengeschwindigkeit

$$\frac{d(bc_1)}{db} = c_1 + b\frac{dc_1}{db}$$

wird, oder

$$c_g = c_1 - \lambda \frac{dc_1}{d\lambda}.$$

Bei der *Foucault*schen Methode ist nach Lord *Rayleigh* zu berücksichtigen, daß in einem dispergierenden Medium die von dem rotierenden Spiegel ausgehende Wellenfront noch eine besondere Drehung erfährt. Während der Lichtstrahl die Strecke l zweimal zurückgelegt hat

76) *A. A. Michelson*, Report Brit. Assoc. Montreal 1884, p. 654; Astronomical papers (1885), p. 235—258.

77) Lord *Rayleigh*, Nature 24 (1881), p. 382—383; 25 (1881), p. 52.

und zum rotierenden Spiegel zurückkehrt, hat sich der Spiegel um den Winkel

$$\alpha = \frac{2l\omega}{c_1}$$

gedreht, wenn ω die Winkelgeschwindigkeit bezeichnet. Gemessen wird der Winkel 2α.

Während der kleinen Zeit t hat sich die Wellenfront infolge der Drehung des Spiegels um $2\omega t = 2\beta$ gedreht und während der Schwingungsdauer des Lichtes $\frac{\lambda_1}{c_1}$ um $\frac{2\omega\lambda_1}{c_1} = 2\beta$. Es bedeutet λ_1 die Wellenlänge in dem Medium. Schreiten wir auf der Wellenfront um die Strecke dx vor, so vergrößern wir den Abstand der beiden Wellenfronten um $d\lambda_1$, wo $2\beta = \frac{d\lambda_1}{dx}$ ist.

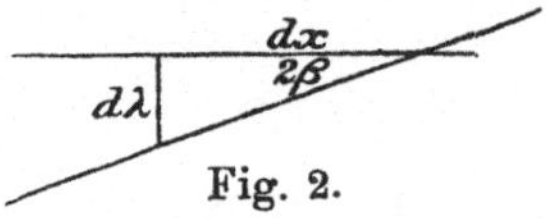

Fig. 2.

Ist nun c_1 von λ_1 abhängig, so ist

$$\frac{dc_1}{d\lambda_1}\frac{d\lambda_1}{dx} = \frac{dc_1}{dx}$$

eine durch die Dispersion hervorgerufene Drehung der Wellenfront. Die Drehung 2ω ist also hierdurch vermindert um den Betrag

$$\frac{dc_1}{dx} = \frac{dc_1}{d\lambda_1}\frac{2\omega\lambda_1}{c_1}.$$

Die Drehung $2\alpha = \frac{4l\omega}{c_1}$ ist demnach vermindert um $\frac{dc_1}{d\lambda_1}\cdot\frac{4l\omega\lambda_1}{c_1^2}$ so daß wirklich beobachtet wird

$$2\alpha = \frac{4l\omega}{c_1}\left(1 - \frac{dc_1}{d\lambda_1}\frac{\lambda_1}{c_1}\right)$$

oder da

$$\frac{c_1}{c} = \frac{\lambda_1}{\lambda}$$

ist,

$$2\alpha = \frac{4l\omega}{c_1}\left(1 - \frac{dc_1}{d\lambda}\frac{\lambda}{c_1}\right)$$

oder

$$2\alpha = \frac{4l\omega}{c_1^2}c_g.$$

Es wird also nach dieser Ableitung durch die *Foucault*sche Methode $\frac{c_g}{c_1^2}$ gemessen.

Es bleibt aber zweifelhaft, ob in der *Rayleigh*schen Betrachtung außer der Veränderung der Wellenfront nicht auch noch die Änderungen der Amplitude wie bei der *Fizeau*schen Methode hinzukommen.

Schuster[78]) findet durch eine abweichende Betrachtung, daß man

78) *A. Schuster*, Nature 33, S. 439; 1886.

bei der gewöhnlichen Anordnung $\frac{c_1^2}{2c_1 - c_g}$ mißt, während *Gibbs*[79]) zu dem Ergebnis gelangt, daß man auch hier c_g beobachtet.

Die Theorie kann daher noch keineswegs als abgeschlossen gelten. Man kann auch nicht sagen, daß die Theorie der Gruppengeschwindigkeit etwas Zwingendes besitzt. Was sich besonders dagegen einwenden läßt, ist der Umstand, daß die einzelnen Gruppen nicht unabhängig voneinander sind. Es ist ja der zugrunde liegende Vorgang nichts anderes als eine Schwebung zweier unendlich langer Wellenzüge.

Cantor[80]) hat eine andere Ableitung der Gruppengeschwindigkeit gegeben, die in Größen erster Ordnung mit der Lord *Rayleigh*schen übereinstimmt.

Es muß jedoch noch die Beziehung der Gruppengeschwindigkeit zur Dispersionstheorie klargestellt werden, indem man durch ein *Fourier*sches Integral einen endlichen Wellenzug darstellt, an den sich bis ins Unendliche wellenfreies Gebiet anschließt. Die Ausbreitung eines solchen Wellenzuges in einem dispergierenden Medium ist zu untersuchen.

Von den übrigen Methoden zur Messung der Lichtgeschwindigkeit gibt die Beobachtung der Verfinsterung der Jupitertrabanten die Gruppengeschwindigkeit, die Aberration die Phasengeschwindigkeit.

Die verschiedenen Ergebnisse für die Lichtgeschwindigkeit sind folgende:

Beobachter	c in $\frac{\text{cm}}{\text{sec}}$
Encke, Astronomische Methoden	$3{,}08 \cdot 10^{10}$
Fizeau	$3{,}14 \cdot 10^{10}$
Foucault	$2{,}983 \cdot 10^{10}$
Cornu 1874	$2{,}985 \cdot 10^{10}$
Cornu 1878	$3{,}004 \cdot 10^{10}$
Michelson 1880	$2{,}9994 \cdot 10^{10}$ $\pm 0{,}0005 \cdot 10^{10}$
Michelson 1885	$2{,}9995 \cdot 10^{10}$
Newcomb 1885	$2{,}9986 \cdot 10^{10}$
Perrotin (Nizza 1900)	$2{,}999 \cdot 10^{10}$

Man sieht, daß die Lichtgeschwindigkeit c sehr gut mit den Werten der elektromagnetischen Messungen (vgl. p. 189) übereinstimmt.

Die zweite neue Beziehung der elektromagnetischen Lichttheorie,

79) *J. W. Gibbs,* Nature 33 (1886), p. 582.

80) *Cantor,* Ann. Phys. 24 (1907), p. 439.

nach der das Quadrat des Brechungsverhältnisses gleich der Dielektrizitätskonstante sein soll, konnte, so lange die Theorie der Dispersion fehlte, prinzipmäßig keine Gültigkeit beanspruchen. Indessen stimmten die zuerst in Betracht gezogenen Körper zufällig verhältnismäßig gut. *Maxwell*[81]) verglich die Zahlen bei Paraffin und fand

$$\sqrt{\varepsilon} = 1{,}405, \quad \nu = 1{,}422.$$

Boltzmann[82]) untersuchte Paraffin, Kolophonium und fand:

	ε	ν^2
Paraffin	2,32	2,33
Kolophonium	2,55	2,38

ferner Schwefel in drei verschiedenen Richtungen:

ε	ν^2
1,79	1,80
2,02	2,00
2,06	2,03,

schließlich verschiedene Gase, bei denen sich eine vortreffliche Übereinstimmung der Zahlen zeigte.

Nachdem indessen *Hopkinson*[83]) eine große Anzahl isolierender Substanzen geprüft hatte, zeigten sich bedeutende Abweichungen. So zeigen die meisten Öle und besonders die Gläser eine viel größere Dielektrizitätskonstante, als das Quadrat des Brechungsverhältnisses beträgt. Bei Gläsern schwankt sie zwischen 6 und 9,9.

Noch größer wurden die Abweichungen, als man lernte, die Dielektrizitätskonstante bei besser leitenden Substanzen zu messen, wie denn z. B. Wasser nach den Versuchen von *Cohn* und *Arons*[84]) den Wert $\varepsilon = 79$ hat.

Die neuere Dispersionstheorie hat auf diese Verhältnisse volles Licht geworfen.

Wir hatten p. 152 die Dispersionsformel

$$\nu^2 = C_0 + \frac{C_1}{\lambda^2 - \lambda_1^2} + \frac{C_2}{\lambda^2 - \lambda_2^2},$$

wenn die Dispersion durch zwei Absorptionstreifen bestimmt wird. Diese Formel hat fünf Konstanten. Wenn man diese durch die Be-

81) *J. C. Maxwell*, Electricity and magnetism 2, p. 398.

82) *L. Boltzmann*, Wien Ber. 66, 67, 68, 69, 70; Ann. Phys. Chem. 155 (1873), p. 407.

83) *Hopkinson*, London Phil. Mag. (2) (1881), p. 355—373.

84) *Cohn* u. *Arons*, Ann. Phys. Chem. 33 (1888), p. 20

obachtungen bestimmt, so hat man für $\lambda = \infty$ in

$$\varepsilon = C_0$$

die gewöhnliche Dielektrizitätskonstante.

Die Dispersion des Quarzes[85]) und des Flußspats[86]) läßt sich durch diese fünfkonstantige Formel darstellen.

Die Dielektrizitätskonstante des ersteren ist von *Curie*[87]) zu 4,5 bestimmt.

Das Quadrat des Brechungsverhältnisses im sichtbaren Spektrum ist im Mittel 2,4. Aus der Dispersionsformel ergibt sich[88])

$$\varepsilon = C_0 = 3{,}57.$$

Für Flußspat findet *Curie* als Dielektrizitätskonstante 6,8. Aus der Dispersionstheorie folgt

$$C_0 = \varepsilon = 6{,}09,$$

während das Quadrat des optischen Brechungsverhältnisses 2,07 beträgt.

So gibt hier die Theorie die Beobachtungen bereits mit bemerkenswerther Annäherung wieder.

Über die Reflexion und Brechung liegt ein sehr umfangreiches Beobachtungsmaterial vor, auf das wir nicht näher einzugehen brauchen. Es bezieht sich hauptsächlich auf die Phasenänderungen, welche das Licht bei der Reflexion erfährt. Während, wie wir oben gesehen haben, die gewöhnliche Reflexion an einem nicht absorbierenden Medium zu keiner Phasendifferenz Veranlassung gibt, hatte man auch an durchsichtigen Körpern solche beobachtet. Die Theorie dieser Beobachtungen fußt entweder auf der Annahme, daß doch auch bei durchsichtigen Medien etwas Absorption vorhanden ist, wie das namentlich bei stark brechenden Gläsern vorkommt, oder daß auf dem reflektierenden Medium Oberflächenschichten von verschiedenartigem optischen Verhalten liegen. Der Einfluß solcher Schichten ist besonders von *Drude*[89]) untersucht.

Die bei totaler Reflexion auftretende elliptische Polarisation ist ebenfalls vielfach untersucht. Auch das damit zusammenhängende Eindringen des Lichts ins zweite Medium. Von den verschiedenen Versuchen das letztere zu beweisen, sei nur der Versuch von *Voigt*[90])

85) *Rubens*, Ann. Phys. Chem. 53 (1894), p. 280—281.

86) *Paschen*, Ann. Phys. Chem. 53 (1894), p. 329, 812; Ann. Phys. Chem. 54 (1895), p. 668.

87) *Curie*, Ann. chim. phys. (6) 17 (1869), p. 385; 18, p. 203.

88) *P. Drude*, Ann. Phys. Chem. 43 (1891), p. 126.

89) *Voigt*, Ann. Phys. Chem. 67 (1899), p. 185; 68 (1899), p. 135.

90) *Drude*, Phys. Zeitschr. 1, p. 161; Lehrbuch der Optik, Leipzig 1900, Kap. IV u. V.

erwähnt, bei welchem Licht von zwei einen stumpfen Winkel bildenden Prismenflächen reflektiert wird. Dann tritt aus der Prismenkante ein feines Lichtbündel heraus.

Auch die Metalloptik wird durch die Theorie der Dispersion und Absorption im großen und ganzen richtig dargestellt[91]), wenngleich hier eine große Detailarbeit namentlich für die experimentelle Bestimmung der Dispersion übrig bleibt.

Die anomal dispergierenden Metalle folgen ganz gut der Theorie von *Drude*, p. 156. Auch der von der Theorie verlangte Zusammenhang zwischen den Reflexionskonstanten und dem Brechungs- und Absorptionsindex stimmt mit den Beobachtungen soweit überein, als die Genauigkeit der letzteren reicht. In der folgenden Tabelle sind einige Konstanten zusammengestellt. Die berechneten Werte von ν und k sind aus den beobachteten Reflexionskonstanten Haupteinfallswinkel α_0 und Hauptazimut h_0 bestimmt. Sie sind den Angaben von *Drude* entnommen.

Die beobachteten Werte von ν rühren von *Kundt*[92]) (K) und *Du Bois* und *Rubens* (B. u. R.)[93]) her. Sie sind aus den Ablenkungen des Lichtes durch sehr dünne Metallprismen bestimmt.

	σ	$\frac{2\pi}{n}\sigma$	ν berechnet		ν beobachtet (K)			α_0	h_0
			rot	gelb	rot	weiß	blau	gelb	gelb
Silber	60	1130	0,20	0,18		0,27		75° 42′	43° 35′
Gold	46	865	0,31	0,37	0,38	0,58	1,00	72° 18′	41° 39′
Kupfer	58	1090	0,58	0,64	0,45	0,65	0,95	71° 35′	38° 57′
Platin	14	263	2,16	2,06	1,76	1,64	1,44	78° 30′	32° 35′
Eisen	5	94	2,62	2,41	1,81	1,73	1,52	77° 3′	27° 49′
Nickel	3,1	53	1,89	1,79	2,17	2,01	1,85	76° 1′	31° 41′
Wismut	0,7	13	2,07	1,90	2,61	2,26	2,13	77° 3′	31° 58′

	k	νk		$\nu^2 k$		ν beobachtet (B u. R)			k[94]) beob.	k[95]) ber.
	gelb	rot	gelb	rot	gelb	rot	weiß	blau	%	%
Silber	20,3	3,67	3,96	0,81	0,67				93,6	95,3
Gold	7,7	3,15	2,82	0,96	1,03				88,2	85,1
Kupfer	4,1	3,15	2,62	1,8	1,7				89,0	73,2
Platin	2,1	4,46	4,26	9,6	8,7				—	70,1
Eisen	1,4	3,47	3,40	9,1	8,2	3,06	2,72	2,43	56,5	58,5
Nickel	1,9	3,32	3,55	6,7	6,0	2,04	1,93	1,71	66,0	—
Wismut	1,9	3,94	3,66	8,1	6,9				—	—

91) *Kundt*, Ann. Phys. Chem. 34 (1888), p. 469.

92) *Du Bois* u. *Rubens*, Ann. Phys. Chem. 41 (1890), p. 507.

94) *Hagen* u. *Rubens*, Ann. d. Phys. 1 (1900), p. 373.

95) *Drude*, Lehrbuch der Optik, Leipzig 1900, p. 338.

Für die Theorie des Lichtes von großer Wichtigkeit sind die Versuche *O. Wieners*[96]) über stehende Lichtwellen. Es gelang ihm durch Herstellung sehr dünner Kollodiumhäutchen, deren Dicke etwa nur $^1/_{20}$ der Wellenlänge des Natriumlichtes betrug, lichtempfindliche Schichten herzustellen, die die Wirkung einzelner Teile einer Lichtwelle herauszuschneiden erlauben. Eine solche Schicht wurde auf einen Silberspiegel gelegt, doch nicht genau parallel, sondern mit einer keilförmigen Luftschicht dazwischen. Fällt nun paralleles Licht durch die Schicht senkrecht auf den Silberspiegel, so entstehen durch das Zusammenwirken der auffallenden und reflektierten Strahlen stehende Lichtwellen. Diese Wellen werden von der lichtempfindlichen Schicht etwas schräg durchschnitten, die dadurch abwechselnd an Schwingungsknoten und Schwingungsbäuche gelangt. Es tritt dann in der Tat eine periodische Schwärzung der lichtempfindlichen Schicht beim Entwickeln auf, die von der Anwesenheit des Silberspiegels abhängt und sich dadurch als von stehenden Wellen herrührend kundgab. Besonders wichtig sind die Versuche, bei denen polarisiertes Licht unter 45° auf den Spiegel fiel, dem wieder das Kollodiumhäutchen nahe parallel war.

Hier zeigte sich, daß periodische Streifen auftraten, wenn die Polarisationsebene der Einfallsebene parallel war, dagegen eine gleichmäßige Schwärzung, wenn sie senkrecht auf der Einfallsebene stand. Nun steht die Polarisationsebene senkrecht auf dem elektrischen Vektor. Die periodischen Streifen treten also auf, wenn der elektrische Vektor senkrecht auf der Einfallsebene steht.

Wie wir p. 144 gesehen haben, muß der Vektor, der senkrecht zur Einfallsebene schwingt, periodischem Intensitätswechsel bei einem Einfallswinkel von 45° unterworfen sein. Die periodischen Streifen sind daher von dem elektrischen Vektor hervorgerufen, während der magnetische keine Wirkung hervorbringt. Die *Wiener*schen Versuche geben also das wichtige Ergebnis, daß die chemische Wirkung von dem elektrischen Vektor hervorgebracht wird.

Von großer Bedeutung sind die von der Strahlung hervorgerufenen ponderomotorischen Kräfte. In der thermodynamischen Theorie wurde bereits lange mit diesen aus der *Maxwell*schen Theorie gefolgerten Kräften operiert, bevor diese selbst wirklich beobachtet waren. In neuester Zeit ist es nun *Lebedew*[97]) und *Nicols* und *Hull*[98]) gelungen, den von der Strahlung ausgeübten Druck zu messen. Die

96) *O. Wiener*, Ann. Phys. Chem. 40 (1890), p. 201.

97) *Lebedew*, Ann. d. Phys. 6 (1901), p. 433.

98) *Nichols* and *Hull*, Phys. Review 13 (1901), p. 307.

Größenordnung stimmt mit der von der *Maxwell*schen Theorie geforderten überein. Die Schwierigkeit dieser Beobachtungen liegt besonders darin, daß die von der Erwärmung des Gases, das den von der Strahlung zu bewegenden Körper umgibt, herrührenden sogenannten radiometrischen Kräfte schwer zu beseitigen sind. Im äußersten Vakuum beobachtet man dann noch Kräfte, die von weiterer Verdünnung nicht mehr abhängig sind, also von der Anwesenheit der geringen Reste wägbarer Substanz nicht herrühren können.

(Abgeschlossen im November 1908.)

THEORIE DER MAGNETO-OPTISCHEN PHÄNOMENE.

VON **H. A. LORENTZ** IN LEIDEN.

Inhaltsübersicht.

Literatur.

A. Cotton, Le phénomène de *Zeeman* (Scientia), Paris 1900.

H. A. Lorentz, Théorie des phénomènes magnéto-optiques récemment découverts, Rapports présentés au Congrès international de physique, Paris, 1900, 3, p. 1.

C. Runge, Schwingungen des Lichtes im magnetischen Felde (in *H. Kayser*, Handbuch der Spektroskopie, Leipzig, 1902, 2, p. 611).

W. Voigt, Magneto- und Elektrooptik, Leipzig, 1908.

Einleitung.

29. Die zu behandelnden Erscheinungen. Für das Verständnis der Eigenschaften der Materie und die Ergründung des Zusammenhanges zwischen verschiedenen physikalischen Wirkungen sind diejenigen Erscheinungen von großer Bedeutung, bei welchen sich ein Einfluß äußerer Einwirkungen auf die optischen Eigenschaften der Körper kundgibt. Diese Einwirkungen können mechanischer, thermischer, elektrischer oder magnetischer Art sein. So werden im allgemeinen die optischen Konstanten durch äußere Kräfte und durch Erwärmung oder Abkühlung geändert, der Brechungsindex eines durchsichtigen isotropen Körpers z. B. in solcher Weise, daß er in erster Annäherung als eine Funktion der Dichte betrachtet werden kann. Einseitiger Druck oder Zug, wodurch die Isotropie, falls sie ursprünglich vorhanden war, verloren geht, hat bei festen Körpern eine Doppelbrechung zur Folge, und ähnliches beobachtet man bei gewissen Flüssigkeiten, wenn ihre Schichten sich übereinander verschieben. Ferner hat *Humphreys* durch seine Beobachtungen über die Verschiebung der Spektrallinien von Gasen bewiesen, daß Druckerhöhung die Lichtemission modifizieren kann, und hat man andere Verschiebungen, die, dem *Doppler*schen Prinzip gemäß, auf eine Bewegung der leuchtenden Teilchen zurückzuführen sind, in manchen Fällen wahrgenommen und zu wichtigen Schlüssen verwertet.

Was die Wirkung eines elektrischen Feldes betrifft, so äußert sich diese in einer von *Kerr* entdeckten Doppelbrechung in festen Körpern und Flüssigkeiten, sowie in den von *Pockels* untersuchten Änderungen des optischen Verhaltens von Kristallen.

Die Besprechung der genannten Wirkungen wird an anderen Stellen der Encyklopädie ihren Platz finden. (Vgl. V 26, Art. *Pockels* über Kristalloptik.) Hier soll nur die Rede sein von den magnetooptischen Erscheinungen, die experimentell und theoretisch so eingehend untersucht worden sind, daß es wohl angemessen erscheint, denselben einen eigenen Artikel zu widmen.

Die am längsten bekannte dieser Erscheinungen ist die 1846 von *Faraday* entdeckte magnetische Drehung der Polarisationsebene des Lichtes[1]). Ihr folgte im Jahre 1877 *Kerr*s Beobachtung[2]), daß Magnetisierung eines Eisenspiegels die Beschaffenheit des reflektierten Lichtes modifiziert, während endlich *Zeemans* Entdeckung der magnetischen Zerlegung der Spektrallinien[3]) der Ausgangspunkt einer langen Reihe von Untersuchungen wurde, die ganz besonders dazu geeignet sind, einen Einblick in den Mechanismus der Emission und Absorption zu eröffnen.

Im Interesse der Übersichtlichkeit wird in der folgenden Darstellung von einer chronologischen Anordnung Abstand genommen und der *Zeeman*-Effekt in den Vordergrund gestellt, wobei die Elek-

---

1) *M. Faraday*, On the magnetization of light and the illumination of magnetic lines of force, London Phil. Trans. 1846, Part. 1, p. 1; Experimental researches in electricity, 1855, 3, p. 1.

2) *J. Kerr*, On rotation of the plane of polarization by reflection from the pole of a magnet, Phil. Mag. (5) 3 (1877), p. 321; On reflection of polarized light from the equatorial surface of a magnet, Phil. Mag. (5) 5 (1878), p. 161.

3) *P. Zeeman*, Over den invloed eener magnetisatie op den aard van het door een stof uitgezonden licht, Zittingsverslag Amsterdam 5 (1896), p. 181, 242 [übers. in Phil. Mag. (5) 43 (1897), p. 226]; Doublets and triplets in the spectrum produced by external magnetic forces, Phil. Mag. (5) 44 (1897), p. 55, 255; Measurements concerning radiation phenomena in the magnetic field, ibidem 45 (1898), p. 197.

tronentheorie, die sich hier bis zu einem gewissen Punkte als sehr nützlich erwiesen hat, zugrunde gelegt wird. Indes werden sich auch mehr phänomenologisch gehaltene Betrachtungen hineinmischen, deren Zweckmäßigkeit sich namentlich in der Behandlung des magneto-optischen *Kerr*-Effektes zeigen wird.

30. Benennungen und Bezeichnungen. Die Bezeichnungen schließen sich an die in den Art. V 13, 14 und dem vorangehenden Teil von 22 benutzten an. Es bedeutet also v eine Geschwindigkeit, c die Geschwindigkeit des Lichtes im Äther, $\mathfrak{E}$ die elektrische und $\mathfrak{H}$ die magnetische Kraft. Zur Unterscheidung wird aber die Kraft des als konstant und homogen gedachten äußeren Feldes, welches die zu betrachtenden Wirkungen hervorruft, (als Vektor) mit $\mathbf{H}$ bezeichnet. Ein H schreiben wir wenn, wie oft stillschweigend vorausgesetzt wird, die z-Achse die Richtung des Feldes hat; die Kraft kann dabei noch positiv oder negativ sein.

Unter „quasi-elastischen“ Kräften werden die Kräfte unbekannter Natur verstanden, die ein schwingendes Teilchen nach der Gleichgewichtslage hin zurück zu treiben bestrebt sind; es wird angenommen, daß sie der Verrückung aus dieser Lage proportional sind, und der Proportionalitätsfaktor wird f genannt; desgleichen g die Konstante, die einen der Geschwindigkeit proportional gesetzten Widerstand bestimmt. Das Zeichen für eine Masse ist m, das für die Ladung eines Elektrons e.

Mit den Schwingungen des Lichtes werden immer die elektrischen Schwingungen gemeint (auf welchen die Polarisationsebene senkrecht steht) und ein Strahl wird charakterisiert durch die Frequenz n (d. h. die Anzahl Schwingungen in der Zeit 2π). Dasselbe Zeichen dient auch, um eine Stelle im Spektrum anzugeben; auf der „positiven“ Seite einer solchen liegen die höheren Frequenzen. Ist n ein bestimmter Wert und hat eine Funktion φ für jeden Wert von ν die Eigenschaft $\varphi(n+\nu)=\varphi(n-\nu)$, so sagen wir, daß sie symmetrisch zu der Stelle n verteilt ist; dagegen reden wir von einer entgegengesetzt symmetrischen Verteilung, wenn $\varphi(n+\nu)=-\varphi(n-\nu)$ ist. Als Maß für die Entfernung zweier Punkte im Spektrum soll die Differenz der betreffenden Frequenzen dienen.

Weitere abgekürzte Ausdrücke bedürfen kaum der Erklärung. Wenn es sich z. B. um den Brechungsindex μ oder den Absorptionsindex h eines Körpers für Licht von der Frequenz n handelt, so kann man füglich von den Werten von μ und h an der Stelle n des Spektrums reden. Ebenso liegt es auf der Hand, daß als Lage eines Spektralstreifens von gewisser Breite die Lage des Maximums der Emission oder Absorption angegeben wird.

Es möge auch noch daran erinnert werden, daß eine zirkulare Polarisation links genannt wird, wenn die Umlaufsrichtung der Fortpflanzungsrichtung entspricht (Art. V 13, Nr. **3**).

Schießlich sei festgesetzt, daß, wenn u irgend eine komplexe Größe bedeutet, die mit ihr konjugierte Größe mit $\bar{u}$ bezeichnet werden soll.

I. Direkter Zeeman-Effekt.

31. Strahlung eines schwingenden Elektrons und eines Systems von Elektronen. Aus den Grundgleichungen der Elektronentheorie folgt (Art. V 14, Nr. **18**), daß ein Elektron jedesmal dann zu einem Strahlungszentrum wird, wenn seine Geschwindigkeit sich entweder in Richtung oder in Größe ändert; führt es einfache Schwingungen aus, so pflanzen sich solche von dem Teilchen aus nach allen Richtungen hin fort (Art. V 14, Nr. **14**). Dabei gelten folgende Sätze, in welchen vorausgesetzt ist, daß die Verrückung des Elektrons aus der Gleichgewichtslage sowohl gegen die Wellenlänge wie auch gegen die Entfernung zu dem Punkte, wo man die Strahlung betrachtet, sehr klein ist.

a) Zerlegt man die Schwingung des Elektrons in einige Komponenten, so erhält man die Strahlung durch Superposition derjenigen Strahlungen, die bestehen würden, wenn das Teilchen jedesmal nur eine der Teilschwingungen ausführte.

b) Die Strahlung, welche ein Elektron O in einem entfernten Punkt P hervorruft, ist derjenigen Teilbewegung zuzuschreiben, die man erhält, wenn man die Bewegung des Elektrons auf eine durch O senkrecht zu OP gelegte Ebene projiziert. Ist diese projizierte Schwingung S geradlinig, dann ist das Licht in P geradlinig polarisiert, mit den Schwingungen in der Richtung von S. Ist dagegen die Bahn der Projektion eine Ellipse E, so ist das Licht in P elliptisch polarisiert; der Endpunkt des elektrischen Lichtvektors beschreibt eine Bahn, die der Ellipse E ähnlich ist, gleiche Lage wie sie hat, und in derselben Richtung durchlaufen wird.

Auch die Strahlung eines Teilchens (Atom, Molekül), das eine gewisse Anzahl schwingender Elektronen enthält, läßt sich in einfacher Weise angeben, wenn man annimmt, daß die Entfernungen zwischen den einzelnen Elektronen sehr klein sind im Vergleich mit der Wellenlänge und mit der Entfernung bis zur betrachteten Stelle. Dann kann man das ganze System durch ein einziges schwingendes Elektron, das seine Gleichgewichtslage in irgend einem Punkte des Teilchens hat, ersetzen. Zur Bestimmung der Komponenten $\mathfrak{x}, \mathfrak{y}, \mathfrak{z}$ der Verschiebung dieses „äquivalenten Elektrons“, dem wir die beliebige Ladung $\mathfrak{e}$ beilegen, dienen die Gleichungen

$$(1) \qquad \mathfrak{e}\mathfrak{x} = \Sigma e\xi, \quad \mathfrak{e}\mathfrak{y} = \Sigma e\eta, \quad \mathfrak{e}\mathfrak{z} = \Sigma e\zeta,$$

in welchen die Summen sich auf die einzelnen Elektronen beziehen, und für jedes derselben die Verrückung aus seiner Gleichgewichtslage mit (ξ, η, ζ) bezeichnet ist. Die Größen (1) können auch als die Komponenten des elektrischen Momentes des Teilchens betrachtet werden.

Die Formeln vereinfachen sich zu

$$\mathfrak{x} = \Sigma\xi, \quad \mathfrak{y} = \Sigma\eta, \quad \mathfrak{z} = \Sigma\zeta,$$

wenn man allen Elektronen die gleiche Ladung e zuschreibt und auch $\mathfrak{e} = e$ setzt.

Übrigens kann man (1) auch dann anwenden, wenn die Ladungen nicht in einzelnen Elektronen konzentriert, sondern kontinuierlich über einen Raum oder eine Fläche verbreitet sind; nur hat man dann die Summen durch Integrale zu ersetzen.

Das Vorstehende genügt, um bei gegebener Bewegung der Ladungen die Strahlung zu berechnen. Wie nun die Bewegung durch ein magnetisches Feld beeinflußt wird, ergibt sich aus dem Satze, daß bewegte Ladung eine „elektromagnetische“ Kraft erleidet, die pro Einheit der Ladung durch

$$(2) \qquad \frac{1}{c}[\mathfrak{v} \cdot \mathbf{H}]$$

gegeben ist (Art. V 14, Nr. 3).

32. Elementare Theorie des Zeeman-Effektes. Ein leuchtendes Teilchen enthalte ein einziges bewegliches Elektron, das unter dem Einfluß einer quasi-elastischen Kraft schwingt. Das allgemeine Integral der Bewegungsgleichungen

$$m\ddot{\xi} = -f\xi + \frac{eH}{c}\dot{\eta},$$
$$m\ddot{\eta} = -f\eta - \frac{eH}{c}\dot{\xi},$$
$$m\ddot{\zeta} = -f\zeta$$

setzt sich zusammen aus den partikularen Lösungen

$$(3) \qquad \xi = a_1\cos(n_1 t + p_1), \quad \eta = a_1\sin(n_1 t + p_1),$$

$$(4) \qquad \xi = a_2\cos(n_2 t + p_2), \quad \eta = -a_2\sin(n_2 t + p_2),$$

$$\zeta = a_3\cos(n_0 t + p_3).$$

Hier sind $a_1, a_2, a_3, p_1, p_2, p_3$ Integrationskonstanten, während die Frequenzen bestimmt werden durch

$$n_0^2 = \frac{f}{m},$$

$$n_1^2 = n_0^2 - \frac{eH}{cm} n_1, \quad n_2^2 = n_0^2 + \frac{eH}{cm} n_2 .$$

Die Bewegung längs der z-Achse hat also die Frequenz n_0, welche bei Abwesenheit des Feldes allen Schwingungen zukommen würde. Senkrecht zu den Kraftlinien können die in entgegengesetzter Richtung stattfindenden kreisförmigen Schwingungen (3) und (4) ausgeführt werden, für deren Frequenzen man, wenn eH/cm viel kleiner als n_0 ist, schreiben darf

$$n_1 = n_0 - \nu, \quad n_2 = n_0 + \nu, \quad \nu = \frac{eH}{2cm}. \tag{5}$$

Bei spektraler Zerlegung des senkrecht zu den Kraftlinien ausgestrahlten Lichtes sieht man, statt der ursprünglichen Linie, ein Triplet von äquidistanten Linien, deren mittlere die Lage n_0 hat. Während in dem Lichte dieser Komponente die Schwingungen die Richtung des Feldes haben, stehen sie bei den äußeren Komponenten senkrecht zu den Kraftlinien.

In dem Spektrum des in der Richtung OZ ausgestrahlten Lichtes erscheinen nur die Linien (5); sie sind jetzt zirkular polarisiert, und zwar, wie man aus (3) und (4) ersieht, die erste links und die zweite rechts. Da nun *Zeeman* fand, daß bei der genannten Beobachtungsrichtung, wenn H positiv ist, die links zirkular polarisierte Komponente die größere Frequenz hat, schloß er, daß e negativ ist. Die Spektrallinien haben ihren Ursprung in der Bewegung *negativer* Elektronen.

Aus der gemessenen Entfernung der Komponenten eines Triplets oder Duplets, in Verbindung mit der Feldstärke H, kann man das Verhältnis e/m ableiten; man gelangt dabei zu Werten, die mit den auf anderen Wegen gefundenen der Größenordnung nach übereinstimmen. Es muß indes bemerkt werden, daß es unter den vielen beobachteten Triplets manche gibt, für welche die Gleichungen (5) zu mehr oder weniger verschiedenen Werten von e/m führen. Will man also an der oft vertretenen Auffassung, daß alle negativen Elektronen gleich seien, festhalten, so kann die elementare Theorie nicht alle jene Triplets erklären.

33. Schwingungen eines beliebigen mit elektrischen Ladungen versehenen Teilchens. Der Umstand, daß viele Linien durch das magnetische Feld in mehr als drei Komponenten zerlegt werden (man hat sogar 19 Komponenten beobachtet), hat dazu geführt, die Schwingungen von Teilchen mit komplizierterem Bau zu untersuchen[4]).

Beschränkt man sich auf sehr kleine Abweichungen aus einer Lage stabilen Gleichgewichtes, so können die *Lagrange*schen Koordinaten $p_1, \ldots, p_\mu, \ldots, p_m$ so gewählt werden, daß sie in der Gleichgewichtslage Null sind, und daß die den quasi-elastischen Kräften entsprechende potentielle Energie U und die kinetische Energie T sich darstellen lassen in der Form

$$U = \tfrac{1}{2}(f_1 p_1^2 + f_2 p_2^2 + \cdots + f_m p_m^2),$$
$$T = \tfrac{1}{2}(m_1 \dot{p}_1^2 + m_2 \dot{p}_2^2 + \cdots + m_m \dot{p}_m^2),$$

wo f und m positive Konstanten sind.

Aus den *Lagrange*schen Bewegungsgleichungen folgt dann, bei Abwesenheit eines magnetischen Feldes, die Möglichkeit von m Bewegungsweisen, indem jede Koordinate für sich als eine einfach periodische Funktion der Zeit variieren kann, und zwar hat man für die Frequenzen dieser Grundschwingungen

$$n_1^2 = \frac{f_1}{m_1}, \ldots, n_\mu^2 = \frac{f_\mu}{m_\mu}, \ldots, n_m^2 = \frac{f_m}{m_m}.$$

Die Wirkung eines Feldes $\mathbf{H}$ auf die sich bewegenden Ladungen hat jetzt gewisse, den Koordinaten $p_1, p_2, \ldots$ entsprechende Kräfte $P_1, P_2, \ldots$ zur Folge, und wenn man um der Allgemeinheit willen (unter einer naheliegenden vereinfachenden Annahme) Widerstandskräfte einführt, so erhält man die Bewegungsgleichungen

$$m_1 \ddot{p}_1 = -f_1 p_1 - m_1 g_1 \dot{p}_1 + P_1,$$
$$m_2 \ddot{p}_2 = -f_2 p_2 - m_2 g_2 \dot{p}_2 + P_2,$$
$$\cdots\cdots\cdots\cdots$$
$$m_m \ddot{p}_m = -f_m p_m - m_m g_m \dot{p}_m + P_m.$$

Aus dem Ausdruck (2) kann man ableiten, daß $P_1, P_2, \ldots$ homogene lineare Funktionen der Geschwindigkeitskomponenten $\dot{p}_1, \dot{p}_2, \ldots$ sind. Berücksichtigt man ferner, daß, wie (2) zeigt, die elektromagnetischen Kräfte bei der wirklichen Bewegung keine Arbeit leisten, so gelangt man zu folgendem Ansatz

$$(6)\quad \begin{cases} P_1 = c_{12}\dot{p}_2 + c_{13}\dot{p}_3 + \cdots + c_{1m}\dot{p}_m, \\ P_2 = c_{21}\dot{p}_1 + c_{23}\dot{p}_3 + \cdots + c_{2m}\dot{p}_m, \\ \cdots\cdots\cdots\cdots \end{cases}$$

4) *H. A. Lorentz,* Über den Einfluß magnetischer Kräfte auf die Emission des Lichtes, Ann. Phys. Chem. 63 (1897), p. 278; Beschouwingen over den invloed van een magnetisch veld op de uitstraling van licht, Zittingsverslag Amsterdam 7 (1898), p. 113.

wo in P_μ ein Glied mit $\dot{p}_\mu$ fehlt, während zwischen den Koeffizienten die Beziehungen

$$c_{\gamma\mu} = - c_{\mu\gamma} \tag{7}$$

bestehen.

Die Koeffizienten sind homogene lineare Funktionen von H_x, H_y, H_z, im übrigen aber (bei kleinen Schwingungen) Konstanten. Ihre Form läßt sich angeben, wenn man beachtet, *erstens* daß kleine Verschiebungen ξ, η, ζ der Ladungselemente (Elektronen) sich darstellen lassen durch

$$\xi = \frac{\partial \xi}{\partial p_1} p_1 + \frac{\partial \xi}{\partial p_2} p_2 + \cdots, \text{ usw.}, \tag{8}$$

wo unter den Differentialquotienten die Werte in der Gleichgewichtslage, also Konstanten, zu verstehen sind, und daß daher für die wirkliche Bewegung

$$\dot{\xi} = \frac{\partial \xi}{\partial p_1} \dot{p}_1 + \frac{\partial \xi}{\partial p_2} \dot{p}_2 + \cdots, \text{ usw.},$$

und für eine virtuelle Verrückung

$$\delta \xi = \frac{\partial \xi}{\partial p_1} \delta p_1 + \frac{\partial \xi}{\partial p_2} \delta p_2 + \cdots, \text{ usw.}$$

ist; *zweitens*, daß die rechtwinkligen Komponenten der elektromagnetischen Kräfte sich aus (2) ergeben, und *drittens*, daß $P_\mu \delta p_\mu$ die Arbeit dieser Kräfte bei den durch δp_μ bestimmten Verrückungen bedeutet. Für den Fall, daß die Ladungen in Elektronen konzentriert sind, erhält man

$$c_{\gamma\mu} = \frac{\mathsf{H}_x}{c} \Sigma e \left(\frac{\partial \eta}{\partial p_\gamma} \frac{\partial \zeta}{\partial p_\mu} - \frac{\partial \zeta}{\partial p_\gamma} \frac{\partial \eta}{\partial p_\mu} \right) + \frac{\mathsf{H}_y}{c} \Sigma e \left(\frac{\partial \zeta}{\partial p_\gamma} \frac{\partial \xi}{\partial p_\mu} - \frac{\partial \xi}{\partial p_\gamma} \frac{\partial \zeta}{\partial p_\mu} \right) + \frac{\mathsf{H}_z}{c} \Sigma e \left(\frac{\partial \xi}{\partial p_\gamma} \frac{\partial \eta}{\partial p_\mu} - \frac{\partial \eta}{\partial p_\gamma} \frac{\partial \xi}{\partial p_\mu} \right),$$

wo die Summen sich auf die verschiedenen Elektronen beziehen.

Substitution der Werte (6) in die Bewegungsgleichungen führt auf ein System homogener linearer Differentialgleichungen, in welchen die Koordinaten p, oder die denselben entsprechenden Freiheitsgrade, die für $\mathsf{H} = 0$ unabhängig voneinander sind, „magnetisch miteinander gekoppelt" erscheinen.

Um eine partikulare Lösung zu finden, setze man

$$p_1 = q_1 e^{int}, \quad p_2 = q_2 e^{int}, \ldots \tag{9}$$

mit den näher zu bestimmenden, im allgemeinen komplexen Konstanten $q_1, q_2, \ldots$; eine wirkliche Bewegung des Teilchens ergibt sich dann, wenn man schließlich für $p_1, p_2, \cdots$ die reellen Teile dieser Ausdrücke nimmt.

Man findet zunächst

$$(10)\qquad \begin{cases} m_1 s_1 q_1 + i c_{12} q_2 + \cdots + i c_{1m} q_m = 0, \\ i c_{21} q_1 + m_2 s_2 q_2 + \cdots + i c_{2m} q_m = 0, \\ \cdot\ \cdot\ \cdot\ \cdot\ \cdot\ \cdot\ \cdot\ \cdot\ \cdot\ \cdot\ \cdot\ \cdot\ \cdot\ \cdot \\ i c_{m1} q_1 + i c_{m2} q_2 + \cdots + m_m s_m q_m = 0, \end{cases}$$

$$s_\mu = n - \frac{n_\mu^2}{n} - i g_\mu,$$

und sodann, nach Elimination der „komplexen Amplituden" $q_1, q_2, \ldots$,

$$(11)\qquad \begin{vmatrix} m_1 s_1, & i c_{12}, & \ldots, & i c_{1m} \\ i c_{21}, & m_2 s_2, & \ldots, & i c_{2m} \\ \cdot & \cdot & \cdot & \cdot \\ i c_{m1}, & i c_{m2}, & \ldots, & m_m s_m \end{vmatrix} = 0.$$

Diese Gleichung liefert die Werte von n und jeder Wurzel derselben entsprechen nach (10) bestimmte Verhältnisse zwischen $q_1, q_2, \ldots, q_m$.

Für $\mathbf{H} = 0$ zerfällt (11) in

$$s_1 = 0,\ s_2 = 0, \ldots, s_m = 0.$$

34. Freiheitsgrade von gleicher Frequenz. Eine Spektrallinie kann nur dann durch die magnetischen Kräfte *zerlegt* werden, wenn bei Abwesenheit des Feldes einige Grundschwingungen gleiche Frequenz haben. Wird nämlich eine Linie in k Komponenten gespaltet, so ist klar, daß bei allmählichem Verschwinden des Feldes diese Komponenten zusammenfallen, und daß also die ursprüngliche Spektrallinie als eine k-fache zu betrachten ist.

Es mögen die ersten k der Frequenzen n_μ den gemeinsamen Wert n_0 haben, und zu gleicher Zeit

$$g_1 = g_2 = \cdots = g_k = g$$

sein. Dann gibt es k gleiche Werte von n, welche die Größen $s_1, s_2, \ldots, s_k$ zum Verschwinden bringen. Nach Erregung des Feldes treten statt dieser k Wurzeln eine gleiche Anzahl anderer, nicht unter sich gleicher auf, und für jede derselben werden die unter sich gleichen Größen $s_1, s_2 \ldots, s_k$ von Null verschieden sein.

Die Erfahrung hat gelehrt, daß der Einfluß des Magnetfeldes auf die Frequenzen immer sehr gering ist. Somit kann man sämtliche Koeffizienten $c_{\gamma\mu}$ als sehr klein betrachten, und wenn man unter n einen der soeben genannten k Werte versteht, so kann man annehmen, daß auch $s_1, s_2 \ldots, s_k$ sehr klein sind, während $s_{k+1}, \ldots, s_m$ erheblich größere Werte haben.

Hieraus folgt zweierlei. *Erstens* kann man sich in erster Annäherung bei Entwicklung der Determinante (11) auf diejenigen Glieder beschränken, in denen keine einzige der Größen $s_{k+1}, \ldots, s_m$ fehlt. Die Gleichung (11) verwandelt sich demnach in

$$s_{k+1}, \ldots, s_m \begin{vmatrix} m_1 s_1', & ic_{12}, & \ldots, & ic_{1k} \\ ic_{21}, & m_2 s_2, & \ldots, & ic_{2k} \\ \cdot & \cdot & \cdot & \cdot \\ ic_{k1}, & ic_{k2}, & \ldots, & m_k s_k \end{vmatrix} = 0,$$

oder, wenn wir für die gleichen Größen $s_1, s_2 \ldots, s_k$ das Zeichen s einführen, so daß

$$s = n - \frac{n_0^2}{n} - ig \tag{12}$$

ist,

$$\begin{vmatrix} m_1 s, & ic_{12}, & \ldots, & ic_{1k} \\ ic_{21}, & m_2 s, & \ldots, & ic_{2k} \\ \cdot & \cdot & \cdot & \cdot \\ ic_{k1}, & ic_{k2}, & \ldots, & m_k s \end{vmatrix} = 0. \tag{13}$$

Zweitens folgt aus den letzten $m - k$ der Formeln (10), daß die Größen $q_{k+1}, \ldots, q_m$ sehr klein gegen $q_1, q_2, \ldots, q_k$ sind. Man darf daher die ersten k jener Gleichungen ersetzen durch

$$\left\{ \begin{array}{l} m_1 s q_1 + ic_{12} q_2 + \cdots + ic_{1k} q_k = 0, \\ ic_{21} q_1 + m_2 s q_2 + \cdots + ic_{2k} q_k = 0, \\ \cdot \quad \cdot \quad \cdot \quad \cdot \quad \cdot \quad \cdot \quad \cdot \quad \cdot \quad \cdot \quad \cdot \\ ic_{k1} q_1 + ic_{k2} q_2 + \cdots + m_k s q_k = 0, \end{array} \right. \tag{14}$$

was auch wieder auf (13) zurückführt.

Zusammenfassend kann man sagen, daß man in der Untersuchung der Bewegungszustände, welche den Freiheitsgraden gleicher Frequenz entsprechen, ganz von den übrigen Freiheitsgraden abstrahieren kann.

Nachdem man die Werte von s bestimmt hat, die der Gleichung (13) genügen, erhält man für jeden derselben aus (12) einen Wert von n, und aus (14) bestimmte Verhältnisse zwischen $q_1, q_2, \ldots, q_k$.

35. Allgemeine Sätze über magnetische Zerlegungen. a) Die Gleichung (13) liefert für s reelle Werte.

Ist nämlich s eine Wurzel, so kann den Formeln (14) durch Werte von $q_1, q_2, \ldots, q_k$ genügt werden. Man addiere nun diese Gleichungen, nachdem man sie mit $\bar{q}_1, \bar{q}_2, \ldots, \bar{q}_k$ (Nr. **30**) multipliziert hat. Der Koeffizient von s in der resultierenden Gleichung wird reell, und ebenso, wegen der Beziehungen (7), der von s unabhängige Ausdruck. Folglich muß s reell sein.

b) Mit Rücksicht auf (7) kann man ferner schließen, daß die Wurzeln s paarweise gleich und von entgegengesetztem Vorzeichen sind. Zwei solche Wurzeln nennen wir konjugiert und die denselben entsprechenden Schwingungen konjugierte Bewegungsweisen. Ist k ungerade, so hat eine Wurzel den Wert Null.

c) Die durch (14) bestimmten Verhältnisse zwischen den Amplituden $q_1, q_2, \ldots, q_k$ verwandeln sich in die mit ihnen konjugierten komplexen Größen, wenn man von einer Wurzel s zu der mit ihr konjugierten übergeht. Einem Werte $s = 0$ entsprechen reelle Verhältnisse zwischen $q_1, q_2, \ldots, q_k$.

d) Nach Umkehrung des Feldes hat die Gleichung (13) dieselben Wurzeln wie zuvor, einer Wurzel s entsprechen dann aber diejenigen Werte der Verhältnisse zwischen den komplexen Amplituden, die vorher zu der Wurzel $-s$ gehörten.

e) Berücksichtigt man die Formeln (1) und (8), so sieht man, daß die Koordinaten $\mathsf{x}, \mathsf{y}, \mathsf{z}$ des äquivalenten Elektrons sich als homogene lineare Funktionen von $p_1, p_2, \ldots, p_k$ mit reellen Koeffizienten darstellen lassen; somit führt Substitution der Werte (9) zu komplexen Ausdrücken für $\mathsf{x}, \mathsf{y}, \mathsf{z}$, deren reelle Teile die wirklichen Werte dieser Verschiebungen liefern. Zunächst soll mit diesen komplexen Ausdrücken gerechnet werden, so daß

$$\mathsf{x} = \varphi e^{int}, \quad \mathsf{y} = \psi e^{int}, \quad \mathsf{z} = \chi e^{int} \tag{15}$$

ist, wo φ, ψ, χ homogene lineare Funktionen und zwar mit reellen Koeffizienten, von $q_1, q_2, \ldots, q_k$ sind. Die Verhältnisse zwischen φ, ψ, χ hängen daher von denen zwischen $q_1, q_2, \ldots, q_k$ ab, und verwandeln sich ebenso wie diese in die konjugiert komplexen Größen, wenn man eine Wurzel s mit der Wurzel $-s$ vertauscht

Nachdem man die Ausdrücke für φ, ψ, χ gebildet hat, kann man eine der Größen $\mathsf{x}, \mathsf{y}, \mathsf{z}$ — sie möge r heißen — herausgreifen und die beiden anderen, sowie die Koordinaten $p_1, p_2, \ldots, p_k$ alle in der Form hr darstellen. Von den Größen h gilt, was von den obengenannten Verhältnissen gesagt wurde, und man kann noch hinzufügen, daß dieselben Werte aller Verhältnisse, die bei *einer* Richtung des Feldes mit einer Wurzel s verbunden sind, bei der entgegengesetzten Feldrichtung zu der Wurzel $-s$ gehören.

Ändert sich die Stärke des Feldes bei festgehaltener Richtung, so ändern sich alle Koeffizienten $c_{\gamma\varkappa}$ und alle Wurzeln s proportional zu $|\mathbf{H}|$. Dabei behalten aber die einer bestimmten Wurzel entsprechenden Verhältnisse h ihre Werte. Auch von den Widerständen g sind sie unabhängig.

f) Für spätere Zwecke ist es nützlich, hier einige Beziehungen zwischen den genannten Verhältnissen anzuführen.

Wir unterscheiden die k partikularen Lösungen des Gleichungssystems durch eine Ordnungszahl $\varkappa$, und versehen die sich auf eine bestimmte Lösung beziehenden Größen mit einem Index $(\varkappa)$, den wir den betreffenden Buchstaben oben anhängen. Es ist also $s^{(\varkappa)}$ eine ausgewählte Wurzel der Gleichung (13). Ferner bezeichne man die für den Bewegungszustand $\varkappa$ gewählte Größe r mit $r^{(\varkappa)}$ und setze für diesen Zustand

$$(16)\qquad \mathsf{x} = \alpha^{(\varkappa)} r^{(\varkappa)}, \quad \mathsf{y} = \beta^{(\varkappa)} r^{(\varkappa)}, \quad \mathsf{z} = \gamma^{(\varkappa)} r^{(\varkappa)},$$

$$(17)\qquad p_1 = a_1^{(\varkappa)} r^{(\varkappa)}, \; p_2 = a_2^{(\varkappa)} r^{(\varkappa)}, \ldots, p_k = a_k^{(\varkappa)} r^{(\varkappa)}.$$

Man hat dann zunächst wegen der Gleichungen (9) und (14)

$$(18)\qquad \left\{\begin{array}{l} m_1 s^{(\varkappa)} a_1^{(\varkappa)} + i c_{12} a_2^{(\varkappa)} + \cdots + i c_{1k} a_k^{(\varkappa)} = 0, \\ i c_{21} a_1^{(\varkappa)} + m_2 s^{(\varkappa)} a_2^{(\varkappa)} + \cdots + i c_{2k} a_k^{(\varkappa)} = 0, \\ \cdot \quad \cdot \quad \cdot \quad \cdot \quad \cdot \quad \cdot \quad \cdot \quad \cdot \quad \cdot \quad \cdot \\ i c_{k1} a_1^{(\varkappa)} + i c_{k2} a_2^{(\varkappa)} + \cdots + m_k s^{(\varkappa)} a_k^{(\varkappa)} = 0, \end{array}\right.$$

und ferner nach (1) und (8)

$$(19)\qquad \mathsf{e}\alpha^{(\varkappa)} = a_1^{(\varkappa)} \sum e \frac{\partial \xi}{\partial p_1} + a_2^{(\varkappa)} \sum e \frac{\partial \xi}{\partial p_2} + \cdots + a_k^{(\varkappa)} \sum e \frac{\partial \xi}{\partial p_k}, \text{ usw.}$$

Für die Ordnungszahl der Lösung, die mit der durch $\varkappa$ angedeuteten konjugiert ist, wird im folgenden $\varkappa'$ geschrieben. Es ist daher

$$s^{(\varkappa')} = -s^{(\varkappa)}, \quad \alpha^{(\varkappa')} = \bar{\alpha}^{(\varkappa)}, \ldots a_1^{(\varkappa')} = \bar{a}_1^{(\varkappa)}, \ldots.$$

g) Man sehe jetzt von den Widerständen g ab. Dann hat man nach (12)

$$(20)\qquad s^{(\varkappa)} = n^{(\varkappa)} - \frac{n_0^2}{n^{(\varkappa)}},$$

oder da, wie die Erfahrung zeigt, $s^{(\varkappa)}$ sehr klein gegen n_0 ist,

$$(21)\qquad n^{(\varkappa)} = n_0 + \tfrac{1}{2} s^{(\varkappa)},$$

so daß $\frac{1}{2}s^{(\varkappa)}$ den Einfluß des Magnetfeldes auf die Frequenz angibt. Indem nun in dieser Weise jeder Wurzel $s^{(\varkappa)}$ von (13) eine Komponente der ursprünglichen Spektrallinie entspricht, gibt es im ganzen k Komponenten, deren Entfernungen von n_0 der Feldstärke proportional sind, und die symmetrisch zu n_0 liegen. Für ein ungerades k hat die mittlere die Lage n_0.

h) Für jede Komponente kann man die Bewegung des äquivalenten Elektrons ins Auge fassen. Nach den Gleichungen (15) ist sie, da $n^{(\varkappa)}$ jetzt reell wird, eine ungedämpfte Schwingung mit bestimmten Amplitudenverhältnissen und Phasendifferenzen zwischen den drei Komponenten; folglich ist die Bahn eine Ellipse von bestimmter Gestalt und Lage. Während diese nun für die k Bewegungszustände sehr verschieden sein kann, unterscheiden sich zwei konjugierte

Lösungen $\varkappa$ und $\varkappa'$, also zwei gleichweit von n_0 liegende Komponenten, nur durch entgegengesetzte Richtungen des Umlaufs und verschiedene Umlaufszeit. Dabei ist noch zu bemerken, daß dieselbe Frequenz, die bei *einer* Richtung des Feldes zu einer bestimmten Umlaufsrichtung gehört, nach Umkehrung des Feldes bei der entgegengesetzten Bewegungsrichtung vorkommt.

Die Bahn des äquivalenten Elektrons wird zu einer geraden Linie, wenn $s^{(\varkappa)} = 0$.

Die Verhältnisse zwischen den Größen $p_1, p_2, \ldots, p_k$, $\mathfrak{x}$, $\mathfrak{y}$, $\mathfrak{z}$, von welchen die Lage und die Gestalt der soeben genannten Ellipse, sowie auch die Bewegungsrichtung in derselben abhängen, bestimmen, was wir die Schwingungsform nennen. Es gibt demnach k verschiedene Schwingungsformen. Sie haben jetzt, da es sich um freie Schwingungen handelt, jede ihre eigene Frequenz; durch äußere Kräfte erregte Schwingungen können aber in jeder Form mit beliebig gegebener Frequenz stattfinden (Nr. **37**). Ferner ist zu bemerken, daß auch dann, wenn kein Feld besteht, die Bewegung sich auf die k genannten Schwingungsformen zurückführen läßt.

i) Für $k = 2$ sind die Wurzeln von (13)

$$\pm \frac{c_{12}}{\sqrt{m_1 m_2}},$$

und für $k = 3$

$$0 \quad \text{und} \quad \pm \sqrt{\frac{c_{12}^2}{m_1 m_2} + \frac{c_{23}^2}{m_2 m_3} + \frac{c_{31}^2}{m_3 m_1}}.$$

Wenn man annimmt, daß die Koeffizienten m stets von derselben Größenordung $\mathfrak{m}$ sind, und ebenso bei einer bestimmten Feldstärke die Koeffizienten $c_{\gamma\varkappa}$ von der Größenordnung $\mathfrak{c}$, so werden der Größenordnung nach die Werte $s^{(\varkappa)}$ durch $\mathfrak{c}/\mathfrak{m}$, und also auch die Entfernungen zwischen den magnetischen Komponenten durch

$$\nu = \frac{\mathfrak{c}}{\mathfrak{m}}$$

gegeben.

36. Wechselwirkung zwischen zwei Spektrallinien. Nach dem Vorstehenden hat ein magnetisches Feld keinen Einfluß auf die Frequenz, wenn ein leuchtendes Teilchen nur *einen* Freiheitsgrad hat. Dagegen treten, theoretisch gesprochen, im allgemeinen Änderungen ein, wenn zwei oder mehr Freiheitsgrade vorhanden sind, auch wenn diese ungleiche Frequenzen haben. Ist z. B. $m = 2$ und sieht man von den Widerständen ab, so wird die Gleichung (11)

$$m_1 m_2 (n^2 - n_1^2)(n^2 - n_2^2) = n^2 c_{12}^2.$$

Sie liefert zwei positive reelle Werte für n^2, und also auch (da ein negatives n dieselbe Bedeutung hat wie ein positives von gleicher Größe, und wir also immer n positiv nehmen können) zwei Werte für n. Diese liegen beide außerhalb des Intervalles n_1, n_2, so daß die Spektrallinien sich unter dem Einflusse des Magnetfeldes gleichsam abstoßen.

Ist nun $n_2 > n_1$ und $n_2 - n_1$ groß gegen die oben eingeführte Größe ν, so hat man annähernd für die Wurzeln

$$n_1' = n_1 - \frac{n_1 c_{12}^2}{2 m_1 m_2 (n_2^2 - n_1^2)}, \quad n_2' = n_2 + \frac{n_2 c_{12}^2}{2 m_1 m_2 (n_2^2 - n_1^2)};$$

zu der ersten gehört ein kleiner imaginärer Wert von q_2/q_1, zu der zweiten ein solcher von q_1/q_2. Die berechneten Verschiebungen sind von der Größenordnung

$$\frac{\nu^2}{n_2 - n_1};$$

sie werden sich leicht der Beobachtung entziehen, da bereits die Entfernungen zwischen den Komponenten einer *zerlegten* Linie, die von der Ordnung ν sind, sehr klein sind. Übrigens würden sie dem Quadrat der Feldstärke proportional sein.

Was die Zerlegungen anlangt, so zeigen sich diese bei mehreren oder allen Linien zu gleicher Zeit. Dies ist auch dann erklärlich, wenn alle Linien derselben Art von Teilchen angehören. Es kann vorkommen, daß es unter den vielen Freiheitsgraden nicht nur *eine* Gruppe von gleicher Frequenz gibt, sondern eine gewisse Anzahl solcher Gruppen. Man kann dann in der oben gezeigten Weise jede für sich betrachten, vorausgesetzt, daß die Entfernungen zwischen den ursprünglichen Linien groß gegen ν sind. Dann kann man nämlich von der „Abstoßung", die, wie eine nähere Untersuchung lehrt, auch zwischen zwei zerlegten Linien (wie allgemein zwischen je zwei Linien) besteht, absehen.

Von Fällen, in denen die Abstoßung sich wirklich bemerklich macht, weil die Entfernung der Linien nicht groß gegen ν ist, wird im nächsten Abschnitt (Nr. **53**) die Rede sein.

37. Schwingungen unter der Wirkung einer periodischen elektrischen Kraft. Behufs späterer Anwendung betrachten wir hier die Bewegung eines Teilchens, auf welches eine elektrische Kraft wirkt, deren Komponenten durch die reellen Teile gewisser, den Faktor e^{int} enthaltender Größen X, Y, Z gegeben sind. Bei diesem Problem, das in die allgemeine Theorie des Mitschwingens gehört, beschränken wir uns auf die k Freiheitsgrade p_1, p_2, ... gleicher Frequenz, und auf die erzwungenen Schwingungen, deren Periode mit der der äußeren

Kraft übereinstimmt; die komplexen Ausdrücke für $p_1, p_2, \ldots$ enthalten also alle den Faktor e^{int}.

Leitet man aus den rechtwinkligen Kraftkomponenten die den Koordinaten $p_1, p_2, \ldots$ entsprechenden ab, führt man wieder die Widerstände g ein, und versteht man unter s die Größe (12), in welcher jetzt nicht nur n_0 und g, sondern auch n als gegeben zu betrachten ist, und die keineswegs der Gleichung (13) zu genügen braucht, so findet man aus den Bewegungsgleichungen für die Berechnung von $p_1, p_2 \ldots$ die Formeln

$$(22)\quad \left\{\begin{aligned} &m_1 s p_1 + i c_{12} p_2 + \cdots + i c_{1k} p_k \\ &\qquad = -\frac{1}{n}\left[X \sum e \frac{\partial \xi}{\partial p_1} + Y \sum e \frac{\partial \eta}{\partial p_1} + Z \sum e \frac{\partial \zeta}{\partial p_1}\right], \\ &i c_{21} p_1 + m_2 s p_2 + \cdots + i c_{2k} p_k \\ &\qquad = -\frac{1}{n}\left[X \sum e \frac{\partial \xi}{\partial p_2} + Y \sum e \frac{\partial \eta}{\partial p_2} + Z \sum e \frac{\partial \zeta}{\partial p_2}\right], \\ &\cdots\cdots\cdots\cdots\cdots\cdots\cdots\cdots \\ &i c_{k1} p_1 + i c_{k2} p_2 + \cdots + m_k s p_k \\ &\qquad = -\frac{1}{n}\left[X \sum e \frac{\partial \xi}{\partial p_k} + Y \sum e \frac{\partial \eta}{\partial p_k} + Z \sum e \frac{\partial \zeta}{\partial p_k}\right]. \end{aligned}\right.$$

Man kann die erregte Bewegung auffassen als zusammengesetzt aus k Schwingungen von den in Nr. **35** betrachteten Formen. Die Schwingung $\varkappa$ z. B. wird, den Formeln (16) und (17) gemäß, durch $r^{(\varkappa)}$ bestimmt, und für die Gesamtbewegung gilt

$$(23)\quad \left\{\begin{aligned} &p_1 = a_1^{(1)} r^{(1)} + a_1^{(2)} r^{(2)} + \cdots + a_1^{(k)} r^{(k)}, \\ &p_2 = a_2^{(1)} r^{(1)} + a_2^{(2)} r^{(2)} + \cdots + a_2^{(k)} r^{(k)}, \\ &\cdots\cdots\cdots\cdots\cdots\cdots \end{aligned}\right.$$

was bei geeigneten Werten von $r^{(1)}, r^{(2)}, \ldots$ jede Wertkombination von $p_1, p_2, \ldots$ darstellen kann.

Es lassen sich nun Formeln ableiten, die je eine der Größen $r^{(\varkappa)}$ bestimmen. Zu diesem Zwecke multipliziere man die Gleichungen (22) — nachdem man ein bestimmtes $\varkappa$ gewählt hat — mit

$$\bar{a}_1^{(\varkappa)}, \bar{a}_2^{(\varkappa)}, \ldots, \quad \text{oder} \quad a_1^{(\varkappa')}, a_2^{(\varkappa')}, \ldots,$$

und addiere sie dann. Der Koeffizient von p_1 wird, wenn man (7) berücksichtigt,

$$m_1 s a_1^{(\varkappa')} - i c_{12} a_2^{(\varkappa')} - \cdots - i c_{1k} a_k^{(\varkappa')},$$

und hierfür läßt sich schreiben

$$m_1 (s + s^{(\varkappa')}) a_1^{(\varkappa')} = m_1 (s - s^{(\varkappa)}) a_1^{(\varkappa')},$$

da nach der ersten der Gleichungen (18)

$$m_1 s^{(\varkappa')} a_1^{(\varkappa')} + i c_{12} a_2^{(\varkappa')} + \cdots + i c_{1k} a_k^{(\varkappa')} = 0$$

ist.

Man verfahre in derselben Weise mit den anderen Gliedern, berücksichtige auch (19) und drücke schließlich auf der linken Seite mit Hilfe von (23) $p_1, p_2, \ldots$ in $r^{(1)}, r^{(2)}, \ldots$ aus. Man erhält dann

$$(24)\quad \sum_{\gamma=1}^{\gamma=k}(m_1 a_1^{(\varkappa')} a_1^{(\gamma)} + m_2 a_2^{(\varkappa')} a_2^{(\gamma)} + \cdots + m_k a_k^{(\varkappa')} a_k^{(\gamma)}) r^{(\gamma)} = -\frac{\mathrm{e}}{n(s-s^{(\varkappa)})}\{\alpha^{(\varkappa')}X + \beta^{(\varkappa')}Y + \gamma^{(\varkappa')}Z\}.$$

Ersetzt man nun in den Gleichungen (18) $\varkappa$ durch $\varkappa'$, und addiert sie nach Multiplikation mit $a_1^{(\gamma)}, a_2^{(\gamma)}, \ldots$, dann wird z. B. der Koeffizient von $a_1^{(\varkappa')}$

$$m_1 s^{(\varkappa')} a_1^{(\gamma)} - i c_{12} a_2^{(\gamma)} - \cdots - i c_{1k} a_k^{(\gamma)},$$

d. h., wenn man auch die erste jener Gleichungen für $\varkappa = \gamma$ anwendet,

$$m_1(s^{(\varkappa')} + s^{(\gamma)}) a_1^{(\gamma)}.$$

Es ergibt sich daher

$$(s^{(\varkappa')} + s^{(\gamma)})(m_1 a_1^{(\varkappa')} a_1^{(\gamma)} + m_2 a_2^{(\varkappa')} a_2^{(\gamma)} + \cdots + m_k a_k^{(\varkappa')} a_k^{(\gamma)}) = 0,$$

so daß der letzte Faktor nur dann nicht verschwindet, wenn $s^{(\varkappa')} + s^{(\gamma)} = 0$, d. h. wenn $\gamma = \varkappa$ ist. Folglich verwandelt sich die Gleichung (24) in

$$(25)\quad r^{(\varkappa)} = -\frac{\mathrm{e}}{n(s-s^{(\varkappa)})A^{(\varkappa)}}\{\bar{\alpha}^{(\varkappa)}X + \bar{\beta}^{(\varkappa)}Y + \bar{\gamma}^{(\varkappa)}Z\},$$

wo

$$(26)\quad A^{(\varkappa)} = m_1 a_1^{(\varkappa)} \bar{a}_1^{(\varkappa)} + m_2 a_2^{(\varkappa)} \bar{a}_2^{(\varkappa)} + \cdots + m_k a_k^{(\varkappa)} \bar{a}_k^{(\varkappa)}$$

gesetzt worden ist. Es ist dies eine positive reelle Größe, und zwar ist

$$(27)\quad A^{(\varkappa)} = A^{(\varkappa')}.$$

Die Gleichung (25) setzt uns in den Stand, für die erzwungene Schwingung $\varkappa$ unmittelbar die Bewegung des äquivalenten Elektrons kennen zu lernen.

38. Magnetisch isotrope Teilchen. Die magnetischen Komponenten einer Spektrallinie haben im allgemeinen dieselbe Schärfe wie die Linie selbst, was nur möglich ist, wenn das Feld auf die Frequenz aller Teilchen der Lichtquelle den gleichen Einfluß hat. Stellt man sich vor, daß die Moleküle regellos orientiert sind, so muß man sich also denken, daß die Änderungen der Frequenz unabhängig sind von der Richtung der magnetischen Kraft in bezug auf das Teilchen, d. h. daß die Moleküle, was die magnetische Einwirkung betrifft, *isotrop* sind, eine Bedingung, welcher in der elementaren Theorie genügt wird. Wie sie auch in etwas weniger einfacher Weise erfüllt sein kann, möge folgendes Beispiel zeigen.

Nach einer von *J. J. Thomson* entwickelten Theorie[5]) besteht ein

5) *J. J. Thomson,* On the structure of the atom, Phil. Mag. (6) 7 (1904), p. 237; The corpuscular theory of matter, London, 1907, chap. 6.

Atom aus einer, als unbeweglich gedachten, über einen gewissen Kugelraum verbreiteten positiven Ladung, in welcher eine Anzahl gleicher negativer Elektronen e eingebettet liegen. Die gegenseitigen Abstoßungen dieser „Korpuskeln", wie *Thomson* sie nennt, und die von der positiven Ladung ausgeübten Kräfte halten sich bei einer bestimmten Anordnung das Gleichgewicht, und zwar ist dieses stabil, wenn die Verteilung der positiven Elektrizität zweckmäßig gewählt ist.

Die positive Dichte werde nicht, wie bei *Thomson*, als konstant betrachtet, sondern als eine Funktion der Entfernung vom Mittelpunkte; ferner mögen *vier* Elektronen vorhanden sein.[6]) In der Gleichgewichtslage liegen diese in den Eckpunkten eines regulären Tetraeders mit der Kantenlänge a. Bezeichnet man mit ϱ die positive Dichte in den Punkten der dem Tetraeder umschriebenen Kugel, mit ϱ_0 aber die mittlere Dichte im Inneren dieser Kugel, so lautet die Gleichgewichtsbedingung

$$\varrho_0 = -\frac{3e}{\pi a^3},$$

und die Bedingung für die Stabilität

$$\varrho > \frac{4}{7}\varrho_0.$$

Wenn man von Bewegungen, die kein Licht ausstrahlen (weil die Koordinaten des äquivalenten Elektrons dauernd Null sind) absieht, so lehrt die Untersuchung der Schwingungen, welche unter der Wirkung der elektrischen Kräfte stattfinden können, folgendes. Es gibt Grundschwingungen, bei welchen zwei sich kreuzende Kanten AB und CD des Tetraeders gemeinschaftlich in der zu beiden senkrechten Richtung hin- und hergehen, während gleichzeitig durch Bewegungen von A und B auf der Linie AB, und ebenso von C und D auf der Linie CD die beiden Kanten abwechselnd verlängert und verkürzt werden. Es sei

$$p = a \cos nt$$

die zuerstgenannte Verschiebung, positiv gerechnet, wenn sie von CD nach AB hin gerichtet ist. Nennt man die andere Verrückung positiv oder negativ, je nachdem sie von der Mitte der betreffenden Linie hinweg oder auf die Mitte zu gerichtet ist, so läßt sich diese für A und B durch $+\sigma p$, für C und D durch $-\sigma p$ darstellen. Hier ist

---

6) *H. A. Lorentz,* The theory of electrons and its applications to the phenomena of light and radiant heat, Leipzig, 1909, p. 120.

$$\sigma = \vartheta\sqrt{2} \pm \sqrt{1 + 2\vartheta^2},$$

$$\vartheta = \frac{2\varrho - \varrho_0}{8(\varrho - \varrho_0)}.$$

Das Doppelzeichen in der ersten Gleichung zeigt, daß es *zwei* verschiedene Grundschwingungen der angegebenen Art gibt. Für ihre Frequenz hat man

$$n^2 = -\frac{e}{12m}\left\{6\varrho - \varrho_0 \pm 4(\varrho - \varrho_0)\sqrt{2(1 + 2\vartheta^2)}\right\}.$$

Da von je zwei sich kreuzenden Kanten dasselbe gilt wie von AB und CD, so entsprechen jedem Wert von n drei Grundschwingungen, so daß ein magnetisches Triplet zustande kommen kann. Die Entfernung der Komponenten ist unabhängig von der Richtung des Feldes; man erhält sie, wenn man den Wert, den die elementare Theorie ergibt, mit

$$\frac{1}{4}\left[1 \mp \frac{6\vartheta}{\sqrt{2(1 + 2\vartheta^2)}}\right]$$

multipliziert, wobei ein negativer Wert die Bedeutung hat, daß bei der Beobachtung längs den Kraftlinien die gegenseitige Lage der links und rechts zirkular polarisierten Komponenten umgekehrt ist wie nach der elementaren Theorie.

Es möge hier noch eine Arbeit von *Robb*[7]) erwähnt werden, in welcher aus der Annahme zweier beweglicher Elektronen, zwischen welchen eigentümliche Verbindungen bestehen, ein Quintet, und ebenso aus der Betrachtung von vier Elektronen ein Nonet abgeleitet wird. Sie tritt insofern aus dem Rahmen des Vorhergehenden heraus, als die Verbindungen durch nichtlineare Gleichungen ausgedrückt werden.

39. Orientierte Teilchen. Da es nicht gelungen ist, auf Grund der Annahme magnetisch isotroper, regellos orientierter Teilchen in befriedigender Weise zu einer Erklärung der komplizierteren Formen des *Zeeman*-Effektes zu gelangen, so hat *Voigt* diese Annahme aufgegeben. Er stellt sich vor, daß das Feld richtend auf die Moleküle wirkt, und daß infolgedessen jedes Teilchen mit einer gewissen, in ihm ausgezeichneten Richtung dem Felde parallel gestellt wird.

Hierbei ist zu beachten, daß die Lagen der Teilchen nicht ganz bestimmt werden; eine Drehung um die ausgezeichnete Richtung herum ist nämlich nicht ausgeschlossen. Auf die Frequenzen hat eine solche Lagenänderung keinen Einfluß, wohl aber werden die Bahnen der äquivalenten Elektronen mit gedreht.

---

7) *A. A. Robb,* Beiträge zur Theorie des *Zeeman*-Effektes, Ann. Phys. 15 (1904), p. 107.

Während man nun aus der geradlinigen Polarisation des senkrecht zu den Kraftlinien emittierten Lichtes schließen kann, daß diese Bahnen entweder dem Felde parallele gerade Linien, oder senkrecht dazu stehende Ellipsen sind, folgt aus der zirkularen Polarisation der Strahlung längs den Kraftlinien, daß die Ellipsen Kreise sein müssen; sonst würde eine große Zahl von Molekülen, für welche die in bestimmter Richtung durchlaufenen Bahnen in der zur Feldrichtung normalen Ebene in allen möglichen Weisen orientiert wären, zusammen Licht mit unvollständiger zirkularer Polarisation aussenden. Der Bedingung, die sich nach dieser Schlußfolgerung für die Bewegung des äquivalenten Elektrons ergibt, wird genügt, wenn bei Drehung der Koordinatenachsen um die ausgezeichnete Richtung die Bewegungsgleichungen eines Teilchens die Gestalt nicht ändern.

Im folgenden nehmen wir an, daß es unter den k früher (Nr. **34**) betrachteten Bewegungsweisen eine Gruppe von k_1 Schwingungsformen gibt, bei welchen das äquivalente Elektron geradlinig in der Richtung OZ (d. h. in der Feldrichtung) schwingt, eine Gruppe von k_2 Schwingungsformen mit kreisförmiger, positiv (d. h. entsprechend der z-Richtung) gerichteter Bewegung dieses Elektrons, und natürlich eine ebenso zahlreiche Gruppe mit negativ gerichteter Kreisbewegung. Wir unterscheiden Schwingungsformen dieser drei Gruppen durch die Indizes $\varkappa_1$, $\varkappa_{2+}$, $\varkappa_{2-}$, und benutzen allgemein die Indizes $+, -$ um positive und negative Umlaufsrichtungen in der xy-Ebene zu unterscheiden, die Indizes 1, 2 aber für Schwingungen parallel und senkrecht zu den Kraftlinien.

Unter der Größe r (Nr. **35** e) verstehen wir bei einer Schwingungsform $\varkappa_1$ die Verschiebung z, in den beiden anderen Fällen aber die Verschiebung x. Daraus folgt

$$(28)\qquad \left\{\begin{array}{lll} \alpha^{(\varkappa_1)} = 0, & \beta^{(\varkappa_1)} = 0, & \gamma^{(\varkappa_1)} = 1, \\ \alpha^{(\varkappa_2+)} = 1, & \beta^{(\varkappa_2+)} = -i, & \gamma^{(\varkappa_2+)} = 0, \\ \alpha^{(\varkappa_2-)} = 1, & \beta^{(\varkappa_2-)} = +i, & \gamma^{(\varkappa_2-)} = 0. \end{array}\right.$$

40. Theorie von Voigt[8]). Ein leuchtendes Teilchen enthalte l gleiche negative Elektronen, die, jedes für sich, durch eine quasielastische Kraft an eine Gleichgewichtslage gebunden und magnetisch miteinander gekoppelt sind, und zwar mögen solche Koppelungen einerseits zwischen den Verschiebungen längs den Kraftlinien und andererseits zwischen den dazu senkrechten Bewegungen bestehen.

---

8) *W. Voigt,* Betrachtungen über die komplizierteren Formen des *Zeeman*-Effektes, Ann. Phys. 24 (1907), p. 193; Magneto- und Elektrooptik, Kap. 4.

In den Formeln von *Voigt* spielen die rechtwinkligen Verschiebungskomponenten ξ, η, ζ der Elektronen die Rolle, die in den oben aufgestellten allgemeineren Gleichungen den Koordinaten p zukommt, mit der Vereinfachung jedoch, daß in *einer* Gruppe von Gleichungen nur die Verschiebungen ζ in der Feldrichtung, und in einer *zweiten* Gruppe nur die Verschiebungen ξ, η vorkommen. Sieht man von Widerständen und von äußeren Kräften ab, so lauten die Bewegungsgleichungen der ersten Gruppe

$$(29)\qquad \begin{cases} m\ddot{\zeta}_1 = -f\zeta_1 + c_{12}\dot{\zeta}_2 + \cdots + c_{1l}\dot{\zeta}_l, \\ m\ddot{\zeta}_2 = -f\zeta_2 + c_{21}\dot{\zeta}_1 + \cdots + c_{2l}\dot{\zeta}_l, \\ \dots\dots\dots\dots\dots\dots \end{cases}$$

$$c_{\gamma\varkappa} = -c_{\varkappa\gamma}.$$

Sie führen auf $k_1 = l$ Schwingungsformen $\varkappa_1$, bei welchen alle Elektronen in der Feldrichtung hin- und hergehen.

Die Gleichungen für die ξ- und η-Schwingungen, bei deren Aufstellung man die obengenannte Bedingung der Symmetrie um die z-Achse im Auge behalten muß, haben die Gestalt

$$(30)\qquad \begin{cases} m\ddot{\xi}_1 = -f\xi_1 + c'_{12}\dot{\xi}_2 + \cdots + c'_{1l}\dot{\xi}_l + h\dot{\eta}_1 + h_{12}\dot{\eta}_2 + \cdots + h_{1l}\dot{\eta}_l, \\ m\ddot{\eta}_1 = -f\eta_1 + c'_{12}\dot{\eta}_2 + \cdots + c'_{1l}\dot{\eta}_l - h\dot{\xi}_1 - h_{21}\dot{\xi}_2 - \cdots - h_{l1}\dot{\xi}_l, \\ m\ddot{\xi}_2 = -f\xi_2 + c'_{21}\dot{\xi}_1 + \cdots + c'_{2l}\dot{\xi}_l + h\dot{\eta}_2 + h_{21}\dot{\eta}_1 + \cdots + h_{2l}\dot{\eta}_l, \\ m\ddot{\eta}_2 = -f\eta_2 + c'_{21}\dot{\eta}_1 + \cdots + c'_{2l}\dot{\eta}_l - h\dot{\xi}_2 - h_{12}\dot{\xi}_1 - \cdots - h_{l2}\dot{\xi}_l, \\ \dots\dots\dots\dots\dots\dots\dots\dots\dots \end{cases}$$

Hier sind h, $c'_{\gamma\varkappa}$, $h_{\gamma\varkappa}$ die Koppelungskoeffizienten; der erste hat für alle Elektronen denselben Wert und zwischen den übrigen bestehen die Beziehungen

$$c'_{\gamma\varkappa} = -c'_{\varkappa\gamma}, \quad h_{\gamma\varkappa} = h_{\varkappa\gamma}.$$

Es ergeben sich jetzt $k_2 = l$ Schwingungen $\varkappa_{2+}$, bei welchen sämtliche Elektronen in positiver Richtung in Kreisen herumlaufen, und ebenso viele mit ihnen konjugierte Bewegungsweisen $\varkappa_{2-}$.

In Wirklichkeit betrachtet *Voigt* nicht, wie es hier geschah, die freien Schwingungen eines isolierten Teilchens, sondern die Fortpflanzung des Lichtes in einem System von Teilchen; es kann daher über einige von ihm gewonnene Resultate erst in den folgenden Abschnitten berichtet werden. Hier genügt es zu sagen, daß, wenn man den Konstanten passende Werte gibt, die obigen Ansätze für die Erklärung von wohl jeder beobachteten Zerlegung ausreichen.

Enthält das Teilchen nur zwei Elektronen, so gibt es zwei konjugierte Schwingungen $\varkappa_1$, deren Frequenzen durch

$$m\left(n - \frac{n_0^2}{n}\right) = \pm c_{12}$$

bestimmt werden, und für welche

$$\zeta_2 = \pm i\zeta_1$$

ist; die durch (26) definierte Konstante A hat, wenn man $\mathfrak{e} = e$ setzt, für beide den Wert

$$A^{(\varkappa_1)} = m.$$

Für die Schwingungen $\varkappa_{2+}$ hat man

$$m\left(n - \frac{n_0^2}{n}\right) = -h \pm \sqrt{h_{12}^2 + c_{12}'^2},$$

$$\xi_2 = \mp \frac{h_{12} - ic_{12}'}{\sqrt{h_{12}^2 + c_{12}'^2}}\xi_1, \quad \eta_1 = -i\xi_1, \quad \eta_2 = -i\xi_2,$$

$$A^{(\varkappa_2+)} = \frac{2m}{1 \mp \frac{h_{12}}{\sqrt{h_{12}^2 + c_{12}'^2}}}.$$

Für die Schwingungen $\varkappa_{2-}$ gelten ähnliche Formeln mit

$$A^{(\varkappa_2-)} = A^{(\varkappa_2+)}.$$

Wir fügen hinzu, daß nach der elementaren Theorie, in welcher $k_1 = k_2 = 1$ ist,

$$A^{(\varkappa_1)} = m, \quad A^{(\varkappa_2+)} = A^{(\varkappa_2-)} = 2m$$

wird.

41. Beispiel einer magnetischen Koppelung. Von den in (29) und (30) angenommenen Koppelungen sind die durch h ausgedrückten eine direkte Folge der in (2) angegebenen Wirkung des Magnetfeldes. Um auch von den übrigen Rechenschaft zu geben, kann man sich vorstellen, daß die Elektronen, deren Verschiebungen in den Gleichungen vorkommen, kinematisch mit anderen gekoppelt sind, derart, daß die auf diese letzteren ausgeübten elektromagnetischen Kräfte sich auch in der Bewegung der zuerst genannten bemerklich machen.

Man denke sich z. B. *vier* gleiche Elektronen A, B, C, D, von welchen A sich nur auf der Linie $x = a$, $y = 0$, B auf der Linie $x = 0$, $y = a$, C und D aber nur in der xy-Ebene bewegen können. Die Verbindungen mögen darin bestehen, daß C und D stets gleichweit nach entgegengesetzten Seiten von ihrer gemeinschaftlichen Gleichgewichtslage O entfernt sind, und daß die Linien AC und BC die konstante Länge L haben. Ist für die Gleichgewichtslage von A; $z = \sqrt{L^2 - a^2} = l$, und für die von B: $z = -l$, so bestehen folgende lineare Beziehungen zwischen den unendlich kleinen Verschiebungen, die wir für A mit ζ_1, für B mit ζ_2, für C mit ξ, η und für D mit

$-\xi$, $-\eta$ bezeichnen,

$$\xi = \frac{l}{a}\zeta_1, \quad \eta = -\frac{l}{a}\zeta_2.$$

Man kann daher ζ_1, ζ_2 als Koordinaten wählen. Setzt man nun für die potentielle Energie (die zum Teil aus den elektrischen Wechselwirkungen hervorgehen kann)

$$\tfrac{1}{2}f(\zeta_1^2 + \zeta_2^2),$$

für die kinetische Energie

$$m\left(\frac{l^2}{a^2} + \frac{1}{2}\right)(\dot{\zeta}_1^2 + \dot{\zeta}_2^2),$$

und beachtet man ferner, daß die Arbeit der (auf C und D wirkenden) elektromagnetischen Kräfte bei der virtuellen Verrückung $(\delta\zeta_1, \delta\zeta_2)$ den Wert

$$\frac{2el^2H}{ca^2}(-\dot{\zeta}_2\,\delta\zeta_1 + \dot{\zeta}_1\,\delta\zeta_2)$$

hat, so gelangt man zu den Bewegungsgleichungen

$$m\left(\frac{2l^2}{a^2} + 1\right)\ddot{\zeta}_1 = -f\zeta_1 - \frac{2el^2H}{ca^2}\dot{\zeta}_2,$$

$$m\left(\frac{2l^2}{a^2} + 1\right)\ddot{\zeta}_2 = -f\zeta_2 + \frac{2el^2H}{ca^2}\dot{\zeta}_1.$$

Sie ergeben ein magnetisches Duplet, bei dessen beiden Komponenten das äquivalente Elektron in der Richtung der Kraftlinien schwingt. Dies rührt daher, daß die Elektronen C und D nichts zu den Verschiebungen dieses Elektrons beitragen.

42. Betrachtungen von Larmor. Die Berechnung des *Zeeman*-Effektes wird sehr einfach, wenn ein leuchtendes Teilchen gleiche Elektronen (in beliebiger Zahl) enthält, deren Gleichgewichtslagen auf der z-Achse (die dem Felde parallel ist) liegen, und wenn, was die nach den Gleichgewichtslagen wirkenden Kräfte betrifft, Symmetrie um diese Achse besteht, so daß die Komponenten der auf ein Elektron wirkenden Kraft, welches auch der Ursprung derselben sein möge, die Werte

$$-f_2\xi, \quad -f_2\eta, \quad -f_1\zeta$$

haben.

Larmor[9]) hat gezeigt, daß unter diesen Umständen, mit Vernachlässigung von Gliedern mit dem Quadrat von H, die Gleichungen, welche die Schwingungen im magnetischen Felde bestimmen, die Gestalt der bei fehlendem Felde geltenden Bewegungsgleichungen

9) *J. Larmor*, On the theory of the magnetic influence on spectra, and on the radiation from moving ions, Phil. Mag. (5) 44 (1897), p. 503.

annehmen, wenn man sie auf Koordinatenachsen transformiert, die mit der konstanten Winkelgeschwindigkeit $-eH/2cm$ um die z-Achse rotieren. In bezug auf solche Achsen hat also das äquivalente Elektron dieselbe Bewegung, die es bei Abwesenheit des Feldes in bezug auf ruhende Achsen haben könnte. Daraus folgt (vgl. Nr. **43**), daß, wenn es in diesem letzteren Fall normal zu den Kraftlinien mit der Frequenz n_0 schwingen kann, unter dem Einfluß der magnetischen Kraft entgegengesetzte kreisförmige Schwingungen mit den Frequenzen (5) möglich sind. Man erhält also ein *Zeeman*sches Triplet, sobald es auch noch eine Schwingung längs der Kraftlinie mit der Frequenz n_0 gibt.

43. Rotierende Teilchen. Man hat oft die Meinung ausgesprochen, die Zerlegung der Spektrallinien finde ihren Grund in unsichtbaren Bewegungen, die im magnetischen Felde vor sich gehen, sei es in verborgenen Rotationen im Äther[10]), oder in drehenden Bewegungen der leuchtenden Teilchen. Die letzte Auffassung möge hier kurz besprochen werden.

Ein System gleicher negativer Elektronen sei in einer positiv geladenen Kugel (vgl. Nr. **38**) so angeordnet, daß in bezug auf durch den Mittelpunkt gelegte Koordinatenachsen die Summen Σx, Σy, Σz, Σxy, Σyz, Σzx verschwinden, während Σx^2, Σy^2, Σz^2 den gemeinschaftlichen Wert K haben; die einzigen auf die Teilchen wirkenden Kräfte seien die elektrischen, und die positive Kugel sei unbeweglich. Wird nun ein magnetisches Feld erregt, so wird infolge der dabei auftretenden elektrischen Kräfte das System der negativen Teilchen in Rotation versetzt, und zwar wie ein starrer Körper, wenn, verglichen mit den Elektronenschwingungen, die Erregung sehr langsam erfolgt.

Ist $\mathbf{E}$ die elektrische Kraft des anwachsenden Magnetfeldes, so darf man für die Komponenten der auf ein Elektron wirkenden Kraft setzen

$$e\left(\mathbf{E}_x + x\frac{\partial \mathbf{E}_x}{\partial x} + y\frac{\partial \mathbf{E}_x}{\partial y} + z\frac{\partial \mathbf{E}_x}{\partial z}\right), \quad \text{usw.},$$

wo $\mathbf{E}$ und die Differentialquotienten sich auf den Mittelpunkt beziehen. Daraus folgt für die Komponenten des resultierenden Drehmomentes

$$eK\left(\frac{\partial \mathbf{E}_z}{\partial y} - \frac{\partial \mathbf{E}_y}{\partial z}\right) = -\frac{eK}{c}\dot{\mathbf{H}}_x, \quad \text{usw.}$$

---

10) Siehe z. B. *H. Becquerel,* Sur une interprétation applicable au phénomène de *Faraday* et au phénomène de *Zeeman,* Paris C. R. 125 (1897), p. 679.

Das Drehmoment ist also $-(eK/c)\dot{\mathbf{H}}$, und da das Trägheitsmoment in bezug auf jede durch O gehende Achse den Wert $2mK$ hat, so erhält man für die Beschleunigung der Rotation $-(e/2cm)\dot{\mathbf{H}}$, und für die schließlich erreichte Drehgeschwindigkeit, wenn das Teilchen anfangs in Ruhe war,

$$\mathfrak{k} = -\frac{e}{2cm}\mathbf{H}.$$

Diese Bewegung hält an, so lange das Feld besteht, und würde auch zustande kommen, wenn das Teilchen von außen her in das bereits vorhandene Feld hineinträte.

Während das System rotiert, können die Elektronen in demselben Schwingungen ausführen, bei deren Untersuchung man füglich ein fest mit dem System verbundenes Achsenkreuz anwendet. In den Gleichungen, die sich dann ergeben, heben sich, sofern man das Quadrat der Rotationsgeschwindigkeit vernachlässigt, die von dem Felde $\mathbf{H}$ herrührenden Glieder gegen die, welche nach der Theorie der Relativbewegung den Einfluß der Rotation ausdrücken. Die Schwingungen gehen demnach genau so vor sich, als ob das magnetische Feld nicht da wäre und das Teilchen ruhte; ein „innerer“ *Zeeman*-Effekt besteht nicht mehr.

Indes wird sich, eben infolge der Rotation, in der Strahlung ein „äußerer“ Effekt zeigen.

Für einen der Bewegungszustände, die bei fehlendem Felde in dem ruhenden Teilchen bestehen können, seien

$$\mathbf{x} = a_1 \cos(n_0 t + p_1), \quad \mathbf{y} = a_2 \cos(n_0 t + p_2), \tag{31}$$

$$\mathbf{z} = a_3 \cos(n_0 t + p_3) \tag{32}$$

die Ausdrücke für die Koordinaten des äquivalenten Elektrons. Dann gelten in dem jetzt betrachteten Fall dieselben Gleichungen für die beweglichen Koordinaten. Fällt nun die Feldrichtung mit der z-Achse zusammen, so folgt aus (31) für die Koordinaten in bezug auf ruhende Achsen

$$\mathbf{x} = a_1 \cos \nu t \cos(n_0 t + p_1) + a_2 \sin \nu t \cos(n_0 t + p_2),$$

$$\mathbf{y} = -a_1 \sin \nu t \cos(n_0 t + p_1) + a_2 \cos \nu t \cos(n_0 t + p_2),$$

$$\nu = \frac{eH}{2cm}.$$

Die hierdurch beschriebene Bewegung besteht aus zwei zirkularen Schwingungen, deren eine in der der z-Achse entsprechenden Richtung mit der Frequenz $n_0 - \nu$, die andere in der entgegengesetzten Richtung mit der Frequenz $n_0 + \nu$ stattfindet. Die Gleichung (32) bleibt ungeändert und es tritt somit in der Ausstrahlung ein *Zeeman*-Effekt auf, der mit dem in der elementaren Theorie abgeleiteten übereinstimmt.

Fraglich bleibt allerdings, ob wirklich eine Rotation aller Teilchen angenommen werden darf, auch solcher z. B., die erst in dem Felde durch eine Art Dissoziation entstehen. Was die Dämpfung der Drehung wegen der mit ihr verbundenen Strahlung betrifft, so ist diese wahrscheinlich so langsam, daß sie in keinem wirklich beobachtbaren Fall in Betracht kommt.

44. Kombination verschiedener periodischer Bewegungen. Die experimentellen Untersuchungen haben zu einigen wichtigen Ergebnissen geführt, von denen im vorhergehenden die Rede noch nicht war. Die Linien, welche zu einer *Serie* gehören, d. h. solche, deren Frequenzen man erhält, wenn man einem in einem geeigneten mathematischen Ausdruck vorkommenden Parameter ganzzahlige Werte beilegt, werden alle in derselben Weise zerlegt, mit gleichen Entfernungen zwischen den Komponenten[11]). Merkwürdige Beziehungen treten auch sonst häufig auf. Es ist z. B. nicht selten, daß bei einer multiplen Zerlegung sämtliche Komponenten äquidistant sind, und *Runge* hat gezeigt[12]), daß alle beobachteten Entfernungen zwischen den Komponenten Vielfache aliquoter Teile einer einzelnen Größe sind.

Von diesen Tatsachen gibt die in Nr. **31**—**40** entwickelte Theorie kaum Rechenschaft; nur insofern geht die Gleichheit verschiedener Zerlegungen mit Notwendigkeit aus ihr hervor, als die elementare Theorie, bei Voraussetzung eines einzigen allgemein gültigen Wertes von e/m, diese Gleichheit für alle Triplets fordert[13]). Hier erhebt sich aber das Bedenken, daß die Annahme, jede Linie entspreche den Schwingungen eines besonderen Elektrons, den Zusammenhang zwischen den Linien im Dunkeln läßt.

Etwas befriedigender ist in dieser Hinsicht die in Nr. **43** geschilderte Auffassung (sowie auch die in Nr. **42** angeführte). Geben die inneren Bewegungen in dem leuchtenden Teilchen zu einer Serie von Spektrallinien Anlaß, so werden sich diese infolge der Rotation alle in gleiche Triplets verwandeln.

11) *C. Runge*, Über den *Zeeman*-Effekt der Serienlinien, Phys. Zeitschr. 3 (1902), p. 441; *C. Runge* u. *F. Paschen*, Über die Strahlung des Quecksilbers im magnetischen Felde, Anhang z. d. Abhandl. Akad. Berlin 1902, p. 1.

12) *C. Runge*, Über die Zerlegung der Spektrallinien im magnetischen Felde, Phys. Zeitschr. 8 (1907), p. 232.

13) *T. Preston*, Radiation phenomena in the magnetic field, Phil. Mag. (5) 45 (1898), p. 325.

Man kann sagen, daß nach dieser Betrachtungsweise die Frequenzen $n_0 \pm \nu$ aus der Kombination der Lichtschwingungen mit einem anderen periodischen Vorgang, nämlich mit der Drehung der Teilchen entstehen, ähnlich wie bei akustischen Versuchen die Koexistenz zweier Töne einen Summations- und einen Differenzton herbeiführt. Hiermit vergleichbare Wirkungen können in mannigfach verschiedener Weise stattfinden. Sind zwei periodische Vorgänge mit den Frequenzen n und n' im Spiel, so kann es leicht vorkommen, daß die mathematischen Ausdrücke für die Erscheinungen Produkte wie $\cos nt \cos n't$ enthalten; solche lassen sich aber auf Glieder mit den Frequenzen $n + n'$ und $n - n'$ zurückführen. Dies legt den Gedanken nahe, daß die lichterzeugenden Schwingungen in irgend welcher Weise mit periodischen Bewegungen, die im magnetischen Felde ihren Sitz haben, in Zusammenwirkung treten. Gäbe es mehrere solcher periodischer Bewegungen, so könnte es zu einer multiplen Spaltung kommen und äquidistante Zerlegungen würden sich ergeben, wenn im magnetischen Felde Vorgänge mit den Frequenzen $n', 2n', \ldots$ existierten, oder wenn durch wiederholte Kombination der Lichtschwingungen mit einer Bewegung von der Frequenz n' Funktionen mit den Frequenzen $n \pm n', n \pm 2n', \ldots$ aufträten.

45. Theorie von Ritz. Alles zusammengenommen wird man zu dem Schluß gedrängt, daß die Elektronentheorie der Lichtemission die Beobachtungen nur in sehr bescheidenem Umfange zu erklären vermag, und daß vielleicht an ihren Grundlagen vieles zu ändern sein wird. *Eine* Schwierigkeit, auf die *Rayleigh*[14]) aufmerksam gemacht hat, liegt in dem Umstande, daß die Gesetzmäßigkeiten in den Spektren ihren Ausdruck in ziemlich einfachen Beziehungen zwischen den *ersten* Potenzen der Frequenzen finden, während jede Theorie, die quasi-elastische Kräfte annimmt, zunächst zu Formeln für die *Quadrate* der Schwingungszahlen führt. Letzteres rührt daher, daß in den Bewegungsgleichungen die Verrückungen selbst nebst deren zweiten Differentialquotienten nach der Zeit auftreten. *Ritz* hat die Bemerkung gemacht[15]), daß die ersten Potenzen der Frequenzen sich direkt aus den Bewegungsgleichungen ergeben, wenn man die quasi-elastischen Kräfte durch solche ersetzt, die den Geschwindigkeiten proportional sind. Da nun die durch ein magnetisches Feld ausgeübte Kraft dieser

---

14) *Rayleigh*, On the propagation of waves along connected systems of similar bodies, Phil. Mag. (5) 44 (1897), p. 356 (Scientific papers, Cambridge 4, p. 340).

15) *W. Ritz*, Magnetische Atomfelder und Serienspektren, Ann. Phys. 25 (1908), p. 660.

Art ist, so stellt er sich vor, daß ein Körper kleine Elementarmagnete enthält, und daß die Elektronen ihre Schwingungen in deren Feldern ausführen; geeignete Spezialisierung ermöglicht es dann, Formeln zu erhalten, die den Serien entsprechen. Der *Zeeman*-Effekt wird in dieser Theorie aus drehenden Bewegungen der Elementarmagnete erklärt, mit welchen die Elektronenschwingungen gewissermaßen „kombiniert" werden.

II. Inverser Zeeman-Effekt und magnetische Doppelbrechung.

46. Vorzüge der Theorie des inversen Effektes. In dieser von *Voigt*[16]) entwickelten Theorie tritt die Betrachtung der Absorption in einem magnetischen Kräften unterworfenen Körper in den Vordergrund und gelangt man erst dadurch zu Schlüssen über den direkten *Zeeman*-Effekt, daß man sich auf den Parallelismus zwischen Emission und Absorption beruft. Auch ohne nämlich auf die betreffenden Erscheinungen das *Kirchhoff*sche Gesetz in seiner vollen Strenge anwenden zu wollen, darf man sich wohl darauf verlassen, daß ein Körper diejenigen Lichtarten mehr als andere emittiert, die er unter denselben Umständen am stärksten zu absorbieren imstande ist, und daß also die Emissionslinien in Lage, Breite und Intensität mit den Absorptionslinien übereinstimmen. Daß nun die Methode von *Voigt* der direkten Betrachtung der Ausstrahlung überlegen ist, liegt daran, daß die Einzelheiten der Absorption sich verhältnismäßig leicht theoretisch verfolgen lassen, indem man in die Gleichungen für die Lichtfortpflanzung gewisse einen Widerstand vorstellende Glieder aufnimmt. Eine ähnliche Behandlung der Emission würde auf beträchtliche Schwierigkeiten stoßen.

Von den genannten Widerstandsgliedern muß bemerkt werden, daß sie das eigentliche Wesen der Absorption wohl gar nicht treffen, obgleich sie vorzüglich geeignet scheinen, die wahren Ursachen gleichsam zu vertreten. Könnte man diese ergründen und sich von der physikalischen Natur der Widerstände eine Vorstellung bilden, so könnte man auch versuchen, der Theorie der Emission eine entsprechende Grundlage zu geben. Schreibt man z. B. die Absorption dem Umstande zu, daß die Schwingungen der Körperteilchen nicht

16) *W. Voigt,* Zur Theorie der magneto-optischen Erscheinungen, Ann. Phys. Chem. 67 (1899), p. 345; Weiteres zur Theorie des *Zeeman*-Effektes, ibidem 68 (1899), p. 352; Bemerkung über die bei dem *Zeeman*schen Phänomen stattfindenden Intensitätsverhältnisse, ibidem 69 (1899), p. 290; Weiteres zur Theorie der magneto-optischen Wirkungen, Ann. Phys. 1 (1900), p. 389. Siehe auch die in Anm. 8 zitierten Arbeiten.

immerfort ungestört weiter gehen, sondern in unregelmäßigen Zeitintervallen etwa durch Zusammenstöße geändert werden[17]), so kann man eben diese Störungen auch in der Betrachtung der Emission berücksichtigen.

Ein weiterer Vorzug der *Voigt*schen Theorie liegt darin, daß sie den Zusammenhang zwischen dem *Zeeman*-Effekt und der magnetischen Doppelbrechung, sowie dem *Faraday*-Effekte erklärt und die Untersuchung dieser Erscheinungen wesentlich gefördert hat.

47. Grundgleichungen für die Fortpflanzung des Lichtes in einem System von Molekülen. Jede der im vorigen Abschnitt geschilderten Anschauungen, z. B. die Vorstellung rotierender Teilchen (Nr. **43**), oder die von *Ritz* gemachte Annahme könnte nun als Ausgangspunkt für eine Theorie der Absorption gewählt werden. Indes wollen wir uns, ebenso wie *Voigt*, auf nichtrotierende Teilchen beschränken und uns der Hypothese quasi-elastischer Kräfte bedienen. In der Darstellung schließen wir uns stets dem Artikel V 14 und dem ersten Teil dieses Artikels an.

Es seien N die Anzahl der Teilchen pro Volumeneinheit, $\mathfrak{p}$ das elektrische Moment eines derselben,

$$\mathfrak{P} = N\mathfrak{p} \tag{33}$$

die elektrische Polarisation des Körpers, und

$$\mathfrak{D} = \mathfrak{E} + \mathfrak{P} \tag{34}$$

die elektrische Erregung. Was die magnetische Erregung $\mathfrak{B}$ betrifft, so werde angenommen, daß die Lichtschwingungen nicht von einer wechselnden Magnetisierung begleitet sind, und daß also

$$\mathfrak{B} = \mathfrak{H}$$

gesetzt werden darf.

Um die Gesetze der Fortpflanzung des Lichtes zu ermitteln, hat man die aus den Grundformeln

$$\operatorname{rot} \mathfrak{H} = \frac{1}{c}\dot{\mathfrak{D}}, \quad \operatorname{rot} \mathfrak{E} = -\frac{1}{c}\dot{\mathfrak{H}}$$

hervorgehende Gleichung

$$\Delta \mathfrak{E} - \operatorname{grad} \operatorname{div} \mathfrak{E} = \frac{1}{c^2}\ddot{\mathfrak{D}} \tag{35}$$

und die Formel

$$\operatorname{div} \mathfrak{D} = 0 \tag{36}$$

17) *H. A. Lorentz*, Over de absorptie- en emissiebanden van gasvormige lichamen, Zittingsverslag Amsterdam 14 (1905), p. 518, 577 (Amsterdam Proceedings 8, p. 591).

mit jenen zu kombinieren, welche die Beziehung zwischen $\mathfrak{P}$ und $\mathfrak{E}$ ausdrücken. Dabei ist zu beachten (Art. V 14, Abschn. IV), daß $\mathfrak{E}$ und $\mathfrak{H}$ Mittelwerte bedeuten (wie auch $\mathfrak{p}$ im Fall einer unregelmäßigen Lagerung der Teilchen) und daß die auf ein Teilchen wirkende elektrische Kraft um eine der Polarisation $\mathfrak{P}$ proportionale Größe von $\mathfrak{E}$ verschieden ist (Art. V 14, Nr. **36**). Nach dem Beispiel von *Voigt* soll hier aber von dem Zusatzgliede abgesehen werden; Berücksichtigung desselben würde die Rechnungen erschweren, ohne, wenigstens bei kleineren Körperdichten, an den Resultaten wesentliches zu ändern. Allerdings dürfte bei festen und flüssigen Medien die Vernachlässigung nicht ganz unbedenklich sein.

Wäre ein Teilchen der Wirkung der übrigen und des Magnetfeldes entzogen und auch frei von Widerständen, so könnte es mit bestimmten Frequenzen n_0 schwingen. Die mit den verschiedenen Schwingungszahlen stattfindenden Bewegungen und die sich darauf beziehenden Größen unterscheiden wir voneinander durch die Indizes $a, b, c, \ldots$ Wir nehmen an, daß man es in jedem dieser Fälle mit einer gewissen Zahl $k_a, k_b, k_c, \ldots$, im allgemeinen k, von Grundschwingungen zu tun hat, so daß man von der Gruppe a, der Gruppe b usw. von Grundschwingungen sprechen kann. Ist das Feld erregt, übrigens aber noch das Teilchen sich selbst überlassen, und die Bewegung wie soeben widerstandsfrei, dann treten an die Stelle einer dieser Gruppen k Grundschwingungen, deren Frequenzen $n^{(\varkappa)}$ durch (21) gegeben sind, und die wir wie in Nr. **39** durch die Indizes $\varkappa_1$, $\varkappa_{2+}$ und $\varkappa_{2-}$ voneinander unterscheiden. Um indes allzugroße Häufung der Indizes zu vermeiden, wenden wir sie nur soweit an, als zur Vermeidung von Mißverständnissen nötig ist.

Diejenigen Punkte des Spektrums, wo die Frequenz einen der Werte hat, die einem isolierten widerstandsfreien Teilchen zukommen, mögen „Mitschwingungsstellen" heißen. Bei fehlendem Felde sind diese Stellen $n_{0a}, n_{0b}, \ldots$; unter dem Einfluß der magnetischen Kraft dagegen treten statt einer jeden derselben die Stellen $n^{(\varkappa_1)}$, $n^{(\varkappa_2+)}$ und $n^{(\varkappa_2-)}$ auf.

Wir kehren jetzt zu der Untersuchung der Fortpflanzung zurück, wobei wir wieder die mit g bezeichneten Widerstände einführen. Indem wir eine Lichtbewegung von bestimmter Frequenz n ins Auge fassen und also annehmen, daß alle variablen Zustandsgrößen den Faktor e^{int} enthalten, haben wir es mit dem in Nr. **37** behandelten Problem des Mitschwingens der Teilchen unter dem Einfluß der wechselnden elektrischen Kräfte des Lichtbündels zu tun, und zwar findet im allgemeinen das Mitschwingen in den verschiedenen Schwingungsformen statt, die wir soeben durch Indizes voneinander unterschieden haben. Die Betrachtung der fingierten äquivalenten Elektronen bietet nun den Vorteil, daß die Verschiebung eines solchen jedesmal auch das elektrische Moment eines Teilchens, von welchem sein Einfluß auf die Fortpflanzung abhängt, bestimmt. Insofern dieses Moment von der Schwingung $\varkappa$ herrührt, hat es nach (1) und (16) die Komponenten

$$\mathbf{e}\,\alpha^{(\varkappa)}\,r^{(\varkappa)}, \quad \mathbf{e}\,\beta^{(\varkappa)}\,r^{(\varkappa)}, \quad \mathbf{e}\,\gamma^{(\varkappa)}\,r^{(\varkappa)} \tag{37}$$

und man findet nun aus den Gleichungen (34), (33) und (25)

$$\left\{\mathfrak{D}_x = \mathfrak{E}_x - \underset{ab\ldots}{\mathrm{S}} \sum_{\varkappa_1 \varkappa_2 + \varkappa_2 -} \frac{\alpha^{(\varkappa)} B^{(\varkappa)}}{\left(n + \frac{n_0{}^2}{n^{(\varkappa)}}\right)(n - n^{(\varkappa)}) - i n g} \{\bar{\alpha}^{(\varkappa)}\mathfrak{E}_x + \bar{\beta}^{(\varkappa)}\mathfrak{E}_y + \bar{\gamma}^{(\varkappa)}\mathfrak{E}_z\}\right. \tag{38}$$

usw.

Hier hat man die Formeln (12) und (20) berücksichtigt und zur Abkürzung

$$\frac{N\mathbf{e}^2}{A^{(\varkappa)}} = B^{(\varkappa)} \tag{39}$$

gesetzt; diese Größe ist unabhängig von der Wahl von $\mathbf{e}$. Die Bedeutung der Summenzeichen S und Σ mit den angehängten Indizes bedarf wohl keiner weiteren Erklärung.

In den nächsten Nummern handelt es sich um die bei den Versuchen realisierten einfachen Fälle. Spezialisiert man die Endformeln für $\mathbf{H} = 0$, so findet man die Lage der Absorptionslinien bei fehlendem Felde, im allgemeinen aber nicht (wohl bei den speziellen Ansätzen von *Voigt*) die richtigen Werte für die Intensität der Absorption und die Größe des Brechungsindex. Die in der angedeuteten Weise erhaltenen Formeln beziehen sich nämlich auf den Fall, daß die Teilchen zwar ohne äußere magnetische Einwirkung schwingen, aber noch immer die durch eine solche hervorgebrachte Orientierung haben, während in Wirklichkeit nach Aufhebung des Feldes die Lagerung der Teilchen zu einer regellosen wird.

48. Fortpflanzung senkrecht zu den Kraftlinien. Schwingungen in der Richtung des Feldes. Es sei $\mathfrak{E}_x = 0$, $\mathfrak{E}_y = 0$ und es mögen $\mathfrak{E}_z$ und die übrigen von Null verschiedenen Zustandsgrößen sämtlich den Faktor

$$e^{in\left(t - \frac{x}{\omega}\right)} \tag{40}$$

enthalten, wo

$$\frac{1}{\omega} = \frac{1}{v} - i\,\frac{h}{n} \tag{41}$$

mit den reellen Konstanten v und h ist. Da in den reellen Teilen von Größen mit dem Faktor (40) die Ausdrücke

$$e^{-hx}\cos n\left(t-\frac{x}{v}\right) \quad \text{und} \quad e^{-hx}\sin n\left(t-\frac{x}{v}\right)$$

auftreten, so bestimmt h die Absorption (Absorptionsindex). Als Fortpflanzungsgeschwindigkeit kann man v, als Brechungsindex

$$\mu=\frac{c}{v}$$

bezeichnen, und man nennt füglich ω die komplexe Fortpflanzungsgeschwindigkeit und

$$(\mu)=\frac{c}{\omega}$$

den komplexen Brechungsindex.

Mit Rücksicht auf (28) erhält man jetzt aus (38)

$$\mathfrak{D}_x=0, \quad \mathfrak{D}_y=0,$$

$$\mathfrak{D}_z=\mathfrak{E}_z-\underset{ab..}{\mathrm{S}}\sum_{\varkappa_1}\frac{B^{(\varkappa)}}{\left(n+\frac{n_0^2}{n^{(\varkappa)}}\right)(n-n^{(\varkappa)})-ing}\,\mathfrak{E}_z,$$

und nach (35)

$$(\mu)^2=1-\underset{ab..}{\mathrm{S}}\sum_{\varkappa_1}\frac{B^{(\varkappa)}}{\left(n+\frac{n_0^2}{n^{(\varkappa)}}\right)(n-n^{(\varkappa)})-ing}, \tag{42}$$

wo wir (μ) so wählen, daß v und h positiv werden.

Aus (μ) kann man schließlich μ und h ableiten mittels der aus (41) folgenden Gleichung

$$\mu-\frac{ich}{n}=(\mu). \tag{43}$$

Wenn n so weit von $n^{(\varkappa)}$ verschieden ist, daß der Wert von

$$\left(n+\frac{n_0^2}{n^{(\varkappa)}}\right)(n-n^{(\varkappa)}) \tag{44}$$

groß gegen ng wird, kann man den imaginären Teil des in (42) vorkommenden Bruchs vernachlässigen. Wir wollen dann sagen, die Stelle n im Spektrum sei „weit“ von der Mitschwingungsstelle $n^{(\varkappa)}$ entfernt, oder sie liege außerhalb des Bereiches dieser letzteren. Dagegen rechnen wir zu dem Bereiche von $n^{(\varkappa)}$ alle diejenigen Werte von n, für welche der Ausdruck (44) von derselben Größenordnung wie ng, oder noch kleiner wird. Zur Vereinfachung nehmen wir jetzt an, daß die Mitschwingungsstellen n_{0a}, n_{0b}, ... so weit auseinander, und die Mitschwingungsstellen $n^{(\varkappa)}$ jeder einzelnen Gruppe so nahe der Stelle n_0 dieser Gruppe liegen, daß die Punkte des Spektrums, welche zu den Bereichen der verschiedenen $n^{(\varkappa)}$ einer Gruppe a gehören, von allen $n^{(\varkappa)}$ der übrigen Gruppen weit entfernt sind. Wenn wir uns dann auf einen Teil a des Spektrums beschränken, welcher die verschiedenen $n^{(\varkappa)}$ jener ausgewählten Gruppe a umfaßt, und dessen Ränder sich noch eben im Bereich der äußersten $n_a^{(\varkappa)}$ befinden, so lassen sich die Glieder der Summe in (42), die von den Gruppen $b, c, \ldots$ herrühren, in eine reelle Zahl q zusammenfassen. In der Voraussetzung, daß $1 - q$ positiv ist (welcher Fall eintritt, wenn die auf der positiven Seite von a liegenden Gruppen überwiegenden Einfluß haben), schreiben wir

$$(\mu)^2 = \mu_0^2 - \sum_{\varkappa_1} \frac{B^{(\varkappa)}}{\left(n + \frac{n_0^2}{n^{(\varkappa)}}\right)(n - n^{(\varkappa)}) - ing},$$

wo sich die Summe nur noch auf die $n^{(\varkappa_1)}$ der Gruppe a erstreckt, und wo wir von der reellen Größe μ_0 annehmen wollen, daß sie jedenfalls nicht viel kleiner als Eins ist.

Ist nun ferner die Breite des betrachteten Gebietes a klein gegen die Entfernungen zu den Gruppen $b, c, \ldots,$ so dürfen wir μ_0 als eine Konstante betrachten, und außerdem $n + \frac{n_0^2}{n^{(\varkappa)}}$ durch $2n_0$ und ing durch in_0g ersetzen. Dadurch wird

$$(\mu)^2 = \mu_0^2 - \frac{1}{n_0} \sum_{\varkappa_1} \frac{B^{(\varkappa)}}{2(n - n^{(\varkappa)}) - ig}. \tag{45}$$

Eine weitere Vereinfachung erreicht man, wenn man annimmt, daß sogar dort, wo die Absorption am stärksten ist, die Schwächung des Lichtes beim Durchlaufen einer Wellenlänge äußerst wenig beträgt. Daraus folgt, daß die imaginären Teile von (μ) und $(\mu)^2$ sehr klein gegen die Einheit sein müssen. Da nun für $n = n^{(\varkappa)}$ in (45) das Glied $-iB^{(\varkappa)}/n_0g$ auftritt, so muß man annehmen, daß $n_0g/B^{(\varkappa)}$ eine große Zahl ist. Dann ist aber der absolute Wert des letzten Gliedes in (45) stets sehr klein, und man hat annähernd

$$(\mu) = \mu_0 - \frac{1}{2\mu_0 n_0} \sum_{\varkappa_1} \frac{B^{(\varkappa)}}{2(n - n^{(\varkappa)}) - ig},$$

und, wenn man in (43) n durch n_0 ersetzt,

$$\mu_1 = \mu_{01} - \frac{1}{\mu_{01} n_0} \sum_{\varkappa_1} \frac{(n - n^{(\varkappa)}) B^{(\varkappa)}}{4(n - n^{(\varkappa)})^2 + g^2}, \tag{46}$$

$$h_1 = \frac{1}{2\mu_{01} c} \sum_{\varkappa_1} \frac{g B^{(\varkappa)}}{4(n - n^{(\varkappa)})^2 + g^2}. \tag{47}$$

Der in den letzten beiden Gleichungen hinzugefügte Index 1 hat die in Nr. **39** angegebene Bedeutung.

Die Formel (47) drückt das Gesetz der Absorption aus. Irgend ein Glied der Summe ist ein Maximum an der Mitschwingungsstelle $n^{(\varkappa)}$ und sinkt symmetrisch zu diesem Punkt auf Null herab, und zwar ist der Wert nur noch ein kleiner Bruchteil des Maximalwertes, sobald $|n - n^{(\varkappa)}|$ ein mäßiges Vielfaches von g ist, d. h. sobald man den „Bereich" von $n^{(\varkappa)}$ verläßt.

Sind nun die verschiedenen Stellen $n^{(\varkappa)}$ so weit voneinander entfernt, daß die eine außerhalb des Bereichs der anderen liegt, dann stellt (47) k_1 voneinander getrennte Absorptionsstreifen vor, in welche die ursprüngliche Linie n_0 durch das Magnetfeld zerlegt worden ist. Sie befinden sich an den Mitschwingungsstellen $n^{(\varkappa_1)}$, also eben da, wo die Theorie des direkten *Zeeman*-Effektes Komponenten der Emisionslinie n_0 ergab. Insofern für eine der Linien das Vérhältnis zwischen dem Werte von h und dem Maximumwerte durch das Verhältnis $|n - n^{(\varkappa)}|/g$ bestimmt ist, kann g als Maß für die Breite des Streifens gelten. Ferner kann man als Maß für die Intensität den genannten Maximumwert, d. h.

$$\frac{B^{(\varkappa_1)}}{2\,\mu_{01}\,c\,g}$$

betrachten. Diese Größe kann wegen des Faktors $B^{(\varkappa_1)}$ von der einen Komponente zur anderen variieren, hat aber, da nach (39) und (27) $B^{(\varkappa_1')} = B^{(\varkappa_1)}$ ist, denselben Wert für zwei konjugierte, gleich weit von n_0 liegende Komponenten.

Was die oben gemachten Voraussetzungen betrifft, so laufen diese, physikalisch gesprochen, darauf hinaus, daß die Absorptionslinien $n_{0a}, n_{0b}, \ldots$ durch Gebiete unmerklicher Absorption voneinander getrennt sind, daß das Magnetfeld stark genug ist, um eine völlige Trennung der magnetischen Komponenten $n^{(\varkappa)}$ zu bewirken, und daß nach dieser Trennung die Liniengruppen $n_a^{(\varkappa)}, n_b^{(\varkappa)}, \ldots$ weit auseinander liegen.

Schließlich möge hervorgehoben werden, daß wir g einerseits als sehr klein gegen $|n_{0a} - n_{0b}|$, d. h., wenn $\mathfrak{n}$ die Größenordnung der Frequenzen angibt, gegen $\mathfrak{n}$, und andererseits als sehr groß gegen $B^{(\varkappa)}/\mathfrak{n}$ angenommen haben. Dies involviert, daß $B^{(\varkappa)}/\mathfrak{n}^2$ sehr klein ist, was nach (39) nur zutreffen kann, wenn die durch N gemessene Dichte unter einer gewissen Grenze liegt.

49. Fortpflanzung in der Richtung der Kraftlinien. a) *Links zirkular polarisiertes Licht.*

Es sei

$$\mathfrak{E}_z = 0, \quad \mathfrak{E}_y = -i\mathfrak{E}_x,$$

und es mögen die von Null verschiedenen Zustandsgrößen den Faktor

$$e^{in\left(t-\frac{z}{\omega}\right)}$$

enthalten, so daß die Fortpflanzung parallel zu OZ stattfindet.

Beachtet man wieder die Werte (28), so findet man jetzt aus (38)

$$\mathfrak{D}_x = \mathfrak{E}_x - \underset{ab\,..}{\mathrm{S}} \sum_{\varkappa_2+} \frac{2B^{(\varkappa)}}{\left(n+\frac{n_0^2}{n^{(\varkappa)}}\right)(n-n^{(\varkappa)})-ing}\mathfrak{E}_x,$$

$$\mathfrak{D}_y = -i\mathfrak{D}_x, \quad \mathfrak{D}_z = 0,$$

und, analog zu (42),

$$(48) \qquad (\mu_+)^2 = 1 - \underset{ab\,..}{\mathrm{S}} \sum_{\varkappa_2+} \frac{2B^{(\varkappa)}}{\left(n+\frac{n_0^2}{n^{(\varkappa)}}\right)(n-n^{(\varkappa)})-ing}.$$

Hieraus erhält man unter ähnlichen Voraussetzungen wie oben

$$(49) \qquad \mu_+ = \mu_{0+} - \frac{2}{\mu_{0+}n_0} \sum_{\varkappa_2+} \frac{(n-n^{(\varkappa)})B^{(\varkappa)}}{4(n-n^{(\varkappa)})^2+g^2},$$

$$(50) \qquad h_+ = \frac{1}{\mu_{0+}c} \sum_{\varkappa_2+} \frac{gB^{(\varkappa)}}{4(n-n^{(\varkappa)})^2+g^2}.$$

b) *Rechts zirkular polarisiertes Licht.* Die Formeln gestalten sich ganz ähnlich; man hat nur $\mathfrak{E}_y = -i\mathfrak{E}_x$, $\mathfrak{D}_y = -i\mathfrak{D}_x$ durch $\mathfrak{E}_y = +i\mathfrak{E}_x$, $\mathfrak{D}_y = +i\mathfrak{D}_x$ zu ersetzen und statt des Index $+$ ein $-$ zu schreiben. So findet man

$$(51) \qquad (\mu_-)^2 = 1 - \underset{ab\,..}{\mathrm{S}} \sum_{\varkappa_2-} \frac{2B^{(\varkappa)}}{\left(n+\frac{n_0^2}{n^{(\varkappa)}}\right)(n-n^{(\varkappa)})-ing},$$

$$(52) \qquad \mu_- = \mu_{0-} - \frac{2}{\mu_{0-}n_0} \sum_{\varkappa_2-} \frac{(n-n^{(\varkappa)})B^{(\varkappa)}}{4(n-n^{(\varkappa)})^2+g^2},$$

$$(53) \qquad h_- = \frac{1}{\mu_{0-}c} \sum_{\varkappa_2-} \frac{gB^{(\varkappa)}}{4(n-n^{(\varkappa)})^2+g^2}.$$

In Übereinstimmung mit der Theorie des direkten Effektes nimmt man bei Versuchen mit links zirkular polarisiertem Licht Absorptionsstreifen wahr an den Mitschwingungsstellen $n^{(\varkappa_2+)}$, bei rechts zirkular polarisiertem Licht dagegen an den Stellen $n^{(\varkappa_2-)}$. Das eine System von Linien ist gleichsam das Spiegelbild des anderen in bezug auf den Punkt n_0, und da für konjugierte Werte $B^{(\varkappa_2+)} = B^{(\varkappa_2-)}$ ist, so haben korrespondierende Linien gleiche Stärke, wenn man μ_{0+} und μ_{0-} als gleich betrachten darf.

50. Fortpflanzungs- und Schwingungsrichtung normal zu den Kraftlinien. In diesem Fall ist $\mathfrak{E}_z = 0$, während $\mathfrak{E}_x$ und $\mathfrak{E}_y$ im allgemeinen beide von Null verschieden sind. Diese Größen enthalten den Faktor (40) und man hat, wenn

$$-\underset{ab..}{\mathrm{S}}\sum_{\varkappa_2+}\frac{B^{(\varkappa)}}{\left(n+\frac{n_0^{\,2}}{n^{(\varkappa)}}\right)(n-n^{(\varkappa)})-ing}=C_+,$$

und

$$-\underset{ab..}{\mathrm{S}}\sum_{\varkappa_2-}\frac{B^{(\varkappa)}}{\left(n+\frac{n_0^{\,2}}{n^{(\varkappa)}}\right)(n-n^{(\varkappa)})-ing}=C_-$$

gesetzt wird,

$$\mathfrak{D}_x = \mathfrak{E}_x + C_+(\mathfrak{E}_x + i\mathfrak{E}_y) + C_-(\mathfrak{E}_x - i\mathfrak{E}_y),$$
$$\mathfrak{D}_y = \mathfrak{E}_y - iC_+(\mathfrak{E}_x + i\mathfrak{E}_y) + iC_-(\mathfrak{E}_x - i\mathfrak{E}_y).$$

Nun ist aber nach (36) bei der Fortpflanzung parallel zur x-Achse $\mathfrak{D}_x = 0$, so daß nach Elimination von $\mathfrak{E}_x$

$$\mathfrak{D}_y = \frac{(1+2C_+)(1+2C_-)}{1+C_++C_-}\mathfrak{E}_y$$

wird. Hieraus folgt

$$(\mu_2)^2 = \frac{(1+2C_+)(1+2C_-)}{1+C_++C_-},$$

und durch Vergleichung mit (48) und (51) die einfache Beziehung[18])

$$\frac{1}{(\mu_2)^2} = \frac{1}{2}\left(\frac{1}{(\mu_+)^2}+\frac{1}{(\mu_-)^2}\right). \tag{54}$$

Der Index 2 erinnert an die Schwingungsrichtung normal zu den Kraftlinien.

Sind die Verhältnisse derart, daß (μ_+) und (μ_-) wenig voneinander verschieden sind, so kann man (54) ersetzen durch

$$(\mu_2) = \tfrac{1}{2}((\mu_+) + (\mu_-)), \tag{55}$$

und es ist dann

$$\mu_2 = \tfrac{1}{2}(\mu_+ + \mu_-) \tag{56}$$

und

$$h_2 = \tfrac{1}{2}(h_+ + h_-). \tag{57}$$

Da für konjugierte Schwingungsformen $\varkappa_{2+}$ und $\varkappa_{2-}$ die Beziehung gilt

$$n_0 - n^{(\varkappa_2-)} = -(n_0 - n^{(\varkappa_2+)}),$$

so folgt aus (50) und (53), wenn man $\mu_{0+} = \mu_{0-}$ setzt, daß h_+ an der Stelle $n_0 + \nu$ den gleichen Wert hat wie h_- an der Stelle $n_0 - \nu$; nach (57) ist also die Absorption h_2 symmetrisch zu n_0 verteilt.

18) *W. Voigt*, Magneto- und Elektrooptik, p. 163.

Liegen bei der Beobachtung längs den Kraftlinien die Absorptionsstreifen für rechts und links zirkular polarisiertes Licht ganz auseinander, so findet man bei der nunmehr angenommenen Beobachtungsrichtung Absorptionsstreifen sowohl an den Mitschwingungsstellen $n^{(\varkappa_2 +)}$ als auch an den Stellen $n^{(\varkappa_2 -)}$.

Zu etwas anderen Schlüssen gelangt man, wenn man (54) nicht durch (55) ersetzen darf. Zwar kann man noch sagen, daß, wenn in der Feldrichtung die Absorptionsstreifen für rechts und links zirkular polarisiertes Licht ganz getrennt sind, die Absorption auf dieselben Gebiete beschränkt bleiben muß, wenn man normal zum Felde die y-Schwingungen untersucht; nach (54) ist nämlich (μ_2) reell, und also $h_2 = 0$ in allen Punkten, wo (μ_+) und (μ_-) beide reell sind. Indes komplizieren sich die Verhältnisse dadurch, daß (54) im allgemeinen nicht eine zu n_0 symmetrische Verteilung von h ergibt, ein Umstand, der sich auch in der Lage der Absorptionsmaxima zeigen muß. *Voigt* hat hierauf aufmerksam gemacht[19]), und Versuche von *Zeeman* bestätigten die theoretischen Folgerungen[20]). Neuere Untersuchungen haben es aber wahrscheinlich gemacht, daß in den meisten Fällen *diese* Dissymmetrie zu schwach ist, um sich in den Beobachtungen erkennen zu lassen[21]), so daß dann die wirklich wahrgenommenen Dissymmetrien auf andere Ursachen zurückzuführen sind (vgl. Nr. **53** b).

51. Versuche von Egoroff und Georgiewski. Aus dem oben für verschiedene Fälle berechneten Absorptionsindex h kann man die Lichtschwächung in einer Schicht von gegebener Dicke Δ ableiten. Wir nehmen zunächst an, daß Δ unendlich klein ist, so daß der Bruchteil der einfallenden Intensität, der absorbiert wird, durch

$$1 - e^{-2h\Delta} = 2h\Delta$$

gegeben wird; auch mögen die Absorptionsstreifen sich nicht überdecken. Ferner habe in dem betrachteten Teil des Spektrums die einfallende Intensität, insofern sie zu Frequenzen zwischen n und $n + dn$ gehört, den Wert Jdn, wo J konstant ist. Für einen der durch die Formel (47) angezeigten Absorptionsstreifen beträgt dann die totale Absorption

---

19) *W. Voigt,* Über eine Dissymmetrie der *Zeeman*schen normalen Triplets, Ann. Phys. 1 (1900), p. 376.

20) *P. Zeeman*, Waarnemingen over eene asymmetrische verandering van ijzerlijnen by straling in een magnetisch veld, Zittingsverslag Amsterdam 8 (1899), p. 328 (Amsterdam Proceedings 2, p. 298); siehe auch *P. Zeeman*, Recherches sur la décomposition magnétique des raies spectrales, Arch. néerl. (2) 13 (1908), p. 260.

21) *W. Voigt*, Magneto- und Elektrooptik, p. 178.

$$\frac{g B^{(\varkappa)} J \Delta}{\mu_{01} c} \int \frac{dn}{4(n-n^{(\varkappa)})^2+g^2},$$

wo man das Integral von $-\infty$ bis $+\infty$ erstrecken darf. Berücksichtigt man in derselben Weise die übrigen Streifen $n^{(\varkappa_1)}$, so erhält man für die Lichtmenge, welche im ganzen (in der Umgebung von n_0) absorbiert wird, wenn die Strahlen senkrecht zu dem Felde stehen, und die Schwingungen diesem parallel sind,

$$\frac{\pi \Delta J}{2 c \mu_{01}} \sum_{\varkappa_1} B^{(\varkappa)}. \tag{58}$$

Hiermit vergleichen wir den entsprechenden Ausdruck, bei derselben Fortpflanzungsrichtung, für Schwingungen normal zum Felde. Für diese findet man aus (50), (53) und (57)

$$\frac{\pi \Delta J}{2c}\left\{\frac{1}{\mu_{0+}} \sum_{\varkappa_2+} B^{(\varkappa)} + \frac{1}{\mu_{0-}} \sum_{\varkappa_2-} B^{(\varkappa)}\right\}, \tag{59}$$

und in der Voraussetzung $\mu_{01} = \mu_{0+} = \mu_{0-} = \mu_0$ hat man also

$$\sum_{\varkappa_1} B^{(\varkappa)} = \sum_{\varkappa_2+} B^{(\varkappa)} + \sum_{\varkappa_2-} B^{(\varkappa)} = 2 \sum_{\varkappa_2+} B^{(\varkappa)} \tag{60}$$

als Bedingung dafür, daß im ganzen die verschieden gerichteten Schwingungen in gleichem Maße absorbiert werden. Sie ist bei den speziellen von *Voigt* gemachten Annahmen stets erfüllt (vgl. Nr. **52**), wie man für den Fall zweier Elektronen oder eines einzigen (elementare Theorie) aus (39), in Verbindung mit den am Schluß von Nr. **40** angeführten Werten ersieht.

Indes, auch wenn die Relation (60) besteht, werden die beiden Absorptionen ungleich, sobald Δ nicht mehr als unendlich klein gelten kann. Man gehe z. B. in der Entwicklung von $e^{-2h\Delta}$ einen Schritt weiter und nehme dabei an, daß die Streifen $n^{(\varkappa)}$ ganz auseinander liegen. Dann muß man von (58) und (59) die Ausdrücke

$$\frac{\pi \Delta^2 J}{8 c^2 g \mu_0^2} \sum_{\varkappa_1} [B^{(\varkappa)}]^2$$

und

$$\frac{\pi \Delta^2 J}{8 c^2 g \mu_0^2} \cdot 2 \sum_{\varkappa_2+} [B^{(\varkappa)}]^2$$

subtrahieren. In den beiden obengenannten Fällen ist der erste Wert größer als der zweite, und dasselbe wird, eben wegen der Gleichheit (60), auch sonst oft zutreffen, wenn, wie bei *Voigt*, $k_1 = k_2$ ist, und die verschiedenen $B^{(\varkappa_1)}$ bzw. $B^{(\varkappa_2+)}$ von derselben Größenordnung sind. Es steht daher zu erwarten, daß der dem Magnetfelde ausgesetzte Körper die dem Felde parallelen Schwingungen schwächer absorbiert als die dazu normalen. Daraus folgt dann weiter, daß er die zuerstgenannten Schwingungen auch am schwächsten emittiert, was man auch an und für sich erklären kann aus der Absorption, welche die von den hinteren Schichten des Körpers ausgesandten Strahlen in den vorderen Schichten erleiden[22]). Eine partielle Polarisation des ausgestrahlten Lichtes, die in dieser Weise verständlich wird, haben *Egoroff* und *Georgiewski* beobachtet[23]).

52. Magnetische Doppelbrechung. a) Der in den Formeln (46), (49) und (52) vorkommende Ausdruck

$$\frac{n - n^{(\varkappa)}}{4(n - n^{(\varkappa)})^2 + g^2}$$

ist entgegengesetzt symmetrisch zu der Stelle $n^{(\varkappa)}$, mit einem Maximum $\frac{1}{4g}$ für $n = n^{(\varkappa)} + \frac{1}{2}g$ und einem Minimum $-\frac{1}{4g}$ für $n = n^{(\varkappa)} - \frac{1}{2}g$; er nähert sich der Grenze Null, wenn n sich weiter von $n^{(\varkappa)}$ entfernt. Die Formeln zeigen daher an, daß der Brechungsexponent sich in der Nähe von $n^{(\varkappa)}$ in eigentümlicher Weise ändert; er ist größer nach rot, kleiner nach violett hin. Dieser Einfluß der Mitschwingungsstellen zeigt sich auch bei Abwesenheit eines magnetischen Feldes; er verursacht dann die sogenannte anomale Dispersion[24]). Ist das Feld erregt, so macht er sich bei jeder einzelnen Komponente der Absorptionslinien bemerklich.

Es ist wichtig zu bemerken, daß ein ähnlicher Verlauf des Brechungsindex wie aus (46), (49) und (52) auch aus den allgemeineren Gleichungen (42), (48) und (51) hervorgeht, und daß der Einfluß einer Mitschwingungsstelle auf die Brechung sich bis zu Entfernungen erstreckt, wo die Absorption unmerklich ist (vgl. Nr. 48).

b) Wir vergleichen jetzt die Brechungsexponenten μ_1 und μ_2 für senkrecht zu dem Felde gerichtetes Licht mit den durch die Indizes 1 bzw. 2 angedeuteten Schwingungsrichtungen; zunächst setzen wir dabei $H = 0$. Im allgemeinen ergeben dann die abgeleiteten Formeln eine Ungleichheit der beiden Werte; diese rührt daher, daß das System aus nicht isotropen Teilchen besteht, und daß schon die Orientierung derselben, abgesehen von einer Modifikation der Schwingungen durch das Feld, genügt um eine Doppelbrechung zu verursachen. Nur wenn

---

22) *H. A. Lorentz,* Sur la polarisation partielle de la lumière émise par une source lumineuse dans un champ magnétique, Arch. néerl. (2) 2 (1899), p. 1.

23) *N. Egoroff* u. *N. Georgiewski,* Paris C. R. 124 (1897), p. 748, 949; 125 (1897), p. 16.

24) Dieser Art. (W. Wien) Nr. **16** b.

wir die in (60) ausgedrückte Voraussetzung machen, verschwindet diese „Doppelbrechung der Orientierung".

Für $H = 0$ werden nämlich für jede der Gruppen $a, b, \ldots$ alle $n^{(\varkappa)}$ dem entsprechenden n_0 gleich, und man hat z. B. statt (42)

$$(\mu_1)^2 = 1 - \underset{ab..}{\mathrm{S}} \frac{\sum\limits_{\varkappa_1} B^{(\varkappa)}}{n^2 - n_0{}^2 - ing}.$$

Verfährt man in derselben Weise mit (48) und (51), so erhellt, daß, wenn für jede Gruppe (60) gilt, $(\mu_1)^2 = (\mu_+)^2 = (\mu_-)^2$ sein muß. Daraus folgt mit Rücksicht auf (54), $(\mu_1) = (\mu_2)$ und auch $\mu_1 = \mu_2$.

c) Mit Hilfe der Ausdrücke (37) und der Formeln (28) und (25) kann man das Moment eines Teilchens berechnen, auf welches eine in beliebiger Weise gegen die ausgezeichnete Richtung (Nr. **39**) geneigte elektrische Kraft $\mathfrak{E}$ wirkt. Durch Summierung findet man dann ferner die Polarisation $\mathfrak{P}$ eines Körpers, dessen Teilchen nicht nur frei von magnetischer Einwirkung schwingen, sondern auch regellos orientiert sind. Das Resultat für diesen Fall lautet

$$(\mu)^2 = 1 - \underset{ab..}{\mathrm{S}} \frac{\frac{1}{3}\sum\limits_{\varkappa_1} B^{(\varkappa)} + \frac{2}{3}\sum\limits_{\varkappa_2+} B^{(\varkappa)} + \frac{2}{3}\sum\limits_{\varkappa_2-} B^{(\varkappa)}}{n^2 - n_0{}^2 - ing}.$$

Es stimmt mit den oben für $(\mu_1)^2$ und $(\mu_2)^2$ gefundenen Werten überein, wenn die Relation (60) gilt.

Daß diese Gleichheiten zwischen den Werten von $(\mu)^2$ bestehen müssen, ist übrigens in der Theorie von *Voigt* sofort klar, da, wenn $H = 0$ gesetzt wird, seine Gleichungen nichts enthalten, das an eine Anisotropie und eine Orientierung der Teilchen erinnert. Man kann hieraus rückwärts auf (60) schließen.

d) Als magnetische Doppelbrechung in engerem Sinne kann man die bezeichnen, welche unter Einwirkung eines Magnetfeldes auch dann besteht, wenn die Bedingung (60) erfüllt ist. Sie hat die Eigenschaft, an jeder bestimmten Stelle des Spektrums ungeändert zu bleiben, wenn man das Feld umkehrt. Dieses hat nämlich eine Verwechslung der Werte $n^{(\varkappa_2+)}$ und $n^{(\varkappa_2-)}$ und ebenso, wie aus (48) und (51) hervorgeht, von $(\mu_+)^2$ und $(\mu_-)^2$ zur Folge, so daß nach (54) $(\mu_2)^2$ ungeändert bleibt. Dasselbe gilt auch von $(\mu_1)^2$, da in der Gleichung (42) zwei konjugierte Werte $n^{(\varkappa_1)}$ und $n^{(\varkappa_1')}$ miteinander vertauscht werden, und also bei beiden Feldrichtungen die Summe sich aus denselben Gliedern zusammensetzt. Ist k_1 ungerade, so hat *ein* $n^{(\varkappa_1)}$ den Wert n_0, der unabhängig von H ist.

Die magnetische Doppelbrechung besteht, theoretisch gesprochen, in jedem Punkte des Spektrums, in beliebiger Entfernung von einer Mitschwingungsstelle; auch die Größe μ_{01} in (46) ist von der entsprechenden μ_{02}, für welche sich aus (56) der Wert $\frac{1}{2}(\mu_{0+} + \mu_{0-})$ ergibt, etwas verschieden. Indes ist die Differenz sehr klein. Viel beträchtlicher ist die Doppelbrechung in der Nähe einer Gruppe von Mitschwingungsstellen $n^{(\varkappa)}$; es rührt dies daher, daß die Punkte $n^{(\varkappa_1)}$ nicht mit den Punkten $n^{(\varkappa_2)}$ zusammenfallen, und daß somit an einer Stelle, wo μ_1 infolge der Nähe eines $n^{(\varkappa_1)}$ vergrößert oder verkleinert erscheint, dasselbe nicht in demselben Maße von μ_2 gilt, und umgekehrt.

Voigt hat die Formeln für diese Erscheinungen weiter entwickelt[25]) und ihre Übereinstimmung mit der Erfahrung[26]) nachgewiesen.

53. Magneto-optische Effekte an Kristallen. Gewisse Kristalle bringen in dem Spektrum so feine Absorptionslinien hervor, daß es möglich ist, eine Änderung derselben durch das Magnetfeld zu beobachten. *J. Becquerel* hat diese Erscheinungen gründlich untersucht[27]) und, ebenso wie *Voigt*[28]), eine Theorie für dieselben aufgestellt[29]). Da diese der im vorstehenden entwickelten sehr ähnlich ist, so soll hier nur soviel gesagt werden als nötig ist, um das ihr Eigentümliche hervortreten zu lassen; es besteht dies namentlich darin, daß jetzt auch Koppelungen zwischen Freiheitsgraden von ungleicher Frequenz eine Rolle spielen.

Eine regelmäßige Orientierung der Teilchen ist bei den Kristallen von vornherein gegeben.

Becquerel hat seine Beobachtungen an optisch einachsigen Kristallen gemacht, und zwar hatte die Achse entweder die Richtung des Feldes

25) Siehe die erste der in Anm. 16) zitierten Abhandlungen, sowie Magneto- und Elektrooptik, §§ 95, 96, 102, 118.

26) *W. Voigt* und *E. Wiechert*, Ann. Phys. Chem. 67 (1899), p. 359. Siehe auch *J. Geest*, La double réfraction magnétique de la vapeur de sodium, Arch néerl. (2) 10 (1905), p. 291; *A. Cotton* et *H. Mouton*, Nouvelle propriété optique (biréfringence magnétique) de certains liquides organiques non colloïdaux, Paris C. R. 145 (1907), p. 229; *A. Cotton*, *H. Mouton* et *P. Weiß*, Sur la biréfringence magnétique des liquides organiques, ibidem p. 870.

27) *J. Becquerel*, Zahlreiche Abhandlungen in Paris C. R. 142—147 (1906—8); Zusammenfassungen in Phys. Zeitschr. 8 (1907), p. 632 und in Le Radium 4 (1907), p. 49, 328; 5 (1908), p. 5. Siehe auch *H. E. J. G. du Bois* und *G. J. Elias*, Der Einfluß von Temperatur und Magnetisierung bei selektiven Absorptions- und Fluoreszenzspektren, Ann. Phys. 27 (1908), p. 233.

28) *W. Voigt*, Über die Wirkung eines Magnetfeldes auf das optische Verhalten pleochroïtischer Kristalle, Gött. Nachr., Math.-phys. Kl., 1906, p. 507; Magneto- und Elektrooptik, Kap. 5.

29) *J. Becquerel*, Sur une théorie des phénomènes magnéto-optiques dans les cristaux, Paris C. R. 143 (1906), p. 769; Sur une explication théorique des phénomènes magnéto-optiques observés dans un cristal, ibidem p. 890.

oder eine dazu normale, während auch die Beobachtungsrichtung eine ähnliche einfache Lage, sowohl gegen die Achse, wie gegen das Feld hatte. Die Theorie von *Voigt* ist etwas allgemeiner gehalten, indem er einen Kristall mit drei zueinander senkrechten ungleichwertigen Symmetrieachsen, deren eine die Richtung des Feldes hat, betrachtet. Er fand, daß es für die Darstellung fast aller Beobachtungen genügt, *zwei* Elektronen anzunehmen, deren jedes die durch seine Bewegung hervorgerufene elektromagnetische Kraft erleidet, und die nur was die Bewegungen in der Feldrichtung betrifft, magnetisch miteinander gekoppelt sind. Übrigens werden, der kristallinischen Natur der Substanz gemäß, die Koeffizienten der quasi-elastischen Kräfte und der Widerstände für die drei Hauptrichtungen verschieden genommen; auch für die beiden Elektronen sind sie ungleich.

Indem wir die Elektronen durch die Indizes 1, 2, die sich auf die Achsenrichtungen beziehenden Koeffizienten aber durch Striche unterscheiden, erhalten wir für die Gleichungen, welche die Bewegung unter dem Einflusse einer periodischen elektrischen Kraft bestimmen,

$$(61)\quad \left\{\begin{aligned} m\ddot{\xi}_1 &= -f_1\,\xi_1 - mg_1\,\dot{\xi}_1 + c_{\xi\eta}\,\dot{\eta}_1 + e\mathfrak{E}_x,\\ m\ddot{\eta}_1 &= -f_1'\,\eta_1 - mg_1'\,\dot{\eta}_1 + c_{\eta\xi}\,\dot{\xi}_1 + e\mathfrak{E}_y,\\ m\ddot{\zeta}_1 &= -f_1''\zeta_1 - mg_1''\dot{\zeta}_1 + c_{\zeta_1\zeta_2}\dot{\zeta}_2 + e\mathfrak{E}_z,\\ m\ddot{\xi}_2 &= -f_2\,\xi_2 - mg_2\,\dot{\xi}_2 + c_{\xi\eta}\,\dot{\eta}_2 + e\mathfrak{E}_x,\\ m\ddot{\eta}_2 &= -f_2'\,\eta_2 - mg_2'\,\dot{\eta}_2 + c_{\eta\xi}\,\dot{\xi}_2 + e\mathfrak{E}_y,\\ m\ddot{\zeta}_2 &= -f_2''\zeta_2 - mg_2''\dot{\zeta}_2 + c_{\zeta_2\zeta_1}\dot{\zeta}_1 + e\mathfrak{E}_z, \end{aligned}\right.$$

$$c_{\xi\eta} = -c_{\eta\xi},\quad c_{\zeta_1\zeta_2} = -c_{\zeta_2\zeta_1}.$$

a) Die Fortpflanzung habe die Richtung der x-Achse, so daß alle Zustandsgrößen den Faktor (40) enthalten, und die Schwingungen seien dem Felde parallel. Man hat nur mit den beiden ζ-Gleichungen zu rechnen. Aus diesen findet man für die Verschiebung $\mathbf{z} = \zeta_1 + \zeta_2$ des äquivalenten Elektrons ($\mathbf{e} = e$ gesetzt)

$$\mathbf{z} = -\frac{me}{n}\cdot\frac{s_1 + s_2}{m^2 s_1 s_2 - c^2_{\zeta_1\zeta_2}}\,\mathfrak{E}_z,$$

$$s_1 = n - \frac{f_1''}{mn} - ig_1'',\quad s_2 = n - \frac{f_2''}{mn} - ig_2''.$$

Folglich ist, wenn man mit $q\mathfrak{E}_z$ den Anteil bezeichnet, den die übrigen Schwingungsformen zu $\mathfrak{P}_z$ liefern,

$$\mathfrak{D}_z = \left(1 + q - \frac{Nme^2}{n}\cdot\frac{s_1 + s_2}{m^2 s_1 s_2 - c^2_{\zeta_1\zeta_2}}\right)\mathfrak{E}_z.$$

Für den komplexen Brechungsindex (μ) erhält man

$$(\mu)^2 = \mu_0{}^2 - \frac{Nme^2}{n} \cdot \frac{s_1 + s_2}{m^2 s_1 s_2 - c^2_{\zeta_1 \zeta_2}},$$

oder, bei ähnlicher Annahme wie früher

$$(\mu) = \mu_0 - \frac{Nme^2}{2\mu_0 n} \cdot \frac{s_1 + s_2}{m^2 s_1 s_2 - c^2_{\zeta_1 \zeta_2}}.$$

Hierfür kann man endlich schreiben

(62) $$(\mu) = \mu_0 - \frac{Ne^2}{2\mu_0 mn}\left(\frac{1}{s_1 + \vartheta} + \frac{1}{s_2 - \vartheta}\right),$$

wenn man

$$s_1 - s_2 = \frac{f_2'' - f_1''}{mn} + i(g_2'' - g_1'') = 2d$$

und

(63) $$\sqrt{d^2 + \frac{c^2_{\zeta_1 \zeta_2}}{m^2}} - d = \vartheta$$

setzt.

Aus (62) ergeben sich Lage, Intensität und Breite der Absorptionsstreifen. Die Nenner der Brüche haben nämlich die Gestalt $\alpha_1 - i\beta_1$ und $\alpha_2 - i\beta_2$, sodaß man für den Absorptionsindex die Formel hat

$$h = \frac{Ne^2}{2\mu_0 cm}\left(\frac{\beta_1}{\alpha_1{}^2 + \beta_1{}^2} + \frac{\beta_2}{\alpha_2{}^2 + \beta_2{}^2}\right).$$

Unter geeigneten Umständen läßt diese ähnliche Vereinfachungen zu, wie die früher benutzten. Die durch die beiden Glieder angezeigten Absorptionsstreifen haben ihr Maximum an den durch

$$\alpha_1 = 0, \quad \alpha_2 = 0$$

gegebenen Stellen, während ihre Intensitäten in diesen Punkten durch die Ausdrücke

$$\frac{Ne^2}{2\mu_0 cm\beta_1}, \quad \frac{Ne^2}{2\mu_0 cm\beta_2}$$

bestimmt sind.

Es seien z. B. die Widerstände g_1'' und g_2'' gleich, die durch f_1'' und f_2'' gemessenen quasi-elastischen Kräfte aber voneinander verschieden, und zwar $f_2'' > f_1''$. Dann sind d und ϑ reell und positiv, und man berechnet die Lage der Absorptionsmaxima aus

$$n - \frac{f_1''}{mn} + \vartheta = 0 \quad \text{und} \quad n - \frac{f_2''}{mn} - \vartheta = 0.$$

Für $H = 0$ sind die Wurzeln $\sqrt{\frac{f_1''}{m}}$ und $\sqrt{\frac{f_2''}{m}}$; bei wachsendem Felde, wobei auch ϑ von Null ab zunimmt, entfernen sie sich voneinander (vgl. Nr. **36**). Die Intensität der Streifen aber bleibt konstant, da jetzt $\beta_1 = \beta_2$ unabhängig von H ist.

Setzt man nicht g_1'' und g_2'', sondern f_1'' und f_2'' einander gleich, so wird d imaginär und also auch ϑ, wenigstens so lange das Feld noch nicht eine solche Stärke erreicht, daß der Wurzelausdruck in (63) reell wird. Die Folge davon ist, daß α_1 und α_2 nach Erregung des Feldes ihre Werte behalten, während diesmal β_1 und β_2 sich ändern. Die beiden zusammenfallenden Maxima bleiben in ihrer ursprünglichen Lage, während in der Intensität der Absorption und, im Zusammenhang damit, in der Breite des Streifens die magnetische Kraft sich geltend macht.

Die hier angedeuteten Erscheinungen sind wirklich von *J. Becquerel* beobachtet worden. Was die erste derselben betrifft, so muß betont werden, daß die Erklärung eine Koppelung zwischen den Koordinaten ζ_1 und ζ_2 mit etwas verschiedenen Eigenfrequenzen erfordert.

b) Etwas ähnliches kommt auch vor, wenn bei der oben angenommenen Richtung der Strahlen die Schwingungen senkrecht zum Felde stehen. In diesem Falle tritt die Koppelung zwischen den beiden Elektronen gar nicht in Wirksamkeit, und kann man entweder die erste und zweite, oder die vierte und fünfte der Gleichungen (61) für sich betrachten. Wenn nun z. B. die Frequenzen $\sqrt{f_1/m}$ und $\sqrt{f_1'/m}$ nicht gleich sind, so erleiden die denselben entsprechenden Streifen nach Erregung des Feldes eine Verschiebung, die beobachtbar sein kann, falls nur die ursprüngliche Entfernung klein genug ist. Das Eigentümliche hierbei ist, daß man den Streifen $\sqrt{f_1/m}$ anfangs gar nicht sieht, da seine Schwingungen die Richtung der x-Achse haben; die andere Linie wird gleichsam von einer unsichtbaren abgestoßen. Allerdings kommt auch diese bei steigender Feldstärke allmählich zum Vorschein.

Voigt äußert die Meinung[30]), daß in derartigen Wirkungen zwischen Linien ungleicher Frequenz vielleicht auch der Grund der bei gasförmigen Körpern wahrgenommenen dissymmetrischen Triplets liege. Indes wird die Deutung von kleinen, dem Quadrat der Feldstärke proportionalen Verschiebungen, wie man sie z. B. bei der Mittellinie gewisser Triplets beobachtet hat[31]), dadurch erschwert, daß hier auch ganz andere Wirkungen als die oben betrachteten im Spiel sein können. Es ist z. B. keineswegs ausgeschlossen, daß im magnetischen Felde die leuchtenden und absorbierenden Teilchen eine H^2 proportionale

30) *W. Voigt*, Magneto- und Elektrooptik, § 149.

31) *P. Zeeman*, Zittingsverslag Amsterdam 16 (1908), p. 618, 855; 17 (1908), p. 541 (Amsterdam Proceedings 10, p. 574, 862; 11, p. 473). *P. Gmelin*, Phys. Zeitschr. 9 (1908), p. 212. Siehe auch *W. Voigt*, Magneto- und Elektrooptik, p. 178.

Strukturänderung erleiden, die sich in einer Änderung der Frequenzen offenbart.

c) Ein einachsiger Kristall, der mit der Achse in der Richtung des Feldes gestellt ist, verhält sich einem Lichtstrahl gegenüber, der ihn in der Richtung der Kraftlinien durchsetzt, wie ein isotroper Körper. Unter den vielen Zerlegungen in Duplets, die *Becquerel* in diesem Fall beobachtet hat, sind einige deswegen von besonderem Interesse, weil bei ihnen die gegenseitige Lage der rechts und links zirkular polarisierten Komponenten die umgekehrte wie gewöhnlich ist, und zwar zuweilen mit einer exzeptionell großen Entfernung der beiden Linien. Man kann dies entweder durch die Annahme schwingender *positiver* Elektronen erklären, für welche das Verhältnis e/m ebenso groß oder sogar größer wie für die negativen ist (*Becquerel*), oder daraus, daß es, was nicht undenkbar ist, in den intramolekularen Räumen magnetische Felder von großer Stärke gibt, die dem äußeren Felde entgegengesetzt sind[32]) (vgl. auch Nr. **38**).

Übrigens hat man neuerdings verwandte Erscheinungen auch bei gasförmigen Körpern beobachtet[33]).

d) Es möge schließlich noch kurz derjenigen Fälle gedacht werden, in welchen, obgleich die Versuchsanordnung verschieden war, *Becquerel* dieselbe Zerlegung der Linien zu sehen bekam. Man vergegenwärtigt sich diese am einfachsten, indem man auf die Betrachtung des direkten *Zeeman*-Effektes zurückgeht.

Es können z. B., wenn die Widerstände und die äußere elektrische Kraft fehlen, in einem Teilchen bestimmte Eigenschwingungen stattfinden, bei welchen das äquivalente Elektron sich der xy-Ebene parallel bewegt; dabei kann es vorkommen, daß diese Bewegung nahezu geradlinig, in der Richtung der y-Achse ist. Solche Schwingungen werden dann mit der ihnen eigenen Frequenz in der Richtung sowohl von OZ wie von OX Licht ausstrahlen. Unter diesen Umständen ist es wohl begreiflich, daß man für diese Fortpflanzungsrichtungen auch die gleichen Absorptionslinien beobachtet, wenn man mit zu OY parallelen Schwingungen arbeitet. Allerdings läßt die mehr ins Detail gehende Theorie des inversen Effektes gewisse, wenn auch vielleicht nicht wahrnehmbare Unterschiede zwischen den beiden Fällen erkennen[34]).

---

32) *W. Voigt*, Magneto- und Elektrooptik, § 130.

33) *J. Becquerel*, Paris C. R. 146 (1908), p. 683; *A. Dufour*, ibidem p. 118, 229, 634, 810; *R. W. Wood*, Phil. Mag. (6) 15 (1908), p. 274.

34) *W. Voigt*, Magneto- und Elektrooptik, § 147.

54. Anwendung des Satzes der Spiegelbilder. Ein System teils geladener, teils ungeladener Teilchen A führe irgend eine Bewegung B aus, und man denke sich ein zweites System von Teilchen A' mit gleichen Massen und Ladungen wie A, das in jedem Augenblick das Spiegelbild von A in bezug auf eine feste Ebene E ist. Die Bewegung B', welche das System A' dabei hat, ist wirklich möglich, wenn in ihm Kräfte wirken, die das Spiegelbild der im System A bestehenden Kräfte sind, eine Bedingung, welcher die Kräfte elektromagnetischen Ursprungs genügen, und die daher erfüllt sein wird, falls auch die Gesetze für die Kräfte anderer Art mit ihr in Übereinstimmung sind. Indem wir letzteres annehmen, können wir den Satz, daß dem Bewegungszustande B jedesmal ein „gespiegelter" Zustand B' entspricht, zu mancher wichtigen Folgerung benutzen; dabei ist zu beachten, daß, wenn P und P' einander entsprechende Punkte sind, die elektrischen Vektoren ($\mathfrak{E}$ und $\mathfrak{D}$) in P' die Spiegelbilder der Vektoren in P sind, während die magnetische Kraft in P' dem Spiegelbilde der in P bestehenden entgegengesetzt gleich ist. (Vgl. Art. V 14, Nr. **50**a.)

Man denke sich z. B. einen Versuch zur Beobachtung des direkten *Zeeman*-Effektes in der Richtung des Feldes angeordnet, und lege die Ebene E den Kraftlinien parallel. An dem gespiegelten Magnetfelde und auch, wie man wohl annehmen darf, an den beobachtbaren Eigenschaften des Spiegelbildes der Lichtquelle wird nichts geändert, wenn man E um die Kraftlinie herum dreht. Folglich kann dabei auch an den Eigenschaften des Spiegelbildes des mit bestimmter Frequenz angestrahlten Lichtes nichts geändert werden, und das ist nur möglich, wenn dieses Licht entweder unpolarisiert oder (teilweise oder vollständig) zirkular polarisiert ist. Da bei der Spiegelung das Feld umgekehrt wird und ein rechts zirkular polarisierter Strahl sich in einen links zirkular polarisierten verwandelt, so kann man (in der Voraussetzung, daß die Lichtquelle und ihr Spiegelbild dieselben Eigenschaften haben) ferner schließen, daß eine Frequenz, die zuerst einem Strahl mit der einen Polarisationsrichtung zukommt, nach der Umkehrung des Feldes bei dem entgegengesetzt polarisierten Strahl gefunden wird.

Man kann auch die Ebene E senkrecht zu den Kraftlinien legen. Dann ergibt sich, daß das senkrecht zu diesen ausgestrahlte Licht keine andere als eine geradlinige Polarisation haben kann, mit der Polarisationsebene entweder parallel oder normal zu dem Felde.

Wählt man aber für die Ebene E diejenige, welche die Richtungen der Fortpflanzung und des Feldes enthält, so findet man, daß eine

Abweichung der Mittellinie eines Triplets von der ursprünglichen Linie, wenn überhaupt vorhanden, bei Umkehrung des Feldes in demselben Sinne bestehen bleibt, und daß, wie bereits in Nr. 52 erörtert wurde, die magnetische Doppelbrechung dieselbe Eigenschaft besitzt.

III. Magnetische Drehung der Polarisationsebene und magneto-optischer Kerr-Effekt.

55. Zusammenhang zwischen der Drehung der Polarisationsebene und der ungleichen Fortpflanzungsgeschwindigkeit links und rechts zirkular polarisierten Lichtes. a) Wenn man mit $\mathfrak{A}$ den „Lichtvektor", etwa die elektrische Kraft, bezeichnet, so stellen die Gleichungen

$$\mathfrak{A}_x = a \cos n\left(t - \frac{z}{v_+} + p\right), \quad \mathfrak{A}_y = a \sin n\left(t - \frac{z}{v_+} + p\right) \tag{64}$$

einen links zirkular polarisierten Strahl vor, der sich mit der Geschwindigkeit v_+ fortpflanzt. Ähnlich hat man, wenn v_- die Geschwindigkeit eines rechts zirkular polarisierten Strahls ist, für einen solchen die Ausdrücke

$$\mathfrak{A}_x = a \cos n\left(t - \frac{z}{v_-} + p'\right), \quad \mathfrak{A}_y = -a \sin n\left(t - \frac{z}{v_-} + p'\right). \tag{65}$$

Durch Superposition der beiden Zustände, mit gleichen Amplituden genommen, erhält man

$$\mathfrak{A}_x = 2a \cos\{\psi z + \tfrac{1}{2} n(p - p')\} \cos n\left\{t - \frac{1}{2}\left(\frac{1}{v_+} + \frac{1}{v_-}\right) z + \frac{1}{2}(p + p')\right\},$$

$$\mathfrak{A}_y = 2a \sin\{\psi z + \tfrac{1}{2} n(p - p')\} \cos n\left\{t - \frac{1}{2}\left(\frac{1}{v_+} + \frac{1}{v_-}\right) z + \frac{1}{2}(p + p')\right\},$$

$$\psi = \frac{1}{2} n\left(\frac{1}{v_-} - \frac{1}{v_+}\right) = \frac{n}{2c}(\mu_- - \mu_+), \tag{66}$$

wo μ_+ und μ_- die Brechungsindizes für links und rechts zirkular polarisiertes Licht sind.

Diese Ausdrücke stellen einen geradlinig polarisierten Strahl vor, dessen Schwingungsrichtung (und Polarisationsebene) sich während des Fortschreitens allmählich um die Strahlrichtung dreht, und zwar bestimmt (66) den Drehungswinkel pro Längeneinheit, positiv gerechnet, wenn die Richtung der Rotation der Fortpflanzungsrichtung entspricht.

b) Sobald man weiß, daß die Polarisationsebene jedes sich in einer gegebenen Richtung fortpflanzenden geradlinig polarisierten Strahles in einem bestimmten Sinne und um einen bestimmten Betrag gedreht wird, kann man schließen, daß links und rechts zirkular polarisiertes Licht in der betreffenden Richtung ungleiche Fortpflanzungsgeschwindigkeiten haben.

Setzt man nämlich den Strahl

$$\mathfrak{A}_x = a\cos\psi z \cos n\left(t - \frac{z}{v} + p\right), \quad \mathfrak{A}_y = a\sin\psi z \cos n\left(t - \frac{z}{v} + p\right)$$

mit einem der beiden Strahlen

$$\mathfrak{A}_x = \mp a\sin\psi z \sin n\left(t - \frac{z}{v} + p\right), \quad \mathfrak{A}_y = \pm a\cos\psi z \sin n\left(t - \frac{z}{v} + p\right)$$

zusammen, so erhält man bei Wahl der oberen Vorzeichen

$$\mathfrak{A}_x = a\cos n\left\{t - \left(\frac{1}{v} - \frac{\psi}{n}\right)z + p\right\},$$

$$\mathfrak{A}_y = a\sin n\left\{t - \left(\frac{1}{v} - \frac{\psi}{n}\right)z + p\right\},$$

und wenn man die unteren Zeichen nimmt

$$\mathfrak{A}_x = \quad a\cos n\left\{t - \left(\frac{1}{v} + \frac{\psi}{n}\right)z + p\right\},$$

$$\mathfrak{A}_y = -a\sin n\left\{t - \left(\frac{1}{v} + \frac{\psi}{n}\right)z + p\right\},$$

also im einen Fall einen links und im anderen einen rechts zirkular polarisierten Strahl, deren Geschwindigkeiten v_+ und v_- sich aus den Formeln

$$\frac{1}{v_+} = \frac{1}{v} - \frac{\psi}{n}, \quad \frac{1}{v_-} = \frac{1}{v} + \frac{\psi}{n}$$

ergeben.

Diese Bemerkungen zeigen, daß nach den Grundsätzen der Undulationstheorie eine der genannten Tatsachen eine unmittelbare Folge der anderen ist.

c) Es kann vorkommen, daß zwei zirkular polarisierte Strahlen sich nicht nur durch die Fortpflanzungsgeschwindigkeiten, sondern überdies durch die Absorptionsindizes unterscheiden, so daß man z. B. in den Ausdrücken (64) den Faktor $e^{-h_+ z}$ und in (65) den Faktor $e^{-h_- z}$ hinzuzufügen hat. In diesem Fall kann man nicht sagen, daß die Zusammensetzung der beiden Bewegungen ein linear polarisiertes Bündel mit sich drehender Polarisationsebene liefere; aus einem ursprünglich geradlinig polarisierten Strahl entsteht vielmehr, während er weiter geht, ein elliptisch polarisierter. Indes kann man beweisen, daß, während die von dem Endpunkte des Lichtvektors beschriebene Ellipse am Strahl entlang allmählich die Gestalt ändert, wobei sie sich immer mehr einem Kreise nähert, ihre Achsen die durch (66) bestimmte Drehung erleiden. Man findet daher den Winkel ψ, wenn man den Strahl, nachdem er eine gewisse Strecke zurückgelegt hat, mit einem auf das Minimum der Lichtstärke einzustellenden *Nicol*schen Prisma untersucht.

Auch eine andere vielfach benutzte Methode ergibt in allen Fällen den durch (66) bestimmten Drehungswinkel. Läßt man nämlich den aus der Zusammensetzung der Zustände (64) und (65) hervorgehenden Strahl — wobei wir uns die Faktoren $e^{-h_+ z}$ und $e^{-h_- z}$ hinzugefügt denken wollen —, dessen Schwingungen, wenn $p = p'$ ist, für $z = 0$ die Richtung der x-Achse haben, nachdem er eine Strecke l durchlaufen hat, durch eine Quarzplatte gehen, in der die Drehung das entgegengesetzte Vorzeichen wie ψ hat, und dann durch ein *Nicol*sches Prisma, welches nur die Schwingungen von der Richtung OY durchläßt, so wird die Intensität des austretenden Lichtes ein Minimum für diejenige Dicke der Quarzplatte, bei der ihr Drehungswinkel gleich $-l\psi$ ist.

56. Voigts Theorie des Faraday-Effektes[35]**).** Aus dem in Nr. **49** Gesagten geht hervor, daß bei der Fortpflanzung längs der Kraftlinien die Geschwindigkeiten v_+ und v_- der links und rechts zirkular polarisierten Strahlen (ebenso wie die Absorptionsindizes) im allgemeinen voneinander verschieden sind, und daß also eine nach (66) zu berechnende Drehung der Polarisationsebene stattfinden muß. Diese Erscheinung hängt mit dem Vorhandensein der Absorptionslinien zusammen, und zwar rührt sie daher, daß für die beiden Arten zirkular polarisierten Lichtes die Streifen nicht die gleiche Lage haben.

An einer bestimmten Stelle des Spektrums macht sich infolgedessen der Einfluß der Absorptionslinien auf den Brechungsindex (vgl. Nr. **52**a) bei links und rechts zirkular polarisiertem Lichte in verschiedenem Maße geltend[36]).

Auf die Glieder μ_{0+} und μ_{0-} in den Gleichungen (49) und (52) und die denselben entsprechende Drehung $\frac{n}{2c}(\mu_{0-} - \mu_{0+})$, die in entfernteren Mitschwingungsstellen ihren Ursprung hat, kommen wir weiter unten zurück; zunächst soll nur von den letzten Gliedern in (49) und (52) die Rede sein. Diese ergeben eine Drehung, die in der Nähe der Mitschwingungsstelle n_0 besteht und unter Umständen die durch μ_{0+} und μ_{0-} angezeigte erheblich übertreffen kann. Sie

---

35) *W. Voigt*, Ann. Phys. Chem. 67 (1899), p. 345; Magneto- und Elektrooptik, Kap. 3, Abschn. 3.

36) Siehe, was die experimentelle Bestätigung der theoretischen Schlüsse und weitere Fragen betrifft: *D. Macaluso* u. *O. M. Corbino*, Paris C. R. 127 (1898), p. 548; *P. Zeeman*, Zittingsverslag Amsterdam 11 (1902), p. 6 (Amsterdam Proceedings 5, p. 41), Arch. néerl. (2) 7 (1902), p. 465; *J. J. Hallo*, Arch. néerl. (2) 10 (1905), p. 148; *R. W. Wood*, Phil. Mag. (6) 10 (1905), p. 408 u. (6) 14 (1907), p. 145; *L. Geiger*, Ann. Phys. 23 (1907), p. 758 u. 24 (1907), p. 597; *G. J. Elias*, Ber. d. phys. Ges. 6 (1908), p. 869.

setzt sich aus verschiedenen Rotationen zusammen, die je von einer der zur ausgewählten Gruppe a (vgl. Nr. **48**) gehörenden Mitschwingungsstellen $n^{(\varkappa_2)}$ herrühren. Man kann nämlich sagen, daß nach (66) jeder Stelle $n^{(\varkappa+)}$ eine Drehung

$$\frac{1}{\mu_0 c} \frac{\left(n - n^{(\varkappa+)}\right) B^{(\varkappa+)}}{4\left(n - n^{(\varkappa+)}\right)^2 + g^2} \tag{67}$$

und jeder Stelle $n^{(\varkappa-)}$ eine Drehung

$$-\frac{1}{\mu_0 c} \frac{\left(n - n^{(\varkappa-)}\right) B^{(\varkappa-)}}{4\left(n - n^{(\varkappa-)}\right)^2 + g^2} \tag{68}$$

entspricht. Wir haben hier $\mu_{0+} = \mu_{0-} = \mu_0$ gesetzt und in die Formel (66) statt n den Wert n_0 eingeführt.

Jede der vorstehenden Größen (vgl. Nr. **52a**) ist entgegengesetzt symmetrisch zu der betreffenden Stelle $n^{(\varkappa)}$ und zwar hat auf der positiven Seite dieser Stelle (67) das positive und (68) das negative Vorzeichen. Was die absoluten Werte betrifft, so nehmen diese, wenn man sich von $n^{(\varkappa)}$ entfernt, zunächst zu, um dann, nachdem die Entfernung $\frac{1}{2}g$ überschritten worden ist, sich der Null zu nähern. Versteht man ferner unter $n^{(\varkappa+)}$ und $n^{(\varkappa-)}$ zwei konjugierte Mitschwingungsstellen, so sind, da $B^{(\varkappa-)} = B^{(\varkappa+)}$ ist, die absoluten Werte von (67) und (68) gleich, wenn man der Differenz $n - n^{(\varkappa+)}$ in dem einen Ausdruck denselben Wert gibt wie der Differenz $n - n^{(\varkappa-)}$ in dem anderen.

Beachtet man nun auch, daß die Stellen $n^{(\varkappa+)}$ und $n^{(\varkappa-)}$ symmetrisch zu n_0 liegen, so sieht man leicht, daß die Drehung ψ symmetrisch zu dieser Stelle verteilt ist, und daß sie also auf beiden Seiten des betrachteten Bereichs a den gleichen Sinn hat. Dieser läßt sich leicht angeben, wenn, wie es gewöhnlich vorkommt, die Stellen $n^{(\varkappa+)}$ alle auf der einen Seite, und die Stellen $n^{(\varkappa-)}$ alle auf der anderen Seite von n_0 liegen, und zwar für ein positives H die zuerst genannten Stellen auf der positiven Seite. Am positiven Rande des Gebietes a überwiegen dann die Werte (67), da die Entfernungen $n - n^{(\varkappa+)}$ kleiner sind als die entsprechenden $n - n^{(\varkappa-)}$. Da hier die Differenzen $n - n^{(\varkappa)}$ positiv sind, so hat die Rotation an den Rändern des betrachteten Bereichs das positive Vorzeichen, d. h. sie entspricht der Richtung der Kraftlinien.

Unter denselben Umständen ergibt sich für die Mitte des Gebietes, d. h. für die Stelle n_0, eine negative Drehung; hier hat man nämlich, da für je zwei konjugierte Mitschwingungsstellen

$$n_0 - n^{(\varkappa+)} = -\left(n_0 - n^{(\varkappa-)}\right)$$

ist,

$$\psi = \frac{2}{\mu_0 c} \sum_{\varkappa +} \frac{(n_0 - n^{(\varkappa +)})\, B^{(\varkappa +)}}{4(n_0 - n^{(\varkappa +)})^2 + g^2}.$$

Es ist bemerkenswert, daß in diesem letzteren Fall die Mitschwingungsstellen $n^{(\varkappa +)}$ und $n^{(\varkappa -)}$, was die Drehung betrifft, in der gleichen Richtung wirken.

Wir fügen hinzu, daß der Sinn der Drehung umgekehrt sein würde, wenn die Stellen $n^{(\varkappa +)}$ auf der negativen und die Stellen $n^{(\varkappa -)}$ auf der positiven Seite von n_0 liegen würden. Wirklich hat *J. Becquerel* in denjenigen Fällen, wo sich bei dem longitudinalen *Zeeman*-Effekt eine umgekehrte Zirkularpolarisation zeigte (Nr. **53** c), auch den *Faraday*-Effekt in entgegengesetzter Richtung wie gewöhnlich beobachtet. Er bediente sich bei diesen Versuchen einer Kristallplatte; da diese aber einachsig war, und sowohl die Achse als auch die Beobachtungsrichtung mit den Kraftlinien zusammenfiel, so darf man die für isotrope Körper geltenden Gleichungen anwenden.

Lägen die Mitschwingungsstellen $n^{(\varkappa +)}$ teils auf der positiven und teils auf der negativen Seite von n_0, so könnten die Erscheinungen recht kompliziert werden. Dagegen vereinfachen sich die Formeln erheblich, wenn es nur *ein* $n^{(\varkappa +)}$ (und also auch nur *ein* $n^{(\varkappa -)}$) gibt.

In diesem Fall wird die Drehung in der Mitte des betrachteten Gebietes

$$\psi = \frac{2}{\mu_0 c} \frac{(n_0 - n^{(\varkappa +)})\, B^{(\varkappa +)}}{4(n_0 - n^{(\varkappa +)})^2 + g^2},$$

eine Formel, die *J. Becquerel* numerisch verifiziert hat. Man kann nämlich den Wert von $n_0 - n^{(\varkappa +)}$ aus der beobachteten magnetischen Zerlegung ableiten, während sich g und $B^{(\varkappa +)}$ aus der Dispersion bei fehlendem Felde ergeben. Letzteres zeigen die Formeln (49) und (52), welche im vorliegenden Fall für $H = 0$ in

$$\mu = \mu_0 - \frac{2}{\mu_0 n_0} \frac{(n - n_0)\, B^{(\varkappa)}}{4(n - n_0)^2 + g^2}$$

übergehen. Bestimmt man den Wert von $|n - n_0|$, für welchen die Abweichung $|\mu - \mu_0|$ des Brechungsindex ein Maximum wird, so erhält man den Wert von $\frac{1}{2} g$, während jenes Maximum die Größe

$$\frac{B^{(\varkappa)}}{2 \mu_0 n_0 g}$$

hat, und also den Koeffizienten $B^{(\varkappa)}$ bestimmt.

Bis jetzt wurden die Werte von μ_{0+} und μ_{0-} in den Formeln (49) und (52) als gleich betrachtet. Ist dies nicht erlaubt, so superponiert sich in der Nähe der ausgewählten Mitschwingungsstelle n_0 auf die von ihr selbst herrührende Drehung eine andere durch den Einfluß der anderen Stellen n_0 hervorgebrachte. Für diese hinzukommende Drehung gelten ähnliche Rechnungen, wie wir in der nächsten Nummer für einen Punkt, der von allen Mitschwingungsstellen weit entfernt ist, durchführen werden.

Vorher möge noch eine Folgerung erwähnt werden, die ganz allgemein aus den Gleichungen (48) und (51) gezogen werden kann. Wir hatten gefunden, daß, wenn $\varkappa_+$ und $\varkappa_-$ konjugierte Bewegungszustände bezeichnen, die Werte von $n^{(\varkappa+)}$ und $n^{(\varkappa-)}$ miteinander vertauscht werden, wenn man das Feld umkehrt, während $B^{(\varkappa+)} = B^{(\varkappa-)}$ dabei ungeändert bleibt. Die Formeln zeigen daher, daß, für irgend eine bestimmte Frequenz n, die Werte von (μ_+) und (μ_-), und also auch die von μ_+ und μ_-, miteinander vertauscht werden, wenn das Feld umgekehrt wird. Folglich kann man aus (66) schließen, daß an einer bestimmten Stelle des Spektrums die magnetische Drehung zugleich mit der magnetischen Kraft die Richtung wechselt.

Hiermit ist keineswegs gesagt, daß die Drehung der Feldstärke proportional sei. Zwar trifft dies zu in Punkten, die von jeder Mitschwingungsstelle weit entfernt sind, aber in der Nähe einer solchen Stelle n_0 kann die Beziehung zwischen ψ und H recht kompliziert werden. Der Grund liegt darin, daß bei Verstärkung des Feldes die Lage eines festgehaltenen Punktes n in bezug auf die Mitschwingungsstellen $n^{(\varkappa+)}$ und $n^{(\varkappa-)}$ sich infolge der Verschiebungen dieser letzteren in mannigfacher Weise ändern kann.

Aus dem Satze, daß bei Umkehrung des Feldes die Drehung ψ das Vorzeichen wechselt, kann man ferner ableiten, daß, wenn ein Lichtstrahl einmal in der Richtung der Kraftlinien, und dann in der entgegengesetzten Richtung fortschreitet, die Schwingungsrichtung sich in beiden Fällen in demselben Sinne dreht, eine Tatsache, die *Faraday* sofort nach seiner Entdeckung hervorhob.

57. Drehung der Polarisationsebene bei unmerklicher Absorption. Wenn der betrachtete Punkt n in größerer Entfernung von jeder Mitschwingungsstelle n_0 liegt, so dürfen wir in den Formeln (48) und (51) das Glied ing fortlassen und überdies für jedes $n^{(\varkappa)}$ die Differenz

$$n^{(\varkappa)} - n_0 = \delta^{(\varkappa)}$$

als unendlich klein gegen $n - n_0$ betrachten. Nehmen wir außerdem an, daß die jetzt reellen Werte auf der rechten Seite der Gleichungen positiv sind, und daß also μ reell wird, so erhalten wir

$$\mu_+^2 = 1 - \underset{ab..}{\mathrm{S}} \sum_{\varkappa_2 +} \frac{2\,B^{(\varkappa)}}{(n - \delta^{(\varkappa)})^2 - n_0{}^2}, \tag{69}$$

$$\mu_-^2 = 1 - \underset{ab..}{\mathrm{S}} \sum_{\varkappa_2 -} \frac{2\,B^{(\varkappa)}}{(n - \delta^{(\varkappa)})^2 - n_0{}^2}, \tag{70}$$

und hieraus lassen sich ziemlich einfache, mit den Beobachtungen in befriedigender Übereinstimmung stehende Formeln für die Drehung als Funktion der Frequenz gewinnen. Sie sind den Dispersionsgleichungen, d. h. den Gleichungen für die Beziehung zwischen μ und n ähnlich.

Unter einer vereinfachenden Annahme läßt sich übrigens eine direkte Beziehung zwischen der Drehung und der Dispersion angeben. Man hat nämlich, wenn der Körper sich außerhalb des magnetischen Feldes befindet, so daß alle $\delta^{(\varkappa)}$ Null sind,

$$\mu^2 = 1 - \underset{ab..}{\mathrm{S}} \sum_{\varkappa_2 +} \frac{2\,B^{(\varkappa)}}{n^2 - n_0{}^2} = 1 - \underset{ab..}{\mathrm{S}} \sum_{\varkappa_2 -} \frac{2\,B^{(\varkappa)}}{n^2 - n_0{}^2}. \tag{71}$$

Hat nun jedes $\delta^{(\varkappa +)}$ den gleichen Wert δ, und also jedes $\delta^{(\varkappa -)}$ den Wert $-\delta$, so folgt aus (69), (70) und (71)

$$\mu_+ = \mu - \delta \frac{d\mu}{dn}, \quad \mu_- = \mu + \delta \frac{d\mu}{dn}.$$

Hieraus erhält man nach (66) für den Drehungswinkel

$$\psi = \frac{n\delta}{c} \frac{d\mu}{dn},$$

oder auch, wenn λ die Wellenlänge im Vakuum bedeutet[37]),

$$\psi = -\frac{\lambda\delta}{c} \frac{d\mu}{d\lambda}.$$

Führt man nun hier den Wert $-\frac{eH}{2cm}$ ein, den die elementare Theorie des *Zeeman*-Effektes für δ ergibt (Nr. **32**), so wird

$$\psi = \frac{eH\lambda}{2c^2m} \frac{d\mu}{d\lambda}, \tag{72}$$

---

37) Diese Gleichung wurde mittels einer Betrachtung, die der hier benutzten nahe verwandt ist, von *Fitz Gerald* abgeleitet. Siehe: *G. F. Fitz Gerald*, Note on the connexion between the *Faraday* rotation of plane of polarization and the *Zeeman* change of frequency of light vibrations in a magnetic field, Proc. Roy. Soc. London 63 (1898), p. 31 (Scientific writings, p. 464). Auf wesentlich verschiedenem Wege gelangte auch *H. Becquerel* in der in Anm. 10 zitierten Arbeit zu derselben Formel.

eine in gewissen Fällen brauchbare Näherungsformel. Mit ihrer Hilfe hat *Siertsema*[38]) aus seinen Messungen der magnetischen Drehung in Gasen Werte von $\frac{e}{m}$ abgeleitet, die mit den auf anderen Wegen gefundenen in leidlicher Übereinstimmung stehen.

Da in den durchsichtigen Spektralgebieten $\frac{d\mu}{d\lambda}$ negativ ist, und auch e negativ angenommen werden kann, so verlangt die Formel eine Drehung, die das Vorzeichen von H hat, und somit der Feldrichtung entspricht.

Eine Drehung in diesem Sinne, eine „positive", wie man sagen kann, zeigt sich in der Mehrzahl der durchsichtigen Körper. Nach der Theorie muß sie in den Spektralgebieten mit unmerklicher oder schwacher Absorption immer dann auftreten, wenn die Stellen $n^{(\varkappa+)}$ auf der positiven und die Stellen $n^{(\varkappa-)}$ auf der negativen Seite von n_0 liegen (vgl. Nr. 56). In welcher Weise nun die in gewissen Körpern beobachteten „negativen" Drehungen in jedem einzelnen Fall zu erklären seien, muß hier dahingestellt bleiben. Der Umstand, daß manche Salze, die Eisen als Kation enthalten, im magnetischen Felde „negativ" drehen, scheint anzudeuten, daß die im Innern magnetischer Moleküle bestehenden Zustände (etwa kreisförmige Elektronenbewegungen oder Rotationen geladener Teilchen) hier im Spiel sind[39]). Allerdings zeigt metallisches Eisen positive Drehung.

58. Drehung der Polarisationsebene eines sich in beliebiger Richtung fortpflanzenden Strahls. In der Voraussetzung, daß von der Absorption abgesehen werden dürfe, wollen wir auch noch die Drehung der Polarisationsebene eines Strahls untersuchen, der einen gewissen Winkel mit der z-Achse bildet. Zu diesem Zwecke gehen wir auf die Gleichungen (38) zurück. Beachtet man die in (28) gegebenen Werte der Koeffizienten $\alpha^{(\varkappa)}$, $\beta^{(\varkappa)}$, $\gamma^{(\varkappa)}$, so findet man

$$\mathfrak{D}_x = \mathfrak{E}_x - \underset{ab..}{\mathrm{S}}\left[\sum_{\varkappa_2+} \frac{B^{(\varkappa)}}{(n-\delta^{(\varkappa)})^2 - n_0^2}(\mathfrak{E}_x + i\,\mathfrak{E}_y) + \sum_{\varkappa_2-} \frac{B^{(\varkappa)}}{(n-\delta^{(\varkappa)})^2 - n_0^2}(\mathfrak{E}_x - i\,\mathfrak{E}_y)\right],$$

38) *L. H. Siertsema*, Zittingsverslag Amsterdam 11 (1902), p. 499 (Amsterdam Proceedings 5, p. 413).

39) Siehe eine von *P. Drude* in seinem Lehrbuch der Optik, Leipzig 1900 (p. 384) entwickelte Theorie, in welcher der *Faraday*-Effekt auf „Molekularströme" zurückgeführt wird. Sie führt zu der Folgerung, daß auf beiden Seiten eines Absorptionsgebietes entgegengesetzte Drehungen stattfinden.

$$\mathfrak{D}_y = \mathfrak{E}_y - \underset{ab..}{\mathbf{S}}\left[\sum_{\varkappa_2+} \frac{-iB^{(\varkappa)}}{(n-\delta^{(\varkappa)})^2 - n_0^2}(\mathfrak{E}_x + i\mathfrak{E}_y)\right.$$
$$\left. + \sum_{\varkappa_2-} \frac{iB^{(\varkappa)}}{(n-\delta^{(\varkappa)})^2 - n_0^2}(\mathfrak{E}_x - i\mathfrak{E}_y)\right],$$

$$\mathfrak{D}_z = \mathfrak{E}_z - \underset{ab..}{\mathbf{S}} \sum_{\varkappa_1} \frac{B^{(\varkappa)}}{(n-\delta^{(\varkappa)})^2 - n_0^2}\mathfrak{E}_z.$$

Wir vernachlässigen stets die zweiten und höheren Potenzen der Größen $\delta^{(\varkappa)}$ und ersetzen also $\frac{1}{(n-\delta^{(\varkappa)})^2 - n_0^2}$ durch $\frac{1}{n^2 - n_0^2} + \frac{2n\delta^{(\varkappa)}}{(n^2 - n_0^2)^2}$. Ferner berücksichtigen wir, daß $\delta^{(\varkappa)}$ für zwei konjugierte Zustände, sei es für zwei Fälle $\varkappa_1$ und $\varkappa_1'$, oder für $\varkappa_{2+}$ und $\varkappa_{2-}$, gleiche und entgegengesetzte Werte hat; auch nehmen wir an, daß die Gleichheit (60) besteht. Setzt man zur Abkürzung

$$1 - \underset{ab..}{\mathbf{S}}\left[\frac{2}{n^2 - n_0^2}\sum_{\varkappa_2+} B^{(\varkappa)}\right] = Q,$$

$$-\underset{ab..}{\mathbf{S}}\left[\frac{4n}{(n^2 - n_0^2)^2}\sum_{\varkappa_2+} B^{(\varkappa)}\delta^{(\varkappa)}\right] = R,$$

von welchen Größen die zweite als unendlich klein zu betrachten ist, so wird

$$\mathfrak{D}_x = Q\mathfrak{E}_x + iR\mathfrak{E}_y,$$
$$\mathfrak{D}_y = Q\mathfrak{E}_y - iR\mathfrak{E}_x,$$
$$\mathfrak{D}_z = Q\mathfrak{E}_z.$$

Es seien jetzt OZ' und OX' neue Achsen, die man durch eine Drehung ϑ von OZ und OX um OY erhält. Auf OX', OY, OZ' transformiert, lauten die gefundenen Gleichungen

$$\mathfrak{D}_{x'} = Q\mathfrak{E}_{x'} + iR\mathfrak{E}_y\cos\vartheta,$$
$$\mathfrak{D}_y = Q\mathfrak{E}_y - iR(\mathfrak{E}_{x'}\cos\vartheta + \mathfrak{E}_{z'}\sin\vartheta),$$
$$\mathfrak{D}_{z'} = Q\mathfrak{E}_{z'} + iR\mathfrak{E}_y\sin\vartheta,$$

und hieraus ergibt sich, bei Vernachlässigung von Gliedern mit R^2, die Möglichkeit einer Fortpflanzung links oder rechts zirkular polarisierten Lichtes, dessen Wellen senkrecht zu OZ' stehen. Dabei ist

$$\mathfrak{E}_{z'} = -i\frac{R}{Q}\mathfrak{E}_y\sin\vartheta,$$

$$\mathfrak{E}_y = \mp i\mathfrak{E}_{x'}, \quad \mathfrak{D}_{x'} = (Q \pm R\cos\vartheta)\mathfrak{E}_{x'}, \quad \mathfrak{D}_y = (Q \pm R\cos\vartheta)\mathfrak{E}_y.$$

Aus den beiden letzten Gleichungen, in Verbindung mit (35)

findet man für den Brechungsindex

$$\mu = \sqrt{Q \pm R \cos \vartheta} = \sqrt{Q} \pm \frac{R}{2\sqrt{Q}} \cos \vartheta. \tag{73}$$

Wenn die Fortpflanzung nach der Seite der positiven z' hin stattfindet, so beziehen sich die oberen Vorzeichen auf links, die unteren auf rechts zirkular polarisiertes Licht. Der Drehungswinkel ist nach (66)

$$-\frac{nR}{2c\sqrt{Q}} \cos \vartheta;$$

er ist also dem Kosinus des Winkels zwischen der Fortpflanzungsrichtung und den Kraftlinien proportional.

Daß wir bei dieser Betrachtung keine Spur einer magnetischen Doppelbrechung von der in Nr. **52** betrachteten Art fanden, erklärt sich aus dem Umstande, daß wir jetzt fortwährend die zweiten und höheren Potenzen der Feldstärke vernachlässigt haben.

Theoretisch interessant ist schließlich die Gestalt der Wellenfläche[40]). Da man die Geschwindigkeit einer ebenen Welle mit der Normale OZ' erhält, wenn man c durch den Ausdruck (73) dividiert, so sieht man leicht, daß die (auf die Zeiteinheit bezogene) Wellenfläche aus zwei Kugeln mit dem Radius $\frac{c}{\sqrt{Q}}$ besteht, deren Mittelpunkte in der Richtung der positiven und der negativen z um die gleichen Strecken

$$\frac{cR}{2Q\sqrt{Q}}$$

von dem Schwingungsmittelpunkt entfernt sind. Folglich gehören nach der bekannten *Huygens*schen Konstruktion zu einer den magnetischen Kraftlinien parallelen Wellenfront *zwei* Lichtstrahlen, die in der durch die Wellennormale und die z-Achse gelegten Ebene verlaufen und beide einen Winkel $\frac{R}{2Q}$ mit der Wellennormale bilden.

Man kann dies eine „magnetische Doppelbrechung" nennen, obgleich die Erscheinung von ganz anderer Art ist als die früher (Nr. **52**) mit diesem Namen bezeichnete.

59. Vereinfachte Form der Theorie. Wenn man sich auf diejenigen Spektralgebiete beschränkt, wo die Absorption unmerklich ist, so dürfen die Widerstände von vornherein vernachlässigt werden.

40) *A. Cornu*, Sur la forme de la surface de l'onde lumineuse dans un milieu isotrope placé dans un champ magnétique uniforme: existence probable d'une double réfraction particulière dans une direction normale aux lignes de force, Paris C. R. 99 (1884), p. 1045.

Nimmt man überdies nur *eine* Art Moleküle an, deren jedes, der elementaren Theorie des *Zeeman*-Effektes gemäß, ein einziges bewegliches Elektron enthält, so gestaltet sich die Berechnung, die übrigens in der vorhergehenden allgemeineren enthalten ist, sehr einfach. Die ersten beiden Bewegungsgleichungen eines Elektrons lauten dann nämlich (vgl. Nr. **32**)

$$m\ddot{\xi} = -f\xi + \frac{eH}{c}\dot{\eta} + e\mathfrak{E}_x,$$

$$m\ddot{\eta} = -f\eta - \frac{eH}{c}\dot{\xi} + e\mathfrak{E}_y,$$

und da

$$\mathfrak{P}_x = Ne\xi, \quad \mathfrak{P}_y = Ne\eta$$

ist, so hat man, wenn man zur Abkürzung $Ne^2 = a$ setzt,

$$\left\{\begin{aligned} m\ddot{\mathfrak{P}}_x &= -f\mathfrak{P}_x + \frac{eH}{c}\dot{\mathfrak{P}}_y + a\mathfrak{E}_x, \\ m\ddot{\mathfrak{P}}_y &= -f\mathfrak{P}_y - \frac{eH}{c}\dot{\mathfrak{P}}_x + a\mathfrak{E}_y. \end{aligned}\right. \tag{74}$$

Diese Gleichungen, kombiniert mit den allgemeinen Relationen (34) und (35), bestimmen die Fortpflanzung des Lichtes längs der z-Achse. Sie geben für die Brechungsindizes zirkular polarisierter Strahlen

$$\mu_+ = \mu + \frac{(\mu^2-1)^2}{2\mu}\frac{nH}{cNe}, \quad \mu_- = \mu - \frac{(\mu^2-1)^2}{2\mu}\frac{nH}{cNe},$$

und für den Drehungswinkel

$$\psi = -\frac{(\mu^2-1)^2}{2\mu}\frac{n^2H}{c^2Ne}.$$

In diesen Formeln sind wieder alle vom Feld abhängigen Größen als unendlich klein betrachtet worden; μ bedeutet den Brechungsindex bei fehlendem Felde. Da dieser bestimmt wird durch

$$\mu^2 = \frac{a + f - mn^2}{f - mn^2},$$

so sieht man leicht, daß das Resultat mit der Formel (72) im Einklang steht.

60. Frühere Theorien des Faraday-Effektes. Wir lassen jetzt eine gedrängte Übersicht der älteren Erklärungsversuche dieses Effektes folgen[41]). Dabei beschränken wir uns stets auf eine Fortpflanzung

41) Siehe: *J. Larmor*, The action of magnetism on light, with a critical correlation of the various theories of light-propagation, Report Brit. Association, Meeting of 1893, p. 335, wo auch verschiedene in Nr. **61** erwähnte Theorien besprochen werden.

längs der Kraftlinien, d. h. längs der z-Achse, und im Zusammenhang damit auf die Gleichungen, welche die senkrecht zu OZ stattfindenden Schwingungen bestimmen.

a) Kurz nach *Faradays* Entdeckung bemerkte *Airy*[42]), daß man von der Drehung der Polarisationsebene Rechenschaft geben kann, wenn man die gewöhnlichen Gleichungen der damaligen Lichttheorie

$$\frac{\partial^2 \xi}{\partial t^2} = A \frac{\partial^2 \xi}{\partial z^2}, \quad \frac{\partial^2 \eta}{\partial t^2} = A \frac{\partial^2 \eta}{\partial z^2}$$

durch

$$\left\{\begin{aligned} \frac{\partial^2 \xi}{\partial t^2} &= A \frac{\partial^2 \xi}{\partial z^2} + m \frac{\partial \eta}{\partial t}, \\ \frac{\partial^2 \eta}{\partial t^2} &= A \frac{\partial^2 \eta}{\partial z^2} - m \frac{\partial \xi}{\partial t} \end{aligned}\right. \tag{75}$$

ersetzt; m ist hier eine der Feldstärke proportionale Konstante, die wir, ebenso wie das m in den weiter folgenden Gleichungen, als unendlich klein betrachten wollen. Für den Drehungswinkel findet man

$$\psi = -\frac{m}{2 v_0},$$

wo $v_0 = \sqrt{A}$ die Fortpflanzungsgeschwindigkeit bei Abwesenheit des Feldes bedeutet. Da diese bei den gemachten Annahmen für alle Lichtarten den gleichen Wert hätte, so wäre auch die Drehung von der Frequenz unabhängig. Man könnte übrigens leicht in die Gleichungen neue Glieder einführen, die eine Dispersion vorstellen.

Was die in (75) angenommenen, die Wirkung des Feldes ausdrückenden Glieder betrifft, so hat *C. Neumann*[43]) von denselben dadurch Rechenschaft gegeben, daß er die Wirkung eines Magneten oder einer Drahtrolle auf ein schwingendes Ätherteilchen nach *Webers* elektrodynamischem Gesetz berechnete, eine Betrachtungsweise, die sich den heutigen Auffassungen in bemerkenswerter Weise nähert.

b) *Airy* wies ferner darauf hin, daß man statt der Glieder mit $\frac{\partial \xi}{\partial t}$ und $\frac{\partial \eta}{\partial t}$ auch andere von geeigneter Form annehmen kann; sie müssen ungerade Differentialquotienten nach t und gerade Differentialquotienten nach den Koordinaten enthalten. So ging *Verdet*[44]) von

42) *G. B. Airy*, On the equations applying to light under the action of magnetism, Phil. Mag. (3) 28 (1846), p. 469 (übers. in Ann. Phys. Chem. 70 (1847), p. 272).

43) *C. Neumann*, Die magnetische Drehung des Lichtes, Halle 1863.

44) *E. Verdet*, Recherches sur les propriétés optiques développées dans les corps transparents par l'action du magnétisme, Paris C. R. 56 (1863), p. 630; Œuvres 1 (Notes et mémoires), p. 246.

den Gleichungen

$$(76)\qquad \begin{cases} \dfrac{\partial^2 \xi}{\partial t^2} = A\dfrac{\partial^2 \xi}{\partial z^2} + m\dfrac{\partial^3 \eta}{\partial z^2 \partial t}, \\ \dfrac{\partial^2 \eta}{\partial t^2} = A\dfrac{\partial^2 \eta}{\partial z^2} - m\dfrac{\partial^3 \xi}{\partial z^2 \partial t} \end{cases}$$

aus und zeigte, daß die Formel

$$\psi = \frac{n^2 m}{2 v_0{}^3},$$

zu welcher sie führen, mit manchen Beobachtungen befriedigend übereinstimmt.

Die Gleichungen der elektromagnetischen Lichttheorie nehmen die Gestalt (76) an, wenn man in (74) die Glieder mit m streicht, die Polarisation $\mathfrak{P}$ durch die volle elektrische Erregung $\mathfrak{D} = \mathfrak{P} + \mathfrak{E}$ ersetzt, und dann die aus den beiden Formeln für $\mathfrak{E}_x$ und $\mathfrak{E}_y$ folgenden Werte in die erste und die zweite der in (35) zusammengefaßten Gleichungen einsetzt.

c) Bei *Verdet* findet man auch die Berechnung der magnetischen Drehung aus den allgemeineren Differentialgleichungen (deren Form wieder der von *Airy* gestellten Forderung genügt)

$$D_t^2 \xi = \varphi(D_z)\xi + m\psi(D_t, D_z)\eta,$$
$$D_t^2 \eta = \varphi(D_z)\eta - m\psi(D_t, D_z)\xi.$$

Hier zeigen D_t und D_z partielle Differentiationen nach t und z an, und bedeutet das Symbol $\varphi(D_z)$ eine gerade ganze Funktion von D_z, das Symbol $\psi(D_t, D_z)$ aber eine ganze Funktion, die in bezug auf D_z gerade und in bezug auf D_t ungerade ist. Enthalten ξ und η die Zeit t und die Koordinate z in dem Faktor

$$e^{in\left(t-\frac{z}{v}\right)} = e^{in\left(t-\frac{\mu z}{c}\right)},$$

so wird $\varphi(D_z)$ zu einer reellen Funktion des Produktes $n\mu$, sagen wir $f(n\mu)$, und $\psi(D_t, D_z)$ zu einer imaginären Größe von der Gestalt $ig(n, \mu)$. Der Brechungsindex für links oder rechts zirkular polarisiertes Licht bestimmt sich aus der Gleichung

$$-n^2 = f(n\mu) \pm mg(n, \mu),$$

oder, wenn man den Brechungsindex außerhalb des Feldes mit μ_0 bezeichnet,

$$\mu = \mu_0 \mp \frac{mg(n, \mu_0)}{nf'(n\mu_0)}.$$

Hieraus folgt für den Drehungswinkel

$$\psi = \frac{mg(n, \mu_0)}{cf'(n\mu_0)}.$$

d) Vor vielen Jahren hat *Kelvin*[45]) die Bemerkung gemacht, daß die magnetische Drehung der Polarisationsebene die Existenz gewisser verborgener Rotationen anzeige, die im magnetischen Felde um die Kraftlinien als Achsen stattfinden. In der Tat kann man dies sagen, wenn man in einer mechanischen Deutung der elektromagnetischen Erscheinungen den elektrischen Vektoren (und also auch den elektrischen Schwingungen des Lichtes) translatorischen Charakter zuschreibt; dann sind die magnetischen Vektoren rotatorischer Art (vgl. Art. V 13, Nr. **41**). *Maxwell*[46]) versuchte dann, von diesen Rotationen und ihrem Einfluß auf die Lichtschwingungen ein Bild zu entwerfen; indem er die Fundamentalsätze von *Helmholtz*' Theorie der Wirbelbewegungen heranzog, gelangte er zu Gleichungen für die Fortpflanzung des Lichtes, welche die Form (76) haben.

Die Vorstellung verborgener Rotationen um die Kraftlinien liegt auch mancher späteren Betrachtung zugrunde[47]).

61. Allgemeine Gleichungen für die Fortpflanzung des Lichtes im magnetischen Felde. Die Frage, wie die allgemeinen elektromagnetischen Feldgleichungen zu modifizieren seien, wenn der betrachtete Körper sich in einem Magnetfelde befindet, ist von vielen Physikern diskutiert worden, und man hat dabei auch die Metalle in den Kreis der Betrachtungen gezogen, wozu insbesondere die Entdeckung von *Kerr*s magneto-optischem Effekt den Anlaß gab. Bei diesen Untersuchungen[48]), auf die hier nicht im einzelnen eingegangen

45) *W. Thomson*, Dynamical illustrations of the magnetic and the helicoidal rotatory effects of transparent bodies on polarized light, Proc. Roy. Soc. London 8 (1857), p. 150.

46) *J. C. Maxwell,* The theory of molecular vortices applied to the action of magnetism on polarized light (Part 4 of „On physical lines of force"), Phil. Mag. (4) 23 (1862), p. 85 (Scientific papers 1, p. 502; in deutscher Übersetzung: Über physikalische Kraftlinien, *Ostwalds* Klassiker, Nr. 102, p. 70); Electricity and magnetism, 2^d^ ed., 2, p. 410.

47) Siehe z. B. *J. Larmor,* Proc. London Math. Soc. 23 (1891), p. 127.

48) *H. A. Rowland,* On the general equations of electromagnetic action with application to a new theory of magnetic attractions and to the theory of the magnetic rotation of the plane of polarisation of light, Amer. Journ. of Math. 1880, p. 97 (gekürzt in Phil. Mag. (5) 11 (1881), p. 254); *J. W. Gibbs,* On the general equations of monochromatic light in media of every degree of transparency, Amer. Journ. of Science (3) 25 (1883), p. 107 (Scientific papers 2, p. 211); *D. A. Goldhammer*, Das *Kerr*sche magneto-optische Phänomen und die magnetische Zirkularpolarisation nach der elektrischen Lichttheorie, Ann. Phys. Chem. 46 (1892), p. 71; *P. Drude,* Über magneto-optische Erscheinungen, ibidem p. 353; Lehrbuch der Optik, Leipzig 1900, p. 384; *J. G. Leathem,* On the theory of the magneto-optic phenomena of iron, nickel and cobalt, London Phil. Trans. (A) 190

werden kann, hat man verschiedene Wege eingeschlagen. Versucht man an der Hand der Elektronentheorie in den Mechanismus der Erscheinungen einzudringen, so hat man den Ausdruck

$$\frac{1}{c}[\mathfrak{v} \cdot \mathbf{H}] \tag{77}$$

für die von dem äußeren Felde auf bewegte Ladung ausgeübte Kraft als Ausgangspunkt zu wählen. Da man nun guten Grund hat, einen Leitungsstrom als eine Bewegung freier Elektronen aufzufassen, so lag es nahe, bei der Betrachtung eines Metalls an die auf solche Elektronen wirkende elektromagnetische Kraft zu denken. Diese Wirkung ist auch bei dem *Hall*-Effekt (d. h. bei der Entstehung einer Potentialdifferenz zwischen den Rändern eines Metallblattes, das in der Längsrichtung von einem elektrischen Strom durchflossen wird und einem normal zu seiner Fläche gerichteten Magnetfelde ausgesetzt ist) im Spiel, und so ist man dazu gekommen, die Theorie der magneto-optischen Phänomene bei Metallen zunächst an den *Hall*-Effekt anzuschließen[49]). Indes hat sich später gezeigt, daß einfache Beziehungen zu diesem letzteren nicht existieren und daß man, wenn man die optischen Vorgänge in einem Metall bis ins einzelne verfolgen will, mit der Hypothese von Leitungselektronen nicht auskommt; man muß sich vielmehr vorstellen, daß auch andere Elektronen, die an bestimmte Gleichgewichtslagen gebunden sind („Polarisationselektronen"), sich an den Lichtschwingungen beteiligen.

Immerhin bleiben in der Erforschung der Natur der Lichtschwingungen in ponderabelen Körpern, namentlich in den Metallen, große Schwierigkeiten bestehen, und empfiehlt es sich daher, in mehr phänomenologischer Weise vorzugehen, indem man sich damit begnügt, in die Gleichungen für die Lichtbewegung gewisse geeignet gewählte Zusatzglieder aufzunehmen, die den Einfluß des Feldes ausdrücken sollen. Man kann z. B. solche Glieder in den Ausdruck für die Energie des Systems einführen und sich dann bei Ableitung der Feldgleichungen auf die allgemeinen Prinzipien der Mechanik stützen, ein Verfahren, dem vom Standpunkte der Elektronentheorie nichts im Wege steht, da auch nach dieser Sätze wie z. B. das Prinzip der kleinsten Wirkung ganz allgemein gelten, und also eine sachgemäße Anwendung solcher Sätze auch auf dem Gebiete der magneto-

---

(1897), p. 89; *C. H. Wind*, Étude théorique des phénomènes magnéto-optiques et du phénomène de *Hall*, Arch. néerl. (2) 1 (1898), p. 119.

49) *H. A. Lorentz*, Le phénomène découvert par *Hall* et la rotation électromagnétique du plan de polarisation de la lumière, Arch. néerl. 19 (1884), p. 123.

optischen Erscheinungen möglich sein muß (vgl. Art. V 14, Nr. 8 und 9).

Einfacher ist es jedoch, die in Frage stehenden magnetischen Zusatzglieder direkt in die Feldgleichungen einzuführen. Dieser Weg, den wir hier wählen wollen, führt rasch zum Ziel, wenn man sich von vornherein auf Schwingungen von bestimmter Frequenz beschränkt und alle vom magnetischen Felde abhängigen Glieder als unendlich klein behandelt. Freilich hat ersteres zur Folge, daß über die Art und Weise, wie die untersuchten Erscheinungen von der Wellenlänge des Lichtes abhängen, nichts ausgesagt werden kann; die in den Gleichungen vorkommenden Koeffizienten werden eben als Funktionen der Frequenz betrachtet, deren Werte den Beobachtungen zu entnehmen sind. Was die zweite Beschränkung anlangt, so involviert diese, daß wir die Widerstandsänderung der Metalle und alle sonstigen Wirkungen, die nicht von der ersten Potenz der Feldstärke abhängen, von der Betrachtung ausschließen müssen.

a) Wir legen die Annahme zugrunde, daß auch im magnetischen Felde die allgemeinen Beziehungen

$$\operatorname{rot} \mathfrak{H} = \frac{1}{c}\mathfrak{C}, \tag{78}$$

$$\operatorname{rot} \mathfrak{E} = -\frac{1}{c}\dot{\mathfrak{B}}, \tag{79}$$

$$\operatorname{div} \mathfrak{C} = 0, \tag{80}$$

$$\operatorname{div} \mathfrak{B} = 0, \tag{81}$$

wo $\mathfrak{C}$ den Gesamtstrom und $\mathfrak{B}$ die magnetische Erregung bedeutet, gültig bleiben, ebenso, daß an der Grenzfläche zweier Körper noch immer die normalen Komponenten von $\mathfrak{C}$ und $\mathfrak{B}$, sowie die tangentiellen von $\mathfrak{E}$ und $\mathfrak{H}$ stetig sind. Ferner nehmen wir an, daß, sogar in den magnetischen Metallen, von einer durch die Lichtschwingungen hervorgebrachten, ebenso rasch wie diese wechselnden Magnetisierung abgesehen werden darf, so daß wir $\mathfrak{B} = \mathfrak{H}$ setzen dürfen. Wir erinnern daran, daß unter $\mathfrak{H}$ die die Lichtschwingungen begleitende periodisch veränderliche magnetische Kraft verstanden wird, während die konstante Kraft des äußeren Feldes mit $\mathbf{H}$ bezeichnet wird. Der Einfluß dieser letzteren Kraft zeigt sich in den Feldgleichungen nur darin, daß die Beziehung zwischen der elektrischen Kraft $\mathfrak{E}$ und dem Strom $\mathfrak{C}$ geändert wird.

b) Wir rechnen stets mit komplexen Ausdrücken und setzen ein für allemal fest, daß die komplexen Werte der Komponenten $\mathfrak{A}_x$, $\mathfrak{A}_y$, $\mathfrak{A}_z$ jedes der veränderlichen Zustandsvektoren, von welchen Werten wir schließlich die reellen Teile zu nehmen haben, die Zeit nur in dem Faktor e^{int} enthalten sollen. Wir können füglich die drei komplexen Werte $\mathfrak{A}_x$, $\mathfrak{A}_y$, $\mathfrak{A}_z$ zu einem „komplexen Vektor" $\mathfrak{A}$ zusammenfassen und den wirklichen Vektor $\mathfrak{A}$ den reellen Teil jenes komplexen Vektors nennen. Indem wir ferner die Begriffe der Differentialquotienten, der Rotation und der Divergenz in naheliegender Weise auch auf komplexe Vektoren anwenden, dürfen wir die Gleichungen (78) bis (81) auch für die komplexen Vektoren $\mathfrak{E}$, $\mathfrak{H}$, $\mathfrak{C}$ und $\mathfrak{B}$ gelten lassen. Auch möge gleich hier bemerkt werden, daß man, auch wenn $\mathfrak{A}$ und $\mathfrak{B}$ komplexe Vektoren sind, den Ausdruck

$$\mathfrak{A}_x\mathfrak{B}_x + \mathfrak{A}_y\mathfrak{B}_y + \mathfrak{A}_z\mathfrak{B}_z$$

als das skalare Produkt $(\mathfrak{A}\cdot\mathfrak{B})$ derselben, und die Größen

$$\mathfrak{A}_y\mathfrak{B}_z - \mathfrak{A}_z\mathfrak{B}_y, \quad \mathfrak{A}_z\mathfrak{B}_x - \mathfrak{A}_x\mathfrak{B}_z, \quad \mathfrak{A}_x\mathfrak{B}_y - \mathfrak{A}_y\mathfrak{B}_x$$

als die Komponenten ihres Vektorproduktes $[\mathfrak{A}\cdot\mathfrak{B}]$ bezeichnen kann.

c) Bei Abwesenheit eines magnetischen Feldes läßt sich für jeden isotropen Körper die Beziehung zwischen $\mathfrak{E}$ und $\mathfrak{C}$ auf die Form

(82) $$\mathfrak{C} = \sigma\mathfrak{E}$$

bringen, wo σ eine im allgemeinen komplexe, nur von der Frequenz n abhängige Größe ist.

Hat man es z. B. mit einem Dielektrikum zu tun, in welchem die elektrische Erregung $\mathfrak{D}$ der elektrischen Kraft proportional ist, so daß

$$\mathfrak{D} = \varepsilon\mathfrak{E},$$

mit einem konstanten reellen ε, dann ist

(83) $$\mathfrak{C} = \dot{\mathfrak{D}} = in\mathfrak{D} = in\varepsilon\mathfrak{E};$$

unter σ in (82) hat man somit den imaginären Faktor $in\varepsilon$ zu verstehen. Ein zweiter einfacher Fall ist der eines Metalles, in welchem nur Leitungsströme von ziemlich niedriger Frequenz bestehen; dann ist σ die Leitfähigkeit. Versuche von *Hagen* und *Rubens* haben gezeigt, daß die Gleichung (82) mit diesem reellen Koeffizienten auch noch für langwellige Wärmestrahlen anwendbar bleibt.

Indes, und darauf kommt es jetzt vor allem an, gilt eine Gleichung von der Form (82) auch in viel verwickelteren Fällen. Hat ein Körper zu gleicher Zeit die Eigenschaften eines Leiters und eines Nichtleiters, besitzt er also eine Leitfähigkeit σ und eine Dielektrizitätskonstante ε, so gilt für den Strom

$$\mathfrak{C} = (\sigma + in\varepsilon)\mathfrak{E}.$$

Ferner braucht hier und in der Gleichung (83) ε keineswegs reell und unabhängig von n zu sein. Denkt man sich die Moleküle eines Körpers in irgend welcher Weise mit Elektronen versehen, die eine Verschiebung aus ihren Gleichgewichtslagen erleiden und unter dem Einfluß quasi-elastischer Kräfte, vielleicht auch von Widerständen schwingen können, so kann man noch immer die Gleichung (82) annehmen, wenn man nur dem σ einen geeigneten komplexen Wert beilegt. Für den ziemlich allgemeinen in Nr. **47** behandelten Fall läßt sich dies unschwer verifizieren.

Allgemein kann man sagen, daß jedesmal, wenn die Beziehung zwischen den reellen Werten der Komponenten von $\mathfrak{E}$ und $\mathfrak{D}$, oder $\mathfrak{C}$ sich durch lineare und homogene Gleichungen ausdrücken läßt, in welchen die Komponenten selbst, nebst beliebigen Differentialquotienten nach der Zeit vorkommen, daraus für eine bestimmte Frequenz eine Gleichung von der Form (82) hervorgeht.

Wir machen noch besonders darauf aufmerksam, daß in manchen Fällen der Strom in verschiedene Teilströme zerlegt werden kann. In einem Körper, der zugleich Leiter und Dielektrikum ist, kann man den Leitungsstrom und den Verschiebungsstrom unterscheiden, und sobald ein Körper verschiedene Elektronengattungen enthält, entspricht der Bewegung jeder derselben ein Strom, wozu sich dann noch der Verschiebungsstrom gesellt, der in dem im Körper befindlichen Äther besteht, und für den wir $\dot{\mathfrak{E}}$ schreiben können.

Bezeichnet man die verschiedenen Partialströme mit $\mathfrak{C}'$, $\mathfrak{C}''$, ..., so kann man setzen

$$\mathfrak{C}' = \sigma'\mathfrak{E}, \quad \mathfrak{C}'' = \sigma''\mathfrak{E}, \quad \ldots,$$

wo die Größen σ', σ'', ... im allgemeinen komplexe Funktionen von n sind. In der Gleichung (82) ist dann

$$\sigma = \sigma' + \sigma'' + \cdots.$$

Auch kann man mit Hilfe der angeführten Gleichungen die elektrische Kraft $\mathfrak{E}$, sowie die einzelnen Ströme $\mathfrak{C}'$, $\mathfrak{C}''$, ... in dem Gesamtstrom $\mathfrak{C}$ ausdrücken.

d) Wenden wir uns jetzt dem Einfluß eines äußeren Feldes $\mathbf{H}$ zu. Um diesen anzugeben, haben wir auf den rechten Seiten der in (82) enthaltenen Gleichungen

$$\mathfrak{C}_x = \sigma\mathfrak{E}_x, \quad \mathfrak{C}_y = \sigma\mathfrak{E}_y, \quad \mathfrak{C}_z = \sigma\mathfrak{E}_z$$

gewisse Zusatzglieder hinzuzufügen, und diese sind nach dem bereits Gesagten homogene und lineare Funktionen von $\mathbf{H}_x$, $\mathbf{H}_y$, $\mathbf{H}_z$. Ferner können sie nur die Komponenten von $\mathfrak{E}$, $\mathfrak{C}'$, $\mathfrak{C}''$, ... enthalten, und es liegt nahe anzunehmen, daß auch diese Größen linear vorkommen und daß kein Glied frei von denselben ist. Da wir nun Glieder von der Größenordnung $\mathbf{H}^2$ vernachlässigen, so dürfen wir in den Zusatzgliedern die Werte von $\mathfrak{E}$, $\mathfrak{C}'$, $\mathfrak{C}''$, ... ersetzen durch die soeben genannten Ausdrücke, die nur den Gesamtstrom $\mathfrak{C}$ enthalten, und die wir in der Voraussetzung $\mathbf{H} = 0$ abgeleitet hatten. Die gesuchten magnetischen Zusatzglieder müssen sich daher als homogene lineare Funktionen, einerseits von $\mathbf{H}_x$, $\mathbf{H}_y$, $\mathbf{H}_z$, andererseits von $\mathfrak{C}_x$, $\mathfrak{C}_y$, $\mathfrak{C}_z$ darstellen lassen.

Um diese Funktionen näher kennen zu lernen, ziehen wir die Isotropie des Mediums in Betracht. Diese erfordert, daß die Gleichungen sich bei beliebiger Drehung des Koordinatensystems nicht ändern, d. h. daß bei einem bestimmten Felde und einem bestimmten Bewegungszustande die neuen Komponenten der verschiedenen Vektoren denselben Gleichungen genügen wie die ursprünglichen Komponenten. Erteilt man nun den Koordinatenachsen eine Drehung von 180° um die x-Achse, so bleiben die x-Komponenten sämtlicher Vektoren ungeändert, während die y- und z-Komponenten das Vorzeichen wechseln. Daraus folgt, daß in der Formel für $\mathfrak{C}_x$ keine magnetischen Glieder mit $\mathfrak{C}_x\mathbf{H}_y$, $\mathfrak{C}_x\mathbf{H}_z$, $\mathfrak{C}_y\mathbf{H}_x$, $\mathfrak{C}_z\mathbf{H}_x$ vorkommen können. Desgleichen findet man aus der Betrachtung einer Drehung von 180° um OY, daß auch Glieder mit $\mathfrak{C}_x\mathbf{H}_x$, $\mathfrak{C}_y\mathbf{H}_y$, $\mathfrak{C}_z\mathbf{H}_z$ ausgeschlossen sind, so daß die Gleichung für $\mathfrak{C}_x$ die Gestalt haben muß

$$\mathfrak{C}_x = \sigma\mathfrak{E}_x + \tau\mathfrak{C}_y\mathbf{H}_z + \tau'\mathfrak{C}_z\mathbf{H}_y. \tag{84}$$

Man fasse nun schließlich eine Drehung von 90° um die x-Achse ins Auge. Bei einer solchen bleiben $\mathfrak{C}_x$ und $\mathfrak{E}_x$ ungeändert; die neuen Werte von $\mathfrak{C}_y$, $\mathbf{H}_y$, $\mathfrak{C}_z$, $\mathbf{H}_z$ aber werden den ursprünglichen Werten von $\mathfrak{C}_z$, $\mathbf{H}_z$, $-\mathfrak{C}_y$, $-\mathbf{H}_y$ gleich. Soll auch bei dieser Drehung die Formel (84) ihre Gestalt behalten, so muß $\tau' = -\tau$ sein.

Das Ergebnis dieser Überlegungen ist, daß die Beziehung zwischen der elektrischen Kraft und dem Strom sich ausdrücken läßt durch die Gleichungen

$$\left\{\begin{aligned} \mathfrak{C}_x &= \sigma\mathfrak{E}_x + \tau(\mathfrak{C}_y\mathbf{H}_z - \mathfrak{C}_z\mathbf{H}_y), \\ \mathfrak{C}_y &= \sigma\mathfrak{E}_y + \tau(\mathfrak{C}_z\mathbf{H}_x - \mathfrak{C}_x\mathbf{H}_z), \\ \mathfrak{C}_z &= \sigma\mathfrak{E}_z + \tau(\mathfrak{C}_x\mathbf{H}_y - \mathfrak{C}_y\mathbf{H}_x), \end{aligned}\right. \tag{85}$$

oder, in eine Formel zusammengefaßt (vgl. oben unter b)),

$$\mathfrak{C} = \sigma\mathfrak{E} + \tau[\mathfrak{C}\cdot\mathbf{H}].$$

Unter den gemachten Annahmen muß sich also das optische Verhalten des Körpers mit Hilfe zweier im allgemeinen komplexer Konstanten σ und τ, die von der Natur des Körpers und der Frequenz des Lichtes abhängen, beschreiben lassen. Dabei ist bemerkenswert, daß das äußere Feld auf die erste Konstante keinen Einfluß hat; eine eventuelle Änderung der Glieder $\sigma \mathfrak{E}_x$, $\sigma \mathfrak{E}_y$, $\sigma \mathfrak{E}_z$ hätte man nämlich zu den Zusatzgliedern rechnen können und diese müssen, wie wir bewiesen haben, notwendig von der angegebenen Gestalt sein.

Übrigens steht unser Resultat im Einklang mit der Vorstellung, daß die Zusatzglieder von den Kräften herrühren, die das Magnetfeld nach dem in (77) enthaltenen Gesetz auf bewegte Ladung ausübt, und ebenso mit dem allgemeinen in Nr. **54** ausgesprochenen Satz der Spiegelbilder.

Die Formeln (85) haben wir nunmehr mit den allgemeinen Beziehungen (78) bis (81), in welchen $\mathfrak{B} = \mathfrak{H}$ zu setzen ist, zu verbinden. Das in dieser Weise sich ergebende System von Gleichungen umfaßt wohl alle Systeme, die man aufgestellt hat.

Was die magnetischen Metalle betrifft, so haben verschiedene Untersuchungen gezeigt, daß die Wirkung eines äußeren Feldes nicht der magnetischen Kraft, sondern vielmehr der Magnetisierung proportional ist[50]). Wir können diesem Umstande dadurch Rechnung tragen, daß wir unter $\mathbf{H}$ die Magnetisierung bzw. irgend einen anderen, den magnetischen Zustand und dessen Wirkung bestimmenden Vektor verstehen.

62. Partikulare Lösungen. Man nehme an, daß alle variablen Zustandsgrößen die Zeit und die Koordinaten in dem Faktor

$$e^{in\left(t-\frac{x\cos\alpha+y\sin\alpha}{\omega}\right)} \tag{86}$$

enthalten, in welchem α ein reeller oder komplexer Winkel ist, und ω eine näher zu bestimmende Konstante. Zur Abkürzung bezeichne man mit $(\mathfrak{E}_x)$, $(\mathfrak{E}_x)$, ... die Größen, welche man mit dieser Exponentialgröße und außerdem mit einer beliebigen gemeinschaftlichen Konstante zu multiplizieren hat, um $\mathfrak{E}_x$, $\mathfrak{E}_x$, ... zu erhalten. Jene Konstante kann man die Amplitude nennen.

Der Bedingung (80) wird genügt, wenn wir setzen

$$(\mathfrak{E}_x) = -\sigma\sin\alpha,\quad (\mathfrak{E}_y) = \sigma\cos\alpha,\quad (\mathfrak{E}_z) = \sigma p, \tag{87}$$

wo p eine Konstante ist, deren Wert sich sofort ergeben wird, und es folgt dann aus (85)

---

50) *A. Kundt*, Über die elektromagnetische Drehung der Polarisationsebene des Lichtes im Eisen, Ann. Phys. Chem. 27 (1886), p. 191; *H. E. J. G. du Bois*, Magnetische Zirkularpolarisation in Kobalt und Nickel, Ann. Phys. Chem. 31 (1887), p. 941.

$$(88)\quad \begin{cases} (\mathfrak{E}_x) = -\sin\alpha - \tau(\cos\alpha\cdot\mathbf{H}_z - p\mathbf{H}_y), \\ (\mathfrak{E}_y) = \quad\cos\alpha - \tau(p\mathbf{H}_x + \sin\alpha\cdot\mathbf{H}_z), \\ (\mathfrak{E}_z) = \quad p + \tau(\sin\alpha\cdot\mathbf{H}_y + \cos\alpha\cdot\mathbf{H}_x), \end{cases}$$

und aus (79)

$$(89)\quad \begin{cases} (\mathfrak{H}_x) = \quad\frac{c}{\omega}\sin\alpha(\mathfrak{E}_z), \\ (\mathfrak{H}_y) = -\frac{c}{\omega}\cos\alpha(\mathfrak{E}_z), \\ (\mathfrak{H}_z) = \quad\frac{c}{\omega}[\cos\alpha(\mathfrak{E}_y) - \sin\alpha(\mathfrak{E}_x)], \end{cases}$$

wodurch auch der Bedingung (81) genügt wird.

Wir haben jetzt noch die gefundenen Werte in (78) zu substituieren. Setzen wir dabei zur Abkürzung

$$\cos\alpha\cdot\mathbf{H}_x + \sin\alpha\cdot\mathbf{H}_y = \mathbf{H}_n,$$

so erhalten wir die beiden Bedingungen

$$\frac{c^2}{\omega^2}(1 - p\tau\mathbf{H}_n) = -i\frac{\sigma}{n},$$

$$\frac{c^2}{\omega^2}(p + \tau\mathbf{H}_n) = -i\frac{\sigma}{n}p,$$

woraus wir ableiten

$$(90)\quad p = \mp i,$$

$$(91)\quad \frac{\omega^2}{c^2} = i\frac{n}{\sigma}(1 \pm i\tau\mathbf{H}_n).$$

Von den beiden aus dieser Gleichung folgenden Werten von ω wählen wir denjenigen, dessen reeller Teil positiv ist.

Ist nun der Winkel α reell, so stellen die obigen Gleichungen je nach dem gewählten Vorzeichen einen links oder einen rechts zirkular polarisierten Strahl vor, und zwar unterscheiden sich diese Strahlen sowohl durch ihre Fortpflanzungsgeschwindigteit v (v_+ und v_-), wie auch durch ihren Absorptionsindex h (vgl. Nr. 48); diese letzteren Größen ergeben sich aus (41), nachdem man die „komplexe Fortpflanzungsgeschwindigkeit" ω aus (91) abgeleitet hat.

Die Verschiedenheit von v_+ und v_- hat wieder eine magnetische Drehung der Polarisationsebene zur Folge. Diese kann schon in einer dünnen, noch ziemlich durchsichtigen Schicht eines magnetischen Metalls einen beobachtbaren Wert erreichen.

Bei fehlendem Felde kommt den beiden Strahlen der gleiche durch

$$(92)\quad \frac{\omega_0^2}{c^2} = i\frac{n}{\sigma}$$

bestimmte Wert ω_0 der Konstante ω zu. Dieses ω_0 muß nun offenbar für einen durchsichtigen Körper reell sein, so daß für einen solchen σ rein imaginär und positiv sein muß. Da ferner die Erfahrung lehrt, daß ein nicht absorbierender Körper auch in einem magnetischen Felde durchsichtig bleibt, so muß, wie aus (91) hervorgeht, in diesem Fall auch τ imaginär sein.

Für den freien Äther hat man $\varepsilon = 1$, und also nach (83) $\sigma = in$, mithin, wie es sein muß, $\omega_0 = c$. Die Konstante τ ist hier Null, da ein magnetisches Feld auf die Lichtbewegung im Äther keinen Einfluß hat.

Wenn man es mit einem absorbierenden Körper, etwa einem Metall, zu tun hat, so werden sowohl σ als auch τ komplex. Was die erste dieser Konstanten betrifft, so läßt die Gleichung (92) wieder einen Schluß zu. Da nämlich die Amplitude notwendig in der Fortpflanzungsrichtung abnehmen muß, so muß, weil wir den reellen Teil von ω_0 positiv nehmen, auch der imaginäre Teil positiv sein; man überzeugt sich davon, wenn man beachtet, daß $\mathfrak{E}_x$ usw. sämtlich den Faktor (86) enthalten, und daß man, um zu einem wirklichen Bewegungszustand zu gelangen, die reellen Teile der komplexen Größen zu nehmen hat. Aus der Gleichung (92) folgt nun ferner, daß der reelle Teil von σ positiv ist. Ist diese Bedingung erfüllt, so liefert auch die Gleichung (91) ein ω mit positivem imaginärem Teil, und zwar gilt dies, welchen komplexen Wert τ auch haben möge. Wegen der Kleinheit von $\tau \mathsf{H}_n$ wird nämlich das Vorzeichen des imaginären Teils auf der rechten Seite durch das Vorzeichen des reellen Teils von $\frac{n}{\sigma}$ bestimmt.

Es muß schließlich hervorgehoben werden, daß der Winkel α auch einen komplexen Wert haben kann. Auch in diesem Fall, auf den die nächste Nummer uns führen wird, wollen wir von links oder rechts zirkular polarisiertem Licht reden, je nachdem wir in den Formeln die oberen oder die unteren Vorzeichen nehmen.

63. Metallreflexion im magnetischen Felde[51]). Ein magnetisches Metall, für welches τ einen merklichen Wert hat, sei durch eine

51) *G. F. Fitz Gerald,* On the electromagnetic theory of the reflection and refraction of light, London Phil. Trans. 171 (1880), p. 691 (Scientific writings, p. 45); *W. van Loghem,* Theorie der terugkaatsing van het licht door magneten, Diss. Leiden, 1883; *A. Righi,* Recherches expérimentales et théoriques sur la lumière polarisée réfléchie par le pôle d'un aimant, Ann. chim. phys. (6) 4 (1885), p. 433; 9 (1886), p. 65; *A. B. Basset,* On the reflection and refraction of light at the surface of a magnetized medium, London Phil. Trans. (A) 182 (1891), p. 371; *W. Voigt,* Elektro- und Magnetooptik, Kap. 6 und 7. Siehe auch die in Anm. 48 zitierten Arbeiten von *Goldhammer, Drude, Leathem* und *Wind.*

ebene Grenzfläche von Luft getrennt und werde von einem unter dem Winkel α_1 einfallenden Lichtbündel getroffen. Wir stellen uns die Aufgabe, bei gegebenem Polarisationszustande und gegebener Intensität dieses letzteren die Beschaffenheit des reflektierten Lichtes zu untersuchen. Das Problem läßt sich auf das einfachere zurückführen, die Beschaffenheit zu bestimmen, welche das einfallende Licht haben muß, damit im zweiten Medium nur eine entweder links oder rechts zirkular polarisierte Lichtbewegung entstehe, und dabei jedesmal die Größen, die sich auf die gespiegelten Strahlen beziehen, zu berechnen. Die beiden Fälle können in den Rechnungen zusammengefaßt werden, wenn man fortwährend Doppelzeichen anwendet.

Wir legen den Koordinatenursprung in die Grenzfläche, die x-Achse normal zu dieser nach der Seite des Metalls hin, und wählen die Einfallsebene zur xy-Ebene. Das einfallende Licht kann man jedenfalls in zwei Komponenten zerlegen, deren eine die elektrischen Schwingungen senkrecht zur Einfallsebene, die andere aber in dieser Ebene hat. Während $\cos\alpha_1$, $\sin\alpha_1$ die Richtungskonstanten der Fortpflanzungsrichtung in der xy-Ebene sind (wobei α_1 spitz ist), wählen wir eine Richtung r mit den Konstanten $-\sin\alpha_1$, $\cos\alpha_1$ als positive Richtung für die zuletzt genannten elektrischen Schwingungen. Wir können dann die einfallende Lichtbewegung in abgekürzter Form darstellen durch die Gleichungen

$$(\mathfrak{E}_z) = f, \quad (\mathfrak{E}_r) = g,$$

womit gemeint ist, daß diese Werte, mit der Größe

$$e^{in\left(t - \frac{x\cos\alpha_1 + y\sin\alpha_1}{c}\right)} \tag{93}$$

multipliziert, die Komponenten $\mathfrak{E}_z$ und $\mathfrak{E}_r$ der elektrischen Kraft liefern.

Desgleichen setzen wir für das reflektierte Licht

$$(\mathfrak{E}_{z'}) = f', \quad (\mathfrak{E}_{r'}) = g',$$

und zwar verstehen wir hier unter r' eine Richtung in der xy-Ebene mit den Richtungskonstanten $-\sin\alpha_1$, $-\cos\alpha_1$. In der ersten Gleichung hätten wir auch $\mathfrak{E}_z$ schreiben können; der Strich bei z soll nur daran erinnern, daß es sich jetzt um das reflektierte Bündel handelt. Man hat die beiden Ausdrücke mit

$$e^{in\left(t + \frac{x\cos\alpha_1 - y\sin\alpha_1}{c}\right)} \tag{94}$$

zu multiplizieren, um die Werte von $\mathfrak{E}_{z'}$ und $\mathfrak{E}_{r'}$ zu erhalten.

In den Exponentialgrößen (93) und (94) haben wir für die Fortpflanzungsgeschwindigkeit c geschrieben, weil wir von der Verschiedenheit der optischen Eigenschaften der Luft und des freien Äthers absehen wollen.

Es sollen jetzt die „komplexen Amplituden“ f, g, f', g' in der Voraussetzung bestimmt werden, daß in dem Metall von den beiden in (87) bis (91) enthaltenen Zuständen nur entweder der links oder der rechts polarisierte und zwar mit der Amplitude 1 (Nr. **62**) zustande kommt. Hierbei erhebt sich zunächst die Frage, welchen Wert, wenn α_1 gegeben ist, wir dem Winkel α zuschreiben müssen. Man sieht nun leicht, daß den Grenzbedingungen nur dann in allen Punkten der Grenzfläche genügt werden kann, wenn

$$\frac{\sin\alpha_1}{c} = \frac{\sin\alpha}{\omega} \tag{95}$$

ist. Diese Gleichung, welche das Brechungsgesetz in der Erweiterung auf absorbierende Körper ausdrückt, liefert einen bestimmten komplexen Wert für $\sin\alpha$.

Da wir nun α_1 festhalten wollen, und ω für die links und rechts zirkular polarisierte Bewegung im Metall verschieden ist, so wird auch α für diese beiden ungleich. Schreiben wir α_2 für den Winkel, den das Brechungsgesetz uns bei fehlendem Felde liefert, und der sich aus der Gleichung

$$\frac{\sin\alpha_1}{c} = \frac{\sin\alpha_2}{\omega_0} \tag{96}$$

ergibt, so können wir je nach der Wahl der Vorzeichen setzen

$$\alpha = \alpha_2 \pm \nu,$$

wo ν eine der Feldstärke proportionale und also als unendlich klein zu behandelnde Größe ist. Aus (95) und (96) folgt nun mit Rücksicht auf (91) und (92)

$$\frac{\sin(\alpha_2 \pm \nu)}{\sin\alpha_2} = \frac{\omega}{\omega_0} = 1 \pm \tfrac{1}{2} i\tau \mathbf{H}_n$$

und hier dürfen wir in $\mathbf{H}_n$ für den Winkel α den Wert α_2 setzen. Also:

$$\mathbf{H}_n = \cos\alpha_2 \cdot \mathbf{H}_x + \sin\alpha_2 \cdot \mathbf{H}_y, \tag{97}$$

$$\nu = \tfrac{1}{2} i\tau \operatorname{tg}\alpha_2 \cdot \mathbf{H}_n,$$

$$\alpha = \alpha_2 \pm \tfrac{1}{2} i\tau \operatorname{tg}\alpha_2 \cdot \mathbf{H}_n. \tag{98}$$

Was den Winkel α_2 betrifft, so ist dem Vorhergehenden noch folgendes hinzuzufügen. Nachdem man $\sin\alpha_2$ aus (96) abgeleitet hat, findet man daraus $\cos\alpha_2$. Die Unbestimmtheit in dem Vorzeichen von $\cos\alpha_2$ wird nun gehoben durch die Bemerkung, daß in dem Metall bei zunehmender Entfernung von der Grenzfläche die Amplitude nur ab- und nicht zunehmen kann. Faßt man den Fall $\mathsf{H} = 0$ ins Auge und ersetzt man also in dem Exponentialausdruck (86) α durch α_2 und ω durch ω_0, so sieht man sofort, daß der imaginäre Teil von $\frac{\cos\alpha_2}{\omega_0}$ das negative Vorzeichen haben muß.

Wir können jetzt das gestellte Reflexionsproblem leicht lösen. Nach dem Gesagten und mit Rücksicht auf die fundamentellen Beziehungen zwischen $\mathfrak{E}$ und $\mathfrak{H}$ kann man für das einfallende Licht schreiben

$$(\mathfrak{E}_x) = -g\sin\alpha_1,\quad (\mathfrak{E}_y) = g\cos\alpha_1,\quad (\mathfrak{E}_z) = f,$$
$$(\mathfrak{H}_x) = f\sin\alpha_1,\quad (\mathfrak{H}_y) = -f\cos\alpha_1,\quad (\mathfrak{H}_z) = g,$$

und für das reflektierte Licht

$$(\mathfrak{E}_x) = -g'\sin\alpha_1,\quad (\mathfrak{E}_y) = -g'\cos\alpha_1,\quad (\mathfrak{E}_z) = f',$$
$$(\mathfrak{H}_x) = f'\sin\alpha_1,\quad (\mathfrak{H}_y) = f'\cos\alpha_1,\quad (\mathfrak{H}_z) = g',$$

während für die Lichtbewegung im Metall die Gleichungen (87) bis (89), in welchen wir p durch $\mp i$ und $\frac{c}{\omega}$ durch $\frac{\sin\alpha_1}{\sin\alpha}$ ersetzen, anzuwenden sind.

Die Grenzbedingungen vereinfachen sich nun dadurch, daß wegen des Brechungsgesetzes (95) die drei Exponentialausdrücke (86), (93) und (94) für $x = 0$ gleiche Werte annehmen; sie führen zu den vier Gleichungen

$$f + f' = \mp i + \tau\mathsf{H}_n,$$
$$(f - f')\cot\alpha_1 = (\mp i + \tau\mathsf{H}_n)\cot\alpha,$$
$$g + g' = \frac{\sin\alpha_1}{\sin\alpha}(1 \pm i\tau\mathsf{H}_n),$$
$$(g - g')\cos\alpha_1 = \cos\alpha - \tau(\mp i\mathsf{H}_x + \sin\alpha\cdot\mathsf{H}_z),$$

die der Reihe nach aus der Kontinuität von $\mathfrak{E}_z$, $\mathfrak{H}_y$, $\mathfrak{H}_z$, $\mathfrak{E}_y$ hervorgehen. Weitere Bedingungen gibt es nicht, da nach den allgemeinen Feldgleichungen die Stetigkeit von $\mathfrak{E}_y$, $\mathfrak{E}_z$ und $\mathfrak{H}_y$, $\mathfrak{H}_z$ die von $\mathfrak{B}_x$ und $\mathfrak{C}_x$ in sich schließt.

In den drei letzten Gleichungen ersetzen wir jetzt α durch den Wert (98). Es ergibt sich dann, wenn wir fortwährend Glieder mit H^2 vernachlässigen,

$$(99)\quad \begin{cases} f + f' = \mp i + \tau\mathsf{H}_n, \\ f - f' = \mp i\,\frac{\cot\alpha_2}{\cot\alpha_1} + \frac{\cot 2\alpha_2}{\cot\alpha_1}\,\tau\mathsf{H}_n, \\ g + g' = \frac{\sin\alpha_1}{\sin\alpha_2}(1 \pm i\cos\alpha_2\cdot\tau\mathsf{H}_x) \pm i\,\frac{\sin\alpha_1}{2\sin\alpha_2}\,\tau\mathsf{H}_{n'}, \\ g - g' = \frac{\cos\alpha_2}{\cos\alpha_1}(1 \pm i\cos\alpha_2\cdot\tau\mathsf{H}_x) \mp i\,\frac{\sin^2\alpha_2}{2\cos\alpha_1\cos\alpha_2}\,\tau\mathsf{H}_{n'} - \frac{\sin\alpha_2}{\cos\alpha_1}\,\tau\mathsf{H}_z. \end{cases}$$

In der dritten und vierten Gleichung haben wir, weil es für die Vereinfachung der weiteren Formeln dienlich ist,

$$\mathbf{H}_n = 2\cos\alpha_2 \cdot \mathbf{H}_x + \mathbf{H}_{n'}$$

gesetzt, so daß nach (97)

$$\mathbf{H}_{n'} = -\cos\alpha_2 \cdot \mathbf{H}_x + \sin\alpha_2 \cdot \mathbf{H}_y$$

ist.

Um die aus (99) sich ergebenden Werte von f, f', g, g' in einfacher Form anzugeben, bestimmen wir einige neue Größen $k, k', \ldots, \eta$ mittels der Gleichungen

$$(100)\quad \begin{cases} k + k' = 1, & k - k' = \dfrac{\cot\alpha_2}{\cot\alpha_1}, \\ \varkappa + \varkappa' = 1, & \varkappa - \varkappa' = \dfrac{\cot 2\alpha_2}{\cot\alpha_1}, \\ l + l' = \dfrac{\sin\alpha_1}{\sin\alpha_2}, & l - l' = \dfrac{\cos\alpha_2}{\cos\alpha_1}, \\ \lambda + \lambda' = \dfrac{\sin\alpha_1}{2\sin\alpha_2}, & \lambda - \lambda' = -\dfrac{\sin^2\alpha_2}{2\cos\alpha_1\cos\alpha_2}, \\ \eta = \dfrac{\sin\alpha_2}{2\cos\alpha_1}. \end{cases}$$

Bezeichnen wir die Werte von f, f', g, g', die man aus (99) erhält, wenn man die oberen Vorzeichen nimmt, mit dem Index 1, die aber, welche gelten, wenn man die unteren Zeichen wählt, mit dem Index 2, so finden wir

$$f_1 = -ik + \varkappa\tau\mathbf{H}_n,$$
$$f_1' = -ik' + \varkappa'\tau\mathbf{H}_n,$$
$$g_1 = l(1 + i\cos\alpha_2 \cdot \tau\mathbf{H}_x) + i\lambda\tau\mathbf{H}_{n'} - \eta\tau\mathbf{H}_z,$$
$$g_1' = l'(1 + i\cos\alpha_2 \cdot \tau\mathbf{H}_x) + i\lambda'\tau\mathbf{H}_{n'} + \eta\tau\mathbf{H}_z,$$
$$f_2 = ik + \varkappa\tau\mathbf{H}_n,$$
$$f_2' = ik' + \varkappa'\tau\mathbf{H}_n,$$
$$g_2 = l(1 - i\cos\alpha_2 \cdot \tau\mathbf{H}_x) - i\lambda\tau\mathbf{H}_{n'} - \eta\tau\mathbf{H}_z,$$
$$g_2' = l'(1 - i\cos\alpha_2 \cdot \tau\mathbf{H}_x) - i\lambda'\tau\mathbf{H}_{n'} + \eta\tau\mathbf{H}_z.$$

64. Theorie des Kerr-Effektes. Durch geeignete Zusammensetzung der beiden partikularen Lösungen, von welchen in der letzten Nummer die Rede war, können wir Formeln erhalten für den Fall, daß das einfallende Licht linear, entweder in oder senkrecht zu der Einfallsebene polarisiert ist.

Wenn wir uns auf die Betrachtung des einfallenden und des reflektierten Lichtes beschränken, so können wir nämlich die eine

Lösung wie folgt darstellen:

$$(101)\qquad \begin{cases} \text{Einfallendes Licht: } (\mathfrak{E}_z) = f_1, & (\mathfrak{E}_r) = g_1, \\ \text{Reflektiertes Licht: } (\mathfrak{E}_{z'}) = f_1', & (\mathfrak{E}_{r'}) = g_1', \end{cases}$$

und ebenso haben wir für die zweite Lösung:

$$(102)\qquad \begin{cases} \text{Einfallendes Licht: } (\mathfrak{E}_z) = f_2, & (\mathfrak{E}_r) = g_2, \\ \text{Reflektiertes Licht: } (\mathfrak{E}_{z'}) = f_2', & (\mathfrak{E}_{r'}) = g_2'. \end{cases}$$

Addiert man nun diese Ausdrücke, nachdem man (101) mit

$$\frac{g_2}{f_1 g_2 - f_2 g_1}$$

und (102) mit

$$-\frac{g_1}{f_1 g_2 - f_2 g_1}$$

multipliziert hat, so gelangt man zu dem Bewegungszustand:

$$\text{Einfallendes Licht: } (\mathfrak{E}_z) = 1, \quad (\mathfrak{E}_r) = 0,$$

$$\text{Reflektiertes Licht: } (\mathfrak{E}_{z'}) = \frac{f_1' g_2 - f_2' g_1}{f_1 g_2 - f_2 g_1}, \quad (\mathfrak{E}_{r'}) = \frac{g_1' g_2 - g_2' g_1}{f_1 g_2 - f_2 g_1}.$$

Dieses zeigt, daß aus einem in der Einfallsebene polarisierten Lichtbündel ein reflektiertes Bündel entsteht, das in zwei Komponenten zerlegt werden kann, deren eine in der Einfallsebene, die andere aber senkrecht dazu polarisiert ist, und deren komplexe Amplituden durch

$$a_p = \frac{f_1' g_2 - f_2' g_1}{f_1 g_2 - f_2 g_1}$$

und

$$b_s = \frac{g_1' g_2 - g_2' g_1}{f_1 g_2 - f_2 g_1}$$

gegeben werden, wenn man die Amplitude des einfallenden Lichtes gleich Eins setzt.

Multiplizieren wir dagegen (101) und (102) mit den Faktoren

$$-\frac{f_2}{f_1 g_2 - f_2 g_1} \quad \text{und} \quad \frac{f_1}{f_1 g_2 - f_2 g_1},$$

so erhalten wir nach Addition:

$$\text{Einfallendes Licht: } (\mathfrak{E}_z) = 0, \quad (\mathfrak{E}_r) = 1,$$

$$\text{Reflektiertes Licht: } (\mathfrak{E}_{z'}) = \frac{f_1 f_2' - f_2 f_1'}{f_1 g_2 - f_2 g_1}, \quad (\mathfrak{E}_{r'}) = \frac{f_1 g_2' - f_2 g_1'}{f_1 g_2 - f_2 g_1}.$$

Somit zerfällt auch das Licht, welches bei der Reflexion aus einem senkrecht zur Einfallsebene polarisierten Bündel entsteht, in zwei Komponenten. Die komplexe Amplitude der senkrecht zur Einfallsebene polarisierten ist

$$a_s = \frac{f_1 g_2' - f_2 g_1'}{f_1 g_2 - f_2 g_1},$$

und die der in der Einfallsebene polarisierten Komponente

$$b_p = \frac{f_1 f_2' - f_2 f_1'}{f_1 g_2 - f_2 g_1}.$$

In den vier abgeleiteten Gleichungen haben wir mit dem Index p bzw. s angedeutet, ob es sich um eine parallel oder um eine senkrecht zur Einfallsebene polarisierte Komponente handelt. Ferner haben wir mit a die Amplituden derjenigen Komponenten bezeichnet, die, was die Lage der Polarisationsebene gegen die Einfallsebene betrifft, mit dem einfallenden Lichte übereinstimmen; Schwingungen dieser Art sind die einzigen, die bei fehlendem Felde im reflektierten Lichte vorkommen. Ist aber das Magnetfeld erregt, so gesellen sich zu diesen Komponenten noch andere, senkrecht zu denselben polarisierte. Infolge des Auftretens dieser neuen Komponenten, welche die „magnetischen“ heißen mögen, und für deren Amplituden wir b geschrieben haben, ist im allgemeinen auch dann, wenn die Polarisationsebene des einfallenden Lichtes eine der genannten Hauptlagen hat, das reflektierte Licht elliptisch polarisiert.

Aus den am Schluß der vorigen Nummer für f_1, f_1', usw. angegebenen Werten erhält man, bei fortgesetzter Vernachlässigung der Glieder mit $\mathbf{H}^2$ für den gemeinschaftlichen Nenner der gefundenen Brüche

$$f_1 g_2 - f_2 g_1 = 2ik(-l + \eta\tau \mathbf{H}_z),$$

und für die Zähler

$$f_1' g_2 - f_2' g_1 = 2ik'(-l + \eta\tau \mathbf{H}_z),$$
$$g_1' g_2 - g_2' g_1 = 2i(l\lambda' - l'\lambda)\tau \mathbf{H}_{n'},$$
$$f_1 g_2' - f_2 g_1' = 2ik(-l' - \eta\tau \mathbf{H}_z),$$
$$f_1 f_2' - f_2 f_1' = 2i(k'\varkappa - k\varkappa')\tau \mathbf{H}_n.$$

Mithin wird

$$a_p = \frac{k'}{k},$$

$$b_s = \frac{l'\lambda - l\lambda'}{kl}\tau \mathbf{H}_{n'},$$

$$a_s = \frac{l'}{l}\left\{1 + \left(\frac{1}{l} + \frac{1}{l'}\right)\eta\tau \mathbf{H}_z\right\},$$

$$b_p = \frac{k\varkappa' - k'\varkappa}{kl}\tau \mathbf{H}_n.$$

Benutzt man nun schließlich die Gleichungen (100), wobei man sich der Identitäten

$$(103) \qquad \begin{vmatrix} l, & l' \\ \lambda, & \lambda' \end{vmatrix} = \tfrac{1}{2}\begin{vmatrix} l - l', & l + l' \\ \lambda - \lambda', & \lambda + \lambda' \end{vmatrix},$$

$$(104)\qquad \begin{vmatrix} k, & k' \\ \varkappa, & \varkappa' \end{vmatrix} = \frac{1}{2} \begin{vmatrix} k - k', & k + k' \\ \varkappa - \varkappa', & \varkappa + \varkappa' \end{vmatrix}$$

bedienen kann, so erhält man

$$(105)\qquad a_p = -\frac{\sin(\alpha_1 - \alpha_2)}{\sin(\alpha_1 + \alpha_2)},$$

$$(106)\qquad b_s = -\frac{\sin 2\alpha_1 \operatorname{tg}\alpha_2}{2\sin^2(\alpha_1 + \alpha_2)\cos(\alpha_1 - \alpha_2)}\tau(-\cos\alpha_2 \cdot \mathbf{H}_x + \sin\alpha_2 \cdot \mathbf{H}_y),$$

$$(107)\qquad a_s = \frac{\operatorname{tg}(\alpha_1 - \alpha_2)}{\operatorname{tg}(\alpha_1 + \alpha_2)}\left(1 + \frac{4\sin 2\alpha_1 \sin^2\alpha_2}{\sin 2(\alpha_1 + \alpha_2)\sin 2(\alpha_1 - \alpha_2)}\tau\mathbf{H}_z\right),$$

$$(108)\qquad b_p = \frac{\sin 2\alpha_1 \operatorname{tg}\alpha_2}{2\sin^2(\alpha_1 + \alpha_2)\cos(\alpha_1 - \alpha_2)}\tau(\cos\alpha_2 \cdot \mathbf{H}_x + \sin\alpha_2 \cdot \mathbf{H}_y).$$

Was die Bedeutung dieser Formeln betrifft, so erinnern wir daran, daß man, um zu den Gleichungen für die wirklichen Zustände zu gelangen, die Werte von $(\mathfrak{E}_z)$, $(\mathfrak{E}_r)$, bzw. $(\mathfrak{E}_{z'})$, $(\mathfrak{E}_{r'})$ mit den Exponentialgrößen (93) und (94) multiplizieren und von den Produkten, nachdem man eventuell die, welche sich auf denselben Zustand beziehen, noch mit einer gemeinschaftlichen komplexen Konstante multipliziert hat, die reellen Teile nehmen muß.

Auf diese weiteren Rechnungen kann hier nicht eingegangen werden. Wir bemerken nur, *erstens*, daß man für $\mathbf{H} = 0$ die gewöhnlichen Formeln der Metallreflexion mit zwei in der komplexen Größe σ steckenden Konstanten erhält, und *zweitens*, daß, da τ ebenfalls komplex ist, auch der Einfluß eines magnetischen Feldes durch zwei Konstanten bestimmt wird. Setzt man $\tau = s e^{i\beta}$, so ist s für die Amplitude und β für die Phase der magnetischen Komponenten des zurückgeworfenen Lichtes maßgebend[52]).

Die Amplitude a_p ist ganz unabhängig vom magnetischen Felde.

65. Besondere Fälle. Bei einem Teil von *Kerr*s Versuchen standen die magnetischen Kraftlinien senkrecht zu der spiegelnden Fläche (*polare Reflexion*), bei anderen waren sie dieser Fläche und auch der Einfallsebene parallel (*äquatoriale Reflexion*). In beiden Fällen hat, da $\mathbf{H}_z = 0$ ist, die Amplitude a_s denselben Wert wie bei Abwesenheit des Feldes. Ferner ist im ersten Fall $\mathbf{H}_y = 0$, und also

$$b_s = \frac{\sin 2\alpha_1 \sin\alpha_2}{2\sin^2(\alpha_1 + \alpha_2)\cos(\alpha_1 - \alpha_2)}\tau\mathbf{H}_x,$$

$$(109)\qquad b_p = b_s;$$

52) Daß man die Beobachtungen über den *Kerr*-Effekt nur dann erklären kann, wenn man der die Phase bestimmenden Konstante β für jedes Metall und jede Lichtart einen geeigneten Wert beilegt, ging wohl zuerst aus den Messungen von *R. Sissingh* hervor: Mesures relatives au phénomène de *Kerr*, dans l'aimantation parallèle à la surface réfléchissante, Arch. néerl. 27 (1894), p. 173.

im zweiten Fall dagegen $\mathbf{H}_x = 0$ und infolgedessen

$$b_s = -\frac{\sin 2\alpha_1 \sin\alpha_2 \operatorname{tg}\alpha_2}{2\sin^2(\alpha_1+\alpha_2)\cos(\alpha_1-\alpha_2)}\,\tau \mathbf{H}_y,$$

$$b_p = -b_s. \tag{110}$$

Die Beobachtungsresultate zeigen eine befriedigende Übereinstimmung mit diesen Formeln.

Daß auch ein senkrecht zur Einfallsebene gerichtetes Feld einen Einfluß auf das reflektierte Licht hat, und zwar den in der Gleichung (107) durch das Glied mit $\mathbf{H}_z$ angezeigten, hat zuerst *Wind* aus der Theorie abgeleitet[53]). *Zeeman* hat die Folgerung experimentell bestätigt[54]).

66. Beziehungen zwischen den magneto-optischen Effekten bei parallel und bei senkrecht zur Einfallsebene polarisiertem einfallendem Licht. Bei der Beobachtung des *Kerr*-Effektes kann man sich mit Vorteil der Methode der sogenannten „Minimum"- und „Nulldrehungen" bedienen[55]).

Man gibt zunächst, während der Spiegel noch nicht magnetisiert ist, dem Polarisator eine solche Lage, daß seine Schwingungsrichtung entweder senkrecht zur Einfallsebene steht oder in derselben liegt, und verdunkelt das Gesichtsfeld durch Einstellung des Analysators. Nachdem dann infolge der Magnetisierung das Licht wieder zum Vorschein gekommen ist, kann man die Intensität durch geeignete Drehung des Analysators zu einem Minimum machen. Man kann das ebenso, während man den Analysator in der ursprünglichen Lage stehen läßt, durch eine bestimmte Drehung des Polarisators erreichen, und drittens kann man, indem man diesen und den Analysator zu gleicher Zeit um die richtigen Winkel dreht, das Gesichtsfeld wieder völlig verdunkeln. Zwischen den Werten, die sich für diese Minimum- und Nulldrehungen ergeben, wenn das einfallende Licht ursprünglich einmal in der Einfallsebene und dann senkrecht zu dieser polarisiert ist, ergeben sich einfache Beziehungen, die man leicht aus (109) und (110) ableiten kann.

Wir brauchen hier auf diese Fragen nicht weiter einzugehen.

---

53) In der in Anm. 48) zitierten Arbeit.

54) *P. Zeeman*, Metingen over den invloed eener magnetisatie, loodrecht op het invalsvlak, op het door een ijzerspiegel teruggekaatste licht, Zittingsverslag Amsterdam 5 (1896), p. 103 (Arch. néerl. (2) 1 (1898), p. 221).

55) *P. C. Kaz*, Over de terugkaatsing van het licht door magneten, Diss. Amsterdam, 1884.

Wohl aber möge noch eine interessante Folgerung aus den beiden Gleichungen erwähnt werden.

Wir waren in Nr. 64 zu *zwei* Bewegungszuständen gelangt, deren erster bestimmt wird durch die Formeln:

$$(111) \quad \begin{cases} \text{Einfallendes Licht:} & (\mathfrak{E}_z) = 1, \quad (\mathfrak{E}_r) = 0, \\ \text{Reflektiertes Licht:} & (\mathfrak{E}_{z'}) = a_p, \quad (\mathfrak{E}_{r'}) = b_s, \end{cases}$$

während für den zweiten das Schema gilt:

$$(112) \quad \begin{cases} \text{Einfallendes Licht:} & (\mathfrak{E}_z) = 0, \quad (\mathfrak{E}_r) = 1, \\ \text{Reflektiertes Licht:} & (\mathfrak{E}_{z'}) = b_p, \quad (\mathfrak{E}_{r'}) = a_s. \end{cases}$$

Hieraus lassen sich nun neue Zustände dadurch ableiten, daß man die Ausdrücke (111) und (112) addiert, nachdem man die ersteren mit einer beliebigen komplexen Konstante q und die letzteren mit einer Konstante q' multipliziert hat. Unter den Zuständen, die man in dieser Weise erhält und bei welchen man es mit elliptisch polarisierten Strahlen zu tun hat, zeichnen sich zwei — sie mögen die „Hauptzustände" heißen — dadurch aus, daß

$$\frac{(\mathfrak{E}_{r'})}{(\mathfrak{E}_{z'})} = \frac{(\mathfrak{E}_r)}{(\mathfrak{E}_z)}$$

wird, welche Gleichung bedeutet, daß die Ellipsen, welche im einfallenden und im gespiegelten Licht von dem Endpunkte des Lichtvektors beschrieben werden, dieselbe Gestalt haben; auch stimmen sie für Beobachter, gegen die hin die Strahlen sich fortpflanzen, sowohl was die Lage gegen die Einfallsebene als auch was die Umlaufsrichtung betrifft, miteinander überein.

Den *ersten* Hauptzustand erhält man, wenn man

$$q = a_p - a_s, \quad q' = b_s$$

setzt; dann findet man nämlich, wenn man das Produkt $b_p b_s$ vernachlässigt:

$$\begin{array}{lll} \text{Einfallendes Licht:} & (\mathfrak{E}_z) = a_p - a_s, & (\mathfrak{E}_r) = b_s, \\ \text{Reflektiertes Licht:} & (\mathfrak{E}_{z'}) = a_p(a_p - a_s), & (\mathfrak{E}_{r'}) = a_p b_s, \end{array}$$

also

$$(113) \quad \frac{(\mathfrak{E}_r)}{(\mathfrak{E}_z)} = \frac{(\mathfrak{E}_{r'})}{(\mathfrak{E}_{z'})} = \frac{b_s}{a_p - a_s}.$$

Der *zweite* Hauptzustand ergibt sich für

$$q = b_p, \quad q' = a_s - a_p,$$

nämlich:

Einfallendes Licht: $(\mathfrak{E}_z) = b_p, \quad (\mathfrak{E}_r) = a_s - a_p,$

Reflektiertes Licht: $(\mathfrak{E}_{z'}) = a_s b_p, \quad (\mathfrak{E}_{r'}) = a_s(a_s - a_p),$

$$\frac{(\mathfrak{E}_z)}{(\mathfrak{E}_r)} = \frac{(\mathfrak{E}_{z'})}{(\mathfrak{E}_{r'})} = \frac{b_p}{a_s - a_p}. \tag{114}$$

Da die Größen b_p und b_s sehr klein sind, so sind die beiden Hauptzustände des einfallenden Lichtes nur wenig von den entsprechenden Zuständen bei fehlendem Felde verschieden, bei welchen das Licht im einen Fall in der Einfallsebene und im anderen senkrecht zu derselben polarisiert ist. Das Charakteristische der Hauptzustände aber liegt, ebenso wie für $\mathbf{H} = 0$, darin, daß bei jedem derselben der Polarisationszustand des Lichtes bei der Reflexion erhalten bleibt; um die Ausdrücke $(\mathfrak{E}_{z'})$ und $(\mathfrak{E}_{r'})$ für das reflektierte Licht zu erhalten, hat man nur die entsprechenden Größen $(\mathfrak{E}_z)$ und $(\mathfrak{E}_r)$ mit einem komplexen Reflexionsfaktor, der eine Amplituden- und eine Phasenänderung in sich schließt, zu multiplizieren, und zwar hat dieser Faktor den Wert a_p im ersten und den Wert a_s im zweiten Hauptfall. Nach (105) ist er im ersten Fall unter allen Umständen und nach (107) im zweiten Hauptfall für $\mathbf{H}_z = 0$ unabhängig von der Magnetisierung.

Daß nun zwei Hauptzustände mit den genannten Eigenschaften existieren, gilt ganz unabhängig von den speziellen Werten von a_p, a_s, b_p, b_s. Die Bedeutung der Gleichheiten (109) und (110) aber besteht darin, daß sie zu einer Beziehung zwischen den beiden Hauptzuständen führen. Es ist nämlich, wie man aus (113) und (114) ersieht, wenn man die beiden Fälle durch die Indizes *I* und *II* voneinander unterscheidet, bei polarer Reflexion

$$\frac{(\mathfrak{E}_z)_{II}}{(\mathfrak{E}_r)_{II}} = -\frac{(\mathfrak{E}_r)_I}{(\mathfrak{E}_z)_I} = \frac{(\mathfrak{E}_r)_I}{(\mathfrak{E}_{-z})_I}$$

und bei äquatorialer Reflexion

$$\frac{(\mathfrak{E}_z)_{II}}{(\mathfrak{E}_r)_{II}} = \frac{(\mathfrak{E}_r)_I}{(\mathfrak{E}_z)_I}. \tag{115}$$

Die erste Gleichung sagt aus, daß man die eine „Hauptellipse“ des einfallenden Lichtes aus der anderen durch eine Drehung von 90° um die Strahlenrichtung herum erhält, wobei man die Umlaufsrichtung ungeändert lassen muß. Dahingegen zeigt uns die Formel (115), daß man, um bei der äquatorialen Reflexion den zweiten Hauptzustand aus dem ersten abzuleiten, zunächst in der angegebenen Weise verfahren, und dann noch die elliptische Bewegung an der Einfallsebene spiegeln muß.

Es möge noch hinzugefügt werden, daß man als „Hauptzustände“ auch solche definieren kann, bei welchen die Verhältnisse $(\mathfrak{E}_r)/(\mathfrak{E}_z)$ und $(\mathfrak{E}_{r'})/(\mathfrak{E}_{z'})$, bei gleichen absoluten Werten, *entgegengesetzte* Vorzeichen haben; auch bei dieser Auffassung führen (109) und (110) zu ähnlichen Schlüssen wie oben.

Will man nun soweit gehen, daß man diese Beziehungen zwischen den Hauptzuständen als Ausgangspunkt nimmt, so kann man ohne Mühe auf die Gleichheiten (109) und (110) und auf die oben erwähnten, die Minimum- und Nulldrehungen betreffenden Sätze schließen[56]. Daß indes die Ableitung aus den Feldgleichungen und den Grenzbedingungen vorzuziehen ist, ist einleuchtend. Nur leidet sie, wie sie im vorhergehenden gegeben wurde, an dem Mangel, daß die Formeln (109) und (110) als einigermaßen zufällige Ergebnisse zum Vorschein kommen, (sie entspringen nämlich der Gleichheit der in (103) und (104) vorkommenden Determinanten) und es möge daher noch in der folgenden Nummer ein allgemeiner Reziprozitätssatz abgeleitet werden, der sich ähnlichen, bei Abwesenheit eines magnetischen Feldes geltenden Sätzen anschließt, und in welchem die Gleichungen (109) und (110) enthalten sind.

67. Ableitung und Anwendung eines Reziprozitätssatzes. Wir denken uns ein von Luft umgebenes magnetisches Metall und betrachten Zustände mit einer bestimmten Frequenz, die in diesem System bestehen können; indem wir fortwährend mit komplexen Funktionen rechnen, nehmen wir an, daß alle variabelen Zustandsgrößen durch Ausdrücke mit dem Faktor e^{int} dargestellt werden können. Es mögen nun *zwei* Zustände dieser Art ins Auge gefaßt werden, und zwar möge das magnetische Feld bei dem einen die gleiche Stärke aber die entgegengesetzte Richtung wie bei dem anderen haben. Gilt dann (vgl. Nr. **61**) für den ersten Zustand die Gleichung

$$(116) \qquad \mathfrak{C}_1 = \sigma \mathfrak{E}_1 + \tau [\mathfrak{C}_1 \cdot \mathbf{H}],$$

so haben wir für den zweiten zu setzen

$$(117) \qquad \mathfrak{C}_2 = \sigma \mathfrak{E}_2 - \tau [\mathfrak{C}_2 \cdot \mathbf{H}].$$

Gleichungen dieser Form können wir sowohl auf das Metall wie auch auf die Luft anwenden; nur ist für dieses letztere Medium $\tau = 0$.

Auch in den weiteren Formeln unterscheiden wir die Größen, welche sich auf den ersten und den zweiten Zustand beziehen, durch die Indizes 1 und 2.

---

56) Siehe die in Anm. 51) zitierte Arbeit von *Righi* und *W. Voigt*, Magneto- und Elektrooptik, Kap. 6, Abschn. 2.

Es sei jetzt $\bar{\sigma}$ (der Strich dient um Verwechslung mit dem obigen Faktor σ zu vermeiden) eine geschlossene, teils im Metall, teils in der Luft liegende Fläche, n ihre nach außen gerichtete Normale und S der von ihr eingeschlossene Raum. Mit Rücksicht auf die Kontinuität der tangentiellen Komponenten von $\mathfrak{E}$ und $\mathfrak{H}$ findet man leicht

$$\int \{(\mathfrak{H}_2 \cdot \operatorname{rot} \mathfrak{E}_1) - (\mathfrak{E}_1 \cdot \operatorname{rot} \mathfrak{H}_2)\}\, dS = \int [\mathfrak{E}_1 \cdot \mathfrak{H}_2]_n d\bar{\sigma},$$

oder nach (78) und (79)

$$(118) \qquad -\frac{1}{c}\int \{in(\mathfrak{H}_2 \cdot \mathfrak{H}_1) + (\mathfrak{E}_1 \cdot \mathfrak{C}_2)\}\, dS = \int [\mathfrak{E}_1 \cdot \mathfrak{H}_2]_n d\bar{\sigma}.$$

Ebenso gilt die Gleichung, die man hieraus durch Vertauschung der Indizes 1 und 2 erhält,

$$(119) \qquad -\frac{1}{c}\int \{in(\mathfrak{H}_1 \cdot \mathfrak{H}_2) + (\mathfrak{E}_2 \cdot \mathfrak{C}_1)\}\, dS = \int [\mathfrak{E}_2 \cdot \mathfrak{H}_1]_n d\bar{\sigma}.$$

Man kann nun, wenn man Glieder mit $\mathbf{H}^2$ vernachlässigt, die Gleichungen (116) und (117) ersetzen durch

$$\mathfrak{C}_1 = \sigma \mathfrak{E}_1 + \sigma\tau [\mathfrak{E}_1 \cdot \mathbf{H}]$$

und

$$\mathfrak{C}_2 = \sigma \mathfrak{E}_2 - \sigma\tau [\mathfrak{E}_2 \cdot \mathbf{H}].$$

Diese führen zu der Beziehung

$$(\mathfrak{E}_1 \cdot \mathfrak{C}_2) = (\mathfrak{E}_2 \cdot \mathfrak{C}_1)$$

und aus (118) und (119) folgt dann der Satz, den wir beweisen wollten,

$$(120) \qquad \int [\mathfrak{E}_1 \cdot \mathfrak{H}_2]_n d\bar{\sigma} = \int [\mathfrak{E}_2 \cdot \mathfrak{H}_1]_n d\bar{\sigma}.$$

Wir wenden ihn auf einen einfachen Fall an. Die Grenzfläche des Metalls sei eben und werde bei dem *ersten* der zu betrachtenden Zustände von einem Bündel paralleler Lichtstrahlen getroffen, von solcher Breite, daß von Diffraktionserscheinungen abgesehen werden darf. C sei der zylindrische von dem einfallenden Lichte erfüllte Raum, C' der ebenfalls zylindrische Raum, der von den reflektierten Strahlen eingenommen wird. Bei dem *zweiten* Zustand denken wir uns umgekehrt einfallende Strahlen in C' und also die zurückgeworfenen in C.

Zur Vereinfachung nehmen wir ferner an, daß die Randlinie des von den Strahlen getroffenen Teils Σ der Grenzfläche zwei Symmetrieachsen, die eine in und die andere senkrecht zu der Einfallsebene, hat. Wir bezeichnen mit O den Mittelpunkt von Σ, mit OA und OA' die Achsen der genannten Zylinder C und C', mit P und P' zwei auf diesen Linien in den gleichen Entfernungen l von O liegende

Punkte; der Abstand l sei so groß, daß die durch P und P' gelegten senkrechten Querschnitte Q und Q' der Zylinder keinen Punkt miteinander gemein haben. Wir können dann die Fläche $\bar{\sigma}$ so wählen, daß diese Querschnitte Teile von ihr sind, und daß sie sonst nirgendwo von dem einfallenden oder dem reflektierten Lichte berührt wird; in dem Metall aber bleibe sie soweit von dem Flächenteil Σ entfernt, daß hier (wegen der Absorption) in keinem Punkte von $\bar{\sigma}$ eine merkliche Lichtbewegung besteht.

Unter diesen Umständen reduzieren sich die Integrale in (120) auf die von den Querschnitten Q und Q' herrührenden Anteile, und diese lassen sich in einfacher Weise angeben, da angenommen werden darf, daß in allen Punkten von Q und ebenso in der vollen Ausdehnung von Q' der gleiche Zustand besteht. Bezeichnet man die Richtungen PO und $P'O$ mit u, bzw. u', so erhält man nach Division durch die gleichen Werte von Q und Q'

$$[\mathfrak{E}_1 \cdot \mathfrak{H}_2]_{u(P)} + [\mathfrak{E}_1 \cdot \mathfrak{H}_2]_{u'(P')} = [\mathfrak{E}_2 \cdot \mathfrak{H}_1]_{u(P)} + [\mathfrak{E}_2 \cdot \mathfrak{H}_1]_{u'(P')}. \tag{121}$$

Bei den angenommenen Zuständen liegen nun sowohl in P als auch in P' die Richtungen der vier Vektoren $\mathfrak{E}_1$, $\mathfrak{H}_1$, $\mathfrak{E}_2$, $\mathfrak{H}_2$ in der Ebene des Querschnitts Q bzw. Q'; außerdem ist jedesmal, wenn wir mit $\mathfrak{a}$ einen Vektor von der Länge Eins in der Fortpflanzungsrichtung bezeichnen,

$$\mathfrak{H} = [\mathfrak{a} \cdot \mathfrak{E}],$$

also, wenn $\mathfrak{u}$ und $\mathfrak{u}'$ Einheitsvektoren in den Richtungen u und u' sind,

$$\mathfrak{H}_{1(P)} = [\mathfrak{u} \cdot \mathfrak{E}_{1(P)}], \qquad \mathfrak{H}_{2(P)} = -[\mathfrak{u} \cdot \mathfrak{E}_{2(P)}],$$
$$\mathfrak{H}_{1(P')} = -[\mathfrak{u}' \cdot \mathfrak{E}_{1(P')}], \quad \mathfrak{H}_{2(P')} = [\mathfrak{u}' \cdot \mathfrak{E}_{2(P')}].$$

Hieraus folgt

$$[\mathfrak{E}_1 \cdot \mathfrak{H}_2]_{u(P)} = -(\mathfrak{E}_1 \cdot \mathfrak{E}_2)_{(P)}, \quad [\mathfrak{E}_2 \cdot \mathfrak{H}_1]_{u(P)} = (\mathfrak{E}_1 \cdot \mathfrak{E}_2)_{(P)},$$
$$[\mathfrak{E}_1 \cdot \mathfrak{H}_2]_{u'(P')} = (\mathfrak{E}_1 \cdot \mathfrak{E}_2)_{(P')}, \quad [\mathfrak{E}_2 \cdot \mathfrak{H}_1]_{u'(P')} = -(\mathfrak{E}_1 \cdot \mathfrak{E}_2)_{(P')},$$

und schießlich, wenn man diese Werte in (121) einsetzt,

$$(\mathfrak{E}_1 \cdot \mathfrak{E}_2)_{(P)} = (\mathfrak{E}_1 \cdot \mathfrak{E}_2)_{(P')}. \tag{122}$$

Es sollen nunmehr die beiden Zustände noch weiter spezialisiert werden. Um das in kurzen Worten zu tun, wählen wir die Koordinatenachsen, mit dem Mittelpunkte O von Σ als Ursprung, so, wie es in Nr. **63** angegeben wurde; dabei richten wir es derart ein, daß die Richtung PO in der xy-Ebene die Richtungskonstanten $\cos\alpha_1$ und $\sin\alpha_1$ hat. Die Schwingungen, welche sich in dem Zylinder C fortpflanzen, zerlegen wir nach den Richtungen z und r, und ebenso die, welche in C' fortschreiten, nach den Richtungen z' und r' (vgl. Nr. **63**). Hierdurch verwandelt sich Gleichung (122) in

$$(\mathfrak{E}_{1z}\mathfrak{E}_{2z} + \mathfrak{E}_{1r}\mathfrak{E}_{2r})_{(P)} = (\mathfrak{E}_{1z'}\mathfrak{E}_{2z'} + \mathfrak{E}_{1r'}\mathfrak{E}_{2r'})_{(P')}. \tag{123}$$

Wir fangen mit der polaren Reflexion an. Der *erste* Zustand, bei welchem

$$\mathbf{H}_x = H$$

sein möge, bestehe darin, daß im Zylinder C ein durch die Werte

$$\mathfrak{E}_{1z(P)} = a_1 e^{int}, \quad \mathfrak{E}_{1r(P)} = 0 \tag{124}$$

charakterisiertes Bündel einfällt; hieraus entsteht ein reflektiertes Bündel, für welches wir mit den früheren Bezeichnungen schreiben können

$$\mathfrak{E}_{1z'(P')} = a_1 a_p e^{in\left(t-\frac{2l}{c}\right)}, \quad \mathfrak{E}_{1r'(P')} = a_1 b_s e^{in\left(t-\frac{2l}{c}\right)}. \tag{125}$$

Zu dem Zustand, den wir als den zweiten betrachten wollen, gelangen wir in zwei Schritten. Zunächst stellen wir uns vor, daß bei dem soeben für $\mathbf{H}_x$ angenommenen Wert in dem Zylinder C Licht einfällt, dessen Schwingungen der Einfallsebene parallel sind. Gelten dabei im Punkte P die Werte

$$\mathfrak{E}_z = 0, \quad \mathfrak{E}_r = a_2 e^{int}, \tag{126}$$

dann ist in P'

$$\mathfrak{E}_{z'} = a_2 b_p e^{in\left(t-\frac{2l}{c}\right)}, \quad \mathfrak{E}_{r'} = a_2 a_s e^{in\left(t-\frac{2l}{c}\right)}. \tag{127}$$

Den durch diese vier Gleichungen beschriebenen Zustand wollen wir nun an der xz-Ebene gespiegelt denken und was wir dadurch erhalten, für den *zweiten* Zustand nehmen. Wir dürfen das tun, weil bei der Spiegelung

$$\mathbf{H}_x = -H$$

wird (Nr. **54**), und also der Bedingung, daß in den Zuständen 1 und 2 das magnetische Feld entgegengesetzte Richtungen haben soll, genügt ist. Da nun der Punkt P' das Spiegelbild von P ist, und die Richtungen z und r bei der Spiegelung in z' und r' übergehen, wie umgekehrt z' und r' in z und r, so finden wir

$$\mathfrak{E}_{2z'(P')} = 0, \quad \mathfrak{E}_{2r'(P')} = a_2 e^{int},$$

$$\mathfrak{E}_{2z(P)} = a_2 b_p e^{in\left(t-\frac{2l}{c}\right)}, \quad \mathfrak{E}_{2r(P)} = a_2 a_s e^{in\left(t-\frac{2l}{c}\right)}.$$

Setzt man diese Werte mit (124) und (125) in (123) ein, so ergibt sich die Gleichung (109).

Den Fall der äquatorialen Reflexion können wir in fast genau derselben Weise behandeln. Für den *ersten* Zustand nehmen wir aufs neue die Formeln (124) und (125) an, wobei jetzt

$$\mathbf{H}_y = H$$

sein möge. Ferner denken wir uns wieder, bei demselben Wert von $\mathbf{H}_y$, die durch (126) und (127) dargestellte Lichtbewegung, und nehmen, um den *zweiten* Zustand zu erhalten, zwei Veränderungen mit ihr vor. Die erste ist eine Spiegelung an der xz-Ebene, wobei der Wert von $\mathbf{H}_y$ ungeändert bleibt. Die zweite besteht in einer Umkehrung des magnetischen Feldes ohne Änderung des einfallenden Lichtbündels. Zieht man in Betracht, daß die magnetische Komponente, auf die b_p sich bezieht, hierbei das Vorzeichen wechselt, so ergibt sich

$$\mathfrak{E}_{2\,z'(P')} = 0, \quad \mathfrak{E}_{2\,r'(P')} = a_2 e^{int},$$

$$\mathfrak{E}_{2\,z(P)} = -\, a_2 b_p e^{in\left(t - \frac{2l}{c}\right)},$$

infolgedessen die Relation (123) zu der Gleichung (110) führt.

(Abgeschlossen im März 1909.)

V 23. THEORIE DER STRAHLUNG.

Von

W. WIEN

IN WÜRZBURG.

Inhaltsübersicht.

Literatur.

G. Kirchhoff, Untersuchungen über das Sonnenspektrum, Berlin 1862; Ann. Phys. Chem. 109 (1860), p. 292.

Clausius, Die mechanische Wärmetheorie, Braunschweig 1876, p. 314.

Stefan, Wien Ber. 79 (1879), p. 391.

E. Lecher, Über Ausstrahlung und Absorption, Ann. Phys. Chem. 17 (1882), p. 477.

Bartoli, Sopra i movimenti prodotti dalla luce e dal calore, Firenze 1876.

Boltzmann, Ann. Phys. Chem. 22 (1884), p. 31 u. 291.

H. F. Weber, Berlin Ber. 1888, p. 933.

W. Michelson, Journ. de phys. 6 (1887), p. 462; Phil. Mag. (5) 25 (1888), p. 425.

Koeveslighety, Journ. der russ. phys. chem. Ges. 20 (1888), p. 65.

W. Wien, Berlin Ber. 1893, p. 55; Ann. Phys. Chem. 52 (1894), p. 132; 58 (1896), p. 662.

W. Wien und *O. Lummer*, Ann. Phys. Chem. 56 (1895), p. 451.

M. Planck, Irreversible Strahlungsvorgänge, Berlin Ber. 20. Febr. 1896; Ann. Phys. Chem. 60 (1897), p. 593; Berlin Ber. 4. Febr. 1897, 8. Juli 1897, 16. Dez. 1897, 7. Juli 1898, 18. Mai 1899; Ann. Phys. 1 (1900), p. 69, 719; Ann. Phys. 4 (1901), p. 553.

M. Thiesen, Zur Theorie der schwarzen Strahlung, Verh. d. deutschen phys. Ges. 2 (1900), p. 66.

W. Voigt, Über die Proportionalität von Emission und Absorptionsvermögen, Ann. Phys. Chem. 67 (1899), p. 366.

Lummer und *Pringsheim*, Ann. Phys. 3 (1900), p. 159.

Lummer und *Jahnke*, Ann. Phys. 3 (1900), p. 283.

W. Wien, Ann. Phys. 3 (1900), p. 530.

Jahnke, Lummer, Pringsheim, Ann. Phys. 4 (1901), p. 225.

W. Wien, Ann. Phys. 4 (1901), p. 422.

H. A. Lorentz, The theory of radiation and the second law of thermodynamics, K. Akad. v. Wetensch. Amsterdam 24. Dez. 1901.

— Boltzmanns and Wiens laws of radiation, K. Akad. v. Wetensch. Amsterdam 20. April 1901.

Lord Rayleigh, Phil. Mag. (5) 49 (1900), p. 539; Nature 72 (1905), p. 54 u. 243.

J. H. Jeans, Phil. Mag. 10 (1905), p. 91.

H. A. Lorentz, On the emission and absorption by metals of great wavelength, K. Akad. v. Wetensch. Amsterdam 27. Mai 1903.

— On the radiation of heat in a system of bodies having an uniform temperature, K. Akad. v. Wetensch. Amsterdam 22. Nov. 1905.

M. Planck, Vorlesungen über die Theorie der Wärmestrahlung, Leipzig 1905.

P. Ehrenfest, Zur *Planck*schen Strahlungstheorie Phys. Z. 7. S. 528; 1906.

J. J. Thomson, On the electrical origin of the radiation of hot bodies, Phil. Mag. (6) 4 (1907), p. 217.

M. Laue, Über Fortpflanzung der Strahlung in absorbierenden und dispergierenden Medien, Gött. Nachr. 1904, p. 480; 1905, p. 117; Ann. Phys. 18 (1905), p. 523.

— Zur Thermodynamik der Interferenzerscheinungen, Ann. Phys. 20 (1906), p. 365.

K. v. Mosengeil, Theorie der stationären Strahlung in einem gleichförmig bewegten Hohlraume, Ann. Phys. 22 (1907), p. 867.

M. Planck, Zur Dynamik bewegter Systeme, Berlin Ber. 13. Juni 1907.

M. Laue, Die Entropie partiell kohärenter Strahlen, Ann. Phys. 23 (1907), p. 1.

Bezeichnungen (die elektromagnetischen sind die gleichen wie im vorigen Artikel):

$e = \int_0^\infty e_\lambda \, d\lambda = \int_0^\infty e_n \, dn$ Gesamtstrahlungsintensität eines linear polarisierten Strahls des schwarzen Körpers.

λ Wellenlänge, $n = \frac{2\pi c}{\lambda}$ Schwingungszahl.

$E = \int_0^\infty E_\lambda \, d\lambda = \int_0^\infty E_n \, dn$ Gesamtstrahlungsintensität eines linear polarisierten Strahls eines beliebigen Körpers.

A Absorptionsvermögen (Verhältnis der von einem Körper absorbierten zur auffallenden Energie).

a Absorptionsindex eines Strahls für die Längeneinheit.

S Entropie.

T Absolute Temperatur.

u Energiedichte der Strahlung in stationärem Zustand.

U Energie eines Oszillators.

L Entropiestrahlung.

J Zeitlicher Mittelwert des Quadrats der einen Oszillator erregenden elektrischen Feldstärke.

1. Der Kirchhoffsche Satz. Sobald die elektromagnetischen Wellen nicht durch geordnete elektromagnetische Vorgänge, sondern durch die inneren Molekularbewegungen heißer Körper hervorgebracht werden, bildet die Theorie der Strahlung einen besonderen Teil der Wärmelehre und die elektromagnetischen Zustandsänderungen müssen sich auch dem zweiten Hauptsatz der Wärmetheorie fügen.

Von besonderer Wichtigkeit für die thermodynamischen Beziehungen ist die ponderomotorische Kraft elektromagnetischer Wellen, die wir Encykl. V. 22, p. 174 entwickelt haben. Hiernach übt eine Welle auf eine Grenzfläche einen Druck aus, der bei senkrechter Incidenz durch den Unterschied der Energiedichte an beiden Seiten gemessen wird. Durch diesen Druck ist nun die Möglichkeit gegeben, aus der Strahlung Arbeit zu leisten.

Als eine Folgerung aus der Wärmetheorie hatte bereits *Bartoli* die Notwendigkeit der Existenz dieses Drucks gefolgert, dessen Größe von *Maxwell* aus der elektrischen Lichttheorie abgeleitet war.

Die eigentliche Grundlage für die thermodynamische Theorie der Strahlung bildet aber das *Kirchhoff*sche Gesetz von der Konstanz des Verhältnisses zwischen Absorption und Emission[1]). Der Beweis, den *Kirchhoff* seinem Satze gegeben hat, ist außerordentlich künstlich und beschwerlich. An Stelle des *Kirchhoff*schen Beweises ist von *E. Pringsheim* ein wesentlich vereinfachter gegeben[1a]). Heutzutage wird man kaum nötig haben, dem ursprünglichen Kirchhoffschen Beweise zu folgen, wenn man die Definitionen und den Ausgangspunkt etwas anders wählt.

Nach der Wärmetheorie müssen wir annehmen, daß die Wärme, die im Innern eines gleichmäßig temperierten Körpers in Form von Strahlung vorhanden ist und immer einen endlichen Bruchteil des ganzen Wärmevorrats ausmachen muß, den allgemeinen Gesetzen des Wärmegleichgewichts unterliegt und daher auch eine bestimmte Temperatur besitzt. Es kommt ihr dann auch eine bestimmte Entropie zu, die für den Zustand des Gleichgewichts ein absolutes Maximum annehmen muß.

Wir können nun unmittelbar folgern, daß auch ein endlicher Hohlraum im Innern des Körpers sich mit Strahlung gleichmäßig erfüllen muß, die dadurch ausgezeichnet ist, daß nach jeder Richtung gleichviel Energie sich ausbreitet.

Es darf nämlich von der im vollständigen Gleichgewicht befindlichen Strahlung keine Arbeit geleistet werden können, die sonst ein Perpetuum mobile zweiter Art ermöglichen würde. Da die auf einen absorbierenden oder reflektierenden Körper fallende Strahlung einen Druck ausübt, so muß zunächst nach jeder Richtung soviel Energie gehen, als nach der entgegengesetzten. Wäre dies nicht der Fall, so würde man auf einer Platte, die beiderseits spiegelt und die man senkrecht zu den Strahlen stellt, von der Seite, woher mehr Energie kommt, einen größeren Druck erhalten als von der anderen, und dadurch Arbeit leisten können.

Ginge dagegen in irgend einer Richtung $\underrightarrow{ab}$ (Fig. 1) eine stärkere Strahlung als in einer anderen $\underrightarrow{cd}$, so könnten wir eine beiderseits spiegelnde Platte P anbringen, die den Winkel zwischen den Strahlen halbiert. Dadurch wird die Strahlung $\underrightarrow{cd}$ nach b gelenkt, die ihr gleiche $\underrightarrow{dc}$ nach a. Ist nun die Strahlung $\underrightarrow{ab}$ größer als $\underrightarrow{cd}$, so ist sie auch größer

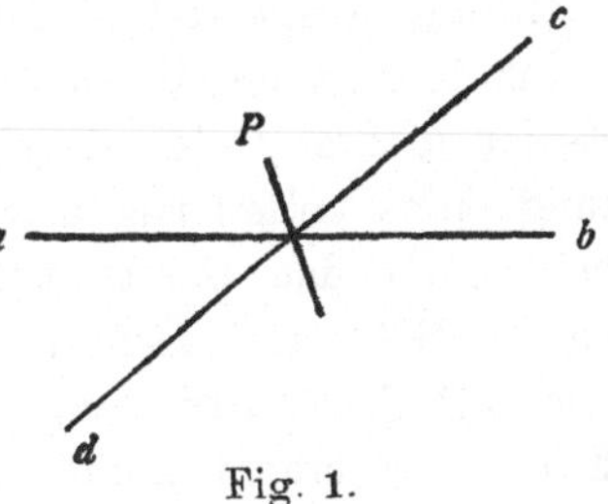

Fig. 1.

1) *G. Kirchhoff*, Ges. Abh. 1882, p. 574.

1a) *E. Pringsheim,* Verhandl. d. deutschen phys. Ges. 1901, p. 81.

als $\underset{\longrightarrow}{dc}$, und es geht nun in der Richtung nach a weniger als von a. Eine zweite senkrecht gestellte Platte würde also einen einseitigen Überdruck erfahren.

Betrachten wir nun ein Element der Oberfläche des Hohlraums und nennen A den Bruchteil der Strahlung, der von einer beliebigen Richtung kommend absorbiert wird, E den in derselben Richtung ausgesandten Betrag.

Für die im Innern des Hohlraumes gleichmäßig hin- und hergehenden Strahlen muß es offenbar belanglos sein, wenn ein Teil der Innenfläche durch einen anderen von gleicher Temperatur aber verschiedener physikalischer Beschaffenheit ersetzt wird. Denn das Wärmegleichgewicht wird dadurch nicht gestört. Daraus folgt, daß die in einer bestimmten Richtung gehende Strahlung nur von der Temperatur der Innenflächen abhängig ist. Nennen wir sie e. Von ihr wird beim Auftreffen auf die Innenwand der Betrag Ae absorbiert, $e - Ae$ reflektiert. Nach dem Satz der Reziprozität des Strahlenganges[1]) geht der umgekehrt laufende Strahl auf demselben Wege. In der dem ersten Strahl entgegengesetzten Richtung wird also auch $e - Ae$ reflektiert und dazu kommt noch der emittierte Betrag E.

Wir haben also

$$e = e - Ae + E$$

oder

$$E = Ae$$

und

$$\frac{E}{A} = e, \tag{1}$$

d. h. das Verhältnis von Emission zum Absorptionsvermögen ist nur von der Temperatur abhängig.

In unmittelbarer Beziehung zum *Kirchhoff*schen Satz steht das *Lambert*sche Kosinusgesetz. Dies Gesetz sagt aus, daß die von der Oberfläche eines zerstreut strahlenden Körpers in einer bestimmten Richtung ausgestrahlte Energie proportional ist dem Kosinus des Winkels, den der Strahl mit der Normale des Flächenelements bildet. Es ist nichts weiter als eine Anwendung einer Eigenschaft der Strahlung eines vollständig absorbierenden Körpers auf andere Oberflächen, bei denen das Gesetz naturgemäß nur näherungsweise erfüllt sein kann. Betrachtet man ein kleines Oberflächenstück eines Körpers, das alle auffallende Strahlung absorbiert, und nimmt weiter an, daß dieser Körper in einem Raume sich befinde, in welchem Strahlungsgleichgewicht herrscht, so muß das Oberflächenstück von Strahlen einer be-

1) *Helmholtz*, Physiol. Optik, S. 169.

stimmten Richtung gleichviel aussenden und aufnehmen. Da nun die aufgenommene Menge dem Kosinus jenes Winkels proportional ist, so muß es auch die ausgesandte sein.

Es hat keine Schwierigkeit, den Beweis so zu vervollständigen, daß sich das ausgesprochene Gesetz auf jede Wellenlängen bezieht. Würde es sich nämlich auf die Gesamtstrahlung beziehen und verschiedene Verteilung der Energie auf verschiedene Wellenlängen möglich sein, so könnte in den angestellten Betrachtungen eine dünne Platte anstatt der spiegelnden eingeschaltet werden, die durch Interferenz die Farben dünner Blättchen zeigt. Eine solche Platte läßt Energie einzelner Wellenlängen mehr hindurch als andere. Wenn Ungleichheiten in der Energie auf beiden Seiten der Platte für einzelne Farben vorhanden wären, so könnten wir auf eine solche Platte ungleichen Druck erzeugen und damit Arbeit leisten. Daß der *Kirchhoff*sche Satz für jede Wellenlänge gilt, hat seinen Grund darin, daß wir Hilfsmittel besitzen, um die Strahlen nach den Wellenlängen, die sie enthalten, zu zerlegen. Es ist deshalb die Strahlung für jeden Spektralbereich unabhängig von der Existenz von Strahlung anderer Spektralbereiche.

In der Formel (1), welche das *Kirchhoff*sche Gesetz ausdrückt, kann A höchstens gleich Eins sein. Eine Oberfläche, für die $A = 1$ ist, absorbiert alle auffallenden Strahlen vollständig. Dann ist $E = e$ der größte Wert, den E annehmen kann. Oberflächen von dieser Beschaffenheit heißen schwarz. Streng genommen kann es solche Oberflächen in der Natur nicht geben. Denn nach dem vorangehenden Artikel Encycl. V. 22, p. 145, Gl. (68a) kann das Reflexionsvermögen

$$= \frac{(\nu - 1)^2 + k^2 \nu^2}{(\nu + 1)^2 + k^2 \nu^2}$$

nur verschwinden, wenn $k = 0$, $\nu = 1$; dann würde aber keine Absorption stattfinden.

Wenn jedoch ein Hohlraum eine kleine Öffnung hat, durch welche Strahlen von außen eindringen, und die Wände des Hohlraums haben gegen die Öffnung eine solche Neigung, daß ein Strahl erst nach vielen Reflexionen wieder zur Ausgangsöffnung gelangt, so wird man auch bei endlichem Reflexionsvermögen durch die Zahl der Reflexionen beliebig viel der einfallenden Strahlen absorbieren lassen. Eine solche Öffnung verhält sich dann wie ein schwarzer Körper und sendet daher bei gleicher Temperatur *des ganzen Hohlraumes* das Maximum der Strahlung aus.

Einige Körper, wie Ruß und Platinschwarz, können für einen großen Spektralbereich für schwarz angesehen werden und es steht nichts im Wege, bei idealen Prozessen die Existenz vollkommen schwarzer ebenso wie vollkommen spiegelnder und vollkommen zerstreut spiegelnder (weißer) Körper vorauszusetzen.

In der gewöhnlichen Form des *Kirchhoff*schen Satzes nimmt man nur die Oberflächen als strahlend an. Richtiger ist es zu berücksichtigen, daß es eine Oberfläche, die allein emittiert, nicht gibt, da die Strahlen immer aus einer gewissen Tiefe des Körpers kommen. Ein in einem absorbierenden Körper fortschreitender Lichtstrahl wird nach Zurücklegung der Wegstrecke x nach dem Ausdruck e^{-ax} geschwächt.

Wir betrachten nun einen unendlich dicken Körper auf der Seite $x < 0$, von dem jedes Volumelement den Betrag $\varepsilon_x\, dy\, dz\, dx$ in der Richtung x emittiert. Aus diesem komme ein Lichtstrahl an dem Punkte hervor, dessen Koordinate $x = 0$ ist. Dann ist die Intensität des parallel x austretenden Strahls, der in der Richtung der zunehmenden x fortschreitet, wenn an der Stelle $x = 0$ keine Reflexion stattfindet

$$\varepsilon_x\, dy\, dz \int_{-\infty}^{0} e^{+ax}\, dx = \frac{\varepsilon_x\, dy\, dz}{a}.$$

Ein in umgekehrter Richtung, der Richtung der abnehmenden x, gehender Strahl wird unter den gleichen Voraussetzungen in dem unendlich dicken Körper vollständig absorbiert. Die Emission muß dann die eines schwarzen Körpers sein, also muß

$$\frac{\varepsilon_x}{a} = e_x$$

sein, was natürlich für alle Richtungen gilt, so daß

$$\frac{\varepsilon}{a} = e$$

ist. Hier ist ε das Emissionsvermögen für die Volumeinheit, a der Absorptionsindex für die Längeneinheit.

2. Temperatur der Strahlung[2]). Da die im Gleichgewicht befindliche Strahlung aus dem Wärmevorrat des umgebenden Körpers stammt, so muß ihr auch dessen Temperatur zugeschrieben werden, und zwar nicht nur der Gesamtstrahlung, sondern jeder einzelnen zwischen benachbarten Wellenlängen liegenden Strahlung.

Sobald eine andere Verteilung der Energie auf die einzelnen Farben vorhanden wäre, würde sich doch von selbst durch Austausch mit den umschließenden Wänden die Verteilung herstellen, die dem Gleichgewichtszustande entspricht. Hierdurch ist die Temperatur der

2) *W. Wien*, Ann. Phys. Chem. 52 (1894), p. 132.

Strahlung von bestimmter Energiedichte und Farbe bestimmt, zunächst unter der Voraussetzung, daß es sich um vollkommen zerstreute Strahlung, in der keine Richtungen bevorzugt sind, handelt, sobald man die Abhängigkeit der Energieverteilung von der Temperatur für die im Gleichgewicht befindliche Strahlung kennt. Erfahrungsmäßig ist diese für konstante Temperatur eine Funktion der Wellenlänge, die ein einziges Maximum besitzt.

Die Temperatur einer Strahlung von gegebener Energiedichte und bestimmter Wellenlänge wird hiernach von der genannten Funktion abhängen. Bei den uns zugänglichen Temperaturen liegt das Maximum der Energie im Ultraroten. Die Funktion fällt sowohl nach den langen als nach den kurzen Wellenlängen stark ab. Bei gleicher Temperatur gehört zu Rot eine größere Energiedichte als zu Blau. Bei gleicher Energiedichte hat also blaues Licht höhere Temperatur als rotes. Da die freie Energie von der Temperatur bestimmt wird, so hängt auch der Betrag an freier Energie von der Farbe ab.

Wenn Strahlung von der Temperatur T_1 sich in solche von der Temperatur T_2 verwandelt, so kann hierbei der Bruchteil $\frac{T_1 - T_2}{T_1}$ in Arbeit umgesetzt werden.

Diese Betrachtungen sind von Wichtigkeit, weil bei vielen photochemischen Prozessen die freie Energie des Lichts von wesentlicher Bedeutung sein muß. Wenn z. B. bei der Fluoreszenz kurzwelliges Licht in langwelliges verwandelt wird, so ist das gleichbedeutend mit Temperaturerniedrigung, also Entropievermehrung. Der umgekehrte Prozeß, der auch häufig vorkommt, muß daher von Kompensation begleitet sein.

Bei beliebig zusammengesetzter Strahlung muß die Temperatur jeder Wellenlänge bestimmt werden, so daß wir im allgemeinen Strahlung von kontinuierlich verschiedener Temperatur vor uns haben. So wird z. B. die von einem metallisch reflektierenden Körper ausgehende Strahlung, da dieser bei derselben Temperatur weniger ausstrahlt wie ein schwarzer, eine niedrigere Temperatur haben als der Körper selbst, und zwar wird die Temperatur der Strahlung für diejenigen Wellenlängen am meisten von der Körpertemperatur abweichen, für die das Absorptionsvermögen am meisten von Eins abweicht. Da jeder natürliche Strahl in zwei senkrecht aufeinander polarisierte gleicher Intensität zerlegt werden kann, so hat ein unpolarisierter Strahl immer bei gleicher Temperatur die doppelte Energie wie ein polarisierter.

Wenn bei der Strahlung bestimmte Richtungen ausgezeichnet

sind, so sind Abweichungen vom Gleichgewichtszustande vorhanden, die durch zerstreuende (matte) Flächen von selbst ausgeglichen werden können.

Ein solcher Prozeß ist aber nicht umkehrbar und entspricht daher einer Vermehrung der Entropie.

Wir können die Temperatur solcher Strahlung, die bestimmte Richtung hat, dadurch bestimmen, daß wir sie wieder zur Ausgangsstelle zurückkehren lassen, wie im Folgenden gezeigt wird.

Nennen wir $d\omega$ ein Flächenelement, das Strahlen entsendet, β den Winkel, den die Strahlrichtung mit der Normale bildet, $e\,d\omega\,d\omega'$ die auf ein in der Normale von $d\omega$ senkrecht gegen diese liegendes Flächenelement $d\omega'$ gestrahlte linear polarisierte Strahlung, dann ist die gesamte ausgestrahlte Energie

$$\mathfrak{e}\,d\omega = 2\pi\,d\omega\,e\int\limits_0^{\frac{\pi}{2}} \sin\beta\cos\beta\,d\beta = \pi e\,d\omega.$$

Legen wir in großer Entfernung um $d\omega$ als Mittelpunkt eine innen spiegelnde Kugelschale, so kehren alle Strahlen wieder zurück. Dann geht nach beiden Richtungen von dem Element fort und auf dasselbe zu pro Flächeneinheit der Betrag $\mathfrak{e} = \pi e$.

Nahe der Mitte des Elements $d\omega$ errichten wir senkrecht eine kurze Strecke h und legen durch den Endpunkt eine Ebene parallel zu $d\omega$. Zwischen beiden Ebenen und den Kegeln mit den Winkeln β und $\beta + d\beta$ haben wir die Gesamtenergie (der hin- und zurückgehenden Strahlen)

(2) $$\frac{4\pi e\sin\beta\cos\beta\,d\beta}{c}\,\frac{h\,d\omega}{\cos\beta}$$

und nach Integration zwischen 0 und $\frac{\pi}{2}$ und Division durch das Volumen $h\,d\omega$ die Energiedichte

(2ᵃ) $$u = \frac{4\pi e}{c};$$

und für unpolarisierte Strahlung

(2ᵇ) $$u = \frac{8\pi e}{c}.$$

Diese Beziehung gilt überall, wo die Strahlung vollkommen zerstreut ist, also in einem von stationärer Strahlung gleichmäßig erfüllten Raum auch in großer Entfernung von $d\omega$.

Betrachten wir dagegen die Energiedichte an der spiegelnden Kugelfläche in der Nähe eines Elementes $d\omega'$, das parallel mit $d\omega$ und in seiner Normale liegt. Wir fassen ein kleines über $d\omega'$ mit der Höhe h errichtetes Parallelepiped ins Auge. Sei $d\omega$ eine kleine Kreisscheibe; die von der Peripherie dieser Scheibe nach dem Mittelpunkt von $d\omega'$ gezogenen Linien bilden mit der Normalen den kleinen Winkel β. Dann befindet sich in dem Parallelepiped von der Höhe h die Energie

$$(3) \qquad \frac{2\,d\omega'}{c}\,2\pi e\int\limits_0^\beta \sin\beta\cos\beta\,d\beta\,\frac{h}{\cos\beta} = \frac{4\pi e h d\omega'}{c}(1-\cos\beta).$$

Das Volumen des Parallelepipeds ist $h\,d\omega'$, also die Energiedichte $u_\beta = \frac{4\pi e}{c}(1-\cos\beta)$. Vergrößert man die Entfernung der Kugelfläche von $d\omega$, so muß man sich $d\omega$ im Verhältnis des Quadrats der Entfernung vergrößert denken. Dann ist die Energiedichte von der Entfernung unabhängig.

β muß genügend klein sein, damit alle Strahlen wieder zum Ausgangspunkt zurückkehren.

Die Temperatur eines solchen Strahlenbündels bestimmt sich aus der als bekannt vorausgesetzten Energiedichte. Und zwar ist diese Temperatur dieselbe, welche die im stabilen Gleichgewicht befindliche Strahlung besitzt, deren Dichte im Verhältnis $1:1-\cos\beta$ größer ist. Bei genau parallelen Strahlen ist $\beta = 0$, daher $1-\cos\beta = 0$, d. h. die Temperatur würde unendlich hoch bei endlicher Energiedichte sein. Die innere Energiedichte u entspricht der inneren Energie der Thermodynamik.

Sobald die Temperatur bestimmt ist, ist es auch durch den zweiten Hauptsatz die Entropie. Die quantitative Bestimmung ist gegeben, sobald die äußere Arbeit bestimmt ist. Dies wird im folgenden Abschnitt auseinandergesetzt.

Der Einfluß der Beugung ist noch besonders zu untersuchen. Da jedoch durch Beugung durch ein Gitter ein regelmäßiges Spektrum wie durch die Brechung durch ein Prisma erzeugt werden kann, so scheint in dem Beugungsvorgange selbst nichts irreversibles zu liegen, während die Zerstreuung der Strahlung durch Beugung als irreversibel zu betrachten ist.

Durch regelmäßige Ausbreitung wird die Temperatur eines Strahlenbündels nicht geändert, wohl aber wenn diffuse Zerstreuung stattfindet. Dadurch wird die Strahlung dem Zustande des Gleichgewichts genähert. Zerstreuung der Strahlung ist als nicht umkehrbarer Vorgang aufzufassen.

Aus der Betrachtung der Öffnung der Strahlenkegel lassen sich wichtige Folgerungen über die Abbildungsverhältnisse gewinnen.

Auch folgt aus ihnen die Abhängigkeit des Emissionsvermögens vom Brechungsverhältnis. Beschränken wir uns zunächst auf kleine Öffnungswinkel α und betrachten zwei Flächenelemente $d\omega$ und $d\omega_1$, die einander zustrahlen. N und N_1 seien die beiden Normalen, r die Verbindungslinie. Dann ist die Energie, die die beiden Elemente einander zustrahlen,

$$\frac{e\,d\omega\,d\omega_1}{r^2}\cos(rN)\cos(rN_1).$$

Liegt $d\omega_0$ in der Normale N_1, so ist $\cos(rN_1) = 1$ und

$$d\omega_1 = r^2\alpha^2\pi,$$

und die zugestrahlte Energie

$$e\,d\omega\cos(rN)\alpha^2\pi.$$

Seien nun zentrisch optische Systeme vorhanden, so daß das Element $d\omega$ reell abgebildet wird und $d\omega'$ das Bild von $d\omega$ ist. Hierzu muß aus dem divergenten Strahlenkegel ein konvergenter werden und die in ihm enthaltene Energie ist

$$e'\,d\omega'\cos(rN')\alpha'^2\pi,$$

wobei die gestrichenen Größen dieselbe Bedeutung für das konvergente Bündel haben, wie die ungestrichenen für das divergente. Diese Energie muß gleich der des divergenten Bündels sein. Haben beide Elemente gleiche Temperatur, so muß auch in umgekehrter Richtung die gleiche Energiemenge gehen, solange die Reziprozität des Strahlenganges besteht. Diese Reziprozität besteht nicht mehr, wenn Medien eingeschaltet sind, die eine Veränderung der Farbe durch Fluoreszenz oder Drehung der Polarisationsebene des Lichts durch Magnetisierung bewirken. Durch Gleichsetzen beider Ausdrücke folgt

$$e\,d\omega\cos(rN)\,\alpha^2 = e'\,d\omega'\cos(rN')\alpha'^2.$$

Ein Satz der geometrischen Optik lautet, daß das Produkt aus Divergenzwinkel, Brechungsverhältnis des Mediums und Bildgröße in einem zentrisch optischen Systeme konstant ist[3]), wenn der Divergenzwinkel als klein angenommen werden kann.

Nach diesem Satze haben wir, da $\frac{\sqrt{d\omega'\cos(rN')}}{\sqrt{d\omega\cos(rN)}}$ das Verhältnis der Bildgröße zum Gegenstande ist,

$$\sqrt{d\omega\cos(rN)}\,\alpha\nu = \sqrt{d\omega'\cos(rN')}\,\alpha'\nu',$$

also

$$\frac{e}{\nu^2} = \frac{e'}{\nu'^2}, \tag{4}$$

3) Vgl. *Helmholtz,* Wiss. Abh. 2, p. 188.

d. h. das Emissionsvermögen eines schwarzen Körpers in einem Medium vom Brechungsverhältnis ν ist gegenüber dem in einem anderen Medium vom Brechungsverhältnis ν' im Verhältnis $\frac{\nu^2}{\nu'^2}$ vergrößert, ein bereits von *Kirchhoff* abgeleitetes Ergebnis.

Es lassen sich jedoch diese Betrachtungen auch auf Strahlen von größerem Divergenzwinkel ausdehnen, was für die geometrische Optik wichtig ist.

Für die Strahlung in einem weiter geöffneten Strahlenbündel vom Winkel α haben wir zu setzen, wenn $\cos(rN) = 1$ angenommen wird,

$$d\omega\, 2\pi e \int_0^\alpha \cos\alpha \sin\alpha\, d\alpha = \pi e\, d\omega \sin^2\alpha.$$

Für das entsprechende Bündel des optischen Bildes erhalten wir

$$\pi e'\, d\omega' \sin^2\alpha'.$$

Da nun $e' = \frac{e\nu'^2}{\nu^2}$ war, so haben wir durch Gleichsetzen

$$d\omega\, \nu^2 \sin^2\alpha = d\omega'\, \nu'^2 \sin^2\alpha', \tag{5}$$

womit der Sinussatz der geometrischen Optik ausgesprochen ist, der seine Wurzel demnach in den photometrischen Verhältnissen hat.

3. Arbeitsleistung der Strahlung. Stefan-Boltzmannsches Gesetz und Verschiebungsgesetz. Nach den Art. 22, p. 174 angestellten Betrachtungen übt ein senkrecht einfallender Strahl auf ein Flächenstück einen Druck aus, der durch den Unterschied der Energiedichte an beiden Seiten gemessen wird.

Wenn nun ein Strahl auf eine bewegte Platte fällt, so übt er einerseits einen Druck auf diese aus und leistet bei der Bewegung positive oder negative Arbeit. Gleichzeitig ändert sich aber nach dem *Doppler*schen Prinzip dabei die Wellenlänge. Und zwar wird, wenn die Platte sich in der Richtung des Drucks bewegt, also von dem Druck Arbeit nach außen geleistet wird, die Wellenlänge durch die Bewegung vergrößert.

Wenn Strahlung sich in einem von spiegelnden Wänden umgebenen Raume befindet und ein Teil der Wände beweglich ist, so wird eine Volumvergrößerung mit einer Arbeitsleistung nach außen hin und gleichzeitig mit einer Verminderung der Energiedichte verbunden sein einerseits infolge der Volumvergrößerung, andererseits infolge der Arbeitsleistung. Nun entspricht nach dem oben Auseinandergesetzten eine Verminderung der Energiedichte einer Temperaturerniedrigung. Sind die Wände regelmäßig spiegelnd, so können bei diesen Volumänderungen Vorzugsrichtungen in einer ursprünglich zerstreuten Strahlung eintreten. Da diese größere Arbeitsleistungen bedingen, so führen wir zerstreut spiegelnde Wände ein, die keine Vorzugsrichtungen aufkommen lassen.

Eine Verminderung der Energiedichte durch Volumänderung muß derselben Verminderung durch Temperaturerniedrigung des die Strahlung erzeugenden Körpers vollkommen äquivalent sein[4]). Es muß auch die spektrale Zusammensetzung beider übereinstimmen, weil sonst eine Gleichheit der Temperatur für die ganze Strahlung nicht vorhanden wäre. Nehmen wir der Einfachheit halber einen rechtwinklig parallelepipedischen Raum, dessen eine regelmäßig spiegelnde Wand beweglich sei, deren Fläche gleich der Einheit angenommen werden soll[4a]). Die festen Wände sollen zerstreut spiegeln. u_λ sei die Energiedichte für die zwischen λ und $\lambda + d\lambda$ vorhandenen Strahlen. Sei β der Winkel, unter dem ein Strahl auf die Platte auffällt. Dann haben wir nach (2) und (2[a]) zwischen β und $\beta + d\beta$ die Energie

$$x u_\lambda \, d\lambda \sin\beta \, d\beta,$$

wenn x die Entfernung der beweglichen Platte von der Gegenwand ist.

Bewegt sich nun die Platte mit der Geschwindigkeit $v = \frac{dx}{dt}$, so hat während dt die Platte die Strecke $v\,dt$ zurückgelegt und auf die Platte ist die Energiemenge

$$\frac{c u_\lambda}{2} \, d\lambda \sin\beta \cos\beta \, d\beta \, \frac{dx}{v}$$

gefallen. Ein auf eine spiegelnde Fläche fallender Lichtstrahl, der einen Winkel β mit der Normale bildet, ändert seine Wellenlänge λ nach dem *Doppler*schen Prinzip in

$$\lambda_1 = \lambda\left(1 + \frac{2v}{c}\cos\beta\right).$$

Diese Energie verändert ihre Wellenlänge um $\frac{2v}{c}\lambda\cos\beta$. Das Verhältnis des Teils, der seine Wellenlänge geändert hat, zur ursprünglichen Gesamtenergie $x u_\lambda d\lambda$, ist

$$\frac{c\cos\beta\sin\beta}{2v}\,\frac{dx}{x}\,d\beta.$$

Nimmt man die Geschwindigkeit v genügend klein, so wird nach kurzer Zeit eine gleichmäßige Verteilung der Änderung der Wellenlängen auf die ganze Energie eintreten. Die gesamte Energie erfährt

---

4) *W. Wien*, Ann. Phys. Chem. 52 (1894), p. 152.

4[a]) Vgl. *M. Thiesen*, Verh. der Physik. Ges. Berlin 2. März 1900.

daher eine Änderung der Wellenlänge

$$d\lambda = \frac{dx\lambda}{x}\int_0^{\frac{\pi}{2}}\cos^2\beta\sin\beta\,d\beta = \frac{\lambda}{3}\frac{dx}{x}.$$

Das Verhältnis der Volumänderung zum ursprünglichen Volumen beträgt $\frac{dx}{x}$, in gleichem Verhältnis ist die Dichtigkeit der Energie verkleinert. Ferner ist nach p. 181 Art. 22 der Druck auf die verschiebbare Platte gleich der gesamten Energiedichte multipliziert mit $\int_0^{\frac{\pi}{2}}\cos^2\beta\sin\beta\,d\beta$, so daß das Verhältnis der geleisteten Arbeit zur Gesamtenergie ist

$$\frac{1}{3}\frac{dx}{x}.$$

Die gesamte Änderung der Energiedichte im Vergleich zur ursprünglichen ist

$$-\frac{4}{3}\frac{dx}{x} = -\frac{4d\lambda}{\lambda}.$$

Nach den bekannten Lehrsätzen der Wärmetheorie muß die absolute Temperatur integrierender Nenner des Differentials der zugeführten Energie sein. Sei die zugeführte Energie

$$dQ = M\,dz + N\,dy,$$

wo M und N zwei Funktionen der beiden den Zustand bestimmenden, voneinander unabhängigen Variabeln z und y sind.

Nun gibt es unter den unendlich vielen integrierenden Nennern des Differentials dQ einen, der eine Funktion von z oder y allein ist[4b]) und dieser ist die die Temperatur bestimmende Variable.

Damit der integrierende Nenner f das Differential dQ integrabel mache, muß

$$\frac{M}{f} = \frac{\partial F}{\partial z}, \quad \frac{N}{f} = \frac{\partial F}{\partial y}$$

sein. Hängt nun der integrierende Nenner nur von z ab, so ist

$$\frac{1}{N}\left(\frac{\partial N}{\partial z} - \frac{\partial M}{\partial y}\right) = \frac{1}{f}\frac{\partial f}{\partial z},$$

woraus

$$\log f = \int\frac{dz}{N}\left(\frac{\partial N}{\partial z} - \frac{\partial M}{\partial y}\right).$$

Die Größe f ist dann diejenige, welche die absolute Temperatur be-

---

4b) *C. Budde*, Ann. Phys. Chem. 45 (1892), p. 571.

stimmt. Die Änderung der Energie in dem oben betrachteten, von Strahlung erfüllten Raum ist

$$dQ = x\,du + \frac{4}{3}u\,dx.$$

Den oben benutzten Variabeln z und y entsprechen hier u und x, und es ist $M = x$ und $N = \frac{4}{3}u$,

$$\frac{1}{N}\left(\frac{\partial N}{\partial u} - \frac{\partial M}{\partial x}\right) = \frac{1}{4u},$$

woraus $f = \text{const.}\, u^{\frac{1}{4}}$

$$u = \text{const.}\, f^4 = \text{const.}\, T^4.$$

Die Energie der Strahlung ist der vierten Potenz der absoluten Temperatur proportional[5]). Daher ist auch die Emission T^4 proportional und wir setzen die Emission der unpolarisierten Strahlung

$$2e = aT^4.$$

Das Verhältnis der Energieänderung zur ursprünglichen war

(6) $$\frac{du}{u} = -\frac{4}{3}\frac{dx}{x} = \frac{4\,dT}{T} = -\frac{4\,d\lambda}{\lambda},$$

so daß $\frac{dT}{T} = -\frac{d\lambda}{\lambda}$ ist, welche Gleichung die Änderung der Wellenlänge mit der Temperatur, das *Verschiebungsgesetz*, ausspricht[6]), das wir weiter unten diskutieren werden.

Die Entropie wird durch die Gleichung definiert

$$dS = \frac{dQ}{T},$$

also

(7) $$S = S_0 + \frac{4}{3}\,\text{const.}\, x u^{\frac{3}{4}}.$$

Man kann aber auch die von einem kleinen, im Mittelpunkt einer innen spiegelnden Kugel befindlichen Element ausgehenden Strahlen zur Ableitung der Abhängigkeit der Strahlungsenergie von der Temperatur benutzen. Der Divergenzwinkel der von der spiegelnden Fläche zurückkehrenden Strahlen sei α, die Energiedichte u_α (vgl. Gl. (3)).

Sei r der variable Radius der Kugel. Wir bezeichnen die Größe $u_\alpha r^2$ mit $\mathfrak{a}$. Die Größe $\mathfrak{a}$ ist innerhalb der Kugel in genügender Entfernung vom Mittelpunkt konstant. Die Energie in der Nähe des

5) *Boltzmann*, Ann. Phys. Chem. 22 (1884), p. 291.

6) *W. Wien,* Berlin Ber. 9. Febr. 1893; Ann. Phys. Chem. 52 (1884), p. 132.

Kugelmittelpunkts können wir bei genügend großem Radius der Kugel vernachlässigen.

Die Energie der Strahlung ist in einem Kegel von der Öffnung $3\,\Omega$

$$U = \Omega u_\alpha r^3 = \Omega \mathfrak{a} r,$$
$$dU = \Omega(r^3 du_\alpha + 3r^2 dr\, u_\alpha).$$

Die nach außen abgegebene Arbeit ist, während r um dr wächst,

$$dW = \Omega r^2 dr\, u_\alpha,$$

daher

$$dQ = dU + dW = \Omega(r^3 du_\alpha + 4u_\alpha r^2 dr).$$

Hier ist $M = \Omega r^3$, $N = 4\Omega u_\alpha r^2$, also

$$\frac{1}{N}\left(\frac{\partial N}{\partial u_\alpha} - \frac{\partial M}{\partial r}\right) = \frac{1}{4u_\alpha},$$

also entsprechend dem *Stefan*schen Gesetz

$$u_\alpha = \text{const. } T^4$$

und

(7a) $$S = S_0 + \tfrac{4}{3}\,\Omega\,(\text{const.})^{\frac{1}{4}} u_\alpha^{\frac{3}{4}} r^3.$$

Die Änderung der Wellenlänge läßt sich hier ohne Bildung von Durchschnittswerten berechnen.

Während r sich um dr ändert, ist die Anzahl der Reflexionen an der Kugelfläche

$$n = \frac{dr}{2r}\,\frac{c}{v}.$$

Bei einer Reflexion hat sich die Wellenlänge von ihrem ursprünglichen Wert λ_0 geändert in

$$\lambda = \left(1 + \frac{2v}{c}\right)\lambda_0,$$

nach n Reflexionen in

$$\lambda = \left(1 + \frac{2v}{c}\right)^n \lambda_0 = \left(1 + \frac{2v}{c}\right)^{\frac{dr}{2r}\frac{c}{v}}.$$

Dies ist für $\lim \frac{c}{v} = \infty$ gleich

$$e^{\frac{dr}{r}}\lambda_0 = \left(1 + \frac{dr}{r}\right)\lambda_0.$$

Setzen wir $\lambda - \lambda_0 = d\lambda$, so ist

$$d\lambda = \frac{dr}{r}\lambda, \quad \frac{\lambda}{\lambda_0} = \frac{r}{r_0}.$$

Denken wir uns nun die Änderung von r so ausgeführt, daß während dessen das Element durch einen aufgelegten Spiegel am Strahlen verhindert wird, so kann keine äußere Wärmezufuhr eintreten und es ist

$$dQ = 0 = r\,du_\alpha + 4u_\alpha dr,$$

woraus

$$\frac{u_\alpha}{u_{0\,\alpha}} = \frac{r_0^{\,4}}{r^4}$$

folgt. Da nun

$$\frac{r_0^{\,4}}{r^4} = \frac{\lambda_0^{\,4}}{\lambda^4}, \quad \frac{u_\alpha}{u_{0\,\alpha}} = \frac{T^4}{T_0^{\,4}}$$

ist, so haben wir, wie in Gl. (6),

$$\frac{T}{T_0} = \frac{\lambda_0}{\lambda} \quad \text{oder} \quad T\lambda = T_0\lambda_0, \quad \frac{dT}{T} = -\frac{d\lambda}{\lambda}.$$

Durch das *Stefan-Boltzmann*sche Gesetz der Strahlung und durch das Verschiebungsgesetz ist die Abhängigkeit der Funktion e von λ und T wesentlich eingeschränkt.

Kennen wir nämlich e_λ für eine Temperatur als Funktion von λ, dann rücken bei einer Temperatursteigerung um dT die Werte von λ um $d\lambda = -\frac{\text{const.}}{T^2}dT$ vor. Allgemein erhalten wir aus $e(\lambda)$ für die Temperatur T_0 die Funktion $e(\lambda)$ für die Temperatur T, indem wir für λ einsetzen $\frac{\lambda T}{T_0}$, so daß wir $e\left(\frac{\lambda T}{T_0}\right)$ erhalten, was indessen noch mit einer Funktion von T zu multiplizieren ist, um das *Stefan-Boltzmann*sche Gesetz zu erfüllen. Es ist also

$$e(\lambda, T) = f(T)F(\lambda T).$$

Die Funktion f bestimmt sich dadurch, daß

$$\int_0^\infty e\,d\lambda = \text{const. } T^4$$

sein muß. Setzen wir $\lambda T = z$, so ist

$$\int_0^\infty e\,d\lambda = f(T)\int_0^\infty \frac{F(z)\,dz}{T} = \text{const. } T^4,$$

woraus $f(T) = \text{const. } T^5$ folgt.

Daher ist

$$e = T^5 F(\lambda T) \tag{8}$$

oder bei entsprechend abgeänderter Bedeutung von F

$$e = \frac{F(\lambda T)}{\lambda^5}.$$

Die Bestimmung von F ist ohne Hinzunahme hypothetischer Elemente aus der Thermodynamik nicht abzuleiten.

Erfahrungsmäßig hat die Funktion e ein Maximum. An den Stellen, wo $\frac{de}{d\lambda}$ negativ wird, muß bei zunehmendem T durch die Verschiebung der λ ein kleinerer Wert von F an die Stelle eines größeren rücken. Da nun die Werte von e niemals bei steigender Temperatur abnehmen dürfen (weil sonst ein kälterer Körper einem wärmeren einen Überschuß an Energie zustrahlen würde), so muß die Steigerung der Werte von e durch die Temperaturerhöhung größer sein als die Verkleinerung infolge der Verschiebung. Hieraus folgt

$$\begin{aligned}\frac{de}{dT} &= 5T^4 F(\lambda T) + T^5 \lambda F'(\lambda T)\\ &= \frac{5e}{T} + \frac{\lambda}{T}\frac{de}{d\lambda} > 0,\end{aligned}$$

also

$$-\frac{de}{d\lambda} < \frac{5e}{\lambda}.$$

Es muß also die Kurve e_λ für negative $\frac{de}{d\lambda}$ weniger steil abfallen als die Kurve

$$\frac{\text{const.}}{\lambda^5}.$$

H. A. Lorentz[7]) hat das Verschiebungsgesetz auf Grund seiner elektromagnetischen Theorie abgeleitet, indem er die durch Bewegung der Grenzen auftretenden Veränderungen der Gleichungen untersucht.

Er betrachtet zwei Systeme, von denen das eine x', y', z' durch allmähliche kubische Dilatation aus dem anderen x, y, z entsteht.

Wir setzen die Koordinaten

$$x = x'e^{at}, \quad y = y'e^{at}, \quad z = z'e^{at}.$$

Dann ist

$$\frac{dx}{dt} = \left(\frac{dx'}{dt} + x'a\right)e^{at},\ y = \left(\frac{dy'}{dt} + y'a\right)e^{at}, \quad \frac{dz}{dt} = \left(\frac{dz'}{dt} + z'a\right)e^{at}.$$

Ist

$$\frac{dx'}{dt} = \frac{dy'}{dt} = \frac{dz'}{dt} = 0,$$

so sind

$$\frac{dx}{dt} = ax, \quad \frac{dy}{dt} = ay, \quad \frac{dz}{dt} = az$$

die Geschwindigkeiten des Punktes x, y, z relativ zu x', y', z'.

Ferner ist, wenn wir die Koordinaten allgemein mit l bezeichnen, so daß $x = l_x$ usw. ist,

$$\frac{\partial}{\partial l} = \frac{\partial}{\partial l'} \cdot e^{-at}.$$

7) *H. A. Lorentz*, K. Akad. van Wetenschappen te Amsterdam, 18. Mai 1901.

Führen wir statt der Zeit t eine neue t' durch die Gleichung

$$t' = \frac{1}{a}(1 - e^{-at}) - \frac{ar^2}{2c^2}e^{-at},$$

$r^2 = x^2 + y^2 + z^2$, ein, so wird

$$\frac{\partial}{\partial l} = \frac{\partial}{\partial l'} \cdot e^{-at} - \frac{al}{c^2}e^{-at}\frac{\partial}{\partial t'},$$

$$\frac{\partial}{\partial t} = e^{-at}\left(1 + \frac{a^2}{2c^2}r^2\right)\frac{\partial}{\partial t'} - axe^{-at}\frac{\partial}{\partial x'} - aye^{-at}\frac{\partial}{\partial y'} - aze^{-at}\frac{\partial}{\partial z'}.$$

Nimmt man a sehr klein, so daß $\frac{ar}{c}$ eine kleine Zahl bleibt, so kann man Glieder zweiter und höherer Ordnung vernachlässigen.

Wir können den *Maxwell*schen Gleichungen genügen, wenn wir setzen

$$\mathfrak{E} = e^{-2at}\mathfrak{E}' - \frac{a}{c^2}[l\mathfrak{H}],$$

$$\mathfrak{H} = e^{-2at}\mathfrak{H}' + \frac{a}{c^2}[l\mathfrak{E}],$$

wenigstens bis auf Glieder zweiter Ordnung.

Setzt man die neuen Größen in die Gleichung

$$\frac{\partial \mathfrak{E}}{\partial t} = c \operatorname{rot} \mathfrak{H}$$

ein, und berücksichtigt, daß bis auf Glieder, die a^2 enthalten,

$$\frac{\partial}{\partial l} = e^{-at}\frac{\partial}{\partial l'} - \frac{al}{c^2}\frac{\partial}{\partial t}$$

und ebenso

$$\frac{\partial \mathfrak{H}'}{\partial t} = e^{2at}\frac{\partial \mathfrak{H}}{\partial t}$$

ist, so findet man

$$\frac{\partial \mathfrak{E}'}{\partial t'} = c \operatorname{rot}' \mathfrak{H}'.$$

Wenn daher der Zustand eines gegebenen Systems durch Funktionen $F(x, y, z, t)$ gegeben ist, so wird das veränderte System durch $F(x', y', z', t')$ bestimmt sein.

Wir lassen nun den Wert von a unbeschränkt abnehmen, betrachten aber solche Zeiten t, daß e^{at} endlich ist.

Setzen wir in Übereinstimmung mit den obigen Transformationsgleichungen für l, $\mathfrak{E}$ und $\mathfrak{H}$:

$$\varepsilon = e^{at}, \quad l' = \frac{l}{\varepsilon}, \quad \mathfrak{E} = \frac{\mathfrak{E}'}{\varepsilon^2}, \quad \mathfrak{H} = \frac{\mathfrak{H}'}{\varepsilon^2},$$

so ist das neue System aus dem ursprünglichen durch einfache Lineardilatation im Verhältnis $1:\varepsilon$ hervorgegangen. Dabei hat sich die elektromagnetische Energie im Verhältnis $\varepsilon^4:1$ geändert.

Da nun nach dem *Stefan-Boltzmann*schen Gesetz sich die Energie wie die vierte Potenz der absoluten Temperatur verhält, so ändern sich die Lineardimensionen umgekehrt der absoluten Temperatur. Jede charakteristische Wellenlänge muß sich auch in diesem Verhältnis ändern, woraus das Verschiebungsgesetz hervorgeht.

M. Abraham[8]) hat das Verschiebungsgesetz abgeleitet, indem er den von ihm (Art. 22 S. 181) abgeleiteten Strahlungsdruck, der für beliebige Geschwindigkeiten des bewegten Spiegels gilt, zugrunde legt. Diese Ableitung legt Zeugnis dafür ab, daß die aus der Elektronentheorie gefolgerten ponderomotorischen Kräfte auch in diesem Fall mit der Erfahrung übereinstimmen. Die oben benutzte Ableitung des Verschiebungsgesetzes hat den Vorteil, daß sie nicht an die Elektronentheorie gebunden ist, da sie die ponderomotorischen Kräfte nur für unendlich kleine Geschwindigkeiten zu kennen braucht.

Eine weitere Ableitung des Verschiebungsgesetzes gibt *J. H. Jeans*[8a]). Doch kommt in ihr eine nicht kontrollierbare Vernachlässigung vor, welche als hypothetische Annahme einzuführen ist; daher kann die *Jeans*sche Entwicklung nicht als Beweis für das Verschiebungsgesetz angesehen werden.

Die im vorstehenden gewonnenen Sätze geben im wesentlichen das, was sich auf rein thermodynamischem Wege, unter Hinzuziehung der elektromagnetischen Theorie des Lichtdrucks, in der Strahlungstheorie erreichen läßt. Das Emissionsgesetz selbst, d. h. die Form der Funktion, die die Energie als Funktion der Wellenlänge darstellt, läßt sich auf diesem Wege nicht gewinnen. Hierzu sind besondere Hypothesen über die Art, wie die Emission der Strahlung vor sich geht, erforderlich.

4. Theorie der Strahlung von M. Planck. In den ausgedehnten Untersuchungen *Planck*s über die Theorie der Strahlung müssen wir zwei Sondergebiete voneinander trennen. Einmal die Anwendung der *Rowland-Hertz*schen Theorie, der von einem schwingenden elektrischen Dipol ausgesandten Strahlung, woraus sich eine allgemeine Theorie der elektromagnetischen Resonanz ergibt. Diese Theorie ist von Wichtigkeit für alle Reziprozitätsfragen, besonders für den Zusammenhang zwischen Emission und Absorption. Da in ihr die speziellen Gesetze der Thermodynamik nicht vorausgesetzt sind, so hat sie allgemeine Gültigkeit und muß für alle elektromagnetischen Strahlungen

8) *M. Abraham*, Ann. Phys. 10 (1903), p. 105.

8a) *J. H. Jeans*, Proc. of Royal Soc. 76 (1905), p. 546. Vgl. die Entgegnung von *Ehrenfest*, Phys. Zeitschr. 7 (1906), p. 527 und die weitere Diskussion Phys. Zeitschr. 7, p. 667 und 850.

gelten. Andererseits kann diese Theorie nicht ohne Zuhilfenahme besonderer Hypothesen zum Entropiebegriff und zur Irreversibilität führen, denn die Emissionsvorgänge sind an sich durchaus reversibel wie alle rein elektromagnetischen Vorgänge.

Die Entropie wird nun in einer besonderen Betrachtung im Anschluß an die *Boltzmann*schen Untersuchungen über die Entropie eines Gases gewonnen. Um die *Boltzmann*schen Methoden der Wahrscheinlichkeitsrechnung anwenden zu können, muß eine große Zahl diskreter Elemente vorausgesetzt werden.

Planck setzt hypothetisch die Existenz von diskreten Energieelementen voraus, die aber, wie die Theorie zeigt, nicht konstant sein können, sondern umgekehrt proportional der Wellenlänge zunehmen. Um nun aus der nach Analogie der Gastheorie gewonnenen Entropie die Spektralgleichung der schwarzen Strahlung zu gewinnen, ist eine Beziehung zwischen emittierter Strahlung und Energie eines Resonators im stationären Zustande erforderlich. Da dieser Zustand, wie wir gesehen haben, von der Natur der strahlenden Körper unabhängig ist, so muß die Einführung einer beliebigen Anzahl von emittierenden Zentren zu demselben Ergebnis führen.

Zur Gewinnung dieser Beziehung ist die elektromagnetische Theorie der Strahlung erforderlich, bei der jedoch die Irreversibilität durch eine besondere Hypothese der natürlichen Strahlung eingeführt wird.

Wenn nun auch in der Tat die beiden erwähnten Theorien der Strahlung zu einer Spektralgleichung führen, die mit den bisherigen Beobachtungen in Übereinstimmung ist, so muß doch andererseits auf verschiedene Lücken in der Theorie hingewiesen werden, die erkennen lassen, daß uns die vollständige Einsicht in die Verhältnisse fehlt.

Wenn eine beliebig gegebene Spektralverteilung der Strahlung in einem gleichtemperierten Raume gegeben ist, so stellt sich durch die Wirkung der strahlenden Zentren *von selbst* die Strahlung des schwarzen Körpers her. Bei den von *Planck* eingeführten Resonatoren ist das nicht der Fall, diese verändern die Strahlung nicht in ihrer spektralen Zusammensetzung und können daher auch nicht als Modell eines strahlenden Körpers gelten.

Infolge dessen ist auch der Mechanismus nicht ersichtlich, der bewirkt, daß das von der Verteilungswahrscheinlichkeit geforderte Strahlungsgleichgewicht mit Hilfe der Resonatoren überhaupt erreicht werden kann, wo doch die Resonatoren an einer Spektralverteilung nichts zu ändern vermögen. Man kann sogar sagen, daß hierin ein innerer Widerspruch der Theorie liegt, wenn man sie auf die vorliegende Form beschränken würde, wie *Planck*[9]) selbst hervorhebt. Er selbst erwartet von der Betrachtung der Zusammenstöße eine Ausfüllung dieser Lücke. Indessen scheint es mir fraglich, ob die Zusammenstöße eine Änderung der Schwingungszahl hervorbringen, ob sie nicht vielmehr nur die Intensität beeinflussen. Dagegen muß die Bewegung der Resonatoren selbst, die man sich nach dem *Maxwell*schen Verteilungsgesetz erfolgend denken wird, nach dem *Doppler*schen Prinzip eine Änderung der Schwingungszahl eintreten lassen, die der von Lord *Rayleigh*[10]) berechneten Verbreiterung der Spektrallinien entspricht. Weitere Schwierigkeiten in der *Planck*schen Theorie werden wir später besprechen.

Wir wollen nun zunächst die Ableitung der Strahlungsentropie aus der Hypothese der Energieelemente und den Wahrscheinlichkeitsgesetzen betrachten.

A. Statistischer Teil.

Außer der Hypothese der Existenz diskreter Elementarquanta der Energie ist natürlich hypothetisch die Art, wie die Entropie durch die Wahrscheinlichkeit bestimmt werden soll. Wenn eine Anzahl von strahlenden Molekülen vorhanden ist, so ist die Frage die, wie sich die Elementarquanten der Energie auf die einzelnen Moleküle verteilen. Zwischen der Energie eines Oszillators selbst und der in der Zeiteinheit ausgesandten Strahlung wird die Beziehung durch das Dämpfungsverhältnis hergestellt. Ist σdt die zur Zeit $t = 0$ während dt emittierte Energie, so ist die Schwingungsenergie des Oszillators

$$U = \int_0^\infty \sigma e^{-2\alpha t} dt = \frac{\sigma}{2\alpha},$$

wo 2α das Dämpfungsverhältnis für die Energie bezeichnet.

Was nun den Zusammenhang zwischen Entropie und Wahrscheinlichkeit angeht, so kann man zunächst eine allgemeine Beziehung aus den Eigenschaften der Entropie und der Wahrscheinlichkeit ableiten.

Die Gesamtentropie zweier voneinander unabhängigen Systeme ist gleich der Summe der beiden einzelnen Entropien

$$S = S_1 + S_2.$$

9) Vgl. *Planck*, Vorles. über Theorie der Wärmestrahlung, Schlußparagraph; weiter *P. Ehrenfest*, Wien Berichte 114^{2a} (1905), p. 1301; Phys. Zeitschr. 7 (1906), p. 528.

10) *Lord Rayleigh*, Phil. Mag. 27 (1889), p. 298.

Dagegen ist nach einem bekannten Gesetz der Wahrscheinlichkeitsrechnung die Wahrscheinlichkeit für die Existenz zweier unabhängiger Ereignisse gleich dem Produkt der Wahrscheinlichkeit jedes einzelnen, sodaß

$$W = W_1 W_2.$$

Ist nun

$$S = f(W),$$

so ist

$$S_1 = f(W_1), \quad S_2 = f(W_2),$$

$$S_1 + S_2 = f(W_1 W_2) = f(W_1) + f(W_2).$$

Diese Gleichung wird erfüllt, wenn

(9) $$S = f(W) = k \log W + \text{const.}$$

ist.

Was nun die Wahrscheinlichkeit W betrifft, so ist dieselbe aufzufassen als die Wahrscheinlichkeit dafür, daß ein gewisser physikalischer Zustand von N voneinander unabhängigen Emissionszentren existiert[11]). Die Bestimmung dieser Wahrscheinlichkeit kann zunächst nicht anders als vollkommen hypothetisch sein und diese Wahrscheinlichkeit ist keineswegs mit der mathematischen für das Eintreten eines gewissen Ereignisses identisch. Für die äußere Beobachtung ist der Zustand der Emissionszentren durch die mittlere Energie derselben bestimmt. Nun kann diese Energie in sehr verschiedener Weise auf die einzelnen Emissionszentren verteilt sein. Soll bei einer endlichen Anzahl der Emissionszentren die Anzahl der möglichen Verteilungen der Energie eine endliche sein, so muß man die Hypothese eines endlichen Energieelementes ε machen, so daß die Gesamtenergie

$$U_N = UN = M\varepsilon$$

ist, wo M eine ganze Zahl ist.

Die Anzahl der möglichen Verteilungen der M Energieelemente ε auf die N Resonatoren ergibt sich aus der Kombinationslehre gleich

$$\frac{(M+N-1)!}{(N-1)!\,M!}$$

und diese Zahl soll zugleich das Maß der Wahrscheinlichkeit des betreffenden Zustandes sein. Nun ist nach der *Stirling*schen Formel

11) Für die *Planck*sche Theorie ist es wesentlich, daß auch jedem einzelnen Emissionszentrum Entropie zukommt und die hier gemachte Annahme einer Anzahl N solcher, auf die man die Energieelemente nach der Wahrscheinlichkeit verteilt, ist identisch mit einer zeitlichen Unregelmäßigkeit der Schwingung eines einzelnen Emissionszentrums.

für großes N

$$N! = \left(\frac{N}{e}\right)^N \sqrt{2\pi N}$$

oder

$$\log N! = \tfrac{1}{2}\log(2\pi N) + N(\log N - 1)$$

oder mit Vernachlässigung von Gliedern niederer Ordnung in N

$$\log N! = N \log N.$$

Hiernach ist die Entropie von N Oszillatoren, auf welche M Energieelemente verteilt werden,

$$\begin{aligned} S_N &= k \log W + C \\ &= k\{(M+N)\log(M+N) - N\log N - M\log M\} + C. \end{aligned}$$

Die Gesamtenergie der N Strahlungszentren ist

$$U_N = NU$$

so daß

$$N = \frac{U_N}{U} = \frac{M\varepsilon}{U}, \quad \frac{M}{N} = \frac{U}{\varepsilon}$$

und

(10) $$S_N = kN\left\{\left(1+\frac{U}{\varepsilon}\right)\log\left(1+\frac{U}{\varepsilon}\right) - \frac{U}{\varepsilon}\log\frac{U}{\varepsilon}\right\} + C$$

ist. Da die Entropie der Anzahl N proportional sein muß, ist $C = 0$ zu setzen. Die mittlere Entropie des einzelnen Resonators ist

(10a) $$S = k\left\{1+\frac{U}{\varepsilon}\right)\log\left(1+\frac{U}{\varepsilon}\right) - \frac{U}{\varepsilon}\log\frac{U}{\varepsilon}\right\}.$$

Man muß diesen Ausdruck als die Definition der Entropie der Strahlung auffassen. Benutzen wir die thermodynamische Beziehung

$$dU = TdS,$$

so können wir T anstatt S einführen und es ergibt sich

$$\frac{dS}{dU} = \frac{1}{T} = \frac{k}{\varepsilon}\log\frac{1+\frac{U}{\varepsilon}}{\frac{U}{\varepsilon}},$$

woraus

(11) $$U = \frac{\varepsilon}{e^{\frac{\varepsilon}{kT}} - 1}$$

folgt. Hierdurch ist die Abhängigkeit von der Temperatur bestimmt.

Um den Zusammenhang zwischen der Energie des Resonators U und der Emission zu finden, bedarf es einer aus der elektromagnetischen Theorie der Strahlung folgenden Beziehung, Gl. (26).

Hiernach ist für polarisierte Strahlung

$$e_\lambda = \frac{cU}{\lambda^4},$$

also

$$e_\lambda = \frac{c\varepsilon}{\lambda^4} \frac{1}{e^{\frac{\varepsilon}{kT}} - 1}.$$

Nun muß nach dem Verschiebungsgesetz $e^{\frac{\varepsilon}{kT}}$ eine Funktion der einzigen Variabeln λT sein. Daraus folgt, daß ε umgekehrt proportional der Wellenlänge sein muß. Wir setzen

(12) $$\varepsilon = \frac{hc}{\lambda}.$$

Dann folgt

(13) $$e_\lambda = \frac{c^2 h}{\lambda^5} \frac{1}{e^{\frac{hc}{k\lambda T}} - 1}.$$

Diese Strahlungsformel enthält außer der Lichtgeschwindigkeit c zwei Konstante k und h. Die erste gibt die Beziehung zwischen Entropie und Wahrscheinlichkeit an und kann daher nicht auf die Strahlung beschränkt sein.

Setzt man den Wert λT genügend groß, so hebt sich die Konstante h ganz aus der Formel (11) heraus und es bleibt

$$U = kT.$$

Mit der hier bestimmten Konstanten k kann man diejenige vergleichen, welche das Verhältnis zwischen Entropie und Wahrscheinlichkeit bei einem idealen einatomigen Gas darstellt und die denselben Wert haben muß. Hieraus ergibt sich eine Beziehung der Konstanten k und der mittleren lebendigen Kraft eines Gasmoleküls[12]).

Einfacher gewinnt man diese Beziehung, wenn man nach dem Vorgange von Lord *Rayleigh* (vgl. S. 322) den *Boltzmann*schen Satz anwendet, daß sich im stationären Zustand die kinetische Energie gleichmäßig auf alle Freiheitsgrade verteilt. Ein Oszillator hat einen Freiheitsgrad (da er z. B. durch ein linear schwingendes Elektron repräsentiert sein kann). Sei nun die auf einen Freiheitsgrad fallende Energie $\mathfrak{U}$, dann fällt auf seine kinetische Energie der Betrag $\mathfrak{U}$. Da seine mittlere potentielle Energie ebenso groß ist, so ist

$$U = 2\mathfrak{U}.$$

Ein einatomiges Molekül hat drei Freiheitsgrade, es ist daher

12) Vgl. *Planck*, Über die Elementarquanta der Materie und Elektrizität, Ann. Phys. (1901), p. 564.

seine kinetische Energie

$$\varLambda = 3\mathfrak{U}.$$

Hieraus folgt nach (2b)

(14) $$U = \tfrac{2}{3}\varLambda = kT = \frac{u\lambda^4}{8\pi}$$

vgl. S. 324).

Nun ist nach der kinetischen Gastheorie

(14a) $$\tfrac{2}{3}\mathfrak{N}\varLambda = pv = RT,$$

wenn $\mathfrak{N}$ die Anzahl der Moleküle im Grammolekül, v das Volumen des Grammoleküls und R die absolute Gaskonstante bezeichnen.

Hieraus folgt

$$\mathfrak{N}k = R,$$

(14b) $$\mathfrak{N} = \frac{R}{k}.$$

Es ergibt sich also aus der Konstante k die Anzahl der Moleküle $\mathfrak{N}$.

Aus (14, 14a) folgt:

(14c) $$u = \frac{8\pi RT}{\mathfrak{N}\lambda^4}.$$

Die in der allgemeinen Formel (13) vorkommende Konstante h ist in ihrer physikalischen Bedeutung dunkel (vgl. S. 355). Aus Gleichung (12) ergibt sich

$$h = \frac{\varepsilon\lambda}{c}.$$

Ihre Dimension ist demnach Energie $\times$ Zeit. Aus diesem Grunde nennt sie *Planck* das Wirkungselement.

Wie die Entropie S mit der Energie U zusammenhängt, kann man auch die Entropie L eines Lichtstrahls zu e in Beziehung setzen. Da

$$\frac{e_\lambda}{U} = \frac{c}{\lambda^4}$$

ist, so können wir

$$\frac{L}{S} = \frac{c}{\lambda^4}$$

setzen. Dann ist also nach (10a)

(15) $$L = \frac{kc}{\lambda^4}\left[\left(1 + \frac{e_\lambda\lambda^5}{c^2h}\right)\log\left(1 + \frac{e_\lambda\lambda^5}{c^2h}\right) - \frac{e_\lambda\lambda^5}{c^2h}\log\frac{e_\lambda\lambda^5}{c^2h}\right],$$

wo für beliebige Strahlung E_λ statt e_λ zu setzen ist.

Die Gleichung (13) gibt uns ein Mittel, die Temperatur eines Strahlenbündels bestimmter Wellenlänge Intensität und Divergenz (vgl. S. 291) zu bestimmen. Wir nehmen die Divergenz als klein an und betrachten das Flächenelement $d\omega$ eines beliebigen strahlenden Körpers, das durch ein zweites senkrecht zur Normale von $d\omega$ in der Entfernung r liegendes Flächenstück $d\omega'$ die Energie W strahlt. Dasselbe linear polarisierte Strahlenbündel sendet ein Element $d\omega$ eines schwarzen Körpers aus, dessen Temperatur die des Strahlenbündels ist.

Es ist also

$$W = e_\lambda \frac{d\omega\, d\omega'}{r^2} = e_\lambda d\omega\, d\Omega,$$

wo $d\Omega$ die Öffnung des Strahlenkegels ist. Aus (13) ergibt sich

$$T = \frac{hc}{k\lambda \log\left(\frac{c^2 h}{\lambda^5 e_\lambda} + 1\right)},$$

oder, wenn $W, d\omega, d\Omega$ gegeben sind,

(15a)
$$T = \frac{hc}{k\lambda \log\left(\frac{c^2 h\, d\omega\, d\Omega}{\lambda^5 W} + 1\right)}.$$

Die bisherigen Betrachtungen bezogen sich auf linear polarisierte Strahlen. Für unpolarisierte Strahlen ist zu setzen

$$W = 2 e_\lambda d\omega\, d\Omega$$

und

$$T = \frac{hc}{k\lambda \log\left(\frac{2c^2 h\, d\omega\, d\Omega}{\lambda^5 W} + 1\right)}.$$

Die Beziehung zwischen der Raumdichte der Strahlung und der Emission e ist durch Gleichung (2) festgelegt, welche für Strahlung einer beliebigen Wellenlänge geschrieben lautet

(16)
$$u_\lambda = \frac{8\pi e_\lambda}{c} = \frac{8\pi c h}{\lambda^5} \frac{1}{e^{\frac{hc}{k\lambda T}} - 1}.$$

Die gesamte räumliche Dichte der unpolarisierten Strahlung ergibt sich durch Integration von u über sämtliche Wellenlängen,

$$u = \int_0^\infty u_\lambda d\lambda = \frac{8\pi}{c} \int_0^\infty e_\lambda d\lambda.$$

Die Integration ergibt

$$u = \frac{48\pi h}{c^3} \left(\frac{kT}{h}\right)^4 \gamma,$$

wo $\gamma = 1{,}0823$ ist.

Wenn man das *Stefan-Boltzmann*sche Gesetz (vgl. S. 296) in der Form schreibt

$$2e = aT^4,$$

so ist

$$a = \frac{6\gamma k^4}{c^2 h^3}.$$

Die Wellenlänge, der die größte Energie zukommt, ergibt sich aus der Gleichung

$$\frac{de}{d\lambda} = 0,$$

zu

$$\lambda_m = \frac{ch}{kT}\frac{1}{\beta},$$

wo $\beta = 4{,}9651$ ist.

B. Elektromagnetischer Teil.

I. Allgemeine Gleichungen der elektromagnetischen Strahlung.

Nach der Theorie von *Rowland* und *Hertz*[13]) erhält man das von einem elektrischen Doppelpunkt mit alternierenden elektrischen Ladungen und mit einer in die z-Richtung fallenden Achse ausgestrahlte elektromagnetische Feld durch die Gleichungen

$$\mathfrak{E}_x' = \frac{\partial^2 \varphi}{\partial x \partial z}, \quad \mathfrak{E}_y' = \frac{\partial^2 \varphi}{\partial y \partial z}, \quad \mathfrak{E}_z' = -\frac{\partial^2 \varphi}{\partial x^2} - \frac{\partial^2 \varphi}{\partial y^2},$$

$$\mathfrak{H}_x' = \frac{1}{c}\frac{\partial^2 \varphi}{\partial y \partial t}, \quad \mathfrak{H}_y' = -\frac{1}{c}\frac{\partial^2 \varphi}{\partial x \partial t}, \quad \mathfrak{H}_z' = 0,$$

$$\Delta \varphi = \frac{1}{c^2}\frac{\partial^2 \varphi}{\partial t^2},$$

$$4\pi\varphi = \frac{A}{r}\sin(nt - br), \quad \frac{n}{b} = c.$$

Das Moment des Dipols ist $A \sin nt$.

Über dieses Feld soll sich ein zweites mit den Vektoren $\mathfrak{E}$ und $\mathfrak{H}$ lagern. Während sich die Vektoren $\mathfrak{E}$ und $\mathfrak{E}'$, $\mathfrak{H}$ und $\mathfrak{H}'$ einfach addieren, ist dies beim *Poynting*schen Vektor wegen seiner quadratischen Form nicht der Fall. Außer $\mathfrak{S}$ und $\mathfrak{S}'$, den *Poynting*schen Vektoren bei ausschließlich vorhandenem Felde $\mathfrak{E}$, $\mathfrak{H}$ oder $\mathfrak{E}'$, $\mathfrak{H}'$, ergibt sich noch

$$\mathfrak{S}_1 = c[\mathfrak{E}\mathfrak{H}'] + c[\mathfrak{E}'\mathfrak{H}].$$

Der Vektor $\mathfrak{S}_1$ entspricht der gegenseitigen Einwirkung beider Felder.

Nun verschwindet das über eine geschlossene Fläche erstreckte Integral des Vektors $\mathfrak{S}$, weil dieses Feld allein keine Energieänderung in dem umschlossenen Raum hervorbringen soll.

Die durch eine Kugelfläche während einer Schwingung hindurchgestrahlte Energie, die man durch Integration des Vektors $\mathfrak{S}'$ erhält, ist nach *Hertz*

$$\frac{A^2 n^3}{6c^3}.$$

Um die durch Integration des Vektors $\mathfrak{S}_1$ zu gewinnende Energie-

13) Encyklop. V. 22, Nr. 8.

strömung zu erhalten, bilden wir bei Einführung von Polarkoordidaten α, β

$$\mathfrak{E}_x' = \left(\frac{1}{c^2}\frac{\partial^2\varphi}{\partial t^2} - \frac{3}{r}\frac{\partial\varphi}{\partial r}\right)\cos\beta\sin\alpha\cos\alpha,$$

$$\mathfrak{E}_y' = \left(\frac{1}{c^2}\frac{\partial^2\varphi}{\partial t^2} - \frac{3}{r}\frac{\partial\varphi}{\partial r}\right)\sin\beta\sin\alpha\cos\alpha,$$

$$\mathfrak{E}_z' = -\frac{1}{c^2}\frac{\partial^2\varphi}{\partial t^2}\sin^2\alpha + \frac{1}{r}\frac{\partial\varphi}{\partial r}(1 - 3\cos^2\alpha),$$

$$\mathfrak{H}_x' = \frac{1}{c}\frac{\partial^2\varphi}{\partial r\partial t}\sin\alpha\sin\beta,$$

$$\mathfrak{H}_y' = -\frac{1}{c}\frac{\partial^2\varphi}{\partial r\partial t}\sin\alpha\cos\beta.$$

Wir erhalten dann, wenn wir über eine kleine Kugel ($r = R$) und über eine ganze Schwingung (von 0 bis τ) integrieren

$$\int_0^\tau dt\int d\omega\,\mathfrak{S}_{1_N} = \int d\omega\sin\alpha\Big[\left(\mathfrak{E}_x\cos\alpha\cos\beta + \mathfrak{E}_y\cos\alpha\sin\beta - \mathfrak{E}_z\sin\alpha\right)\frac{\partial^2\varphi}{\partial r\partial t} + c(\mathfrak{H}_x\sin\beta - \mathfrak{H}_y\cos\beta)\left(\frac{1}{c^2}\frac{\partial^2\varphi}{\partial t^2} - \frac{1}{r}\frac{\partial\varphi}{\partial r}\right)\Big]_{r=R}.$$

Da es sich um kleine Werte der Koordinaten handelt, kann man entwickeln

$$\mathfrak{E}_x = \mathfrak{E}_{0x} + \frac{\partial\mathfrak{E}_{0x}}{\partial x}r\sin\alpha\cos\beta + \frac{\partial\mathfrak{E}_{0x}}{\partial y}r\sin\alpha\sin\beta + \frac{\partial\mathfrak{E}_{0x}}{\partial z}r\cos\alpha$$

usw. Führt man die Integration aus, so erhält man

$$\int_0^\tau dt\int(\mathfrak{S} + \mathfrak{S}' + \mathfrak{S}_1)d\omega = \frac{A^2n^3}{6c^3} + nA\int_0^\tau dt\,\mathfrak{E}_{0z}\cos(nt - br). \tag{18}$$

Die elektrische Energie des Oszillators kann man setzen $= \frac{1}{2}K\sin^2 nt$, die magnetische $= \frac{1}{2}Ln^2\cos^2 nt$, also die gesamte Energie

$$U = \tfrac{1}{2}K\sin^2 nt + \tfrac{1}{2}Ln^2\cos^2 nt.$$

Dabei ist die von der Kraft $\mathfrak{E}_{0z}$ geleistete Arbeit während dt, sofern r für die Stelle des Oszillators klein gegen die Wellenlänge ist:

$$= nA\,dt\,\mathfrak{E}_{0z}\cos(nt). \tag{19}$$

II. Elektromagnetische Resonanz.

Nehmen wir zunächt die Kraft $\mathfrak{E}_{0z} = 0$ an, dann haben wir einen sich selbst überlassenen Oszillator. Anstatt der Funktion $A\sin(nt - br)$, können wir eine beliebige Funktion $f\left(t - \frac{r}{c}\right)$ einführen. Die elektromagnetische Energie ist dann

$$U = \tfrac{1}{2}Kf^2 + \tfrac{1}{2}Lf'^2.$$

Die vom Oszillator im Mittel während einer langen Zeit $\mathfrak{T}$ emittierte Energie beträgt nach Enc. V 14, Art. *H. A. Lorentz*, p. 187 und 190 entsprechend der oben benutzten *Hertz*schen Formel

$$\frac{1}{6\pi c^3}\int_0^{\mathfrak{T}} f''^2(t)\,dt.$$

Wird nun dem Oszillator keine Energie zugeführt, so muß sein

$$\int_0^{\mathfrak{T}} dt\left(\frac{dU}{dt} + \frac{1}{6\pi c^3} f''^2(t)\right) = 0. \tag{20}$$

Diese Gleichung ist identisch mit

$$\int_0^{\mathfrak{T}} dt\left\{\frac{d}{dt}\left(U + \frac{1}{6\pi c^3} f' f''\right) - \frac{1}{6\pi c^3} f' f'''\right\} = 0.$$

Wenn U groß ist, so kann man das Glied $\frac{1}{6\pi c^3} f' f''$ vernachlässigen. Diese Annahme bedeutet kleine Dämpfung. Wir sehen das aus der dann vereinfachten Gleichung

$$\int_0^{\mathfrak{T}} dt\left\{\frac{dU}{dt} - \frac{1}{6\pi c^3} f' f'''\right\} = 0$$

oder

$$Kf + Lf'' - \frac{1}{6\pi c^3} f''' = 0. \tag{20a}$$

Setzen wir in dieser Gleichung

$$f = e^{-(\alpha - n_0 i)t},$$

so daß $\frac{2\pi}{n_0}$ die Schwingungsdauer, α die Dämpfung ist, und betrachten α gegen n_0 als kleine Größe, so ergibt sich aus dem reellen und imaginären Teil jener Gleichung:

$$n_0 = \sqrt{\frac{K}{L}}, \qquad \alpha = \frac{K}{12\pi L^2 c^3},$$

und als Dekrement während einer Schwingungsdauer

$$l = \frac{2\pi\alpha}{n_0} = \frac{K}{6 n_0 L^2 c^3},$$

Da Kf von der Ordnung von Lf' ist, so sieht man, daß die Kleinheit der Größe α gegen n_0 gleichbedeutend mit Kleinheit von $\frac{1}{12\pi c^3}\sqrt{\frac{K}{L^3}}$ gegen Eins ist, worauf die Vereinfachung der Differentialgleichung beruht. Bei großer Dämpfung ist diese nicht mehr linear.

Entsprechend der Gleichung (19) wird bei Einwirkung der Kraft $\mathfrak{E}_{0z}$ die während dt geleistete Arbeit $dt f' \mathfrak{E}_{0z}$ sein. Um diesen

Betrag wird die Energie U vermehrt, so daß wir jetzt die Gleichung erhalten, wenn wir von jetzt $\mathfrak{E}_z$ anstatt $\mathfrak{E}_{0z}$ schreiben

$$Kf + Lf'' - \frac{1}{6\pi c^3} f''' = \mathfrak{E}_z. \tag{21}$$

Wir nennen $\sqrt{\frac{K}{L}} = n_0$ die Schwingungszahl der Eigenschwingung. Dividieren wir die Differentialgleichung durch L, so können wir sie schreiben

$$\frac{d^2 f}{dt^2} + n_0^2 f - \frac{l}{\pi n_0} \frac{d^3 f}{dt^3} = \frac{6 c^3 l \mathfrak{E}_z}{n_0}. \tag{21a}$$

Setzen wir

$$\mathfrak{E}_z = C \cos(nt - \Theta),$$

so gibt die Gleichung (21a)

$$f(t) = \frac{6\pi c^3 C \sin\gamma}{n^3} \cos(nt - \Theta - \gamma), \tag{21b}$$

wo

$$\operatorname{tg}\gamma = \frac{l n^3}{\pi n_0 (n_0^2 - n^2)}$$

ist.

Stellt man nun die erregende äußere Kraft $\mathfrak{E}_z$ durch ein *Fourier*sches Integral dar und setzt

$$\mathfrak{E}_z = \int_0^\infty dn\, C_n \cos(nt - \Theta_n),$$

so wird C_n und die Phase Θ_n im allgemeinen von n abhängig sein Dann ergibt sich aus der Gleichung (21b)

$$f = 6\pi c^3 \int_0^\infty \frac{dn}{n^3} C_n \sin\gamma_n \cos(nt - \Theta_n - \gamma_n), \tag{22}$$

wo

$$\operatorname{tg}\gamma_n = \frac{l n^3}{\pi n_0 (n_0^2 - n^2)}.$$

So lange l klein ist, kommen im wesentlichen nur die Glieder des *Fourier*schen Integrals in Betracht, deren n nahe gleich n_0 ist, so daß annähernd

$$f = \frac{6\pi c^3}{n_0^3} \int_0^\infty dn\, C_n \sin\gamma_n \cos(nt - \Theta_n - \gamma_n),$$

$$\operatorname{tg}\gamma_n = \frac{1}{2\pi} \frac{l n_0}{n_0 - n}$$

ist.

III. Weitere Spezialisierung. Bildung von Mittelwerten. Hypothese der natürlichen Strahlung.

Es wird nun als Intensität J der erregenden Schwingung der Mittelwert von $\mathfrak{E}_z^2$, genommen über eine Zeit $\mathfrak{T}$, die groß ist gegen die

Schwingungsdauer des Resonators, bezeichnet. Hierbei soll angenommen werden, daß die C_n für Werte von n, die klein gegen n_0 sind, also für langsame Perioden, verschwinden.

Nun ist, wenn $n' > n$ bleiben soll

$$J = \int \frac{\mathfrak{E}_z^2 dt}{\mathfrak{T}} = \frac{2}{\mathfrak{T}} \int\limits_{\mathfrak{T}}^{t+\mathfrak{T}} dt \int\limits_0^\infty dn \int\limits_n^\infty dn' C_{n'} C_n \cos(nt - \Theta_n) \cos(n't - \Theta_{n'})$$

$$= \frac{1}{\mathfrak{T}} \int\limits_t^{t+\mathfrak{T}} dt \int\limits_0^\infty \int\limits_0^\infty dn\, dn' C_{n'} C_n \{\cos[(n't - nt) - (\Theta_{n'} - \Theta_n)] + \cos[(nt + n't) - (\Theta_{n'} + \Theta_n)]\}$$

$$= 2 \int\limits_0^\infty \int\limits_0^\infty dn\, dn' C_{n'} C_n \left\{ \frac{\sin \frac{1}{2}(n' - n)\mathfrak{T} \cos[\frac{1}{2}(n' - n)(2t + \mathfrak{T}) - (\Theta_{n'} - \Theta_n)]}{(n' - n)\mathfrak{T}} + \frac{\sin \frac{1}{2}(n' + n)\mathfrak{T} \cos[\frac{1}{2}(n' + n)(2t + \mathfrak{T}) - (\Theta_{n'} + \Theta_n)]}{(n' + n)\mathfrak{T}} \right\}.$$

Für kleine Werte von $\mathfrak{T}$, für die aber $n_0 \mathfrak{T}$ endlich bleibt, ist auch $(n' - n)\mathfrak{T}$ verschwindend, während $n_0 \mathfrak{T}$ und damit $(n' + n)\mathfrak{T}$ immer groß bleiben, so daß für genügend kleines $\mathfrak{T}$ das Integral

$$= \int\limits_0^\infty \int\limits_0^\infty dn\, dn' C_n C_{n'} \cos[(n' - n)t - (\Theta_{n'} - \Theta_n)] \qquad \text{wird.}$$

Hierin ist die Bedingung enthalten, daß $(n' - n)\mathfrak{T}$ immer klein, dagegen $n'\mathfrak{T}$, $n\mathfrak{T}$ groß sind, so daß $\frac{n' - n}{n}$ klein sein muß.

Ohne diese Voraussetzung würde die Intensität von $\mathfrak{T}$ abhängig bleiben, was erfahrungsmäßig für die Strahlungsintensität nicht der Fall ist.

Setzen wir $n' - n = m$

$$A_m = \int\limits_0^\infty dn\, C_{n+m} C_n \sin(\Theta_{n+m} - \Theta_m),$$

$$B_m = \int\limits_0^\infty dn\, C_{n+m} C_n \cos(\Theta_{n+m} - \Theta_m),$$

so ist

$$J = \int\limits_0^\infty dm (A_m \sin mt + B_m \cos mt). \tag{23}$$

Ebenso läßt sich der Mittelwert der Energie U unter der Voraussetzung berechnen, daß die elektrische und magnetische Energie im Mittel gleich sind, was für geringe Dämpfung annähernd zutrifft, so daß

$$U = K\overline{f^2}$$

ist. Das Ergebnis ist dem für J gefundenen analog und es ergibt sich aus (22) unter Berücksichtigung des Wertes von

$$K = \frac{n_0^3}{6c^3 l}$$

und des Umstandes, daß m klein ist gegen n und daß nur die Glieder wesentlich sind, für die n nahe gleich n_0 ist

$$U = \int dm (a_m \sin mt + b_m \cos mt),$$

$$\text{(23a)} \quad a_m = \frac{6c^3\pi^2}{l} \int \frac{dn}{n^3} C_{n+m} C_n \sin\gamma_{n+m} \sin\gamma_n \sin(\Theta_{n+m} - \Theta_n + \gamma_{n+m} - \gamma_n),$$

$$b_m = \frac{6c^3\pi^2}{l} \int \frac{dn}{n^3} C_{n+m} C_n \sin\gamma_{n+m} \sin\gamma_n \cos(\Theta_{n+m} - \Theta_n + \gamma_{n+m} - \gamma_n).$$

Nun ist für den Mittelwert, da

$$K = \frac{n_0^3}{6c^3 l}, \quad L = \frac{n_0}{6c^3 l}$$

ist, nach (22)

$$Kf^2 = L\left(\frac{df}{dt}\right)^2,$$

so daß die ausgestrahlte Energie

$$= \frac{8\pi n_0^2}{3c^3} \frac{K}{L} f^2 dt$$

$$= \frac{2n_0^2}{3c^3} \frac{U}{L} dt = \frac{n_0}{\pi} l U dt,$$

Der mittlere Wert der absorbierten Energie ist gleich der Arbeitsleistung der Kraft $\mathfrak{E}_z$ auf den Oszillator nach (19) $= \mathfrak{E}_z df$, sodaß

$$\mathfrak{E}_z \frac{df}{dt} dt = dU + \frac{n_0}{\pi} l U dt$$

$$= \frac{dU}{dt} dt + \frac{n_0}{\pi} l U dt$$

und nach (23)

$$= \int dm \Big(a_m m \cos mt - b_m m \sin mt$$

$$+ \frac{n_0}{\pi} l b_m \cos mt + \frac{n_0}{\pi} l a_m \sin mt\Big)$$

$$= \int dm (a'_m \sin mt + b'_m \cos mt) \text{ ist,}$$

wobei $a'_m = \frac{a_m l n_0}{\pi} - m b_m, \quad b'_m = \frac{b_m l n_0}{\pi} + m a_m.$

Die bisherigen Voraussetzungen waren, daß durch Mittelwertsbildungen sich die Intensität der Strahlung unabhängig vom Werte der einzelnen Schwingungen und Phasen definieren lasse.

Wir machen nun die Annahme, daß sich die Gesamtintensität

als zusammengesetzt aus einzelnen Schwingungen betrachten läßt, daß

$$J = \int_0^\infty \mathfrak{J}_{n_0} \, dn_0$$

ist, und daß *jede Schwingungsintensität* $\mathfrak{J}_{n_0}$ *der Resonatorenergie* U *proportional ist.* Diese Annahme wird sich gleich als durchführbar erweisen.

Nehmen wir m klein auch gegen $l n_0$ an, so ist m erst recht klein gegen n_0 und wir können

$$\gamma_{n+m} = \gamma_n$$

setzen. Dann ist nach dieser Annahme wegen (23a)

$$\text{(24)} \quad \mathfrak{J}_{n_0} = \mathfrak{C} \frac{6 c^3 \pi^2}{l} \iint \frac{dm\, dn}{n^3} \sin^2 \gamma_n \, C_{n+m} C_n \cos(mt - \Theta_{n+m} + \Theta_n),$$

wo $\mathfrak{C}$ den Proportionalitätsfaktor bezeichnet.

Da andererseits

$$J = \int_0^\infty \mathfrak{J}_{n_0} \, dn_0 = \iint dm\, dn \, C_{n+m} C_n \cos(mt - \Theta_{n+m} + \Theta_n)$$

ist, so folgt

$$\frac{6 c^3 \pi^2}{l} \int_0^\infty \frac{dn_0 \, \mathfrak{C}}{n^3} \sin^2 \gamma_n = 1.$$

Da die Variable n_0 von 0 bis ∞ geht, so muß für $\sin^2 \gamma_n$ der genauere Wert $\dfrac{1}{1 + \pi^2 \dfrac{(n_0^2 - n^2)^2}{l^2 n_0^2 n^2}}$ eingesetzt werden. Setzen wir $\mathfrak{C} = \dfrac{2 n_0^2}{6 c^3 \pi^2}$, so haben wir immer unter der Voraussetzung, daß nur Werte zu berücksichtigen sind, bei denen n nahe gleich n_0 ist

$$\frac{2}{l} \int_0^\infty \frac{dn_0}{n_0} \cdot \frac{1}{1 + \pi^2 \dfrac{(n_0^2 - n^2)^2}{l^2 n_0^2 n^2}} = 1.$$

Der durch diese Bedingungsgleichung bestimmte Wert

$$\mathfrak{C} = \frac{2 n_0^2}{6 \pi^2 c^3}$$

ist einzusetzen und wir erhalten

$$\text{(24a)} \qquad \mathfrak{J}_{n_0} = 2 \int dm \, (\mathfrak{A}_m \sin mt + \mathfrak{B}_m \cos mt),$$

$$\mathfrak{A}_m = \frac{n_0^2}{l} \int \frac{dn}{n^3} C_{n+m} C_n \sin^2 \gamma_n \sin(\Theta_{n+m} - \Theta_n),$$

$$\mathfrak{B}_m = \frac{n_0^2}{l} \int \frac{dn}{n^3} C_{n+m} C_n \sin^2 \gamma_n \cos(\Theta_{n+m} - \Theta_n).$$

Die die Intensität bestimmenden Größen $\mathfrak{A}$ und $\mathfrak{B}$ genügen nicht, um nach (23a) die Energie U zu bestimmen. Hierzu müßten die unter dem Integralzeichen stehenden Funktionen von n bekannt sein. Im allgemeinen ist also die Energie des Oszillators nicht durch die Intensität der erregenden Schwingung bestimmt.

Um nun trotzdem die Beziehung zwischen beiden festzulegen, wird die Annahme gemacht, daß durch die Mittelwertsbildung die Unbekannten C_n, C_{n+m} und die Phasenkonstanten Θ_n, Θ_{n+m}, die so schnell mit der Zeit veränderlich sind, daß sie selbst niemals der Beobachtung zugänglich sind, aus den $\mathfrak{A}_m$ und $\mathfrak{B}_m$ herausfallen. Diese Hypothesen nennt *Planck die der „natürlichen Strahlung"*. Weiter wird nach dieser Hypothese noch vorausgesetzt, daß die Intensität unabhängig vom Dämpfungsdekrement l ist. Setzen wir

$$\alpha = \int_0^\infty \frac{dn}{n^3} \sin\gamma_{n+m} \sin\gamma_n \cos(\gamma_{n+m} - \gamma_n),$$

$$\beta = \int_0^\infty \frac{dn}{n^3} \sin\gamma_{n+m} \sin\gamma_n \sin(\gamma_{n+m} - \gamma_n),$$

ferner in die Ausdrücke für a_m und b_m für die Größen

$$C_{n+m} C_n \sin(\Theta_{n+m} - \Theta_n) \quad \text{und} \quad C_{n+m} C_n \cos(\Theta_{n+m} - \Theta_n)$$

ihre Mittelwerte $\mathfrak{A}_m$ und $\mathfrak{B}_m$, so ergibt sich

$$a_m = \frac{6c^3\pi^2}{l} \int \frac{dn}{n^3} (\mathfrak{A}_m \cos(\gamma_{n+m} - \gamma_n) + \mathfrak{B}_m \sin(\gamma_{n+m} - \gamma_n)) \sin\gamma_{n+m} \sin\gamma_n,$$

$$b_m = \frac{6c^3\pi^2}{l} \int \frac{dn}{n^3} (\mathfrak{B}_m \cos(\gamma_{n+m} - \gamma_n) - \mathfrak{A}_m \sin(\gamma_{n+m} - \gamma_n)) \sin\gamma_{n+m} \sin\gamma_n,$$

und

$$a_m = \frac{6c^3\pi^2}{l} (\mathfrak{A}_m \alpha + \mathfrak{B}_m \beta), \quad a_m' = \frac{l n_0 a_m}{\pi} - m b_m,$$

$$b_m = \frac{6c^3\pi^2}{l} (\mathfrak{B}_m \alpha - \mathfrak{A}_m \beta), \quad b_m' = \frac{l n_0 b_m}{\pi} + m a_m.$$

Für die Konstanten α und β findet man durch Einsetzen der Werte für $\sin\gamma_{n+m}$ und $\sin\gamma_n$ für verschwindendes l (m von derselben Ordnung wie $l n_0$)

$$\alpha = \frac{l}{2n_0^2} \frac{1}{1 + \frac{\pi^2 m^2}{l^2 n_0^2}},$$

$$\beta = \frac{\pi m}{2n_0^2} \frac{1}{1 + \frac{\pi^2 m^2}{l^2 n_0^2}},$$

woraus

$$a'_m = \frac{3\pi c^3 l}{2 n_0} \mathfrak{A}_m, \quad b'_m = \frac{3\pi c^3 l}{2 n_0} \mathfrak{B}_m,$$

so daß die absorbierte Energie

$$\frac{3\pi c^3 l}{n_0} \int dm \left(\mathfrak{A}_m \sin nt + \mathfrak{B}_m \cos nt\right) = \frac{3\pi c^3 l}{n_0} J_n$$

ist. Auf diese Weise haben wir

$$\frac{3\pi c^3 l}{n_0} J_{n_0} dt = dU + \frac{n_0}{\pi} l U dt. \tag{25}$$

Die absorbierte Energie ist der Intensität der einfallenden Schwingung von der Schwingungszahl n_0, die ausgesandte der Energie des Resonators proportional.

Wir gehen jetzt zur Betrachtung von Strahlung über, bei der die auffallende Welle alle möglichen Fortpflanzungsrichtungen hat.

Zunächst haben wir nach Gl. (2b) für unpolarisierte Strahlung die Energiedichte

$$u = \frac{8\pi e}{c}.$$

Dieselbe Energiedichte drückt sich elektromagnetisch aus durch die Beziehung

$$u = \tfrac{1}{2}(\mathfrak{E}^2 + \mathfrak{H}^2).$$

Da nun bei vollkommen zerstreuter Strahlung keine Richtung der Vektoren $\mathfrak{E}$, $\mathfrak{H}$ bevorzugt ist, so folgt

$$\mathfrak{E}^2 = \mathfrak{H}^2 = 3\mathfrak{E}_z^2 = 3J,$$

so daß

$$u = 3J$$

ist. Für e ergibt sich dann

$$e = \frac{3cJ}{8\pi}.$$

Drücken wir J durch die Wellenlänge $\lambda = \frac{2\pi c}{n}$ aus, wobei wir jetzt n anstatt n_0 schreiben, so ist, da $J_n dn = J_\lambda d\lambda$ ist,

$$J_n = J_\lambda \frac{\lambda^2}{2\pi c} = \frac{4\lambda^2 e_\lambda}{3c^2}.$$

Setzen wir diesen Wert in (25) ein, so erhalten wir für den stationären Zustand, in welchem $dU = 0$ ist,

$$\frac{3\pi^2 c^3}{n^2} J_n = U = \frac{\lambda^4 e_\lambda}{c}. \tag{26}$$

Diese Gleichung gibt eine Beziehung zwischen der Energie U des Oszillators und der Intensität e_λ, die wir in dem statistischen Teil benutzt haben (vgl. S. 306). Die Gleichung (25) gilt auch für nicht stationäre Zustände. Wir können sie schreiben

$$\frac{dU}{dt} + \frac{2clU}{\lambda} = 2l\lambda^3 e_\lambda.$$

Man kann aus dieser Gleichung Folgerungen ziehen über den Einfluß des Oszillators auf ein in bestimmter Richtung auf ihn fallendes Strahlenbündel. Wenn dieses Bündel in irgend einer Richtung polarisiert ist, so läßt es sich in zwei aufeinander senkrecht polarisierte Bündel zerlegen, von denen das eine die Intensität E, das andere E' besitzt. Legen wir eine Ebene durch Strahlrichtung und Oszillatorachse und bildet diese Ebene mit der Polarisationsebene von E den Winkel γ, so ist die Intensität der Komponente, deren Polarisationsebene die durch Strahl und Oszillator gehende Ebene ist,

$$E\cos^2\gamma + E'\sin^2\gamma,$$

die Intensität der senkrecht hierzu polarisierten

$$E\sin^2\gamma + E'\cos^2\gamma.$$

Die Gleichung

$$e = \frac{3cJ}{8\pi}$$

für vollkommen zerstreute Strahlung im Gleichgewichtszustande ergibt sich, wenn wir e statt E setzen und über die ganze Kugelöffnung integrieren. Hierbei ist zu berücksichtigen, daß der Oszillator nur auf die ihm parallele Komponente der elektrischen Kraft anspricht, also auf die Intensität, deren Polarisationsebene senkrecht steht auf der Achse des Oszillators.

Sind α und β die Polarkoordinaten des Strahls, so ist das Oberflächenelement der Einheitskugel $\sin\alpha\, d\alpha\, d\beta$, wir haben dann also

$$\begin{aligned} J &= \frac{1}{c}\int_0^\pi\int_0^{2\pi} \sin\alpha\, d\alpha\, d\beta\,(e\sin^2\gamma + e'\cos^2\gamma)\sin^2\alpha \\ &= \frac{8\pi}{3c}(e\sin^2\gamma + e'\cos^2\gamma) \\ &= \frac{8\pi}{3c}e \qquad \text{für } e = e'. \end{aligned}$$

Nun war nach (25) die vom Oszillator absorbierte Energie

$$\frac{3\pi c^3 l}{n} J_n\, dt$$

oder allgemein

$$\frac{3\pi c^2 l}{n}\int_0^\pi\int_0^{2\pi} \sin^3\alpha\, d\alpha\, d\beta\,(E_n\sin^2\gamma + E_n'\cos^2\gamma),$$

so daß in der Richtung α, β die Menge

$$\frac{3\pi c^2 l}{n} \sin^3 \alpha\, d\alpha\, d\beta\, (E_n \sin^2 \gamma + E_n' \cos^2 \gamma)$$

absorbiert wird.

Von den in der Richtung α, β auf den Oszillator fallenden Strahlen, deren Wellenlänge λ der Eigenperiode des Oszillators entspricht, wird die Intensität

$$E_n \cos^2 \gamma + E_n' \sin^2 \gamma = E_1$$

vom Oszillator nicht beeinflußt und geht ungehindert weiter. Von dem andern Teil $E_n \sin^2 \gamma + E_n' \cos^2 \gamma$ ist nur die Intensität

$$(E_n \sin^2 \gamma + E_n' \cos^2 \gamma) \sin^2 \alpha$$

für den Oszillator absorbierbar und es wird absorbiert der Betrag

$$\frac{3\pi c^2 l}{n} \sin^3 \alpha\, d\alpha\, d\beta\, (E_n \sin^2 \gamma + E_n' \cos^2 \gamma),$$

während die Intensität

$$(E_n \sin^2 \gamma + E_n' \cos^2 \gamma) \cos^2 \alpha$$

weitergeht. Nach (25) emittiert der Oszillator die Energie

$$dt \cdot \frac{n}{\pi} l U = dt \cdot \frac{3 n l U}{8\pi^2} \iint \sin^3 \alpha\, d\alpha\, d\beta,$$

so daß in der Richtung α, β

$$dt \cdot \frac{3 n l}{8\pi^2} U \sin^3 \alpha\, d\alpha\, d\beta$$

emittiert wird, während die Menge

$$dt \cdot \frac{3\pi c^2 l}{n} \sin^3 \alpha\, d\alpha\, d\beta\, (E_n \sin^2 \gamma + E_n' \cos^2 \gamma)$$

absorbiert wird. Der Intensität

$$(E_n \sin^2 \gamma + E_n' \cos^2 \gamma) \sin^2 \alpha$$

des auffallenden Bündels entspricht also die Intensität

$$\frac{n^2}{8\pi^3 c^2} U \sin^2 \alpha \tag{27}$$

der emittierten Strahlung, da beide mit dem Faktor $dt \cdot \frac{3\pi c^2 l}{n} \sin \alpha\, d\alpha\, d\beta$ multipliziert die absoluten Beträge der absorbierten und emittierten Strahlung ergeben.

Die Intensität $E_n \cos^2 \gamma + E_n' \sin^2 \gamma$ ist in der Ebene des Oszillators, die Intensität

$$(E_n \sin^2 \gamma + E_n' \cos^2 \gamma) \cos^2 \alpha + \frac{n^2}{8\pi^3 c^2} U \sin^2 \alpha$$

in der dazu senkrechten polarisiert.

Da jedem Strahl von der Intensität E eine bestimmte Entropie zukommt, so kann die Wirkung des Oszillators auf die Entropie leicht berechnet werden, indem man überall anstatt E_n und E_n' die zugehörige Entropie einsetzt.

Wenn somit die Theorie von *Planck* in der Tat zu Ergebnissen führt, die mit den bisherigen Erfahrungen wohl übereinstimmen, so ist schon oben darauf hingewiesen, daß aus ihr nicht hervorgeht, weshalb eine Umwandlung der Strahlen stattfindet, bis die Strahlung des schwarzen Körpers erreicht ist. Eine weitere Schwierigkeit liegt darin, daß die Annahme von Energieelementen den Eigenschaften des elektromagnetischen Oszillators widerspricht, der Energiebeträge von beliebiger Kleinheit aussenden und aufnehmen kann.

Es mag hier noch auf eine andere Schwierigkeit hingewiesen werden, die bei dem Ausbau der Theorie überwunden werden muß. Wenn nämlich die Absorption und Emission immer nur durch Aufnahme und Abgabe der endlichen Energieelemente erfolgt, so darf die durch einen absorbierenden Körper hindurchgehende nicht absorbierte Energie gar nicht beeinflußt werden. Es ist nicht ersichtlich, wie dies mit der Theorie der Dispersion in Einklang gebracht werden kann, bei der die Absorption die durchgehenden Lichtwellen vollständig und gleichmäßig beeinflußt. In der Tat wird ja in der Theorie der Dispersion die Annahme gemacht, daß wir die Lichtwellen als zusammenhängende, beliebig lange Wellenzüge betrachten können, welche die schwingungsfähigen Ionen zum Schwingen anregen und dabei Absorption hervorrufen. Diese Auffassung ist mit der *Planck*schen Theorie nicht ohne weiteres vereinbar und es muß erst gezeigt werden, wie im Sinne dieser Theorie der Zusammenhang zwischen Absorption und Dispersion aufzufassen ist.

5. Die elektromagnetische Dämpfung unter Annahme von Elektronenbewegungen. Man kann die Dämpfung einer von Atomen ausgehenden Strahlung bestimmen, wenn die Strahlung durch die Schwingungen eines Elektrons bedingt ist[14]).

Sei $\mathfrak{x}$ die Verschiebung des Elektrons aus seiner Ruhelage und es erfolge die Schwingung nach der Gleichung

$$\mathfrak{x} = a \sin nt,$$

dann ist die Beschleunigung des Elektrons in jedem Moment

$$m\frac{d^2\mathfrak{x}}{dt^2} = -an^2 \sin nt.$$

14) *Wiechert*, Jubelband für H. A. Lorentz, Haag 1900, p. 579.

Es ist daher nach Bd. V 14, p. 187 die Ausstrahlung während dt

$$\frac{e^2 a^2 n^4 \sin^2 nt}{6\pi c^3}.$$

Bilden wir den Mittelwert über eine ganze Schwingungsdauer T, so ist

$$\frac{e^2 a^2 n^4}{6\pi c^3 T}\int\limits_0^T \sin^2 nt = \frac{e^2 a^2 n^4}{12\pi c^3}.$$

Der mittlere Energieverlust der Schwingung während dt ist demnach

$$dE = -\frac{e^2 a^2 n^4}{12\pi c^3} dt.$$

Setzen wir also

$$E = E_0 e^{-2\alpha t}, \quad E_0 = \frac{m}{2} a^2 n^2,$$

so folgt bei kleinem α

$$dE = -2\alpha E_0 dt = -m a^2 n^2 \alpha dt$$

und durch Vergleich mit dem vorherigen Werte von dE

$$\alpha = \frac{e^2 n^2}{12\pi c^3 m}.$$

Da der Wert von $\frac{e}{m}$ und auch von e für Elektronen bekannt ist, so kann man hieraus die Dämpfung berechnen.

Weit geringer ist die Dämpfung durch Strahlung, falls wir nicht ein einzelnes Elektron, sondern eine Anzahl von Elektronen haben, die sich auf einer Kreisbahn in gleichem Abstande voneinander bewegen.

Die von den einzelnen Elektronen ausgesandten elektromagnetischen Wellen zerstören sich teilweise durch Interferenz, so daß bei wachsender Anzahl der Elektronen die Strahlung sehr schnell abnimmt.

Die genaue Berechnung der Strahlung eines solchen Elektronenrings ist von *G. A. Schott*[15]) gegeben. Ist T die Periode, $n = \frac{2\pi}{T}$ die Frequenz, ϱ der Radius der Kreisbahn, e die Ladung, $\mathfrak{n}$ die Anzahl der Elektronen, $\beta = \frac{n\varrho}{c}$ das Verhältnis der Umlaufsgeschwindigkeit zur Lichtgeschwindigkeit, so ist die in der Zeiteinheit ausgestrahlte Energie

$$-\frac{dE}{dt} = \frac{2ce^2\beta}{4\pi\varrho^2}\mathfrak{n}^2 \sum_{\mathfrak{a}=1}^{\mathfrak{a}=\infty}\Big[\mathfrak{a}\mathfrak{n}\beta^2 J'_{2\mathfrak{a}\mathfrak{n}}(2\mathfrak{a}\mathfrak{n}\beta) - \mathfrak{a}^2\mathfrak{n}^2(1-\beta^2)\int\limits_0^\beta J_{2\mathfrak{a}\mathfrak{n}}(2\mathfrak{a}\mathfrak{n}x)\,dx\Big].$$

15) *G. A. Schott*, Ann. Phys. 24 (1907), p. 643; Phil. Mag. (6) 13 (1907), p. 194.

Ist $\mathfrak{n}\beta$ klein, so ergeben die Näherungsformeln der *Bessel*schen Funktionen J die bereits von *J. J. Thomson*[16]) abgeleitete Formel

$$-\frac{dE}{dt} = \frac{2ce^2}{4\pi\varrho^2}\frac{\mathfrak{n}(\mathfrak{n}+1)(\mathfrak{n}\beta)^{2\mathfrak{n}+2}}{(2\mathfrak{n}+1)!};$$

für kleine Werte von β nimmt daher die Ausstrahlung mit wachsendem $\mathfrak{n}$ außerordentlich rasch ab. Für ein einzelnes Elektron folgt

$$-\frac{dE}{dt} = \frac{2ce^2\beta^4}{12\pi\varrho^2(1-\beta^2)}.$$

Dieser Wert ist für kleine β das doppelte der oben für ein linear schwingendes Elektron gefundenen Ausstrahlung, wenn $a = \varrho$ ist.

6. Theorie von Rayleigh und Jeans. *Rayleigh*[17]) hat durch eine sehr einfache Betrachtungsweise den dem Strahlungsgleichgewicht entsprechenden Zustand durch Anwendung des *Boltzmann*schen Satzes von der gleichmäßigen Verteilung der Energie auf die Freiheitsgrade des Systems gewonnen, indem er die unendlich vielen Eigenschwingungen betrachtet, die in einem kontinuierlichen Medium durch Systeme stehender Wellen möglich sind.

Betrachtet man zunächst eine Dimension, z. B. eine schwingende Saite von der Länge l, so ist die Wellenlänge der Grundschwingung $\lambda = 2l$, während für die Oberschwingungen die Beziehung besteht $2l = \mathfrak{a}\lambda$, wo $\mathfrak{a}$ alle ganzen Zahlen durchläuft. Hieraus folgt für zwei Schwingungen $\mathfrak{a}_1$, $\mathfrak{a}_2$ bei großen Werten von $\mathfrak{a}_1$ und $\mathfrak{a}_2$

$$\mathfrak{a}_1 - \mathfrak{a}_2 = 2l\left(\frac{1}{\lambda_1} - \frac{1}{\lambda_2}\right) = 2l\frac{d\lambda}{\lambda^2}.$$

Wenn sich die kinetische Energie auf alle Freiheitsgrade gleichmäßig[18]) verteilt hat und wenn die Energie für den Schwingungsbereich von $\mathfrak{a}$ bis $\mathfrak{a}+1$ mit E bezeichnet wird, so ist die Energie für die Differenz $\mathfrak{a}_1 - \mathfrak{a}_2$

$$E(\mathfrak{a}_1 - \mathfrak{a}_2) = \frac{2l\,d\lambda\,E}{\lambda^2},$$

woraus die kinetische Energie für die Längeneinheit, also die Energie-

16) *J. J. Thomson*, Phil. Mag. (6) 6 (1903), p. 681.

17) *Lord Rayleigh*, Nature 18. Mai 1905, p. 54.

18) Das Gesetz der gleichmäßigen Verteilung der mittleren kinetischen Energie auf sämtliche Moleküle einatomiger Gase rührt nach *J. H. Jeans* (Dynamical theory of gases, Cambridge 1904) von *Waterston* her (Phil. Trans. 183 (1821), p. 1). Den ersten Beweis gab *Maxwell* (Phil. Mag. Jan., Jul. 1860). Die Verallgemeinerung des Satzes auf mehratomige Gase, aus der erst der Schluß gezogen werden kann, daß die Energie sich gleichmäßig auf die Freiheitsgrade verteilt, gab indessen zuerst *Boltzmann*, Wien Ber. 1871, p. 397; Ges. Abh. 1, p. 237. Vgl. Enc. V, Art. 8 von *L. Boltzmann*, Nr. 28.

dichte

$$= \frac{2\,d\lambda\,E}{\lambda^2}$$

folgt. Diese Zahl ist zu verdoppeln, wenn man die gesamte Energie betrachtet, da die potentielle Energie ebenso groß ist, ferner abermals zu verdoppeln, wenn die Saitenschwingungen transversal nach allen Richtungen erfolgen, so daß die Energiedichte wird

$$\frac{8\,E\,d\lambda}{\lambda^2}.$$

Hat man statt eines linearen ein räumlich ausgedehntes schwingendes System z. B. einen Würfel von der Kantenlänge l, so gilt entsprechend

$$2l = \lambda\sqrt{\mathfrak{a}^2 + \mathfrak{b}^2 + \mathfrak{c}^2}.$$

Es handelt sich nun darum, die Anzahl der zusammengehörigen Werte ganzer Zahlen zu finden, für die $\sqrt{\mathfrak{a}^2 + \mathfrak{b}^2 + \mathfrak{c}^2} \leqq R$ ist. Denken wir uns R als Radius einer Kugel, so sind $\mathfrak{a}$, $\mathfrak{b}$, $\mathfrak{c}$ als rechtwinklige Koordinaten zu deuten. In ganzzahligen Abständen haben wir dann alle möglichen Punkte einzutragen, die allen möglichen ganzen Zahlen $\mathfrak{a}$, $\mathfrak{b}$, $\mathfrak{c}$ entsprechen und die ganze Kugel ist dann gleichmäßig mit Punkten erfüllt. Wenn R groß genug ist, ist die Anzahl der Punkte innerhalb der Kugel R einfach gleich dem Volumen. Da wir aber nur positive Werte von $\mathfrak{a}$, $\mathfrak{b}$, $\mathfrak{c}$ zu berücksichtigen haben, kommt nur der achte Teil des Kugelvolumens in Betracht, d. h.

$$\frac{\pi}{6} R^3.$$

Dementsprechend liegen in einer Kugelschale zwischen R und $R + dR$ die Anzahl Punkte

$$\frac{\pi}{2} R^2\,dR,$$

Nun ist wegen $R = \sqrt{\mathfrak{a}^2 + \mathfrak{b}^2 + \mathfrak{c}^2}$

$$\frac{2l}{\lambda} = R, \quad \frac{2l\,d\lambda}{\lambda^2} = dR$$

und

$$\frac{\pi}{2} R^2\,dR = \frac{4\pi\,l^3\,d\lambda}{\lambda^4}$$

die auf die zwischen R und $R + dR$ liegende Anzahl der Freiheitsgrade entfallende Energie ist

$$\frac{4\pi\,l^3}{\lambda^4} E$$

und die Energiedichte

$$\frac{4\pi}{\lambda^4} E$$

Ferner ist ebenso wie vorher wegen der allseitigen Richtung der Schwingungen und wegen des Hinzukommens der potentiellen Energie mit 4 zu multiplizieren, so daß schließlich der Wert

$$\frac{16\pi E}{\lambda^4}$$

übrig bleibt.

Nun ist die mittlere kinetische Energie eines Moleküls, dem drei Freiheitsgrade zukommen, $3E$. Nach der kinetischen Gastheorie wird die mittlere kinetische Energie der in einem Grammolekül von dem Volumen v enthaltenen Moleküle gleich $\frac{3}{2}pv$ und daher

$$\frac{3}{2}pv = 3\mathfrak{N}E,$$

wo $\mathfrak{N}$ die Anzahl der Moleküle im Grammolekül bezeichnet. Hieraus folgt

$$E = \frac{pv}{2\mathfrak{N}}.$$

Die Energiedichte der Strahlung ist also, da $pv = RT$ ist (vgl. S. 307),

$$\frac{8\pi}{\lambda^4}\frac{RT}{\mathfrak{N}}.$$

in Übereinstimmung mit Formel (14c).

Nachdem *Lord Rayleigh*[19]) die Frage erörtert hatte, welchem Zustand die Wärmestrahlung, nur im freien Raum für sich betrachtet, zustrebt, hat *Jeans*[20]) untersucht, welchen Gleichgewichtszustand die Strahlungsenergie zu erreichen sucht, wenn eine Wechselwirkung zwischen dieser und der Molekularbewegung stattfindet.

Jeans untersucht zunächst einen möglichst allgemeinen Zustand von Strahlung in einem abgeschlossenen, von Materie ganz freien Raume auf rein elektromagnetischer Grundlage.

Er setzt zu dem Zweck die elektrischen und magnetischen Vektoren in einen Würfel mit der Kantenlänge l

$$\mathfrak{E}_x = \cos\frac{\pi \mathfrak{a} x}{l}\sin\frac{\pi \mathfrak{b} y}{l}\sin\frac{\pi \mathfrak{c} z}{l}(A_1\cos nt + A_1'\sin nt),$$

$$\mathfrak{E}_y = \sin\frac{\pi \mathfrak{a} x}{l}\cos\frac{\pi \mathfrak{b} y}{l}\sin\frac{\pi \mathfrak{c} z}{l}(A_2\cos nt + A_2'\sin nt),$$

$$\cdots\cdots\cdots\cdots\cdots\cdots\cdots\cdots$$

$$\mathfrak{H}_x = \sin\frac{\pi \mathfrak{a} x}{l}\cos\frac{\pi \mathfrak{b} y}{l}\cos\frac{\pi \mathfrak{c} z}{l}(B_1\cos nt - B_1'\sin nt)$$

usw.

---

19) *Rayleigh,* Nature 72, p. 54 und 243, 1905.

20) *J. H. Jeans*, Phil. Mag. 10, p. 91.

An den Seiten des Würfels für $x=0$, $y=0$, $z=0$ und $x=l$, $y=l$, $z=l$ verschwinden die tangentiellen Komponenten von $\mathfrak{E}$. Es findet dort also vollkommene Reflexion statt.

Die Gleichung der elektromagnetischen Theorie $\Delta\mathfrak{E}=\frac{1}{c^2}\frac{\partial^2\mathfrak{E}}{\partial t^2}$ ergibt

$$\frac{c^2\pi^2}{l^2n^2}(\mathfrak{a}^2+\mathfrak{b}^2+\mathfrak{c}^2)=1. \tag{28}$$

Die Gleichung

$$\frac{1}{c}\frac{\partial\mathfrak{E}}{\partial t}=\operatorname{rot}\mathfrak{H}$$

liefert

$$A_1\frac{n}{c}=B_3\frac{\pi\mathfrak{b}}{l}-B_2\frac{\pi\mathfrak{c}}{l} \tag{28a}$$

usw.

die Gleichung

$$\frac{1}{c}\frac{\partial\mathfrak{H}}{\partial t}=-\operatorname{rot}\mathfrak{E}$$

$$B_1\frac{n}{c}=A_2\frac{\pi\mathfrak{c}}{l}-A_3\frac{\pi\mathfrak{b}}{l} \tag{28b}$$

usw.

Die letzten sechs Gleichungen sind voneinander unabhängig. Sind die Zahlen $\mathfrak{a}$, $\mathfrak{b}$, $\mathfrak{c}$ und l gegeben, so bestimmen die Gleichungen (28a) und (28b) die Größen n, A und B bis auf eine und bis auf einen gemeinschaftlichen Proportionalitätsfaktor.

Die Systeme A' und B' sind völlig unabhängig und enthalten daher auch zwei unbestimmt bleibende Konstanten.

Daher entsprechen jedem Wertsystem der $\mathfrak{a}$, $\mathfrak{b}$, $\mathfrak{c}$ vier unabhängige Variable, so daß die Anzahl der unabhängigen Variabeln, welche zu den Schwingungen $\mathfrak{a}^2+\mathfrak{b}^2+\mathfrak{c}^2<R^2$ gehören, nach den obigen Betrachtungen von *Rayleigh*

$$\frac{2}{3}\pi R^3$$

ist. Nun ist nach Gleichung (28)

$$\mathfrak{a}^2+\mathfrak{b}^2+\mathfrak{c}^2=\frac{l^2n^2}{\pi^2c^2},$$

also die Anzahl der unabhängigen Variabeln, die einem kleineren Wert als n zukommen,

$$\frac{2}{3}\frac{l^3n^3}{\pi^2c^3}.$$

Lassen wir n um dn wachsen, so wächst diese Zahl um

$$\frac{2l^3n^2dn}{c^3\pi^2}.$$

Dies ist also die Anzahl der unabhängigen Variabeln, die einer zwischen n und $n + dn$ liegenden Schwingung entsprechen.

Nach dem erwähnten Satz der statistischen Mechanik ist nun bei irreversibeln Prozessen der stationäre Endzustand dadurch ausgezeichnet, daß allen unabhängigen Variabeln derselbe Energiebetrag zukommt.

Wenn der Zustand durch einige Gasmoleküle irreversibel gemacht wird, so ist die Geschwindigkeit eines Moleküls nach einer Koordinatenrichtung eine unabhängige Variable. Die hierauf fallende Energie ist der dritte Teil der Energie des Moleküls. Diese ist nun nach der kinetischen Gastheorie

$$\frac{1}{2} m v^2 = \alpha T,$$

so daß auf das Intervall der Schwingungszahlen dn die Energie

$$\frac{2\alpha T l^3 n^2 dn}{3 c^3 \pi^2}$$

fällt.

Führen wir $\lambda = \frac{2\pi c}{n}$ ein, so ist $dn = -\frac{2\pi c}{\lambda^2} d\lambda$ und die zwischen λ und $\lambda + d\lambda$ liegende Energiedichte ist

$$\frac{16\pi\alpha T d\lambda}{3\lambda^4}. \tag{28c}$$

Setzen wir in der Formel (14)

$$\frac{hc}{k\lambda T}$$

als kleine Größe voraus (d. h. nehmen wir hohe Temperaturen und große Wellenlängen), so ist

$$e^{\frac{hc}{\varkappa\lambda T}} - 1 = \frac{hc}{k\lambda T},$$

und wir erhalten

$$u\,d\lambda = \frac{8kT\pi\,d\lambda}{\lambda^4}$$

in Übereinstimmung mit der *Jeans*schen Formel, wenn $k = \frac{2}{3}\alpha$ ist.

Daß die *Jeans*sche Betrachtungsweise nur für lange Wellen gültig ist, hat offenbar seinen Grund darin, daß sie eine Zerlegung der Energie in unbegrenzt kleine Quanten voraussetzt. In der Tat kommen wir auch auf die *Jeans*sche Formel, wenn wir in dem *Planck*schen Strahlungsgesetz h unendlich klein annehmen.

7. Theorie der Strahlung metallischer Leiter für lange Wellen von H. A. Lorentz[21]). Die bisherigen Theorien der Strahlung gehen

21) *H. A. Lorentz,* Akad. v. Wetensch. Amsterdam 27. Mai 1903.

auf den eigentlichen Mechanismus des Vorgangs nicht näher ein. Es ist jedoch *H. A. Lorentz* gelungen, ohne Hinzuziehung neuer Hypothesen nur auf Grund der Elektronentheorie der Metalle die Gesetze der Strahlung für lange Wellen abzuleiten und zwar bei Betrachtung einer unendlich dünnen Platte. Die Elektronentheorie der Metalle[22]), auf die sich die *Lorentz*sche Theorie stützt, ist folgende. Es werden im Metall eine große Anzahl freier d. h. in großer Entfernung von anderen Teilchen befindlicher Elektronen angenommen. Für diese Elektronen gilt das *Boltzmann*sche Theorem, daß die mittlere lebendige Kraft der fortschreitenden Bewegung der Teilchen der absoluten Temperatur proportional sei. Es besteht also die Gleichung

$$\frac{1}{2} m v^2 = \alpha T. \tag{29}$$

Die Bewegungsgleichung eines Elektrons mit der Ladung e und der Masse m, auf das die konstante Kraft $\mathfrak{E}_x$ einwirkt, ist

$$m \frac{d^2 x}{dt^2} = e \mathfrak{E}_x,$$

$$m \frac{dx}{dt} = mu = e \mathfrak{E}_x t,$$

woraus

$$x = \frac{e}{2m} \mathfrak{E}_x t^2$$

folgt. Die Werte für Geschwindigkeit und Weg des Elektrons sind ohne Hinzufügung der eigentlich erforderlichen Integrationskonstanten hingeschrieben und geben nur denjenigen gerichteten Bestandteil, der durch das elektrische Feld erzwungen wird. Diesem Teil überlagert sich der von der Wärmebewegung herrührende ungerichtete Teil. Wenn sich nun das Elektron während der Zeit τ mit der Geschwindigkeit v frei bewegt und hierbei die Strecke l zurücklegt, so ist $v = \frac{l}{\tau}$.

Weiter folgt

$$l = \frac{e}{2} \frac{\mathfrak{E}_x \tau^2}{m} = \frac{u\tau}{2}.$$

u ist die gerichtete Geschwindigkeit infolge der elektrischen Kraft, v nach allen Richtungen regellos verteilt. Wir können auf der Strecke l die mittlere Geschwindigkeit $\frac{u}{2} = u_1$ einführen und erhalten

$$u_1 = \frac{\mathfrak{E}_x e \tau}{2m} = \frac{\mathfrak{E}_x e l}{2mv} = \frac{\mathfrak{E}_x e l v}{4\alpha T}.$$

22) Vgl. *Drude*, Ann. d. Phys. 1, p. 566; 3 (1900), p. 369.

Ist $\mathfrak{N}$ die Anzahl der Elektronen in der Volumeinheit, so geht durch die Einheit des Querschnitts die Elektrizitätsmenge $u_1 e \mathfrak{N}$ in der Zeiteinheit, d. h. der Strom ist

$$i = \frac{e^2 \mathfrak{N} \mathfrak{E}_x v l}{4 \alpha T}.$$

Es ist also die Leitfähigkeit

$$\sigma = \frac{e^2 \mathfrak{N} l v}{4 \alpha T} \tag{30}$$

und für mehrere Ionengattungen

$$\sigma = \frac{1}{4 \alpha T}(\mathfrak{N}_1 l_1 v_1 e_1^2 + \mathfrak{N}_2 l_2 v_2 e_2^2 + \cdots). \tag{30a}$$

Die zweite Unterlage der *Lorentz*schen Rechnung ist die Ausstrahlung, welche durch Änderung der Richtung oder Größe der Geschwindigkeit der Elektronen eintritt.

Die durch Beschleunigungen von mäßiger Größe hervorgerufene Felderregung ergibt sich aus den Angaben Bd. V 14, p. 187, soweit sie von einem einzelnen Elektron herrührt.

Die Werte von $\mathfrak{E}$ auf der z-Achse sind hiernach in der Entfernung r

$$\mathfrak{E}_x = -\frac{e}{4\pi c^2 r}\frac{d v_x}{dt}, \quad \mathfrak{E}_y = -\frac{e}{4\pi c^2 r}\frac{d v_y}{dt}, \quad \mathfrak{E}_z = 0 \tag{31}$$

und die des magnetischen Vektors von derselben Größe.

Nach dem *Poynting*schen Satze geht also durch das Flächenelement $d\omega'$ die Energie infolge der Erregung $\mathfrak{E}_x$

$$c \mathfrak{E}_x^2 d\omega'. \tag{32}$$

Wir legen nun die z-Achse in die Normale senkrecht zur Metallplatte und untersuchen die Strahlung in der z-Richtung, die durch die unregelmäßige Bewegung der Elektronen hervorgerufen wird. Diese unregelmäßige Bewegung wird bewirken, daß die Elektronen beständige Richtungs- und Geschwindigkeitsänderungen erfahren und daß beständig Energie von den Elektronen ausgestrahlt wird. So unregelmäßig diese Ausstrahlung auch sein mag, wir werden sie immer in eine *Fourier*sche Reihe zerlegen können. Wir können also setzen

$$\mathfrak{E}_x = \sum_{m=1}^{m=\infty} a_m \sin \frac{m \pi t}{\vartheta},$$

wo

$$a_m = \frac{2}{\vartheta} \int_0^{\vartheta} \sin \frac{m \pi t}{\vartheta} \mathfrak{E}_x \, dt$$

ist. Die Zeit ϑ wird als groß angenommen.

Bei stationärer Strahlung können wir für $\mathfrak{E}_x^2$ den Mittelwert setzen, nämlich

$$\overline{\mathfrak{E}_x^2} = \frac{1}{\vartheta}\int_0^\vartheta \mathfrak{E}_x^2\, dt.$$

Bei der Ausrechnung der rechten Seite kommen zwei verschiedene Typen von Integralen vor, solche, die das Quadrat des Sinus und solche, die Produkte zweier verschiedener Sinus enthalten. Die letzteren verschwinden und die ersteren geben

$$\int_0^\vartheta \sin^2 \frac{m\pi t}{\vartheta}\, dt = \frac{1}{2}\vartheta,$$

so daß

$$\overline{\mathfrak{E}_x^2} = \frac{1}{2}\sum_{m=1}^{m=\infty} a_m^2.$$

Die zu dem einzelnen Gliede dieser Reihe gehörende Schwingungszahl ist $n = \frac{m\pi}{\vartheta}$.

Wir können ϑ so groß wählen, daß $\frac{\pi}{\vartheta}$ klein gegen dn ist, dann wird die Zahl der Glieder a_m, die in der Summe vorkommen, deren Schwingungszahl zwischen n und $n + dn$ liegt, $\frac{\vartheta}{\pi} dn$ sein. Da für diese a_m denselben Wert haben wird, so ist die Strahlung, deren Schwingungszahl zwischen n und $n + dn$ liegt, nach (32)

$$\text{(32a)} \qquad \frac{c\vartheta}{2\pi} a_m^2\, dn\, d\omega'.$$

Nun ist wegen (31)

$$a_m = \frac{2}{\vartheta}\int_0^\vartheta \sin\frac{m\pi t}{\vartheta}\mathfrak{E}_x\, dt = -\frac{e}{2\pi c^2 \vartheta r}\int_0^\vartheta \sin\frac{m\pi t}{\vartheta}\frac{dv_x}{dt}\, dt$$

$$= \frac{ne}{2\pi c^2 \vartheta r}\int_0^\vartheta \cos nt\, v_x\, dt.$$

Für die weitere Untersuchung ist nun wesentlich, daß die Zeit $\tau = \frac{l}{v}$ klein gegen die Schwingungsdauer $\frac{2\pi}{n}$ ist. Zerlegen wir dann die Zeit ϑ in $\mathfrak{a}$ Abschnitte von der Länge τ, die als konstant angenommen wird, so ist

$$\int_0^\tau \cos nt\, v_x\, dt = \tau\, v_x \cos nt$$

und für alle $\mathfrak{N}$ Elektronen und alle $\mathfrak{a}$ Zeitintervalle

$$a_m = \frac{n e \tau}{2 \pi c^2 \vartheta r} \sum_{\mathfrak{a}} \cos n t_{\mathfrak{a}} \sum_{\mathfrak{N}} v_x. \tag{33}$$

Wir definieren nun den Mittelwert der v_x für den $\mathfrak{a}^{\text{ten}}$ Zeitabschnitt durch die Gleichung

$$\frac{1}{N} \sum v_x = w,$$

wo $N = \mathfrak{N}\, d\omega\, \Delta$, Δ die Dicke der Platte, $d\omega$ ein Flächenelement derselben, also N die in dem Plattenelement von der Oberfläche $d\omega$ enthaltene Elektronenzahl ist, so daß

$$a_m = \frac{n e \tau N}{2 \pi c^2 \vartheta r} \sum_{\mathfrak{a}} \cos n t_{\mathfrak{a}} w_{\mathfrak{a}}.$$

Bei der Bildung von a_m^2 kommen Glieder vor, die quadratisch in bezug auf die $\cos n t_{\mathfrak{a}}$ sind und solche, die aus Produkten bestehen, deren Faktoren verschiedene $t_{\mathfrak{a}}$ enthalten. Es wird angenommen, daß bei der großen Unregelmäßigkeit von letzteren ebensoviele positive wie negative vorkommen, so daß nur die quadratischen Glieder übrig bleiben. Wir erhalten auf diese Weise

$$a_m^2 = \frac{n^2 e^2 \tau^2 N^2}{4 \pi^2 c^4 \vartheta^2 r^2} \sum_{\mathfrak{a}} (\cos^2 n t_{\mathfrak{a}} w_{\mathfrak{a}}^2). \tag{34}$$

Wir fragen nun nach der Wahrscheinlichkeit, daß w zwischen gegebenem w und $w + dw$ liegt.

Diese Wahrscheinlichkeit W wird nach den in der kinetischen Gastheorie ausgebildeten Methoden aufgesucht. *Lorentz* findet

$$W dw = \frac{1}{v} \sqrt{\frac{3N}{2\pi}}\, e^{-\frac{3N}{2v^2} w^2}\, dw.$$

Der Mittelwert von w^2 ist nach den Gesetzen der Gastheorie

$$\overline{w^2} = \int_{-\infty}^{\infty} w^2 W dw = \frac{v^2}{3N}.$$

Nach (34) folgt also

$$a_m^2 = \frac{n^2 e^2 \tau^2 N}{12 \pi^2 c^4 \vartheta^2 r^2}\, v^2 \sum_{\mathfrak{a}} \cos^2 n t_{\mathfrak{a}}.$$

Für $\sum_{\mathfrak{a}} \cos^2 n t_{\mathfrak{a}}$ können wir schreiben, da τ sehr klein ist,

$$\int_0^{\vartheta} \cos^2 n t \frac{dt}{\tau} = \frac{1}{2} \frac{\vartheta}{\tau},$$

so daß

$$a_m^2 = \frac{n^2 e^2 \tau N v^2}{24 \pi^2 c^4 \vartheta r^2},$$

oder, wenn wir $v = \frac{l}{\tau}$ einsetzen,

$$a_m^2 = \frac{n^2 e^2 N v l}{24 \pi^2 c^4 \vartheta r^2} = \frac{n^2 e^2 \mathfrak{N} l v \Delta}{24 \pi^2 c^4 \vartheta r^2} d\omega.$$

Daher ist nach (32a) die Strahlung durch $d\omega'$, die zwischen den Schwingungszahlen n und $n + dn$ liegt,

$$(35) \qquad \frac{c\vartheta}{2\pi} a_m^2 \, dn d\omega' = \frac{n^2 e^2 \mathfrak{N} l v \Delta}{48 \pi^3 c^3 r^2} dn d\omega d\omega'.$$

Ebenso groß ist die Strahlung, die von den Beschleunigungskomponenten $\frac{dv_y}{dt}$ herrührt.

Für mehrere strahlende Ionenarten, deren Wirkungen sich einfach superponieren, haben wir verschiedene $\mathfrak{N}$, l und v zu unterscheiden und erhalten für die Ausstrahlung

$$(36) \qquad \frac{n^2 \Delta \, dn d\omega d\omega'}{24 \pi^3 c^3 r^2} \{e_1^2 \mathfrak{N}_1 l_1 v_1 + e_2^2 \mathfrak{N}_2 l_2 v_2 + \cdots\}.$$

Wir müssen nun den Ausdruck für die Absorption in der dünnen Platte finden. Das Licht falle senkrecht gegen die Platte in der z-Richtung ein. Nach Gleichungen (8), (9) und (11), Art. 22, ist in einem absorbierenden Medium

$$\mathfrak{E} = A_e e^{int - (a+ib)z + i\vartheta}, \quad \mathfrak{H} = A_m e^{int - (a+ib)z + i\vartheta_1} = \mathfrak{E} \frac{A_m}{A_e} e^{i(\vartheta_1 - \vartheta)},$$

$$-\varepsilon n^2 = c^2(a^2 - b^2), \quad n\sigma = 2c^2 ab, \quad \vartheta_1 - \vartheta = \operatorname{arctg} \frac{a}{b},$$

$$\frac{A_m}{A_e} = \frac{c(a+ib)}{in} e^{i(\vartheta - \vartheta_1)}.$$

Bei Metallen kann man nun bekanntlich ε vernachlässigen, d. h. es ist

$$a = b, \quad a = \frac{1}{c}\sqrt{\frac{n\sigma}{2}},$$

$$\vartheta_1 - \vartheta = \frac{\pi}{4}, \quad \frac{A_m}{A_e} = \sqrt{\frac{n\sigma}{2}} \cdot \frac{1+i}{in} \cdot \frac{(1+i)}{\sqrt{2}} = \sqrt{\frac{\sigma}{n}},$$

so daß

$$\mathfrak{H} = \mathfrak{E} \cdot \frac{1-i}{\sqrt{2}} \sqrt{\frac{\sigma}{n}} = \mathfrak{E} f$$

wird.

Im umgebenden Medium ist $\mathfrak{E} = \mathfrak{H}$.

Beim Durchgang der Strahlung durch die dünne Platte haben wir auf der einen Seite der Platte eine einfallende, eine zurückkehrende, dann im Metall eine vorwärtsgehende, eine zurückkehrende und endlich auf der anderen Seite eine vorwärtsgehende Welle. Wir bezeichnen diese fünf Wellen mit den entsprechenden Zahlen. Da $\mathfrak{E}$ und $\mathfrak{H}$ stetig an den Grenzen sein müssen, ergibt sich an der vorderen Ebene, da mit der Richtung der Welle sich das Vorzeichen des magnetischen Vektors umkehrt,

$$A_1 + A_2 = A_3 + A_4$$
$$A_1 - A_2 = (A_3 - A_4)f,$$

an der Rückfläche

$$A_3 e^{-a(1+i)\Delta} + A_4 e^{a(1+i)\Delta} = A_5 e^{-i\frac{n}{c}\Delta},$$
$$f(A_3 e^{-a(1+i)\Delta} - A_4 e^{a(1+i)\Delta}) = A_5 e^{-i\frac{n}{c}\Delta}.$$

Durch Elimination ergibt sich, wenn man berücksichtigt, daß Δ sehr klein ist,

$$A_5 = A_1 e^{\frac{in\Delta}{c}}\left(1 - \frac{1}{2}\left(f + \frac{1}{f}\right)a(1+i)\Delta\right).$$

Berücksichtigt man die Werte von f und a, so findet man für die durch die Platte gehende Energie als das Quadrat des absoluten Betrages von A_5

$$|A_5|^2 = |A_1|^2\left(1 - \frac{\sigma\Delta}{c}\right).$$

Das Absorptionsvermögen ist also mit Rücksicht auf (30a)

$$\frac{\sigma}{c}\Delta = \frac{\Delta}{4\alpha c T}\{\mathfrak{N}_1 l_1 v_1 e^2 + \mathfrak{N}_2 l_2 v_2 e^2 + \cdots\}. \tag{37}$$

Nach dem *Kirchhoff*schen Satz ist das Verhältnis von Emission und Absorption gleich der Emission des schwarzen Körpers.

Dividieren wir die Ausdrücke (36) und (37) durcheinander, so erhalten wir

$$\frac{e_n\, dn\, d\omega\, d\omega'}{r^2} = \frac{\alpha n^2 T\, dn\, d\omega\, d\omega'}{6\pi^3 c^2 r^2}. \tag{38}$$

Dies ist die Energie der Strahlung der Frequenz n, welche vom Element $d\omega$ dem Element $d\omega'$ in der Entfernung r normal zugestrahlt wird. Die Energiedichte ergibt sich aus (2a)

$$u_n dn = \frac{2\alpha T n^2 dn}{3\pi^2 c^3} = \frac{16\alpha T d\lambda}{3\lambda^4}$$

in Übereinstimmung mit Gleichung (28c). Dieses Ergebnis ist auf die Strahlung beschränkt, bei der λ groß ist. Es mußte $\tau = \frac{l}{u}$ klein gegen $\frac{2\pi}{n}$ sein. Aus dem Verschiebungsgesetz folgt, daß diese Voraussetzung, die bei niedrigen Temperaturen lange Wellen voraussetzt, bei hohen Temperaturen bei immer kleineren giltig sein muß.

Eine wesentliche Schwierigkeit liegt in der Beziehung der *allgemeinen* Theorie der Strahlung zur Elektronentheorie. *Lorentz* hat in seinem auf dem internationalen mathematischen Kongreß in Rom 1908 gehaltenen Vortrage auseinandergesetzt, daß die von *Jeans* angewandten Gesetze der statistischen Mechanik (vgl. oben S. 322) immer zutreffend sind, wenn es sich um Systeme handelt, die sich dem *Hamilton*schen Prinzip unterordnen, und daß andererseits die gewöhnliche Theorie der Strahlung als quasistationärer Zustand der Elektronentheorie diesem Prinzip folgt. Hieraus würde allerdings zu schließen sein, daß das für lange Wellen gültige Strahlungsgesetz überhaupt allgemein gültig sein muß, weil dann eben die *Jeans*sche Ableitung für alle Wellenlängen gelten soll. Da nun aber diese Formel für kürzere Wellenlängen so sehr von der Erfahrung abweicht, daß jeder Versuch, sie hier anzuwenden, aufgegeben werden muß, so liegt hier ein Widerspruch zwischen der Elektronentheorie in der *Lorentz*schen Form und der Erfahrung vor.

Die von *Jeans* vertretene Auffassung, daß die realisierten schwarzen Körper (S. 287) in Wirklichkeit weit vom Gleichgewichtszustand der Strahlung abweichen, weil dieser sich erst nach sehr langer Zeit herstellen kann, ist der Erfahrungstatsache gegenüber unhaltbar, daß die von der *Jeans*schen Theorie geforderte allmähliche Steigerung der kurzwelligen Strahlung auf Kosten der langwelligen und der Molekularenergie auch nach beliebig langen Zeiten nicht eintritt. *H. A. Lorentz*[21]) ist auch neuerdings von der Annahme der Allgemeingültigkeit der *Rayleigh-Jeans*schen Formel zurückgekommen.

8. Untersuchungen über die molekulartheoretische Begründung des Strahlungsgesetzes. Die vorhergehende Untersuchung von *H. A. Lorentz* hat den großen Vorzug, daß sie auf rein molekular-kinetischem Wege das Strahlungsgesetz für lange Wellen ableitet. Und zwar bedarf es hier keiner neuen Hypothesen über den Strahlungsvorgang, sondern nur gewisser Annahmen, die sich bereits bei ganz anderen Phänomenen bewährt haben. Auch bedarf es nicht der Zuhilfenahme der thermodynamisch gewonnenen Sätze, sondern die Ergebnisse stimmen mit diesen Sätzen überein.

Eine ähnliche Theorie, die das allgemeine Strahlungsgesetz molekular-kinetisch begründet, besitzen wir nicht. Die *Planck*sche Theorie geht nicht auf den Mechanismus des Strahlungsvorganges selber ein und bedarf überdies als Hilfsmittel der thermodynamischen Strahlungsgesetze.

21) *H. A. Lorentz*, Phys. Zeitschr. 1908.

Ein Versuch, ein allgemeines Strahlungsgesetz molekular-kinetisch zu begründen, ist kürzlich von *J. J. Thomson*[22]) gemacht.

Der Gedankengang der *Thomson*schen Untersuchung ist ganz analog der *Lorentz*schen. Nur verwendet er die Wahrscheinlichkeitsbetrachtung nicht und nimmt an, daß die Strahlung durch Geschwindigkeitsänderungen während der Zusammenstöße mit andern Molekülen stattfindet. Die Art und Weise wie diese Geschwindigkeitsänderungen eintreten, ist dann auch von Einfluß auf das Strahlungsgesetz. Jenachdem *Thomson* als Gesetz der Geschwindigkeitsänderung die Funktion

$$Ae^{-\frac{t^2}{a^2}} \quad \text{oder} \quad \frac{A}{a^2+t^2}$$

annimmt, wo A und a Konstanten sind, erhält er einmal

$$u_\lambda = \frac{16\alpha T\lambda}{3\lambda^5} e^{-\frac{8\pi^2 a^2}{\lambda^2}}$$

oder

$$u_\lambda = \frac{16\alpha T\lambda}{3\lambda^5} e^{-\frac{4\pi c a}{\lambda}}.$$

Da nun nach den thermodynamischen Gesetzen (7)

$$u_\lambda = \frac{1}{\lambda^5} f(\lambda T)$$

sein muß, so wird $a = \frac{\text{const.}}{T}$ sein müssen. a gibt die Größenordnung der Zeit des Zusammenstoßes, die also umgekehrt proportional der absoluten Temperatur für alle Körper sein müßte.

Für große Werte von $\frac{\lambda}{a}$ gehen in der Tat beide *Thomson*schen Formeln in den *Lorentz*schen Ausdruck über.

Wegen des Faktors $T\lambda$ stimmen aber beide nicht mit der Formel (16) überein, indem für konstante Temperatur die Energiekurve entweder

$$\frac{\text{const.}}{\lambda^4} e^{-\frac{\text{const.}}{\lambda}} \quad \text{oder} \quad \frac{\text{const.}}{\lambda^4} e^{-\frac{\text{const.}}{\lambda^2}}$$

wird.

Man kann in Anlehnung an eine frühere Betrachtung[23]) das Strahlungsgesetz für nicht zu große Werte von λT erhalten, wenn man die Annahme festhält, daß die Elektronen bei ihren Zusammenstößen mit den Molekülen die Strahlung aussenden, daß sie aber nicht, wie bei *Lorentz* so strahlen, wie es den sämtlichen Freiheitsgraden

22) *J. J. Thomson,* Phil. Mag. (5) 14, (1907), p. 217.

23) *W. Wien,* Ann. Phys. Chem. 58 (1896), p. 662.

des Systems zukommt. Denn das würde, wie die Betrachtung von *Jeans* zeigt, zu einer Strahlung führen, die für unendlich kleine Wellenlängen unendlich groß werden würde. Auch die *Planck*sche Theorie verlangt eine Beschränkung der elektromagnetischen Freiheitsgrade, weil sie nur die Aussendung von Elementarquanten der Energie zuläßt. Eine solche Beschränkung einfacher Art liegt in der Annahme, daß *ein Elektron nur Strahlung einer Wellenlänge aussendet*, so daß zu jeder Geschwindigkeit eine bestimmte Wellenlänge der erregten Strahlung gehört.

Nimmt man nun für die Elektronen in einem Metall die Gesetze der kinetischen Gastheorie als richtig an, was sich bisher gut bewährt hat, so stellt das *Maxwell*sche Gesetz die Verteilung der Geschwindigkeiten der Elektronen dar.

Hiernach ist die Zahl der Elektronen, deren Geschwindigkeit zwischen v und $v + dv$ liegt, proportional der Größe $v^2 e^{-\frac{v^2}{\alpha}} dv$. Andererseits ist α proportional der absoluten Temperatur T. Die aus der Volumeneinheit gestrahlte Energie einer Wellenlänge ist nun nach der erwähnten Hypothese proportional der Anzahl der eine bestimmte Geschwindigkeit besitzenden Elektronen. Da nun λ eine Funktion von v ist, so ist v auch eine Funktion von λ und wir erhalten für die Energie

$$F_1(\lambda)\, e^{-a\frac{f(\lambda)}{T}}.$$

Diese Strahlung wird nun in dem Volumen teilweise wieder absorbiert, so daß nur ein Teil dieser Strahlung emittiert wird.

Da nun die Absorption der Metalle für kurze Wellenlängen merklich von der Temperatur unabhängig ist, wie aus der Unabhängigkeit der optischen Konstanten von der Temperatur hervorgeht, so ist das Absorptionsvermögen nur eine Funktion der Wellenlänge $F_2(\lambda)$. Daher ist das Emissionsvermögen eines schwarzen Körpers

$$e_\lambda = \frac{F_1(\lambda)}{F_2(\lambda)}\, e^{-a\frac{f(\lambda)}{T}}.$$

Da nun $\lambda^5 e_\lambda$ eine Funktion von λT sein muß, so folgt

$$e_\lambda = \frac{c_1}{\lambda^5}\, e^{-\frac{c_2}{\lambda T}}, \tag{35}$$

wo c_1 und c_2 zwei Konstanten bezeichnen.

Diese Formel kann als Grenzfall des *Planck*schen Strahlungsgesetzes (13) angesehen werden, falls nämlich die Größe $e^{\frac{hc}{k\lambda T}}$ groß gegen Eins ist, während sich die *Jeans-Lorentz*sche Formel, wie hervorgehoben, aus dem *Planck*schen Gesetz als Grenzfall im umgekehrten Sinne ergibt, falls nämlich $e^{\frac{hc}{k\lambda T}}$ klein gegen Eins angenommen werden darf.

9. Untersuchungen von Laue über Veränderung der Strahlung beim Durchgang durch absorbierende und dispergierende Medien. Die Fragen nach der Veränderung der natürlichen Strahlung beim Durchgang durch absorbierende Medien und die hiermit zusammenhängende über die Grenzen des zweiten Hauptsatzes in optischer Beziehung, ferner die Fragen nach der thermo-dynamischen Bedeutung der Kohärenz sind von *Laue* erörtert worden[26]).

Die ersten Untersuchungen schließen sich unmittelbar an die *Planck*schen Formeln für die natürliche Strahlung an.

Wir können die Formel (24a), da nur Werte in Betracht kommen, bei denen n_0 nahe gleich n ist, schreiben

$$\mathfrak{J}_{n_0} = \frac{2}{n_0 l}\iint dm\, dn \sin^2\gamma_n C_n C_{n+m} \cos(mt - \Theta_{n+m} + \Theta_n),$$

wo

$$\sin^2\gamma_n = \frac{1}{1 + \frac{4\pi^2(n-n_0)^2}{l^2 n_0{}^2}}$$

ist, oder bequemer als reellen Teil des Ausdruckes

$$\mathfrak{J}_{n_0} = \frac{2}{n_0 l}\iint dm\, dn\, C_n C_{n+m} \sin^2\gamma_n e^{i(mt - \Theta_{n+m} + \Theta_n)}.$$

Betrachten wir eine durch die Formel

$$\int dn\, C_n e^{i(nt - \Theta_n)}$$

dargestellte Schwingung, die sich durch ein Medium ausbreitet, in welchem ν_n das Brechungsverhältnis für die Schwingungszahl n und a_n der Absorptionsindex ist, so haben wir nach Zurücklegung der Strecke x

$$\int dn\, C_n e^{i\left[n\left(t - \frac{\nu_n}{c}x\right) - \Theta_n\right] - a_n x}.$$

Dies Integral läßt sich schreiben

$$\int dn\, C_n' e^{i[nt - \Theta_n']},$$

wo
$$C_n' e^{-i\Theta_n'} = C_n e^{-i\left(\frac{\nu_n n}{c}x + \Theta_n\right)} e^{-a_n x} \quad \text{ist.}$$

26) *M. Laue,* Ann. d. Phys. 18 (1905), p. 533.

Das Integral

$$\mathfrak{J}_{n_0} = \frac{2}{n_0 l} \iint dn\,dm\, C_n C_{n+m} \sin^2 \gamma_n e^{i(mt - \Theta_{n+m} + \Theta_n)}$$

wird also

$$= \iint dn\,dm\, C_n' C_{n+m}' e^{i(mt - \Theta'_{n+m} - \Theta'_n)} =$$

$$\frac{2}{n_0 l} \iint dn\,dm\, C_n C_{n+m} \sin^2 \gamma_n e^{i(mt - \Theta_{n+m} + \Theta_n) + ix\left(\frac{\nu_n n}{c} - \frac{\nu_{n+m}(n+m)}{c}\right)} e^{-x(a_{n+m} + a_m)}.$$

Setzen wir $n + m = n + dn$, also $m = dn$, so ist

$$n\nu_n - \nu_{n+m}(n+m) = n\nu_n - (n + dn)\left(\frac{d\nu_n}{dn} dn + \nu_n\right)$$
$$= -\frac{d}{dn}(\nu_n n) dn$$

und die Fortpflanzungsgeschwindigkeit der Intensität $\mathfrak{J}_{n_0}$ ist

$$-\frac{m}{\frac{\nu_n n}{c} - \frac{\nu_{m+n}(n+m)}{c}} = \frac{c}{\frac{d}{dn}(\nu_n n)},$$

was mit der Gruppengeschwindigkeit übereinstimmt.

Bei den obigen Rechnungen ist vorausgesetzt, daß nur die Eigenschwingungen der Resonatoren, d. h. Werte von n die nahe bei n_0 liegen, in Betracht kommen. Wenn aber selektive Absorption eintritt, so können gerade diese Schwingungen stark geschwächt werden.

Wir hatten oben

$$\mathfrak{A} = \frac{1}{n_0 l} \int dn\, C_{n+m} C_n \sin^2 \gamma_n \sin(\Theta_{n+m} - \Theta_n),$$

$$\mathfrak{B} = \frac{1}{n_0} l \int dn\, C_{n+m} C_n \sin^2 \gamma_n \cos(\Theta_{n+m} - \Theta_n).$$

Für Werte von n, die nahe n_0 sind, ist $\sin \gamma_n = 1$.

Setzen wir diese Werte als Mittelwerte in den Ausdruck für $\mathfrak{J}_{n_0}$ ein, so wird

$$\mathfrak{J}_{n_0} = \int dm \frac{(\mathfrak{B} + i\mathfrak{A})}{n_0 l} e^{imt} \int dn \sin^2 \gamma_n e^{-(a_{n+m} + a_n)x + ix\left(\frac{\nu_n n}{c} - \frac{\nu_{n+m}(n+m)}{c}\right)}.$$

Solange ln_0 groß ist gegen $n - n_0$, ist

$$\frac{2}{ln_0} \int dn \sin^2 \gamma_n = 1,$$

also $\mathfrak{J}_{n_0}$ unabhängig von l. Wenn aber $n - n_0$ groß ist gegen ln_0, so ist

$$\sin^2 \gamma_n = \frac{l^2 n^2 n_0^2}{\pi^2 (n_0^2 - n^2)^2}.$$

Für kleine Werte von x sind nach der bisherigen Theorie alle Glieder, bei denen nicht n nahe n_0 liegt, verschwindend. Damit dies auch für große x gelte, muß $\sin^2 \gamma_n e^{-2 a_n x}$ klein gegen $\sin^2 \gamma_n e^{-2 a_{n_0} x}$ sein.

Ist diese Bedingung nicht erfüllt, so würde $\mathfrak{J}_{n_0}$ abhängig von l werden, was den Bedingungen der natürlichen Strahlung widerspricht. Nur wenn $n_0 - n$ klein ist, so daß $\sin \gamma$ constant ist, ergibt die über den Bereich $l n_0$ ausgedehnte Integration den Faktor $n_0 l$, der sich gegen den Nenner weghebt und $\mathfrak{J}_{n_0}$ von l unabhängig macht. Doch ist die ganze Betrachtungsweise nur auf kleine Dämpfung anwendbar.

Wenn wir eine beliebige Störung haben, die sich durch ein *Fourier*sches Integral darstellen läßt, so folgt aus der Tatsache, daß in dispergierenden Medien die Gruppengeschwindigkeit von der Schwingungszahl abhängt, daß die verschiedenen Teilschwingungen sich mit verschiedener Geschwindigkeit fortpflanzen. Es tritt auf diese Weise eine Trennung der einzelnen Partialschwingungen auf, bis wir einzelne Gruppen erhalten, die aus Sinuswellen bestehen, von denen sich dann jede unverändert fortpflanzt.

Wenn es gelingen würde, diese Gruppen einzeln aufzufangen, würde man gegen den zweiten Hauptsatz verstoßen können. Doch zeigt sich, daß die Schwächung der Intensität so groß ist, daß man praktisch keinen Erfolg erwarten kann.

10. Relative Temperatur und scheinbare Trägheit bewegter Hohlraumstrahlung. In Nr. 19, Art. 22 haben wir gesehen, daß sich eine Umformung der *Maxwell*schen Gleichungen ausführen läßt, bei der die für ein ruhendes System geltenden Beziehungen auch für ein bewegtes System bestehen bleiben, so daß, wenn ein Beobachter sich mit dem System bewegt, er alles so findet wie im ruhenden, während dem ruhenden Beobachter die physikalischen Größen in bestimmter, von dem Verhältnis der Translationsgeschwindigkeit zur Lichtgeschwindigkeit abhängiger Weise verändert erscheinen. Es läßt sich nun aus der Theorie der Strahlung ableiten, daß auch die Temperatur[27]) (nicht aber die Entropie) zu den in dieser Weise veränderten Größen gehört. Hiernach scheint einem bewegten Beobachter die Temperatur eine andere zu sein, wie dem ruhenden, und zwar muß sich das natürlich nicht nur auf die durch Strahlung gemessene Temperatur, sondern auf jede andere Temperaturmessung beziehen.

Wir betrachten die Strahlungsenergie, die in einem Hohlraum mit spiegelnden Wänden sich befindet. Setzt man die Wände in

27) *K. v. Mosengeil*, Ann. d. Phys. 22 (1907), p. 898. Vgl. auch *Planck*, Berlin Ber. 13. Juni 1907, p. 546.

Bewegung, so folgt, daß auch die Strahlung sich mitbewegen muß und hierbei zeigt die genauere Analyse, daß die Bewegung nur durch eine Arbeitsleistung hervorgebracht werden kann, so daß diesem System eine nur von dem Energieinhalt abhängige Trägheit zugeschrieben werden muß. Diese Trägheit ist ein spezieller Fall der vom Relativitätsprinzip allgemein geforderten Trägheit der Energie.

Nach Gl. (101a), Art. 22, war die auf einen Körper wirkende Kraft pro Volumeinheit

$$\mathfrak{F} = \frac{1}{c^2} \frac{\partial \mathfrak{S}}{\partial t}.$$

Wir behalten die dort gebrauchten Bezeichnungen mit dem Unterschied bei, daß wir die dort mit u bezeichnete Translationsgeschwindigkeit mit v bezeichnen, da jetzt u durchweg die Energiedichte bezeichnet.

Ist J die Intensität der Strahlung, die zwischen der Richtung α und $\alpha + d\alpha$ auf einen vollkommenen Spiegel fällt, so ist

$$J = e\,d\Omega,$$

wo $d\Omega$ die Öffnung des Elementarkegels des Strahlenbündels ist. Nun ist nach Art. 22, Gl. (105), (106a) und (107b)

$$(41)\quad \frac{S_1}{S_2} = \frac{c \cos \alpha_2 - v}{-c \cos \alpha_1 + v} \frac{\sqrt{1-\cos^2 \alpha_2}}{\sqrt{1-\cos^2 \alpha_1}} = \frac{1 - \frac{v}{c} \cos \alpha_2}{1 - \frac{v}{c} \cos \alpha_1} \cdot \frac{\sin \alpha_2}{\sin \alpha_1} = \frac{\sin^2 \alpha_2}{\sin^2 \alpha_1}.$$

Betrachten wir nun die Strahlen, die in dem Kegelmantel liegen, dessen Achse die Spiegelnormale ist, zwischen α_1 und $\alpha_1 + d\alpha_1$ beziehentlich α_2 und $\alpha_2 + d\alpha_2$, so ist $\frac{d\Omega_1}{d\Omega_2} = \frac{\sin \alpha_1\, d\alpha_1}{\sin \alpha_2\, d\alpha_2}$. Den Wert von $\frac{d\alpha_1}{d\alpha_2}$ erhalten wir aus (107a), wenn wir nach α_1 und α_2 differenzieren.

Es ergibt sich daher unter Berücksichtigung von (107b) und (106a)

$$\frac{d\Omega_1}{d\Omega_2} = \frac{\sin^2 \alpha_1}{\sin^2 \alpha_2}.$$

Daher ergibt sich für das Verhältnis der Emissionen e_1 und e_2 unter Benutzung von (41)

$$\frac{e_1}{e_2} = \frac{J_1}{J_2} \frac{d\Omega_2}{d\Omega_1} = \frac{S_1}{S_2} \frac{d\Omega_2}{d\Omega_1} = \frac{\sin^4 \alpha_2}{\sin^4 \alpha_1},$$

oder nach (106)

$$(41a)\qquad = \left(\frac{1 - \frac{v}{c} \cos \varphi_2}{1 - \frac{v}{c} \cos \varphi_1} \right)^4.$$

Diese Formel gestattet uns die Intensität eines unter einem variabeln Winkel φ_1 ausgesandten Strahls auf die unter *einem einzigen* Winkel φ_2 ausgesandte zurückzuführen, so daß φ_2 im folgenden als *konstant*, φ_1 als variabel anzunehmen sind.

Dann ist für den Elementarkegel zwischen φ_1 und $\varphi_1 + d\varphi_1$ das Differential des Poyntingschen Vektors

$$d\mathfrak{S}_v = e_1 d\Omega \cos \varphi_1,$$

daher für vollständig zerstreute Strahlung in einem Hohlraum mit spiegelnden Wänden

$$\mathfrak{S}_v = \int_0^{\pi}\int_0^{2\pi} \frac{e_2 \cos\varphi_1 \sin\varphi_1\, d\varphi_1\, d\vartheta \left(1 - \frac{v}{c}\cos\varphi_2\right)^4}{\left(1 - \frac{v}{c}\cos\varphi_1\right)^4} \tag{42}$$

$$= \frac{16}{3}\pi \frac{v}{c} \frac{e_2\left(1 - \frac{v}{c}\cos\varphi_2\right)^4}{\varkappa^6}$$

mit der Abkürzung $\varkappa^2 = 1 - \left(\frac{v}{c}\right)^2$.

Daher ist die Kraft auf die Flächeneinheit nach Art. 22, (101)

$$\mathfrak{F} = \frac{16}{3}\frac{\pi}{c^3}\frac{d}{dv}\left[\frac{v e_2\left(1 - \frac{v}{c}\cos\varphi_2\right)^4}{\varkappa^6}\right]\frac{dv}{dt},$$

und die geleistete Arbeit

$$\mathfrak{F} v\, dt = \frac{16}{3}\frac{\pi}{c^3} v \frac{d}{dv}\left(\frac{v e_2\left(1 - \frac{v}{c}\cos\varphi_2\right)^4}{\varkappa^6}\right)\frac{dv}{dt}\, dt. \tag{43}$$

Diese Arbeit ist gegen die Strahlung geleistet und um diesen Betrag muß sich die Energie der Strahlung vermehrt haben.

Ähnlich wie den Energiefluß finden wir die Energiedichte, wenn wir $\frac{e_1}{c}\sin\varphi_1 d\varphi_1 d\vartheta$ über alle Richtungen integrieren, also nach (41a)

$$u = \int_0^{\pi}\int_0^{2\pi} \frac{\frac{1}{c} e_2\left(1 - \frac{v}{c}\cos\varphi_2\right)^4 \sin\varphi_1\, d\varphi_1\, d\vartheta}{\left(1 - \frac{v}{c}\cos\varphi_1\right)^4}$$

$$= \frac{4\pi}{c} e_2 \frac{\left(1 + \frac{1}{3}\left(\frac{v}{c}\right)^2\right)}{\varkappa^6}\left(1 - \frac{v}{c}\cos\varphi_2\right)^4,$$

und hieraus bei kleiner Beschleunigung

$$\frac{du}{dt}dt = \frac{4\pi}{c}\frac{d}{dv}\left\{e_2\left(1 - \frac{v}{c}\cos\varphi_2\right)^4 \frac{1 + \frac{1}{3}\left(\frac{v}{c}\right)^2}{\varkappa^6}\right\}\frac{dv}{dt}\, dt. \tag{44}$$

Daher ist durch Gleichsetzen der beiden Arbeitswerte (43) und (44)

$$\frac{4v}{3c^2}\frac{d}{dv}\left(\frac{v}{\varkappa^6}e_2\left(1-\frac{v}{c}\cos\varphi_2\right)^4\right)=\frac{d}{dv}\left\{e_2\left(1-\frac{v}{c}\cos\varphi_2\right)^4\frac{1+\frac{1}{3}\left(\frac{v}{c}\right)^2}{\varkappa^6}\right\},$$

woraus sich durch Integration

$$\text{(45)}\qquad e_2\left(1-\frac{v}{c}\cos\varphi_2\right)^4=\text{const.}\,\varkappa^{\frac{16}{3}}$$

$$=e_0\left(1-\frac{v^2}{c^2}\right)^{\frac{8}{3}}$$

ergibt, so daß andererseits

$$\text{(46)}\qquad u=\frac{4\pi}{c}e_0\frac{1+\frac{1}{3}\left(\frac{v}{c}\right)^2}{\varkappa^{\frac{2}{3}}},$$

für unpolarisierte Strahlung

$$u=\frac{8\pi}{c}e_0\frac{1+\frac{1}{3}\left(\frac{v}{c}\right)^2}{\varkappa^{\frac{2}{3}}}$$

folgt. Hier ist wohl zu berücksichtigen, daß diese Formel zunächst nur für den adiabatischen Prozeß, der durch die spiegelnden Wände erreicht wird, gilt, d. h. daß man adiabatisch den Hohlraum von der Geschwindigkeit Null auf die Geschwindigkeit v brachte und zwar mit kleiner Beschleunigung.

Was nun den normalen Druck der Strahlung auf den bewegten Spiegel betrifft, so war nach Art. 22, Gl. (108) für eine ebene Welle

$$p=\frac{2S\left(-\cos\alpha_1+\frac{v}{c}\right)^2}{c\left(1-\left(\frac{v}{c}\right)^2\right)},$$

also für ein Strahlenbündel von der Öffnung $\sin\alpha_1\,d\alpha_1\,d\vartheta$

$$dp=\frac{2}{c}\frac{e_2}{\varkappa^2}\left(-\cos\alpha_1+\frac{v}{c}\right)^2\sin\alpha_1\,d\alpha_1\,d\vartheta.$$

Wenn wir den Gesamtdruck für alle Strahlen haben wollen, müssen wir in bezug auf ϑ von 0 bis 2π, in bezug auf α_1 von 0 bis $\operatorname{arc}\cos\frac{v}{c}$ integrieren, weil nur diejenigen Strahlen auf den bewegten Spiegel fallen, deren Komponente nach der Bewegungsrichtung größer ist als die Geschwindigkeit des Spiegels.

Wir können ferner die Bewegung des Spiegels so spezialisieren, daß er sich nur in der Richtung seiner Normalen bewegt, da bei vollkommen zerstreuter Strahlung der Druck von der Orientierung der Fläche unabhängig ist. Dann ist $\varphi_1=\alpha_1$; setzen wir den Wert von e_2

aus (45) in dp ein und führen die Integrationen aus, so wird

(47)
$$p = \frac{8}{3}\frac{\pi}{c}e_0\varkappa^{\frac{4}{3}} = \frac{\varkappa^2}{3+\left(\frac{v}{c}\right)^2}u.$$

Nennen wir A die Energie der in einem geschlossenen Hohlraume mit spiegelnden Wänden eingeschlossenen Strahlung, dQ die von außen zugeführte Wärme, dW die Arbeitsleistung, dann ist

$$dA = dW + dQ.$$

Nach dem zweiten Hauptsatz muß $dS = \frac{dQ}{T} = \frac{dA - dW}{T}$ ein vollständiges Differential sein.

Ist V das Volumen des Hohlraumes, so ist

$$A = uV.$$

Ferner ist

$$W = \frac{dG}{dt}dtv - pdV,$$

wo G die elektromagnetische Bewegungsgröße ist.

Nun hatten wir $p = \frac{\varkappa^2}{3+\left(\frac{v}{c}\right)^2}u$, und nach (42) und (45)

$$S = \frac{32\pi v}{3c}\frac{e_0}{\varkappa^{\frac{2}{3}}} = \frac{4vu}{3+\left(\frac{v}{c}\right)^2}.$$

Es war aber $\frac{1}{c^2}S$ die Raumdichte der Bewegungsgröße, daher ist

$$G = \frac{1}{c^2}SV,$$

so daß dann die Gleichung

(49)
$$dQ = d(uV) - v\,dG + p\,dV$$

entsteht.

Wir haben oben die Größen u, p und G für die adiabatische Änderung abgeleitet. Nun müssen p und G durch u bestimmt sein, unabhängig davon, ob der Bewegungszustand adiabatisch oder auf andere Weise erreicht wurde. Daher sind die Beziehungen zwischen diesen Größen allgemeingültig.

Aus der Bedingung, daß dS ein vollständiges Differential der Variabeln v, V und T ist, leiten wir die Gleichungen ab

$$\frac{\partial p}{\partial v} = \frac{S}{c^2},$$

$$\frac{\partial p}{\partial T} - \frac{p}{T} = \frac{u}{T} - \frac{vS}{Tc^2} = \frac{u}{T} - \frac{v}{T}\frac{\partial p}{\partial v}$$

$$= \frac{3+\left(\frac{v}{c}\right)^2}{\left(1-\frac{v^2}{c^2}\right)T}p - \frac{v}{T}\frac{\partial p}{\partial v}.$$

Diese Gleichung, unter der Bedingung integriert, daß $u = \frac{4\pi}{c} a T^4$ für $v = 0$ werden muß, gibt

$$p = \frac{4\pi a T^4}{3c\left(1 - \left(\frac{v}{c}\right)^2\right)^2},$$

woraus sogleich

$$u = \frac{4\pi a T^4 \left(3 + \left(\frac{v}{c}\right)^2\right)}{3c\left(1 - \left(\frac{v}{c}\right)^2\right)^3}, \tag{49a}$$

$$G = \frac{16\pi a v T^4 V}{3c^3\left(1 - \left(\frac{v}{c}\right)^2\right)^3}$$

folgt, während aus

$$\frac{u}{T} - \frac{Sv}{c^2 T} + \frac{p}{T} = \frac{\partial S}{\partial V}$$

$$S = \frac{16\pi a T^3 V}{3c\left(1 - \left(\frac{v}{c}\right)^2\right)^2} \tag{50}$$

folgt, und die Entropie des ruhenden Systems $S_0 = \frac{16\pi a}{3c} T_0^3 V_0$ ist.

Nach der Relativitätstheorie erscheinen nun einem ruhenden Beobachter die Längen in der Translationsrichtung im Verhältnis $\sqrt{1 - \left(\frac{v}{c}\right)^2} : 1$ verkleinert. Daher ist $V = V_0 \sqrt{1 - \left(\frac{v}{c}\right)^2}$ und

$$\frac{S}{S_0} = \frac{T^3}{T_0^3 \left(1 - \left(\frac{v}{c}\right)^2\right)^{\frac{3}{2}}}.$$

Man sieht hieraus, daß unmöglich gleichzeitig $S = S_0$ und $T = T_0$ sein kann. Nun kann die Entropie eines Systems ihrer Natur nach als Wahrscheinlichkeitsgröße sich nicht ändern dadurch, daß man sie von einem bewegten System aus mißt. Um die Gleichung zu befriedigen, wenn $S = S_0$ ist, muß

$$\frac{T}{T_0} = \sqrt{1 - \left(\frac{v}{c}\right)^2}$$

sein, d. h. von einem ruhenden Punkte aus erscheint die Temperatur eines bewegten Körpers im Vergleich zur Ruhe im Verhältnis $\sqrt{1 - \left(\frac{v}{c}\right)^2} : 1$ verkleinert.

Die gewonnenen Formeln zeigen auch, daß die Hohlraumstrahlung eine bestimmte Bewegungsenergie besitzt. Doch geht aus dem Früheren hervor, daß sie verschieden ist je nach den Bedingungen, unter denen die Geschwindigkeit erreicht ist, ob sie z. B. adiabatisch oder isotherm erlangt wurde.

Die adiabatische Energiedichte war nach (46)

$$u = \frac{8\pi}{c} e_0 \frac{1 + \frac{1}{3}\left(\frac{v}{c}\right)^2}{\varkappa^{\frac{2}{3}}},$$

für $v = 0$ ist

$$u_0 = \frac{8\pi}{c} e_0,$$

daher die Dichte der Bewegungsenergie

$$u - u_0 = \frac{8\pi}{c} e_0 \left(\frac{1 + \frac{1}{3}\left(\frac{v}{c}\right)^2}{\varkappa^{\frac{2}{3}}} - 1 \right)$$

und die gesamte Bewegungsenergie

$$uV - u_0 V_0 = V_0 (u\varkappa - u_0) = \frac{8\pi}{c} e_0 \left(\left(1 + \frac{1}{3}\left(\frac{v}{c}\right)^2\right)\varkappa^{\frac{1}{3}} - 1 \right) V_0$$

$$= \frac{4\pi}{c} a T^4 V_0 \left(\left(1 + \frac{1}{3}\left(\frac{v}{c}\right)^2\right)\varkappa^{\frac{1}{3}} - 1 \right).$$

Hieraus ergibt sich, daß der Hohlraumstrahlung Trägheit zukommt. Sie besitzt daher auch scheinbare Masse, die aber in der verschiedensten Weise definiert werden kann. Nimmt man z. B. die *Abraham*sche Definition der scheinbaren longitudinalen Masse $m = \frac{\partial G}{\partial v}$, so sind hier noch die näheren Bedingungen hinzuzufügen. Nehmen wir die Bedingungen, unter denen die Beschleunigung stattfand, adiabatisch und mit konstantem Volumen, so haben wir die Nebenbedingungen $dS = 0$, $dV = 0$ also nach (49)

$$0 = \frac{3\,dT}{(c^2 - v^2)^2} + \frac{4\,Tv\,dv}{(c^2 - v^2)^3}$$

und

$$m = \frac{\partial G}{\partial v} + \frac{\partial G}{\partial T}\frac{dT}{dv}$$

$$= \frac{16\pi a \left(3 - \frac{v^2}{c^2}\right) T^4 V}{9c^3 \left(1 - \frac{v^2}{c^2}\right)^4}.$$ [28]

Für kleine Geschwindigkeiten ist die scheinbare Masse

$$\frac{16\pi a T^4 V}{3c^3}.$$

11. Interferenzphänomene [29]. Während man früher nach dem Vorgang von *Fresnel* zur Erklärung der Interferenzfähigkeit auf den

28) *M. Planck*, Berlin Ber. 13. Juni 1907, p. 24.

29) Vgl. *Gouy*, Journ. Phys. (2) 37 (1894), p. 354; Paris C. R. 120 (1895),

Schwingungsvorgang des Lichts selbst zurückging, ist in neuerer Zeit besonders von *Gouy*, Lord *Rayleigh*, *Schuster*, *Wind*, *Planck* und *Laue* die Anschauung vertreten, daß man nur die Lichtquellen nach der *Fourier*schen Reihe in Partialschwingungen zu zerlegen brauche (vgl. S. 312 ff.), dann bestimme die Homogenität allein die Interferenzfähigkeit, ohne daß Dämpfung oder sonstige Verhältnisse in der erregenden Schwingung irgendwie in Betracht kämen.

Betrachten wir ein von einem Gitter entworfenes Spektrum erster Ordnung. Der Phasenunterschied zweier benachbarter interferierenden Strahlen ist gleich der Schwingungsdauer des Lichts τ. Im Spektrum $m$ter Ordnung ist er $m\tau$. Für die Endstriche eines Gitters von a Strichen ist er $ma\tau$. Während dieser Zeit nun muß eine regelmäßige Phasendifferenz zwischen den interferierenden Strahlen vorhanden sein. In der *Planck*schen Hypothese der natürlichen Strahlung wird angenommen, daß die Mittelwerte von den Amplituden C_{n+m}, C_n und den Phasen Θ_{n+m}, Θ_n unabhängig sind. Hiermit ist ausgesprochen, daß die Amplituden und Phasen sich so schnell und unregelmäßig ändern, daß nur der konstante Mittelwert in Betracht kommt, daß also bei der Interferenz die Lage der Interferenzstreifen im Spektrum so schnell wechselt, daß man nichts davon wahrnehmen kann. Wenn aber Interferenz eintritt, so muß die Phase zwischen interferierenden Wellen nur durch die Verschiedenheit des Lichtwegs bestimmt sein.

Diese Betrachtungsweise hat den Vorteil, daß sie nicht auf den Mechanismus der Lichterregung einzugehen braucht. In der Tat hängt ja die Interferenzfähigkeit nur von der Spektralbreite und Intensitätsverteilung des angewandten Lichts ab.

Eine Schwierigkeit liegt aber doch in der Tatsache der Interferenzfähigkeit oder Kohärenz. Die Erfahrungstatsache, daß Interferenz verschiedener Lichtquellen nicht beobachtet werden kann, zwingt uns zu der Annahme, daß Strahlen, die von einem Punkt eines schwarzen Körpers ausgehen, über eine gewisse Zeit erstreckt nicht identisch sind mit den Strahlen, die von verschiedenen Emissionszentren ausgehen. Hiermit hängt es zusammen, wenn die Absorption eines mit einem anderen kohärenten Strahles durch einen schwarzen Körper gleicher Temperatur für irreversibel erklärt werden muß[30]). Nach der

---

p. 915; Paris C. R. 130 (1900), p. 241, 560; Lord *Rayleigh*, Phil. Mag. (5) 27 (1889), p. 463; *Schuster*, Phil. Mag. (5) 37 (1894), p. 509; Paris C. R. 120 (1895), p. 987; *G. Poincaré*, Paris C. R. 120 (1895), p. 757; *Corbino*, Paris C. R. 133 (1901), p. 412; *Carvallo*, Paris C. R. 130 (1900), p. 73, 401; *Planck*, Ann. Phys. 1 (1900), p. 69; Ann. Phys. 7 (1902), p. 390; *Laue*, Ann. Phys. 20 (1906), p. 365.

30) Vgl. *Laue*, Ann. Phys. 20 (1906), p. 376.

Anschauung der genannten Forscher wird Interferenzfähigkeit verschiedener Strahlen durch die Zerlegung der ursprünglichen Schwingung in ein *Fourier*sches Integral dargestellt. Die Auffassung enthält noch dieselbe Lücke wie die Hypothese der natürlichen Strahlung (S. 320), indem nämlich die als *beliebig* vorausgesetzte Schwingung nicht die durch die Hypothese der Energieelemente geforderten Spezialeigenschaften enthält. Ferner ergibt sich aus der Folgerung, daß die Interferenzfähigkeit nur von der Homogenität der Strahlen abhängen soll, die weitere Schwierigkeit, daß wir homogene Spektrallinien herstellen können, bei denen die Interferenzfähigkeit Schlüsse auf die Dämpfung gestattet. Wenn nämlich eine Spektrallinie wegen zu großer Dämpfung nicht mehr interferenzfähig wäre, während sie es ihrer Homogenität nach noch sein sollte, so kämen wir zu der Folgerung, daß ein aus dem Spektrum des schwarzen Körpers genügend fein ausgeschnittenes Stück größere Interferenzfähigkeit besitzen könne als eine ebenso homogene Spektrallinie. Diese Konsequenz ist unwahrscheinlich. Man müßte also auch von den Spektrallinien behaupten, das ihre Interferenzfähigkeit nur von der Homogenität abhängt.

Jedenfalls zwingen aber die Erfahrungen der Interferenzfähigkeit, kohärente und nicht kohärente Strahlenbündel zu unterscheiden.

Als vollständig kohärent bezeichnet man zwei Strahlen, die bei gleicher Intensität und einem Gangunterschied eines ungeraden Vielfachen einer halben Wellenlänge einander vollständig auslöschen. Bei teilweiser Kohärenz wird die Auslöschung unvollständig sein und die übrig bleibende Intensität wird dem nicht kohärenten Anteil zuzuweisen sein. Als Maß für die Kohärenz[31]) kann man die Interferenzfähigkeit der Strahlenbündel benutzen, wobei die Gangunterschiede nicht so groß sein dürfen, daß ein Einfluß der Homogenität auf die Interferenz eintritt.

Vollständig kohärente Strahlenbündel, für welche gemäß dem Sinussatz (vgl. (5)) der Ausdruck $d\omega v^2 \sin^2\alpha$ denselben Wert hat, lassen sich stets umkehrbar in ein einziges umwandeln, dessen Energie die Summe ihrer Energien ist. Die Energie eines der Strahlen ist

$$\pi e_\lambda d\omega \sin^2\alpha.$$

Die Gesamtenergie von $\mathfrak{a}$ Strahlen daher

$$\pi d\omega v^2 \sin^2\alpha \sum_1^{\mathfrak{a}} \frac{e_\lambda}{v^2}.$$

Für die Entropie eines Strahlenbündels können wir den Ausdruck (15),

31) *Laue,* Ann. Phys. 23 (1907), p. 1.

der diese nach der *Planck*schen Theorie aus der Wahrscheinlichkeit ableitet, benutzen. Demnach ist die Entropie von $\mathfrak{a}$ kohärenten Bündeln[32])

$$\frac{kc}{\lambda^4}\pi d\omega \nu^2 \sin^2\alpha\left[\left(1+\frac{\lambda^5}{c^2h}\sum_1^{\mathfrak{a}}\frac{e_\lambda}{\nu^2}\right)\log\left(1+\frac{\lambda^5}{c^2h}\sum_1^{\mathfrak{a}}\frac{e_\lambda}{\nu^2}\right)\right.$$
$$\left.-\frac{\lambda^5}{c^2h}\sum_1^{\mathfrak{a}}\frac{e_\lambda}{\nu^2}\log\frac{\lambda^5}{c^2h}\sum_1^{\mathfrak{a}}\frac{e_\lambda}{\nu^2}\right].$$

Teilweise kohärente Strahlenbündel lassen sich umkehrbar auf die gleiche Anzahl vollständig kohärenter und inkohärenter zurückführen; die Entropie der letzteren berechnet sich additiv aus den Entropien der einzelnen Strahlen. Die Durchführung dieses Gedankens ergibt einen weitgehenden Einfluß der Interferenzfähigkeit auf die Entropie. Genaueres hierüber findet sich in dem Art. *Laue* über Wellenoptik.

Man kann hiernach die Entropie kohärenter Strahlenbündel nicht einfach addieren, sondern muß sie nach dem vorhergehenden Ausdruck berechnen. Hieraus ergibt sich dann auch, daß die Summe der Entropien kohärenter Strahlenbündel kleiner ist, als die durch einfache Addition zu gewinnende nicht kohärenter Bündel; der Verlust der Kohärenz ist daher mit Entropievermehrung verbunden.

Die Entropie ist nur dann durch die geometrischen Verhältnisse und die Intensität eines Strahls bestimmt, wenn der Strahl nicht in einzelne, mit einander nicht kohärente Bündel zerlegt werden kann. So ist die Entropie bei einem Strahlenbündel, das aus einem, den schwarzen Körper realisierenden Hohlraum stammt, nicht bestimmt, wenn man nicht die einzelnen Strahlenbündel im Hohlraum verfolgt. Ist das Absorptionsvermögen der Innenfläche des Hohlraums groß, so daß die aus der Öffnung tretenden Strahlen wenig Reflexionen erlitten haben, so ist die Entropie unter sonst gleichen Verhältnissen größer als wenn bei vielen inneren Reflexionen Strahlen desselben emittierenden Oberflächenelements auf verschiedenen Wegen nach außen gelangen und daher teilweise kohärent sind. Es ist dies Ergebnis bemerkenswert insofern, als man bisher die Annäherung an den schwarzen Körper, also an das Maximum der Entropie, durch die Absorption eines eintretenden Strahls im Hohlraum für bestimmt hielt.

Es ist sehr wohl denkbar, daß die Bestimmung der Entropie der Spektrallinien noch ganz neue Bestimmungsstücke verlangt. Die erste Frage, die hier experimentell entschieden werden müßte, ist die, ob

32) *Laue*, Ann. Phys. 20 (1906), p. 375.

ein Unterschied in der Interferenzfähigkeit zwischen Licht von Spektrallinien und dem aus dem Spektrum einer Temperaturstrahlung ausgeschnittenen von gleicher Homogenität besteht. Es ist gar nicht erforderlich, die feinsten Spektrallinien zur Vergleichung heranzuziehen, sondern es wäre geeigneter, absichtlich inhomogen gemachte Spektrallinien zu untersuchen, weil man hier leicht Licht von einem glühenden Körper von gleicher Homogenität und genügender Intensität erhalten könnte. Die bisher vorliegenden Erfahrungen haben solche Unterschiede nicht gezeigt und es scheint mir daher am einfachsten zu sein, zunächst die Hypothese zu machen, daß kein Unterschied in dem von *Geißler*schen Röhren oder von heißen Körpern emittierten Licht vorhanden ist.

Daß die in *Geißler*schen Röhren emittierenden Gasionen auch Licht gleicher Wellenlänge absorbieren, ist eine durch das Phänomen der Linienumkehr festgestellte Tatsache. Hieraus muß gefolgert werden, daß diese Gasionen, wenn sie von spiegelnden Wänden eingeschlossen sind, auch den Zustand des Strahlungsgleichgewichts erreichen. Da man die Umkehr der Natriumlinie in der Salzflamme auch erhält, wenn man das Licht der Bogenlampe benutzt und andererseits nicht daran gezweifelt werden kann, daß die zu den Serienspektren führenden Prozesse gleichartig sind, so wird man auch weiter zu folgern haben, daß die strahlenden Gasionen sich mit der Strahlung eines schwarzen Körpers ins Gleichgewicht zu setzen vermögen[33]). Dann ist aber auch die Temperatur des Strahlungsvorgangs der Serienlinien bestimmt.

Nehmen wir eine in solchem Strahlungsgleichgewicht befindliche unendlich dicke Schicht von Gasionen an, so wird aus dieser Schicht ein Strahl hervordringen wie von einem schwarzen Körper, dessen Temperatur derjenigen des Leuchtprozesses entspricht. Ist e die Intensität eines von einem schwarzen Körper ausgehenden Lichtstrahls, $E dx$ diejenige, die von einem unendlich kurzen in der Richtung des Strahles in der Gasmasse liegenden Stück ausgesandt wird, a der Absorptionsindex, so ist

$$e = \int_0^\infty e^{-ax} E\, dx \quad \text{oder} \quad \frac{E}{a} = e.$$

Das *Kirchhoff*sche Gesetz gibt uns also die Möglichkeit, unter Annahme der besprochenen Hypothese die Temperatur des Leuchtvorganges bei Linienspektren zu bestimmen, wenn es möglich ist, außer ihrer Emission den Absorptionsindex der leuchtenden Gasmasse festzustellen.

---

33) *W. Wien,* Ann. Phys. 23 (1907), p. 417.

Die größte Schwierigkeit in der experimentellen Bestimmung wird darin liegen, daß man sich vergewissern muß, daß außer den emittierenden Ionen nicht noch andere absorbierende vorhanden sind.

12. Vergleich mit der Erfahrung. Die experimentellen Untersuchungen über die Strahlung, soweit sie als Energiemessungen in Betracht kommen, gehen weit zurück, insofern als kalorische Messungen strahlender Energie, besonders der Sonnenstrahlung, früh vorkommen. Eine wirkliche Durchbildung der Methoden zur Energiemessung der Strahlung war erst seit der Auffindung empfindlicher Thermoskope, wie der Thermosäule möglich. Die ersten Versuche, die von *Melloni*[33a]), *De la Provostaye* und *Desains*[33b]) mit den neuen Hilfsmitteln ausgeführt wurden, beschränkten sich zunächst darauf nachzuweisen, daß die Wärmestrahlen mit den Lichtstrahlen gleiche allgemeine Eigenschaften besitzen, daß aber die verschiedenen Strahlenarten in verschiedenem Maße von verschiedenen Substanzen emittiert, absorbiert und reflektiert werden. Wenngleich hierin wertvolle Bereicherung unserer Kenntnisse lag, so fehlte doch den Experimenten die Richtung auf die Prüfung und Festlegung der allgemeinen Strahlungsgesetze, die von der Theorie noch nicht aufgestellt waren.

Erst nachdem *Kirchhoff* seinen allgemeinen Satz gefunden hatte, war eine sichere Grundlage für die Aufstellung der Strahlungsgesetze gegeben. Indessen ist der *Kirchhoff*sche Satz zunächst nicht in der Richtung ausgenutzt worden, er diente vielmehr zur theoretischen Begründung der Spektralanalyse, obwohl hier gar nicht seine eigentliche Bedeutung liegt. Allerdings konnte mit seiner Hilfe eine Erklärung der *Fraunhofer*schen Linien gegeben werden; die eigentliche Spektralanalyse, die auf der Tatsache fußt, daß den chemischen Elementen bestimmte Spektrallinien zukommen (die übrigens unter verschiedenen Bedingungen verschieden sein können), deren Identifikation zum Nachweis des Elements dienen kann, bedurfte indessen seiner nicht. Der *Kirchhoffsche* Satz ist als Grundlage der Spektralanalyse sogar vielfach angezweifelt worden, da bei den meisten, in der Spektralanalyse vorkommenden Erregungsarten des Lichts es sich nicht um reine Wärmevorgänge handelt. Erst in neuerer Zeit ist man geneigt, dem *Kirchhoff*schen Satz eine allgemeinere Gültigkeit zuzuschreiben.

Die experimentelle Prüfung der Strahlungsgesetze war erst möglich, nachdem die Ausführung des schwarzen Körpers in Angriff genommen war. Zunächst war man geneigt, Oberflächen, die bei gewöhnlicher

---

33a) *Melloni*, Ann. Phys. Chem. 35, 112, 277, 385, 530; 1835.

33b) De la Provostaye et Desains. Ann. Chim. phys. (3) 12, 129; 1841.

Temperatur für das sichtbare Spektrum schwarz erscheinen, für genügende Annäherungen an die theoretischen Forderungen zu halten. So schloß *H. F. Weber*[34]) aus Beobachtungen an Glühlampen mit Kohlenfäden die empirische Formel

$$E = \frac{C}{\lambda^2} \cdot e^{aT - \frac{1}{b^2 T^2 \lambda^2}},$$

wo C, a, b Konstanten sind. Hier sollte a eine universelle, also auch für den schwarzen Körper geltende Konstante $a = 0{,}0043$ bedeuten, während durch die Konstanten C und b den individuellen Eigenschaften der Körper Rechnung getragen werden sollte.

Der erste Vorschlag, einen gleichtemperierten Hohlraum mit kleiner Öffnung als schwarzen Körper zu benutzen, rührt von *Boltzmann*[35]) her, nachdem vorher *Christiansen*[36]) auf die stärkere Strahlung geritzter Oberflächen hingewiesen hatte.

Diese Folgerung aus dem *Kirchhoff*schen Satz wurde dann von *Lummer* und *Wien*[37]) wieder aufgenommen und angegeben, wie man den Grad der Annäherung an den Idealfall aus dem Verhalten eines in die Öffnung eindringenden Lichtstrahls berechnen kann. Nach diesem Grundsatz wurde dann zur Herstellung schwarzer Körper in höherer Temperatur geschritten, die zunächst zur Prüfung des *Stefan-Boltzmann*schen Strahlungsgesetzes dienen sollten. Die Beobachtungen wurden von *Lummer* und *Pringsheim*[38]) ausgeführt und führten zu einer Bestätigung des Gesetzes zwischen den Temperaturen $T = 290^0$ und $T = 1535^0$. *Lummer* und *Kurlbaum*[39]) fanden ebenfalls bei einer neuen Prüfung die Übereinstimmung des Gesetzes mit der Erfahrung und dehnten die Temperaturgrenze bis zur Temperatur der flüssigen Luft nach unten aus.

Das Verschiebungsgesetz wurde von *Paschen*[40]), dann von *Lummer* und *Pringsheim*[41]), und von *Rubens* und *Kurlbaum*[42]) geprüft und zwar für die Verschiebung des Maximums der Energie. Aus dem Gesetz folgt, daß die Wellenlänge des Maximums λ_m sich mit der Temperatur so verschiebt, daß

$$\lambda_m T = \text{konst.} = b \text{ ist.}$$

34) *H. F. Weber*, Berlin Ber. 1888, p. 933.

35) *Boltzmann*, Ann. Phys. Chem. 22 (1884), p. 31.

36) *Christiansen*, Ann. Phys. Chem. 21 (1884), p. 364.

37) *Lummer* und *Wien*, Ann. Phys. Chem. 56 (1895), p. 451.

37) *Lummer* und *Pringsheim*, Ann. Phys. Chem. 63 (1897), p. 399.

39) *Lummer* und *Kurlbaum*, Ann. Phys. 5 (1901), p. 829.

40) *Paschen*, Ann. Phys. Chem. 58 (1896), p. 455; 60 (1897), p. 662.

41) *Lummer* und *Pringsheim*, Verh. der Phys. Ges. 1 (1899), p. 23 u. 214.

42) *Rubens* und *Kurlbaum*, Ann. Phys. 4 (1901), p. 652.

Diese Konstante fanden *Lummer* und *Pringsheim* $b = 0{,}294$ cm grad zwischen $T = 620^0$ und $T = 1646^0$, *Rubens* und *Kurlbaum*

$$b = 0{,}2890.$$

Auch die aus dem Verschiebungsgesetz und dem *Stefan*schen Gesetz folgende Beziehung, daß das Maximum der Energie proportional der fünften Potenz der absoluten Temperatur wächst, fand sich bestätigt.

Von den Formeln der Energieverteilung fand sich zunächst die Formel (vgl. S. 335)

$$e = \frac{C}{\lambda^5} e^{-\frac{c}{\lambda T}}$$

bestätigt. Bei Ausdehnung der Beobachtungen auf große Werte von λT war sie indessen nicht mehr im Einklang mit der Beobachtung.

Den bisherigen Beobachtungen genügt die erweiterte *Planck*sche Formel

$$e = \frac{C}{\lambda^5} \frac{1}{e^{\frac{c}{\lambda T}} - 1}.$$

Paschen[43]) und *Lummer* und *Pringsheim*[44]) finden, daß diese Formel sowohl für die kurzen, wie für die langen Wellen genügt[44a]). *Rubens* und *Kurlbaum*[45]) vergleichen die isochromatischen Kurven für die Wellenlängen $\lambda = 8{,}85\,\mu$, $\lambda = 24{,}0\,\mu$ und $\lambda = 51{,}2\,\mu$ zwischen den Temperaturen — 190^0 bis 1500^0 C. Beide Untersuchungen bestätigen die Formel.

Die absoluten Werte der beiden in dem Strahlungsgesetz auftretenden Konstanten h und k findet man durch die Bestimmung der Konstanten a des *Boltzmann*schen Gesetzes

$$2e = aT^4$$

und des Verschiebungsgesetzes

$$\lambda_m T = b,$$

indem (vgl. S. 308)

$$a = \frac{6\gamma k^4}{c^2 h^3}; \quad \gamma = 1{,}0823,$$

$$b = \frac{ch}{k\beta}; \quad \beta = 4{,}965$$

---

43) *Paschen*, Ann. Phys. 4 (1901), p. 277.

44) *Lummer* und *Pringsheim*, Ann. Phys. 6 (1901), p. 2110.

44a) Die Prüfung der Formel für kurze Wellen, wo sie mit der von mir abgeleiteten spezielleren praktisch übereinstimmt, hat noch nicht stattgefunden. Ob sie für ganz kurze Wellen noch gelten kann, scheint mir mit Rücksicht auf die Eigenschaften der Elektronen fraglich.

45) *Rubens* und *Kurlbaum*, Berlin Ber. 1900, p. 929; Ann. Phhys. 4 (1901), p. 649.

ist. Der absolute Wert von a wurde nach einer gleichzeitig von *Angström*[46]) und *Kurlbaum*[47]) angegebenen Methode bestimmt, indem der die Strahlung auffangende Metallstreifen durch einen galvanischen Strom um ebensoviel erwärmt wird wie durch die Strahlung, so daß die Energie der letzteren aus der bekannten Stromwärme bestimmt ist. Nach *Kurlbaum*[48]) ist

$$a = 7{,}06 \cdot 10^{-15} \frac{\text{erg}}{\text{cm}^3\,\text{grad}^4}.$$

Setzen wir

$$b = 0{,}294,$$

so ergibt sich

$$h = 6{,}548 \cdot 10^{-27}\,\text{erg sec}, \quad k = 1{,}346 \cdot 10^{-16} \frac{\text{erg}}{\text{grad}}.$$

In Gleichung (14b) hatten wir das Verhältnis der Anzahl der Gasmoleküle zur Anzahl der Grammoleküle

$$\mathfrak{N} = \frac{R}{k},$$

wo

$$R = 8{,}315 \cdot 10^7 \frac{\text{erg}}{\text{grad}}$$

ist bezogen auf

$$O_2 = 32\,\text{g}.$$

Da nun ein Grammolekül nach den idealen Gasgesetzen das Volumen RT/p erfüllt, so wird die Anzahl der Gasmoleküle in der Volumeneinheit (*Loschmidt*sche Zahl)

$$\mathfrak{N}_1 = \mathfrak{N} \frac{p}{RT}$$

$$= \frac{p}{kT}.$$

d. h. die Anzahl der Moleküle in einem idealen Gase ist pro cm^3

$$\mathfrak{N}_1 = 2{,}76 \cdot 10^{19}.$$

Andererseits entspricht 10 Coulomb $\frac{1}{9654}$ gr Äq. elektrolytisch abgeschiedener Menge, so daß im elektromagnetischen Maß für ein Wasserstoffatom

$$\frac{e}{m} = \frac{9650}{1080} = 9659.$$

Nun war das Verhältnis der Massen eines Moleküls und eines Gramm-

46) *K. Angström*, Acta Reg. Soc. Upsal. Juni 1893.

47) *F. Kurlbaum*, Zeitschr f. Instr. 13 (1893), p. 122; Ann, Phys. 51 (1894), p. 591.

48) *F. Kurlbaum*, Ann. Phys. 65 (1898), p. 759.

moleküls $\frac{k}{R}$, also die Masse eines Moleküls

$$m = \frac{k}{R} \text{ Grammoleküle}$$

und

$$e = 9659 \frac{k}{R} = 1{,}564 \cdot 10^{-20}$$

oder in unserem Maßsystem:

$$e = 1{,}564 \cdot 10^{-20} \cdot 3 \cdot 10^{10} \sqrt{4\pi}$$
$$= 4{,}692 \cdot 10^{-10} \sqrt{4\pi}.$$

Die Strahlungsgesetze können zur optischen Messung von Temperaturen benutzt werden, wenn man das Absorptionsvermögen des beobachteten Körpers kennt. Da das meistens nicht der Fall ist, sind die Temperaturen entsprechend ungenau.

Aus dem Verschiebungsgesetz ergeben sich, wenn man λ_m kennt, folgende Temperaturen[49]):

	λ_m	T
Bogenlicht	$0{,}7\,\mu$	4200
Nernstlampe	1,2	2450
Auerlicht	1,2	2450
Glühlampe	1,4	2100.

Unsicher ist auch die Bestimmung der Sonnentemperatur, die sich aus der Annahme, daß $\lambda_m = 5\,\mu$ ist, zu 5880^0 ergibt.

Dagegen würde das *Boltzmann*sche Gesetz, auf die Sonnenstrahlung angewandt, unter Zugrundelegung des neuen Werts der Sonnenkonstante[50]) 2,1 für die absolute Temperatur nur 4150^0 ergeben.

Die Temperatur von Himmelskörpern, die der Sonnenstrahlung ausgesetzt sind, kann man nach dem *Boltzmann*schen Gesetz berechnen, wenn man ihr Reflexionsvermögen kennt und von den Komplikationen der sie umgebenden Atmosphäre absehen kann.

Einfache Beziehungen der individuellen Emission der Metalle für lange Wellen zur Leitfähigkeit haben sich aus den Beobachtungen von *Hagen* und *Rubens* schließen lassen[51]). Hier genügen die *Maxwell*schen Gleichungen ohne Berücksichtigung der Dispersionsglieder

49) Nach *Lummer*, Rapport pr. an Congr. intern. de physique, Paris 1900.

50) *K. Angström,* Nova acta R. Soc. Sc. Upsaliensis, 1907.

51) *Hagen* und *Rubens*, Ann. Phys. 11 (1903), p. 873; daß die Gesamtstrahlung der Metalle bei niedriger Temperatur in derselben Reihenfolge stehe, wie der galvanische Widerstand, war bereits von *Wiedeburg* beobachtet. Ann. Phys. Chem. 66 (1898), p. 92. Doch lassen sich aus diesen Beobachtungen keine quantitativen Folgerungen ziehen.

zur Darstellung der Tatsachen. Der Mechanismus des Vorgangs ergibt sich aus der Theorie von *H. A. Lorentz* (S. 326).

Die Benutzung der Dispersionstheorie zum Vordringen in die allgemeineren Strahlungsvorgänge verspricht keinen Erfolg. Die Dispersionstheorie geht zu wenig auf die molekularen Vorgänge ein und berücksichtigt die Dämpfung und die Eigenschwingung in zu äußerlicher Weise, als daß auf diesem Wege neue Einsichten zu erwarten wären. Die einfachsten Verhältnisse werden auch hier bei den Gasen herrschen und das Beobachtungsmaterial ist ein sehr großes. Doch zeigt sich schon hier, wie verwickelt die Verhältnisse tatsächlich liegen. Die gewöhnliche Absorption der Gase im normalen Zustande entspricht ebenso wie die entsprechende Emission den Bandenspektren.

Linienspektren scheinen nur in einem ionisierten Gas aufzutreten. Die Spektrallinien können durch Erhöhung des Gasdruckes so sehr verbreitert werden, daß sie sich den kontinuierlichen Spektren nähern.

Es ist daher wohl sehr wahrscheinlich, daß die kontinuierlichen Spektren durch die gegenseitige Beeinflussung der emittierenden Moleküle hervorgerufen werden, und dies wird voraussichtlich auch für das Spektrum des schwarzen Körpers gelten. Für die Beurteilung dieser Verhältnisse ist von großer Wichtigkeit ein Versuch von *K. Angström*[52]), nach welchem in Kohlensäure die Absorption mit dem Drucke bei konstantem Wert des Produkts aus Schichtdicke und Druck geringer wird, aber ihren ursprünglichen Wert wieder annimmt, wenn ein nicht absorbierendes, chemisch indifferentes Gas zugesetzt wird, so daß der Totaldruck der Mischung gleich dem ursprünglichen Druck wird. Hier zeigt sich, daß gewisse Einflüsse auf die Absorption von den individuellen Eigenschaften der Moleküle unabhängig sind.

13. Schlußbetrachtung. Während die allgemeinen Gesetze der Strahlung, die sich nur der thermodynamischen Grundsätze und des Lichtdrucks bedienen (Abschnitt 1 bis 3) als gesichert angesehen werden können, sind alle weiteren Betrachtungen als hypothetisch anzusehen. Die Theorie von *Rayleigh* und *Jeans* (S. 322), die sich auf die Anwendung der statistischen Mechanik auf die elektromagnetischen Vorgänge stützt und die Theorie von *H. A. Lorentz* (S. 326), welche durch eine Analyse der Elektronenbewegungen und die dadurch hervorgerufene Strahlung zu demselben Gesetz der Strahlung kommt, stimmen mit der Erfahrung nur für langwellige Strahlung überein, können allerdings in diesem Gebiet als gesichert gelten. Es fehlt

---

52) *K. Angström*, Arkiv f. Math. Astrron. och Fysik utg. af K. Sv. Vetensk. Acad. Stockholm, 4, Nr. 30, 1908.

beiden Theorien die Anwendbarkeit auf kurze Wellen, z. B. auf die sichtbare Strahlung bei nicht extrem hohen Temperaturen, ohne daß bisher der Weg für die notwendige Verallgemeinerung sich gezeigt hätte.

Die Theorie von *Planck* hat den Vorteil, daß ihr Ergebnis mit der Erfahrung, soweit die bisherigen Beobachtungen reichen, übereinstimmt. Ihre Begründung läßt sich nicht ohne Widersprüche durchführen und enthält wesentliche Lücken (vgl. S. 302 u. 320). Sie bedarf einiger Hypothesen, von denen die eine, die der natürlichen Strahlung, erst durch ziemlich komplizierte Mittelwertsbetrachtungen eingeführt werden kann. Die andere, die Hypothese des Energieelements, das der Schwingungszahl proportional wächst, steht im direkten Gegensatz zur gewöhnlichen Auffassung der Strahlung durch elektromagnetische Schwingungen.

Wir haben hier die Schwierigkeit, daß die *Planck*schen Resonatoren, wie jedes elektromagnetische Strahlungszentrum, auf elektromagnetische Wellen ansprechen müssen, wenn sie überhaupt erregbar sind. Die *Planck*sche Theorie verlangt aber, daß immer nur eine verhältnismäßig kleine Anzahl erregt werde, deren jedes ein Energieelement aufnimmt, während die übrigen gar nicht auf die elektromagnetischen Wellen reagieren. Indessen liegt diese Schwierigkeit nicht nur in der Strahlungstheorie. Wir finden sie vielmehr auch in der Tatsache, daß von Röntgenstrahlen oder von ultraviolettem Licht nicht alle Gasmoleküle ionisiert werden, wie es der Fall sein müßte, wenn sich alle Moleküle den elektromagnetischen Wellen gegenüber gleich verhielten, vielmehr wird auch hier eine verhältnismäßig kleine Zahl ionisiert.

Es ist kaum zweifelhaft, daß beide Fälle miteinander zusammenhängen. Es geht hieraus unzweifelhaft hervor, *daß es nicht zulässig ist, alle Atome als vollkommen identisch anzusehen.* Da andererseits eine wirkliche dauernde Verschiedenheit nicht angenommen werden kann, so wird der einzige Ausweg der sein, die Atome als dynamische Gebilde anzusehen, in denen die Phasen der dynamischen Vorgänge verschieden sein können. Wir haben uns dann vorzustellen, daß z. B. die elektromagnetischen Wellen einer homogenen Spektrallinie selbst nicht, wie die gewöhnliche Auffassung voraussetzt, aus kontinuierlichen, ins unendliche fortgesetzten Wellenzügen bestehen. Sie müssen vielmehr aus Wellenzügen bestehen, die nur kontinuierlich sind, soweit ihre Energie einem Energieelement entspricht. Solche einzelne Wellenzüge, die allerdings soviel kontinuierlich aneinander gereihte einzelne Wellen enthalten müssen, als den in den Interferenzphänomenen erreichbaren Gangunterschieden entspricht, werden nun in unstetiger Zeitfolge auf die einzelnen Atome fallen.

In den Atomen müssen dann dynamische Vorgänge angenommen werden, die nur dann gestatten, daß die einfallende Welle auf das Atom einwirkt, wenn die Phase der Vorgänge im Atom in bestimmter Beziehung zum Zeitmoment der auftreffenden Welle steht. Die Phasenverschiedenheit der im Atom vor sich gehenden Bewegungen bei den einzelnen Atomen muß durch die Gesetze der Wahrscheinlichkeit geregelt werden. Dabei muß allerdings die Einwirkung der elektromagnetischen Wellen auf das Atom derartig sein, daß immer die ganze in dem kontinuierlichen Wellenzuge vorhandene Energie von dem Atom vollständig aufgenommen wird, ebenso wie bei Umkehrung des Vorganges der Wellenzug mit gleicher Energie emittiert wird.

Eine weitere Beobachtungstatsache fordert ähnliche Hypothesen. Wenn nämlich ultraviolettes Licht oder Röntgenstrahlen auf einen Körper fallen, so werden dadurch negative Elektronen als Sekundärstrahlen ausgetrieben; die Geschwindigkeit dieser Elektronen scheint nun wesentlich nur von der Wellenlänge der auffallenden Strahlung abzuhängen und zwar entspricht ein Energieelement annähernd der lebendigen Kraft eines ausgetriebenen Elektrons. Auch hier werden nur wenige Atome von der Strahlung affiziert. Dabei geht immer ein bestimmtes verhältnismäßig großes Energiequantum an die Elektronen über.

Wenn somit auch die *Planck*sche Theorie der Strahlung in ihrer jetzigen Gestalt nicht als definitive Lösung des Problems angesehen werden kann, so ist doch aus ihr wohl zu entnehmen, daß die *Maxwell*sche Theorie der Elektrodynamik zur Darstellung der Strahlungsphänomene unzureichend ist und zwar wird man vielleicht mit der Annahme auskommen, daß die *Maxwell*sche Theorie im Innern des Atoms die Vorgänge nicht mehr wiedergibt[53]).

Der Beweis von *Lorentz* (vgl. S. 333), daß die *Jeans*sche Theorie

---

53) *Planck* selbst weist im Vorwort zu seinen Vorlesungen über Wärmestrahlung ausdrücklich darauf hin, daß er seine Theorie noch nicht für ganz abgeschlossen hält. Der von *Einstein* ausgesprochenen Meinung (Phys. Z. 10, S. 185, 1909), daß die Größe des Energieelements in Beziehung stehe zu der des Elementarquantums der Elektrizität, kann ich mich vorläufig nicht anschließen, weil das Energieelement, wenn es überhaupt eine physikalische Bedeutung besitzt, wohl nur aus einer universellen Eigenschaft der Atome abgeleitet werden kann. Wenn andererseits Herr *Ritz* (Phys. Z. 9, S. 903, 1908) die *Planck*sche Theorie ganz verwirft und die Irreversibilität der Strahlungsvorgänge auf die retardierten Potentiale zurückführen will, so scheint mir seine Ansicht schon deshalb unhaltbar zu sein, weil man dann auch einen *Hertz*schen Oszillator für irreversibel erklären müßte. Immerhin zeigt sich, wie wenig geklärt die Anschauungen in dieser Frage noch sind.

allgemeingültig sein müsse, wenn man die Gleichungen der Elektronentheorie und die statistische Mechanik zugrunde legt, zeigt ebenfalls, daß an den Grundlagen der Theorie Änderungen vorgenommen werden müssen. Denn der Möglichkeit, daß die Strahlung nicht, wie es bei *Lorentz* und *Planck* geschieht, als quasistationär aufgefaßt werden könne, wird dadurch begegnet, daß man durch niedrigere Temperaturen die ganze Energieverteilungskurve beliebig nach den langen Wellen verschieben kann, wo an der Gültigkeit jener Betrachtung nicht zu zweifeln ist.

Daß übrigens die *Maxwell*sche Theorie unzulänglich ist, um die Vorgänge im Atom darzustellen, geht auch aus der Unmöglichkeit hervor, eine befriedigende Theorie der Serienspektren aus ihr abzuleiten. Wenn daher die Theorie der Spektrallinien durch eine Modifikation der *Maxwell*schen Gleichungen im Atom möglich erscheint, so wird die Energiekurve des schwarzen Körpers voraussichtlich nur durch die statistische Behandlung einer großen Zahl emittierender und sich gegenseitig beeinflussender Moleküle abgeleitet werden können.

(Abgeschlossen im Mai 1909.)

V 24. WELLENOPTIK

Von

M. v. LAUE.

IN FRANKFURT A. M.

MIT EINEM BEITRAG ÜBER SPEZIELLE BEUGUNGSPROBLEME.

Von

P. S. EPSTEIN

IN MÜNCHEN.

Inhaltsübersicht.

III. Die Superposition von Sinusschwingungen verschiedener Frequenz; Spektrum; Beziehung zur Thermodynamik.

24. Lichtschwebungen.
25. Das Auflösungsvermögen.
26. Inhomogene Strahlung.
27. Natürliche Strahlung.
28. Spektrale Zerlegung.
29. Die Schwingungsform natürlicher Strahlung.
30. Kohärenz und Inkohärenz. Polarisation.
31. Zusammenhang mit der Thermodynamik.
32. Die Interferenz inhomogener Strahlung; Sichtbarkeitskurve.

IV. Allgemeine Theorie der Beugung.

33. Das *Huygens*sche Prinzip.
34. Die *Fresnel*sche Zonenkonstruktion.
35. *Kirchhoffs* Formulierung des *Huygens*schen Prinzipes.
36. Einteilung der Beugungserscheinungen in *Kirchhoffs* Theorie; Beobachtungsmethode; *Babinet*sches Prinzip.
37. *Fraunhofer*sche Beugungserscheinungen:
a) Beugung am Rechteck und Spalt.
b) Beugung am Kreis.
c) Veränderung des Beugungsbildes bei linearer Deformation der beugenden Öffnung.
38. *Talbot*sche Streifen.
39. *Fresnel*sche Beugungserscheinungen.
a) Die *Fresnel*schen Integrale.
b) Die Beugung am Spalt.
40. Die geometrische Optik als Grenzfall für verschwindende Wellenlänge.
41. Das Verhalten der Lichtwelle in der Nähe eines Brennpunktes.
42. Das Auflösungsvermögen des Prismas.
43. Die optische Abbildung im Lichte der Wellenoptik:
a) Die Abbildung selbstleuchtender Körper.
b) Die Abbildung durch fremdes Licht.
c) Vergleich der Abbildung selbstleuchtender und durchleuchteter Gegenstände.
d) Anwendung auf das Mikroskop.
44. Die Freiheitsgrade optischer Vorgänge.
a) Die Freiheitsgrade eines streng einfarbigen Strahlenbündels.
b) Die Freiheitsgrade eines im physikalischen Sinn einfarbigen Strahlenbündels.
c) Die Freiheitsgrade der Hohlraumstrahlung.

V. Interferenzerscheinungen bei Röntgenstrahlen.

45. Historische Übersicht.
46. Allgemeine Theorie der Röntgenstrahlinterferenzen.
47. Allgemeine Folgerungen über die Lage der Interferenzmaxima.
48. *Ewalds* Konstruktion der gebeugten Strahlen.
49. Die scheinbare Spiegelung an den Netzebenen des Raumgitters.

50. Die selektive Spiegelung an Kristallen.
51. Die allgemeine Spiegelung.
52. Die Intensität der Interferenzpunkte.
53. Die Frage nach der Funktion ψ.
54. Der Temperatureinfluß.
55. Kompliziertere Strukturen.
56. Die Struktur des Steinsalzes und des Diamantes.
57. Die Form der Interferenzpunkte.

Zusammenfassende Werke.

P. Drude, Lehrbuch der Optik, Leipzig 1906.

Müller-Pouillet, Lehrbuch der Physik, Band II herausgegeben von O. Lummer, Braunschweig.

H. v. Helmholtz, Vorlesungen über die elektromagnetische Theorie des Lichtes, Hamburg und Leipzig 1897.

R. W. Wood, Physical Optics, New York 1905.

A. Schuster, Einführung in die theoretische Optik, deutsch von H. Konen, Leipzig und Berlin 1907.

G. Kirchhoff, Vorlesungen über mathematische Optik, herausgegeben von K. Hensel, Leipzig 1891.

Lord Rayleigh, Encyklopädia Britannica XXIV 1888 auch Sc. Pap. III, p. 47.

W. Feussner, Interferenz des Lichtes, Winkelmanns Handbuch der Physik, Band 6, Leipzig 1906.

F. Pockels, Beugung des Lichtes, Winkelmanns Handbuch der Physik, Band 6, Leipzig 1906.

A. A. Michelson, Lichtwellen und ihre Anwendungen, deutsch von Ihle, Leipzig 1911.

E. Gehrcke, Die Anwendung der Interferenzen in der Spektroskopie und Metrologie, Braunschweig 1906.

E. Abbe, Die Lehre von der Bildentstehung im Mikroskop, herausgegeben von O. Lummer und F. Reiche, Braunschweig 1910.

Bezeichnungen.

$\mathfrak{E}$ elektrische Feldstärke; $\mathfrak{H}$ magnetische Feldstärke.

$\mathfrak{S} = c[\mathfrak{E}\mathfrak{H}]$ Poyntingscher Energiestrom.

$W = \frac{1}{2}(\varepsilon\mathfrak{E}^2 + \mathfrak{H}^2)$ Energiedichte.

$\mathfrak{Z}$ Hertzscher Vektor.

ε Dielektrizitätskonstante; $\nu = \sqrt{\varepsilon}$ Brechungsindex.

$a = \frac{c}{\nu}$ Phasengeschwindigkeit; $g = \dfrac{c}{\nu + n\dfrac{d\nu}{dn}}$ Gruppengeschwindigkeit.

Ein Punkt über einem Buchstaben deutet die Differentiation nach der Zeit t bei konstanten Koordinaten an.

Ein Strich über einem Buchstaben deutet einen Mittelwert an.

r, R die Entfernung zweier Punkte im Raum.
ϱ die Entfernung zweier Punkte in der Ebene.
n Frequenz $= 2\pi$ Schwingungszahl.
λ Wellenlänge $= \frac{2\pi a}{n} = \frac{2\pi c}{n\nu}$, λ_0 Wellenlänge im leeren Raum $= \nu\lambda = \frac{2\pi c}{n}$; $k = \frac{n}{a} = \frac{2\pi}{\lambda}$.

I. Einleitung.

1. Die Grundgleichungen. Seit *Maxwell* und *Hertz* ist die Optik ein Zweig der Elektrodynamik. Jede folgerichtige optische Theorie muß daher die *Maxwell*schen Gleichungen an die Spitze stellen. Wir schreiben diese zunächst in der Form, wie sie streng für den leeren Raum, für alle andern Mittel nur unter Vernachlässigung der Dispersion gelten. Wir betrachten ausschließlich ruhende, homogene und isotrope Körper und sehen dabei ab einmal von elektrischen Ladungen, welche in ruhenden Körpern doch nur den Wellen überlagerte statische Felder hervorrufen; sodann von dem elektrischen Leitungsstrom, welcher stets mit Absorption verknüpft ist — wir aber wollen hier fast ausschließlich von nicht absorbierenden Mitteln reden[1]) — schließlich setzen wir die magnetische Permeabilität von vornherein gleich 1.[2])

Unter diesen Umständen lauten die *Maxwell*schen Gleichungen

$$(1)\ \operatorname{rot}\mathfrak{E} = -\frac{1}{c}\dot{\mathfrak{H}}, \qquad (2)\ \operatorname{rot}\mathfrak{H} = \frac{\varepsilon}{c}\dot{\mathfrak{E}},$$
$$(3)\ \operatorname{div}\mathfrak{E} = 0, \qquad (4)\ \operatorname{div}\mathfrak{H} = 0.$$

An Unstetigkeitsflächen sind stetig 1. die tangentiellen Komponenten der Feldstärken $\mathfrak{E}$ und $\mathfrak{H}$, 2. die normalen Komponenten der Vektoren $\mathfrak{H}$ und $\varepsilon \cdot \mathfrak{E}$. Die Grenzbedingungen unter 2. werden von selbst erfüllt, wenn man die Differentialgleichungen unter Berücksichtigung der ersteren löst.[3]) An der Grenze eines vollkommen spiegelnden Körpers ist die tangentielle Komponente von $\mathfrak{E}$ Null; über die von $\mathfrak{H}$ läßt sich keine allgemeine Angabe machen.

Die für unsere Zwecke wichtigste Folgerung ist, daß die Elimination von $\mathfrak{E}$ oder $\mathfrak{H}$ aus den Gleichungen 1) bis 4) zu den Be-

---

1) Für Sinuswellen können wir die Absorption stets einführen, indem wir die Dielektrizitätskonstante ε komplex wählen. Vgl. Enc. V 22, Nr. **12** und **15**, sowie Nr. **6** dieses Artikels.

2) Enc. V 22, p. 109.

3) Die partiellen Differentialgleichungen der math. Physik, nach *Riemanns* Vorlesungen bearbeitet von *H. Weber,* Braunschweig 1900, Bd. I, p. 390.

ziehungen

$$\text{(5)} \qquad \Delta\mathfrak{E} - \frac{\varepsilon}{c^2}\ddot{\mathfrak{E}} = 0, \quad \Delta\mathfrak{H} - \frac{\varepsilon}{c^2}\ddot{\mathfrak{H}} = 0$$

führt. Für beide Feldstärken gilt also die *Wellengleichung*

$$\text{(6)} \qquad \Delta\varphi - \frac{1}{a^2}\ddot{\varphi} = 0,$$

wobei die Geschwindigkeit der Wellen den Wert

$$\text{(7)} \qquad a = \frac{c}{\sqrt{\varepsilon}}$$

hat. $\sqrt{\varepsilon}$ ist danach gleich dem Brechungsindex ν (*Maxwell*).

Die einzige Änderung der Grundgleichungen für absorbierende Körper besteht darin, daß an die Stelle von 2) tritt:

$$\text{(7a)} \qquad \operatorname{rot}\mathfrak{H} = \frac{1}{c}(\varepsilon\dot{\mathfrak{E}} + \sigma\mathfrak{E})$$

wo σ die elektrische Leitfähigkeit bedeutet.

2. Ebene Wellen. Den Gleichungen (5) in Nr. **1** genügt man, wenn man alle sechs Komponenten von $\mathfrak{E}$ und $\mathfrak{H}$ als zunächst willkürliche Funktionen des Argumentes $\left(t - \frac{x}{a}\right)$ ansetzt; wir stellen so ebene, in der x Richtung fortschreitende Wellen dar. Über die longitudinalen Komponenten $\mathfrak{E}_x$ und $\mathfrak{H}_x$ sagen die Divergenzbedingungen 3) und 4) in Nr. **1** aus, daß sie konstant, also bei zeitlich veränderlichen Vorgängen Null sind. Beide Feldstärken schwingen somit in einer ebenen Welle *transversal*. Spricht man diesen Satz, wie es vielfach geschieht, allgemein für elektromagnetische Wellen aus, so ist die Transversalität nicht geometrisch zu verstehen, sondern nur so, daß die erwähnten Divergenzbedingungen erfüllt sind.

Zwischen den transversalen Komponenten besteht nach 1) oder 2) die Beziehung

$$\text{(8)} \qquad \mathfrak{E}_y = \frac{1}{\sqrt{\varepsilon}}\mathfrak{H}_z, \quad \mathfrak{E}_z = -\frac{1}{\sqrt{\varepsilon}}\mathfrak{H}_y.$$

Nach (8) sind $\mathfrak{E}$, $\mathfrak{H}$ und die Wellennormale aufeinander senkrecht und bilden in dieser Reihenfolge ein Rechtssystem. Eine linear polarisierte Welle erhält man, wenn man von den zwei willkürlichen Funktionen $\mathfrak{E}_y$ und $\mathfrak{E}_z$ des Argumentes $\left(t - \frac{x}{a}\right)$ die eine, etwa $\mathfrak{E}_z$ gleich Null setzt. Die Ebene durch die Wellennormale und die magnetische Feldstärke behält dann ihre Lage dauernd bei; man nennt sie Polarisationsebene.[3a])

3a) Die ursprüngliche Definition der Polarisationsebene knüpfte an gewisse Erfahrungstatsachen aus der Kristalloptik oder an die Spiegelung des Lichtes an. Daß die so bestimmte Ebene die magnetische und nicht die elektrische

Auf elliptisch und partiell polarisierte Wellen gehen wir in **Nr. 10** und **30** ein.[4])

3. Kugelwellen. Zur Darstellung einer linear polarisierten Kugelwelle gelangt man, wenn man die beiden Feldstärken $\mathfrak{E}$ und $\mathfrak{H}$ auf den *Hertz*schen Vektor $\mathfrak{Z}$ zurückführt.[5]) Dazu dienen entweder die Gleichungen

$$\mathfrak{E} = \operatorname{rot}\operatorname{rot}\mathfrak{Z}, \quad \mathfrak{H} = \frac{\varepsilon}{c}\operatorname{rot}\dot{\mathfrak{Z}} \tag{9}$$

oder

$$\mathfrak{E} = -\frac{1}{c}\operatorname{rot}\dot{\mathfrak{Z}}, \quad \mathfrak{H} = \operatorname{rot}\operatorname{rot}\mathfrak{Z}, \tag{10}$$

während $\mathfrak{Z}$ selbst der Wellengleichung

$$\Delta\mathfrak{Z} - \frac{1}{a^2}\ddot{\mathfrak{Z}} = 0 \tag{11}$$

genügt. Die Gleichungen 1) bis 4) werden von diesen identisch befriedigt.

Der Gleichung 11) genügt der Ansatz

$$\mathfrak{Z}_x = 0, \quad \mathfrak{Z}_y = 0, \quad \mathfrak{Z}_z = \frac{1}{r} f\left(t - \frac{r}{a}\right), \qquad r^2 = x^2 + y^2 + z^2 \tag{12}$$

überall mit Ausnahme des Punktes $r = 0$, von welchem die Welle divergiert. Berechnen wir nach (9) $\mathfrak{E}$ und $\mathfrak{H}$, so erhalten wir als Näherung für große Entfernungen die folgenden Beziehungen, bei denen r, φ, ϑ räumliche Polarkoordinaten ($x = r\cos\varphi\sin\vartheta$, $y = r\sin\varphi\sin\vartheta$, $z = r\cos\vartheta$) bedeuten:

$$\mathfrak{E}_r = \mathfrak{E}_\varphi = \mathfrak{H}_r = \mathfrak{H}_\vartheta = 0, \quad -\mathfrak{E}_\vartheta = \frac{1}{\sqrt{\varepsilon}}\mathfrak{H}_\varphi = \frac{\varepsilon}{c^2 r}\ddot{f}\left(t - \frac{r}{a}\right)\sin\vartheta. \tag{12a}$$

In großer Entfernung geht somit die Kugelwelle in eine ebene über, sowohl was die Lage von $\mathfrak{E}$ und $\mathfrak{H}$ zueinander und zur Wellennormalen als auch das Verhältnis $|\mathfrak{E}| : |\mathfrak{H}|$ anlangt.

Die entsprechende Näherung für kleine Entfernungen lautet

$$\mathfrak{E} = -\operatorname{grad}\varphi, \quad \varphi = -\frac{\partial}{\partial z}\left(\frac{f(t)}{r}\right), \qquad \mathfrak{H} = \varepsilon\operatorname{rot}\mathfrak{A}, \tag{13}$$

Feldstärke enthält, was an sich gerade so gut denkbar war, haben erst Wieners Versuche (Nr. 22) gezeigt.

4) Gerippte (Corrugated) ebene Wellen, bei welchen die Amplitude in Ebenen gleicher Phase nach einem Sinusgesetz variiert, untersucht *Lord Rayleigh*, Sc. Pap. III, p. 117.

5) *H. Hertz*, Ann. Phys. Chem. 36 (1888), p. 1; Ges. Abh. 2, p. 147, Leipzig 1894.

wobei

$$\mathfrak{A}_x = \mathfrak{A}_y = 0, \quad \mathfrak{A}_z = \frac{\dot{f}(t)}{cr}$$

ist.

Nun ist aber φ das elektrostatisch berechnete Potential eines im Nullpunkt liegenden Dipols von dem Moment $f(t)$ parallel zu z, und $\mathfrak{A}$ ist das Vektorpotential des von dessen Schwingungen repräsentierten Konvektionsstromes. Soweit (13) gilt, herrscht also das quasistationäre Feld eines schwingenden Dipols. Eine Kugelwelle der betrachteten Art wird somit von einem elektrischen Dipol erregt.

Benutzt man die Gleichungen (10) statt (9), so wird man auf einen magnetischen Dipol als Ursache der Kugelwelle geführt. Schwingende elektrische Dipole sind die Atome der Körper mit ihren Polarisationselektronen. Ob auch schwingende magnetische Dipole vorkommen, erscheint zweifelhaft, doch ist die Frage für die Wellenoptik belanglos.

Konvergierende Kugelwellen erhält man durch den Ansatz

$$(14) \qquad \mathfrak{Z}_x = 0, \quad \mathfrak{Z}_y = 0, \quad \mathfrak{Z}_z = \frac{1}{r} f\left(t + \frac{r}{a}\right).$$

Der aus (12) und (14) kombinierte Ansatz

$$(15) \qquad \mathfrak{Z}_x = 0, \quad \mathfrak{Z}_y = 0, \quad \mathfrak{Z}_z = \frac{1}{r}\left\{f\left(t + \frac{r}{a}\right) - f\left(t - \frac{r}{a}\right)\right\}$$

stellt eine Kugelwelle dar, welche zunächst nach dem Nullpunkt konvergiert, um sodann wieder zu divergieren; der Nullpunkt ist dabei kein Unstetigkeitspunkt mehr.

Schwingt ein Dipol nur während eines bestimmten Zeitintervalls ($f(t) = 0$, außer wenn $t_1 < t < t_2$), so schreitet die emittierte Kugelwelle mit der konstanten Breite $a(t_2 - t_1)$ fort. Auch beim Übergang der Kugelwelle in ebene Wellen bleibt diese erhalten. Überhaupt behält die Welle in diesem letzten Stadium ihre Form unverändert bei; in jedem Punkte erfolgt die Schwingung von $\mathfrak{E}$ und $\mathfrak{H}$ nach demselben durch die Funktion $\ddot{f}(t)$ bestimmten Gesetz.

4. Zylinderwellen. Wie bei den Kugelwellen ein Punkt so ist bei den Zylinderwellen eine Linie ausgezeichnet. Das Feld ist in diesem Falle von den zur ausgezeichneten Linie parallelen Abmessungen, etwa von z, unabhängig. Der *Hertz*sche Vektor $\mathfrak{Z}$ genügt der Differential-

6) *H. Lamb,* Proc London Math. Soc. 35 (1902), p. 141; Lehrbuch der Hydrodynamik, deutsch von J. Friedel, Leipzig und Berlin 1907, p. 348; *Vito Voltera,* Acta math. 18 (1894), p. 161; *Tullio Levi-Civita,* Nuovo Cimento (4) 6 (1897), p. 204; *Lord Rayleigh,* Proc. London Math. Soc. 19 (1888), p. 504; Pap. III, p. 47.

gleichung

$$\frac{\partial^2 \mathfrak{Z}}{\partial x^2} + \frac{\partial^2 \mathfrak{Z}}{\partial y^2} - \frac{1}{a^2}\frac{\partial^2 \mathfrak{Z}}{\partial t^2} = 0,$$

(vgl. (11), welche bei Einführung der komplexen Zeitvariabeln

(16) $$l = iat$$

die Form annimmt

$$\frac{\partial^2 \mathfrak{Z}}{\partial x^2} + \frac{\partial^2 \mathfrak{Z}}{\partial y^2} + \frac{\partial^2 \mathfrak{Z}}{\partial l^2} = 0.$$

Eine Lösung von ihr ist, wie aus der Potentialtheorie bekannt,

$$\mathfrak{Z}_x = \mathfrak{Z}_y = 0, \quad \mathfrak{Z}_z = \frac{1}{\sqrt{\varrho^2 + (l-\lambda)^2}},$$

wo

$$\varrho^2 = x^2 + y^2$$

und λ ein Parameter ist. Wir erhalten neue Lösungen, wenn wir die angegebene mit einer beliebigen Funktion $\varphi(\lambda)$ multiplizieren und über einen beliebigen, von l und ϱ unabhängigen komplexen Weg in der λ-Ebene integrieren; also

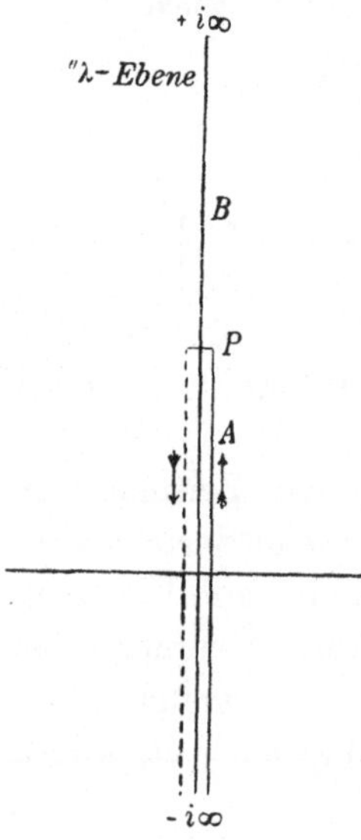

Fig. 1.

(17) $$\mathfrak{Z}_z = \int \frac{\varphi(\lambda)\, d\lambda}{\sqrt{\varrho^2 + (l-\lambda)^2}}.$$

In Fig. 1 sind A und B die Verzweigungspunkte $\lambda = l \pm i\varrho$ der Funktion $\sqrt{\varrho^2 + (l-\lambda)^2}$; die Gerade AB wählen wir als Verzweigungsschnitt, der Integrationsweg verlaufe wie in der Figur gezeichnet, wobei der Punkt P beliebig, aber unabhängig von l und ϱ auf AB gewählt ist; die punktierten Wegstrecken liegen im zweiten Blatt. Die Anteile der Strecken $\overrightarrow{AP}$ im ersten und $\overrightarrow{PA}$ im zweiten Blatt heben sich auf. Dagegen sind die Anteile der Integration von $-i\infty$ nach A im ersten und von A bis $-i\infty$ im zweiten Blatt einander gleich, mithin:

(18) $$\mathfrak{Z}_z = 2\int_{-i\infty}^{l-i\varrho} \frac{\varphi(\lambda)\, d\lambda}{\sqrt{\varrho^2 + (l-\lambda)^2}}.$$

Die Wurzel ist dabei positiv imaginär. Gleichbedeutend damit ist nach (16):

(19) $$\mathfrak{Z}_z = \int_{-\infty}^{t-\frac{\varrho}{a}} \frac{f(\tau)\, d\tau}{\sqrt{(t-\tau)^2 - \frac{\varrho^2}{a^2}}}.$$

Die einzige Unstetigkeitsstelle dieser Lösung ist die Gerade $\varrho = 0$.

Nehmen wir an: $f(t) = 0$, außer wenn $t_1 < t < t_2$, so ist $\mathfrak{Z}_z = 0$, solange $t < t_1 + \frac{\varrho}{a}$. Der Wellenkopf läuft somit mit der Geschwindigkeit a nach außen; die Lösung stellt eine *divergierende* (auslaufende) Welle dar. Ein bestimmtes Ende hat die Welle hingegen nicht; wenn $t > t_2 + \frac{\varrho}{a}$, so wird

$$\mathfrak{Z}_z = \int_{t_1}^{t_2} \frac{f(\tau)\,d\tau}{\sqrt{(t-\tau)^2 - \frac{\varrho^2}{a^2}}}.$$

Die Welle zieht eine langsam abklingende Schleppe nach sich. Ist $t - t_1 \gg t_2 - t_1$ und $\gg \frac{\varrho}{a}$, so wird angenähert

$$\mathfrak{Z}_z = \frac{1}{t - t_1} \int_{t_1}^{t_2} f(\tau)\,d\tau. \tag{20}$$

In allen optischen Fällen ist dies Integral praktisch Null.

Ähnlich wie die Lösung (18) findet man die folgende, welche eine *konvergierende* Zylinderwelle darstellt:

$$\mathfrak{Z}_z = \int_{l+i\varrho}^{i\infty} \frac{\varphi(\lambda)\,d\lambda}{\sqrt{\varrho^2 + (l-\lambda)^2}} = \int_{t+\frac{\varrho}{a}}^{\infty} \frac{f(\tau)\,d\tau}{\sqrt{(t-\tau)^2 - \frac{\varrho^2}{a^2}}}. \tag{21}$$

Das Feld berechnet man aus (19) oder (21) nach den Formeln (9) oder (10)

Setzt man in (19) und (21) $\tau = t \mp \frac{\varrho}{a} \operatorname{Cos} \alpha$, so wird

$$\mathfrak{Z}_z = \int_0^{\infty} f\left(t - \frac{\varrho}{a} \operatorname{Cos} \alpha\right) d\alpha, \tag{22}$$

oder

$$\mathfrak{Z}_z = \int_0^{\infty} f\left(t + \frac{\varrho}{a} \operatorname{Cos} \alpha\right) d\alpha. \tag{23}$$

Diese Form der Lösung hat den Vorteil, t und ϱ nicht mehr in den Grenzen der Integrale zu enthalten.

5. Sinusschwingungen. Bisher wurde über die Form der Schwingungen keinerlei beschränkende Voraussetzung gemacht; die Funktion $f(t)$ in Nr. **3** und **4** blieb unbestimmt. Häufig werden wir uns aber auf Sinusschwingungen beschränken, bei welchen von vornherein alle Feldvektoren $\mathfrak{E}$, $\mathfrak{H}$, $\mathfrak{Z}$ usw. zu e^{int} proportional gesetzt werden können,

n ist dabei die *Frequenz* $\left(\text{also } \frac{n}{2\pi}\right.$ die *Schwingungszahl*$\left.\right)$ $\tau = \frac{2\pi}{n}$ die *Periode*, $\lambda = \frac{2\pi a}{n}$ die *Wellenlänge*. Der physikalische Grund für die Bewegung der Sinusschwingungen liegt in der Fähigkeit vieler molekularer Gebilde, mit großer Annäherung reine Sinusschwingungen auszusenden und infolgedessen nach dem Resonanzprinzip auf Sinusschwingungen der gleichen Frequenz besonders stark anzusprechen und sie so von anderen auszusondern. Nicht nur schnelle und langsame Schwingungen unterscheiden sich deswegen in mancher Beziehung geradezu qualitativ, sondern selbst ganz geringe prozentische Unterschiede in der Frequenz sind manchmal für die Optik von ausschlaggebender Bedeutung. Das Auge empfindet diese Verschiedenheit als Verschiedenheit der Farbe.[7]) Mathematisch sind Sinusschwingungen deshalb einfacher zu behandeln, weil die Art der Abhängigkeit von der Variabeln t von vornherein feststeht. Setzt man

$$\varphi = u e^{int}, \tag{24}$$

so wird aus der Wellengleichung (6) die *„Schwingungsgleichung"*

$$\Delta u + k^2 u = 0 \qquad \left(k = \frac{n}{a} = \frac{n\sqrt{\varepsilon}}{c} = \frac{2\pi}{\lambda}\right) \tag{25}$$

für die nur noch von x, y, z abhängige Funktion u.

Ebene, Kugel- und Zylinderwellen darstellende Integrale der letzteren gewinnt man durch die Substitution (24) aus den in Nr. **2**, **3**, **4** gegebenen Lösungen der Wellengleichung:

$$\left\{\begin{aligned} &u = e^{-ikx}, \qquad u = \frac{1}{r} e^{\mp ikr}, \\ &u = Z_0(\pm k\varrho) = \int_0^\infty e^{\mp ik\varrho \operatorname{Cof} \alpha} d\alpha = K_0(\pm k\varrho) - \tfrac{1}{2}\pi i J_0(\pm k\varrho). \end{aligned}\right. \tag{26}$$

Hier sind

$$J_0(z) = \frac{2}{\pi}\int_0^\infty \sin(z \operatorname{Cof} \alpha)\, d\alpha \quad \text{und} \quad K_0(z) = \int_0^\infty \cos(z \operatorname{Cof} \alpha)\, d\alpha$$

die *Bessel*schen Funktionen nullter Ordnung, während Z_0 bis auf den Zahlenfaktor $\frac{2}{\pi i}$ die sogenannte *Hankel*sche Funktion nullter Ordnung ist; infolgedessen ist für kleine Werte des Argumentes

$$Z_0(z) = -\log z + \text{const.} \tag{27}$$

---

7) *Th. Young*, Phil. Trans. 1802, p. 19; Lectures on natural philosophy II, London 1807, p. 616; Ann. Phys. Chem. 39 (1811), p. 165.

für sehr große hingegen[8])

$$(28)\quad Z_0(z) = \sqrt{\frac{\pi}{2z}}\, e^{-i\left(z+\frac{\pi}{4}\right)} \left\{1 + \frac{1^2}{1!}\left(\frac{i}{8z}\right) + \frac{1^2 \cdot 3^2}{2!}\left(\frac{i}{8z}\right)^2 + \cdots\right\}.$$

Das obere Vorzeichen gibt in der Darstellung der Kugel- und Zylinderwellen *auslaufende,* das untere aus dem Unendlichen kommende, nach dem Punkt $r = 0$ oder der Linie $\varrho = 0$ *konvergierende* Wellen. Eine physikalische Bedeutung haben sowohl der reelle als der durch i dividierte imaginäre Anteil derartiger komplexer Lösungen. Sowohl $I_0(\pm k\varrho)$ als $K_0(\pm k\varrho)$ sind so Lösungen der Schwingungsgleichung für zwei Dimensionen.

Die Experimentalphysik bestimmt Sinusschwingungen durch ihre Wellenlänge

$$(29)\qquad \lambda_0 = \frac{2\pi c}{n}$$

im leeren Raum, weil diese unmittelbar und sehr genau, gelegentlich bis auf das 10^{-7}-fache ihres Wertes, gemessen werden kann. Die Frequenz n wäre daraus leicht zu berechnen. Da aber der Wert der Lichtgeschwindigkeit c nur bis auf die vierte Ziffer feststeht, so brächte der Übergang zu Frequenzen einen großen Verlust an Genauigkeit mit sich. Für theoretische Zwecke ist dennoch vielfach die Bestimmung durch die Frequenz vorzuziehen, weil sie sich beim Übertritt der Welle von einem Mittel in das andere nicht ändert.

Die langsamsten Schwingungen, welche bisher im Gebiete der Optik nachgewiesen sind, haben eine Wellenlänge $\lambda_0 = 3{,}4.10^{-2}$ cm[9]), die schnellsten, für die λ_0 gemessen ist, $\lambda_0 = 1.10^{-5}$ cm.[10]) (Noch kürzere Wellen werden von den glühenden Metalldämpfen des elektrischen Funkens ausgesandt[11]).) Die entsprechenden Frequenzen sind nach (29), wenn man $c = 3.10^{10}$ cm sec^{-1} annimmt, $n = 2\pi \times 9.10^{11}$ sec^{-1} und $n = 2\pi \times 3.10^{15}$ sec^{-1}. Das Auge empfindet als Licht Schwingungen, deren Wellenlängen zwischen etwa $4{,}1.10^{-5}$ und $7{,}1.10^{-5}$ cm liegen.

Die Röntgenstrahlen sind elektromagnetische Schwingungen, deren Wellenlänge etwa zwischen 1.10^{-9} und 5.10^{-8} cm, deren Frequenzen somit zwischen $2\pi \times 6{,}7.10^{17}$ und $2\pi \times 3.10^{19}$ sec^{-1} liegen. (Vgl. Abschnitt V dieses Artikels.)

---

8) Vgl. *H. Lamb,* Lehrbuch der Hydrodynamik. Deutsch von *J. Friedel,* Leipzig und Berlin 1907, § 192.

9) *H. Rubens* und *O. v. Bayer,* Berliner Ber. 1911, p. 339 u. 666.

10) *O. Schumann,* Wiener Ber. 102 (1893), p. 415, 625.

11) *P. Lenard* und *E. Ramsauer,* Heidelberger Akad. 1910, Abhandlungen Nr. 28, 31, 32.

Das naturgemäße Maß für Längen bildet bei allen Problemen, die auf Sinusschwingungen Bezug haben, deren Wellenlänge in dem in Rede stehenden Mittel; das natürliche Zeitmaß ist ihre Periode. Die Beziehungen „optisch groß“ und „optisch klein“ bezeichnen das Verhältnis zu diesen Maßstäben. Da die Periode stets kleiner als 10^{-12} sec ist, so sind selbst Zeiten optisch groß, welche für den Verlauf vieler anderer physikalischer Vorgänge als sehr klein zu bezeichnen sind. Alle optischen Intensitätsmessungen z. B. dauern lange Zeiten, selbst wenn sie sich etwa photographisch in 10^{-4} sec vollziehen. — Diese Begriffsbestimmung bleibt auch dann in Kraft, wenn man mit mehreren Sinusschwingungen zugleich zu tun hat, solange sich deren Perioden und Wellenlängen nicht in der Größenordnung unterscheiden.

Sinusschwingungen stellen stets einen stationären Zustand mit zeitlich unveränderlichen Intensitäten dar. Über die Erscheinungen beim Eintreffen oder beim Abklingen eines begrenzten Wellenzuges erfährt man dabei unmittelbar nichts. Die Verkennung dieses Sachverhaltes hat gelegentlich zu Fehldeutungen von Beobachtungen geführt.[12])

6. Dispergierende und absorbierende Körper. Bedeutet die Einführung von Sinusschwingungen schon für gewöhnlich eine Erleichterung, so wird sie im Falle der Dispersion zur Notwendigkeit. Denn die Grundgleichungen für dispergierende Körper müssen wir mangels einer auch quantitativ richtigen Dispersionstheorie als vorläufig unbekannt bezeichnen. Für Sinusschwingungen können wir aber die Grundgleichungen (1) bis (4), deswegen auch die Schwingungsgleichung (25), samt den Grenzbedingungen anwenden; mit der einzigen Abänderung, daß wir die Dielektrizitätskonstante ε als eine durch Messung des Brechungsindex ν nach (7) zu ermittelnde Funktion der Frequenz n betrachten.[13]) Muß man auch noch die Absorption berücksichtigen, ist nach (7a) die reelle Dielektrizitätskonstante ε durch die komplexe Funktion von n

$$\varepsilon' = \varepsilon - i\frac{\sigma}{n} \tag{29a}$$

zu ersetzen; nach (25) erhält dann k den komplexen Wert

$$k = \frac{n\sqrt{\varepsilon'}}{c}$$

während die Schwingungsgleichung selbst ihre Form nicht ändert. Bei der mathematischen Behandlung von Sinusschwingungen kann man

12) Ein Beispiel wird behandelt bei *M. Laue,* Ann. d. Phys. (4) 13 (1904), p. 163, § 6.

13) Enc. V 22, Nr. 15.

somit ganz von der Absorption absehen, solange man nur komplexe Lösungen der Differentialgleichungen sucht. Erst wenn man deren reelle Teile absondert, treten die Unterschiede gegenüber nicht-absorbierenden Körpern hervor. Mit dem Brechungsindex ν und dem Absorptionskoeffizienten $\varkappa$ hängt ε' durch die Beziehung

$$\sqrt{\varepsilon'} = \nu(1 - i\varkappa) \tag{29b}$$

zusammen. Da bei absorbierenden und dispergierenden Körpern die elektrische Leitfähigkeit σ nicht als von n unabhängig angenommen werden kann, so muß man ε' für jedes n aus den gemessenen Werten von ν und $\varkappa$ berechnen.

Bei ebenen Sinuswellen in nicht-dispergierenden und nicht absorbierenden Körpern ist nach Nr. 2 die Geschwindigkeit der Phasen gleich a, d. h. so groß wie die des Kopfes oder Endes einer Welle von begrenzter Dauer. Bei dispergierenden Mitteln hingegen ist zu unterscheiden zwischen der Phasengeschwindigkeit bei stationären Sinuswellen, welche nach (25) stets den Wert $\frac{c}{\sqrt{\varepsilon}} = \frac{c}{\nu} = \frac{n}{k}$ hat, und der Geschwindigkeit des Kopfes einer begrenzten Welle. Nach der Elektronentheorie ist die letztere stets gleich c.[14]) Bei der *Fizeau*schen und wohl auch bei der *Foucault*schen Lichtgeschwindigkeitsmessung wird die Gruppengeschwindigkeit

$$g = \frac{c}{\nu + n\frac{d\nu}{dn}} = \frac{dn}{dk} \tag{30}$$

beobachtet.[15]) (Vgl. Nr. 28.)

7. Die Intensität.[16]) Wegen der Größe der Frequenzen ist eine Beobachtung der Feldvektoren $\mathfrak{E}$ und $\mathfrak{H}$ ausgeschlossen. Nur die Intensität ist meßbar, und diese ist der Mittelwert einer Energiegröße, gebildet über Zeiten, welche optisch lang sind, aber nur einen kleinen Bruchteil einer Sekunde bilden. Daß die Unbestimmtheit dieser Größenangabe ohne Einfluß auf das Ergebnis der Mittelwertbildung ist, versteht sich keineswegs von selbst. Vielmehr liegt darin eine Eigentümlichkeit der optischen Wellen, welche *Planck* in seine Hypothese der natürlichen Strahlung mit aufnimmt (vgl. Nr. 27).[17]) Im allge-

---

14) *A. Sommerfeld,* Phys. Z. S. 8 (1907), p. 841; Weber-Festschrift 1912, p. 338; Ann. d. Phys. 44 (1914), p. 177.

15) Enc. V 22, Nr. 28 und V 23, Nr. 9, vgl. unten Nr. 27; vgl. auch *M. Laue,* Ann. d. Phys. 18 (1905), p. 523; *L. Brillouin,* Ann. d. Phys. 44 (1914), p. 203.

16) Vgl. Enc. V 23, p. 312.

17) *M. Planck,* Ann. d. Phys. 1 (1900), p. 69.

meinen ist die Intensität zeitlich veränderlich; da sich aber jeder Wert von ihr schon auf eine optisch lange Zeit bezieht, ist sie *langsam* veränderlich gegenüber den *schnell* veränderlichen Feldvektoren.

Welche von den Energiegrößen des elektromagnetischen Feldes zur Definition der Intensität zu benutzen ist, ist schwer zu sagen. Bei nichtdispergierenden Körpern kommen vor allen in Betracht: 1. die Energiedichte $W = \frac{1}{2}(\varepsilon \mathfrak{E}^2 + \mathfrak{H}^2)$, 2. der Energiestrom $\mathfrak{S} = c[\mathfrak{E}\mathfrak{H}]$ dem absoluten Wert nach, 3. $\mathfrak{E}^2$ allein, 4. $\mathfrak{H}^2$ allein. Wahrscheinlich ist die Wahl zwischen ihnen nach dem Meßinstrument zu treffen. Beim Bolometer und der Thermosäule dürfte die hineinströmende Energie $|\overline{\mathfrak{S}}|$, bei der photographischen Platte der Mittelwert $\overline{\mathfrak{E}^2}$ zur Messung gelangen (vgl. Nr. 22). Meist beobachtet man aber unter Umständen, unter welchen die Wellen nahezu eben sind; dann ist im zeitlichen Mittel

$$\overline{W} = |\overline{\mathfrak{S}}| = \varepsilon \overline{\mathfrak{E}^2} = \overline{\mathfrak{H}^2},$$

so daß die Wahl das Ergebnis nicht beeinflußt.

Noch schwieriger liegt die Frage im Fall der Dispersion; dann kommt nämlich noch die Energie der erzwungenen intramolekularen Schwingungen in Betracht. Will man nur die Intensitäten an verschiedenen Stellen desselben Körpers vergleichen und ist die Welle an diesen nahezu eben, so ist jede der angegebenen Größen gleich geeignet. Gelegentlich wird in der Literatur das Quadrat des *Hertz*schen Vektors verwendet; und auch wir werden uns im Abschnitt IV dieses Artikels im Grunde diesem Brauche anschließen, nur scheint dies in jedem Fall einer besonderen Rechtfertigung zu bedürfen.[18])

Bei reinen Sinusschwingungen kann man die Mittelwertbildung statt über eine optisch lange Zeit über eine Periode vollziehen. Geht man von einer komplexen Darstellung für die Feldvektoren aus, findet man also etwa

$$\mathfrak{E}_x = u e^{int} = |u| e^{i(nt+\varphi)},$$

so haben wir hierin zwei reelle Lösungen, nämlich

$$|u| \cos(nt + \varphi) \quad \text{und} \quad |u| \sin(nt + \varphi).$$

Der Mittelwert $\overline{\mathfrak{E}_x^2}$ ist für beide gleich $\frac{1}{2}|u|^2$, d. h. wenn $\mathfrak{E}_x'$ zu $\mathfrak{E}_x$ konjugiert komplex ist,

$$\overline{\mathfrak{E}_x^2} = \tfrac{1}{2}\mathfrak{E}_x \mathfrak{E}_x'. \tag{31}$$

Ist ferner etwa

$$\mathfrak{H}_y = v e^{int} = |v| e^{i(nt+\psi)},$$

18) Vgl. hierzu: *E. Abbe,* Die Lehre von der Bildentstehung im Mikroskop, § 9, Braunschweig 1910.

so wird bei Benutzung der reellen Anteile von $\mathfrak{E}_x$ und $\mathfrak{H}_y$ der Mittelwert $\overline{\mathfrak{E}_x \mathfrak{H}_y} = \frac{1}{2}|u||v| \cos(\varphi - \psi)$, also

$$\overline{\mathfrak{E}_x \mathfrak{H}_y} = \tfrac{1}{4}(\mathfrak{E}_x \mathfrak{H}_y' + \mathfrak{E}_x' \mathfrak{H}_y). \tag{32}$$

Bei Benutzung der imaginären Anteile findet man dasselbe. Nach den in (31) und (32) angedeuteten Regeln kann man leicht von komplexen Lösungen zu den quadratischen Mittelwerten übergehen, welche die Intensität bestimmen.

8. Die Wellenoptik und die älteren Lichttheorien. Nicht unerwähnt darf bleiben, daß manche charakteristischen Züge der elektromagnetischen Lichttheorie gerade für die wichtigsten Probleme der Wellenoptik keine Rolle spielen. Das zeigt am besten die Tatsache, daß lange vor *Maxwell* und *Hertz* die wesentlichsten Interferenz- und Beugungserscheinungen bekannt und durch die elastische Lichttheorie erklärt waren. Vielfach genügt, daß der „Lichtvektor" (d. h. elastisch: die Verrückung eines Ätherteilchens, elektromagnetisch: $\mathfrak{E}$ oder $\mathfrak{H}$) der Wellengleichung (5) und der Divergenzbedingung 3) oder 4) (Transversalität) genügt, und daß sein Quadrat gemittelt ein Maß der Intensität abgibt. In diesem Punkt stimmt die elastische Theorie mit der elektromagnetischen vollständig überein. Nur die Überlegenheit der elektromagnetischen Theorie auf andern Gebieten sichert dieser den Sieg.

Die älteste Wellentheorie des Lichtes, wie sie *Huyghens* 1678 begründete[19]), kannte noch nicht einmal die Transversalität und vermochte dennoch z. B. für die gradlinige Ausbreitung des Lichtes, das Reflexions- und das Brechungsgesetz Erklärungen zu geben, welche ihren Wert bis heute behalten haben.

II. Die Superposition von Sinusschwingungen gleicher Frequenz.

9. Das Interferenzprinzip. Die vielleicht wichtigste Eigenschaft der Grundgleichungen ist ihre Linearität, welche zur Folge hat, daß die Summe von beliebigen Lösungen selbst eine Lösung ist. Physikalisch bedeutet dies, daß sich verschiedene Wellen ohne gegenseitige Störung superponieren können; die resultierenden Feldstärken $\mathfrak{E}$ und $\mathfrak{H}$ sind einfach die Vektorsummen aus den Feldstärken der einzelnen Wellen. Aber gerade deswegen summieren sich die Intensitäten im allgemeinen nicht. Dies ist das von *Young*[20]) zuerst ausgesprochene „Interferenzprinzip".

---

19) *Christian Huyghens,* Traité de la lumière, Leiden 1690. Deutsch von *E. Lommel* (Ostwalds Klassiker Nr. 20, Leipzig 1890), vgl. Nr. 33.

20) *Thomas Young,* Phil. Trans. 1802, p. 34; Lectures on Natural Philosophy 2 (1807), p. 624; Ann. Phys. Chem. 39 (1811), p. 184.

10. Zwei senkrecht zueinander polarisierte Schwingungen.[21]) Stellt man bei den in Nr. 2 bis 4 betrachteten linearpolarisierten Wellen den Lichtvektor (etwa $\mathfrak{E}$) in einem bestimmten Punkt als gerichtete Strecke mit festem Anfangspunkt dar, so beschreibt ihr Endpunkt eine gerade Linie; wir können diese Bewegung darstellen durch

$$\mathfrak{E}_{1x} = x = a \cos nt.$$

Superponiert sich darüber eine andere senkrecht dazu polarisierte Schwingung, welche analog durch

$$\mathfrak{E}_{2y} = y = b \cos (nt - \delta)$$

gegeben ist, so ist die resultierende Schwingung durch eine Bewegung des Endpunktes auf der Ellipse

$$\frac{x^2}{a^2} + \frac{y^2}{b^2} - 2\frac{xy}{ab} \cos \delta = \sin^2 \delta$$

dargestellt. Man nennt sie deshalb elliptisch polarisiert. Ist die Phasendifferenz $\delta = \pm \frac{\pi}{2}$, so liegen ihre Achsen in der x- und y-Richtung; ist außerdem $a = b$, so wird die Ellipse zum Kreis (zirkulare Polarisation). Ist $\delta = 0$ oder $= \pi$, so artet die Ellipse zu einer Geraden aus. Eine vorgegebene elliptische Schwingung läßt sich auf unendlich viele Arten in zwei zueinander senkrechte Schwingungen zerlegen; die Phasendifferenz δ wechselt mit den Richtungen. Die Achsenrichtungen sind durch die Forderung $\delta = \pm \frac{\pi}{2}$ eindeutig bestimmt. Ausgenommen davon sind nur die Grenzfälle der zirkularen und linearen Schwingung; bei der ersteren ist stets $\delta = \pm \frac{\pi}{2}$, bei der letzteren $\delta = 0$ oder $\delta = \pi$. Bei zirkularer Polarisation unterscheidet man als links und rechts zirkular die Fälle $\delta = \pm \frac{\pi}{2}$, in welcher die Bewegung des Lichtvektors eine Links- bzw. Rechtsdrehung um die dem Strahl entgegengesetzte Richtung darstellt. Man kann diese Unterscheidung natürlich auch auf elliptische Polarisation anwenden.

Die Intensität $\overline{\mathfrak{E}^2}$ ist unabhängig von δ gleich $\frac{1}{2}(a^2 + b^2)$. Sind die beiden linearen Komponenten ebene in der gleichen Richtung fortschreitende Wellen, so setzt sich auch der Strahlvektor $\mathfrak{S}$ additiv aus den Anteilen der Komponenten zusammen. Man spricht dies gewöhnlich in dem Satz aus: *Senkrecht zueinander polarisierte Schwingungen interferieren nicht miteinander.*

---

21) *A. Fresnel,* Oeuvres I, p. 385—799, Paris 1866; *François Arago,* Oeuvres 10, Paris-Leipzig 1858, p. 132, vgl. *A. Wangerin,* Enc. V 21, Nr. 6.

11. Interferenz gleichgerichteter Schwingungen. Ganz anders gestaltet sich die Erscheinung bei der Superposition gleich gerichteter Schwingungen (bei beliebiger Lage der Schwingungen zueinander kann man das Problem auf die hier und in Nr. **10** behandelten Fälle zurückführen). Aus der Superposition von

$$\mathfrak{E}_{1x} = ue^{int} = |u| e^{i(nt+\varphi)}, \quad \mathfrak{E}_{2x} = ve^{int} = |v| e^{i(nt+\psi)}$$

resultiert nämlich die Schwingung

$$\mathfrak{E}_x = (u+v)e^{int}, \tag{33}$$

deren Intensität nach (31)

$$\overline{\mathfrak{E}^2} = \tfrac{1}{2}(|u|^2 + |v|^2 + 2|u||v|\cos\delta) \tag{34}$$

ist, wenn $\delta = \varphi - \psi$ die Phasendifferenz bedeutet. Die Intensität der resultierenden linearen Schwingung schwankt also zwischen $(|u| - |v|)^2$ und $(|u| + |v|)^2$, sie nimmt den ersteren Wert für $\delta = (2h+1)\pi$, den letzteren für $\delta = 2h\pi$ an, wo h eine ganze Zahl ist. Ist $|u| = |v|$, so ist der Minimalwert 0. Die Tatsache, daß bei Superposition verschiedener Lichtwirkungen völlige Dunkelheit entstehen kann, hat endgültig gegen die *Newton*sche Emissionstheorie entschieden.

Stellt man die komplexen Größen u und v in bekannter Weise durch Vektoren in der Ebene einer komplexen Veränderlichen dar, so sind diese Vektoren Repräsentanten der Schwingungen $\mathfrak{E}_1$ und $\mathfrak{E}_2$. Ihre Längen geben die Amplituden, ihr Richtungsunterschied die Phasendifferenz δ an. Die resultierende Schwingung $\mathfrak{E}$ wird nach (33) durch die Vektorsumme $u + v$ dargestellt; das Problem der Superposition von Schwingungen läßt sich so auf Vektoradditionen zurückführen. Dies gilt natürlich auch für die Superposition von mehr als zwei Schwingungen.

Eine Reihe von p Schwingungen, deren Amplituden in geometrischer Progression abnehmen, während die Phasen in arithmetischer Progression wachsen, ist dargestellt durch

$$e^{int}, \ \mathfrak{S} e^{int+\delta}, \ \mathfrak{S}^2 e^{i(nt+2\delta)}, \ \ldots, \ \mathfrak{S}^{p-1} e^{i(nt+(p-1)\delta)},$$
$$(0 < \mathfrak{S} \leqq 1);$$

ihre Superposition ergibt die Gleichung

$$e^{ivt} \sum_{m}^{p-1} {}_{0}\, \mathfrak{S}^m e^{im\delta} = e^{int} \frac{1 - \mathfrak{S}^p e^{ip\delta}}{1 - \mathfrak{S} e^{i\delta}}, \tag{35}$$

deren Intensität nach (31) den Wert

$$\frac{1 - \mathfrak{S}^p e^{ip\delta}}{1 - \mathfrak{S} e^{i\delta}} \cdot \frac{1 - \mathfrak{S}^p e^{-ip\delta}}{1 - \mathfrak{S} e^{-i\delta}} = \frac{1 + \mathfrak{S}^{2p} - 2\mathfrak{S}^p \cos p\delta}{1 + \mathfrak{S}^2 - 2\mathfrak{S}\cos\delta} \tag{36}$$

hat (*Airy*).[22]) Für $p = 2$ wird dieser Ausdruck gleich $1 + \mathfrak{S}^2 + 2\mathfrak{S}\cos\delta$, für $p = \infty$

$$\frac{1}{1 + \mathfrak{S}^2 - 2\mathfrak{S}\cos\delta} = \frac{1}{(1-\mathfrak{S})^2 + 4\mathfrak{S}\sin^2\frac{\delta}{2}}. \tag{37}$$

Ist ferner $\mathfrak{S} \ll 1$, so ist ein Näherungswert dafür $(1 + 2\mathfrak{S}\cos\delta)$; die Abhängigkeit der Intensität von der Phasendifferenz ist dann dieselbe wie bei der Interferenz von nur zwei Wellen; sie schwankt bei variierendem δ nach einem Sinusgesetz um den Betrag $4\mathfrak{S}$. Ist umgekehrt $(1 - \mathfrak{S}) \ll 1$, so wird die Intensität für $\delta = 2h\pi$ (h eine ganze Zahl) groß wie $\frac{1}{(1-\mathfrak{S})^2}$; und fällt schon auf die Hälfte dieses Betrages, wenn $\delta = 2h\pi \pm (1 - \mathfrak{S})$ ist. Im ersten Fall haben wir somit breite und flache Intensitätsmaxima und -minima, im zweiten hohe und scharfe Maxima getrennt durch sehr breite Minima. Den Übergang zwischen diesen Grenzfällen veranschaulicht Fig. 2, in der δ als Abszisse, $J(1 - \mathfrak{S}^2)$ als Ordinate aufgetragen ist.

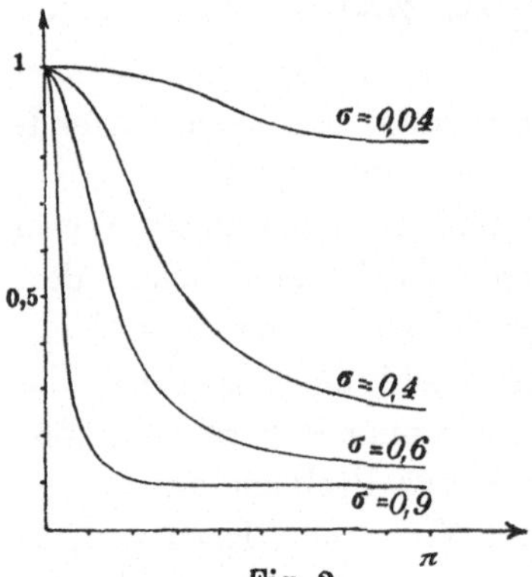

Fig. 2.

Für $\mathfrak{S} = 1$ wird der Ausdruck (35) gleich

$$e^{i\left(\nu t + \frac{p-1}{2}\delta\right)} \frac{\sin\frac{p}{2}\delta}{\sin\frac{1}{2}\delta}, \tag{38}$$

die Intensität daher gleich

$$\frac{\sin^2\frac{p}{2}\delta}{\sin^2\frac{1}{2}\delta}. \tag{39}$$

Ihr größter, bei $\delta = 2h\pi$ erreichter Wert ist p^2. Bei

$$\delta = 2h\pi \pm \frac{2\pi}{p} \tag{39a}$$

wird sie Null. Wie die Höhe, so wächst somit die Schärfe der Intensitätsmaxima zugleich mit der Zahl p der interferierenden Schwingungen. Daneben bestehen noch viele kleinere Maxima, welche ungefähr dort liegen, wo $\sin^2\frac{p}{2}\delta$ den Wert 1 erreicht. Sie kommen bei großen Werten von p gegen die erstgenannten nicht in Betracht.

In Fig. 3 stellt die ausgezogene Kurve den Bruch (39) als Funktion von δ, die gestrichelte analog den Ausdruck (36) mit $\mathfrak{S} = 0{,}883$

22) *G. B. Airy*, Pogg. Ann. 41 (1837), p. 512; Undulatory Theory of Optics, London 1877, p. 53f.; *O. Lummer*, Berlin Ber. 1900, p. 504.

dar; p ist bei beiden gleich 15. Man erkennt den äußerst geringen Unterschied beider Kurven.

12. Interferenzstreifen gleicher Dicke an dünnen Platten.[23]) Diese sind von allen Interferenzerscheinungen am längsten bekannt, sie sind schon von *Newton*[24]) eingehend beschrieben, aber erst von *Young*[25]) im Sinne der Wellentheorie gedeutet worden. Von der punktförmigen Lichtquelle L (Fig. 4) gehen die Strahlen LA

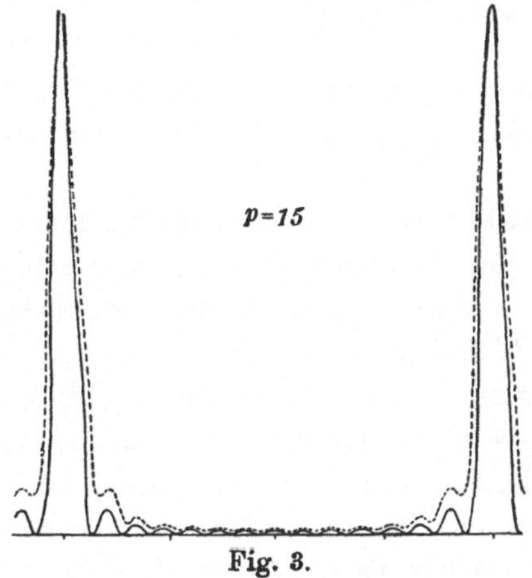

Fig. 3.

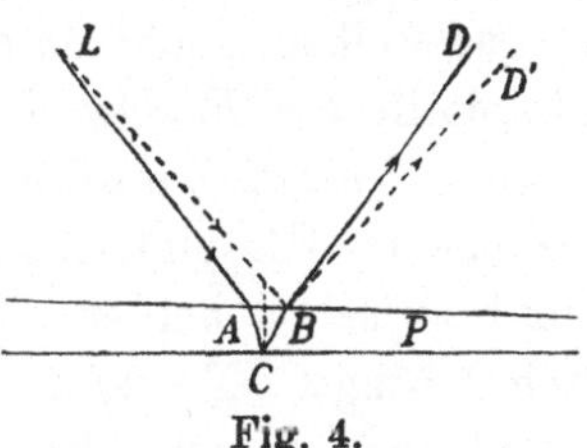

Fig. 4.

und LB nach der Vorderfläche der Platte P; der erstere gelangt durch Brechung bei A und Spiegelung in C nach B und tritt dort in der Richtung nach D aus, während der letztere in B unmittelbar nach D' hingespiegelt wird. Die Phasendifferenz der Strahlen in B hängt mit der Dicke d der Platte und dem Neigungswinkel β des Strahles AC gegen die Plattennormale durch die näherungsweise gültige Beziehung

$$\delta = 4\pi \frac{\nu d \cos\beta}{\lambda_0} + \pi \tag{40}$$

zusammen. Der Summand π rührt daher, daß entweder mit der Spiegelung in B oder mit der in C ein Phasensprung π verknüpft ist, je nachdem der Brechungsindex in der Platte größer oder kleiner ist als im Außenraume. Vereinigt man die Strahlen BD und BD' durch optische Mittel (Lupe, Auge), so ist die Phasendifferenz im Bildpunkt von B ebenso groß. Ist L von B weit entfernt, so ist β längs der Platte unveränderlich. Variiert deren Dicke d, so schwankt δ und deshalb gemäß Gleichung (34) die Intensität[26]), welche in der Bild-

23) Die Literatur über Interferenzerscheinungen und die Apparate zu ihrer Beobachtung ist ungeheuer umfangreich. Wir berücksichtigen im folgenden nur die allerwichtigsten Fälle.

24) *Jsaak Newton,* Optices, Lib. I, Partes I et II, Londini 1704.

25) *Th. Young,* Phil. Trans. 1802, p. 37; Lectures on Nat. Philos. 2 (1807), p. 626; Ann. Phys. Chem. 39 (1811), p. 189.

26) Die Berücksichtigung der in der Platte mehrfach reflektierten Strahlen

ebene von P beobachtet wird. Man sieht dann, auf der Platte P lokalisiert, die Orte gleicher Dicke verbindenden Streifen.

Ähnliche Streifen beobachtet man im durchgehenden Licht; nur ist hier

$$\delta = 4\pi \frac{\nu d \cos \beta}{\lambda_0}, \tag{41}$$

so daß jedem Helligkeitsmaximum im gespiegelten Licht ein Minimum im durchgehenden entspricht und umgekehrt. Beide Streifensysteme sind zueinander komplementär.

Nach (41) und (42) verschieben sich die Intensitätsmaxima bei Veränderung der Wellenlänge. Bei Beleuchtung mit mehrfarbigem oder gar weißem Licht entstehen so durch Trennung der verschiedenen Bestandteile die *Farben dünner Blättchen.*

Bei *Newtons* Anordnung lag eine schwach gekrümmte Linse auf einer ebenen Glasplatte, beobachtet wurden die Streifen an der Luftschicht zwischen beiden. Die Streifen sind dann konzentrische (*Newton*sche) Ringe. *Young* berechnete aus ihren Durchmessern zuerst die Wellenlängen des sichtbaren Lichtes der verschiedenen Farben.

13. Der Fresnelsche Spiegel. Durchkreuzen sich zwei ebene Wellen, deren Richtungen um den Winkel ϑ differieren, so ist die Phasendifferenz δ eine lineare Funktion der Koordinaten. Die Orte gleicher Phasendifferenz und infolgedessen gleicher Intensität sind die auf der Ebene beider Strahlrichtungen senkrechte Ebenen, welche den Winkel ϑ halbieren. Der Abstand benachbarter Ebenen größter Helligkeit ist

$$\frac{\lambda}{2 \sin \frac{\vartheta}{2}}. \tag{41a}$$

Beobachtet man in irgendeiner anderen Ebene die Verteilung der Helligkeit, so sieht man ihre Schnitte mit jener Ebenenschar als Interferenzstreifen.

Fresnel[27]) wollte diese Interferenz verwirklichen, um die Emissionstheorie schlagender zu widerlegen, als der Interferenzversuch von *Young*[28]) das konnte. Er ließ dazu das Licht an zwei ebenen, unter einem gewissen Winkel aneinanderstoßenden Spiegeln reflektieren.

---

erübrigt sich bei dem meist geringen Reflexionsvermögen, da dann das σ in Gl. (36) klein ist.

27) *Augustin Fresnel,* Oeuvres 1, p. 150, 183, 186.

28) *Thomas Young,* Lectures on Natural. Philos. 1 (1807), p. 464. Beim „Youngschen Versuch“ geht das Licht durch zwei enge Öffnungen, denen die Anhänger der Emissionstheorie einen Einfluß auf die „Lichtkörperchen“ zuschrieben.

Die interferierenden Wellen gehen dann scheinbar von den beiden Spiegelbildern der Lichtquelle aus. In der Tat beobachtet man ein äquidistantes Streifensystem. Es gibt viele Abänderungen dieses Versuches. *Fresnel*[29]) selbst ersetzte den Doppelspiegel durch ein Biprisma. *Lloyd*[30]) beobachtete die Interferenz zwischen direktem Licht und solchem, welches an einem ebenen Spiegel reflektiert ist. Auch *Billets*[31]) Halblinsen, welche dicht nebeneinander zwei reelle Bilder derselben Lichtquelle entwerfen, bringen Interferenzen derselben Art hervor. Wegen der Kleinheit der Wellenlänge λ kommt es bei allen diesen Versuchen zur Erreichung beobachtbarer Streifenbreiten darauf an, den Winkel ϑ möglichst klein zu machen.[32]) Deshalb müssen die *Fresnel*schen Spiegel unter einem sehr stumpfen Winkel zusammenstoßen, die brechenden Winkel des Biprismas sehr klein und die Brennweite bei den Halblinsen sehr groß sein, während beim *Lloyd*schen Versuch die Spiegelung fast streifend erfolgen muß.

Alle diese Anordnungen erreichen ihren Zweck nicht ganz rein. Beobachtet man genauer, als *Fresnel* es tun konnte, so erscheinen die Streifen weder alle gleich breit noch gleich hell, wie es doch nach der elementaren Theorie sein sollte. Die Beugung an der Kante, welche die interferierenden Strahlen voneinander trennt, beeinflußt die Erscheinung wesentlich. *H. F. Weber*[33]) und *H. Struve*[34]) haben die *Kirchhoff*sche Beugungstheorie darauf angewandt und die Übereinstimmung mit der Erfahrung festgestellt. Diese Komplikation wird vermieden, wenn man statt nahe benachbarte Strahlen zu trennen, einen Strahl durch Spiegelung und Brechung spaltet und die beiden Teile sich durchkreuzen läßt.

Eine Anordnung, welche dies verwirklicht,[35]) beruht auf der Eigenschaft des Quarzes, längs seiner kristallographischen Achse nur zirkular polarisierten Wellen Durchgang zu gestatten. Je nach dem Sinn seines optischen Drehvermögens ist sein Brechungsindex für eine rechts oder links zirkulare Welle größer als für die entgegengesetzt zirkulare. Setzt man aus einem rechts- und einem linksdrehenden Quarzprisma ein recht-

29) l. c. p. 330.

30) *H. Lloyd,* Ann. Phys. Chem. 45 (1838), p. 95.

31) *Billet,* Ann. d. chimie et phys. 64 (1862), p. 385. Ferner *F. F Martens,* Verh. d. deutsch. phys Ges. 4 (1902), p. 43.

32) Beim kleinem ϑ ist es völlig gleichgültig, ob man $\overline{\mathfrak{E}^2}$, $\overline{\mathfrak{H}^2}$ oder $|\overline{\mathfrak{S}}|$ als Intensität betrachtet.

33) *H. F. Weber,* Wied. Ann. 8 (1878), p. 407.

34) *H. Struve,* Fresnels Interferenzerscheinungen, Dorpat 1881; Ann. Phys. Chem. 15 (1882), p. 49.

35) *A. Righi,* Journ. de phys. (2) 2 (1883), p. 437.

winkliges Parallelepiped zusammen (Fig. 4a), so werden daher beim Übergange von einen zum anderen zwei entgegengesetzt zirkulare, in der Richtung der Achse zusammenfallende Wellen in zwei Richtungen hinein gebrochen, die einen kleinen Winkel miteinander bilden. Läßt man Licht, welches aus einem *Nicol*schen Prisma (Polarisator) kommt, in das Parallelepiped eintreten, so wird es dabei in zwei zirkulare Wellen gespalten, welche aus dem Parallelepiped in etwas verschiedenen Richtungen austreten. Bringt man schließlich beide Wellen durch ein zweites *Nicol*sches Prisma (Analysator) auf eine gemeinsame Polarisationsebene, so zeigen sich in allen von beiden Wellen bestrichenen Räumen Interferenzstreifen vom *Fresnel*schen Typus, welche durch keine Beugungserscheinungen mehr gestört sind. Die Lage der Maxima hängt u. a. von der Stellung des Polarisators zum Analysator ab; dreht man den ersteren, so wandern die Interferenzstreifen. (Vgl. Nr. 24.)

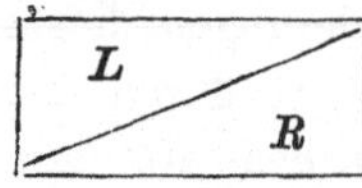

L Linksquarz.
R Rechtsquarz

Fig. 4a.

14. Die Streifen gleicher Neigung an planparallelen Platten. Theoretisch am einfachsten von allen Interferenzerscheinungen und zugleich von großer praktischer Bedeutung sind die von *Herschel*[35a]) *Haidinger*[36]), *Michelson*[37]), *Mascart*[38]) und *Lummer*[39]) unabhängig von einander aufgefundenen Streifen gleicher Neigung an planparallelen Schichten. In dem durch eine solche Schicht hindurchgehenden Licht überlagern sich 1. eine unter zweimaliger Brechung hindurchgehende Welle, 2. eine Welle, welche außer den zwei Brechungen zwei Spiegelungen erlitten hat, 3. eine Welle, welche vier Spiegelungen erlitten hat usw. in infinitum, wenn wir uns die Wellen und die Schicht seitlich unbegrenzt denken. Die k — te Welle wird dargestellt durch $\mathfrak{S}^{k-1} e^{i(\nu t + (k-1)\delta)}$; daher ist die Intensität nach Gleichung (37) proportional zu

$$(42)\qquad \frac{1}{(1-\mathfrak{S})^2 + 4\mathfrak{S}\sin^2\frac{\delta}{2}}.$$

$\mathfrak{S}$ wächst zugleich mit dem Reflexionsvermögen der beiden Grenzflächen, δ ist (vgl. (40)) exakt durch

$$(43)\qquad \delta = \frac{4\pi}{\lambda_0} nd \cos\beta + \varepsilon$$

35a) *J. F. W. Herschel,* Phil. Trans., London Royal Society 1809, p. 274.

36) *W. Haidinger,* Ann. Phys. Chem. 77 (1849), p. 219; 96 (1856), p. 453; *Lord Rayleigh,* Phil. Mag. 12 (1906), p. 489. Pap. V, p. 341.

37) *A. A. Michelson,* Phil. Mag. 13 (1882), p. 236.

38) *E. Mascart,* Ann. de chim. et de phys. 23 (1871), p. 116.

39) *O Lummer,* Diss. Berlin 1884, Ann. Phys. Chem. 23 (1884) p. 49.

gegeben, wobei ε die Summe der Phasensprünge bei den Reflexionen an der Vorder- und der Rückfläche ist. Für gewöhnlich ist ε gleich 0 oder 2π, sind die Flächen aber versilbert, so hat es andere Werte. Die Beobachtung geschieht mit einem auf Unendlich eingestellten optischen Instrument (Fernrohr, Auge). Jeder ebenen Welle, die hineintritt, entspricht dann ein Punkt der Brennebene. Tritt eine Wellenschar ein, so sieht man wegen der Veränderlichkeit der Phasendifferenz δ und der Intensität mit der Richtung Interferenzstreifen; die Orte gleicher Helligkeit haben die Gleichung $\beta = \text{const.}$ Zu jedem β gehört aber eine bestimmte Neigung des Strahls gegen die Normale nach seinem Austritt aus der Platte. Die Streifen sind daher ihrer Form nach die Schnitte der Brennebene mit Kreiskegeln, deren Achse die Normale ist; z. B. wenn das Fernrohr die Richtung dieser Normalen hat, Kreise (*Pérot* und *Fabry*)[40]); steht hingegen das Fernrohr fast senkrecht zu ihr, so sieht man nur sehr schwach gekrümmte Stücke von Hyperbeln (*Lummer* und *Gehrcke*).[41])

In dem von der Platte reflektierten Licht ist die stärkste der sich überlagernden Wellen diejenige, welche sogleich an der Vorderfläche gespiegelt ist. Da keine der anderen Wellen eine Spiegelung unter denselben Umständen durchmacht, sind dabei die Betrachtungen von Nr. **11** nicht ohne weiteres anwendbar. Doch erkennt man aus dem Energieprinzip, daß die Erscheinung im reflektierten Licht zu der im hindurchgehenden komplementär ist.[42])

Liegt σ nahe beim Wert 1, so haben die Streifen im durchgehenden Licht helle, scharfe Maxima; sie eignen sich dann zu spektroskopischen Zwecken.[43]) Werte von σ bis zu 0,9 erreichen *Pérot* u. *Fabry* bei ihrer zwischen Glasplatten befindlichen Luftschicht durch schwache Versilberung der Grenzflächen. *Lummer* u. *Gehrcke* erzielen bei ihrer planparallelen Glasplatte dasselbe durch Benutzung großer Einfallswinkel; denn nach den *Fresnel*schen Formeln[44]) wächst das Reflexionsvermögen mit dem Einfallswinkel bis schließlich zum Wert 1. (Bei 88° Einfallswinkel ist $\sigma = 0{,}88$.)

---

40) *Ch. Fabry* und *A. Pérot*, Ann. de chim. et de phys. (7) 12 (1897), p. 459; 16 (1899), p. 115.

41) *O. Lummer* und *E. Gehrcke*, Berlin Ber. 1902, p. 11; Ann. d. Phys. 10 (1903), p. 457.

42) Eine andersartige Behandlung der Spiegelung und Brechung an planparallelen Platten findet sich bei *W. Voigt*, Komp. der theoret. Physik, Leipzig 1896, Band 2, p. 643 f.

43) *R. Boulouch*, Journ. d. phys. 2 (1893), p. 316.

44) Enc. V 22. Nr. **10**.

Um die erste Reflexion der einfallenden Welle an der Vorderfläche zu umgehen, durch welche bei großem $\mathfrak{S}$ der Hauptanteil der Energie der Beobachtung im durchgehenden Licht entzogen wird, setzte *Gehrcke* auf die Platte ein aufgekittetes Prisma und ließ die einfallende Welle, durch die Blende D seitlich begrenzt, ungefähr

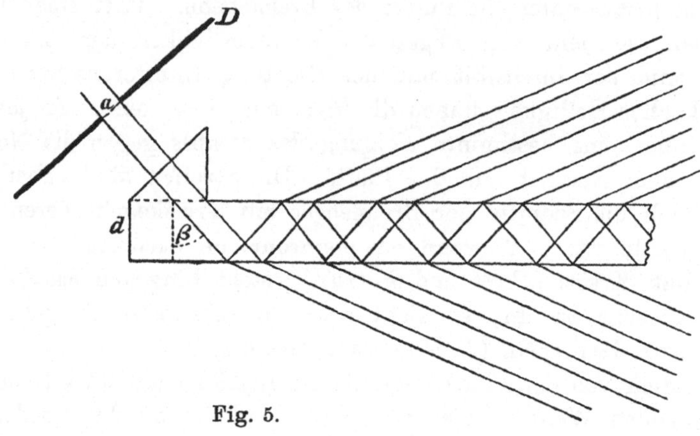

Fig. 5.

senkrecht, also ohne erheblichen Reflexionsverlust dadurch eintreten. Die Interferenzerscheinungen werden dann auf beiden Seiten der Platte gleich, nämlich so wie sonst nur im durchgehenden Licht Freilich treten dann die Strahlen $S_1, S_2, S_3, \ldots, S_1', S_2', \ldots$, welche interferieren sollen, räumlich getrennt aus der Platte aus. Dennoch kommt es zur Interferenz, wenn man sie in der Brennebene eines Fernrohrs vereinigt. Theoretisch ist dieser Fall weniger einfach, weil die Beugung an der Blende D eine Rolle spielt. Doch ändert sich der Anblick der Streifen nicht, wenn man, wie zumeist geschieht, einigermaßen weit geöffnete Strahlenbündel einfallen läßt.[45])

v. Baeyer bringt dann noch auf die Rückseite der Platte eine Substanz von so kleinem Brechungsindex, daß die Reflexion an der Rückfläche eine totale ist. Dadurch wird einmal die Interferenzerscheinung auf der Vorderseite lichtstärker, zugleich wird $\mathfrak{S}$ bis zu 0,94 vergrößert.[46])

Die Zahl p der interferierenden Streifen ist nur bei der Anordnung von *Pérot* u. *Fabry* praktisch unendlich, da die Strahlen fast senkrecht auf der Platte stehen. Bei *Lummer* u. *Gehrcke* dagegen wegen der großen Einfallswinkel und der beschränkten Länge der Platte

45) *M. Laue,* Diss. Berlin 1903, Zeitschr. Math. Phys. 50 (1904), p. 280.
46) *O. v. Baeyer,* Verh. d. deutsch. phys. Gesell. 7 (1909), p. 118.

höchstens etwa 30. Einer weiteren Vergrößerung widersetzen sich die technischen Schwierigkeiten großer, exakt genug planparalleler Platten aus völlig homogenem Material. Dagegen läßt sich bei der Anordnung mit dem aufgesetzten Prisma die Zahl p leicht durch Abblendung einiger Strahlen verringern und so deren Einfluß auf die Schärfe der Streifen experimentell untersuchen.[47])

Diese Betrachtungen gelten zunächst nur für Wellen, deren Polarisationsebene mit der Einfallsebene zusammenfällt oder dazu senkrecht steht. Beide Fälle unterscheiden sich etwas im Reflexionsvermögen, daher auch im Wert von $\mathfrak{S}$. Im unpolarisierten Licht, das meist benutzt wird, superponieren sich zwei in der Schärfe ein wenig verschiedene Streifensysteme. Dagegen verändert sich die Erscheinung wesentlich, wenn man die Polarisationsebene anders orientiert und die Strahlen nach ihrem Austritt aus der Platte durch einen Polarisationsapparat hindurchgehen läßt. Bei bestimmten Stellungen des letzteren treten Verdoppelungen der Maxima auf.[48])

Die hier beschriebenen Anordnungen sind zunächst nur für die spektroskopische Untersuchung sichtbaren Lichtes erdacht und angewandt. Eine planparallele Luftplatte von veränderlicher Dicke zur Messung der Wellenlängen der langsamsten optischen Schwingungen beschreiben *Rubens* und *Hollnagel*.[49])

15. Die Queteletschen Ringe. Den Planparallelitätsstreifen ähnlich ist eine an bestäubten Glasspiegeln auftretende Interferenzerscheinung. Jedes Staubteilchen wird nämlich einmal vom einfallenden Licht getroffen und gibt dabei Anlaß zu einer gebeugten Welle, welche an der versilberten Rückseite des Spiegels reflektiert wird und sodann von dem Spiegelbild des Staubteilchens an dieser herzurühren scheint; zweitens löst die an der Rückseite gespiegelte Welle an ihm eine abgebeugte Welle aus. Die beiden durch Beugung entstandenen Wellen interferieren im Unendlichen mit der Phasendifferenz

$$\delta = \frac{2\nu d \cos\beta}{c},$$

wo d die Dicke der Glasschicht, ν ihr Brechungsindex und β der Winkel ist, den das abgebeugte Licht in der Platte mit ihrer Normalen bildet. Die Richtung des einfallenden Lichtes hat keinen Einfluß auf δ.

---

47) *O. Lummer* und *E. Gehrcke*, Verh. d. deutsch. Phys. Ges. 4 (1902), p. 337.

48) *O. Lummer*, Ann. d. Phys. (4) 22 (1907), p. 49; *H. Schulz*, Ann. d. Phys. (4) 26 (1908), p. 139.

49) *H. Rubens* und *H. Hollnagel*, Berlin Ber. 1910, p. 26, vgl. auch Anm. 9.

Natürlich wirken nicht nur die beiden Wellen in der Erscheinung zusammen, welche soeben genannt wurden, sondern so viele derartige Paare, als Staubteilchen vorhanden sind. Infolgedessen sind die Ringe „granuliert.[49a]) (Vgl. Nr. **21**.)

16. Das Michelsonsche Interferometer.[50]) Ein Strahl L (Fig. 5a) trifft auf eine sehr dünne, halbdurchlässig versilberte Platte P; er wird zum Teil gespiegelt, zum Teil hindurchgelassen. Der gespiegelte Strahl trifft senkrecht auf einen Spiegel S_1, der andere ebenso auf einen Spiegel S_2. Beide Strahlen kehren dann auf den Wegen, auf welchen sie gekommen sind, nach P zurück und erfahren hier wiederum Spiegelung und Brechung. Je ein gespiegelter und gebrochener Strahl überdecken sich jetzt und geben dabei zu Interferenzerscheinungen Anlaß, von denen man die eine bei F im Fernrohr beobachtet.

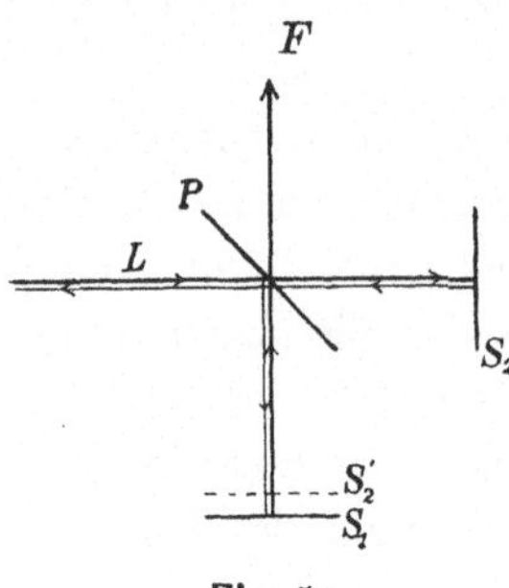

Fig. 5a.

Die Interferenzerscheinung ist so, als wäre der eine der interferierenden Strahlen nicht an S_2, sondern an dem Spiegelbilde S_2' reflektiert, welches P von S_2 entwirft. Man hat nun zwei Fälle zu unterscheiden.

1. S_2' ist exakt parallel zu S_1; fallen ebene Wellen ein, so sieht man in der Brennebene des Fernrohrs die Streifen gleicher Neigung an der Luftschicht zwischen S_1 und S_2' (Nr. **14**).

2. S_2' bildet einen kleinen Winkel mit S_1, dann beobachtet man auf S_2' lokalisiert die Streifen gleicher Dicke an der keilförmigen Schicht zwischen S_2' und S_1 (Nr. **12**). Diese kann natürlich auch ein Doppelkeil sein im Fall, daß die Fläche S_2' den Spiegel S_1 schneidet.

Mehrfach reflektierte Strahlen spielen keine Rolle; die Intensität ist in den Streifen nach dem Sinusgesetz verteilt. *Michelson* hat seinem Interferometer noch mancherlei andere Formen gegeben, um es dem jeweiligen Zweck anzupassen[52]); das Prinzip, die Strahlen durch eine planparallele Platte zu trennen und ebenso wieder zu vereinen, ist ihnen allen gemeinsam.

Von den Untersuchungen, welche mit dem Interferometer ausgeführt sind, erwähnen wir hier den Vergleich der Wellenlängen der

49a) *K. Exner,* Ann. d. Phys. 9 (1880), p. 239.

50) *A. A. Michelson,* Phil. Mag. (5) 13 (1882), p. 236.

51) Tatsächlich ist die Platte von erheblicher Dicke, ihr Einfluß wird aber durch eine Kompensationsplatte aufgehoben.

52) Vgl. *A. A. Michelson,* Light waves and their uses, Chicago 1903, deutsch von Iklé, Figur 34.

drei hervorstechendsten Linien im Cadmiumspektrum mit dem Pariser Normalmeter.[53]) *Michelson* ermittelte diese Wellenlänge auf das 10^{-7}-fache ihres Wertes genau. Ferner sind zwei der Fundamentalversuche für die Optik der bewegten Körper, der sogenannte *Michelson*versuch[54]) und die Bestimmung des *Fresnel*schen Mitführungskoeffizienten[55]) mit dieser Anordnung durchgeführt. *Michelsons* spektroskopische Untersuchungen besprechen wir in Nr. **32**.

17. Das Gitter. Die Theorie des Gitters und Stufengitters gehört wie die der *Quetelet*schen Ringe (Nr. **15**) insofern in die Theorie der Beugung, als die interferierenden Wellen durch Beugung entstehen. Aber wenn auch viele der Eigentümlichkeiten, in denen sich die Gitter individuell unterscheiden, nur beugungstheoretisch zu erklären sind, so ist doch das Wesentliche, allen Gittern Gemeinsame, rein eine Folge der Interferenz sehr vieler gleicher Schwingungen.

Bei einem Gitter sind auf der ebenen Oberfläche einer Glasplatte (man läßt das Licht durch diese hindurchgehen) oder einer gut spiegelnden Metallplatte (man läßt das Licht an ihr reflektieren) eine große Zahl gleicher, paralleler, äquidistanter, gerader Striche eingeritzt. Ihren Abstand, gemessen von einem Punkte des m^{ten} bis zu dem entsprechenden Punkte des $(m+1)^{\text{ten}}$ Striches, nennt man die Gitterkonstante (A). Sie ist bei guten Gittern von der Größenordnung 10^{-4} cm, während sich die Zahl der Striche bis zu einigen Hunderttausend steigern läßt.

Die Ebene eines Reflexionsgitters wählen wir als xy-Ebene, die x-Achse senkrecht zu den Strichen, die z-Achse nach außen weisend. Wir beleuchten das Gitter mit einer ebenen Welle

$$e^{-ik(x\alpha_0 + y\beta_0 + z\gamma_0)} \qquad (\gamma_0 < 0). \tag{44}$$

Von einem am Orte $x = nA$, y gelegenen Linienelement dy wird nun eine gebeugte Welle ausgehen, welche, wie sie auch beschaffen sein mag, in einer gegen die Gitterdimensionen großen Entfernung r

53) *A. A. Michelson,* Travaux et mémoires du bureau international des poids et mésures 11 (1895).

54) *A. A. Michelson,* Sill. Journ. 22 (1881) p. 120; *H. A. Lorentz,* Arch. Néerl. 1887, p. 103; Ges. Abh. 1, p. 341; *A. A. Michelson* und *E. W. Morley,* Sill. Journ. 34 (1887), p. 333; *E. W. Morley* und *D. C. Miller,* Phil. Mag. 8 (1904), p. 753; 9 (1905), p. 680; *J. Lüroth,* Ber. d. Bayer. Akad. d. Wiss 7 (1909); vgl. Ref. von *P. Debye,* Beibl. d. Ann. d. Phys. 33 (1909); *E. Kohl,* Ann. d. Phys. 28 (1909), p. 259 u. 662; *M. Laue,* Ebd. 33 (1910), p. 186.

55) *A. A. Michelson* and *E. W. Morley,* Amer. Journ. of science 31 (1886), p. 377, vgl. Enc. V 14, Nr. **60** und **62**.

dargestellt werden kann durch[56])

(44a) $$\frac{1}{r}\psi(\alpha,\beta)e^{-ik(r+x\alpha+y\beta)}.$$

α, β, γ sind dabei die Richtungskosinus des Fahrstrahls r. Die Funktion ψ wird von allen geometrischen und physikalischen Eigentümlichkeiten der Gitterstriche sowie von der Fortpflanzungs- und Schwingungsrichtung der einfallenden Welle abhängen. Ist R der Abstand des Aufpunktes P vom Gittermittelpunkt ($x = 0$, $y = 0$), so ist in hinreichender Näherung

(44b) $$r = R - (x\alpha + y\beta).$$

(Vgl. Nr. 36.) Nun dürfen wir unter Vernachlässigung der Randwirkungen alle Elemente dy als gleichberechtigt betrachten. Durch Summation über das ganze Gitter findet man somit als resultierende Schwingung in P

(45) $$\frac{1}{R}\psi(\alpha,\beta)e^{-ikR}\int e^{iky(\beta-\beta_0)}\,dy\sum_{-\frac{p}{2}}^{+\frac{p}{2}-1}{}_m\, e^{imkA(\alpha-\alpha_0)}.$$

Die Integration erstreckt sich über die Länge eines Striches. Die Intensität ist somit nach (39) gegeben durch einen Ausdruck von der Form

(46) $$\frac{1}{R^2}\,\Psi(\alpha,\beta)\frac{\sin^2\frac{p}{2}kA(\alpha-\alpha_0)}{\sin^2\frac{1}{2}kA(\alpha-\alpha_0)}.$$

Da p sehr groß ist, ist sie nur merklich in der Nähe der Stellen, an welchen

(47) $$\frac{1}{2}kA(\alpha-\alpha_0) = h\pi \text{ d. h. } \alpha-\alpha_0 = h\frac{\lambda}{A}$$

(h eine ganze Zahl) ist; die Phasendifferenz δ zwischen der m^{ten} und $(m+1)^{\text{ten}}$ interferierenden Welle beträgt dann $2h\pi$. Dort liegt „das Spektrum h^{ter} Ordnung". Da $\alpha^2 < (1-\beta^2)$ bleiben muß, können bei guten Gittern, bei denen A nicht viel größer ist als λ, nur niedrige Werte von h auftreten. Die Funktion $\Psi(\alpha,\beta)$ in (46) ist wegen des Integrals in (45) nur für $\beta = \beta_0$ wesentlich von Null verschieden; man beobachtet deshalb nur an gewissen *Punkten* der Linie $\beta = \beta_0$ in der Brennebene des Beobachtungsfernrohrs Licht, wenn man, wie hier angenommen, eine punktförmige Lichtquelle benutzt. Gewöhnlich ver-

56) Jede Lösung von $\Delta u + k^2 u = 0$ läßt sich im Unendlichen so annähern, falls sie *aus*laufende Wellen darstellt. Vgl. *H. v. Helmholtz,* Abh. I, p. 331.

wendet man zwecks bequemerer Beobachtung freilich linienhafte, zu den Gitterstrichen, somit zur y-Achse parallele Lichtquellen (schmale Spalte) und sieht dann im Fernrohr statt jedes der erwähnten Interferenz*punkte* eine zum Spalt parallele *Linie* (vgl. Nr. **19**). Die Abhängigkeit der Funktion Ψ von α regelt die Helligkeitsverteilung über die verschiedenen Spektra.

Die einfallende Welle wird durch einen Kollimator eben gemacht; die im Unendlichen liegenden Spektra beobachtet man in der Brennebene eines Fernrohrs.[57])

Bei einem ebenen Kreuzgitter, bei welchem das „Elementarparallelogramm" die Vektoren $\mathfrak{a}_1$ und $\mathfrak{a}_2$ zu Seiten hat, haben die „Mittelpunkte" der Gitterelemente die Koordinaten

$$x = m\mathfrak{a}_{1x} + n\mathfrak{a}_{2x}, \quad y = m\mathfrak{a}_{1y} + n\mathfrak{a}_{2y}; \tag{48}$$

m und n ganze Zahlen. An die Stelle von (45) für die resultierende Schwingung tritt der Ausdruck

$$\begin{aligned} &\frac{1}{R}\psi(\alpha, \beta)e^{-ikR}\sum e^{ik[x(\alpha-\alpha_0)+y(\beta-\beta_0)]} \\ &\qquad = \frac{1}{R}\psi(\alpha, \beta)e^{-ikR}\sum_{-\frac{1}{2}p_1}^{\frac{1}{2}p_1-1} e^{ikmA_1}\sum_{-\frac{1}{2}p_2}^{\frac{1}{2}p_2-1} e^{iknA_2}, \end{aligned} \tag{49}$$

wo zur Abkürzung

$$\begin{cases} A_1 = \mathfrak{a}_{1x}(\alpha-\alpha_0) + \mathfrak{a}_{1y}(\beta-\beta_0) \\ A_2 = \mathfrak{a}_{2x}(\alpha-\alpha_0) + \mathfrak{a}_{2y}(\beta-\beta_0) \end{cases} \tag{50}$$

gesetzt ist. Die Intensität wird infolgedessen statt durch (46) gegeben durch

$$\frac{1}{R^2}|\psi(\alpha, \beta)|^2 \frac{\sin^2\frac{p_1}{2}kA_1}{\sin^2\frac{1}{2}kA_1}\cdot\frac{\sin^2\frac{p_2}{2}kA_2}{\sin^2\frac{1}{2}kA_2}; \tag{51}$$

sie ist nur für solche Richtungen α, β merklich, für die die beiden Gleichungen

$$kA_1 = 2h_1\pi, \quad kA_2 = 2h_2\pi \tag{52}$$

erfüllt sind. Da jede von ihnen die Gleichung eines Kreiskegels mit dem Vektor $\mathfrak{a}_1$ (Komponenten: $\mathfrak{a}_{1x}$, $\mathfrak{a}_{1y}$) oder $\mathfrak{a}_2$ (Komponenten: $\mathfrak{a}_{2x}$, $\mathfrak{a}_{2y}$)

57) Durch Benutzung von Konkavgittern, welche auf Kugelflächen eingeritzt sind, erspart man Kollimator und Fernrohr. Prinzipiell unterscheiden sie sich nicht von den ebenen Gittern; ihre Theorie ist entwickelt von *H. A. Rowland*, Sill. Journ. 26 (1883), p. 87; Phil. Mag. 16 (1883), p. 197, 210; *R. H. Glazebrook*, Phil. Mag. 15 (1883), p. 414; 16, p. 377; *J. S. Ames*, Phil. Mag. 27 (1889), p. 369; *W. Baily*, Phil. Mag. 15 (1883), p. 183; *J. Larmor*, Proc. math. Soc. 24 (1893), p. 166 und vor allem *C. Runge* (veröffentlicht in *Kaysers* Handbuch der Spektroskopie 1, p. 452 f.).

als Achse ist, liegen die Kreuzgitterspektren auf den Schnittlinien von je zwei solchen Kegeln. Sie erscheinen in der Brennebene des Beobachtungsfernrohres als helle Punkte, welche aber im Gegensatz zum einfachen Gitter nicht mehr an eine bestimmte Linie gebunden sind.

Über die Interferenzerscheinungen an Raumgittern vgl. Abschnitt V dieses Artikels.

Die ersten Beobachtungen über Gitterspektren stammen von *Young*[58]) und *Fraunhofer*[59]), denen auch die elementare Theorie bekannt war. Diese Theorie findet sich wieder bei *Schwerd, Kirchhoff, Rayleigh.*[60]) Die technische Vervollkommnung, welche das Gitter eine Zeitlang zu dem wichtigsten Instrumente der Spektroskopie machte — auch jetzt nach der Konstruktion der planparallelen Platte und des Stufengitters ist es unentbehrlich —, ist das Lebenswerk *Rowlands.*[61])

Die Abhängigkeit der Funktion $\Psi(\alpha, \beta)$ von der Form der Gitterstriche ist empirisch schwer zu untersuchen, weil dabei Feinheiten in Betracht kommen, die jenseits der Grenze der mikroskopischen Abbildbarkeit liegen.[62]) Was sich in der älteren Literatur an Theorie darüber findet, vermag nicht recht zu befriedigen, obwohl *Rowland*[63]) daraus Schlüsse auf die praktische Erzielung wünschenswerter Helligkeitsverteilungen zu ziehen verstand. Über neuere Arbeiten von *Rayleigh* und *Voigt* vgl. Nr. **70.**

Ist die Gitterkonstante klein gegen die Wellenlänge, so tritt nur das ungebeugte Spektrum nullter Ordnung auf. Für diesen Fall integrieren *J. J. Thomson* und *Lamb*[64]) die Schwingungsgleichung.

18. Die Stufengitter.[65]) Das Stufengitter besteht aus einer Anzahl planparalleler, gleich dicker, treppenförmig aufeinander gelegter

58) *Thomas Young,* Phil. Trans. London R. Soc. 1882, Ann. d. Phys. (Gilbert) 39 (1811), p. 156.

59) *Joseph Fraunhofer,* Denkschriften der Akad. d. Wiss. München 8 (1821—1822), p. 1. Gilberts Ann. Phys. Chem. 74 (1823), p. 337.

60) *F. M. Schwerd,* Die Beugungserscheinungen, Mannheim 1835; *G. Kirchhoff,* Vorlesungen über math. Optik, Leipzig 1891, p. 98; *Lord Rayleigh,* Phil. Mag. 47 (1874), p. 81, 193; Pap. I, p. 199.

61) *H. A. Rowland,* Phil. Mag. 13 (1882), p. 469.

62) Vgl. z. B. *Lord Rayleigh,* Phil. Mag. (6) 14 (1907), p. 60; Pap. V, p. 405; *J. A. Anderson* und *C. M. Sparrow,* Astr. phys. Journ. 33 (1911), p. 338.

63) *H. A. Rowland,* Phil. Mag. 35 (1893), p. 397; Phys. Papers, p. 525, Baltimore 1903; *A. Crowbridge* und *R. W. Wood,* Phil. Mag. 20 (1910), p. 886.

64) *J. J. Thomson,* Rercent Researches, § 339. Oxford 1893; *H. Lamb,* Proc. London math. Soc. 29 (1898), p. 523. Lehrbuch der Hydrodynamik, deutsch von J. Friedel, Leipzig und Berlin 1907, § 300 und 301.

65) *A. A. Michelson,* Astrophysical Journ. 8 (1898), p. 36; Journ. d. phys. 8 (1899), p. 305.

Glasplatten (Fig. 6). Ihm liegt die Absicht zugrunde, ein Gitter zu schaffen, bei welchem der Gangunterschied zwischen aufeinanderfolgenden Wellen dadurch wesentlich vergrößert ist, daß die eine die Plattendicke D (meist zwischen $\frac{1}{2}$ und 1 cm) in Glas, die andere in Luft zurücklegt. Zugleich wird freilich die Stufenbreite A, welche an die Stelle der Gitterkonstanten tritt, dem Gitter gegenüber wesentlich vergrößert, nämlich auf etwa 10^{-1} cm und die Zahl der Wellen sehr herabgesetzt, auf höchstens 30 bis 40. Das Licht fällt entweder wie in der Figur angedeutet oder in der umgekehrten Richtung auf; in beiden Fällen ist die Interferenzerscheinung dieselbe.

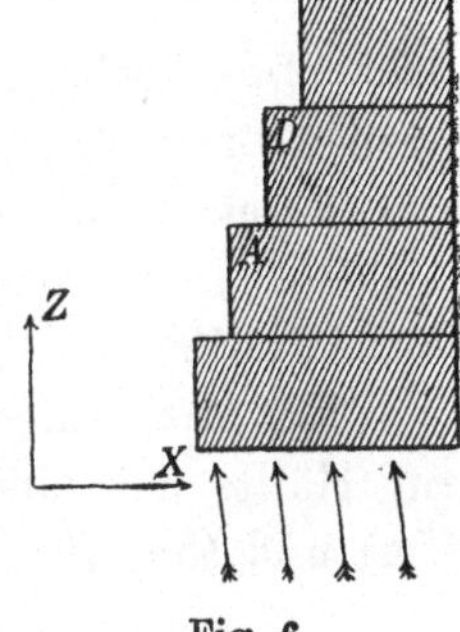

Fig. 6.

In dem ersten dieser Fälle ist die einfallende Welle nach ihrem Eindringen ins Glas (Brechungsindex ν) gegeben durch

$$e^{-ik_0(x\alpha_0+y\beta_0+z\gamma_0)} \qquad (k_0 = \nu k).$$

Eine ähnliche Überlegung wie in Nr. **17** führt für die Lichtschwingung in einem weit entfernten Punkt zu dem Ausdruck:

$$(53) \qquad \frac{1}{R}\psi(\alpha,\beta)e^{-ikR}\sum_{0}^{p-1} e^{imk[A(\alpha-\nu\alpha_0)+D(\gamma-\nu\gamma_0)]},$$

deren Intensität deshalb (vgl. (39)) gleich

$$(54) \qquad \frac{1}{R^2}\left|\psi(\alpha,\beta)\right|^2 \frac{\sin^2\{\frac{1}{2}pk[A(\alpha-\nu\alpha_0)+D(\gamma-\nu\gamma_0)]\}}{\sin^2\{\frac{1}{2}k[A(\alpha-\nu\alpha_0)+D(\gamma-\nu\gamma_0)]\}}$$

ist. Die Interferenz-Maxima liegen an den Orten, an welchen

$$A(\alpha-\nu\alpha_0)+D(\gamma-\nu\gamma_0)=h\lambda$$

ist. Da $D \gg \lambda$ ist und γ, γ_0 nicht wesentlich kleiner als 1 sind, muß hier h eine große Zahl sein (10^5). Tritt das Licht nahezu senkrecht in die Basis des Stufengitters ein, so kann man γ und γ_0 beide gleich 1 setzen. Der Winkelabstand des h^{ten} vom $h+1^{\text{ten}}$ Streifen ist dann durch

$$(55) \qquad \alpha_{h+1}-\alpha_h=\frac{\lambda}{A}$$

bestimmt.

Die Funktion $(\psi(\alpha,\beta))^2$ ist nur für $\beta=\nu\beta_0$ merklich von Null verschieden; ihre Abhängigkeit von α wird (vgl. Nr. **37a**, dort ist aber $2A$ die Spaltbreite) gut durch die Funktion

$$(56) \qquad \frac{\sin^2(\frac{1}{2}kA(\alpha-\nu\alpha_0))}{(\frac{1}{2}kA(\alpha-\nu\alpha_0))^2}$$

dargestellt, welche vom Wert 1 (für $\alpha=\nu\alpha_0$) rasch auf Null (für

$\alpha = \nu\alpha_0 \pm \frac{\lambda}{A}\big)$ abfällt und außerhalb dieses Intervalls nur verhältnismäßig kleine Werte annimmt. In der Breite $\frac{2\lambda}{A}$ dieses Intervalls haben nach (55) höchstens 2 Interferenzstreifen Platz; mehr sind nur bei großer Lichtstärke der Erscheinung auf einmal sichtbar.

Ersetzt man den Licht*punkt* durch eine zur y-Achse parallele Licht*linie*, so wird wie beim Gitter die Intensität von β unabhängig (vgl. Nr. **19**).

Hat das Stufengitter nur zwei Stufen, d. h. besteht es aus einem zur Hälfte mit einer Glasplatte bedeckten Spalt, so findet man aus (54) und (56) für die Intensität

$$(57)\qquad \frac{\sin^2(\frac{1}{2}kA(\alpha-\alpha_1))}{(\frac{1}{2}kA(\alpha-\alpha_1))^2}\cos^2\{\tfrac{1}{2}k[A(\alpha-\alpha_1)-D(\nu-1)]\},$$

wo $\alpha_1 = \nu\alpha_0$, $\beta_1 = \nu\beta_0$ die Richtung des einfallenden Strahles *vor* dem Eintritt in das Glas des Stufengitters angeben.

19. Die Ausdehnung der Lichtquelle. Bisher setzten wir stets eine einzelne primäre Welle als Ursache für die Entstehung der verschiedenen interferierenden Schwingungen voraus. In praxi ist die Lichtwelle stets räumlich ausgedehnt, und von allen Punkten ihrer Oberfläche treten Wellen aus, welche untereinander nicht kohärent sind (vgl. Nr. **30**); d. h. die Intensitäten, welche sie hervorrufen, addieren sich. Bei den meisten Interferenzversuchen ist nun die Lage der Maxima bei gegebener Schwingungszahl nicht nur durch den Interferenzapparat, sondern auch durch die Richtung der einfallenden Welle bestimmt; man sieht dies z. B. an dem Auftreten von α_0 in den Ausdrücken (46) und (54). Infolgedessen wandern die Streifen gegen den Apparat, wenn man die Lichtquelle verschiebt. Und beim gleichzeitigen Auftreten vieler punktförmiger Lichtquellen überlagern sich viele Systeme von Interferenzmaxima, welche sich gegenseitig verwischen und so selbst alle Helligkeitsunterschiede aufheben können.[66]) Meist ist allerdings nur die Ausdehnung der Lichtquelle in *einer* Richtung schädlich; beim *Fresnel*schen Spiegel, Gitter und Stufengitter benutzt man deswegen als Lichtquelle einen Spalt, dessen Länge auf die Deutlichkeit keinen Einfluß hat, während die Spaltbreite dafür immer von Schaden ist. Die Streifen gleicher Neigung an planparallelen Platten genießen den Vorzug, von diesem Einfluß ganz frei zu sein. Die Lage ihrer, durch $\delta = 2h\pi$ gekennzeichneten Maxima ist nach Gleichung (43) allein

---

66) *Lord Rayleigh,* Phil. Mag. 28 (1889), p. 77 u. 189, Papers III, p. 289; *J. Walker,* Phil. Mag. 46 (1898), p. 472; *A. A. Michelson,* Phil. Mag. 30 (1890), p. 1; 31 (1891) p. 256.

durch λ_0, ν, d, ε, also durch Konstante des Apparates und die Wellenlänge bestimmt. Hier vermehrt die Vergrößerung der Lichtquelle allein den für β zur Verfügung stehenden Bereich, also die Zahl der gleichzeitig sichtbaren Maxima, ohne das Aussehen des einzelnen zu ändern. Bei den Streifen gleicher Dicke hingegen bedingen die Ausdehnung der Lichtquelle und die der Eintrittspupille des Beobachtungsinstruments (Auge) eine Verminderung der Sichtbarkeit, welche sie bei hohen Gangunterschieden völlig verschwinden läßt.[67])

20. Die Gitterfehler. Bisher nahmen wir die Phasendifferenz δ zweier aufeinanderfolgenden Wellen als unveränderlich an. Bei allen Interferenzapparaten, bei welchen eine größere Zahl von Wellen mitwirkt, kommen aber Konstruktionsfehler vor, welche eine Variation von δ bedingen. Die hierdurch hervorgerufenen Komplikationen an den Interferenzstreifen, welche zuerst am Gitter beobachtet wurden, behandelt die Theorie der Gitterfehler.[68])

Weicht z. B. bei der ersten, $(q+1)^{\text{ten}}$, usw., $((p-1)q+1)^{\text{ten}}$ von pq gleichstarken Schwingungen die Phasendifferenz um den kleinen Betrag ε von dem normalen Wert δ ab, so tritt an die Stelle der Reihe (35)

$$e^{int}\sum_0^{p-1}{}_m e^{imq\delta}(e^{i\varepsilon}+e^{i\delta}+e^{2i\delta}+\cdots+e^{(q-1)i\delta})$$

$$=e^{int}\sum_0^{p-1}{}_m e^{imq\delta}\left(i\varepsilon-\frac{\varepsilon^2}{2}+\sum_0^{q-1}{}_\nu e^{i\nu\delta}\right)$$

$$=e^{i\left(nt+\frac{p-1}{2}q\delta\right)}\frac{\sin\frac{1}{2}pq\delta}{\sin\frac{1}{2}q\delta}\left\{i\varepsilon-\frac{\varepsilon^2}{2}+e^{i\frac{q-1}{2}\delta}\frac{\sin\frac{1}{2}q\delta}{\sin\frac{1}{2}\delta}\right\}.$$

Der absolute Wert dieses Ausdrucks ist in der gleichen, ε^3 usw. vernachlässigenden Näherung:

$$\frac{\sin^2\frac{1}{2}pq\delta}{\sin^2\frac{1}{2}\delta}+2\varepsilon\frac{\sin^2\frac{1}{2}pq\delta}{\sin\frac{1}{2}q\delta}\frac{\sin\frac{1}{2}(q-1)\delta}{\sin\frac{1}{2}\delta}+\varepsilon^2\left\{\frac{\sin^2\frac{1}{2}pq\delta}{\sin^2\frac{1}{2}q\delta}-\frac{\sin^2\frac{1}{2}pq\delta}{\sin\frac{1}{2}q\varrho}\frac{\cos\frac{1}{2}(q-1)\delta}{\sin\frac{1}{2}\delta}\right\}.$$

Der erste Summand gibt die normalen Streifen mit der Maximalintensität p^2q^2; in dem zweiten ist der Faktor von ε stets klein gegen p^2; im dritten dagegen wird der Bruch $\sin^2(\frac{1}{2}pq\delta):\sin^2(\frac{1}{2}q\delta)$ für $\delta=\frac{2h}{q}\pi$ gleich p^2, während der zweite Bruch überall dagegen klein ist. Eine neben den normalen Streifen beträchtliche Intensität ergibt so-

67) *O. Lummer,* Ann. Phys. Chem. 23 (1884), p. 76.

68) *H. A. Rowland,* Phil. Mag. 35 (1893), p. 397; *A. A. Michelson,* Astrophys. Journ. 18 (1903), p. 278; *Lord Rayleigh,* Pap. III, p. 113.

mit nur der Term $\varepsilon^2 \frac{\sin^2 \frac{1}{2} p q \delta}{\sin^2 \frac{1}{2} q \delta}$, welcher neue, den Abstand der normalen Maxima q-fach unterteilende, scharfe Streifen anzeigt.

Berechnen sich die Phasen der interferierenden Schwingungen, statt ganze Vielfache von δ zu sein, nach dem Gesetz

$$m\delta + \varepsilon \sin m\alpha, \qquad (\varepsilon \ll 1)$$

so ist die resultierende Schwingung

$$\sum_0^{p-1} e^{i(m\delta + \varepsilon \sin m\alpha)}.$$

Nun ist aber, wenn $J_n(z)$ die *Bessel*sche Funktion n^{ter} Ordnung bezeichnet,

$$\begin{aligned} e^{i\varepsilon \sin m\alpha} = J_0(\varepsilon) &+ 2\{J_2(\varepsilon) \cos 2m\alpha + J_4(\varepsilon) \cos 4m\alpha + \cdots\} \\ &+ 2i\{J_1(\varepsilon) \sin m\alpha + J_3(\varepsilon) \sin 3m\alpha + \cdots\}. \end{aligned}$$

Vernachlässigt man bei der Bildung des absoluten Wertes alle Glieder, welche Faktoren von der Form

$$\frac{\sin \frac{s}{2}(\delta + q\alpha)}{\sin \frac{1}{2}(\delta + q\alpha)} \frac{\sin \frac{t}{2}(\delta + p\alpha)}{\sin \frac{1}{2}(\delta + p\alpha)} \qquad s \gtrless t$$

enthalten, so findet man dafür den Näherungswert:

$$\begin{aligned} J_0^2(\varepsilon) \frac{\sin^2 \frac{p}{2}\delta}{\sin^2 \frac{1}{2}\delta} &+ J_1^2(\varepsilon) \left\{ \frac{\sin^2 \frac{p}{2}(\delta + \alpha)}{\sin^2 \frac{1}{2}(\delta + \alpha)} + \frac{\sin^2 \frac{p}{2}(\delta - \alpha)}{\sin^2 \frac{1}{2}(\delta - \alpha)} \right\} \\ &+ J_2^2(\varepsilon) \left\{ \frac{\sin^2 \frac{p}{2}(\delta + 2\alpha)}{\sin^2 \frac{1}{2}(\delta + 2\alpha)} + \frac{\sin^2 \frac{p}{2}(\delta - 2\alpha)}{\sin^2 \frac{1}{2}(\delta - 2\alpha)} \right\} + \cdots \end{aligned}$$

Der erste Summand gibt das normale Maximum für $\delta = 2h\pi$, nur in der Intensität herabgesetzt im Verhältnis $J_0^2(\varepsilon) : 1 = \left(1 - \frac{\varepsilon^2}{2}\right) : 1$. Der zweite, bei kleinem ε zu ε^2 proportionale Term gibt zwei gleich scharfe Maxima für $\delta = 2h\pi \pm \alpha$, der dritte zu ε^4 proportionale zwei ebensolche für $\delta = 2h\pi \pm 2\alpha$ usw. Der normale Interferenzstreifen ist somit begleitet von einer Reihe schwächer und schwächer werdender „Geister".

Derartige durch Fehler hervorgerufene Interferenzmaxima haben oft bei der Untersuchung von Spektrallinien zu Irrtümern über deren Struktur Anlaß gegeben. Ein experimentelles Mittel, sie als „Geister" zu erkennen, gibt die Methode der gekreuzten Spektra (*Interferenzpunkte*), bei welcher sich zwei Apparate gleicher Art gegenseitig kontrollieren.[69])

69) *E. Gehrcke*, Verh. d. deutsch. Phys. Ges. 7 (1905), p. 236; *E. Gehrcke* und *O. v. Baeyer*, Ann. d. Phys. 20 (1906), p. 269.

21. Interferenz vieler gleichgerichteter Schwingungen mit unregelmäßig verteilten Phasen. Wir setzen voraus, daß die Phasen in unbekannter Weise, aber gänzlich unregelmäßig verteilt sind. Wäre die Zahl p der Schwingungen klein, etwa nur zwei, so sieht man unmittelbar, daß keine bestimmte Intensität der resultierenden Schwingung zu erwarten ist, sondern daß vielmehr innerhalb gewisser Grenzen alle Intensitäten vorkommen können. Nur die Wahrscheinlichkeit einer bestimmten Intensität läßt sich angeben. Ist p hingegen groß, so findet man selbst in sonst vortrefflichen Darstellungen die Behauptung, daß die resultierende Intensität notwendig das p-fache der Intensität der einzelnen Schwingungen ist. Daß dies nicht zutrifft, haben *Exner*[70]) und *Rayleigh*[71]) bemerkt.

Wir stellen die p Schwingungen dar als Vektoren mit gemeinsamem Ausgangspunkt und gleicher Länge ϱ in der xy-Ebene (vgl. Nr. **11**). Die Wahrscheinlichkeit, daß der Endpunkt der Vektorsumme in einem Bereiche $dx\,dy$ liegt, sei $f(x, y;\, p)\,dx\,dy$. Wir fügen noch eine Schwingung hinzu. Jener Endpunkt gelangt dabei in den genannten Bereich, wenn der hinzukommende Vektor die Richtung ϑ hat $\left(\text{Wahrscheinlichkeit dieses Falles: } \frac{d\vartheta}{2\pi}\right)$ und der Endpunkt vorher in einem Bereiche von gleicher Größe lag, dessen Koordinaten

$$x - \varrho \cos\vartheta, \quad y - \varrho \sin\vartheta$$

sind (Wahrscheinlichkeit dafür: $f(x - \varrho\cos\vartheta,\, y - \varrho\sin\vartheta;\, p)\,dx\,dy$). Die Wahrscheinlichkeit, daß er nach der Hinzufügung bei xy liegt, ist somit

$$(58)\qquad f(x, y;\, p+1)\,dx\,dy = \frac{dx\,dy}{2\pi}\int_0^{2\pi} d\vartheta\, f(x - \varrho\cos\vartheta,\, y - \varrho\sin\vartheta;\, p).$$

Ist p groß, so kann man setzen:

$$(59)\qquad f(x, y;\, p+1) = f(x, y;\, p) + \frac{\partial f}{\partial p}.$$

Entwickelt man rechts nach steigenden Potenzen von ϱ bis zu Gliedern mit ϱ^2, so kann man die Integration ausführen und findet

$$(60)\qquad \frac{\partial f}{\partial p} = \frac{\varrho^2}{4}\left(\frac{\partial^2 f}{\partial x^2} + \frac{\partial^2 f}{\partial y^2}\right).$$

Die Lösung dieser Differentialgleichung, welche nur von $x^2 + y^2$ ab-

70) *K. Exner*, Sitzgsber. d. Wien. Akad. 76 (1877), p. 522; Wied. Ann. 4 (1877), p. 525; Wied. Ann. 9 (1880), p. 239, bes. p. 257.

71) *Lord Rayleigh*, Pap. III, p. 52; Theory of sound, London 1894, Band I, § 42a.

hängt, außerdem

$$(61) \qquad \int_{-\infty}^{+\infty} dx \int_{-\infty}^{+\infty} dy\, f(x, y; p) = 1$$

und schließlich f für $p = 0$ und von Null verschiedene x, y zu Null macht, ist

$$(62) \qquad f(x, y; p) = \frac{1}{\pi p \varrho^2} e^{-\frac{x^2+y^2}{p\varrho^2}}.$$

Die Wahrscheinlichkeit, $W dJ$, daß die Intensität $J = x^2 + y^2$ in dem Bereiche zwischen J und $J + dJ$ liegt, ist somit

$$(63) \qquad W dJ = \frac{1}{p\varrho^2} e^{-\frac{J}{p\varrho^2}} dJ.$$

Die Behauptung, daß bei wachsendem p ein bestimmter Wert von J immer wahrscheinlicher würde, ist somit falsch. Wohl aber gibt $p\varrho^2$ die Größenordnung an, innerhalb deren die Intensität zumeist liegt. Nimmt man aus vielen derartigen voneinander unabhängigen Fällen das Mittel der resultierenden Intensität, so wird dies

$$(64) \qquad \bar{J} = \int_0^{\infty} J \;\; W dJ = p\varrho^2.$$

Eine solche Interferenzerscheinung tritt auf bei der Beugung ebener Wellen an vielen gleichen unregelmäßig über eine Fläche verteilten Teilchen. Ähnlich wie in Nr. **17** wird die resultierende Schwingung im Unendlichen dargestellt durch

$$(65) \qquad \frac{1}{R} \Psi(\alpha, \beta) e^{-ikR} \sum_m e^{ik(x_m(\alpha-\alpha_0) + y_m(\beta-\beta_0))},$$

wo die Koordinaten x_m, y_m der Teilchen völlig regellos verteilt sind. Der Faktor $\Psi(\alpha, \beta)$ bestimmt die Beugungsfigur des einzelnen Teilchens; die Summe lehrt, daß die Intensität in einem bestimmten Punkt α, β noch im hohen Maß vom Zufall abhängt. In der Tat teilt *Exner* mit, daß man die Figuren von hellen und dunklen Fasern durchsetzt (granuliert) sieht; diese Fasern sind durchweg radial gerichtet, denn denkt man sich den Aufpunkt einmal radial, das andere Mal tangentiell im Beugungsbild verschoben und berechnet man nach (65) die entsprechenden Differentialquotienten der Wurzel aus der Intensität J, so findet man bei radialer Verschiebung dafür einen kleineren Wert, als bei tangentieller; und dieser Unterschied verstärkt sich noch, wenn man zu den höheren Differentialquotienten übergeht. Entwickelt man also $\sqrt{J}$ von einem beliebigen Punkt ausgehend nach steigenden Potenzen des Abstandes vom Ausgangspunkt, so werden die Koeffizienten der Reihe im allgemeinen größer für den Fall einer tangentiellen, als einer radialen Verrückung. In tangentieller Richtung ändert sich also $\sqrt{J}$ und damit auch J selbst im allgemeinen schneller.[71a]) Doch können, wie a. a. O. näher ausgeführt, experimentelle Umstände, wie zu große Winkelausdehnung der Lichtquelle oder zu großer Abstand der beugenden Teilchen vom Beobachtungsfernrohr die radiale Faserung aufheben. Auch dürfen sich die Teilchen nicht bewegen, da sonst die Faserung sich sehr schnell ändert und nur der Mittelwert $\bar{J}$ zur Beobachtung gelangt.[72])

Haben die Schwingungen verschiedene Amplituden ϱ_m, so tritt an Stelle von $p\varrho^2$ die Summe $\sum \varrho_m^2$.

22. Wieners Versuch. Stehende Wellen.[73]) Bei den bisher betrachteten Interferenzerscheinungen kreuzen sich die interferierenden Wellen unter dem Winkel 0 oder sehr kleinem Winkel, so daß wenigstens angenähert sowohl ihre elektrischen als auch die magnetischen Schwingungen in ihren Richtungen übereinstimmen. Bei *Wieners* Versuch ist hingegen jener Winkel gleich $\frac{\pi}{2}$; *Wiener* läßt nämlich eine ebene Welle unter dem Einfallswinkel $\frac{\pi}{4}$ an einer ebenen Metallfläche spiegeln.[74]) Liegt in dieser Welle $\mathfrak{E}$ in der Einfallsebene, so gilt dies auch für die reflektierte. Beide elektrische Vektoren stehen aufeinander senkrecht, interferieren somit nach Nr. **10** nicht. Dagegen sind die magnetischen von gleicher Richtung und interferieren miteinander. Liegt umgekehrt $\mathfrak{H}$ in der Einfallsebene, so erfolgt die Interferenz nur bei den elektrischen Feldstärken.

Wiener läßt diese Interferenz in einer photographischen Gelatineschicht vor sich gehen. Sind die Wellen senkrecht zur Einfallsebene polarisiert[74a]), so zeigt diese nach der Entwicklung gleichmäßige Schwärzung; im anderen Fall dagegen periodische Schwärzung in zueinander parallelen Schichten. Somit ist der senkrecht zur Polarisationsebene schwingende Vektor der photochemisch wirksame. Ferner liegt im zweiten Fall an der Spiegelfläche ein Minimum der Schwärzung; hier hat also derselbe Vektor ein Interferenzminimum. Nach der Theorie der Reflexion kann dies nur für $\mathfrak{E}$ der Fall sein. *Folglich schwingt*

71a) *M. Laue,* Berlin Sitzgsber. **1914**, p. **1144**; dort findet sich auch eine Photographie der Erscheinung.

72) *Lord Rayleigh,* Pap. III, p. 99.

73) Vgl. auch Art. V 22, Nr. **14**.

74) *O. Wiener,* Ann. Phys. Chem. 40 (1890), p. 203.

74a) Vgl. Anm. 3a.

in der Polarisationsebene die magnetische Feldstärke, senkrecht dazu die elektrische. Die photochemisch gemessene Lichtintensität ist durch $\overline{\mathfrak{E}^2}$ *bestimmt* (vgl. Nr. 7).

Bei senkrechter Inzidenz einer ebenen Welle entstehen durch Interferenz mit der reflektierten stehende Wellen, bei welchen sowohl $\overline{\mathfrak{E}^2}$ als $\overline{\mathfrak{H}^2}$ periodisch wechselt. Die Maxima von $\overline{\mathfrak{E}^2}$ liegen in denselben Ebenen wie die Minima von $\overline{\mathfrak{H}^2}$. Auch diese Interferenz läßt sich photographisch nachweisen. Der periodische Wechsel in der Dichte der belichteten Körner in der photographischen Schicht gibt zu Interferenzerscheinungen (Kurven gleicher Neigung) Anlaß, welche der *Lippmann*schen[75]) Farbenphotographie zugrunde liegen. Sie dienen dort zur Aussonderung derjenigen Lichtart aus weißem Licht, welche die stehenden Wellen hervorbrachte.

Die Theorie dieser Erscheinung wird dadurch erschwert, daß die Körner Abmessungen wenig kleiner als die Wellenlänge haben[76]), auch werden die Verhältnisse bei der Reproduktion von Mischfarben verwickelt.[77])

23. Interferenz elektrischer Wellen. Alle beschriebenen Interferenzversuche lassen sich auch mit den langen elektrischen Wellen herstellen, welche zuerst *H. Hertz* durch die Schwingungen von Resonatoren erregte und untersuchte. Die Herstellung stehender Wellen besonders ist der schlagendste unter den Beweisen, welche *Hertz* für die Ausbreitung der elektrischen Schwingungen mit Lichtgeschwindigkeit gab.[78]) Später haben *Boltzmann, Righi, Sarasin* und *de la Rive*[79]) u. a. Interferenzversuche angestellt. Man erreicht aber bei ihnen nicht annähernd den Grad von Genauigkeit wie bei optischen Beobachtungen.

75) *G. Lippmann,* Paris C. R. 112 (1891), p. 274; 114 (1892), p. 961; Journ. d. Phys. 3 (1894), p. 97. Querschnitte durch die Schicht veröffentlichen: *R. Neuhauss,* Ann. Phys. Chem. 65 (1898), p. 164 und *H. Lehmann,* Verh. d. deutsch. Phys. Ges. 9 (1907), p. 624. Siehe auch: *H. Lehmann,* Phys. Zeitschr. 10 (1909), p. 784; *W. Zenker,* Lehrbuch der Photochromie 1868, wieder abgedruckt Braunschweig 1900; *F. Schütt,* Ann. Phys. Chem. 57 (1896), p. 533; *O. Wiener,* Ann. Phys. Chem. 55 (1895), p. 225.

76) *F. Schütt,* Anm. 75; *O. Wiener,* Wied. Ann. 69 (1899), p. 488; *R. Neuhauss,* Anm. 75.

77) *L. Pfaundler,* Ann. d. Phys. 15 (1904), p. 371; *H. Lehmann,* Ann. d. Phys. 20 (1906), p. 723.

78) *H. Hertz,* Ann. Phys. Chem. 34 (1888), p. 610; Phil. Mag. 30 (1890), p. 126; Ges. Abh. II, Leipzig 1894, p. 133.

79) *L. Boltzmann,* Ann. Phys. Chem. 40 (1890), p. 399; Ges. Abh. III, Leipzig 1908, p. 384; *A. Righi,* Die Optik der elektr. Schwingungen. Deutsch von *B. Dessau,* Leipzig 1898; *Ed. Sarasin* und *L. de la Rive,* Arch. des sciences phys. nat. 29 (1893), p. 358, 441.

Dies liegt vor allem daran, daß die bisher gemachte Voraussetzung von zeitlich unbegrenzten Sinusschwingungen dabei recht schlecht erfüllt war. Durch neuere Anordnungen (Poulsenlampe, Löschfunken) läßt sich diese Schwierigkeit umgehen.[79a])

III. Die Superposition von Sinusschwingungen verschiedener Frequenz; Spektrum, Beziehungen zur Thermodynamik.

24. Lichtschwebungen. Von Grund aus verschieden, von den Interferenzen gleich schneller Schwingungen sind die zwischen Schwingungen von verschiedener Frequenz. Überlagern sich etwa zwei gleichgerichtete Schwingungen $e^{i(n_1 t+\varphi_1)}$ und $e^{i(n_2 t+\varphi_2)}$, so resultiert

$$(66) \qquad e^{i(n_1 t+\varphi_1)} + e^{i(n_2 t+\varphi_2)} = 2\cos\tfrac{1}{2}[(n_1-n_2)t+(\varphi_1-\varphi_2)]\,e^{\frac{i}{2}[(n_1+n_2)t+(\varphi_1+\varphi_1)]}.$$

Ist $n_1 - n_2$ von der gleichen Größenordnung wie n_1 und n_2, so ist die Intensität als zeitliches Mittel des absoluten Wertes dieses Ausdrucks gleich

$$\overline{4\cos^2\tfrac{1}{2}[(n_1-n_2)t+(\varphi_1-\varphi_2)]} = 2,$$

d. h. gleich der Summe der Intensitäten der einzelnen Schwingung. *Schwingungen von wesentlich verschiedener Frequenz interferieren nicht.* Ist hingegen $n_1 - n_2$ so klein, daß $2\pi:(n_1-n_2)$ eine mit der Dauer der Intensitätsmessung vergleichbare oder gar dagegen große Zeit ist, so ist die Intensität gleich $4\cos^2[(n_1-n_2)t+(\varphi_1-\varphi_2)]$, also mit der Zeit veränderlich (*Schwebung*).

Fällt eine linear polarisierte Welle von der Frequenz n auf ein mit der Geschwindigkeit ω rotierendes *Nicol*sches Prisma, so ist sie hinterher dargestellt durch:

$$\mathfrak{E}_x = \cos(\omega T)e^{inT} = \tfrac{1}{2}[e^{i(n-\omega)T} + e^{i(n+\omega)T}],$$

$$\mathfrak{E}_y = \sin(\omega T)e^{inT} = \frac{i}{2}[e^{i(n-\omega)T} - e^{i(n+\omega)T}],$$

$$T = t - \frac{z}{a}.$$

Man kann dies auffassen[80]) als eine Superposition zweier entgegengesetzt zirkularer Wellen von den Frequenzen $n-\omega$ und $n+\omega$. Trennt man diese durch kristalloptische Hilfsmittel in ihrer Richtung, macht sie linearpolarisiert und läßt sie sich schließlich unter einem kleinen Winkel durchkreuzen (wie am Schluß von Nr. **13** beschrieben), so beobachtet man Interferenzstreifen, die sich in der Zeit $2\pi:\omega$ um zwei Streifenbreiten verschieben, so daß an einem festen Punkt die

79a) *N. Stschodro*, Ann. Phys. 27 (1908), p. 225.

80) *E. Verdet*, Oeuvres VI, p. 88.

Intensität wie $\cos^2 \omega t$ schwankt.[81]) Überhaupt werden sich die Streifen bei allen Anordnungen, bei denen ihre Lage von der Stellung eines Polarisationsapparates abhängt, bewegen, sobald man diesen dreht; stets kann dies als Lichtschwebung gedeutet werden.[82])

25. Das Auflösungsvermögen. Als Spektralapparat läßt sich jede Anordnung verwenden, bei welcher eine Sinusschwingung eine Helligkeitsverteilung mit scharfen Maxima liefert, deren Lage Funktion der Frequenz ist; von den besprochenen Interferenzapparaten die planparallele Platte, das Gitter und das Stufengitter (Nr. **14**, **16**, **17**). Den numerischen Wert des Auflösungsvermögens findet man nach *Rayleigh*[83]), indem man die Differenz zwischen den Frequenzen n_1 und n_2 zweier mit dem Auge im Spektralapparat noch gerade unterscheidbare Sinusschwingungen berechnet. Diese Grenze der Unterscheidbarkeit ist bei gleichstarken Schwingungen erfahrungsgemäß ungefähr erreicht, wenn die Helligkeitsverteilung der einen ihr Maximum an derselben Stelle hat, an welcher in der Helligkeitsverteilung der anderen eine der dem entsprechenden Maximum benachbarten Nullstellen liegt. Ist bei einem auf der Interferenz von p gleichen Strahlen beruhenden Spektralapparat l der Gangunterschied zwischen dem m^{ten} und $(m+1)^{\text{ten}}$ Strahl zurückgelegt in einem Medium vom Brechungsindex $\nu(n)$, ihr Phasenunterschied somit $\delta = \frac{l n \nu(n)}{c}$, so ist das h^{te} Interferenzmaximum für die Frequenz n_1 durch die Bedingung

$$l n_1 \nu(n_1) = 2 h \pi c \tag{67}$$

bestimmt. Soll für denselben Wert von l die Frequenz n_2 eins der genannten Minima ergeben, so muß nach (39a)

$$p l n_2 \nu(n_2) = p l \left\{ n_1 \nu(n_1) + (n_2 - n_1) \left(\frac{d(n\nu)}{dn} \right)_2 \right\} = 2(ph \pm 1)\pi c \tag{68}$$

sein. Als Wert des Auflösungsvermögens wird definiert $n_1 : |n_2 - n_1|$; man findet aus (67) und (68) dafür

$$\frac{n_1}{|n_2 - n_1|} = ph \left[\frac{\nu + n \frac{d\nu}{dn}}{\nu} \right]. \tag{69}$$

Ist $\frac{d\nu}{dn} = 0$, so ist dies gleich ph; andernfalls ist dieser Wert noch

81) *A. Righi,* Journ. de phys. (2) 2 (1883), p. 437, beschreibt eine ganze Reihe von Versuchsanordnungen, welche alle diesem Zweck dienen.

82) *S. Pokrowski,* Phys. Zeitschr. 12 (1911), p. 1115.

83) *Lord Rayleigh,* Phil. Mag. 47 (1874), p. 81 und 133; Pap. I, p. 216 und 424; Phil. Mag. 8 (1879), p. 261, 403, 477; 9 (1880), p. 40; Pap. I, p. 415.

mit dem Verhältnis der Phasen zur Gruppengeschwindigkeit zu multiplizieren (vgl. Nr. **6**). Es hängt eng damit zusammen, daß die zugleich mit dem Auflösungsvermögen wachsende Abklingungszeit des Spektralapparates durch die Gruppengeschwindigkeit bestimmt ist (vgl. Nr. **26**).

Diese Betrachtung gilt nach dem Schlußabsatz von Nr. **11** fast ebenso, wenn die Amplituden der interferierenden Strahlen Glieder einer langsam abnehmenden geometrischen Reihe bilden. Von den in Abschnitt II besprochenen Interferenzapparaten erreichen zurzeit das höchste Auflösungsvermögen die planparallele Platte (bis zum Wert $6{,}4.10^5$) und das Stufengitter (bis zu $4{,}2.10^5$).[84]) Trotz des viel größeren Wertes der Zahl p der interferierenden Schwingungen steht ihnen das Gitter nach (obere Grenze wohl 2.10^5), weil die Ordnungszahl h nur klein ist.

Diese Betrachtung läßt sich im wesentlichen auch auf das Prisma anwenden; sein Auflösungsvermögen ist nach *Rayleigh*[85]) (vgl. Nr. **42**)

$$\frac{n_1}{|n_2 - n_1|} = \frac{D n^2}{2\pi c}\left(\frac{d v}{d n}\right),$$

wo D die Basisdicke des Prismas oder, bei einem Prismensatz, die Summe der Basisdicken bedeutet. Ein einzelnes Prisma erreicht das Auflösungsvermögen eines guten Gitters nie, ein Prismensatz nur selten.

26. Inhomogene Strahlung. Wir haben bisher alle Interferenzerscheinungen für eine einzige, nach Schwingungszahl und Richtung mathematisch genau definierte Sinuswelle diskutiert. Dies ist aber ein im Gebiete der Optik niemals verwirklichter idealer Grenzfall; und darin liegt deren wesentlicher Unterschied gegen die *Hertz*schen Wellen, der auch dann bestehen bleibt, wenn die Lücke in der Stufenleiter der Schwingungszahlen überbrückt werden sollte, die jetzt noch die beiden Gebiete trennt. In der Optik haben wir vielmehr immer mit Wellenscharen zu tun, deren Richtungen einen gewissen räumlichen Winkel bilden. In dem Maße, wie man ihn einengt, verliert die Schar an Energie und wird schließlich physikalisch unwirksam. Eine mathematische Theorie, welche diese Inhomogenität der Richtungen befriedigend berücksichtigte, existiert bisher noch nicht, obwohl sie eigentlich für alle Probleme der Strahlungstheorie gebraucht wird; die Art, wie man dort von einer Welle zum Strahlenbündel übergeht, enthält viel Willkür. Hand in Hand damit geht nun die spektrale Inhomogenität; stets sind alle Schwingungszahlen eines Bereiches Δn gleich-

84) Nach *Gehrcke,* Interferenzen, p. 73.

85) *Lord Rayleigh,* Papers I, p. 426.

zeitig in der Strahlung vorhanden. Zwar kann seine Breite $\frac{\Delta n}{n}$ klein sein; bei schmalen Spektrallinien[86]) beträgt sie etwa 10^{-6}, und da man diese Linien noch spektral auflösen kann, so bestände die Möglichkeit, noch Teile aus ihnen zu isolieren. Aber verschwinden kann dieser Bereich nie, ohne daß mit ihm die Energie Null wird. Wäre selbst $\frac{\Delta n}{n} = 10^{-8}$, so läge Δn immer noch über $10^4 \sec^{-1}$, so einfache Schwebungserscheinungen wie in Nr. 24 betrachtet, treten schon aus diesem Grunde nicht auf.

27. Natürliche Strahlung.[87]) Eine mathematisch zulässige Darstellung spektral inhomogener Schwingungen ist die Darstellung durch *Fourier*sche Reihen oder *Fourier*sche Integrale.[88]) Die erstere gilt für ein endliches, aber beliebig groß zu wählendes Zeitintervall, die zweite könnte für alle Zeiten gelten, doch ist die Ausdehnung über gewisse Grenzen hinaus zwecklos. Beide Darstellungen hängen somit von der Wahl des Zeitabschnittes ab, woraus hervorgeht, daß den Sinusschwingungen, in welchen sie die gegebene Schwingung auflösen, keine unmittelbare physikalische Bedeutung zukommt.

Wir stellen durch

$$f(t) = \int dn\, C_n \cos(nt - \vartheta_n) \tag{70}$$

die Schwingung dar und berechnen ihre Intensität J als den Mittelwert $\overline{f^2(t)}$, gebildet über eine Zeit τ:

$$\begin{aligned} J &= \frac{1}{\tau}\int_t^{t+\tau} dt \int_0^\infty\!\!\int_0^\infty dn\, dn'\, C_n C_{n'} \cos(nt - \vartheta_n)\cos(n't - \vartheta_{n'}) \\ &= \frac{1}{2}\int_0^\infty\!\!\int_0^\infty dn\, dn'\, C_n C_{n'} \left\{ \frac{\sin\left(\frac{n'-n}{2}\tau\right)\cos\left(\frac{n'-n}{2}(2t+\tau) - (\vartheta_{n'} - \vartheta_n)\right)}{\frac{n'-n}{2}\tau} \right. \\ &\qquad \left. + \frac{\sin\left(\frac{n'+n}{2}\tau\right)\cos\left(\frac{n'+n}{2}(2t+\tau) - (\vartheta_{n'} + \vartheta_n)\right)}{\frac{n'+n}{2}\tau} \right\}. \end{aligned} \tag{71}$$

Die Zeit τ wählen wir möglichst kurz, doch immer noch optisch

86) *P. P. Koch*, Ann. d. Phys. 34 (1911), p. 377; *O. Schönrock*, Ann. d. Phys. (4) 20 (1906), p. 995.

87) *M. Planck*, Ann. d. Phys. 1 (1900), p. 69; 7 (1902), p. 390; Vorlesungen über die Theorie der Wärmestrahlung, Leipzig 1913, 5. Abschnitt. Vgl. *W. Wien*, Enc. V 23, Nr. 4, III. Über die Bezeichnung „Natürliche Strahlung" vgl. Anm. 95.

88) *A. Gouy*, Journ. d. Phys. 5 (1886), p. 354.

lang (vgl. Nr. 7). Dann bleibt $(n' + n)\tau$ von derselben Größenordnung wie $n\tau$, also sehr groß. J wäre daher von τ abhängig, wenn nicht der zweite Bruch ohne merklichen Einfluß wäre. Ebensowenig Einfluß dürfen aber im ersten Bruch solche Wertepaare n', n haben, für welche $(n' - n)\tau$ keine kleine Zahl ist. Wir nehmen also an, daß wir das Glied mit $(n' + n)\tau$ im Nenner streichen und

$$\frac{\sin\left(\frac{n'-n}{2}\tau\right)}{\left(\frac{n'-n}{2}\tau\right)} = 1 \quad \text{also auch} \quad \cos\left(\frac{n'-n}{2}\right)\tau = 1$$

setzen dürfen. Berücksichtigen wir dies und setzen wir noch $n' - n = m$, so finden wir die Gleichung

$$\begin{aligned} J &= \tfrac{1}{2}\iint dn\,dn'\,C_n C_{n'} \cos\left((n'-n)t - (\vartheta_{n'} - \vartheta_n)\right) \\ &= \int dm (A_m \sin mt + B_m \cos mt), \end{aligned} \tag{72}$$

wenn

$$\begin{aligned} A_m &= \tfrac{1}{2}\int dn\, C_{n+m} C_n \sin(\vartheta_{n+m} - \vartheta_n), \\ B_m &= \tfrac{1}{2}\int dn\, C_{n+m} C_n \cos(\vartheta_{n+m} - \vartheta_n), \end{aligned} \tag{73}$$

ist.

Die hier eingeführten Vernachlässigungen wären nicht berechtigt, wenn nicht die Phase ϑ_n eine schnell und unregelmäßig veränderliche Funktion von n wäre. Diese Veränderlichkeit bewirkt nämlich, daß der im zweiten Bruch von (71) auftretende Cosinus schnell und unregelmäßig zwischen $+1$ und -1 hin- und herschwenkt, und daß sich im Integral diese bald positiven, bald negativen Beträge fortheben. Dasselbe gilt für den im ersten Bruch auftretenden Cosinus, solange $n' - n$ groß ist; erst wenn $n' - n = m$ sehr klein ist, wird auch die Phasendifferenz $\vartheta_{n+m} - \vartheta_n$ so klein, daß A_m und B_m von Null verschiedene Werte annehmen können.

28. Spektrale Zerlegung. Ein Spektralapparat, gleichgültig welcher Art, sondert aus dem Integrationsbereich der Gleichung (70) ein mehr oder minder schmales Gebiet aus, indem er die Amplitude der Sinuswelle $C_n \cos(nt - \vartheta_n)$ mit einem Faktor $\varphi(n)$ versieht, welcher verschwindend klein wird, sobald n erheblich von einem für den Apparat charakteristischen Wert n_0 abweicht, während er in der Nachbarschaft von n_0 erhebliche Werte annimmt. Je schmaler der Bereich, um so größer ist das Auflösungsvermögen. Beim Gitter z. B. wäre nach (38)

$$\varphi(n) = \left|\frac{\sin\frac{p}{2}\delta}{\sin\frac{1}{2}\delta}\right| = \left|\frac{\sin\left(ph\pi\frac{n-n_0}{n_0}\right)}{\sin\left(h\pi\frac{n-n_0}{n_0}\right)}\right|, \tag{74}$$

wo n_0 die Frequenz bedeutet, für die $\delta = 2h\pi$, also $\varphi(n)$ ein Maximum wird (wo h eine ganze Zahl ist). Da nämlich δ zu n proportional ist, dürfen wir dann für ein beliebiges n $\delta = 2h\pi \frac{n}{n_0}$ setzen. Zugleich bewirkt der Apparat eine Phasenverschiebung γ_n; beim Gitter ist nach (38)

$$\gamma_n = + \frac{p-1}{2}\delta = (p-1)h\pi\frac{n}{n_0}. \tag{75}$$

Die Schwingung wird jetzt statt (70)

$$f(t) = \int dn\, C_n \varphi_n \cos(nt - \vartheta_n - \gamma_n) \tag{76}$$

und ihre Intensität nach (72) und (73):

$$\left\{\begin{aligned} J &= \int dm(a_m \sin mt + b_m \cos mt), \\ a_m &= \tfrac{1}{2}\int dn\, C_{n+\mu} C_n \varphi(n+m)\varphi(n)\sin(\vartheta_{n+m} - \vartheta_n + \gamma_{n+m} - \gamma_n), \\ b_m &= \tfrac{1}{2}\int dn\, C_{n+\mu} C_n \varphi(n+m)\varphi(n)\cos(\vartheta_{n+m} - \vartheta_n + \gamma_{n+m} - \gamma_n). \end{aligned}\right. \tag{77}$$

Wird ein Spektralapparat von einem elektromagnetischen Impuls getroffen, so kommt er erst nach einer bestimmten, für ihn charakteristischen Zeit, seiner Abklingungszeit, wieder zur Ruhe; diese ist um so größer, je größer das Auflösungsvermögen. Beim Gitter z. B. ist nach Gleichung (74) die Breite des ausgesonderten Bereiches ungefähr

$$\Delta n = \frac{2n_0}{ph},$$

zugleich würde ein Impuls in eine Reihe von p Stößen verwandelt, welche sich über die Zeit $ph \times$ Periode τ_0, d. h. $2ph\pi : n_0$ gleichmäßig verteilen[89]), so daß dies die Abklingungszeit ist. Analysiert man die Strahlung aber mit einem elektromagnetischen Resonator (*Planck*), so wird mit abnehmendem Dämpfungsdekrement gleichzeitig die Resonanzkurve und der ausgesonderte Bereich Δn schmäler und die Abklingungszeit größer. (γ_n variiert in dem Bereich Δn stets um 2π.) Wären nun die Abklingungszeiten von der Größenordnung der Zeit einer Messung, so bezöge sich die Angabe des Spektralapparates nicht auf eine *gleichzeitige* Eigenschaft der Strahlung, sondern stellte eine Integration über meßbar verschiedene Zeiten dar. [Beim Gitter sieht man dies besonders deutlich; denn nach (75) kann man statt (77) schreiben:

89) *A. Schuster*, Phil. Mag. (5) 37 (1894), p. 509; Einführung in die theoretische Optik, deutsch von H. Konen, Leipzig und Berlin 1907, § 186.

$$J = \int dm \left\{ a'_m \sin\left[m\left(t - \frac{(p-1)h\pi}{n_0}\right)\right] + b'_m \cos\left[m\left(t - \frac{(p-1)h\pi}{n_0}\right)\right]\right\},$$

$$a'_m = \tfrac{1}{2}\int dn\, C_{n+m}\, C_n\, \varphi_{n+m}\, \varphi_n \sin(\vartheta_{n+m} - \vartheta_n),$$

$$b'_m = \tfrac{1}{2}\int dn\, C_{n+m}\, C_n\, \varphi_{n+m}\, \varphi_n \cos(\vartheta_{n+m} - \vartheta_n);$$

und in dem Auftreten von $\left(t - \frac{(p-1)h\pi}{n_0}\right)$ liegt der Hinweis auf *vor* dem Augenblick t liegende Zeiten.] Soll daher aus inhomogener Strahlung der *im gleichen Moment vorhandene* monochromatische Bestandteil von der Frequenz n_0 ausgesondert werden, so muß sich mit großem Auflösungsvermögen eine kleine Abklingungszeit vereinigen $\left(\text{beim Gitter muß } ph \gg 1, \text{ aber } |m| \ll \frac{n_0}{ph\pi} \text{ sein}\right)$. Dann aber darf man

$$\varphi(n+m) = \varphi(n), \quad \gamma_{n+m} = \gamma_n$$

setzen und erhält so für die in der Schwingung $f(t)$ enthaltene Intensität von der Schwingungszahl n_0 den Wert

$$(78)\quad \begin{cases} J_{n_0} = \int dm(\mathfrak{A}^0_m \sin mt + \mathfrak{B}^0_m \cos mt) \\ \mathfrak{A}^0_m = \left(\int dn\, C_{n+m}\, C_n \varphi^2(n) \sin(\vartheta_{n+m} - \vartheta_n)\right) : \int dn\, \varphi^2(n) \\ \mathfrak{B}^0_m = \left(\int dn\, C_{n+m}\, C_n \varphi^2(n) \cos(\vartheta_{n+m} - \vartheta_n)\right) : \int dn\, \varphi^2(n). \end{cases}$$

Die Division durch das von n_0 unabhängige Integral $\int dn\, \varphi^2(n)$ bewirkt, da φ eine Funktion von $(n - n_0)$ ist, daß $\int J_{n_0} dn_0$ die Gesamtintensität ergibt. $\mathfrak{A}^0_m$ und $\mathfrak{B}^0_m$ sind die meßbaren Mittelwerte der schnellveränderlichen Größen $C_{n+m} C_n \frac{\sin}{\cos} (\vartheta_{n+m} - \vartheta_n)$ in der Umgebung von n_0. Daß sie vom Auflösungsvermögen unabhängige Eigenschaften der Strahlung sind, obwohl $\varphi(n)$ durch das Auflösungsvermögen bestimmt ist, ist eine weitere Annahme in der Hypothese der natürlichen Strahlung. Diese spricht außerdem noch aus, daß die Absorption von Strahlung durch Körper nur von diesen Mittelwerten, d. h. nur von der augenblicklich herrschenden Intensität der monochromatischen Bestandteile der Strahlung abhängen soll.

Eine weitergehende Zerlegung der Strahlung mit Apparaten von meßbarer Abklingungszeit ist bisher nicht erreicht und müßte zum Widerspruch mit dem zweiten Hauptsatz der Thermodynamik führen. Man kommt hier an eine ähnliche Grenze wie in der kinetischen Theorie der Gase, wenn man den gleichmäßigen Gasdruck in unregelmäßige Molekularstöße auflöst; es beginnt dann das Spiel der Wahrscheinlichkeiten (*Brown*sche Bewegung). Die so weit analysierte Strahlung wäre nicht mehr natürliche Strahlung. Weil die Strahlung auch bei der Fortpflanzung in dispergierenden Körpern spektral zerlegt wird, bleibt sie dabei nicht für alle Zeiten natürliche Strahlung. Darin liegt die Lösung des scheinbaren Widerspruches zwischen den beiden Aussagen, daß sich natürliche Strahlung stets mit Gruppengeschwindigkeit fortpflanzt (welche gelegentlich größer als c werden kann), und daß nach der Elektronen- und erst recht der Relativitätstheorie c die größtmögliche Geschwindigkeit dafür ist.[89a])

29. Die Schwingungsform natürlicher Strahlung.[89]) Da nur die Mittelwerte $\mathfrak{A}_m^0$ und $\mathfrak{B}_m^0$ der Messung zugänglich sind, bleiben die Funktionen C_n und ϑ_n, welche die Form der Schwingung $f(t)$ in (70) bedingen, in hohem Maße unbekannt. Nur das eine läßt sich sagen, daß diese sich bei fortschreitender spektraler Reinheit der Sinusform nähert. Ist nämlich die Summe

$$f(t) = \sum C_n \cos(nt - \vartheta_n)$$

auf solche Werte von n beschränkt, für welche $n - n_0 = \delta n << n_0$ ist, so kann man

$$C_n \cos(nt - \vartheta_n) = C_n \cos(n_0 t - (\vartheta_n - t\delta n))$$

als Schwingung von der Frequenz n_0 mit langsam veränderlicher Phase betrachten. Für einen Zeitraum von t bis $t + \Delta t$, für den alle Werte $\Delta t \delta n \ll 1$ sind, ist dann auch $f(t)$ eine Sinusschwingung von der Frequenz n_0. Man erhält sie geometrisch nach Nr. **11**, indem man alle Partialschwingungen als Vektoren $\overrightarrow{OP}$ in einer Ebene aufträgt und addiert. Sind die Phasen ϑ_n unregelmäßig verteilt, so ist nach Nr. **21** für die Resultante jede Richtung gleich wahrscheinlich, ihre Amplitude ist mit überwiegender Wahrscheinlichkeit von der Größenordnung $\sqrt{\sum C_n^2}$. In einer späteren Zeit t_1 werden die Partialschwingungen statt durch $\overrightarrow{OP}$ durch gleichlange Vektoren $\overrightarrow{OQ}$ dargestellt, welche mit den $\overrightarrow{OP}$ den Winkel $(t_1 - t)\delta n$ bilden. Ist er vergleichbar mit π oder noch größer, so ist das Resultat der Summation von dem für die Zeit t gültigen unabhängig. D. h. die Phase der Schwingung $f(t)$ hat sich inzwischen in einer ganz beliebigen Art verändert, während die Amplitude im allgemeinen von derselben Größenordnung geblieben ist, innerhalb dieser Größenordnung aber einen beliebigen anderen Wert angenommen hat. Bei natürlicher Strahlung ist die Zeit einer solchen Änderung noch klein gegen die einer Messung.

89a) Vgl. Nr. 6 und Literatur in Anm. 15.

89) *Lord Rayleigh,* Phil. Mag. 11 (1906), p. 127; Pap. V, p. 287.

Über die Schwingungsform bei breiten kontinuierlichen Spektren ist vielfach die Meinung geäußert worden, daß auch in ihr Periodizitäten irgendwelcher Art vertreten sein müßten, weil sich sonst nicht daraus durch Spektralapparate monochromatisches Licht von hoher Regelmäßigkeit gewinnen ließe. Mit Recht machen dagegen *Gouy, Schuster, Ames, Rayleigh*[90]) geltend, daß diese Periodizität in allen Fällen aus dem Apparat stammt; beim Gitter z. B. rührt sie daher, daß ein Impuls in p periodisch aufeinanderfolgende Stöße verwandelt wird (Nr. 27). *Rayleigh*[91]) zeigt an Figuren, wie unregelmäßige Schwingungsformen schon bei der Superposition von wenigen unharmonischen Sinusschwingungen entstehen.

Zum Verständnis des von englischen Physikern vielfach angewandten Verfahrens, weißes Licht als unregelmäßige Folge von Impulsen aufzufassen, gelangt man wohl am besten, wenn man unter einem Impuls einen Ausschnitt aus der Schwingungskurve ungefähr von der Zeitdauer einer Lichtperiode versteht. Die Unregelmäßigkeit dieser Kurve hebt dann selbst für die Formen benachbarter Impulse jeden Zusammenhang auf.

30. Kohärenz und Inkohärenz. Polarisation. Zwei Schwingungen

$$(79)\quad f(t)=\int F_n \cos(nt-\varphi_n)\,dn,\quad g(t)=\int G_n \cos(nt-\chi_n)\,dn$$

sollen monochromatische natürliche Strahlung darstellen. Den Mittelwert $\overline{fg}$ für eine Zeit τ bilden wir nach Analogie von Nr. 27 und finden so

$$(80)\quad \begin{aligned}\overline{fg}&=\tfrac{1}{2}\int dn\int dn' F_{n'} G_n \cos((n'-n)t+(\varphi_{n'}-\chi_n))\\ &=\int dm(\alpha_m \sin mt+\beta_m \cos mt),\end{aligned}$$

wenn

$$(81)\quad \begin{aligned}\alpha_m&=\tfrac{1}{2}\int dn F_{n+m} G_n \sin(\varphi_{n+m}-\chi_n),\\ \beta_m&=\tfrac{1}{2}\int dn F_{n+m} G_n \cos(\varphi_{n+m}-\chi_n)\end{aligned}$$

ist.[92]) Hier sind nun drei besonders wichtige Fälle zu unterscheiden:

90) *A. Gouy*, Journ. d. phys. 5 (1886), p. 534; *A. Schuster*, Phil. Mag. (5) 37 (1894), p. 509; (7) 1 (1904). Einführung in die theoretische Optik, deutsch von *H. Konen*, Leipzig und Berlin 1907, Kap. 14; *J. S. Ames*, Astrophys. Journ. 22 (1905), p. 76; Lord *Rayleigh*, Pap. III, p. 60; Phil. Mag. 27 (1889), p. 460; Pap. III, p. 268. „It would be instructive if some one of the contrary opinion would explain what he means by regular white light. The phrase certainly appears to me to be without meaning — what Clifford would have called *nonsense*.“ Phil. Mag. 10 (1905), p. 401; Pap. V, p. 272.

91) *Lord Rayleigh*, Phil. Mag. (6) 11 (1906), p. 127; Pap. V, p. 285.

92) *M. Laue*, Ann. d. Phys. (4) 23 (1907), p. 1.

1. Die Schwingungen haben verschiedene Frequenz; d. h. die Bereiche, in welchen F_n und G_n von null wesentlich verschieden sind, schließen sich aus, so daß $F_{n+m} G_n = 0$ ist.

2. Diese Bereiche stimmen überein, doch stammen beide Schwingungen aus verschiedenen Lichtquellen; sie sind *inkohärent*. Dann sind die Phasen φ_n und χ_n unabhängig voneinander; infolgedessen ist in (81) $\varphi_{n+m} - \chi_n$ trotz kleiner Werte von m schnell und unregelmäßig veränderlich, so daß α_m und β_m Null sind.

3. Sie stammen bei gleicher Frequenz aus der gleichen Lichtquelle und interferieren bei mäßigem Gangunterschied; sie sind *kohärent*; dann unterscheidet sich F_n von G_n nur durch einen konstanten Faktor λ und φ_n von χ_n um eine Konstante δ. Infolgedessen wird nach (80)

$$\overline{fg} = \tfrac{1}{2}\lambda \int dn \int dn' G_{n'} G_n \{\cos\delta \cos[(n'-n)t + (\chi_{n'} - \chi_n)] + \sin\delta \sin[(n'-n)t + (\chi_{n'} - \chi_n)]\}.$$

Die zweite Hälfte dieses Integrals verschwindet, weil der Integrand bei Vertauschung von n' und n sein Zeichen wechselt. Daher nach Gleichung (72)

$$\overline{fg} = \lambda \cos\delta \overline{g^2} = \frac{1}{\lambda} \cos\delta \overline{f^2}. \tag{82}$$

Auch in diesem Falle kann $\overline{fg} = 0$ sein, wenn die Phasendifferenz $\delta = \pm \pi/2$ ist; eine Veränderung des Gangunterschiedes bringt dann sofort einen anderen Wert hervor. Im Gegensatz dazu ist in den beiden ersten Fällen *stets* $\overline{fg} = 0$. Da dann

$$\overline{(f+g)^2} = \overline{f^2} + \overline{g^2}$$

ist, findet keine Interferenz statt. Interferenzfähig sind somit nur kohärente Schwingungen von gleicher Schwingungszahl.

Natürlich gibt es auch bei Schwingungen von verschiedener Frequenz den Unterschied von Kohärenz und Inkohärenz. Wird von zwei kohärenten Strahlen der eine an einem bewegten Körper gespiegelt, so verändert er seine Schwingungszahl unter Beibehaltung der Kohärenz. Schwebungen entstehen, wenn kohärente Strahlen f und g mit so wenig verschiedener Frequenz sich treffen, daß die Integrationsgebiete in (79) sich fast völlig überdecken.

Die Schwingungen verschiedener Frequenz, in welche sich beim Zeemanneffekt eine Spektrallinie spaltet, entsprechen verschiedenen Freiheitsgeraden der schwingenden Elektronen und sind deswegen inkohärent[93]); zu Schwebungen geben sie keinen Anlaß.[94])

93) Enc. V 22 (*H. A. Lorentz*).

Den stetigen Übergang zwischen Kohärenz und Inkohärenz vermittelt die partielle Kohärenz, in der zwei Schwingungen $f(t)$ und $g(t) = g_f(t) + g_f'(t)$ zueinander stehen, wenn g_f zu f vollständig kohärent, g_f' zu f inkohärent ist. Ein quantitatives Maß für die Kohärenz findet man, wenn man der Schwingung g (vgl. (79)) eine Schwingung

$$g^* = \int G_n \sin(nt - x_n)$$

an die Seite stellt. Nach (82) ist nämlich wegen $g^* = g_f^* + g_f'^*$, wenn λ^2 das Intensitätsverhältnis $\overline{f^2} : \overline{g_f^2}$ und δ die Phasendifferenz dieser Schwingungen angibt,

$$\overline{fg} = \overline{fg_f} = \frac{1}{\lambda} \cos \delta \overline{f^2}, \quad \overline{fg^*} = \overline{fg_f^*} = \frac{1}{\lambda} \sin \delta \overline{f^2}.$$

Durch Quadrieren und Addieren dieser Gleichungen folgt:

$$\frac{\overline{fg}^2 + \overline{fg^*}^2}{\overline{f^2}\,\overline{g^2}} = \frac{\overline{g_f^2}}{\overline{g^2}} = i.$$

Dies Verhältnis der Intensität des zu f kohärenten Anteils von g zur Gesamtintensität von g nennt man die *„Kohärenz“* der Schwingungen f und g. Da $\overline{fg^*}^2 = \overline{f^*g}^2$, so kann man hierbei die Rollen von f und g miteinander vertauschen. Die Kohärenz ist 1 für vollständig kohärente, 0 für inkohärente Schwingungen.[95])

Wegen $\overline{g^2} = \overline{g_f^2} + \overline{g_f'^2}$ ist die *„Inkohärenz“*

$$j = (1 - i) = \frac{\overline{g_f'^2}}{\overline{g^2}}.$$

Man kann den Unterschied zwischen Kohärenz und Inkohärenz sehr anschaulich an die Betrachtung von Nr. **29** anknüpfen. Kohärente Schwingungen stimmen in der Schwingungsform überein; bei allen Veränderungen ihrer Phase bleibt die Phasendifferenz zeitlich konstant, während sie bei inkohärenten Schwingungen in der Zeit einer Messung oft und unregelmäßig hin und herschwankt. Nähme die spektrale Breite immer mehr ab, so würden die Zeiten einer solchen Phasenveränderung schließlich meßbar. Damit würde der Unterschied zwischen kohärenten und inkohärenten Schwingungen verwischt werden. Der Bereich der natürlichen Strahlung würde aber dabei überschritten (vgl. Nr. **28**).

Bemerkenswert ist der Fall, daß zwei linear, aber senkrecht zueinander polarisierte Wellen von gleicher Fortpflanzungsrichtung räum-

94) *O. M. Corbino*, Nuovo Cim. 9 (1899), p. 351; Rend. Lincei 8 (1899), p. 171.

95) *M. Laue*, Ann. d. Phys. 23 (1907), p. 1.

lich zusammenfallen. Sind sie kohärent, so bilden sie eine *vollständig* (im allgemeinen elliptisch, vgl. Nr. **10**) *polarisierte*, sind sie inkohärent und in der Intensität gleich, eine *unpolarisierte* Welle[96]). Den stetigen Übergang zwischen diesen Grenzfällen bildet die *partielle* Polarisation. Sie tritt ein, wenn sich eine völlig polarisierte und eine unpolarisierte Welle überlagern, und ist im allgemeinen, entsprechend der Schwingungsform der ersteren, partielle elliptische Polarisation.[97])

Bei partieller linearer Polarisation gibt es zwei zueinander senkrechte Hauptpolarisationsrichtungen, in denen inkohärente Schwingungen von ungleicher Intensität $\mathfrak{K}_1$ und $\mathfrak{K}_2$ stattfinden. Durch Drehung um die Strahlrichtung um den Winkel ω findet man daraus zwei Achsen, in denen partiell kohärente Schwingungen mit den Intensitäten

$$\mathfrak{K}_1' = \mathfrak{K}_1 \cos^2\omega + \mathfrak{K}_2 \sin^2\omega,$$
$$\mathfrak{K}_2' = \mathfrak{K}_1 \sin^2\omega + \mathfrak{K}_2 \cos^2\omega$$

stattfinden. Stets ist

$$|\mathfrak{K}_1' - \mathfrak{K}_2'| < |\mathfrak{K}_1 - \mathfrak{K}_2|.$$

Bei partiell elliptischer Polarisation sind alle Paare zueinander senkrechter linearer Schwingungen, in die man die Welle zerlegen kann, partiell kohärent.

31. Zusammenhang mit der Thermodynamik. Die Unmöglichkeit der Interferenz zwischen Strahlen verschiedenen Ursprungs ist für Wärmestrahlung eine Forderung der Thermodynamik. Andernfalls ließe sich das *Carnot*sche Prinzip, die Unumkehrbarkeit eines Wärmeüberganges, durch Interferenzerscheinungen umstoßen.

Zum Beweise betrachten wir die Spiegelung und Brechung an der ebenen Grenzfläche E zweier durchsichtigen Mittel. S_1, S_2, S_3 und S_4 sollen Stücke von Oberflächen schwarzer Körper sein, ihre Lage und Größe sei derart, daß das von S_1 nach dem Flächenstück f von E entsandte Strahlenbündel, soweit es gespiegelt wird, von S_2, soweit es Brechung erleidet, von S_3 absorbiert wird. Ebenso soll das von S_4 nach f ausgehende Bündel von S_3 und S_2 absorbiert werden. Das ganze System, dem die erwähnten schwarzen Körper angehören, sei von absolut spiegelnden Wänden umgeben und anfangs im thermischen Gleichgewicht. Nach bekannten *Kirchhoff*schen Sätzen bleibt dies be-

---

96) Die ersten Versuche über die Inkohärenz der beiden Schwingungen im unpolarisierten Licht stammen von Fresnel und Arago. Vgl. Anm. 21.

97) Unpolarisierte Schwingungen bezeichnet man vielfach als natürliches Licht. Wir vermeiden diesen Ausdruck schon deshalb, weil vollständiger Mangel an Polarisation selten vorkommt.

stehen, wenn keine Interferenzen stattfinden. Könnten aber die von S_1 und S_4 nach f gehenden Strahlen interferieren, so erhielte entweder S_2 aus der Richtung von f mehr Energie, als es dorthin entsendet, und S_3 dementsprechend weniger oder umgekehrt. Das Temperaturgleichgewicht würde so *ohne Kompensation* gestört.

Tatsächlich besteht dieselbe Unmöglichkeit auch bei allen Luminiszenzerscheinungen; in der Ungeordnetheit und gegenseitigen Unabhängigkeit in den Phasenverteilungen solcher Schwingungen spiegeln sich sie Ungeordnetheit und die gegenseitige Unabhängigkeit der Elektronenbewegungen in den Lichtquellen. Denn in der Bewegung der Teilchen in verschiedenen Körpern gibt es nichts der Kohärenz Analoges.

Dieser Unterschied hat eine Konsequenz für die Thermodynamik.[98]) Nach Boltzmann ist die Entropie S mit der Wahrscheinlichkeit W durch eine Beziehung

$$S = \mathrm{k} \log W \tag{83}$$

verbunden. Bei einem aus zwei materiellen Teilen oder zwei inkohärenten Strahlen bestehenden System, ist aber die Wahrscheinlichkeit, wenn W_1 und W_2 die der Teile sind, wegen ihrer statistischen Unabhängigkeit,

$$W = W_1 W_2, \tag{84}$$

also

$$S = S_1 + S_2. \tag{85}$$

Für kohärente Strahlen hingegen gilt dies Additionstheorem der Entropie nicht, da der eine nur in der Amplitude frei, in seiner Schwingungsform hingegen völlig durch den anderen bestimmt wird. Bei vollständiger Kohärenz ist vielmehr, wie a. a. O. gezeigt wird, ihre Gesamtentropie so groß wie die eines Strahles, dessen Intensität unter sonst gleichen Umständen gleich der Summe ihrer Intensitäten ist.

Bei partiell kohärenten Strahlen von den Intensitäten $\mathfrak{K}_1$ und $\mathfrak{K}_2$, sowie der Kohärenz i, hat man zunächst die Gleichungen

$$\begin{cases} K_1 + K_2 = \mathfrak{K}_1 + \mathfrak{K}_2, \\ K_1 K_2 = (1 - i)\mathfrak{K}_1 \mathfrak{K}_2 \end{cases} \tag{86}$$

zu lösen. Die so bestimmten K_1, K_2 sind die Intensitäten zweier inkohärenten Strahlen, auf welche man das System umkehrbar, z. B. durch Spiegelung und Brechung zurückführen kann. Seine Entropie

98) *M. Laue*, Ann. d. Phys. 20 (1906), p. 365; 23 (1907), p. 1, 795, Verh. d. deutsch. Physik. Ges. 9 (1907), p. 606; Phys. Zeitschr. 9 (1908), p. 778, vgl. auch V 23, Nr. **11** (*W. Wien*).

ist demnach die Summe der Entropien dieser Strahlen. Bei drei partiell kohärenten Strahlen führt ein analoges Verfahren zum Ziel.

Statistisch bedeutet dies, daß in einem System von ganz oder partiell kohärenten Strahlen die Freiheitsgrade der einzelnen Strahlenbündel (vgl. Nr. **44**) nicht die des ganzen Systems sind; vielmehr muß man, um diese zu finden, das System auf die genannten inkohärenten Strahlenbündel zurückführen.

32. Die Interferenz inhomogener Strahlung; Sichtbarkeitskurve. Eine spektral inhomogene Strahlung sei durch die Intensitätsverteilung $J(n)$ charakterisiert. Zwei kohärente Schwingungen dieser Art interferieren mit dem Gangunterschied l, welcher in einem Mittel vom Brechungsindex ν zurückgelegt sei $\left(\delta = \frac{l n \nu}{c}\right)$. Die monochromatische Strahlung von der Frequenz n ruft dabei die Helligkeit

$$J(n)\left(1 + \cos \frac{l n \nu}{c}\right) dn$$

hervor (vgl. 34)); die ganze Strahlung, da sich nach Nr. **28** bei natürlicher Strahlung alle Energiegrößen für deren monochromatische Bestandteile addieren, liefert die Helligkeit

$$H = \int dn\, J(n)\left(1 + \cos \frac{l n \nu}{c}\right). \tag{87}$$

Nun handele es sich um eine schmale Spektrallinie, deren „Schwerpunkt" bei dem Wert n_0 liege. Wir führen $n - n_0 = \varepsilon$ als Variable ein und finden so

$$H = \int d\varepsilon\, J(\varepsilon)\left[1 + \cos \frac{l}{c}\left\{n_0 \nu_0 + \varepsilon\left(\frac{d(n\nu)}{d\nu}\right)_0\right\}\right]; \tag{88}$$

oder wenn wir

$$\left\{\begin{aligned} &\int J(\varepsilon)\, d\varepsilon = P, \\ &\int d\varepsilon\, J(\varepsilon) \cos\left(\frac{l\varepsilon}{c}\left(\frac{d(n\nu)}{d\nu}\right)_0\right) = C, \\ &\int d\varepsilon\, J(\varepsilon) \sin\left(\frac{l\varepsilon}{c}\left(\frac{d(n\nu)}{d\nu}\right)_0\right) = S \end{aligned}\right. \tag{89}$$

setzen:

$$H = P + C \cos \frac{l n_0 \nu_0}{c} - S \sin \frac{l n_0 \nu_0}{c}. \tag{90}$$

Hier sind C und S Funktionen von l; sie sind aber langsam veränderlich gegen $\genfrac{}{}{0pt}{}{\cos}{\sin}\left(\frac{l n_0 \nu_0}{c}\right)$, weil $\varepsilon << n_0$. Die Lage der Interferenzmaxima und -minima findet man daher so, daß man C und S bei der Differentiation nach l als unveränderlich betrachtet. Die Größe dieser Extremwerte ist $P \pm \sqrt{C^2 + S^2}$. Die *Sichtbarkeit*, definiert durch die

Gleichung

(91) $$V = \frac{H_{\max} - H_{\min}}{H_{\max} + H_{\min}}$$

wird somit

(92) $$V = \frac{\sqrt{C^2 + S^2}}{P}.$$

Nach einem bekannten Satze ist für jede reguläre Funktion $F(\varepsilon)$

$$\lim_{k=\infty} \int \frac{dF}{d\varepsilon} e^{ik\varepsilon} d\varepsilon = 0.$$

Folglich verschwinden die Integrale C und S für unendlich große l; für alle Intensitätsverteilungen $J(\varepsilon)$; die Interferenzfähigkeit inhomogener Strahlung hört bei einer gewissen Grenze des Ganzunterschiedes auf. Für ein kleines l ist umgekehrt $C = P$, $S = 0$, also $V = 1$. Den Übergang zwischen diesen beiden Grenzfällen stellt die Sichtbarkeitskurve dar, welche im übrigen Verlaufe wesentlich durch die Intensitätsverteilung $J(\varepsilon)$ bedingt ist. *Michelson*[99]) hat dies benutzt, um aus der (mit dem Auge geschätzten) Sichtbarkeit auf die Intensitätsverteilung in feinen Spektrallinien zu schließen. Doch sind diese Schlüsse im allgemeinen vieldeutig; denn zur Ermittelung von $J(\varepsilon)$ gehört nach dem Fourierschen Integralsatz die Kenntnis von C und S, während V nur $C^2 + S^2$ liefert.[100]) Nur bei symmetrischen Linien ist wegen $S = 0$ die Eindeutigkeit gewährleistet. Auf jeden Fall ist die Grenze, bis zu welcher die Streifen sichtbar bleiben, ein ungefähres Maß für die Breite der Linie. *Michelson* fand sie bei manchen Linien über $5 . 10^5$ Wellenlängen Gangunterschied, was einer Breite $\frac{\Delta n}{n}$ von 10^{-5} bis 10^{-6} entspricht.[101])

Zu der Energieverteilung

$$J(\varepsilon) = \text{const.}\, e^{-\frac{\varepsilon^2}{\alpha}}$$

gehört eine Sichtbarkeitskurve

$$V = e^{-\frac{\alpha}{4}\left(\frac{l}{c}\frac{d(n\nu)}{d\nu}\right)^2},$$

wie sie häufig beobachtet wird. Liegen zwei in der Intensität und

99) *A. A. Michelson,* Phil. Mag. 31 (1891), p. 338; 34 (1892), p. 280; Journ. d. Phys. 3 (1894), p. 5; vgl. auch *H. Ebert,* Wied. Ann. 43 (1891), p. 790. Eine photographisch ermittelte Sichtbarkeitskurve veröffentlicht *P. P. Koch,* Ann. d. Phys. 34 (1911), p. 377.

100) *Lord Rayleigh,* Phil. Mag. 34 (1892), p. 407; Pap. IV, p. 15.

101) *O. Lummer* und *E. Gehrcke,* Verh. d. deutsch. Phys. Ges. 3 (1902), p. 337 finden auf andere Weise bei einer Quecksilberlinie die Grenze der Interferenzfähigkeit bei mehr als $1{,}6 \cdot 10^6$ Wellenlängenunterschied. Vgl. dazu *M. Laue,* Ann. d. Phys. 13 (1904), p. 163 besonders § 6.

ihrer Verteilung gleiche Linien von der Breite 2η im Abstand $2\varepsilon_0$ voneinander, und wären P', C', S' die Werte der Integrale (89) für jede allein, so ist für beide zusammen $P = 2P'$. Das Integral C zerfällt nach (89) in zwei Teile, nämlich in ein Integral von $-(\varepsilon_0 + \eta)$ bis $-(\varepsilon_0 - \eta)$ und eins von $\varepsilon_0 - \eta$ bis $\varepsilon_0 + \eta$; führt man für das erstere $\varepsilon' = \varepsilon + \varepsilon_0$, für das letztere $\varepsilon' = \varepsilon - \varepsilon_0$ als Integrationsvariable ein so findet man:

$$C = \int_{-}^{+\eta} d\varepsilon' J(\varepsilon' - \varepsilon_0) \cos\left(\frac{l}{c}\,\frac{d(n\nu)}{d\nu}(\varepsilon' - \varepsilon_0)\right)$$

$$+ \int_{-\eta}^{+\eta} d\varepsilon' J(\varepsilon' + \varepsilon_0) \cos\left(\frac{l}{c}\,\frac{d(n\nu)}{d\nu}(\varepsilon' + \varepsilon_0)\right),\,.$$

oder da nach der vorausgesetzten Gleichheit beider Linien $J(\varepsilon' - \varepsilon_0) = J(\varepsilon' + \varepsilon_0)$ ist:

$$C = 2\cos\left(\frac{l\varepsilon_0}{c}\,\frac{d(n\nu)}{d\nu}\right)\int_{-\eta}^{+\eta} d\varepsilon' J(\varepsilon' + \varepsilon_0) \cos\left(\frac{l\varepsilon'}{c}\,\frac{d(n\nu)}{d\nu}\right) = 2\cos\left(\frac{l\varepsilon_0}{c}\,\frac{d(n\nu)}{d\nu}\right)C'.$$

Ebenso findet man

$$S = 2\cos\left(\frac{l\varepsilon_0}{c}\,\frac{d(n\nu)}{d\nu}\right)S',$$

somit nach (92)

$$V = V'\cos\left|\left(\frac{l\varepsilon_0}{c}\,\frac{d(n\nu)}{d\nu}\right)\right|.$$

Der Kosinusfaktor bedingt ein abwechselndes Verschwinden und Wiedererscheinen der Interferenzstreifen, wie man es leicht an den D-Linien des Natriumspektrums beobachtet.

Im Falle der Dispersion ist zu beachten, daß C und S von $\frac{1}{c}\,l\left(\nu_0 + n_0\left(\frac{d\nu}{dn}\right)_0\right)$ abhängen; d. h. von der Zeit, die zur Durchlaufung der Strecke l mit *Gruppen*geschwindigkeit notwendig ist. Bei starker anomaler Dispersion kann diese klein sein gegen die Durchlaufungszeit mit Phasengeschwindigkeit $\frac{l\nu_0}{c}$, so daß selbst bei Interferenzstreifen von hoher Ordnung noch große Sichtbarkeit auftritt.[102])

Setzt sich der Gangunterschied aus mehreren in verschiedenen Mitteln zurückgelegten Strecken l zusammen, so treten an die Stellen von $l\nu_0$ und $l\left(\nu_0 + n_0\left(\frac{d\nu}{dn}\right)\right)$ die entsprechenden Summen über alle l,

102) *R. W. Wood*, Phil. Mag. 8 (1904), p. 324; Lord *Rayleigh*, Phil. Mag. 8 (1904), p. 330; Phil. Mag. 15 (1908), p. 345; Pap. V, p. 204, 426: *E. Mascart*, Phil. Mag. 27 (1889), p. 519; *G. B. Airy*, Phil. Mag. 2 (1833), p. 161; *A. Cornu*, Journ. d. Phys. 1 (1882), p. 293; Pap. III, p. 288

in denen die von einem Strahl zurückgelegten Strecken l positiv, die auf den anderen bezüglichen negativ zu rechnen sind.

Bei Interferenzversuchen mit weißem Licht ist der Streifen am besten sichtbar und farblos, für welchen mit einiger Annäherung $\sum l\left(\nu + n\frac{d\nu}{dn}\right) = 0$ ist (die Summe ist über alle Strecken l auszu führen); er ist i. A. zu unterscheiden von dem durch $\sum l\nu = 0$ gekennzeichneten Streifen 0ter Ordnung.[103]) Alle anderen Streifen sind weniger deutlich und farbig, weil die von verschiedenen Farben herrührenden Maxima nicht zusammenfallen. Meist sind dabei überhaupt nur wenige Streifen sichtbar.

Die in Nr. **11** betrachtete Interferenzerscheinung mit p sich überlagernden Schwingungen ergibt bei inhomogener Strahlung die Helligkeit nach (36) statt (97)

$$H = \int dn\, J(n) \frac{1 + \sigma^{2p} - 2\sigma^p \cos p \frac{l n \nu}{c}}{1 + \sigma^2 - 2\sigma \cos \frac{l n \nu}{c}} = \frac{2}{1 - \sigma^2}$$

$$\left\{\frac{1}{2}(1 - \sigma^{2p})\int dn\, J(n) + \sum_{1}^{p-1}{}^{m}\left[(\sigma^m - \sigma^{2p-m})\int dn\, J(n) \cos\left(m \frac{l n \nu}{c}\right)\right]\right\}^{104}).$$

Die Schärfe der Interferenzmaxima bleibt durch die Inhomogenität nur bei so kleinem l unbeeinträchtigt, daß $\cos (p - 1)\frac{l n \nu}{c}$ sich im Integrationsbereich noch nicht merklich ändert. Läßt man l weiter und weiter wachsen, so werden die in der Summe auftretenden Integrale der Reihe nach unmerklich klein, das $(p - 1)^{\text{te}}$ zuerst. Ist nur noch das Integral mit $m = 1$ merklich, so ist die Helligkeitsverteilung, wie wenn nur zwei Schwingungen interferierten; schließlich verschwinden auch hier alle Maxima und Minima in gleichförmiger Helligkeit.

IV. Allgemeine Theorie der Beugung.

33. Das Huyghenssche Prinzip. Der in den vorhergehenden Teilen dieses Artikels wiederholt benutzte Begriff des Lichtstrahls, welcher der gesamten geometrischen Optik zugrunde liegt, bedarf der Rechtfertigung durch die Wellenoptik. Da deren Grundgleichungen (vgl. den 1. Teil) mathematisch formuliert vorliegen, so ist dies ebenso wie die Untersuchung der Abweichungen von der geometrischen Optik,

103) *J. Newton*, Optices, Lib. II, Pars I, Observatio XXIV, Londini 1704; *Place*, Ann. Phys. Chem. 114 (1861), p. 504; *Lord Rayleigh*, Phil. Mag. 28 (1889), p. 77, 189; Pap. III, p. 288.

104) *M. Laue*, Dissert. Berlin 1903; Ann. d. Phys. 13 (1904), p. 163.

der Beugungserscheinungen, eine rein mathematische Frage. Bei der Schwierigkeit aber, exakte Lösungen von partiellen Differentialgleichungen zu finden, und besonders, da die Wellenoptik weit älter ist als die Aufstellung der Wellengleichung, hat man zunächst versucht, die mathematische Deduktion durch geistreiche Einfälle zu ersetzen, welche neben einem Kern von Wahrheit stets auch etwas Willkür enthalten. Der älteste Versuch dieser Art ist das *Huyghens*sche Prinzip[105]), demzufolge jedes von der Wellenbewegung ergriffene Teilchen nicht nur an die zunächst benachbarten, sondern durch deren Vermittlung an alle Teilchen Bewegung abgibt und so selbst Mittelpunkt einer Kugelwelle wird. Geht z. B. (Fig. 7) von der Lichtquelle Q eine Welle aus, so gilt dies für alle Teilchen der Kugelfläche AB. Jede dieser Wellen ist aber nur unendlich schwach gegen die Welle CD, zu deren Bildung alle übrigen beitragen; geometrisch ist diese als Enveloppe aller Teil wellen bestimmt. Schirmen wir von der Kugelwelle AB alles außer der durch den Bogen AB begrenzten Kalotte ab, so existiert die Enveloppe offenbar nur zwischen C und D. Daher die geradlinige Ausbreitung des Lichtes; die in den Schatten eindringenden Elementarwellen sind zu schwach, um dort Licht hervorzubringen. *Grimaldis* 1665 veröffentlichte Beobachtungen[106]) über Beugungserscheinungen waren *Huyghens* offenbar unbekannt.

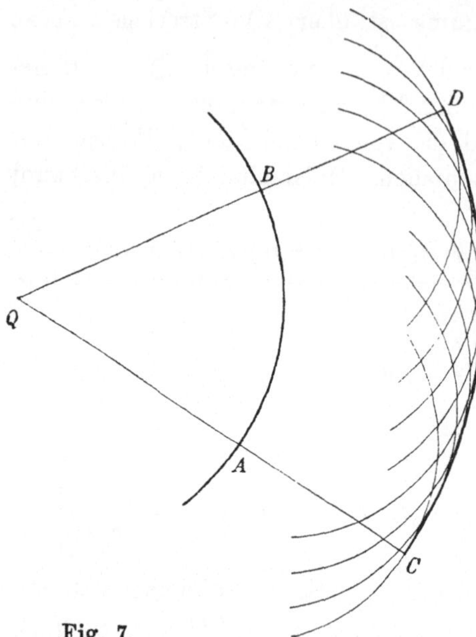

Fig. 7.

Die *Huyghens*sche Enveloppenkonstruktion bewährt sich bei den Gesetzen der Spiegelung (auch am bewegten Spiegel[107])) und der Brechung.

---

105) *Christian Huyghens,* vgl. Anm. 19.

106) *Grimaldi,* Physico Mathesis de Lumine. Die Literatur über die zahlreichen Beugungsbeobachtungen vor Fresnel vgl. Winkelmanns Handbuch VI, Leipzig 1906, p. 1033.

107) *M. Abraham,* Ann. d. Phys. 14 (1904), p. 236.

34. Die Fresnelsche Zonenkonstruktion.[108]) *Fresnels* großes Verdienst besteht in dem Ersatz der Enveloppenkonstruktion durch das Interferenzprinzip.

Eine vom Punkte Q in Fig. 8 ausgehende Kugelwelle ist dargestellt durch

$$\frac{e^{-ikr_0}}{r_0}. \tag{93}$$

Jedes Flächenelement $d\sigma$ einer Wellenfläche[109]) $r_0 = R$ liefert nach *Fresnels* Hypothese nach außen eine Kugelwelle, deren Amplitude am

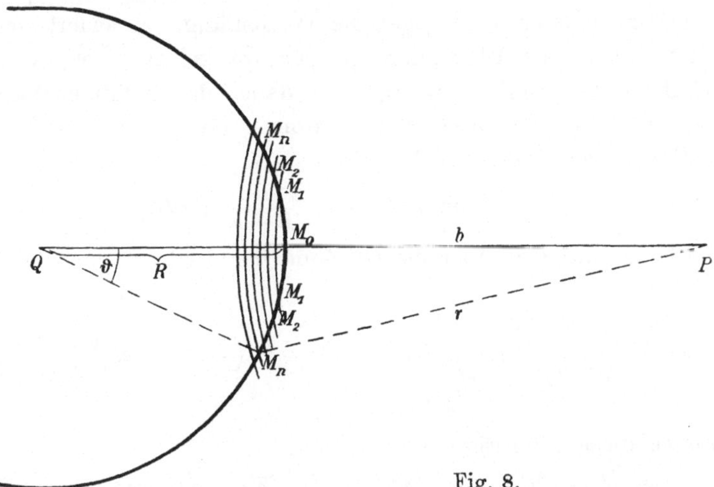

Fig. 8.

größten ist für die Richtung des primären Strahles, während sie um so geringer wird, je weiter die Richtung des sekundären Strahles davon abweicht, und schließlich ganz verschwindet, wenn beide aufeinander senkrecht stehen. Bezeichnen wir mit K einen in dieser Art von der Richtung abhängigen Faktor, mit r den Abstand des Aufpunktes P von $d\sigma$, so ist

$$\frac{K}{Rr} e^{-ik(R+r)} d\sigma \tag{94}$$

die Darstellung einer Elementarwelle. Diese Elementarwellen summieren sich im Aufpunkt zu

$$u_P = \frac{e^{-ikR}}{R} \int K \frac{e^{-ikr}}{r} d\sigma, \tag{95}$$

108) *A. Fresnel*, Oeuvres **1**, Paris **1866**, p. 247.

109) Schon *Schwerd* (1835) (vgl. Anm. 111) wendet die *Fresnel*schen Gedanken auf beliebige Flächen an.

wobei nach *Fresnel* die Integration über den dem Aufpunkt zugewandten Teil der Kugel $r_0 = R$ bis zum Berührungskreis des vom Aufpunkt ausgehenden Tangentenkegels auszudehnen ist.

Zur Berechnung dieses Integrals bezeichnen wir mit b den geringsten Abstand des Aufpunktes P von der Kugel $r_0 = R$ und zerlegen mit Fresnel die Integrationsfläche durch Kugeln um den Aufpnnkt mit den Radien

$$b + \frac{1}{2}\lambda,\quad b + \lambda \ldots b + \frac{h}{2}\lambda \ldots$$

in Elementarzonen, deren h^{te} in der Figur von M_{h-1} bis M_h reicht. Sind alle Dimensionen groß gegen die Wellenlänge, so ändert sich bei Integration über eine Elementarzone der Winkel zwischen primärem und sekundärem Strahl so wenig, daß dabei der Richtungsfaktor K als Konstante K_h betrachtet werden kann. Da $r^2 = (R + b)^2 + R^2 - 2R(R + b)\cos\vartheta$ und infolgedessen

$$d\sigma = R^2 \sin\vartheta d\vartheta d\varphi = \frac{R}{R+b} r dr d\varphi,$$

ist, liefert das Integral über die h^{te} Zone den Beitrag

$$u_h = K_h \frac{e^{-ikR}}{R+b} \int\limits_0^{2\pi} d\varphi \int\limits_{b+\frac{h-1}{2}\lambda}^{b+\frac{h}{2}\lambda} dr e^{-ikr} = -2i(-1)^{h-1} K_h \frac{e^{-ik(R+b)}}{R+b}.$$

Die Summe dieser Beiträge

$$u_P = \sum u_h = -2i\lambda \frac{e^{ik(R+b)}}{R+b} \sum (-1)^{h-1} K_h \tag{96}$$

stellt eine von Q ausgehende Kugelwelle dar, wie es bei ungestörter Ausbreitung ja auch der Fall sein muß. Die Summe läßt sich für diesen Fall leicht auswerten, da wegen der Kleinheit der Elementarzonen

$$K_h = \tfrac{1}{2}(K_{h-1} + K_{h+1}) \tag{97}$$

ist. Denn setzt man

$$\sum (-1)^{h-1} K_h = \tfrac{1}{2}K_1 + (\tfrac{1}{2}K_1 - K_2 + \tfrac{1}{2}K_3) + (\tfrac{1}{2}K_3 - K_4 + \tfrac{1}{2}K_5) + \cdots, \tag{98}$$

so verschwindet wegen (97) rechts jede der Klammern und das letzte nicht in einer Klammer enthaltene Glied, weil für die äußere Zone der Richtungsfaktor $K = 0$ ist. Somit wird aus (96), wenn man noch

$$K_1 = \frac{1}{\lambda} \tag{99}$$

setzt,

$$u_P = \frac{e^{-i\left(k(R+b) + \frac{\pi}{2}\right)}}{R+b} \tag{100}$$

Dieser Ausdruck stimmt mit (93), wenn man dort $r_0 = R + b$ setzt, überein bis auf die Phasenverzögerung $\frac{\pi}{2}$. Sieht man von dieser Unvollkommenheit ab, so zeigt die *Fresnel*sche Überlegung, daß sich eine Kugelwelle bei ungehinderter Ausbreitung als durch Interferenz der Elementarwellen entstehend auffassen läßt.

Ihren eigentlichen Wert zeigt sie aber in der Erklärung der Beugungserscheinungen. Blendet z. B. ein zwischen Lichtquelle und Aufpunkt eingeschobener Schirm mit kreisförmiger Öffnung von den Zonen in Fig. 6 die äußeren ab, so reduziert sich die Summe in (96) auf die Anfangsglieder. Bleibt z. B. nur die erste Zone frei, so wird nach (99)

$$u_P = -2i \frac{e^{-ik(R+b)}}{R+b}. \tag{101}$$

Sind nur die ersten drei wirksam, so wird nach (96)

$$u_P = -i \frac{e^{-ik(R+b)}}{R+b} \lambda(K_1 + K_3), \tag{102}$$

was mit (101) nahe zusammenfällt, da sich K_1 und K_3 nur wenig unterscheiden. Derselbe Wert findet sich, wenn irgendeine relativ kleine, ungerade Zahl von Zonen zusammenwirkt. Die Intensität ist in diesem Falle viermal so groß wie bei freier Ausbreitung (vgl. 100). Ist aber die Zahl der Zonen gerade, so ist wegen des wechselnden Vorzeichnens der nahezu gleichen Summanden $u_P = 0$. Da die Zahl der Zonen bei gegebener Öffnung vom Abstand des Aufpunktes vom Schirm abhängt, so finden sich auf der Achse der Schirmöffnung Helligkeitsmaxima und -minima. Blenden wir hingegen durch einen kreisförmigen Schirm die innersten Zonen heraus, so fallen in jener Summe die Anfangsglieder fort, und ihre zu (98) analoge Zerlegung zeigt, daß ihr Wert gleich der Hälfte ihres Anfangsgliedes ist. Auf der Achse eines kreisförmigen Schirmes herrscht somit stets Helligkeit. Beide Voraussagen der Fresnelschen Theorie wurden zur Überraschung seiner Zeitgenossen von der Erfahrung bestätigt.

Die Mannigfaltigkeit der von *Fresnel* erklärten Beugungserscheinungen ist aber weit größer. Sie umfaßt das ganze in Nr. 37 und 39 behandelte Gebiet. Sein Werk wurde ganz in seinem Sinne von *Airy*[110]) und von *Schwerd*[111]) fortgesetzt, welche die Theorie der *Fraunhofer*schen Beugungserscheinungen gaben. Die *Kirchhoff*sche Formulierung

---

110) *G. B. Airy,* Transact. Cambridge Phil. Soc. 5 (1834), p 283; Ann. Phys. Chem. 45 (1838), p. 86.

111) *F. M. Schwerd,* Die Beugungserscheinungen, Mannheim 1835.

des *Huyghens*schen Prinzipes vermochte zu diesen Ergebnissen nichts weiter hinzuzufügen, als daß sie auch noch den richtigen Wert für die Phase der Schwingungen gab.

35. Kirchhoffs Formulierung des Huyghenschen Prinzipes. Die Zurückführung des *Huyghens*schen Prinzipes auf die Wellengleichung verdanken wir *Stokes*[112]) und *Kirchhoff*[113]). *Stokes*' Formulierung ist ein spezieller Fall der *Kirchhoff*schen; er beschränkt sich auf das senkrechte Auftreffen ebener Wellen auf einen ebenen Schirm. Wir geben im folgenden die allgemeinere *Kirchhoff*sche Formel im Anschluß an die Darstellung in *Lambs* Hydrodynamik.[114])

Für zwei nebst ihren ersten Derivierten stetige Funktionen u und v gilt bekanntlich der Greensche Satz

$$(103) \qquad \int (u\Delta v - v\Delta u)\, d\varphi = -\int \left(u\frac{\partial v}{\partial \nu} - v\frac{\partial u}{\partial \nu}\right) d\sigma$$

(ν die innere Normale). Genügen beide Funktionen der Schwingungsgleichung $\Delta u + k^2 u = 0$, so wird daraus

$$(104) \qquad \int \left(u\frac{\partial v}{\partial \nu} - v\frac{\partial u}{\partial \nu}\right) d\sigma = 0.$$

Wählen wir aber für v die Funktion $\frac{e^{-ikr}}{r}$ und liegt der Punkt $P(r = 0)$ innerhalb der Integrationsfläche, so muß man, um Gleichung (103) anwenden zu können, diesen Unstetigkeitspunkt durch eine kleine Kugel um ihn ausschließen; in Gleichung (104) ist über die äußere Begrenzung und über die Kugelfläche zu integrieren. Der Anteil der letzteren liefert ganz wie in der Potentialtheorie den Beitrag $4\pi u_P$, da sich für $r = 0$ die Funktionen $\frac{e^{-ikr}}{r}$ und $\frac{1}{r}$ gleich verhalten. So findet man

$$(105) \qquad u_P = \frac{1}{4\pi}\int \left(u\frac{\partial}{\partial \nu}\left(\frac{e^{-ikr}}{r}\right) - \frac{e^{-ikr}}{r}\frac{\partial u}{\partial \nu}\right) d\sigma.$$

Dabei ist vorausgesetzt, daß die Lichtquelle außerhalb der Integrationsfläche liegt; denn bei punktförmiger Lichtquelle wäre u nicht mehr stetig, bei einer flächenförmigen wären seine ersten Ableitungen nicht mehr stetig und bei einer räumlich ausgedehnten wäre $\Delta u + k^2 u$ von 0

112) *G. G. Stokes,* Transact. Cambridge Phil. Soc. 9 (1849), p. 1; Pap. 2, p. 243

113) *G. Kirchhoff,* Zur Theorie der Lichtstrahlen. Berlin Sitzber. 1882, p. 641; Wied. Ann. 18 (1883), p. 663; Vorlesungen über mathem. Optik, Leipzig 1891, p. 22 u. f.; Ges. Abh. Nachtrag p. 22.

114) *H. Lamb,* Lehrbuch der Hydrodynamik, Leipzig u. Berlin 1907. Deutsch von J. Friedel p. 579 u. f. Enc. IV Art. 26, Nr. 6 bzw. 6c. Eine andere Ableitung *W. Voigt,* Kompendium d. theoret. Physik II, p. 776, Leipzig 1896.

verschieden. Verlegen wir einen Teil der Integrationsfläche auf eine Kugel vom Radius R um den Punkt P, so wird beim Übergang zu $R = \infty$, sofern alle Lichtquellen im Endlichen liegen, auf dieser Fläche $u = \Psi \frac{e^{-ikR}}{R}$ bis auf Glieder mit $\frac{1}{R^2}$ usw., wo Ψ eine Funktion der Richtung ist (vgl. Anm. 56). Dann verschwindet der Integrand in Gleichung (105) und damit der Anteil der unendlich fernen Kugel. Ebenso verschwindet nach (104) der Anteil jeder anderen unendlich fernen Fläche, weil man sie mit Teilen einer solchen Kugel zu einer geschlossenen, den Aufpunkt ausschließenden Fläche vereinigen kann. Infolgedessen kann man die Integration in (105) auf jede die Lichtquelle vom Aufpunkt trennende Fläche anwenden; gleichgültig, ob sie geschlossen ist oder ins Unendliche verläuft. Die Normale ν weist nach der Seite des Aufpunktes.

Statt der Funktion $\frac{e^{-ikr}}{r}$ kann man in Gleichung (105) auch $\frac{\cos kr}{r}$ setzen; der Ersatz durch $\frac{\sin kr}{r}$ hingegen macht das Integral zu 0, da letztere Funktion für $r = 0$ endlich und stetig bleibt.

Die Formel, welche *Kirchhoff* zunächst aus der Wellengleichung bewies und aus welcher er Gleichung (105) ableitete, finden wir umgekehrt aus der letzteren, indem wir eine Lösung der Wellengleichung Φ als *Fourier*sches Doppelintegral

$$\Phi(t) = \frac{1}{2\pi}\int_{-\infty}^{+\infty} dn \int_{-\infty}^{+\infty} d\tau\, \Phi(\tau) e^{in(t-\tau)} = \int_{-\infty}^{+\infty} u_n e^{int} dn, \tag{106}$$

ansetzen, wobei

$$u_n = \frac{1}{2\pi}\int_{-\infty}^{+\infty} \Phi(\tau) e^{-in\tau} d\tau$$

eine Lösung der Schwingungsgleichung ist. Wendet man Formel (105) darauf an, so folgt durch Erweiterung mit e^{int} und Integration nach n

$$\Phi(t) = \frac{1}{4\pi}\int d\sigma \left\{ \int_{-\infty}^{+\infty} u_n \frac{\partial}{\partial \nu}\left(\frac{e^{in\left(t-\frac{r}{a}\right)}}{r}\right) dn - \int_{-\infty}^{+\infty} \frac{e^{in\left(t-\frac{r}{a}\right)}}{r} \frac{\partial u_n}{\partial \nu} dn \right\}.$$

Daraus folgt

$$\Phi(t) = \frac{1}{4\pi}\int d\sigma \left\{ \frac{\partial}{\partial \nu} \frac{\Phi\left(t-\frac{r}{a}\right)}{r} - \frac{1}{r} f\left(t-\frac{a}{r}\right) \right\}, \tag{107}$$

wo

$$f = \frac{\partial \Phi}{\partial \nu}.$$

Die erste Differentiation nach ν muß dabei nur insofern vorgenommen werden, als r explizit auftritt; die Variabilität von Φ, welche sich in $\frac{\partial u_n}{\partial \nu}$ kundgibt, wird dabei nicht berücksichtigt, d. h.

$$\frac{\delta}{\delta \nu} = \frac{\partial}{\partial r}\frac{\partial r}{\partial \nu} \quad (x, y \text{ konstant}),$$

während

$$\frac{\partial}{\partial \nu} = \frac{\partial}{\partial \nu}\frac{\partial x}{\partial \nu} + \frac{\partial}{\partial y}\frac{\partial y}{\partial \nu}.$$

Bei fast allen Anwendungen beschränkt man sich auf periodische Schwingungen und damit auf Formel (105).

Für zweidimensionale Probleme tritt an die Stelle von Gleichung (105):

(108) $$u_P = \frac{1}{2\pi}\int\left(u\frac{\partial}{\partial \nu}Z_0(k\varrho) - Z_0(k\varrho)\frac{\partial u}{\partial \nu}\right)ds,$$

wo

$$Z_0(k\varrho) = \int_0^\infty e^{-ik\varrho \mathfrak{Cof}\,\alpha}\,d\alpha$$

nach (26) die einer linienhaften, periodischen Lichtquelle entsprechende Lösung der Schwingungsgleichung ist. Die Integration ist über irgendeine den Punkt P einschließende, alle Unstetigkeiten von u und seiner ersten Ableitungen aber ausschließende Linie auszuführen. Für eine beliebige, nichtperiodische Welle findet man daraus, mit Hilfe von (106) auf (22) und (19) rückschließend:[115])

$$\Phi_P(t) = \frac{1}{2\pi}\int ds\left[\frac{\delta}{\delta \nu}\left(\int_{-\infty}^{t-\frac{\varrho}{a}}\frac{\Phi(\tau)\,d\tau}{\sqrt{(t-\tau)^2 - \frac{\varrho^2}{a^2}}}\right) - \frac{\partial}{\partial \nu}\left(\int_{-\infty}^{t-\frac{\varrho}{a}}\frac{\Phi(\tau)\,d\tau}{\sqrt{(t-\tau)^2 - \frac{\varrho_2}{a_2}}}\right)\right]$$

Im Gegensatz zur *Fresnel*schen Zonenkonstruktion sind in der Gleichung (105) und (107) die Integrationen über die *ganze*, Lichtquelle und Aufpunkt trennende Fläche auszudehnen; sie spielen die Rolle des *Huyghens*schen Prinzipes, insofern sie die Wirkung in P zusammensetzen aus sekundären Elementarwellen, welche von einer die Lichtquelle von P trennenden Fläche ausgehen. Doch sei darauf hingewiesen, daß man dem Faktor von $d\sigma$ keine physikalische Bedeutung zuschreiben darf. Die Darstellung durch Flächenintegrale wie in diesen Gleichungen ist nämlich unendlich vieldeutig, insofern man jede Lösung von $\Delta u + k^2 u = 0$, welche sich in P wie $\frac{1}{r}$, sonst aber in dem von der Lichtquelle abgetrennten Raum regulär verhält, in Gleichung (105) an die Stelle von $\frac{e^{-ikr}}{r}$ setzen kann. Mathematisch ist ihre Brauchbarkeit

115) *V. Volterra,* Acta mathematica 18 (1894). p. 161.

dadurch beschränkt, daß man auf der Integrationsfläche u und $\frac{\partial u}{\partial \nu}$ nicht beide willkürlich vorschreiben kann. (Ist der eine von diesen beiden Randwerten gegeben, so bestimmt sich schon daraus u im ganzen eingeschlossenen Raum eindeutig mit Hilfe von *Green*schen Funktionen, sodaß der andere Randwert mitbestimmt ist.[116]) In dem Problem der Beugungstheorie ist ferner von diesen Randwerten meist nicht einmal der eine bekannt, vielmehr kann man beide erst angeben, wenn das Problem gelöst ist. *Kirchhoff* überwindet alle diese Schwierigkeiten durch die Annahme, daß an der Rückseite eines die Lichtquelle abblendenden, undurchsichtigen Schirms u und $\frac{\partial u}{\partial \nu}$ beide verschwinden während sie in einer Öffnung dieses Schirmes genau die Werte haben, wie bei einer ungestörten Ausbreitung der Welle. Streng genommen ist mit dieser Annahme die oben vorausgesetzte Stetigkeit verletzt. Dennoch führt dies Verfahren zu weitgehender Übereinstimmung mit der Erfahrung. Eine nachträgliche Rechtfertigung findet es darin, daß, wie alle strengen Lösungen von Beugungsproblemen zeigen, die Bereiche, in denen *Kirchhoffs* Annahme erheblich falsch ist, Abmessungen haben, die nach Wellenlängen zählen. Beschränkt man das angegebene Verfahren auf Fälle, in denen alle Abmessungen groß gegen die Wellenlänge sind, so kann deswegen kein erheblicher Fehler entstehen.

Zuzugeben ist somit, daß die *Kirchhoff*sche Beugungstheorie nicht den höchsten mathematischen Anforderungen genügt. Ihr Wert liegt in ihrer einfachen Anwendbarkeit auf beliebig gestaltete Öffnungen. Die vorliegenden strengen Lösungen von Beugungsproblemen arbeiten durchweg mit wesentlich schwierigeren Hilfsmitteln und gelten stets nur für eine besondere Form des Hindernisses. Ihre Diskussion hat noch stets zu einer weitgehenden Bestätigung der *Kirchhoff*schen Theorie geführt (vgl. Nr. **60**). Solange es kein allgemeines Verfahren zu ihrer Auffindung gibt, ist die *Kirchhoff*sche Theorie völlig unentbehrlich.

Für die ungestörte Ausbreitung einer Kugelwelle ergibt Gleichung (105) im Gegensatz zur *Fresnel*schen Konstruktion auch in der Phase den richtigen Wert von u_P.

36. Einteilung der Beugungserscheinungen in Kirchhoffs Theorie; Beobachtungsmethoden, Babinetsches Prinzip. In *Kirchhoffs* Theorie wird die Lichtquelle zunächst stets punktförmig gedacht. [Zu mehreren oder zu räumlich ausgedehnten Lichtquellen kann man nachträglich nach dem Superpositionsprinzip durch Summation aller Beugungs-

116) Vgl. IV 26, Nr. 6c.

wellen übergehen; sind die Lichtquellen inkohärent, so addieren sich dabei die Intensitäten.] Deshalb setzen wir in Gleichung (105) für die Integrationsfläche

$$u = \frac{e^{-ikr_0}}{r_0},$$

und erhalten

$$(110)\quad u_P = \frac{1}{4\pi}\int \frac{e^{-ik(r+r_0)}}{r r_0}\left\{ik(\cos(\nu r) - \cos(\nu r_0)) + \left(\frac{\cos(\nu r)}{r} - \frac{\cos(\nu r_0)}{r_0}\right)\right\} d\sigma.$$

Da eine Vertauschung von Lichtquelle und Aufpunkt (von r und r_0 sowie der Richtung von ν) u_P nicht ändert, gilt für beliebige beugende Öffnungen der Reziprozitätssatz: Die Helligkeit, die eine in A befindliche Lichtquelle in B hervorruft, findet sich in A, wenn B der Ort der Lichtquelle ist.

Ist λ klein gegen r und r_0, so findet man unter Vernachlässigung von $\frac{1}{r}$ und $\frac{1}{r_0}$ gegen $k = \frac{2\pi}{\lambda}$

$$(111)\qquad u_P = \frac{ik}{4\pi}\int d\sigma \frac{e^{-ik(r+r_0)}}{r r_0}(\cos(\nu r_0) - \cos(\nu r)).$$

Unzulässig wäre diese Annäherung nur, wenn die beiden Kosinus einander gleich werden könnten; dies ist aber durch die weiteren Beschränkungen ausgeschlossen.

Die beugende Öffnung ist fast stets von einer ebenen Kurve begrenzt[117]), in deren Ebene man die Integrationsfläche verlegt. Dabei dehnt man die Integration nur über die Öffnung aus; nach Nr. 33 braucht man nämlich keine unendlich fernen Flächenstücke und nach der *Kirchhoff*schen Annahme (Nr. 34) nicht die vom Schirm bedeckten Teile der Trennungsfläche von Aufpunkt und Lichtquelle zu berücksichtigen. Ferner werden die Dimensionen der beugenden Öffnung als groß gegen die Wellenlänge, aber als klein gegen die Entfernungen der Lichtquelle und des Aufpunktes angenommen. Wegen der ersteren Beschränkung liegt das ganze Beugungsphänomen in einem engen Bereich um die Richtung der einfallenden Welle herum, und man kann in Gleichung (111) $\cos(\nu r) = -\cos(\nu r_0)$ setzen. Wegen der zweiten Beschränkung darf man diese Kosinus sowie das Produkt $r r_0$ im Nenner als konstant ($\cos(\nu r) = -\cos(\nu r_0) = \cos\delta$) ansehen und für r und r_0 im Exponenten Reihenentwickelungen benutzen.

Legt man nämlich in die Ebene der beugenden Öffnung die x-y-Ebene, wählt man einen Punkt in der Öffnung als Koordinaten-

117) Eine Ausnahme davon siehe bei *H. Nagaoka,* Journal of the college of science, Imperial University, Japan 4 (1891), p. 301, wo als Beispiel der Spalt auf einem Kreiszylinder behandelt wird.

anfang und gibt man der z-Achse die Richtung nach dem Aufpunkt hin, so wird

$$r_0 = \sqrt{(x_0 - \xi)^2 + (y_0 - \eta)^2 + z_0^2} \qquad r = \sqrt{(x - \xi)^2 + (y - \eta)^2 + z^2},$$

wo x_0, y_0, z_0 der Lichtpunkt, x, y, z der Aufpunkt, $\xi \eta$ die Koordinaten von $d\sigma$ sind. Bis auf Größen von der Ordnung $(\xi / R)^3$ findet man dann

$$\begin{aligned} r_0 &= R_0 - \frac{\xi x_0 + \eta y_0}{R_0} + \frac{\xi^2 + \eta^2}{2 R_0} - \frac{(\xi x + \eta y_0)^2}{2 R_0^3} \\ r &= R - \frac{\xi x + y y}{R} + \frac{\xi^2 + \eta^2}{2 R} - \frac{(\xi x + \eta y)^2}{2 R^3} \\ R_0 &= \sqrt{x_0^2 + y_0^2 + z_0^2}, \qquad R = \sqrt{x^2 + y^2 + z^2}. \end{aligned} \tag{112}$$

Man findet so aus (111):

$$u_P = \frac{ik \cos \delta}{2\pi} \cdot \frac{e^{-ik(R + R_0)}}{R_0 R} \int d\sigma e^{ikf(\xi, \eta)}, \tag{113}$$

wo zur Abkürzung

$$f(\xi, \eta) = \xi(\alpha - \alpha_0) + \eta(\beta - \beta_0) - \frac{1}{2} \left\{ \left(\frac{1}{R_0} + \frac{1}{R} \right) (\xi^2 + \eta^2) - \frac{(\xi \alpha_0 + \eta \beta_0)^2}{R_0} - \frac{(\xi \alpha + \eta \beta)^2}{R} \right\} \tag{114}$$

eingeführt ist und

$$\alpha_0 = -\frac{x_0}{R_0}, \quad \beta_0 = -\frac{y_0}{R_0} \qquad \alpha = \frac{x}{R}, \quad \beta = \frac{y}{R}, \tag{115}$$

die Richtungskosinus der Fahrstrahlen von der Lichtquelle zur Öffnung und von dieser zum Aufpunkt sind. Muß man hier die quadratischen Glieder beibehalten, so spricht man von *Fresnel*schen Beugungserscheinungen.

Behält man nur die linearen Glieder bei (*Fraunhofer*sche Beugungserscheinungen), so heißt dies, daß man im Bereiche der beugenden Öffnung die einfallende Welle als eben ansehen darf, desgleichen eine Welle, die vom Aufpunkt ausginge. Beide Bedingungen werden am besten erfüllt, wenn man Lichtquelle und Aufpunkt in die Brennebenen zweier Linsen verlegt, also mit Kollimator und auf Unendlich eingestelltem Fernrohr beobachtet. Man gewinnt so gegenüber der Beobachtung auf einem weit entfernten Schirm an Schärfe und Lichtstärke.[118]) Die Größen $\alpha - \alpha_0$, $\beta - \beta_0$ werden, wenn das Fernrohr senkrecht zur beugenden Öffnung steht, mit hinreichender Annäherung rechtwinklige Koordinaten in der Brennebene, gemessen vom Orte des geometrisch-optischen Bildes aus. Da der Wert von $|u_P|^2$ nur noch von diesen Differenzen abhängt, so bleibt bei einer Parallelverschie-

118) *J. v. Fraunhofer*, Denkschriften der Münch. Akademie 8 (1822), p. 1; Ges. Abhandl. München 1888, p. 51.

bung der beugenden Öffnung in ihrer Ebene oder senkrecht dazu die Beugungserscheinung unverändert.

Ähnlich benutzt man auch bei den *Fresnel*schen Beugungserscheinungen vielfach optische Vergrößerung, um eng nebeneinanderliegende Intensitätsmaxima oder -minima sichtbar zu machen. In allen diesen Fällen beruft man sich auf den Satz, daß in einem optischen Bildpunkt alle Wellen genau mit der Phasendifferenz interferieren, wie im Objektpunkt, weil die optische Weglänge zwischen beiden konstant ist. Richtig ist dies nur, solange man von der Beugung an den Rändern der Linsen usw. absehen kann. Eine eigentlich wellentheoretische Begründung dieses Satzes ist bis jetzt noch nicht gegeben.

Für beide Arten von Beugungserscheinungen gilt das *Babinetsche Prinzip.*[119]) Wir betrachten drei verschiedene Fälle von Beugung derselben Kugelwelle. Einmal ist die beugende Öffnung so groß, daß die Beugungsfigur sich fast ganz auf das geometrisch-optische Bild zusammenzieht (u_1). Sodann blenden wir einen Teil dieser Öffnung durch einen sehr viel kleineren Schirm ab (u_2). Drittens lassen wir die Beugung erfolgen an einer Öffnung, welche nach Lage und Größe mit diesem Schirm übereinstimmt (u_3). Aus Gleichung (113) folgt

$$u_2 + u_3 = u_1.$$

Da nach Voraussetzung in einiger Entfernung vom geometrisch-optischen Bilde u_1 verschwindet, so ist hier

$$|u_2|^2 = |u_3|^2,$$

d. h. die Beugungsbilder einer Öffnung und eines gleichgestalteten Schirmes stimmen abgesehen von der Umgebung des geometrisch-optischen Bildes der Lichtquelle überein. (Vgl. Nr. **65**.)

37. Fraunhofersche Beugungserscheinungen. a) *Beugung am Rechteck und Spalt.* Aus (113) und (114) folgt bei Fortlassung der in ξ und η quadratischen Glieder für u_P, abgesehen von konstanten, nur die Gesamtintensität und Phase beeinflussende Faktoren:

$$u_P = -\iint d\xi\, d\eta\, e^{ik(\xi(\alpha-\alpha_0)+\eta(\beta-\beta_0))}. \tag{116}$$

Wir legen die Achsen parallel zu den Seiten des Rechtecks, deren Längen $2A$ und $2B$ sind. Dann wird

$$\begin{aligned} u_P &= -\int_{-A}^{+A} d\xi\, e^{ik\xi(\alpha-\alpha_0)} \int_{-B}^{+B} d\eta\, e^{ik\eta(\beta-\beta_0)} \\ &= 4AB\frac{\sin(kA(\alpha-\alpha_0))}{kA(\alpha-\alpha_0)}\,\frac{\sin(kB(\beta-\beta_0))}{kB(\beta-\beta_0)}. \end{aligned} \tag{117}$$

119) *A. Babinet*, Paris C. R. 4 (1837), p. 638.

Die Funktion $\sin x/x$ hat für $x = 0$ ihr absolutes Maximum vom Wert 1; für $x = h\pi$ verschwindet sie. Linien verschwindender Intensität sind somit die Geraden

$$\text{(117a)} \qquad \alpha - \alpha_0 = h_\alpha \frac{\lambda}{2A} \qquad \beta - \beta_0 = h_\beta \frac{\lambda}{2B}$$

(h_α, h_β ganze Zahlen mit Ausnahme von 0). Eine Tabelle für diese Funktion gibt *H. Schwerd.*[120]) Eine gute Abbildung der Beugungsfigur findet sich bei *E. Abbe.*[121]) Die Figur 9 stellt die Kurve $\frac{\sin^2 x}{x^2}$ dar.

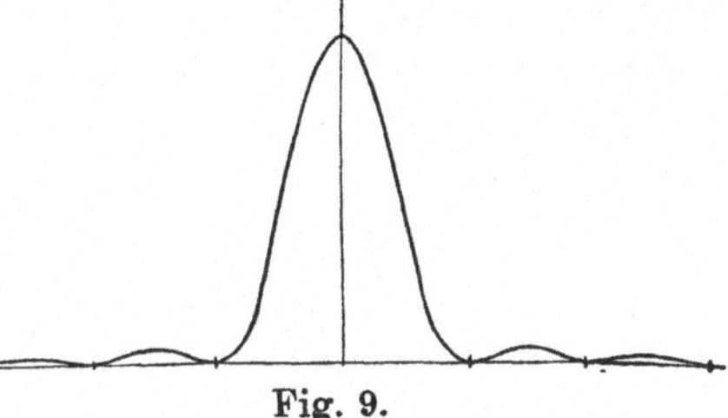
Fig. 9.

Wird $B >> A$, so wird das Rechteck zum schmalen Spalt, und es zieht sich die Beugungsfigur immer mehr auf die Linie $\beta = \beta_0$ zusammen.

Eine zur y-Achse parallele, sehr lange Linie inkohärenter Lichtpunkte (enger Beleuchtungsspalt, glühender Draht) liefert nach (117) die Intensität

$$\int_{-\infty}^{+\infty} |u_P|^2 d\beta_0 = \left(4AB\frac{\sin(kA(\alpha-\alpha_0))}{kA(\alpha-\alpha_0)}\right)^2 \int_{-\infty}^{+\infty} \frac{\sin^2 kB(\beta-\beta_0)}{(kB(\beta-\beta_0))^2} d\beta_0$$

$$\text{(118)} \qquad = \frac{16\pi}{k} A^2 B \frac{\sin^2(kA(\alpha-\alpha_0))}{(kA(\alpha-\alpha_0))^2}.$$

Denn da

$$\int \frac{\sin^2\omega}{\omega^2} d\omega = -\frac{\sin^2\omega}{\omega} + \int \frac{2\sin\omega\cos\omega}{\omega} d\omega,$$

so ergibt sich, wenn man die Grenzen $\pm\infty$ einsetzt,

$$\text{(118a)} \qquad \int_{-\infty}^{+\infty} \frac{\sin^2\omega}{\omega^2} d\omega = \int_{-\infty}^{+\infty} \frac{\sin 2\omega}{\omega} d\omega = \int_{-\infty}^{+\infty} \frac{\sin v}{v} dv = \pi.$$

Hier sind die Linien gleicher Intensität parallel zur y-Achse.

b) *Beugung am Kreis.*[122]) Man führt in der Ebene des Kreises und im Gesichtsfeld Polarkoordinaten ein:

$$\xi = P\cos\Theta \qquad \eta = P\sin\Theta$$
$$\alpha - \alpha_0 = \varrho\cos\vartheta \qquad \beta - \beta_0 = \varrho\sin\vartheta.$$

120) *F. M. Schwerd*, vgl. Anm. 111.

121) *E. Abbe*, Die Lehre von der Bildentstehung im Mikroskop. Braunschweig 1912, p. 42.

122) Vgl. Anm. 110. *Schwerd* (Anm. 111) behandelt statt des Kreises ein reguläres 180-Eck.

Dann wird nach (116)

$$u_P = \int_0^A P\,dP \int_0^{2\pi} d\Theta\, e^{ikP\varrho\cos(\Theta-\vartheta)} = \int_0^A P\,dP \int_0^{2\pi} d\Theta\, e^{ikP\varrho\cos\Theta}.$$

A ist der Radius der Öffnung. Nun ist nach bekannten Formeln aus der Theorie der *Bessel*schen Funktionen

$$(119)\qquad \frac{1}{2\pi}\int_0^{2\pi} d\Theta\, e^{ix\cos\Theta} = J_0(x), \qquad \int_0^x \xi J_0(\xi)\,d\xi = xJ_1(x).$$

Also wird

$$(120)\qquad u_P = 2\pi A^2 \frac{J_1(kA\varrho)}{kA\varrho}.$$

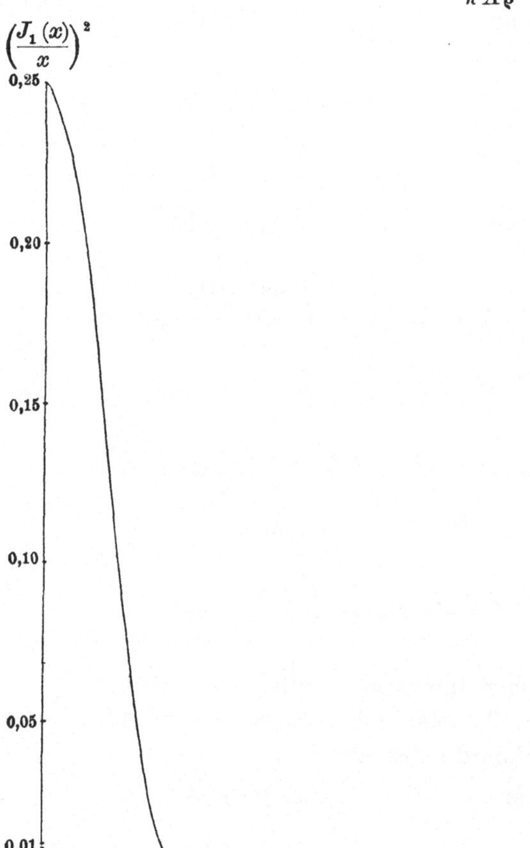

Fig. 10.

Der Quotient $\frac{J_1(x)}{x}$ hat für $x = 0$ sein absolutes Maximum vom Werte $\frac{1}{2}$; seine Nullstellen liegen bei

$$x = 1{,}220\pi,\ 2{,}233\pi,\ 3{,}238\pi \text{ usw.}$$

Die Intensität verschwindet somit längs der konzentrischen Kreise mit den Radien

$$(120\text{a})\qquad \varrho = 0{,}610\frac{\lambda}{A},\ 1{,}116\frac{\lambda}{A},\ 1{,}619\frac{\lambda}{A}.$$

Die Figur 10 stellt einen Querschnitt durch das „Lichtgebirge" dar. Die Intensität in den Ringen zwischen den Nullinien ist gegen die im Mittelpunkt herrschende so gering, daß man meist nur bei sehr hellen Lichtquellen diese Ringe wahrnimmt.

Mit denselben mathematischen Hilfsmitteln läßt sich auch die Beugung am Kreisring behandeln (*Airy* Anm. 110.).

c) *Veränderung des Beugungsbildes bei linearer Deformation der beugenden Öffnung.* Setzt man in Gleichung (116) $m\xi$ für ξ, $n\eta$ für η, dafür aber $\frac{\alpha-\alpha_0}{m}$ für $\alpha-\alpha_0$ und $\frac{\beta-\beta_0}{n}$ für $\beta-\beta_0$, so behält das Integral, abgesehen von dem Faktor mn, seinen Wert. Daraus folgt: Vergrößert man alle Abmessungen der beugenden Öffnung auf das m-fache in der x-, auf das n-fache in der y-Richtung, so verkleinern sich die Abmessungen des Beugungsbildes auf $\frac{1}{m}$ in der x-Richtung, auf $\frac{1}{n}$ in der y-Richtung. Nach diesem wohl von *Lommel*[123]) herrührenden Satz kann man aus der Beugung am Rechteck und am Kreis die am schiefwinkligen Parallelogramm und an der Ellipse ohne weiteres herleiten.

Bei einer Veränderung der Wellenlänge $\lambda=\frac{2\pi}{k}$ wachsen nach (116) alle Abmessungen der Beugungsfigur proportional zu ihr.

38. Talbotsche Streifen.[124]) Bedecken wir einen rechteckigen Spalt von der Breite $2A$ zur Hälfte mit einer Glasplatte von der Dicke D und dem Brechungsindex ν, so erhalten wir infolge Interferenz der an den beiden Spalthälften gebeugten Wellen nach Gleichung (57) bei *Fraunhofer*scher Beugung die Intensität

$$J(\alpha)=\frac{\sin^2(\frac{1}{2}kA(\alpha-\alpha_1))}{(\frac{1}{2}kA(\alpha-\alpha_1))^2}\cos^2\{\tfrac{1}{2}k[A(\alpha-\alpha_1)-D(\nu-1)]\}.$$

Bei Benutzung einer Lichtlinie $\alpha_1=$ konst. ist die Intensität unabhängig von β. Jetzt soll als Lichtquelle ein kontinuierliches Spektrum dienen, d. h. eine stetige Folge derartiger Lichtlinien mit wechselnder Wellenlänge; so werden λ und k, deshalb auch ν, Funktionen von α_1, ebenso wie die Helligkeit dieser Linien $f(\alpha_1)$. Im Beugungsbilde wird so die Intensität an der durch α angegebenen Stelle

$$J(\alpha)=\int f(\alpha_1)\frac{\sin^2(\frac{1}{2}kA(\alpha-\alpha_1))}{(\frac{1}{2}kA(\alpha-\alpha_1))^2}\cos^2\{\tfrac{1}{2}k[A(\alpha-\alpha_1)-D(\nu-1)]\}\,d\alpha_1$$

Da $A>>\lambda$ sein soll, so fällt der Quotient schnell von seinem Maximalwerte herab bis zu unmerklich kleinen Werten, wenn α_1 sich von α entfernt. Die Funktion $f(\alpha_1)$ nehmen wir als so langsam veränderlich an, daß sie in dem Bereiche, in welchem der Quotient noch

123) *G. Kirchhoff* (Vorl. über mathem. Optik, Leipzig 1891, p. 95) schreibt ihn *E. Lommel* zu, ohne das Nähere anzugeben.

124) *H. F. Talbot,* Phil. Mag. 10 (1837), p. 364; *D. Brewster,* Brit. Association Rep. 7 (1837), p. 12; *G. B. Airy,* Ann. Phys. Chem. 53 (1841), p. 459; 58 (1843), p. 535; *James Walker,* Phil. Mag. 11 (1906), p. 531; *R. W. Wood,* Phil. Mag. 18 (1909), p. 758 (mit einem Photogramm).

merklich ist, als konstant betrachtet werden kann. Aus demselben Grund können wir die Integration von $-\infty$ bis $+\infty$ ausführen. Ferner sehen wir von der Veränderlichkeit des k überall ab, wo k mit $\alpha - \alpha_1$ multipliziert auftritt, weil die Berücksichtigung seiner Veränderlichkeit nur Glieder mit $(\alpha - \alpha_1)^2$ usw. hinzufügen würde. Dagegen müssen wir

$$kD(\nu - 1) = D\left[k_0(\nu_0 - 1) - (\alpha - \alpha_1)\frac{d(k(\nu - 1))}{d\alpha_1}\right]$$

setzen. Dabei ist $2\pi/k_0$ eine mittlere von den Wellenlängen, für die der Sinusquotient einen noch in Betracht kommenden Wert hat; groß ist der so frei bleibende Spielraum nicht, weil k nach dem Gesagten eine Funktion von α_1 ist und bei gegebenem α_1 jener Quotient nur in einem geringen, den Wert α umgebenden Bereich von α_1 wesentlich von 0 verschieden ist. k_0 ist somit im folgenden als Funktion von α zu betrachten (desgleichen der zugehörige Wert ν_0 des Brechungsindex). Bei einer stetigen Veränderung von α streicht der zugehörige Bereich von α_1 über alle vorkommenden Werte von α_1 hin, es durchläuft die Wellenlänge $2\pi/k_0$ somit das ganze Spektrum. Führen wir schließlich

$$\text{(121)} \quad \tfrac{1}{2}k_0 A(\alpha - \alpha_1) = \omega \quad l = 1 + \frac{2D}{k_0 A}\frac{d(k(\nu - 1))}{d\alpha_1}, \; m = k_0 D(\nu_0 - 1)$$

ein, so finden wir für die Intensität bis auf den konstanten Faktor $\frac{2}{k_0 A}$:

$$\text{(122)} \qquad J(\alpha) = f(\alpha)\int_{-\infty}^{+\infty} \frac{\sin^2 \omega}{\omega^2} \cos^2(l\omega - m)\, d\omega$$

Zur Berechnung dieses Integrals dient die Formel (118a), aus welcher

$$\int_{-\infty}^{+\infty} \frac{\sin^2 p\,\omega}{\omega^2}\, d\omega = |p|\,\pi$$

folgt. Mit Hilfe der Identität

$$\sin^2\omega \cos^2(l\omega - m)$$
$$= \tfrac{1}{2}[\sin^2\omega + \cos 2m \sin^2\omega \cos 2l\omega + \sin 2m \sin^2\omega \sin 2l\omega]$$

verwandelt sich das Integral in (122) in die Summe von drei anderen Integralen, von denen das letzte verschwindet. Setzen wir in dem zweiten

$$\sin^2\omega \cos 2l\omega = \tfrac{1}{2}[\sin^2(l + 1)\omega + \sin^2(l - 1)\omega] - \sin^2 l\omega,$$

so finden wir für (122):

$$J(\alpha) = \frac{\pi}{2} f(\alpha)\left[1 + \frac{|l+1| + |l-1| - 2|l|}{2} \cos 2m\right].$$

Der Faktor des Kosinus ist hier 0, wenn $|l| > 1$, er ist $1 - |l|$, wenn $|l| < 1$. Da hier m nach (121) wie k_0 als Funktion von α zu betrachten ist, variiert im letzteren Fall die Intensität mit α nach einem Kosinusgesetz; d. h. es treten im Spektrum Interferenzstreifen auf; damit aber $|l| < 1$ sein kann, muß nach (121)

$$\frac{d(k(\nu - 1))}{d\alpha_1} < 0$$

sein. Durchläuft man ein Spektrum vom roten zum violetten Ende, so nehmen k und ν gleichzeitig zu; verschiebt man die Lichtquelle in der positiven x-Richtung, so nimmt α_1 wie α_0 wegen des negativen Vorzeichens in (115) ab. Bedingung für die Sichtbarkeit von Interferenzstreifen ist infolgedessen, daß das violette Ende des Spektrums auf der Seite der positiven x, d. h. auf der Seite der mit der Glasplatte bedeckten Spaltseite liegt (vgl. Nr. 18 Figur).

Ist diese Bedingung erfüllt, so nimmt mit von 0 an wachsendem D und abnehmendem l der Faktor von $\cos m$ und damit die Sichtbarkeit der Streifen bei 0 beginnend zunächst zu und erreicht den Maximalwert 1, wenn $l = 0$, d. h. nach (121)

$$D = \frac{k_0 A}{2} \cdot \frac{-1}{\frac{d(k(\nu - 1))}{d\alpha_1}} \tag{123}$$

wird. Bei weiterem Wachsen nimmt dieser Faktor wieder ab, um gänzlich und für immer zu verschwinden, sowie $l = -1$, d. h.

$$D = k_0 A \frac{-1}{\frac{d(k(\nu - 1))}{d\alpha_1}} \tag{124}$$

wird. Da der hier auftretende Differentialquotient nicht im ganzen Spektrum konstant ist, werden beide Werte für verschiedene Teile des Spektrums verschieden sein.

Für den Fall einer zur Hälfte bedeckten kreisförmigen Öffnung behandelt *Struve*[125]) das Problem; das Ergebnis ist dasselbe.

Eine anschauliche, dem Wesen nach aber mit der obigen übereinstimmende Deutung dieser Streifen gibt *Schuster*.[126]) Eine Strahlung von kontinuierlichem Spektrum falle senkrecht auf das Gitter G (Fig. 11); die Linse L_1 mag so gestellt sein, daß in ihrer Brennebene $F_1 F_1'$ ein Spektrum erster Ordnung liegt. Dessen violettes Ende liegt

125) *H. Struve*, Mém. Acad. sc. St Pétersbourg 31 (1883), p. 1.

126) *A. Schuster*, Phil. Mag. (6) 7 (1904), p. 1.

dann bei F_1'. Durch eine zweite Linse L_2, welche am Orte des von L_1 entworfenen Bildes von G zu denken ist, werde dies auf die Ebene F_2F_2' abgebildet. Die Strahlung denken wir uns nun als unregelmäßige Folge kurzer Impulse und fragen, was das Auftreffen einer einzigen ebenen Impulswelle für Folgen hat. Diese gibt nun (vgl. Nr. 28) an jedem Gitterelemente $A_1 A_2 \ldots$ Anlaß zu einer kugeligen Impulswelle; in einem Punkt P_1 von F_1F_1' und ebenso im konjugierten Punkt P_2 von F_2F_2' treffen diese Impulse in dem Zeitabstande voneinander ein, der gleich der Periode der in diesen Punkten vorherrschenden Sinusschwingung ist. Zum Zustandekommen von Interferenzen zwischen den genannten Impulsen in P_2 ist es notwendig, die früher ankommenden aufzuhalten; am besten gerade die Hälfte von allen, und zwar um so viel Zeit, daß die von A_1 und A_s kommenden gleichzeitig eintreffen. Das kann durch eine die linke Hälfte des Gitters oder, da dies durch L_1 auf L_2 abgebildet wird, die rechte Hälfte der Linse L_2 bedeckende Glasplatte geschehen; während ein Einschieben dieser Platte vor die linke Hälfte von L_2 offenbar unwirksam wäre. Ebenso wird unmittelbar anschaulich, warum es für deren Dicke D (vgl. (123)) einen zum Linsenradius proportionalen günstigsten Wert gibt, und warum die Erscheinung wieder verschwindet, wenn man D (vgl. (124)) mehr wie doppelt so groß wählt.

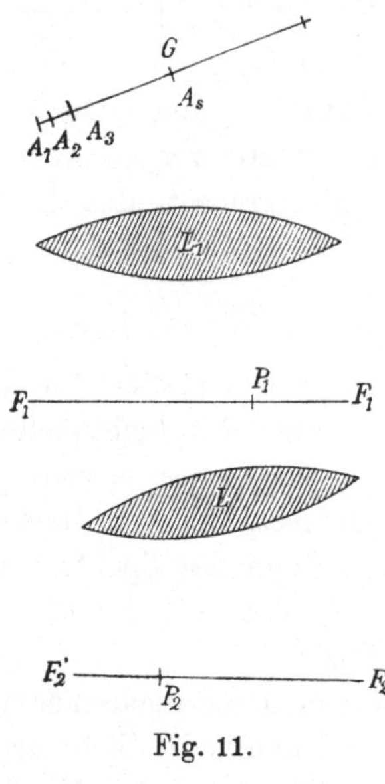

Fig. 11.

39. Die Fresnelschen Beugungserscheinungen. a) *Die Fresnelschen Integrale.*[127]) Behält man in Gleichung (113) die in ξ und η quadratischen Glieder der Reihenentwicklung (114) bei, so kann man durch geeignete lineare Substitutionen stets die linearen Glieder fortschaffen und gelangt so vielfach zu Integralen von der Form

$$F(u) = \int_0^u e^{i\frac{\pi}{2}v^2}\, dv \tag{125}$$

Den reellen und den imaginären Bestandteil dieses Integrales

127) *A. Fresnel,* Mémoire sur la diffraction de la lumière, Mém. de l'Acad. d. sciences 5 (1818), p. 339; Ann. d. chim. et d. phys. (2) 11, p. 246 u. 337; Oeuvres 1, p. 247; *A. Cauchy,* C. R. 2 (1836), p. 455; 15 (1842), p. 534 und 578; *K. W. Knochenhauer,* Pogg. Ann. 41 (1837), p. 103.

$$(126)\qquad C(u)=\int_0^u \cos\left(\frac{\pi}{2}v^2\right)dv,\qquad S(u)=\int_0^u \sin\left(\frac{\pi}{2}v^2\right)dv,$$

bezeichnet man als die *Fresnel*schen Integrale.

Die Integration ist hier zunächst für reelle Werte von v auszuführen. Um $F(\infty)$ zu berechnen, führen wir die Integration aber besser in der Ebene der komplexen Variablen $v = x + iy$ längs der Geraden $x = y$ vom Koordinatenanfang bis zu unendlich großen positiven Werten von x, um dann auf einem Teil des unendlich großen Kreises um den Anfangspunkt zur x-Achse zurückzukehren. Der zweite Teil dieses Integrationsweges liefert wegen

$$e^{i\frac{\pi}{2}v^2} = e^{\frac{\pi}{2}[i(x^2-y^2)-2xy]}$$

den Beitrag 0; denn x und y sind auf ihm beide positiv und x unendlich. Für den ersten Teil ist

$$iv^2 = -2x^2,\qquad dv = dx(1+i)$$

$$\int e^{i\frac{\pi}{2}v^2}dv = (1+i)\int_0^\infty e^{-\pi x^2}dx = \tfrac{1}{2}(1+i).$$

Somit wird

$$(127)\qquad F(\infty)=\int_0^\infty e^{i\frac{\pi}{2}v^2}dv = \tfrac{1}{2}(1+i),\qquad C(\infty)=S(\infty)=\tfrac{1}{2}.$$

Um uns den Verlauf der Funktionen $C(u)$ und $S(u)$ zu veranschaulichen, bestimmen wir die Kurve, welche ein Punkt mit den rechtwinkligen Koordinaten $C(u)$ und $S(u)$ mit wachsendem u durchläuft. Da $C(-u) = -C(u)$, $S(-u) = -S(u)$, liegt diese Kurve zum Anfangspunkt symmetrisch; sie geht durch den Nullpunkt Da ferner

$$dC = du\cos\frac{\pi}{2}u^2,\qquad dS = du\sin\frac{\pi}{2}u^2,$$

gelten für die Bogenlänge s (gerechnet vom Koordinatenanfang), den Neigungswinkel τ gegen die C-Achse und den Krümmungsradius R die Formeln:

$$(128)\qquad ds = \sqrt{dC^2+dS^2} = du,\ \text{also}\ s = u;$$

$$\operatorname{tg}\tau = \frac{dS}{dC} = \operatorname{tg}\frac{\pi}{2}u^2\ \text{also}\ \tau = \frac{\pi}{2}s^2;\ \frac{1}{R} = \frac{d\tau}{ds} = \pi s.$$

Die Kurve hat somit im Koordinatenanfang ($s = 0$) einen Wendepunkt und berührt die C-Achse, für $s = 1$ ist sie parallel zur S-Achse für $s = \sqrt{2}$ wieder parallel zur C-Achse usw. Da ihre Krümmung dauernd wächst, besteht sie in einer sich nicht schneidenden, die (für

$s = \pm \infty$ erreichten) Punkte $C = S = \pm \frac{1}{2}$ unendlich oft umkreisenden Doppelspiralen (*Cornusche Spirale*)[128]) (vgl. Fig. 12). Das komplexe Integral $F(u)$ ist nach Richtung und Größe durch den Radiusvektor vom Anfangspunkte zum Punkt $s = u$ dargestellt.

Ähnlich ist das Integral

$$\int_{-\infty}^{u} e^{i\frac{\pi}{2}v^2} dv = F(u) - F(-\infty)$$

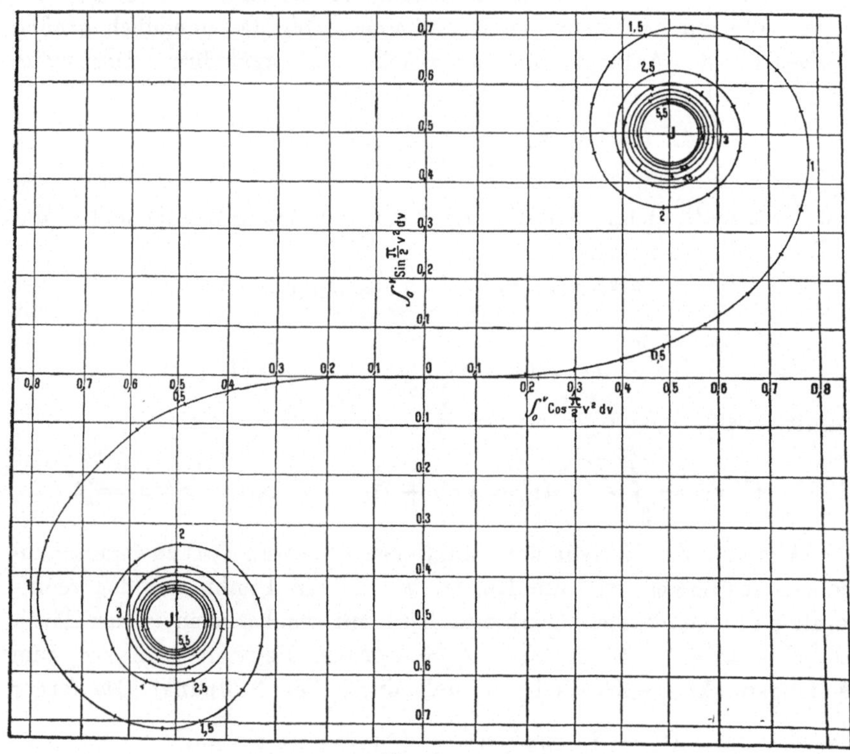

Fig. 12.

als Vektor vom negativen Windungspunkt aus zu deuten. Der absolute Wert hat bei beiden Integralen Maxima nahe bei

$$(129) \qquad u = \sqrt{\frac{3}{4}\pi}, \quad \sqrt{\frac{11}{4}\pi} \ldots \quad \sqrt{\frac{8h+3}{4}\pi\varrho},$$

Minima nahe bei

$$(130) \qquad u = \sqrt{\frac{7}{4}\pi}, \quad \sqrt{\frac{15}{4}\pi}, \ldots \quad \sqrt{\frac{8h-1}{4}\pi}.$$

Das erste dieser Maxima ist das höchste, das erste der Minima das

128) *A. Cornu,* Journ. d. Phys. 3 (1874), p. 1, 44; Paris C. R. 78 (1874), p. 113.

tiefste; mit fortschreitendem h flachen Maxima und Minima mehr und mehr ab.

Zur numerischen Berechnung von $F(u)$ kann einmal die überall konvergente Reihe

$$F(u) = u\left(1 + \frac{\left(i\frac{\pi}{2}u^2\right)^2}{1!\,3} + \frac{\left(i\frac{\pi}{2}u^2\right)^2}{2!\,5} + \frac{\left(i\frac{\pi}{2}u^2\right)^3}{3!\,7} + \cdots \frac{\left(i\frac{\pi}{2}u^2\right)^n}{n!\,(2n+1)} + \cdots\right)$$

dienen, die sich aus der Potenzentwicklung von $e^{i\frac{\pi}{2}v^2}$ ergibt; nach ihr berechnet *Lommel*[129]) die Werte für $0 < u < \sqrt{\frac{2}{\pi}}$. Da sie außerhalb des angegebenen Bereiches zu langsam konvergiert, ist für große u eine nach fallenden Potenzen von u fortschreitende, von *Lommel*, *Gilbert*[130]), *Ignatowski*[131]) benutzte Reihe zweckmäßiger, die bei *Kirchhoff*[132]) auch zur allgemeinen Diskussion benutzt wird. Ausgehend von der Identität

$$\int \frac{e^{i\frac{\pi}{2}v^2}}{v^n}\,dv = \int \frac{e^{i\frac{\pi}{2}v^2}}{v^{n+1}}\,v\,dv = \frac{1}{i\pi}\left[\frac{e^{i\frac{\pi}{2}v^2}}{v^{n+1}} + (n+1)\int \frac{e^{i\frac{\pi}{2}v^2}}{v^{n+2}}\,dv\right],$$

aus der *für positive* u

$$\int_u^\infty \frac{e^{i\frac{\pi}{2}v^2}}{v^n}\,dv = \frac{1}{i\pi}\left[-\frac{e^{i\frac{\pi}{2}u^2}}{u^{n+1}} + (n+1)\int_u^\infty \frac{e^{i\frac{\pi}{2}v^2}}{v^{n+2}}\,dv\right]$$

folgt, findet man nach (127):

$$(131) \qquad F(u) = \frac{1}{2}(1+i) + \frac{e^{i\frac{\pi}{2}u^2}}{i\pi u}\left\{1 + \sum_1^n{}_m \frac{1.3\ldots(2m-1)}{(i\pi u^2)^m}\right\}$$
$$- \frac{1.3\ldots(2n+1)}{(i\pi)^{n+1}}\int_u^\infty \frac{e^{i\frac{\pi}{2}v^2}}{v^{2n+2}}\,dv.$$

Die hier auftretende Summe wäre, ins Unendliche fortgesetzt, zwar nicht konvergent, da ihre Glieder nur anfangs abnehmen. Da aber

---

129) *E. Lommel*, Abh. d. Kgl. bayerischen Akad. d. W. 15 (1886), p. 120.

130) *Ph. Gilbert*, Mém. cour. Acad. Bruxelles 31 (1863), p. 1; vgl. auch *A. Winkelmann*, Handbuch der Physik VI, Leipzig 1906, p. 1053.

131) *W. v. Ignatowsky*, Ann. d. Phys. 23 (1907), p. 875; vgl. auch *E. Jahnke* und *F. Emde*, Funktionstafeln mit Formeln und Kurven, Leipzig und Berlin 1909, p. 23.

132) *G. Kirchhoff*, Vorl. über math. Optik, Leipzig 1891, p. 122 u. f.

der absolute Wert des Restes

$$\left|\frac{1.3\ldots(2n+1)}{(i\pi)^{n+1}}\int_u^\infty \frac{e^{i\frac{\pi}{2}v^2}}{v^{2n+2}}dv\right| < \left|\frac{1.3\ldots(2n-1)}{(i\pi u^2)^{n+1}}\right|,$$

also kleiner als der absolute Wert des letzten Summanden ist, wird bei Fortlassung des Integrales in (129) der Fehler kleiner als das letzte Glied, das man noch berücksichtigt. Für mittlere Werte von u führt *Lommel*[133]) $C(u)$ und $S(u)$ auf *Bessel*sche Funktionen zurück. Da nämlich

$$C(u) = \frac{1}{\sqrt{2\pi}}\int_0^{\frac{1}{2}\pi u^2}\frac{\cos z}{\sqrt{z}}dz = \frac{1}{2}\int_0^{\frac{1}{2}\pi u^2} J_{-\frac{1}{2}}(z)\,dz,$$

$$S(u) = \frac{1}{\sqrt{2\pi}}\int_0^{\frac{1}{2}\pi u^2}\frac{\sin z}{\sqrt{z}}dz = \frac{1}{2}\int_0^{\frac{1}{2}\pi u^2} J_{\frac{1}{2}}(z)\,dz,$$

so gilt:

$$C = J_{\frac{1}{2}} + J_{\frac{5}{2}} + J_{\frac{9}{2}} + \cdots, \qquad S = J_{\frac{3}{2}} + J_{\frac{7}{2}} + J_{\frac{11}{2}} + \cdots$$

als Argumente von C und J_k bzw. von S und J_k sind dieselben Werte zu wählen.

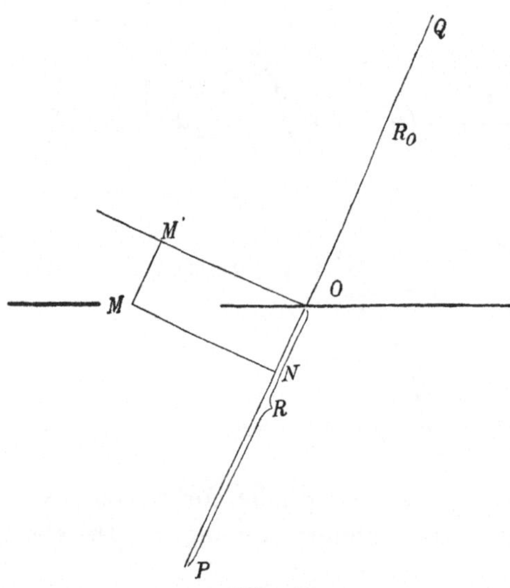

Fig. 13.

b) *Die Beugung am Spalt.* In Fig. 13 soll Q die Lichtquelle, P der Aufpunkt, die Gerade E eine Darstellung der Ebene sein, welche die beugende Öffnung enthält. Als Anfangspunkt der Koordinaten ξ und η in ihr wählen wir den Durchstoßpunkt 0 der Geraden PQ. Dann wird nach (115) $\alpha = \alpha_0$, $\beta = \beta_0$, somit nach (114)

$$f(\xi, \eta) = -\frac{1}{2}\left(\frac{1}{R_0} + \frac{1}{R}\right)[(\xi^2 + \eta^2) - (\xi\alpha + \eta\beta)^2].$$

Hier ist $\xi\alpha + \eta\beta$ gleich der Projektion MN der Strecke OM auf die Gerade PQ, vorausgesetzt, daß ξ, η die Koordinaten von M sind;

133) Vgl. Anm. 129.

somit ist $(\xi^2 + \eta^2) - (\xi\alpha + \eta\beta)^2 = OM'^2$, wo OM' die Projektion derselben Strecke auf die zu PP_0 senkrechte Ebene bedeutet. Führt man in der letzteren die Koordinaten ξ', η' ein, so wird

$$f(\xi, \eta) = -\frac{1}{2}\left(\frac{1}{R_0} + \frac{1}{R}\right)(\xi'^2 + \eta'^2),$$

und wenn man schließlich von diesen zu den Variabeln

$$(132) \qquad v = \sqrt{\frac{k}{\pi}\left(\frac{1}{R_0} + \frac{1}{R}\right)}\,\xi', \quad w = \sqrt{\frac{k}{\pi}\left(\frac{1}{R_0} + \frac{1}{R}\right)}\,\eta'$$

übergeht, so folgt aus (113) bis auf einen konstanten Faktor:

$$(133) \qquad u_P = \iint dv\,dw\,e^{-\frac{i\pi}{2}(v^2 + w^2)}.$$

Wir wenden diese Formel auf eine rechteckige Öffnung an, zu deren Seiten, $2A$ und $2B$, wir die Koordinatenachsen parallel legen. Die Lichtquelle Q soll sich mitten über der Öffnung, der Aufpunkt P in der zum Seitenpaar B senkrechten Symmetrieebene, der Zeichenebene von Fig. 14 befinden. Die Integration nach w in (133) ist dann von

$$-\sqrt{\frac{k}{\pi}\left(\frac{1}{R_0} + \frac{1}{R}\right)}\,B$$

bis

$$+\sqrt{\frac{k}{\pi}\left(\frac{1}{R_0} + \frac{1}{R}\right)}\,B$$

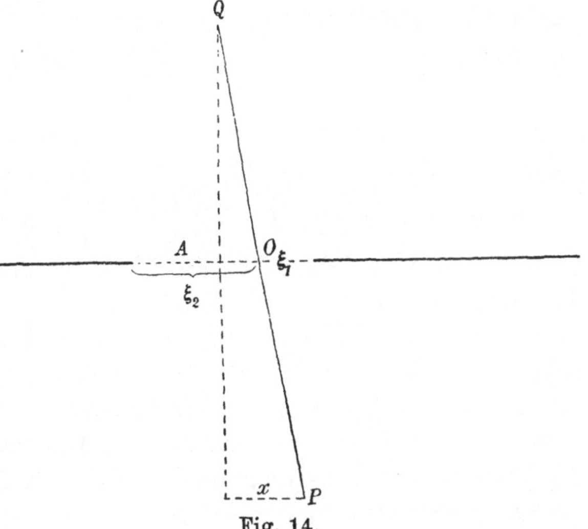

Fig. 14.

zu erstrecken und liefert einfach einen von der Richtung der Geraden PQ unabhängigen Faktor, für den man bei einem hinreichend großen Wert von B (bei einem langen Spalt) nach (127) $1 + i$ setzen kann. Unterdrückt man ihn, so wird

$$(134) \qquad u_P = \int_{v_2}^{v_1} e^{-i\frac{\pi}{2}v^2}\,dv,$$

wo nach (132) unter Vernachlässigung von x^2 gegen $(R_0 + R)^2$, d. h. bei Vertauschung von ξ' mit ξ

$$(135)\quad \begin{aligned} v_1 &= \sqrt{\frac{2}{\lambda}\left(\frac{1}{R_0}+\frac{1}{R}\right)}\,\xi_1 = \sqrt{\frac{2}{\lambda}\left(\frac{1}{R_0}+\frac{1}{R}\right)}\left(A-\frac{xR_0}{R+R_0}\right) \\ v_2 &= \sqrt{\frac{2}{\lambda}\left(\frac{1}{R_0}+\frac{1}{R}\right)}\,\xi_2 = \sqrt{\frac{2}{\lambda}\left(\frac{1}{R_0}+\frac{1}{R}\right)}\left(-A-\frac{xR_0}{R+R_0}\right). \end{aligned}$$

zu setzen ist. Die Intensität $|u_P|^2$ ist infolgedessen gleich dem Quadrat der Sehne der *Cornu*schen Spiralen, welche die um die Bogenlängen v_1 und v_2 vom Nullpunkt abstehenden Punkte auf ihr verbindet.

Die Diskussion, bei welcher wir x als positiv annehmen wollen, ergibt in Hinblick auf (129) und (130):

1) Ist $v_1 - v_2 = 2A\sqrt{\frac{2}{\lambda}\left(\frac{1}{R_0}+\frac{1}{R}\right)} << 1$, so ist die Sehne nahe gleich der Bogenlänge $v_1 - v_2$ zwischen ihren Endpunkten, die Intensität $|u_P|^2$ somit von x unabhängig. Erst, wenn der Abstand x des Aufpunktes von der Mittelebene des Spaltes so groß wird, daß der Punkt im Bogenabstand

$$v_m = \frac{v_1+v_2}{2} = -\sqrt{\frac{2}{\lambda}\left(\frac{1}{R}+\frac{1}{R_0}\right)}\,\frac{xR_0}{R+R_0}$$

vom Nullpunkt auf stark gekrümmte Teile der Spiralen gerät, wird die Sehne allmählich kürzer, die Intensität nimmt somit ab.

2) Ist $v_1 - v_2 = 2A\sqrt{\frac{2}{\lambda}\left(\frac{1}{R_0}+\frac{1}{R}\right)}$ von der Größenordnung von 1, so ist in dem Gebiet von der Mitte bis zur geometrisch-optischen Schattengrenze ($v_1 > 0$) die Sehne nur wenig kleiner als der Bogen, sie nimmt allmählich ab, wenn der Aufpunkt sich der Schattengrenze nähert. Im „Schatten" ($v_1 < 0$) hingegen bekommt die Sehne Maxima und Minima, wenn $|v_m|$ bei konstantem $v_1 - v_2$ wächst; schließlich wird sie auch hier kleiner und kleiner. Die Intensität nimmt also von der Mitte bis zur Schattengrenze, langsam ab, im Schatten aber liegen „Beugungsstreifen".

3) Ist $v_1 - v_2 = 2A\sqrt{\frac{2}{\lambda}\left(\frac{1}{R_0}+\frac{1}{R}\right)} >> 1$, so liegen die Punkte v_1 und v_2 schon für $x = 0$ in den Windungen der Spiralen; es finden sich deshalb schon diesseits der Schattengrenze Maxima und Minima der Intensität. Ob in der Mitte selbst ein Maximum oder Minimum auftritt, hängt von den Umständen ab; bei wachsendem Abstand R vom Spalt z.B. wechseln helle und gegen die Umgebung dunkle Streifen miteinander ab. Nach Überschreiten der Schattengrenze erfolgt das Abklingen der Intensität weit schneller als in den Fällen 1) und 2).

Ganz ähnlich verläuft die Berechnung der Beugung an einem geradlinig begrenzten schmalen Schirm und an zwei Spalten (Versuch von *Young*[134])). Etwas schwieriger gestaltet sich die Theorie für eine kreisförmige Öffnung.[135]) Über die Beugungserscheinungen an einer einzelnen Kante vgl. Nr. **60**.

40. Die geometrische Optik als Grenzfall für verschwindende Wellenlänge. An jedem der Beispiele der vorhergehenden Nummern zeigt sich, daß sich im Grenzfall $\lambda = 0$, d. h. $k = \infty$ die geometrisch-optischen Verhältnisse einstellen; doch ist bei diesen Darstellungen die Annäherungsformel (113) benutzt. Auf Grund der strengen Formel (110) führt *Kirchhoff*[136]) den folgenden allgemeinen Beweis:

Ausgangspunkt sind die aus der Theorie des *Fourier*schen Doppelintegrals stammenden Sätze: ist F eine stetige Funktion, so ist:

$$\lim_{k=\infty} \int_{\zeta_1}^{\zeta_2} \frac{dF}{d\zeta} e^{-ik\zeta} d\zeta = 0; \tag{136}$$

ist außerdem $\frac{dF}{d\zeta}$ stetig, so ist

$$\lim_{k=\infty} k \int_{\zeta_1}^{\zeta_2} \frac{dF}{d\zeta} e^{-ik\zeta} d\zeta = + i \lim_{k=\infty} \left| \frac{dF}{d\zeta} e^{-ik\zeta} \right|_{\zeta_1}^{\zeta_2}. \tag{137}$$

Der zweite Satz geht durch die partielle Integration

$$k \int \frac{dF}{d\zeta} e^{-ik\zeta} d\zeta = i \frac{dF}{d\zeta} e^{-ik\zeta} - i \int \frac{d^2F}{d\zeta^2} e^{-ik\zeta} d\zeta$$

aus dem ersten hervor, da das Integral rechts im Grenzfall verschwindet.

Wir geben dem zwischen Lichtquelle und Aufpunkt eingeschobenen Schirm beliebige Gestalt, lassen auch die Begrenzung der Öffnung in ihm ganz beliebig. Die Integration in (110) ist auszuführen über irgendeine durch die Begrenzungskurve gehende Fläche, wenn diese nur Lichtquelle und Aufpunkt trennt (vgl. Nr. **35**). Wir wollen sie stets so legen, daß kein endlicher Teil von ihr auf einem der Rotationsellipsoide $r + r_0 =$ const. liegt, und daß sie auch keins von diesen berührt. Sie wird dann durch ihre Schnitte mit einer Schar solcher Ellipsoide in unendlich schmale Streifen eingeteilt.

Die Formel (110) hat die Gestalt:

$$u_P = \int (G_1 + k G_2) e^{-ik(r+r_0)} d\sigma. \tag{138}$$

134) Vgl. etwa die Darstellung in *Winkelmann*, Handbuch d. Phys. VI, Leipzig 1906, p. 1060 f.

135) *E. Lommel*, Abh. d. Bayerischen Akad. 15 (1884), p. 229.

136) *G. Kirchhoff*, Vorles. über math. Optik, Leipzig 1891, p. 35. Wied. Ann. 18 (1883), p. 663, Ges. Abh. Nachtrag p. 22.

Wir führen

$$r + r_0 = \zeta$$

als Integrationsvariable ein, indem wir die Fläche in die genannten Streifen zerlegt denken, und definieren die Funktionen F_1 und F_2 durch die Forderungen:

$$\frac{dF_1}{d\zeta} d\zeta = \int G_1 \, d\sigma, \quad \frac{dF_2}{d\zeta} d\zeta = \int G_2 \, d\sigma \tag{139}$$

beide Integrale ausgeführt über den dem Intervall $d\zeta$ entsprechenden Streifen. Damit wird aus (138)

$$u_P = \int_{\zeta_1}^{\zeta_2} \frac{dF_1}{d\zeta} e^{-ik\zeta} d\zeta + k \int_{\zeta_1}^{\zeta_2} \frac{dF_2}{d\zeta} e^{-ik\zeta} d\zeta,$$

wenn ζ_1 und ζ_2 die äußersten auf der Fläche vorkommenden Werte von ζ sind.

Das erste dieser Integrale verschwindet nach (136) im Grenzfall $k = \infty$ stets, da F_1 nach unseren Annahmen stetig ist. Damit auch das zweite Integral verschwindet, muß $\frac{dF_2}{d\zeta}$ 1) im Integrationsbereich endlich und stetig sein, 2) nach (137) für ζ_1 und ζ_2 verschwinden. Damit der ersten Bedingung genügt ist, muß jedem unendlich schmalen, von Linien $\zeta = \text{const.}$ begrenzten Streifen ein von derselben Ordnung unendlich kleines $d\zeta$ entsprechen. Sie wäre verletzt, wenn die Integrationsfläche eines der Ellipsoide berührte, was wir oben ausgeschlossen haben. Sie ist aber auch dann verletzt, wenn die gerade Linie von der Lichtquelle zum Aufpunkt durch die Öffnung hindurchführt und somit die Integrationsfläche schneidet. Denn auf dieser Linie hat ζ den kleinsten überhaupt möglichen Wert. Entfernt man sich von ihr um eine unendlich kleine Strecke, so ist $d\zeta$ unendlich klein zweiter Ordnung. Die zweite der obigen Bedingungen aber ist dann und nur dann erfüllt, wenn kein Teil der Begrenzung mit einer Linie $\zeta = \text{const.}$ zusammenfällt. In diesem Falle hat nämlich der letzte, von der Begrenzung der Fläche und der Linie $\zeta_1 + d\zeta$ bzw. $\zeta_2 - d\zeta$ begrenzte Streifen einen von höherer Ordnung unendlich kleinen Inhalt, während sonst sein Inhalt von derselben Ordnung wie $d\zeta$ ist.[137]) Im Grenzfall $\lambda = 0$ wird somit $u_P = 0$, wenn weder die gerade Linie Lichtquelle-Aufpunkt durch die Öffnung führt, noch für irgendeinen Teil ihrer Begrenzung $r + r_0 = \text{const.}$ ist.

Führt umgekehrt jene Gerade durch die Öffnung, während für keinen Teil der Randkurve $r + r_0 = \text{const.}$ ist, so können wir diesen

137) In diesem Punkte hat Verfasser ein in der *Kirchhoff*schen Darstellung offenbar enthaltenes Versehen verbessert.

Satz anwenden auf das Integral $\int (G_1 + k G_2) e^{-ik(r+r_0)} d\sigma$, ausgeführt über die der Lichtquelle zugewandte Seite des Schirmes; es ist danach gleich Null. Die Integration über die Öffnung und über diese Fläche des Schirmes ergibt aber nach dem Schlußsatz von Nr. **35** den der ungehinderten Fortpflanzung entsprechenden Wert

$$u_P = \frac{e^{-ik(r+r_0)}}{r + r_0}.$$

Denselben Wert ergibt also auch das Integral über die Öffnung allein. *Im geometrischen Schatten haben wir somit im Grenzfall* $\lambda = 0$ *vollkommene Dunkelheit, sonst ungestörte Ausbreitung der Welle.*

Daß der Fall, in welchem die Berandung des Schirmes ganz oder zum Teil der Gleichung $r + r_0 =$ const. genügt, eine Ausnahme bilden muß, bestätigt man leicht am Beispiel eines kreisförmigen Schirmes, auf dessen Achse die Lichtquelle liegt, (vgl. Nr. **34**). In diesem Falle herrscht hinter ihm auf seiner Achse stets Helligkeit, unabhängig von der Wellenlänge.

Den Satz, daß die geometrische Optik nur einen Grenzfall darstellt, spricht *Rayleigh* in der Form aus, daß der Wellenoptik zufolge jeder seitlich begrenzte Strahl in seiner Richtung notwendigerweise bis zu einem gewissen Grade unbestimmt ist.[138])

Wie man von der Schwingungsgleichung $\Delta u + k^2 u = 0$ zur Differentialgleichung für das geometrisch-optische *Eikonal* gelangt, ist nach einem Gedanken von *Debye* von *Sommerfeld* und *Runge*[139]) gezeigt worden.

41. Das Verhalten der Lichtwelle in der Umgebung eines Brennpunktes. Man kann nach *Debye*[140]) von der Gleichung (105) oder (108) zu mathematisch strengen Lösungen der Schwingungsgleichung kommen, wenn man die Blende ins Unendliche verlegt. Insofern der Abstand zwischen ihr und dem Aufpunkt dadurch unendlich groß wird, findet man so Beugungserscheinungen vom *Fraunhofer*schen Typus.

Nimmt man im dreidimensionalen Fall (Gleichung (105)) die unendlich ferne Kugel (Radius R) von einem undurchsichtigen Schirm bedeckt an, bis auf den Teil, welcher dem körperlichen Winkel Ω entspricht, und denkt man diesen Teil mit einer nach dem Nullpunkt des Koordinatensystems konvergierenden Kugelwelle von außen be-

138) *Lord Rayleigh,* Phil. Mag. 8 (1879), p. 261; Pap. I, p. 415.

139) *A. Sommerfeld* und *I. Runge,* Ann. d. Phys. 35 (1911), p. 277.

140) *P. Debye,* Ann. d. Phys. 30 (1909), p. 755.

leuchtet, so hat man in dieser Formel

$$u = \frac{e^{ikR}}{R}$$

und bis auf Glieder von der Ordnung R^{-2}

$$\frac{\partial u}{\partial \nu} = -\frac{\partial u}{\partial R} = -ik\frac{e^{ikR}}{R}$$

zu setzen. Sind ferner wie bisher x, y, z die Koordinaten des Aufpunktes P, ξ, η, ζ die des Flächenelementes $d\sigma$, so ist (vgl. (112) und (114)) in der genannten Gleichung

$$r = \sqrt{(\xi - x)^2 + (\eta - y)^2 + (\zeta - z)^2} = R - (x\alpha + y\beta + z\gamma)$$

zu setzen, wo α, β, γ die Richtungskosinus des Fahrstrahles vom Nullpunkt nach $d\sigma$ sind. Infolgedessen ist auf $d\sigma$

$$\frac{e^{-ikr}}{r} = e^{ik(x\alpha + y\beta + z\gamma)}\frac{e^{-ikR}}{R}, \quad \frac{\partial}{\partial \nu}\left(\frac{e^{-ikr}}{r}\right) = ike^{ik(x\alpha+y\beta+z\gamma)}\frac{e^{-ikR}}{R}.$$

Man findet, indem man schließlich noch $R^2 d\Omega$ für $d\sigma$ einführt:

$$u_P = \frac{ik}{2\pi}\int e^{ik(x\alpha+y\beta+z\gamma)}\,d\Omega. \tag{140}$$

Man bestätigt leicht, daß dies Integral der Schwingungsgleichung mathematisch streng genügt, da dies für die Funktion $e^{ik(x\alpha+y\beta+z\gamma)}$ gilt, und durch Summation solcher Lösungen wiederum eine Lösung entsteht. Es stellt, wie aus seinem Aufbau und auch aus den weiter unten stehenden Formeln (149), (150), (151) ersichtlich, einen Strahlenkegel vom körperlichen Öffnungswinkel Ω dar, für welchen der Koordinatenanfang Brennpunkt ist.

Wir diskutieren die Gleichung (140) für den Fall, daß Ω von einem Kreiskegel mit dem Achsenwinkel A begrenzt ist. Bei Einführung von Polarkoordinaten durch die Gleichungen

$$x = r\cos\vartheta \quad y = r\sin\vartheta\cos\varphi \quad z = r\sin\vartheta\sin\varphi$$
$$\alpha = \cos\Theta \quad \beta = \sin\Theta\cos\Phi \quad \gamma = \sin\Theta\sin\Phi$$

finden wir zunächst

$$u_P = \frac{ik}{2\pi}\int_0^A d\Theta\int_0^{2\pi} d\Phi\, e^{ikr(\cos\vartheta\cos\Theta + \sin\vartheta\sin\Theta\cos(\varphi-\Phi))}\sin\Theta. \tag{141}$$

Die Integration nach Φ liefert nach (119)

$$u_P = ik\int_0^A d\Theta\sin\Theta\, e^{ikr\cos\vartheta\cos\Theta}J_0(kr\sin\vartheta\sin\Theta).$$

Die Formel vereinfacht sich, wenn $A^2 \ll 1$ und $krA^2 \ll 1$ ist, da man dann

$$\sin\Theta = \Theta, \quad \cos\Theta = 1$$

setzen kann, nach (119) zu

$$u_P = ike^{ikr\cos\vartheta}\int_0^A \Theta J_0(kr\sin\vartheta\cdot\Theta)\,d\Theta$$

$$= ikA^2 e^{ikr\cos\vartheta}\frac{J_1(krA\sin\vartheta)}{krA\sin\vartheta}.$$

Für die zur Fortpflanzungsrichtung senkrechten Ebenen durch den Brennpunkt ($x = 0$) ist $\sin\vartheta = 1$. Bedenkt man, daß $RA = \mathrm{A}$ der Radius der kreisförmigen Blendenöffnung ist, daß ferner die in Nr. **37** b. eingeführte Größe ϱ mit r in dem Zusammenhange $\varrho R = r$ steht, so findet man, abgesehen von einem Faktor von konstantem absolutem Werte, welcher in Nr. **37** b. vernachlässigt ist, volle Übereinstimmung mit Gleichung (120); doch erkennt man hier ohne weiteres den Weg, auf welchem die Annäherung weiter zu treiben wäre.

Im Gegensatz zu dieser für kleine Werte kr gültigen Näherung setzen wir im folgenden $kr \gg 1$ voraus. Streng gilt noch nach (141) für Punkte P auf der Achse des Strahlenkegels

$$\text{(142)} \qquad u_P = \frac{1}{r}\left(e^{ikr} - e^{ikr\cos A}\right), \quad \text{wenn} \quad \vartheta = 0,$$

d. h. wenn P vor dem Brennpunkt liegt und

$$\text{(143)} \qquad u_P = -\frac{1}{r}\left(e^{-ikr} - e^{-ikr\cos A}\right), \quad \text{wenn} \quad \vartheta = \pi,$$

d. h. wenn P hinter ihm liegt. Sonst bedürfen wir eines Annäherungsverfahrens, zwecks dessen wir zunächst neue Polarkoordinaten τ, ψ einführen; τ soll die Poldistanz gemessen von der Richtung OP aus sein, das Azimut ψ soll die Neigung einer durch OP gehenden Ebene gegen die Ebene durch OP und die Achse des Kegels ($\vartheta = 0$) messen. Die Umrechnungsformeln lauten (vgl. Fig. 15):

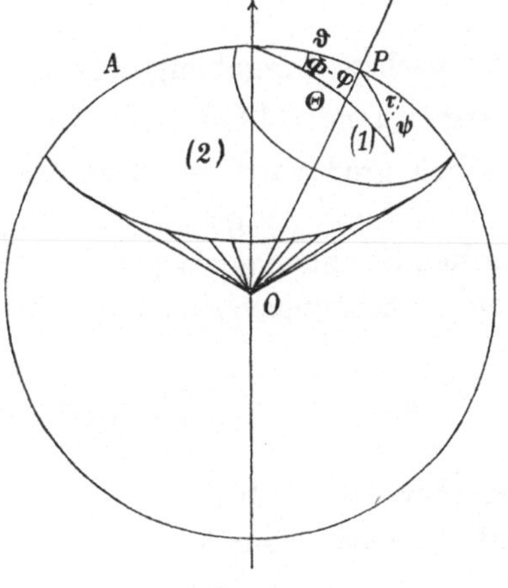

Fig. 15.

$$\cos\tau = \cos\vartheta\cos\Theta + \sin\vartheta\sin\Theta\cos(\varphi - \Phi)$$

$$\text{(144)} \quad \cos\psi = \frac{\cos\Theta - \cos\vartheta\cos\tau}{\sin\vartheta\sin\tau},$$

so daß nach (141)

$$u_P = \frac{ik}{2\pi}\int\int d\tau\, d\psi \sin\tau\, e^{ikr\cos\tau}. \tag{145}$$

a) Der Aufpunkt P liege nun im Strahlenkegel vor dem Brennpunkt $(0 < \vartheta < A)$. Die Integration führen wir für die Gebiete 1 und 2 in Fig. 15 gesondert aus. Das erstere ergibt als Anteil an u_P:

$$J_1 = \frac{ik}{2\pi}\int_0^{A-\vartheta} d\tau \int_0^{2\pi} d\psi \sin\tau\, e^{ikr\cos\tau} = \frac{1}{r}\left(e^{ikr} - e^{ikr\cos(A-\vartheta)}\right).$$

Die Berechnung von J_2 leiten wir so, daß wir zunächst die Integration nach ψ zwischen den Grenzen $\pm\psi_0$ ausführen, wobei nach (144) (siehe auch die Figur)

$$\cos\psi_0 = \frac{\cos A - \cos\vartheta\cos\tau}{\sin\vartheta\sin\tau} \tag{146}$$

ist; also:

$$J_2 = \frac{ik}{2\pi}\int_{A-\vartheta}^{A+\vartheta} d\tau \int_{-\psi_0}^{+\psi_0} d\psi \sin\tau\, e^{ikr\cos\tau} = \frac{ik}{\pi}\int_{A-\vartheta}^{A+\vartheta} d\tau\, \psi_0 \sin\tau\, e^{ikr\cos\tau}.$$

Durch fortgesetzte partielle Integration läßt sich dies in eine nach fallenden Potenzen von kr fortschreitende Reihe entwickeln, deren erstes Glied lautet:

$$J_2 = -\frac{1}{\pi r}\psi_0 e^{ikr\cos\tau}\Big|_{A-\vartheta}^{A+\vartheta}. \tag{147}$$

Nach (146) aber ist ψ_0 für $\tau = A \pm \vartheta$ gleich 0 bzw. gleich π; also

$$J_2 = \frac{1}{r} e^{ikr\cos(A-\vartheta)} \tag{148}$$

und

$$u_P = J_1 + J_2 = \frac{1}{r} e^{ikr}, \quad \text{wenn} \quad 0 < \vartheta < A. \tag{149}$$

Die nächste Umgebung von $\vartheta = 0$ ist hier ausgeschlossen, wie der Vergleich mit (142) zeigt, und zwar, weil nach (146) dort $\frac{d\psi_0}{d\tau}$ unendlich groß wird, die benutzte Reihenentwicklung somit versagt.

b) Liegt hingegen der Aufpunkt außerhalb des geometrisch optischen Strahlenkegels $(A < \vartheta < \pi - A)$, so fällt bei dem entsprechenden Berechnungsverfahren das Gebiet 1 fort, und es wird

$$u_P = J_2 = \frac{ik}{\pi}\int_{\vartheta-A}^{\vartheta+A} d\tau\, \psi_0 \sin\tau\, e^{ikr\cos\tau} = -\frac{1}{\pi r}\psi_0 e^{ikr\cos\tau}\Big|_{\vartheta-A}^{\vartheta+A}.$$

Da aber nach (146) für beide Integrationsgrenzen $\psi_0 = 0$, finden wir mit derselben Annäherung wie oben

$$u_P = 0, \quad \text{wenn} \quad A < \vartheta < \pi - A. \tag{150}$$

c) Den Fall, daß P im Strahlenkegel, aber hinter dem Brennpunkt liegt ($\pi - A < \vartheta < \pi$), können wir auf den ersteren zurückführen, wenn wir statt τ den Winkel $\tau' = \pi - \tau$ als Integrationsvariable benützen. Man findet dann nämlich aus (145)

$$(150a) \qquad u_P = \frac{ik}{2\pi} \int\int d\tau' d\psi \sin\tau' e^{-ikr\cos\tau'},$$

wo der Integrationsbereich genau wie unter a) zu wählen ist. Da sich die Gleichungen (145) und (150a) somit nur im Vorzeichen von r unterscheiden, finden wir statt (149)

$$(151) \qquad u_P = -\frac{1}{r} e^{-ikr}, \quad \text{wenn} \quad \pi - A < \vartheta < \pi.$$

Der Vorzeichenunterschied zwischen (149) *und* (150) *sowie zwischen* (142) *und* (143) *weist auf einen Phasensprung* π *hin, welchen die Welle beim Durchgang durch einen Brennpunkt erleidet.*[141]) Natürlich liegt nicht in diesem selbst eine Unstetigkeit vor, sondern die Phase verändert sich in seiner Umgebung so, daß beim Vergleich von zwei weit entfernten Aufpunkten vor und hinter ihm neben der durch deren Entfernung bedingten Phasendifferenz noch der Unterschied π hinzukommt.

Ähnlich gewinnt man eine strenge Darstellung für eine begrenzte Zylinderwelle, wenn man in Formel (108) die Integration über den dem Winkel 2α entsprechenden Teil des unendlich fernen Kreises ausführt und dabei nach Gleichung (26) und (28)

$$(152) \qquad u = Z_0(-k\varrho) = \sqrt{\frac{\pi}{2k\varrho}}\, e^{i\left(k\varrho + \frac{\pi}{4}\right)}$$

setzt. Man findet dann in Analogie zu (140) und (141) für den Aufpunkt P mit den Koordinaten x, y oder ϱ, φ:

$$(153) \qquad u_P = \frac{i}{2} \int_{-\alpha}^{+\alpha} e^{ik(x\cos\psi + y\sin\psi)} d\psi = \frac{i}{2} \int_{-\alpha}^{+\alpha} e^{ik\varrho\cos(\varphi - \psi)} d\psi.$$

Für einen weit vor der Brennlinie in dem bestrahlten Gebiet gelegenen Aufpunkt, d. h. für $k\varrho >> 1$ und $|\varphi| < \alpha$, gewinnt man daraus natürlich Gleichung (152) zurück. In einem weit hinter der

141) *L. G. Gouy,* Paris C. R. 110 (1890), p. 1251. Ann. d. phys. et chim. 24 (1891), p. 145; *P. Joubin,* Paris C. R. 115 (1892), p. 932; *Ch. Fabry,* Journ. de phys. 2 (1893), p. 22; *P. Zeeman,* Versl. K. Ak. van Wet. Amsterdam, afd. Natuurk. 6 (1897/98), p. 11; Archives Neerl. 4 (1901), p. 318; Phys. Zeitschr. 1 (1900), p. 542; *W. H. Julius,* Archives Neerl. 28 (1895), p. 226; *G. Sagnac,* Journ. de phys. 2 (1903), p. 721); Paris C. R. 138 (1904), p. 479, 619, 678. Boltzmann-festschrift (1904), p. 528; *F. Reiche,* Ann. d. Phys. 29 (1909), p 65 und 401.

Brennlinie gelegenen Punkt ϱ, $\varphi' = \pi + \varphi$ hingegen gilt nach (153):

$$u_P = \frac{i}{2}\int_{-\alpha}^{+\alpha} e^{ik\varrho\cos(\varphi'-\psi)}d\psi = \frac{i}{2}\int_{-\alpha}^{+\alpha} e^{-ik\varrho\cos(\varphi-\psi)}d\psi.$$

Da beide Gleichungen sich nur im Vorzeichen von ϱ unterscheiden, gilt für den letzteren Punkt:

$$u_P = i\sqrt{\frac{\pi}{2k\varrho}}\,e^{i\left(-k\varrho+\frac{\pi}{4}\right)}.$$

Der Vergleich mit (152) *zeigt, daß eine Lichtwelle in der Umgebung einer Brennlinie den Phasensprung* $\frac{\pi}{2}$ *erleidet.*

42. Das Auflösungsvermögen des Prismas.[142]) Das von Luft ($\nu = 1$) umgebene Prisma $QQ'R$ in Fig. 16 wird von einer ebenen, monochromatischen Welle (Frequenz n_1), für die PP' und S_1S_1' Wellenebenen sind, in der Symmetriestellung (Minimum der Ablenkung) durchlaufen. Nach dem Satz von der Gleichheit aller optischen Wege zwischen zwei Wellenflächen ist

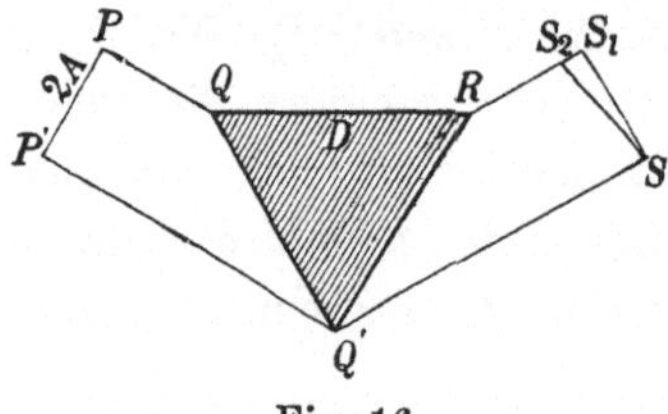

Fig. 16.

$$PQ + \nu_1 D + RS_1 = P'Q' + Q'S'.$$

Für eine Welle von der Frequenz n_2, für die PP' ebenfalls eine Wellenfläche ist, sind im Falle der Dispersion diese Flächen ein wenig gegen S_1S' geneigt; S_2S' soll eine davon sein. Dann gilt:

$$PQ + \nu_2 D + RS_2 = P'Q' + Q'S_1';$$

durch Subtraktion folgt daraus:

$$S_2S_1 = (\nu_2 - \nu_1)D = (n_2 - n_1)\frac{d\nu}{dn}D$$

$$i = \sphericalangle\, S_2S'S_1 = \frac{S_2S_1}{S_1S'} = (n_2 - n_1)\frac{d\nu}{dn}\frac{D}{2A}.$$

Nach der Wellentheorie ist aber die Richtung eines Strahles von begrenzter Breite innerhalb gewisser Grenzen unbestimmt; nur die Mitte der Richtungenschar gehorcht der geometrischen Optik. Ist i klein, so verschwimmen deshalb beide Wellen auch nach dem Durchgang durch das Prisma mehr oder minder ineinander. In einem Fernrohr sieht man nicht zwei scharfe Punkte nebeneinander, sondern zwei unscharfe, sich zum Teil überdeckende Striche. Die Helligkeitsverteilung in jedem entspricht der Verteilung im Beugungsbilde eines Spaltes von der Breite $2A$. (Vgl. Nr. **37** a.)

142) *Lord Rayleigh*, Phil. Mag. 8 (1879), p. 261. Pap. I, p. 415.

Wegen der Ähnlichkeit der Kurven $\frac{\sin^2 px}{(\frac{1}{2}x)^2}$ und $\frac{\sin^2 px}{\sin^2 \frac{1}{2}x}$ in der Nähe des höchsten Maximums entspricht es der Annahme in Nr. **25**, daß man beide Beugungsbilder als für das Auge noch trennbar ansieht, wenn das Maximum des einen auf die erste Nullstelle der anderen fällt. Da diese nach (117a) den Winkelabstand

$$\varphi = \frac{\lambda}{2A} = \frac{\pi}{kA} = \frac{\pi c}{nA}$$

vom zugehörigen Maximum hat, ist die Grenze durch die Gleichung

$$i = \varphi$$

bestimmt; das Auflösungsvermögen ist somit

$$\frac{n_1}{|n_2 - n_1|} = \frac{D n^2 \left|\frac{dv}{dn}\right|}{2\pi c} = D\left|\frac{dv}{d\lambda}\right|,$$

es hängt von keiner anderen Abmessung des Prismas als seiner Basisdicke ab. Doch gilt dies nur, wenn wie in der Fig. 16 ein Strahl das Prisma unmittelbar an der Spitze durchläuft. Bei einem Satz von p Prismen vergrößert sich i um den Faktor p, während φ ungeändert bleibt; das Auflösungsvermögen erhält daher ebenfalls den Faktor p.

43. Die optische Abbildung im Lichte der Wellenoptik.

a) *Die Abbildung selbstleuchtender Körper.* Bei der Abbildung eines weit entfernten Lichtpunktes durch ein Fernrohr wirkt dessen Eintrittspupille, d. h. in praxi die Begrenzung des Objektives als beugende Öffnung. Da sie meist kreisförmig ist (Radius : A), liefert der Lichtpunkt in dessen Brennebene eine Helligkeitsverteilung nach dem Gesetz (vgl. (120))

$$\frac{J_1^2(k\varrho A)}{(k\varrho A)^2}.$$

Zwei Lichtpunkte gelten ähnlich wie bei den Spektroskopen (vgl. Nr. **25** und **42**) dann als noch unterscheidbar, wenn das vom einen herrührende „Lichtgebirge" seine höchste Erhebung an einem Punkte des ersten Nullringes des anderen hat. Da dessen Winkelabstand vom zugehörigen Maximum nach (120a)

$$\varrho_0 = 0{,}61\,\frac{\lambda}{A} \tag{154}$$

beträgt, so muß der Winkelabstand der beiden Lichtpunkte mindestens gleich $0{,}61\,\frac{\lambda}{A}$ sein, damit sie unterschieden werden können. Es kommt somit für die Leistungsfähigkeit eines von geometrisch-optischen Fehlern freien Fernrohres ausschließlich auf den Objektivdurchmesser an.[143]) (Der Spiegel des Reflektors auf dem Mount Wilson Observatory, Pasadena in Kalifornien hat 30 Zoll = 76 cm Radius, die Objektivlinse der Yerkes Sternwarte in Chikago 20 Zoll = 51 cm Radius.)

Beim Fernrohr ist der Winkel α, unter dem die Eintrittspupille vom Objekt aus erscheint, stets äußerst klein. Für Fälle, in denen wie beim Mikroskop dieser Winkel beträchtlich ist, findet man die Grenze der Leistungsfähigkeit nach *Helmholtz*[145]) wie folgt:

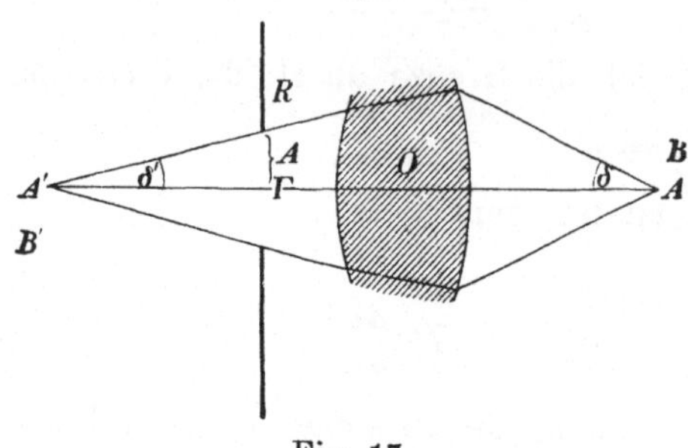

Fig. 17.

Die beiden Lichtpunkte A und B (Fig. 17) werden durch das optische System O in A' und B' abgebildet, bei A und B ist der Brechungsindex ν, bei A' und B' ν'. Die engste Einschnürung liegt hinter O in der Blende R vom Radius Λ. Es liegen dann die Verhältnisse für die bei A', wie wir annehmen wollen, *schwach* konvergierende Welle (δ' klein) ähnlich wie beim Fernrohr (auf große Genauigkeit kommt es bei dieser Abschätzung nicht an); d. h. A' ist Mittelpunkt eines Lichtgebirges, dessen erster Nullring nach (154) den linearen Abstand

$$l' = A'\Gamma \cdot \varrho_0 = 0{,}6\,\frac{\lambda'}{\Lambda}\,A'\Gamma = 0{,}6\,\frac{\lambda'}{\delta'} = 0{,}6\,\frac{\lambda_0}{\nu'\delta'}$$

von A' hat. Bei Beobachtung des Bildes $A'B'$ erscheinen somit sowohl A wie B umgeben von einem Streifensystem, deren erste Nullringe den linearen Abstand

$$l = l'\,\frac{AB}{A'B'} = 0{,}6\,\frac{\lambda_0 AB}{\nu'\delta' A'B'} = 0{,}6\,\frac{\lambda_0}{\nu \sin\delta} \tag{155}$$

(da nach dem Sinussatz der geometrischen Optik

$$\nu'\delta' A'B' = \nu' \sin\delta' A'B' = \nu' \sin\delta AB)$$

von den zugehörigen Lichtpunkten haben. Sollen A und B deutlich getrennt sein, so muß mindestens $AB = l$ sein.

143) Von Literatur sei erwähnt: *E. Halley*, Phil. Trans. 31 (1720), p. 3. *W. Herschel*, London Phil. Trans. (1805), p. 5; *J. v. Fraunhofer*, Schumachers astr. Abh. 1 (1823), p. 58; *G. B. Airy*, Ann. Phys. Chem. 45 (1838), p. 86; *R. W. Dawes*, Mem. Roy. Astr. Soc. 35 (1866), p. 158; *L. Foucault*, Ann. de l'observ. de Paris 5 (1858); *H. Bruns*, Astr. Nachr. 104 (1883), p. 1; *H. Struve*, Mem. Acad. St. Petersbourg (7) 34 (1886), Nr. 5.

145) *H. Helmholtz*, Pogg. Ann. Jubelband (1874), p. 557; Abh. 2, S. 185. Es steht dort stets $\frac{1}{2}$ statt 0,6, was für diese Abschätzung dasselbe ist.

Dabei ist $\nu \sin \delta$ die *numerische Apertur* des Instrumentes; sie ist die Eigenschaft des Instrumentes, welche allein für das erreichbare Auflösungsvermögen maßgebend ist. Ausgedehnte Flächen werden nur dann ähnlich abgebildet, wenn ihre Abmessungen gegen l groß sind. Man überzeugt sich leicht, daß Gleichung (155) die Formel (154) als Näherung für kleine δ enthält.

b) *Die Abbildung durch fremdes Licht.* Bei einem selbstleuchtenden Körper entsenden verschiedene Punkte der Oberfläche inkohärente Wellen, so daß sich die Helligkeiten, welche sie hervorrufen, addieren. Bei Beleuchtung eines dunklen Gegenstandes mit fremdem Licht trifft dies im allgemeinen nicht zu; verwendet man dazu eine einzelne Welle, so sind z. B. alle Teile der abgebeugten Welle völlig kohärent. Nach *Abbe*[146]) hat man dann zunächst das Beugungsbild ins Auge zu fassen, welches der abzubildende Gegenstand am Orte des Bildes der Lichtquelle liefert, und hat sein Bild als Interferenzwirkung der von diesem Beugungsbilde ausgehenden Wellen aufzufassen. Da nach dem *Huyghens*schen Prinzip die Schwingung in einem Punkte des Bildes durch die Schwingungen auf einer ihn von der Lichtquelle trennenden Fläche bestimmt sind, so bietet dieser Gedanke theoretisch nicht viel Neues; dennoch hat er seinerzeit viel Aufsehen erregt, einmal wohl, weil man früher sich wenig um eine wellentheoretische Begründung der Abbildungslehre gekümmert hatte, vor allem aber, weil *Abbe* aus ihm neue, für den Bau von Mikroskopen grundlegende Gesichtspunkte zu gewinnen wußte.

Am übersichtlichsten gestaltet sich diese Überlegung für die Abbildung eines Gitters, das senkrecht zur Achse des optischen Instrumentes steht. Wird es von einer ebenen Welle senkrecht getroffen, so entstehen in der Brennebene des Objektivs Beugungsspektren, deren Winkelabstand von der gerade hindurchgehenden Welle durch die Gleichung

$$\sin \varphi = h \frac{\lambda}{A}$$

(nach Gleichung (47)) gegeben ist. Von diesen Spektren gehen Wellen weiter in das Instrument; wo sie sich durchkreuzen, entstehen *Fresnel*sche Interferenzen. Das Bild des Gitters ist nichts als das System derartiger Interferenzstreifen in der Ebene, die nach der geometrischen Optik der Gitterebene konjugiert ist.

146) *E. Abbe*, „Beiträge zur Theorie des Mikroskops und der mikroskopischen Wahrnehmung". Archiv für mikroskopische Anatomie 9 (1874), p. 413; Ges. Abh. 1, p. 283. „Die Lehre von der Bildentstehung im Mikroskop", her. von *O. Lummer* und *F. Reiche*, Braunschweig 1910

Natürlich treten aber nur solche Spektren in das Instrument, für welche der Ablenkungswinkel φ kleiner ist als der Winkel δ, unter welchem die Eintrittspupille vom Gitter aus gesehen wird. Ist also

$$(156) \qquad \sin\delta < \frac{\lambda}{A}, \quad \text{oder} \quad A < \frac{\lambda_0}{\nu \sin\delta},$$

so tritt überhaupt nur das Spektrum nullter Ordnung ins Instrument, und man erblickt an der Stelle des Gitterbildes nur gleichförmige Helligkeit. Gestattet man durch Vergrößerung von δ den beiden Spektren erster Ordnung den Zutritt, so sieht man ein Streifensystem, das schärfer wird, wenn man durch weitere Vergrößerung von δ die Zahl der interferierenden Wellen vergrößert. — Für das Zustandekommen eines Bildes ist unter Umständen schräge Beleuchtung vorteilhafter, weil bei ihr außer dem gerade hindurchgehenden Licht wenigstens auf der einen Seite noch ein Spektrum erster Ordnung in das Instrument gelangen und so zu einem allerdings (wegen der sinusförmigen Helligkeitsverteilung) recht flauen Bilde der Gitterstruktur Anlaß geben kann. Die in (156) angegebene Grenze läßt sich auf diese Art noch auf die Hälfte herabsetzen, in Übereinstimmung mit (155).

Alle diese Folgerungen lassen sich leicht durch den Versuch prüfen. Noch interessanter sind aber die Veränderungen des Gitterbildes bei Abblendung etwa aller Spektren ungerader Ordnung. Da die übrig bleibenden Spektren gerade mit den Spektren eines Gitters von der halben Gitterkonstante zusammenfallen, müssen im Bild die Streifen auf den halben Abstand zusammenrücken. In der Tat folgt auch aus (41a), daß sich bei den *Fresnel*schen Interferenzen der Streifenabstand auf die Hälfte verkleinert, wenn sich die Winkel verdoppeln, unter denen sich die verschiedenen Wellen durchkreuzen. Blendet man etwa aus der Schar der Kreuzgitterspektren alle ab außer denen einer geraden Linie, so sieht man statt des Kreuzgitters ein einfaches, da diese auch von einem einfachen Gitter herrühren könnten.

c) *Vergleich der Abbildung selbstleuchtender und durchleuchteter Gegenstände.* Nach den Abschnitten a) und b) erscheint vielleicht der Vorgang der Abbildung in den beiden betrachteten Fällen ganz verschieden. Daß der Unterschied tatsächlich nicht so sehr groß ist, haben schon viele Autoren betont. *Rayleigh*[147]) z. B. weist darauf hin, daß bei Beleuchtung von allen Richtungen die Schwingungen in nicht gar zu benachbarten Punkten des abzubildenden Gegenstandes inkohä-

147) *Lord Rayleigh,* Nature 54 (1896), p. 332 und 333; Pap. IV, p. 226; Phil. Mag. 42 (1896), p. 167; Pap. IV, p. 235 besonders p. 241.

rent sind. Auch sonst ist vielfach ein Beweis dafür versucht worden, daß bei allseitiger Beleuchtung das Bild eines nichtleuchtenden Gegenstandes komplementär ist zum Bilde desselben Körpers, wenn er allein Licht ausstrahlt.[148]) (Daß die Einschränkung auf allseitige Beleuchtung notwendig ist, geht daraus hervor, daß man durch Abblendungen, wie erwähnt, die Strichzahl im Bilde eines Gitters verdoppeln kann, wenn man aus einer einzigen Richtung beleuchtet, während dies weder beim selbstleuchtenden noch beim von allen Seiten beleuchteten Gitter möglich wäre.) Doch erreicht nach Ansicht des Verfassers keiner dieser Beweise die erforderliche Allgemeinheit.

Zur Stellung des Problemes ist selbstverständlich eine Annahme über die Stärke des von dem selbstleuchtenden Körper ausgehenden Lichtes notwendig. Er soll so strahlen, wie wenn er die Temperatur T hätte und reine Temperaturstrahlung entsendete.[149]) Die fremde Strahlung, die ihn im anderen Fall trifft, soll so sein, als ob sie von schwarzen Körpern derselben Temperatur T herrührte. Der Gegenstand G selbst und die Gesamtheit K dieser anderen Körper bilden dann die Begrenzung eines vollständig geschlossenen Hohlraums. Strahlen G und K gleichzeitig, so entsteht nach dem *Kirchhoff*schen Gesetze die allseitig gleiche Hohlraumstrahlung. Sieht man mit einem beliebigen optischen Instrument in ihn hinein, so erblickt man bekanntlich, wie man auch einstellen mag, gleichförmige Helligkeit. Freilich würde ja der Strahlungszustand zunächst gestört, wenn man die Wandung zum Teil durch das Objektiv des Instrumentes ersetzt, aber man kann leicht (z. B. durch eine dem *Gauß*schen Okular nachgebildete Konstruktion) durch das Objektiv Strahlung von der Temperatur T in den Hohlraum eintreten lassen, so daß die Störung völlig beseitigt wird. Diese gleichförmige Helligkeit setzt sich nun additiv zusammen aus den Bildern, die K vermöge seines eigenen und des fremden Lichtes liefert. Somit sind beide Bilder zueinander *komplementär.*

Aus diesem streng gültigen Satze lassen sich in besonderen Fällen Annäherungssätze gewinnen, indem man von dem fremden Licht alle Strahlen fortläßt, welche zu der Abbildung nichts Merkbares beitragen. Bei einem weder regulär noch diffus spiegelnden Körper K kann man z. B. die Beleuchtung von der Seite des Beobachtungsinstrumentes fortlassen. Ferner läßt sich leicht zeigen, daß bei relativ groben Strukturen schon die Beleuchtung aus einem ziemlich kleinen Winkel ge-

---

148) *L. Mandelstam,* Ann. d. Phys. 35 (1911), p. 881; *O. Lummer* und *F. Reiche,* Ann. d. Phys. 37 (1912), p. 839; *M. Wolfke,* Ann. d. Phys. 39 (1912) p. 569.

149) *M. v. Laue,* Ann. d. Phys. 43 (1914), p. 165.

nügt, um ein zum Falle des Selbstleuchtens komplementäres Bild zu erzeugen.

d) *Anwendung auf das Mikroskop.* Die Abschnitte a) und b) ergaben übereinstimmend, daß eine Strecke $\geqq 0{,}5 \frac{\lambda}{\sin\delta} = 0{,}5 \frac{\lambda_0}{\nu \sin\delta}$ sein muß, wenn sie noch abgebildet werden soll. Zur Herabsetzung dieser Grenze muß man die numerische Apertur $\nu \sin\delta$ möglichst groß machen; auf dieser Erkenntnis fußt *Abbes* Verbesserung des Mikroskopbaues. Da man aber $\sin\delta$ nicht über 1 (praktisch nicht über 0,95) steigern kann, ist $\frac{1}{2}\lambda$ die absolute Grenze für die Abbildbarkeit. Kein noch so gutes Mikroskop kann mehr leisten. Zur Vergrößerung des Brechungsindex ν des Mittels, in dem der Körper sich befindet, bringt man häufig zwischen das Deckglas des Präparates und das Objektiv eine Flüssigkeit, die im Brechungsindex mit Glas übereinstimmt. Doch muß dann der abzubildende Gegenstand auch zwischen den beiden Deckgläsern in einer derartigen Flüssigkeit eingebettet sein. Ein darauf berechnetes Mikroskopobjektiv nennt man ein Immersionssystem; die numerische Apertur läßt sich so bis zum Werte 1,4 steigern. Neuerdings hat man, um λ_0 zu verkleinern, Mikroskope für ultraviolettes Licht gebaut, bei denen das Bild entweder auf einem Fluoreszenzschirm sichtbar gemacht oder auch photographisch festgehalten wird. Technische Schwierigkeiten scheinen aber dieser Art, die Leistungsfähigkeit zu steigern, bald eine Grenze zu setzen.

Unter Verzicht auf Ähnlichkeit der Abbildung kann man das Mikroskop freilich zum Nachweis von noch viel kleineren Teilchen benutzen, wenn nur deren Abstand oberhalb der angegebenen Grenze liegt (Ultramikroskop).[150]) Jedes Teilchen wirkt dabei als punktförmige Lichtquelle (vgl. Nr. **67**).

44. Die Freiheitsgrade optischer Vorgänge.

a) *Die Freiheitsgrade eines streng einfarbigen Strahlenbündels.*[151]) Wir haben in Nr. **43** betont, daß in allen Angaben über das Auflösungsvermögen ein Zahlenfaktor sachlich unbestimmt bleibt; man setzt diesen Faktor unter Berücksichtigung der heutigen Technik der Helligkeitsmessung mit einer gewissen Willkür fest und müßte ihn bei einem wesentlichen Fortschritt dieser Technik zweifellos abändern. Eine Theorie der Abbildung, welche von diesem Mangel frei ist, findet man, wenn man nach den Freiheitsgraden eines Strahlenbündels fragt. Einen Überblick über die Bedeutung und einen Überschlag über die Zahl dieser Freiheitsgrade liefert die folgende einfache Betrachtung:

---

150) *H. Siedentopf* und *R. Zsigmondy,* Ann. d. Phys. 10 (1903), p. 1.

151) *M. Laue,* Ann. d. Phys. 44 (1914), p. 1197.

Wird streng monochromatische, linear polarisierte Strahlung zur Konvergenz gebracht und ist $\vartheta\ (\ll 1)$ der Achsenwinkel des kreisförmigen Konvergenzkegels, so kann man nach (155) in der Brennebene nicht beliebig kleine Strecken „abbilden", sondern der kleinste Abstand zweier Bildpunkte, die wahrnehmbar getrennt sein sollen, ist von der Größenordnung $\frac{\lambda}{\vartheta}$. Die kleinste unabhängig von ihrer Umgebung beleuchtete Fläche ist somit von der Größenordnung $\frac{\lambda^2}{\vartheta^2}$, oder da der räumliche Winkel des Konvergenzkegels $\Omega = \pi\vartheta^2$ ist, gleich $\frac{1}{\delta}\frac{\lambda^2}{\Omega}$, wobei δ eine später zu bestimmende, von 1 nicht sehr verschiedene, von λ unabhängige Zahl ist. Ist im ganzen die Fläche f beleuchtet, so setzt sie sich mithin aus

$$(157)\qquad f : \frac{1}{\delta}\frac{\lambda^2}{\Omega} = \frac{\delta n^2 f\Omega}{4\pi^2 a^2}$$

unabhängig voneinander beleuchteten „Elementarflächen" zusammen. Diese Zahl gibt offenbar die Freiheitsgrade an, welche man bei Beleuchtung der Fläche f mit einer aus dem Winkel Ω kommenden, streng einfarbigen Strahlung hat.

Zwecks einer befriedigenderen Ableitung dieser Zahl knüpfen wir an *Debyes* Darstellung eines Strahlenkegels (Nr. **41**) an. Es seien ξ, η, 0 die Koordinaten seines Brennpunktes, und es sei der Kegel von den Linien

$$(158)\qquad \alpha = \pm A, \quad \beta = \pm A$$

begrenzt; wir setzen

$$(159)\qquad A \ll 1$$

voraus, so daß der körperliche Öffnungswinkel

$$(160)\qquad \Omega = \iint \frac{d\alpha\, d\beta}{\gamma} = 4A^2$$

ist. Dann lautet diese Darstellung nach (140)

$$(161)\qquad \int\limits_{-A}^{+A}\int\limits_{-A}^{+A} e^{ik[(x-\xi)\alpha + (y-\eta)\beta + z\gamma]}\frac{d\alpha\, d\beta}{\gamma} \quad \left(k = \frac{2\pi}{\lambda}\right).$$

Um von ihr zum Strahlen*bündel* zu gelangen, haben wir sie mit einer beliebigen komplexen Funktion $f(\xi, \eta)$ zu multiplizieren und nach ξ und η über dessen Brennfläche zu integrieren; geben wir dieser der Einfachheit wegen die Gestalt eines Quadrates von der Seitenlänge 2Ξ, so daß

$$(162)\qquad f = 4\Xi^2$$

wird, so erhalten wir:

$$\int\limits_{-\Xi}^{+\Xi}\int\limits_{-\Xi}^{+\Xi} f(\xi,\eta)\,d\xi\,d\eta \int\limits_{-A}^{+A}\int\limits_{-A}^{+A} e^{ik[(x-\xi)\alpha+(y-\eta)\beta+z\gamma]}\frac{d\alpha\,d\beta}{\gamma}.$$

In Rücksicht auf (159) und bei Beschränkung auf die Umgebung der Brennfläche $z = 0$ dürfen wir hier $\gamma = 1$ setzen; kehren wir ferner die Integrationsfolge um, so finden wir:

$$(163)\qquad e^{ikz}\int\limits_{-A}^{+A}\int\limits_{-A}^{+A} d\alpha\,d\beta\, e^{ik(x\alpha+y\beta)}\int\limits_{-\Xi}^{+\Xi}\int\limits_{-\Xi}^{+\Xi} e^{-ik(\xi\alpha+\eta\beta)} f(\xi,\eta)\,d\xi\,d\eta.$$

Eine komplexe Funktion $f(\xi,\eta)$ können wir in dem genannten Quadrat durch die *Fourier*sche Doppelreihe darstellen:

$$(164)\qquad f(\xi,\eta) = \sum_{-\infty}^{+\infty}\sum_{-\infty}^{+\infty} H_{pq}\, e^{i\left[\frac{\pi}{\Xi}(p\xi+q\eta)+o_{pq}\right]},$$

in welcher für jedes positive Wertepaar $|p|, |q|$ acht Konstanten, nämlich vier Amplituden H und vier Phasen o, verfügbar sind. Setzen wir die Reihe (164) in (163) ein, so finden wir:

$$(164\text{a})\qquad \begin{gathered} e^{ikz}\sum_{-\infty}^{+\infty}\sum_{-\infty}^{+\infty} H_{pq}\, e^{io_{pq}}\int\limits_{-A}^{+A}\int\limits_{-A}^{+A} d\alpha\,d\beta\, e^{ik(x\alpha+y\beta)} \\ \int\limits_{-\Xi}^{+\Xi} d\xi\, e^{i\xi\left(\frac{p\pi}{\Xi}-k\alpha\right)}\int\limits_{-\Xi}^{+\Xi} d\eta\, e^{i\eta\left(\frac{q\pi}{\Xi}-k\beta\right)}; \end{gathered}$$

oder, da

$$\int\limits_{-\Xi}^{+\Xi} d\xi\, e^{i\xi\left(\frac{p\pi}{\Xi}-k\alpha\right)} = \frac{2\,\Xi\sin(p\pi-k\Xi\alpha)}{p\pi-k\Xi\alpha}$$

ist:

$$(165)\qquad \left\{\begin{aligned} &4\Xi^2 e^{ikz}\sum_{-\infty}^{+\infty}\sum_{-\infty}^{+\infty} H_{pq}\, e^{io_{pq}}\int\limits_{-A}^{+A} d\alpha\, e^{ikx\alpha}\frac{\sin(p\pi-k\Xi\alpha)}{p\pi-k\Xi\alpha} \\ &\qquad\qquad\times\int\limits_{-A}^{+A} d\beta\, e^{iky\beta}\frac{\sin(q\pi-k\Xi\beta)}{q\pi-k\Xi\beta}. \end{aligned}\right.$$

Führen wir in dem Integral nach α als Integrationsvariable

$$u = p\pi - k\Xi\alpha$$

ein und setzen voraus, daß trotz (159)

$$kA\Xi \gg 1$$

ist, so sind zunächst die beiden Fälle zu unterscheiden

(I) $\quad |p\pi| > kA\Xi \qquad$ und $\qquad$ (II) $\quad |p\pi| < kA\Xi.$

Im ersten Falle geht das transformierte Integral von einem großen positiven (bzw. negativen) zu einem großen ebenfalls positiven (bzw. negativen) Wert der Integrationsgrenze, im zweiten Falle von einem großen negativen zu einem großen positiven Werte. Im ersten Fall ist es daher merklich Null, im zweiten Fall gleich

$$\frac{i}{2k\Xi} e^{ip\pi\frac{x}{\Xi}} \int_{-\infty}^{+\infty} e^{-iu\frac{x}{\Xi}} \left(e^{iu} - e^{-iu}\right) \frac{du}{u}.$$

Führt man die Integration, was erlaubt ist, z. B. etwas unterhalb der reellen Achse, so kann man das Integral in die Differenz zweier Integrale zerlegen. Ist nun

a) $\qquad |x| < \Xi,$

so läßt sich das erste Integral in die positiv-imaginäre, das zweite in die negativ-imaginäre Halbebene überführen, wo die betreffenden Exponenten von e einen negativ-reellen Teil haben. Ist dagegen

b) $\qquad |x| > \Xi,$

so sind beide Integrale gleichzeitig in die positive oder negative Halbebene überzuführen, je nachdem x positiv oder negativ ist. Im Falle a) liefert bei der Deformation des Integrationsweges das erste Integral im Punkte $u = 0$ das Residuum 1, im Falle b) liefern beide Integrale die Residuen 1, die sich in der Differenz zerstören, oder beide Integrale kein Residuum. Deshalb ist im Falle b) der Gesamtwert unseres Integrals nach α Null, und nur im Falle a) von Null verschieden. Für die Berechnung des nach β auszuführenden Integrales in (165) gilt das entsprechende.

Die Bedingungen a), b) zeigen nun zunächst, daß es nur auf den Zustand im Innern des Quadrates $|x| < \Xi$, $|y| < \Xi$ ankommt, daß also die Konstanten der Reihe (165) die Freiheitsgrade bestimmen, ohne daß eventuelle Nachbarstrahlenbündel stören. Das Verschwinden von (165) außerhalb jenes Quadrates (zufolge der Bedingung b)) entspricht offenbar der Existenz einer Schattengrenze.

Es fragt sich nun, wie viele von den Konstanten der Reihe (165) für die Abzählung der Freiheitsgrade in Betracht kommen. Hierauf antworten die Bedingungen (I), (II). Nach ihnen treten in der Reihe (165) nur solche Glieder auf, für welche

$$|p|\pi < kA\Xi, \quad \text{d. h.} \quad |p| < \frac{2}{\lambda} A\Xi,$$

$$|q|\pi < kA\Xi, \quad \text{d. h.} \quad |q| < \frac{2}{\lambda} A\Xi$$

ist. Die Zahl der positiven Wertepaare $|p|$ und $|q|$, für welche diese Bedingungen zutreffen, ist aber $\frac{4}{\lambda^2}A^2\Xi^2$, und da zu solchem Wertepaar acht verfügbare Koeffizienten gehören, so ist die Zahl der in (165) verfügbaren Koeffizienten (vgl. (160) und (162))

$$\frac{32}{\lambda^2}A^2\Xi^2 = \frac{2f\Omega}{\lambda^2}.$$

Nun ist aber zu bedenken, daß die Hälfte der Freiheitsgrade der komplexen Funktion $f(\xi, \eta)$ auf die Angabe der Phasendifferenzen zwischen den verschiedenen Strahlenkegeln des Bündels entfällt. Wir wollen den Phasen keine eigenen Freiheitsgrade zuschreiben.[152] Dann müssen wir zur Angabe der Freiheitsgrade für die in (165) angegebene Schwingung den letzten Ausdruck halbieren. *Für ein streng monochromatisches, linear polarisiertes Strahlenbündel, welches aus dem körperlichen Winkel Ω senkrecht auf die Fläche f fällt, ist also die Zahl der Freiheitsgrade*

$$\frac{f\Omega}{\lambda^2} = \frac{n^2 f\Omega}{4\pi^2 a^2}. \tag{166}$$

Wir finden so den Ausdruck (157) mit $\delta = 1$ wieder.

b) *Die Freiheitsgrade eines im physikalischen Sinn einfarbigen Strahlenbündels.* Wie in Nr. **26** und **27** betont, haben wir es tatsächlich stets mit Schwingungen zu tun, welche einem endlichen Spektralbereich dn angehören. Damit hängt zusammen, daß die Intensität zeitlich schwanken kann, und daß die Schwingung überhaupt nur eine begrenzte Zeit T währt In der *Fourier*schen Reihe für eine die Zeit T dauernde Schwingung

$$\varphi(t) = \sum_0^\infty A_p \cos\left(\frac{2\pi p}{T}t - \vartheta_p\right) \tag{167}$$

gehören dem Spektralbereich dn aber die Sinusschwingungen an, für welche

$$n < \frac{2\pi p}{T} < n + dn$$

ist; ihre Zahl beträgt:

$$\frac{T\,dn}{2\pi} = \frac{l}{g}\,\frac{dn}{2\pi}, \tag{168}$$

wenn $l = gT$ die Länge ist, welche das Licht in der Zeit T mit der

152) Es gibt in der Literatur zwei Arten, die Freiheitsgrade von periodischen Schwingungen zu zählen. Bei der ersten, der wir im Text folgen, rechnet man bei einer Schwingung (etwa der eines linearen Resonators) nur deren Amplitude als Freiheitsgrad, bei der anderen Art auch deren Phase. Ein sachlicher Unterschied besteht naturgemäß zwischen ihnen nicht.

Gruppengeschwindigkeit g durchläuft. T ist dabei als optisch groß gedacht (daher auch l).

Dies ist also die Zahl der verfügbaren Amplituden, d. h. der Freiheitsgrade für eine die Zeit T währende einfache Schwingung vom Spektralbereich dn. Ein Strahlenbündel, welches dieselbe Zeit dauert und demselben Spektralbereich dn angehört, stellt man in Anschluß an (164a) und (167) als dreifache *Fourier*sche Reihe dar; die Zahl der verfügbaren Amplituden wird dann offenbar gleich dem Produkt aus den Ausdrücken (166) und (168), also: $\frac{f l \Omega n^2 dn}{(2\pi)^3 a^2 g}$. Hier ist die Fläche f als senkrechter Querschnitt des Bündels gedacht; geben wir ihrem Lote statt dessen die Neigung Θ gegen dessen Richtung, so tritt $f \cos \Theta$ an diese Stelle.

Die Zahl der Freiheitsgrade eines linear polarisierten Strahlenbündels von der Länge l, der spektralen Breite dn, der Brennfläche f und dem körperlichen Winkel Ω, welches gegen die Normale von f die Neigung Θ hat, beträgt somit (vgl. (7) und (30)):

$$\text{(169)} \qquad \frac{f \cos \Theta \cdot l \Omega n^2 dn}{(2\pi)^3 a^2 g} = \frac{f \cos \Theta \cdot l \Omega n^2 dn}{(2\pi)^3 c^3} \nu^2 \left(\nu + n \frac{d\nu}{dn}\right).$$

Dabei sind f und l als sehr groß gegen die Wellenlänge vorausgesetzt.

Bei allen geometrisch optischen Vorgängen bleibt diese Zahl unverändert, auch wenn bewegte Körper dabei eine Rolle spielen. Bei allen Beugungserscheinungen hingegen, desgleichen bei jeder diffusen Spiegelung und Zerstreuung des Lichtes in einem trüben Mittel nehmen die Freiheitsgrade der Strahlung an Zahl zu. Da nach der Statistik der Übergang von Energie auf eine größere Zahl von Freiheitsgraden mit Entropievergrößerung verknüpft ist, sind diese Vorgänge im Gegensatz zu den geometrisch-optischen unumkehrbar.[153])

c) *Die Freiheitsgrade der Hohlraumstrahlung.*[154]) Wir betrachten nun einen Raum von beliebiger Gestalt, aber in allen Abmessungen groß gegen die Wellenlänge, erfüllt von einem durchsichtigen Mittel vom Brechungsindex ν, und legen durch ihn irgendeinen ebenen Querschnitt, dessen Ebene wir mit E bezeichnen. Den ganzen Strahlungsvorgang in ihm können wir dann zerlegen in Strahlenbündel, welche auf Flächenstücke der Ebene E hin konvergieren. Diese Flächenstücke brauchen nicht notwendigerweise im Hohlraum zu liegen; liegen sie außerhalb, so bedeutet dies, daß die auf sie zueilenden Strahlen-

153) Vgl. Anm. 151.

154) *I. H. Jeans*, Phil. Mag. 10 (1905), p. 91; ferner *H. Weyl*, Math. Ann. 71 (1911), p. 441; und *D. A. Goldhammer*, Phys. Zeitschr. 14 (1913), p. 1188 leiten diese Zahl durch Abzählung der Eigenschwingungen des Hohlraumes ab.

bündel auf eine Wand treffen, bevor sie sie erreichen. Erreicht aber ein Bündel eine Brennfläche auf E, so geht es durch sie hindurch und setzt sich jenseits weiter fort, bis es auf eine Wand des Hohlraumes trifft. Bei komplizierteren Gestalten des Hohlraumes muß sogar in Betracht gezogen werden, daß ein derartiges Strahlenbündel aus mehreren getrennten, von je einer Wand bis zu einer anderen reichenden Teilen bestehen kann. Alles dies hat auf das Folgende keinen Einfluß. Jedem Strahlenbündel können wir eine bestimmte Länge l zuschreiben, welche unter Umständen aus verschiedenen getrennten Teilen besteht und von der Gestalt des Hohlraumes, der Lage seiner Brennfläche auf E sowie seiner Richtung abhängt. Lassen wir für l auch den Wert 0 zu, welcher bedeutet, daß das in Rede stehende Strahlenbündel nicht auftritt, so können wir im folgenden die sehr bequeme Vorstellung benutzen, daß auf alle Teile der Ebene E aus allen Richtungen Strahlenbündel konvergieren, und zwar für jede Richtung zwei voneinander unabhängige, senkrecht zueinander schwingende Bündel. Nach unserer Annahme über die Abmessungen des Hohlraumes sind für alle Bündel f und l optisch groß.

Alle die genannten Strahlenbündel bestehen unabhängig voneinander. Die Hohlraumstrahlung, welche aus ihnen besteht, hat infolgedessen so viel Freiheitsgrade wie sie alle zusammen. Wir haben somit an dem Ausdruck (169) die Summation über alle Flächenstücke f der Ebene E und über alle körperlichen Winkel Ω vorzunehmen. Die erstere Summation liefert, da bei ihr Ω und Θ konstant sind,

$$\frac{\Omega n^2 dn}{(2\pi)^3 a^2 g} \cos\Theta \cdot \sum fl.$$

Projizieren wir das Flächenstück f auf eine zu der Richtung des Strahlenbündels senkrechte Ebene, so wird $f \cdot \cos\Theta$ die Größe der Projektion, und man sieht, daß $\cos\Theta \cdot \sum fl$ gleich dem Volumen V des Hohlraumes ist. Summieren wir aber den Ausdruck

$$\frac{V\Omega n^2 dn}{(2\pi)^3 a^2 g}$$

zum zweitenmal nach Ω, so finden wir statt Ω einfach den Faktor 4π. Bedenken wir schließlich noch, daß auf dasselbe Flächenstück f aus demselben Winkel Ω zwei unabhängige, zueinander senkrecht schwingende Strahlenbündel zueilen, so haben wir noch den Faktor 2 hinzuzufügen und finden somit für *die Zahl der Freiheitsgrade der Hohlraumstrahlung,* soweit diese im Spektralbereich dn liegt,

$$(170) \qquad \frac{Vn^2 dn}{\pi^2 a^2 g} = \frac{Vn^2 dn}{\pi^2 c^3} \nu^2 \left(\nu + n\frac{d\nu}{dn}\right).$$

In der Statistik spielt dieser Ausdruck zur Herleitung des Strahlungsgesetzes eine große Rolle[155]); doch lassen sich die Freiheitsgrade eines einzelnen Strahlenbündels dafür gerade so gut verwenden.

V. Interferenzerscheinungen an Röntgenstrahlen.

45. Historische Übersicht. Nach der Entdeckung der Röntgenstrahlen im Jahre 1895[156]) stritten sich zunächst wie bei allen Strahlenarten die Emissions- und die Wellentheorie. Die festeste Stütze der ersteren waren gewisse Erscheinungen bei der Auslösung von Elektronen durch Röntgenstrahlen, welche bis heute von der Wellentheorie nicht recht gedeutet werden können; trotzdem gewann allmählich die Wellentheorie an Boden, als durch die Versuche von *Barkla, Ham, Vegard, Baßler*[157]) die Polarisation, durch *Haga* und *Wind* sowie (nach der Auffassung *Sommerfelds*) auch durch die Versuche von *Walter* und *Pohl*[158]) die Beugung an einem Spalte nachgewiesen wurde. Die letzteren Versuche gestatten zugleich eine Schätzung der Wellenlänge[159]); man fand die Größenordnung 4.10^{-9} cm. Übereinstimmend damit lauteten die Schätzungen, welche *W. Wien*[160]) an die Art der Entstehung der Röntgenstrahlen anknüpfte. Darin lag auch schon der Grund ausgesprochen, aus welchem die Herstellung von Interferenzerscheinungen so schwierig schien; ein Gitter für Röntgenstrahlen z. B. müßte nach Nr. **17** eine etwas, aber nicht viel größere Gitterkonstante haben als die Wellenlänge, und schon bei den optischen Gittern steht die heutige Technik an der Grenze ihres Könnens.

Seit über 60 Jahren hat nun die Kristallographie die Theorie ausgebildet, daß der wesentliche Unterschied zwischen dem kristallinischen und dem amorph-festen Zustand darin bestehe, daß im ersteren die Atome oder die Molekeln nach Raumgittern angeordnet sind. Diese

155) *I. H. Jeans*, vgl. Anm. 155; *P. Debye*, Ann. d. Phys. 33 (1910), p. 1427.

156) *W. C. Röntgen*, Sitzgs.-Ber. d. Würzburger Physik.-Mediz. Ges. 1895, Ann. d. Phys. 64 (1898), p. 1 u. 12.

157) *C. G. Barkla*, Phil. Trans. London 204 (1905), p. 467, Proc. Roy. Soc. 77 (1906), p. 247; *W. R. Ham*, Phys. Rev. 30 (1910), p. 96; *L. Vegard*, Proc. Roy. Soc. 83 (1910), p. 379; *E. Baßler*, Ann. d. Phys. 28 (1909), p. 808.

158) *H. Haga* und *C. H. Wind*, Amsterdam Akademie 1899 u. 1902; Ann. Phys. Chem. 68 (1899), p. 884; Ann. d. Phys. 10 (1903), p. 305; Zusammenfassung der beiden ersten Arbeiten in Archives Néerlandaises (2) 8 (1903), p. 412; *B. Walter*, Phys. Zeitschr. 3 (1902), p. 137; *B. Walter* und *R. Pohl*, Ann. d. Phys. 25 (1908), p. 715; 29 (1909), p. 331. Über die Ausmessung der Beugungsbilder s. *P. P. Koch*, Ann. d. Phys. 38 (1912), p. 507.

159) *A. Sommerfeld*, Ann. d. Phys. 38 (1912), p. 473; vgl. auch *R. Pohl*, Die Physik der Röntgenstrahlen, Braunschw. 1912, p. 23f.

160) *W. Wien*, Ann. d. Phys. 18 (1905), p. 919; vgl. auch *R. Pohl* a. a. O. p. 21.

Theorie stützte sich zunächst auf die bekannten Rationalitätseigenschaften der Kristallflächen. Aber an eine unmittelbare Prüfung, etwa unter dem Mikroskop, war nicht zu denken, solange für alle elektromagnetischen Schwingungen, die zur Verfügung standen, die kleinste Wellenlänge von derselben Größenordnung (10^{-5} cm) wie beim sichtbaren Licht war. Denn wenn auch die Konstanten der Raumgitter der Kristalle bisher in keinem Falle eindeutig festgestellt waren, so ging doch so viel aus ihrer Dichte, ihrem Molekulargewicht und aus der Zahl der Atome im Grammatom hervor, daß ihre Größenordnung 10^{-8} cm ist. Für sichtbares Licht und alle langwelligere Strahlung sind die Kristalle unter diesen Umständen Kontinua, aber für Röntgenstrahlen müssen derartige Gitter gerade geeignet sein; daß man es bei den Kristallen statt mit *einfach* periodischen Gittern (wie in der Optik) mit *dreifach* periodischen *Raum*gittern zu tun hat, muß die Gittererscheinungen zwar wesentlich beeinflussen, kann aber ihr Auftreten nicht verhindern.

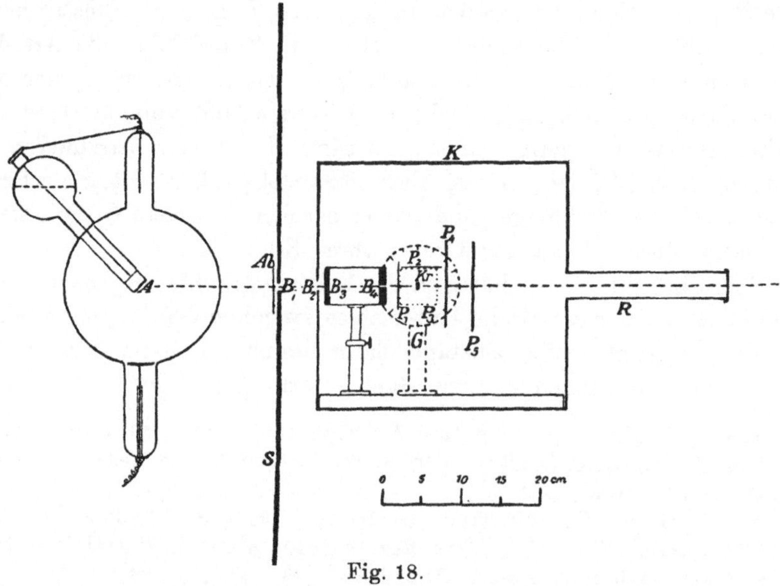

Fig. 18.

Dies waren die Überlegungen, die seinerzeit (April 1912) zu den Versuchen von *Friedrich* und *Knipping* führten[161]), bei welchen ein Röntgenstrahlbündel durch einen Kristall *Kr* in Fig. 18 hindurch ge-

161) *W. Friedrich, P. Knipping* und *M. Laue,* Sitzgs.-Ber. München 1912, p. 303; Ann. d. Phys. 41 (1913), p. 971; *M. Laue,* Festschrift der Dozenten der Universität Zürich 1914, und Jahrb. d. Radioaktivität u. Elektronik 11 (1914) p. 308.

sandt wurde; auf dahinter oder daneben aufgestellten photographischen Platten P_1 bis P_5 wurden die Gitterspektren aufgefangen. An den γ-Strahlen radioaktiver Körper, deren Wesensgleichheit mit den Röntgenstrahlen bald nach der Entdeckung der Radioaktivität erkannt worden war, haben wohl zuerst *Rutherford* und *Andrade*[162]) die entsprechenden Versuche mit Sicherheit durchgeführt (1914).

46. Allgemeine Theorie. Den Ort des „Mittelpunktes" eines Atomes im Raumgitter bestimmen wir durch die rechtwinkligen Koordinaten x, y, z, deren Achsenkreuz beliebig gerichtet ist und seinen Anfang im Mittelpunkt eines beliebigen Atoms im durchstrahlten Teil eines Raumgitters hat. Das Raumgitter mag dem allgemeinsten, d. h dem triklinen Typus angehören, bei welchem die Kanten des Elementarparallelepipedes — dargestellt durch die drei Vektoren $\mathfrak{a}_1, \mathfrak{a}_2, \mathfrak{a}_3$ — beliebige Längen und Richtungen haben. Die Koordinaten der Mittelpunkte der Atome oder, wie wir kurz sagen wollen, der Atome selbst, sind dann durch drei positive oder negative, das Atom numerierende ganze Zahlen m_1, m_2, m_3 (einschließlich der Null) bestimmt gemäß den Formeln

$$\begin{aligned} x &= m_1\mathfrak{a}_{1x} + m_2\mathfrak{a}_{2x} + m_3\mathfrak{a}_{3x}, \\ y &= m_1\mathfrak{a}_{1y} + m_2\mathfrak{a}_{2y} + m_3\mathfrak{a}_{3y}, \\ z &= m_1\mathfrak{a}_{1z} + m_2\mathfrak{a}_{2z} + m_2\mathfrak{a}_{3z}. \end{aligned} \tag{171}$$

Die einfallende Strahlung wollen wir uns zunächst als ebene Welle und als reine Sinusschwingung denken. Dann wird jedes Atom Ausgangspunkt einer Kugelwelle, welche wir in großer Entfernung r von ihm durch $\psi \frac{e^{-ikr}}{r}$ darstellen können (nach Gl. (44a)). Die Funktion ψ hängt möglicherweise von der Wellenlänge λ, den Richtungskosinus $\alpha_0, \beta_0, \gamma_0$ des einfallenden Strahls und den Richtungskosinus α, β, γ des Fahrstrahls vom Atom zum Aufpunkt, aber nicht mehr von r ab. Wären die Atome gegen die Wellenlänge der Röntgenstrahlen ebenso klein wie gegen die des Lichtes, so könnten wir das Atom unabhängig von seinem Bau als einfachen Dipol betrachten und hätten ψ, falls wir mit dem *Hertz*schen Vektor rechnen, konstant, oder wenn man lieber auf die beiden Feldstärken und die mit ihnen eng verbundene Intensität eingehen wollte, gleich einer einfachen Winkelfunktion zu setzen. Da aber der übliche Wert für die Durchmesser der Atome von der gleichen Größenordnung wie die Wellenlänge der Röntgenstrahlen ist, halten wir es für vorsichtiger, ψ als unbestimmte Funktion beizubehalten. Wir wollen sogleich erwähnen, daß unseres

162) *E. Rutherford* und *E. N. da C. Andrade,* Phil. Mag. (6) 27 (1914), p. 854; Phil. Mag. (6) 28 (1914), p. 263.

Erachtens die Frage nach dieser Funktion zurzeit noch nicht vollständig beantwortet werden kann (vgl. Nr. **53**).

Zum Ausdruck $\psi \frac{e^{-ikr}}{r}$ ist nun aber noch ein Faktor $e^{-ik(x\alpha_0+y\beta_0+z\gamma_0)}$ hinzuzufügen, wenn man bedenkt, daß die anregende Schwingung als ebene Welle in der Richtung α_0, β_0, γ_0 mit Lichtgeschwindigkeit fortschreitet. Über die Einzelheiten des Anregungsvorganges brauchen wir dabei keine weitere Voraussetzung zu machen, als daß er, wie wir es auch in der Optik gewohnt sind, bei allen Atomen des Kristalles gleich verläuft. Stets finden wir als Ergebnis der Überlagerung aller von den Atomen ausgehenden Wellen

$$\sum \psi \frac{e^{-ik(r+x\alpha_0+y\beta_0+z\gamma_0)}}{r}. \tag{172}$$

Wir berechnen diese Summe nur für Aufpunkte, deren Abstand vom Kristall gegen alle Abmessungen des durchleuchteten Kristallstückes sehr groß ist, und benutzen die auch sonst in der Gittertheorie übliche Näherung (Nr. **17**), indem wir für das r im Nenner den Betrag R des Radiusvektors vom Nullpunkt des Achsenkreuzes zum Aufpunkt setzen und der Richtungsfunktion ψ den Wert geben, welcher dessen Richtung α, β, γ entspricht. Für das r im Exponenten setzen wir aber den Näherungswert

$$r = R - (x\alpha + y\beta + z\gamma)$$

(vgl. Nr. **44**b und (113)). Im Hinblick auf (171) geht nun die Summe (172) über in

$$\begin{aligned}(173)\qquad &\psi(\alpha, \beta)\frac{e^{-ikR}}{R}\sum e^{ik[x(\alpha-\alpha_0)+y(\beta-\beta_0)+z(\gamma-\gamma_0)]}\\ &= \psi(\alpha, \beta)\frac{e^{-ikR}}{R}\sum_{m_1}\sum_{m_2}\sum_{m_3} e^{i(m_1A_1+m_2A_2+m_3A_3)},\end{aligned}$$

wo zur Abkürzung

$$A_1 = k(\mathfrak{a}_{1x}(\alpha-\alpha_0) + \mathfrak{a}_{1y}(\beta-\beta_0) + \mathfrak{a}_{1z}(\gamma-\gamma_0)) \tag{174}$$

usw.

gesetzt ist. Macht man die für das Folgende unwesentliche Annahme, daß der durchstrahlte Teil des Kristalles ein Parallelepiped von den Kanten $2M_1\mathfrak{a}_1$, $2M_2\mathfrak{a}_2$, $2M_3\mathfrak{a}_3$ ist, so ist die Intensität dieser Schwingung, berechnet als der absolute Wert der komplexen Summe (173), gleich

$$J = \frac{|\psi|^2}{R^2}\frac{\sin^2 M_1A_1}{\sin^2\frac{1}{2}A_1}\cdot\frac{\sin^2 M_2A_2}{\sin^2\frac{1}{2}A_2}\cdot\frac{\sin^2 M_3A_3}{\sin^2\frac{1}{2}A_3}. \tag{175}$$

Unabhängig von dieser Annahme gilt, daß eine merkliche Intensität nur dort zu erwarten ist, wo alle drei Sinusquotienten wenigstens annähernd Hauptmaxima besitzen, d. h. wo die Gleichungen

$$
\begin{aligned}
&A_1 = 2h_1\pi \text{ oder } \mathfrak{a}_{1x}(\alpha-\alpha_0)+\mathfrak{a}_{1y}(\beta-\beta_0)+\mathfrak{a}_{1z}(\gamma-\gamma_0)=h_1\lambda,\\
(176)\quad &A_2 = 2h_2\pi \text{ oder } \mathfrak{a}_{2x}(\alpha-\alpha_0)+\mathfrak{a}_{2y}(\beta-\beta_0)+\mathfrak{a}_{2z}(\gamma-\gamma_0)=h_2\lambda,\\
&A_3 = 2h_3\pi \text{ oder } \mathfrak{a}_{3x}(\alpha-\alpha_0)+\mathfrak{a}_{3y}(\beta-\beta_0)+\mathfrak{a}_{3z}(\gamma-\gamma_0)=h_3\lambda
\end{aligned}
$$

mit ganzzahligen h_1, h_2, h_3 erfüllt sind.

47. Allgemeine Folgerungen über die Lage der Interferenzmaxima. Wir wollen die Gleichungen (176) umformen, indem wir in den Richtungen α_0, β_0, γ_0 und α, β, γ die Einheitsvektoren $\mathfrak{s}_0$ und $\mathfrak{s}$ einführen, deren Komponenten durch die entsprechenden Richtungskosinus selbst gegeben sind. So erhalten wir aus (176)

$$(177)\quad (\mathfrak{a}_1, \mathfrak{s}-\mathfrak{s}_0)=h_1\lambda, \quad (\mathfrak{a}_2, \mathfrak{s}-\mathfrak{s}_0)=h_2\lambda, \quad (\mathfrak{a}_3, \mathfrak{s}-\mathfrak{s}_0)=h_3\lambda.$$

Führen wir den Vektor $\mathfrak{h}$ durch die Definitionen

$$(178)\quad (\mathfrak{a}_1\mathfrak{h}) = h_1\lambda, \quad (\mathfrak{a}_2\mathfrak{h}) = h_2\lambda, \quad (\mathfrak{a}_3\mathfrak{h}) = h_3\lambda$$

ein, so folgt notwendig und eindeutig

$$(179)\quad \mathfrak{s}-\mathfrak{s}_0=\mathfrak{h}.$$

Da das skalare Produkt $(\mathfrak{a}_1\mathfrak{s}) = a_1 \cos(\mathfrak{a}_1\mathfrak{s})$ ist (a_1 ist die Länge von $\mathfrak{a}_1$), so ist die erste der Gleichungen (177) für bestimmte Werte des Winkels zwischen den Vektoren $\mathfrak{a}_1$ und $\mathfrak{s}$, d. h. auf einer Schar von Kreiskegeln mit $\mathfrak{a}_1$ als Achse erfüllt. Entsprechendes gilt für die beiden anderen Gleichungen (177). Ein Interferenzmaximum ist also zu erwarten, wo diese drei Kegelscharen, von demselben Punkt als Spitze aus gezogen, eine Gerade gemeinsam haben. Bei gegebener Wellenlänge würde dies freilich nur ausnahmsweise mit der hinreichenden Genauigkeit zutreffen. Ließe man einfarbige Röntgenstrahlung in beliebiger Richtung den Kristall durchsetzen, so würde man in der großen Mehrzahl der Fälle überhaupt kein Interferenzmaximum bekommen.[163]) Enthält jedoch die einfallende Strahlung, wie das tatsächlich der Fall ist, alle Wellenlängen eines gewissen Spektralbereiches in stetiger Folge, so wird bei diesem Versuch in vielen Fällen eine passende Wellenlänge vorhanden sein; wir kommen darauf später (Nr. **50** und **51**) zurück. Wir führen es als eine erste Bestätigung der Theorie an, daß man in der Tat in allen Interferenzaufnahmen die Interferenzpunkte nach Systemen durchbrochener Kegelschnitte anordnen kann. In manchen Fällen, z. B. bei der Durchstrahlung von

163) Nur das Maximum, welches durch $h_1 = h_2 = h_3 = 0$ bestimmt ist, tritt stets auf, es liegt aber in der Richtung des einfallenden Strahles und wird von diesem verdeckt.

Nickelsulfat längs einer zweizähligen Achse, drängt sich eine solche Anordnung dem Auge förmlich auf.

Die Einteilung des Raumgitters in Elementarparallelepipede kann stets auf unendlich viele Weisen vorgenommen werden. Dem entspricht, daß man statt der drei Vektoren $\mathfrak{a}_1, \mathfrak{a}_2, \mathfrak{a}_3$ drei andere

$$(180)\qquad \begin{aligned} \mathfrak{a}_1' &= \alpha_1^{(1)}\mathfrak{a}_1 + \alpha_1^{(2)}\mathfrak{a}_2 + \alpha_1^{(3)}\mathfrak{a}_3,\\ \mathfrak{a}_2' &= \alpha_2^{(1)}\mathfrak{a}_1 + \alpha_2^{(2)}\mathfrak{a}_2 + \alpha_2^{(3)}\mathfrak{a}_3,\\ \mathfrak{a}_3' &= \alpha_3^{(1)}\mathfrak{a}_1 + \alpha_3^{(2)}\mathfrak{a}_2 + \alpha_3^{(3)}\mathfrak{a}_3 \end{aligned}$$

einführt; die Koeffizienten $\alpha_j^{(h)}$ sind ganzzahlig, ihre Determinante A hat den Wert 1, weil die Größe der Parallelepipede aus $\mathfrak{a}_1, \mathfrak{a}_2, \mathfrak{a}_3$ und $\mathfrak{a}_1', \mathfrak{a}_2', \mathfrak{a}_3'$ übereinstimmen muß, deren Verhältnis durch A gegeben ist. Die Gleichberechtigung des gestrichenen Vektorensystems mit dem ungestrichenen zeigt sich auch an unseren Grundgleichungen; denn faßt man die drei Gleichungen (177) mit $\alpha_1^{(1)}, \alpha_1^{(2)}, \alpha_1^{(3)}$ zusammen, so erhält man nach (180)

(181)
$$(\mathfrak{a}_1', \mathfrak{s} - \mathfrak{s}_0) = h_1'\lambda, \quad h_1' = \alpha_1^{(1)}h_1 + \alpha_1^{(2)}h_2 + \alpha_1^{(3)}h_3,$$
und wenn man sie analog mit $\alpha_2^{(1)}, \alpha_2^{(2)}, \alpha_2^{(3)}$ oder $\alpha_3^{(1)}, \alpha_3^{(2)}, \alpha_3^{(3)}$ zusammenfaßt
$$\begin{aligned} (\mathfrak{a}_2', \mathfrak{s} - \mathfrak{s}_0) &= h_2'\lambda, \quad h_2' = \alpha_2^{(1)}h_1 + \alpha_2^{(2)}h_2 + \alpha_2^{(3)}h_3,\\ (\mathfrak{a}_3', \mathfrak{s} - \mathfrak{s}_0) &= h_3'\lambda, \quad h_3' = \alpha_3^{(1)}h_1 + \alpha_3^{(2)}h_2 + \alpha_3^{(3)}h_3. \end{aligned}$$

Die Auflösungen dieser Gleichungen nach den Zahlen h lauten wegen $A = 1$:

$$(182)\qquad \begin{aligned} h_1 &= A_1^{(1)}h_1' + A_2^{(1)}h_2' + A_3^{(1)}h_3',\\ h_2 &= A_1^{(2)}h_1' + A_2^{(2)}h_2' + A_3^{(2)}h_3',\\ h_3 &= A_1^{(3)}h_1' + A_2^{(3)}h_2' + A_3^{(3)}h_3' \end{aligned}$$

(die $A_m^{(n)}$ sind die Unterdeterminanten von A), sie haben wie diese Gleichungen selbst ganzzahlige Koeffizienten. Ist p der größte, gemeinsame, ganzzahlige Teiler der drei Zahlen h_1, h_2, h_3, so ist nach (181) p auch ein gemeinsamer Teiler der Zahlen h_1', h_2', h_3', und zwar der größte, weil andernfalls nach (182) auch die drei Zahlen h einen noch größeren Teiler hätten. *Die Zahl p behält somit beim Übergang vom ungestrichenen zum gestrichenen Vektorensystem ihre Bedeutung.*

Ebenso, wie den drei Vektoren $\mathfrak{a}_1, \mathfrak{a}_2, \mathfrak{a}_3$ eine Art entsprach, die Interferenzpunkte zu Kegelschnitten zusammenzufassen, gibt es für die Vektoren $\mathfrak{a}_1', \mathfrak{a}_2', \mathfrak{a}_3'$ eine andere derartige Zusammenfassung. Jeder der unendlich vielen Arten, das Raumgitter in Elementarparallelepipede einzuteilen, entspricht eine solche Zusammenfassung. In das vierzählige symmetrische Photogramm bei regulären Kristallen hat Herr

Wulff derartige Kegelschnitte eingezeichnet (Fig. 19), die ihnen beigefügten Zahlen sind die Indizes derjenigen kristallographischen Richtung, bezogen auf die drei Würfelkanten, welche für den entsprechenden Kreiskegel die Achse ist.

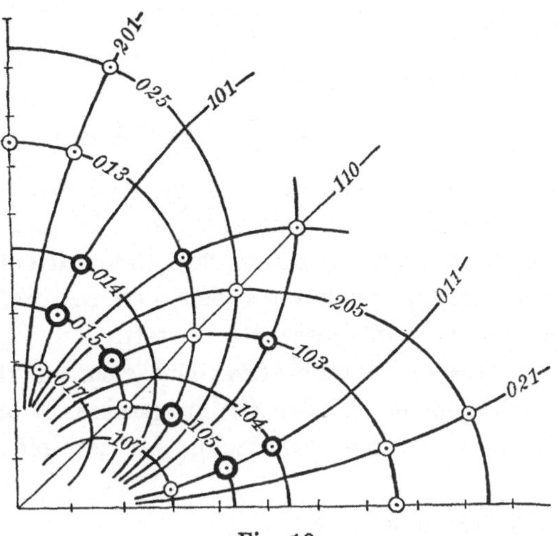

Fig. 19.

48. Ewalds Konstruktion der gebeugten Strahlen.[164]) Man kann die Richtungen, in welchen Interferenzmaxima („gebeugte Strahlen") aus dem Kristall austreten, leicht auf Grund der Gleichungen (178) und (179) durch Konstruktion finden. Wir ziehen dazu von einem beliebigen Ausgangspunkt O aus die drei Vektoren $\mathfrak{a}_1$, $\mathfrak{a}_2$, $\mathfrak{a}_3$ teilen die Gerade, auf welcher $\mathfrak{a}_1$ liegt, in Strecken von der Länge $1 : a_1$, und legen durch jeden Teilpunkt die zu ihr senkrechte Ebene. Entsprechend verfahren wir auf den Geraden von $\mathfrak{a}_2$ und $\mathfrak{a}_3$. Die so entstehenden drei Scharen äquidistanter paralleler Ebenen bilden das „reziproke" Raumgitter. Von dem Punkt O aus ziehen wir nun den Vektor $\overrightarrow{OS^0} = -\frac{\mathfrak{s}_0}{\lambda}$ und schlagen um seinen Endpunkt S^0 die Kugel mit dem Radius $S^0 O$. Nach jedem Gitterpunkt S, welchen die Kugel trifft, ziehen wir einen Vektor $\overrightarrow{S^0 S} = \frac{\mathfrak{s}}{\lambda}$; er gibt die Richtung eines möglichen Interferenzmaximums an. Beweis: Der Vektor

$$\overrightarrow{OS} = \frac{\mathfrak{h}}{\lambda} = \overrightarrow{OS^0} + \overrightarrow{S^0 S} = \frac{\mathfrak{s} - \mathfrak{s}^0}{\lambda}$$

hat nach Konstruktion die Projektionen $\frac{h_1}{a_1}, \frac{h_2}{a_2}, \frac{h_3}{a_3}$ nach den Richtungen von $\mathfrak{a}_1$, $\mathfrak{a}_2$, $\mathfrak{a}_3$, andererseits sind diese Projektionen gleich $\frac{(\mathfrak{a}_1 \mathfrak{h})}{\lambda a_1}, \frac{(\mathfrak{a}_2 \mathfrak{h})}{\lambda a_2}, \frac{(\mathfrak{a}_3 \mathfrak{h})}{\lambda a_3}$, so daß die Grundgleichungen (178) erfüllt sind.

Das Elementarparallelepiped des reziproken Raumgitters hat zu Kanten die drei nach *Gibbs*[165]) zu $\mathfrak{a}_1$, $\mathfrak{a}_2$, $\mathfrak{a}_3$ „reziproken" Vektoren

$$(183) \qquad \mathfrak{b}_1 = \frac{[\mathfrak{a}_2 \mathfrak{a}_3]}{(\mathfrak{a}_1 \mathfrak{a}_2 \mathfrak{a}_3)}, \quad \mathfrak{b}_2 = \frac{[\mathfrak{a}_3 \mathfrak{a}_1]}{(\mathfrak{a}_2 \mathfrak{a}_3 \mathfrak{a}_1)}, \quad \mathfrak{b}_3 = \frac{[\mathfrak{a}_1 \mathfrak{a}_2]}{(\mathfrak{a}_3 \mathfrak{a}_1 \mathfrak{a}_2)},$$

164) *P. P. Ewald,* Phys. Zeitschr. 14 (1913), p. 465.

165) Vgl. z. B. *E. Budde,* Tensoren und Dyaden im dreidimensionalen Raum, Braunschw. 1914, p. 3.

welche entsprechend der beschriebenen Konstruktion den Forderungen genügen, daß

$$(183\text{a})\qquad (\mathfrak{a}_j \mathfrak{b}_k) = \begin{matrix} 1, \text{ wenn } j = k, \\ 0, \text{ wenn } j \lessgtr k \end{matrix}$$

ist.[166]) Da nach (178)

$$(184)\qquad \frac{\mathfrak{h}}{\lambda} = h_1 \mathfrak{b}_1 + h_2 \mathfrak{b}_2 + h_3 \mathfrak{b}_3$$

ist, gehört $\mathfrak{h}$ stets zu den möglichen Achsenrichtungen des reziproken, aber im allgemeinen gerade deswegen nicht zu den möglichen Achsenrichtungen des ursprünglichen Raumgitters. Nur bei einem kubischen Raumgitter, welches zu dem ihm reziproken ähnlich ist, findet eine Ausnahme von dieser Regel statt.

Aus (179) und (184) läßt sich leicht die Wellenlänge in ihrer Abhängigkeit von den Ordnungszahlen h und der Richtung $\mathfrak{s}_0$ des einfallenden Strahles ermitteln. Da nämlich nach (179)

$$\mathfrak{s}^2 = (\mathfrak{s}_0 + \mathfrak{h})^2$$

oder wegen $\mathfrak{s}^2 = \mathfrak{s}_0^{\,2} = 1$

$$(185)\qquad -1 = 2\frac{(\mathfrak{s}_0 \mathfrak{h})}{\mathfrak{h}^2}$$

ist, folgt aus (184)

$$(186)\qquad \lambda = -2\frac{h_1(\mathfrak{s}_0 \mathfrak{b}_1) + h_2(\mathfrak{s}_0 \mathfrak{b}_2) + h_3(\mathfrak{s}_0 \mathfrak{b}_3)}{(h_1 \mathfrak{b}_1 + h_2 \mathfrak{b}_2 + h_3 \mathfrak{b}_3)^2}.$$

Für reguläre Kristalle wählt man passend die Kanten des Elementarwürfels als Grundvektoren $\mathfrak{a}$ und als Koordinatenachsen. Nach (183) fallen dann die reziproken Vektoren $\mathfrak{b}$ in dieselben Richtungen und erhalten die Länge $\frac{1}{a}$. Also vereinfacht sich (186) zu

$$(187)\qquad \frac{\lambda}{a} = -2\frac{h_1 \alpha_0 + h_2 \beta_0 + h_3 \gamma_0}{h_1^{\,2} + h_2^{\,2} + h_3^{\,2}}.$$

49. Die scheinbare Spiegelung an den Netzebenen des Raumgitters. Eine sehr einfache Deutung der Grundformeln wird durch die Gleichung (179) nahegelegt, deren Inhalt durch Figur 20 veranschaulicht wird. Da nämlich $\mathfrak{s}$ und $\mathfrak{s}_0$ beide Einheitsvektoren sind, liegt $\mathfrak{s}$ so, als wäre es aus $\mathfrak{s}_0$ durch Spiegelung an einer zu $\mathfrak{h}$ senkrechten Ebene entstanden. Diese Ebene ist nun eine Netzebene des Raumgitters. Beweis: Nach (184)

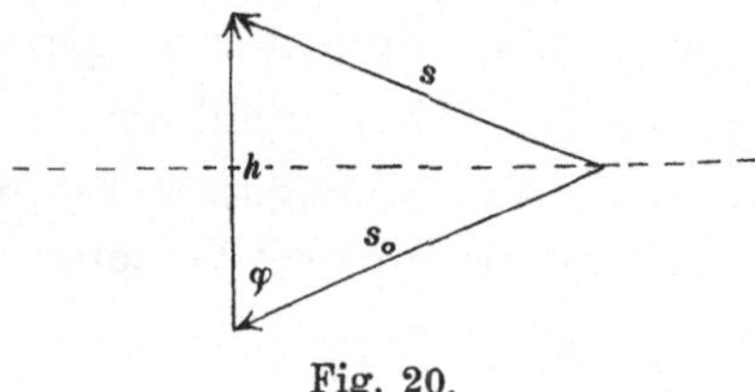

Fig. 20.

166) Wir verstehen unter $(\mathfrak{a}_1 \mathfrak{a}_2 \mathfrak{a}_3) = (\mathfrak{a}_2 \mathfrak{a}_3 \mathfrak{a}_1) = (\mathfrak{a}_3 \mathfrak{a}_1 \mathfrak{a}_2) = (\mathfrak{a}_1 [\mathfrak{a}_2 \mathfrak{a}_3])$ usw. das skalare Produkt aus $\mathfrak{a}_1$ und dem Vektor $[\mathfrak{a}_2 \mathfrak{a}_3]$; es gibt abgesehen vom Vorzeichen das Volumen des Parallelepipedes aus $\mathfrak{a}_1$, $\mathfrak{a}_2$, $\mathfrak{a}_3$ an.

hat eine solche Ebene die Gleichung:

$$(188) \qquad (h_1 \mathfrak{b}_{1x} + h_2 \mathfrak{b}_{2x} + h_3 \mathfrak{b}_{3x})x + (h_1 \mathfrak{b}_{1y} + h_2 \mathfrak{b}_{2y} + h_3 \mathfrak{b}_{3y})y + (h_1 \mathfrak{b}_{1z} + h_2 \mathfrak{b}_{2z} + h_3 \mathfrak{b}_{3z})z = C,$$

wo C eine Konstante bedeutet. Die Gerade, in welcher der Vektor $\mathfrak{a}_1$ liegt, hat die Gleichungen

$$(189) \qquad x = \mu \mathfrak{a}_{1x}, \quad y = \mu \mathfrak{a}_{1y}, \quad z = \mu \mathfrak{a}_{1z},$$

wo μ ein Parameter ist. Trägt man diese Werte in (188) ein, so findet man in Rücksicht auf (183a)

$$\mu = \frac{C}{h_1}.$$

Der Achsenabschnitt der Ebene (188) auf der genannten Achse ist aber nach (189)

$$\sqrt{x^2 + y^2 + z^2} = \mu |\mathfrak{a}_1| = C \frac{|\mathfrak{a}_1|}{h_1}.$$

Also verhalten sich diese drei Achsenabschnitte wie

$$\frac{|\mathfrak{a}_1|}{h_1} : \frac{|\mathfrak{a}_2|}{h_2} : \frac{|\mathfrak{a}_3|}{h_3}.$$

Die Ebene (188) ist demnach eine Netzebene des Raumgitters, und zwar sind ihre Indizes η_1, η_2, η_3 die kleinsten ganzen Zahlen, die sich wie $h_1 : h_2 : h_3$ verhalten. (Die Ordnungszahlen h können im Gegensatz zu den Indizes η noch einen ganzzahligen gemeinsamen Faktor p besitzen.) Also: *Der durch die Ordnungszahlen h_1, h_2, h_3 bestimmte abgebeugte Strahl ist so gerichtet, als wäre er an der Netzebene gespiegelt, deren Indizes η_1, η_2, η_3 sich wie h_1, h_2, h_3 verhalten.*[167])

Nach diesem Satze leuchtet es ein, daß man den Winkel

$$\varphi = \pi - (\mathfrak{s}_0 \mathfrak{h}) = \tfrac{1}{2}(\pi - (\mathfrak{s}\mathfrak{s}_0))$$

in Figur 20 als Einfallswinkel bezeichnen kann. Aus (179) und (184) folgt außerdem

$$(\mathfrak{s} - \mathfrak{s}_0)^2 = \mathfrak{h}^2$$

oder

$$(190) \qquad 2(1 - \cos(\mathfrak{s}\mathfrak{s}_0)) = \lambda^2 (h_1 \mathfrak{b}_1 + h_2 \mathfrak{b}_2 + h_3 \mathfrak{b}_3)^2$$
$$4 \cos^2 \varphi = p^2 \lambda^2 (\eta_1 \mathfrak{b}_1 + \eta_2 \mathfrak{b}_2 + \eta_3 \mathfrak{b}_3)^2.$$

Die Klammer auf der rechten Seite hat eine einfache Bedeutung. Die zu $\mathfrak{h}$ senkrechten Netzebenen des Gitters haben alle nach (188) Glei-

167) Bei hexagonalen Kristallen gibt man bekanntlich jeder Netzebene vier Indizes $\eta_1, \eta_2, \eta_3, \eta_c$, von denen sich die drei ersteren, deren Summe Null ist, auf die drei Nebenachsen, der vierte aber auf die Hauptachse beziehen. Ganz entsprechend hat dann ein Interferenzpunkt vier Ordnungszahlen h_1, h_2, h_3, h_c, welche sich wie die Indizes η verhalten, und es ist $h_1 + h_2 + h_3 = 0$.

chungen von der Form

$$(\eta_1 \mathfrak{b}_{1x} + \eta_2 \mathfrak{b}_{2x} + \eta_3 \mathfrak{b}_{3x})x + (\eta_1 \mathfrak{b}_{1y} + \eta_2 \mathfrak{b}_{2y} + \eta_3 \mathfrak{b}_{3y})y$$
$$(\eta_1 \mathfrak{b}_{1z} + \eta_2 \mathfrak{b}_{2z} + \eta_3 \mathfrak{b}_{3z}) = c.$$

Diejenige von ihnen, welche durch das Atom m_1, m_2, m_3 führt, ist nach (171) und (183a) durch

$$c = m_1 \eta_1 + m_2 \eta_2 + m_3 \eta_3$$

gekennzeichnet. Bringt man ihre Gleichung auf die Normalform, so erkennt man, daß

$$\frac{| m_1 \eta_1 + m_2 \eta_2 + m_3 \eta_3 |}{| \eta_1 \mathfrak{b}_1 + \eta_2 \mathfrak{b}_2 + \eta_3 \mathfrak{b}_3 |}$$

ihr Abstand vom Nullpunkt, also auch ihr Abstand von der Netzebene ist, in der das Atom $m_1 = m_2 = m_3 = 0$ liegt. Da die Indizes η keinen gemeinsamen Faktor mehr besitzen, lassen sich immer solche ganzzahlige Wertetripel m_1, m_2, m_3 angeben, daß der Zähler hier den Wert 1 erhält; ein kleinerer Wert (außer 0) ist nicht möglich. Also ist

(190a) $$d = \frac{1}{| \eta_1 \mathfrak{b}_1 + \eta_2 \mathfrak{b}_2 + \eta_3 \mathfrak{b}_3 |} \left(= \frac{a}{\sqrt{\eta_1^2 + \eta_2^2 + \eta_3^2}} \text{ für kubische Kristalle} \right)$$

der Abstand *benachbarter* Netzebenen $(\eta_1 \eta_2 \eta_3)$. Aus (190) folgt somit die wichtige Formel:

(191) $$p\lambda = 2d \cos \varphi.$$

Sie entspricht ganz der Bedingung dafür, daß bei der Spiegelung von Licht an einer planparallelen Platte von der Dicke d ein Interferenzmaximum auftritt (vgl. (42) und (43)). Ihr Inhalt ist, daß, wenn unter dem Winkel φ einfallende Strahlung von der Wellenlänge λ ein Interferenzmaximum ergibt, die von zwei benachbarten, parallelen Netzebenen herrührenden Wellen mit *ganzen* Wellenlängen Gangunterschied interferieren. Sie zeigt zugleich, wie auch (186), daß am Orte, an welchem die Wellenlänge λ ein Maximum ergibt, auch Maxima für die Wellenlängen $\frac{\lambda}{2}, \frac{\lambda}{3}, \cdots$ möglich sind. *Die Ordnung p des betreffenden Interferenzmaximums ist der größte gemeinsame Faktor der Ordnungszahlen h_1, h_2, h_3.*

Für die Zwecke von Nr. **54** führen wir schließlich noch als Folgerung aus (184) und (190a) die Gleichung

(192) $$|\mathfrak{h}| = \frac{p\lambda}{d}$$

an.

Daß die Lage der Interferenzpunkte dem Spiegelungsgesetz gehorcht, haben zuerst die Herren *Bragg* bei regulären Kristallen am vierzählig symmetrischen Photogramm nachgewiesen. Ihnen verdanken wir auch die Gleichung (191) sowie die schönsten Bestätigungen beider Gesetze durch den Versuch; wir wollen sogleich hinzufügen, daß diese Versuche mit noch größerer Genauigkeit von *Moseley* und *Darwin* wiederholt worden sind.[168])

50. Die selektive Spiegelung an Kristallen. Die bisher besprochene Theorie setzt in der einfallenden Strahlung stets eine einzige Wellenlänge voraus. Die Röntgenröhre liefert statt dessen Strahlung von einem breiten, kontinuierlichen Spektrum, dem jedoch, wie man schon länger weiß, meist noch einfarbige, für das Material der Antikathode charakteristische Fluoreszenzstrahlungen beigemischt sind.[169]) Nur von diesen spektral homogenen Bestandteilen soll in dieser Nummer die Rede sein, so daß wir in Formel (191) die Wellenlänge als gegeben zu betrachten haben. Diese Gleichung sagt dann aus, daß Spiegelung mit merklicher Intensität nur bei ganz bestimmten Einfallswinkeln stattfindet, deren Kosinus im Verhältnis der ganzen Zahlen 1, 2, 3 usw. stehen. Dies haben nun die Versuche von *Bragg* sowie *Moseley* und *Darwin* an einer großen Reihe von Kristallen, Steinsalz, Zinkblende, Gips, Ferrocyankalium und anderen dargetan. In Fig. 21 zeigen beide Kurven die Intensität der gespiegelten Röntgenstrahlung (durch Ionisationswirkungen gemessen) in Abhängigkeit vom Einfallswinkel φ. Der Kristall ist bei beiden Kurven Steinsalz, doch gibt Kurve I die Spiegelung an einer Würfelfläche (100), Kurve II die an einer Oktaederfläche (111) an. In beiden Kurven überlagern sich über die im allgemeinen mit abnehmendem Einfallswinkel abklingende Kurve Gruppen von je drei scharfen Maxima; sie liegen bei denjenigen Einfallswinkeln φ, bei welchen für die Wellenlänge einer charakteristischen Fluoreszenzstrahlung Gleichung (191) erfüllt ist.

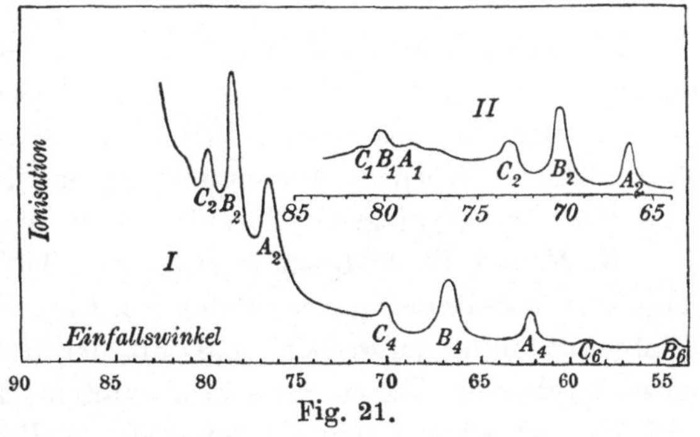

Fig. 21.

168) *W. L. Bragg*, Proc. Cambr. Phil. Soc. 17 (1913), p. 43; *W. H.* und *W. L. Bragg*, Proc. Roy. Soc. 1913, p. 88, 428; *H. G. J. Moseley* u. *C. G. Darwin*, Phil. Mag. 26 (1913), p. 210. Alle Arbeiten deutsch in der Z.-S. für anorgan. Chemie 90 (1915), p. 153 u. f.

169) Siehe z. B. *C. B. Barkla*, Phil. Mag. 22 (1911), p. 396, oder *R. Pohl*, Die Physik der Röntgenstrahlen, Braunschw. 1912, Kap. 5.

Da die cos φ sich für die mit dem gleichen Buchstaben A, B oder C bezeichneten Maxima wie 1 : 2 : 3 verhalten, so gehören sie der gleichen Strahlung an und geben für diese die Interferenzmaxima verschiedener Ordnung. Die Ordnungszahl ist in Fig. 21 im Index der Buchstaben A, B oder C angegeben; weshalb in der Kurve I die ungeraden Ordnungen fehlen, werden wir in Nr. **56** besprechen. Eine weitere scharfe Prüfung der Theorie liegt im Vergleich beider Kurven. Die Maxima A_2 liegen bei ihnen bei verschiedenen Einfallswinkeln; die beiden cos φ verhalten sich wie $\sqrt{3} : 1$; dasselbe gilt für die Maxima B_2 und C_2. Da der Abstand zweier Netzebenen (100) aber gleich der Würfelkante a des regulären Raumgitters, der Abstand zweier Flächen (111) $a : \sqrt{3}$ ist, so ergibt sich für entsprechende Maxima in beiden Kurven nach Formel (191) der gleiche Wert von λ. Die Genauigkeit der Versuche mag man daraus entnehmen, daß *Moseley* und *Darwin* die Einfallswinkel bis auf eine Minute bestimmen konnten und daß sich nach ihren Angaben zweifellos noch genauere Messungen erreichen lassen.

Die völlige Analogie zur Optik, welche unsere Theorie kennzeichnet, findet sich auch bei gewissen Absorptionsmessungen. Es ist für die Intensität des gespiegelten Strahles dasselbe, wenn wir einen absorbierenden Körper (Aluminium) einmal dem einfallenden, das andere Mal dem gespiegelten Strahl in den Weg stellen.

W. H. und *W. L. Bragg* haben durch Aufnahme derartiger Spiegelungskurven bei einer ganzen Reihe von Elementen die charakteristische Röntgenstrahlung aufgesucht und mit der Gitterkonstanten des Steinsalzes verglichen. Da sie diese in absolutem Maße bestimmen konnten (vgl. Nr. **56**), so konnten sie damit die Wellenlängen absolut messen. Die drei besprochenen Linien des Platinspektrums haben z. B. die Wellenlängen (A) $1{,}3 \cdot 10^{-8}$, (B) $1{,}1 \cdot 10^{-8}$, (C) $9{,}5 \cdot 10^{-9}$ cm; sowohl (B) als (C) hat sich in neueren Untersuchungen in zwei benachbarte Linien auflösen lassen.

Die sehr eingehenden Untersuchungen von *Moseley*[170]) haben zu dem sehr bemerkenswerten Gesetz geführt, daß jedes chemische Element zwei Hauptlinien aussendet, eine härtere K-Linie, deren Frequenz sich aus der Ordnungszahl des Elementes N im periodischen System, und der universellen Frequenz $n_0 = 3{,}291 \cdot 10^{15}\ \mathrm{sec}^{-1}$ des *Rydberg*schen Spektralgesetzes nach der Formel

(192a) $$n = (1 - (\tfrac{1}{2})^2)(N-1)^2 n_0 = \tfrac{3}{4}(N-1)^2 n_0$$

170) *H. G. J. Moseley,* Phil. Mag. 26 (1913), p. 1024; 27 (1914); p. 703; vgl. auch *J. R. Rydberg,* Phil. Mag. 28 (1914), p. 144.

berechnet, und eine weichere L-Linie, für deren Frequenz ähnliche Formeln vorgeschlagen sind. Außer diesen Hauptlinien gibt es eine Anzahl Satelliten. Die kürzeste Wellenlänge ($7{,}2 \cdot 10^{-10}$ cm) haben bisher *Rutherford* und *Andrade* bei den γ-Strahlen des Radium B oder C nachgewiesen.[162])

51. Die allgemeine Spiegelung. Wie an Fig. 21 zu sehen, findet neben der besprochenen selektiven Spiegelung auch eine allgemeine Spiegelung bei allen Einfallswinkeln innerhalb eines gewissen Bereiches statt. Fig. 22, die mit einer Platinantikathode an Ferrocyankalium aufgenommen ist, zeigt für die letztere die Abhängigkeit der gespiegelten Intensität von dem Einfallswinkel. Die scharfen Maxima, welche der selektiven Spiegelung entsprächen, sind fortgelassen; nur ihre Stellen sind mit den Buchstaben A, B, C, welche dieselbe Bedeutung wie in Fig. 21 haben, angegeben. Auf Grund der Formel (191) müssen wir diese allgemeine Spiegelung auf das kontinuierliche Spektrum der einfallenden Röntgenstrahlen zurückführen und können im Anschluß an

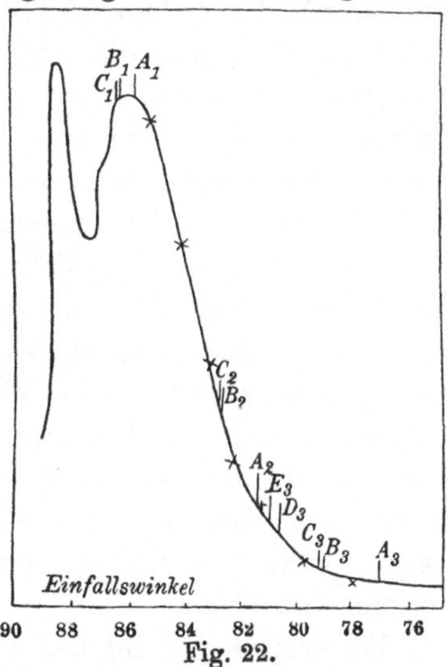

Fig. 22.

Moseley und *Darwin* die folgenden Schlüsse über sie ziehen. Aus der Gesamtheit der vorhandenen Wellenlängen werden bei gegebenen φ diejenigen ausgesondert, welche der Formel (191) genügen. Beginnen wir bei streifendem Einfall $\left(\varphi = \frac{\pi}{2}\right)$, so erfüllt keine endliche Wellenlänge diese Bedingung, es tritt somit kein gespiegelter Strahl auf. Lassen wir den Einfallswinkel abnehmen und damit seinen Kosinus wachsen, so kommen wir allmählich in einen Bereich, in welchem die kürzesten vorhandenen Wellenlängen mit $p = 1$ dieser Gleichung genügen, also Interferenzen erster Ordnung ergeben. Die zugehörige Intensität in der einfallenden Strahlung wird dabei zunächst gering sein, aber allmählich wachsen, bis ein Maximum erreicht wird, das wenigstens ungefähr dem Intensitätsmaximum im Spektrum der einfallenden Strahlung entspricht. Darüber hinaus setzt ein Abfall der Kurve ein. Doch nun tritt bald die Komplikation ein, daß bei weiterem Anwachsen von φ auch Interferenzen zweiter Ordnung auftreten, so daß wir jetzt bei gleichem φ zwei Wellenlängen in der gespiegelten Strahlung haben. Später tritt sogar noch eine dritte, vierte usw. Ordnung auf. Könnte man die Interferenzen einer bestimmten Ordnung aussondern, so würden sie eine Spiegelungskurve ergeben, welche der beschriebenen ähnlich verläuft, nur, in der Skala der $\cos\varphi$ gemessen, einen $p$mal größeren Bereich einnimmt. Tatsächlich überlagern sich alle derartigen Kurven, und es ergibt sich im allgemeinen eine Spiegelungskurve, welche mehrere Maxima hat. In Fig. 22 z. B. sieht man noch ein zweites Maximum, welches, wie aus seiner Lage gegen das erste nach (191) hervorgeht, den Interferenzen dritter Ordnung entspricht; die Interferenzen zweiter Ordnung haben relativ geringe Intensität und ergeben infolgedessen nur die Biegung der Kurve in der Nähe von $\varphi = 87^0$. Da das zweite Maximum ungefähr bei demselben Einfallswinkel wie das Maximum B_1 liegt, hat das Intensitätsmaximum im kontinuierlichen Teil des Röntgenstrahlspektrums in dem hier dargestellten Falle eine dreimal kleinere Wellenlänge als B, also ungefähr $3{,}6 \cdot 10^{-9}$ cm, was vortrefflich mit den in der Einleitung erwähnten Schätzungen übereinstimmt. Doch kann man im Gegensatz zur Fluoreszenzstrahlung die Wellenlängen des spektral kontinuierlichen Anteils verändern, indem man die Härte der Röntgenröhre verändert. Man erkennt dies an einer Verschiebung der gesamten Spiegelungskurve nach den größeren Einfallswinkeln, also kleineren Wellenlängen, wenn die Röhre härter, im umgekehrten Sinne, wenn sie weicher wird.[170a])

Bei dem in Nr. **50** und hier besprochenen Versuchen ähnelt die Spiegelung der Röntgenstrahlen der des Lichtes, weil aus experimentellen Gründen eine der natürlichen Grenzflächen des Kristalles als Spiegelungsfläche benutzt war. Doch ist die Ähnlichkeit eine rein äußerliche. Die Spiegelung des Lichtes ist ein *Oberflächeneffekt*, sie ist, wenn sie regelmäßig auftreten soll, an die Bedingung der Glattheit der Oberfläche gebunden und findet sich bei Kristallen nicht nur an natürlichen Grenzflächen, welche stets Netzebenen des Raumgitters sind, sondern auch an beliebigen angeschliffenen Flächen. Für die Spiegelung von Röntgenstrahlen hingegen ist es ganz gleichgültig, ob die Spiegelungsfläche als Grenzfläche auftritt oder nicht. Einem Kristall künstlich angeschliffene Flächen, welche nicht Netzebenen sind, spiegeln ebensowenig wie die Begrenzungen amorpher Körper, z. B. Glas. Und schließlich ist es für die Spiegelung an einer natürlichen Grenzfläche völlig gleichgültig, ob man sie glatt läßt oder künstlich aufrauht. Die Spiegelung der Röntgenstrahlen ist eben, wie aus allen unseren Ausführungen hervorgeht, ein *Volumeneffekt*. In Einklang damit

170a) *W. Friedrich,* Ann. d. Phys. 44 (1914), p. 1169.

steht, daß bei den erwähnten Spiegelungsversuchen mit inhomogener Strahlung außer dem an der Grenzfläche gespiegelten Strahl auch andere, an anderen Netzebenen reflektierte auftreten.

Wir können jetzt, auf eine Bemerkung in Nr. 47 zurückgreifend, sagen: Durchstrahlen wir einen Kristall mit Röntgenstrahlen einer bestimmten Wellenlänge, so müssen wir, um überhaupt ein Interferenzmaximum zu erhalten, in ganz bestimmten Richtungen durchstrahlen, da im allgemeinen für keine Netzebene die Gleichung (191) erfüllt ist. Hat die einfallende Strahlung hingegen ein kontinuierliches Spektrum, so wird sich je nach den Umständen mehr oder minder häufig eine Netzebene finden, für welche Gleichung (191) mit einer oder mehreren der verfügbaren Wellenlängen erfüllt ist; in allen diesen Fällen kommt dann ein Interferenzpunkt zustande. Daß ein Interferenzpunkt im allgemeinen neben der Grundwellenlänge λ auch noch die zugehörigen „harmonischen Obertöne" $\frac{\lambda}{2}, \frac{\lambda}{3}, \cdots$ enthält, haben *Wagner*[171]) und *Glocker*[172]) gezeigt. Sie durchstrahlten Steinsalz und ließen eines der Interferenzmaxima auf einen zweiten Steinsalzkristall in solcher Richtung fallen, daß die verschiedenen Wellenlängen $\lambda, \frac{\lambda}{2}, \cdots$ an verschiedenen Netzebenen Interferenzmaxima erster Ordnung ergeben konnten. Sie erhielten dann eine Interferenzfigur, in welcher nur solche Punkte auftraten, deren Grundwellenlängen λ oder $\frac{\lambda}{2}$ oder $\frac{\lambda}{3}, \cdots$ waren. Andere Punkte, welche mit einer unmittelbar von der Röhre kommenden Strahlung unter den gleichen Umständen leicht zu erhalten waren, aber andere Grundwellenlängen enthielten, fanden sich nicht — ein Beweis, daß in dem untersuchten Maximum mehrere zueinander harmonische Wellenlängen und *nur* solche auftraten.

52. Die Intensität der Interferenzpunkte.[173]) Der Maximalwert der Funktion $\frac{\sin^2 M_1 A_1}{\sin^2 \frac{1}{2} A_1}$ ist $4 M_1^2$, die Maxima der Intensität sind somit nach (175) für homogene Strahlung einer bestimmten Richtung proportional zum Quadrat der Zahl $8 M_1 M_2 M_3$ aller bestrahlten Gitterelemente, unabhängig von den Indizes η_1, η_2, η_3 der spiegelnden Netzebene. Fragen wir aber *für inhomogene Strahlung* nach der gesamten Intensität eines Interferenzpunktes, so müssen wir bedenken, daß wegen der zwar kleinen, aber endlichen Breite der Maxima der Funktion (175)

171) *E. Wagner,* Phys. Zeitschr. 14 (1913), p. 1232.

172) *R. Glocker,* Phys. Zeitschr. 15 (1914), p. 401.

173) *P. Debye,* Ann. d. Phys. 43 (1914), p. 49 nach brieflicher Mitteilung von *H. A. Lorentz.* Die von *Lorentz* ursprünglich in einem Colleg vorgetragene Ableitung wird mitgeteilt von *J. Kern,* Physikal. Zeitschr. 15 (1914), p. 136; für beliebige Kristallsysteme zuerst bei *Laue,* Festschrift, vgl. Anm. 162.

nicht nur die nach (191) berechnete Wellenlänge zu ihm beiträgt, sondern auch gewisse, ihr benachbarte, daß ferner die einfallende Strahlung nicht nur aus einer bestimmten Richtung $\mathfrak{s}_0$ kommt, sondern aus einem kleinen, aber endlichen körperlichen Winkel. Beide Umstände machen, da das Element des körperlichen Winkels $\frac{d\alpha_0\, d\beta_0}{\gamma_0}$ ist, die Multiplikation des Ausdrucks (175) mit $\frac{d\alpha_0\, d\beta_0}{\gamma_0}\, dk$ und die Integration nach α_0, β_0 und k erforderlich. Führt man statt dieser nach (174) A_1, A_2, A_3 als Integrationsvariable ein, so hat man, da

$$\frac{1}{\gamma_0}\, d\alpha_0\, d\beta_0\, dk = \frac{1}{\gamma_0}\, \frac{1}{|D|}\, dA_1\, dA_2\, dA_3$$

ist, zunächst die Funktionaldeterminante

$$D = \begin{vmatrix} \frac{\partial A_1}{\partial \alpha_0} & \frac{\partial A_1}{\partial \beta_0} & \frac{\partial A_1}{\partial k} \\ \frac{\partial A_2}{\partial \alpha_0} & \frac{\partial A_2}{\partial \beta_0} & \frac{\partial A_2}{\partial k} \\ \frac{\partial A_3}{\partial \alpha_0} & \frac{\partial A_3}{\partial \beta_0} & \frac{\partial A_3}{\partial k} \end{vmatrix}$$

zu berechnen. Bedenken wir, daß der Integrationsbereich nur ein kleiner ist, so können wir D in ihm als konstant betrachten und ihm den Wert beilegen, welcher sich aus den Gleichungen (176) und den aus ihnen folgenden ergibt. Indem wir nach (174)

$$\frac{\partial A_1}{\partial k} = \mathfrak{a}_{1x}(\alpha - \alpha_0) + \mathfrak{a}_{1y}(\beta - \beta_0) + \mathfrak{a}_{1z}(\gamma - \gamma_0) = \frac{2\pi h_1}{k}$$

usw. setzen, finden wir so

$$D = -\frac{2\pi k}{\gamma_0^2} \begin{vmatrix} [\mathfrak{a}_1 \mathfrak{s}_0]_y & [\mathfrak{a}_1 \mathfrak{s}_0]_x & h_1 \\ [\mathfrak{a}_2 \mathfrak{s}_0]_y & [\mathfrak{a}_2 \mathfrak{s}_0]_x & h_2 \\ [\mathfrak{a}_3 \mathfrak{s}_0]_y & [\mathfrak{a}_3 \mathfrak{s}_0]_x & h_3 \end{vmatrix}$$

$$= \frac{2\pi k}{\gamma_0^2} \{ h_1 [[\mathfrak{a}_2 \mathfrak{s}_0][\mathfrak{a}_3 \mathfrak{s}_0]]_z + h_2 [[\mathfrak{a}_3 \mathfrak{s}_0][\mathfrak{a}_1 \mathfrak{s}_0]]_z + h_3 [\mathfrak{a}_1 \mathfrak{s}_0][\mathfrak{a}_2 \mathfrak{s}_0]]_z \}.$$

Machen wir sodann von der Vektorregel

$$[\mathfrak{A}[\mathfrak{B}\mathfrak{C}]] = \mathfrak{B}(\mathfrak{C}\mathfrak{A}) - \mathfrak{C}(\mathfrak{A}\mathfrak{B})$$

und von den Gleichungen (183), (184) und (185) Gebrauch, so formt sich dies, da $\mathfrak{s}_{0z} = \gamma_0$ ist, um zu

$$D = \frac{2\pi k}{\gamma_0} \{ h_1 (\mathfrak{s}_0 [\mathfrak{a}_2 \mathfrak{a}_3]) + h_2 (\mathfrak{s}_0 [\mathfrak{a}_3 \mathfrak{a}_1]) + h_3 (\mathfrak{s}_0 [\mathfrak{a}_1 \mathfrak{a}_2]) \}$$

$$= \frac{2\pi k}{\gamma_0} (\mathfrak{a}_1 \mathfrak{a}_2 \mathfrak{a}_3) \{ h_1 (\mathfrak{s}_0 \mathfrak{b}_1) + h_2 (\mathfrak{s}_0 \mathfrak{b}_2) + h_3 (\mathfrak{s}_0 \mathfrak{b}_3) \}$$

$$= \frac{2\pi k}{\lambda \gamma_0} (\mathfrak{a}_1 \mathfrak{a}_2 \mathfrak{a}_3)(\mathfrak{s}_0 \mathfrak{h}) = -\frac{\pi k}{\lambda \gamma_0} (\mathfrak{a}_1 \mathfrak{a}_2 \mathfrak{a}_3) \mathfrak{h}^2.$$

Unter nochmaliger Anwendung von (184) und in Rücksicht auf (190a) schließt man daraus

$$\begin{aligned}\gamma_0 |D| &= 2\pi^2(\mathfrak{a}_1\mathfrak{a}_2\mathfrak{a}_3)(h_1\mathfrak{b}_1 + h_2\mathfrak{b}_2 + h_3\mathfrak{b}_3)^2 \\ &= 2\pi^2 p^2(\mathfrak{a}_1\mathfrak{a}_2\mathfrak{a}_3)(\eta_1\mathfrak{b}_1 + \eta_2\mathfrak{b}_2 + \eta_3\mathfrak{b}_3)^2 \\ &= 2\pi^2(\mathfrak{a}_1\mathfrak{a}_2\mathfrak{a}_3)\frac{p^2}{d^2}.\end{aligned}$$

Wegen der Schärfe der Maxima der Funktion (175) ist es von geringem Belange, wie man die Integrationsgrenze wählt, wenn nur im Integrationsbereich ein einziges Maximum von ihr liegt. Diese Bedingung wird erfüllt, wenn man $\pm\pi$ als Grenzen für alle drei Integrationen wählt. Da nach (118a)

$$\int_{-\pi}^{+\pi} \frac{\sin^2 M_1 A_1}{\sin^2 \frac{1}{2} A_1}\, dA_1 = 4\pi M_1$$

ist, findet man so für die Intensität des Interferenzpunktes h_1, h_2, h_3 bei Anwendung inhomogener Strahlung

$$J = \frac{32\pi M_1 M_2 M_3}{(\mathfrak{a}_1\mathfrak{a}_2\mathfrak{a}_3)} \cdot \frac{|\psi|}{(h_1\mathfrak{b}_1 + h_2\mathfrak{b}_2 + h_3\mathfrak{b}_3)^2} = \frac{32\pi M_1 M_2 M_3}{(\mathfrak{a}_1\mathfrak{a}_2\mathfrak{a}_3)} \cdot \frac{|\psi| d^2}{p^2}$$

(193)

$$\left(= \frac{32\pi M_1 M_2 M_3 |\psi|}{a(h_1^2 + h_2^2 + h_3^2)} \quad \text{bei regulären Kristallen}\right).$$

Die Zahl der Atome pro Flächeneinheit der Netzebene $(\eta_1\eta_2\eta_3)$ ist zum Abstand d benachbarter Netzebenen proportional. Somit ist das Reflexionsvermögen der Ebene $(\eta_1\eta_2\eta_3)$ proportional zum Quadrat ihrer Belegungsdichte und umgekehrt proportional zum Quadrat der Ordnungszahl p der Interferenz; von den in demselben Punkt nach (191) möglichen Wellenlängen wird die Grundwellenlänge bevorzugt. Diese Bevorzugung der dichter belegten Ebenen tritt aber lediglich sekundär bei inhomogener Strahlung auf, weil bei ihnen der Bereich von Wellenlängen und Richtungen, die zum Interferenzpunkt beitragen, größer ist als bei minder dicht belegten.

In den folgenden Erörterungen wollen wir statt an (193) an den einfacheren Ausdruck (175) anknüpfen. Die Ausführung der hier besprochenen Integration würde stets nur die Folge haben, daß man die angegebenen Intensitäten mit

$$\frac{32\pi M_1 M_2 M_3 d^2}{(\mathfrak{a}_1\mathfrak{a}_2\mathfrak{a}_3)p^2}$$

zu multiplizieren und durch die drei Sinusquotienten zu dividieren hat.

Es sei übrigens darauf hingewiesen, daß die Absorption der Röntgenstrahlen, von der wir hier völlig abgesehen haben, diese Ergebnisse beeinflussen muß.

53. Die Frage nach der Funktion ψ. Die Intensität der Interferenzpunkte hängt nach Gleichung (175) auch von dem Faktor

ψ ab, welcher Funktion von λ, α_0, β_0, γ_0, α, β und γ ist und durch die Interferenztheorie nicht bestimmt werden kann; denn er gibt an, wie das einzelne Gitterelement auf die einfallenden Wellen anspricht. Schon beim optischen Gitter haben wir eine völlig analoge Schwierigkeit (vgl. Nr. **17**).

54. Der Temperatureinfluß. Die Theorie, wie wir sie bisher entwickelt haben, denkt die Atome fest an ihre Orte im Raumgitter gebunden. Das ist aber nur beim absoluten Nullpunkt der Temperatur richtig. Bei jeder anderen Temperatur haben die Atome ja eine Wärmebewegung, so daß das Raumgitter wohl die Ruhelage, um welche sie schwingen, nicht aber ihren wirklichen Ort bestimmt. Vielmehr wird ein Atom in einem beliebig herausgegriffenen Augenblick gewisse Abweichungen ξ, η, ζ von der Ruhelage haben.

Die Vervollständigung der Theorie durch Berücksichtigung der Wärmebewegung verdanken wir *Debye.*[175]) Freilich hat diese Vervollständigung wohl nicht die, man möchte sagen, mathematische Genauigkeit der bisherigen Entwickelungen. Die statistische Theorie der Materie, welche dabei benutzt werden muß, steht gerade gegenwärtig in einer Krise, deren Ende noch nicht abzusehen ist: wir halten uns im folgenden an die alte *Boltzmann-Gibbs*sche Statistik, welche bei höheren Temperaturen jedenfalls im wesentlichen richtig ist. Zweitens aber ist die Art, wie die Atome in einem festen Körper an ihre Ruhelagen gebunden sind, nicht so leicht anzugeben. Streng genommen bewirkt die Gesamtheit der Nachbaratome diese Bindung; Kräfte zwischen der Ruhelage und dem Atom kann es nicht geben, weil in der Ruhelage nichts ist, wovon diese ausgeübt werden könnten. Wenn wir dennoch im folgenden einfach eine Kraft $f\varrho\,(\varrho^2 = \xi^2 + \eta^2 + \zeta^2)$ ansetzen, welche das Atom in die Ruhelage zurücktreibt, so können wir uns darauf berufen, daß dies Verfahren schon sonst in statistischen Problemen zu Folgerungen geführt hat, welche mit der Erfahrung im wesentlichen übereinstimmen. Der Proportionalitätsfaktor f muß dann so gewählt werden, daß die aus ihm berechnete Eigenfrequenz mit der optischen Eigenfrequenz des Kristalls im Ultraroten (im Gebiete der *Rubens*schen Reststrahlen) übereinstimmt; er hängt auch mit der Kompressibilität des Kristalles aufs engste zusammen.

Debye überlegt nun folgendermaßen: Die Geschwindigkeit der Wärmebewegung ist gegen die Lichtgeschwindigkeit so gering, daß es erlaubt sein wird, ihren Einfluß zu vernachlässigen. Es bleibt dann

175) *P. Debye,* Verhandl. d. deutsch. Phys.-Ges. 15 (1913), p. 678, 738, 857; Ann. d. Phys. 43 (1914), p. 49.

nur der Einfluß dieser Bewegung auf die Lage der Atome zu berücksichtigen. Durch eine einfache Erweiterung der Betrachtungen von Nr. **46** berechnen wir nun die Intensität J für beliebige Verrückungen ξ, η, ζ der Atome als Funktion der ξ, η, ζ. Mit deren Veränderung wird im Laufe der Zeit auch die Intensität J variieren, und zwar so schnell, daß immer nur statt der Momentanwerte J deren zeitlicher Mittelwert J zur Beobachtung kommt. Dieser Mittelwert ist identisch mit der sogenannten „mathematischen Hoffnung" für J; man berechnet ihn, indem man J mit der Wahrscheinlichkeit w des zugehörigen Systems der Verrückungen ξ, η, ζ multipliziert und dann über alle möglichen Werte der ξ, η, ζ integriert. Für w liefert die *Boltzmann-Gibbs*sche Statistik[176]), da nach dem angenommenen Kraftgesetz $\frac{f}{2}\varrho^2_{m_1, m_2, m_3}$ die potentielle Energie des Atoms m_1, m_2, m_3 ist,

$$w = Ce^{-\frac{f}{2\varkappa T}\Sigma\varrho^2_{m_1, m_2, m_3}},$$

wobei die Summation nach m_1, m_2, m_3 über dieselben Bereiche $2M_1$, $2M_2$, $2M_3$ auszuführen ist wie in Nr. **46**. T ist die absolute Temparatur, $\varkappa$ die Konstante des *Boltzmann*schen Prinzips (sonst meist mit k bezeichnet). Die Konstante C aber berechnet sich aus der Forderung, daß der Gesamtwert von w

$$\int_{-\infty}^{+\infty} \cdots w \Pi d\xi_{m_1, m_2, m_3} d\eta_{m_1, m_2, m_3} d\zeta_{m_1, m_2, m_3} = 1$$

sein muß (die Produktbildung Π ist hier analog der Summenbildung Σ auszuführen), zu

$$C = \left(\frac{f}{2\pi\varkappa T}\right)^{12 M_1 M_2 M_3}, \tag{194}$$

da hier $3 \times 8 M_1 M_2 M_3$ Integrale vom Werte

$$\int_{-\infty}^{+\infty} e^{-\frac{f}{2\varkappa T}u^2} du = \left(\frac{2\pi\varkappa T}{f}\right)^{\frac{1}{2}}$$

miteinander multipliziert sind.

Liegen die Verrückungen ξ, η, ζ vor, so werden die Koordinaten des Atoms m_1, m_2, m_3

$$\begin{aligned} x &= m_1 \mathfrak{a}_{1x} + m_2 \mathfrak{a}_{2x} + m_3 \mathfrak{a}_{3x} + \xi_{m_1, m_2, m_3} \\ y &= m_1 \mathfrak{a}_{1y} + m_2 \mathfrak{a}_{2y} + m_3 \mathfrak{a}_{3y} + \eta_{m_1, m_2, m_3} \\ z &= m_1 \mathfrak{a}_{1z} + m_2 \mathfrak{a}_{2z} + m_3 \mathfrak{a}_{3z} + \zeta_{m_1, m_2, m_3}, \end{aligned}$$

176) Die in Anm. 175) zuletzt genannte Arbeit von *Debye* ersetzt die *Boltzmann-Gibbs*sche Statistik durch die Quantentheorie, da aber letztere noch nicht hinreichend feste Formen hat, bleiben wir im Text bei den ersteren Arbeiten stehen.

und wir finden als Ausdruck für die resultierende Schwingung statt (173):

$$\psi(\alpha,\beta)\frac{e^{-ikR}}{R}\sum e^{ik[x(\alpha-\alpha_0)+y(\beta-\beta_0)+z(\gamma-\gamma_0)]}$$

$$=\psi(\alpha,\beta)\frac{e^{-ikR}}{R}\sum e^{ik[m_1A_1+m_2A_2+m_3A_3+\xi_{m_1,m_2,m_3}(\alpha-\alpha_0)+\eta_{m_1,m_2,m_3}(\beta-\beta_0)+\zeta_{m_1,m_2,m_3}(\gamma-\gamma_0)]}.$$

Multiplizieren wir damit den dazu konjugiert komplexen Ausdruck, so finden wir für die Intensität

$$J=\frac{|\psi|^2}{R^2}\sum_m\sum_{m'}e^{ik[(m_1-m_1')A_1+(m_2-m_2')A_2+(m_3-m_3')A_3]}$$

$$\times e^{ik[(\xi_{m_1,m_2,m_3}-\xi_{m_1',m_2',m_3'})(\alpha-\alpha_0)+(\eta_{m_1,m_2,m_3}-\eta_{m_1',m_2',m_3'})(\beta-\beta_0)+(\zeta_{m_1,m_2,m_3}-\zeta_{m_1',m_2',m_3'})(\gamma-\gamma_0)]}.$$

Der Mittelwert von J ist

$$\overline{J}=\int_{-\infty}^{+\infty}Jw\prod_n d\xi_{n_1,n_2,n_3}\,d\eta_{n_1,n_2,n_3}\,d\zeta_{n_1,n_2,n_3} \tag{195}$$

$$=\frac{|\psi|^2}{R^2}\sum_m\sum_{m'}K_{m_1,m_2,m_3,m_1',m_2',m_3'}\,e^{ik[(m_1-m_1')A_1+(m_2-m_2')A_2+(m_3-m_3')A_3]},$$

wobei

$$K_{m_1,m_2,m_3,m_1',m_2',m_3'}=C\int_{-\infty}^{+\infty}\dots e^{-\frac{f}{2\varkappa T}\sum_n\varrho^2_{n_1,n_2,n_3}}$$

$$\times e^{ik[(\xi_{m_1,m_2,m_3}-\xi_{m_1',m_2',m_3'})(\alpha-\alpha_0)+(\eta_{m_1,m_2,m_3}-\eta_{m_1',m_2',m_3'})(\beta-\beta_0)+(\zeta_{m_1,m_2,m_3}-\zeta_{m_1',m_2',m_3'})(\gamma-\gamma_0)]}$$

$$\times\Pi\,d\xi_{n_1,n_2,n_3}\,d\eta_{n_1,n_2,n_3}\,d\zeta_{n_1,n_2,n_3}$$

Dies Integral hat nun verschiedene Werte, je nachdem

a) $m_1=m_1'$, $m_2=m_2'$, $m_3=m_3'$,

oder

b) von den Wertepaaren m_1 und m_1', m_2 und m_2', m_3 und m_3' wenigstens eins zwei verschiedene Zahlen enthält.

Im Falle *a* berechnet sich K ganz wie oben die Konstante C, so daß $K=1$ wird. Im Fall *b* hingegen zerfällt K in drei Faktoren (abgesehen von C), von denen der erste

$$\int_{-\infty}^{+\infty}\dots e^{-\frac{f}{2\varkappa T}\sum_n\xi^2_{n_1,n_2,n_3}}e^{ik(\xi_{m_1,m_2,m_3}-\xi_{m_1',m_2',m_3'})(\alpha-\alpha_0)}\prod_n d\xi_{n_1,n_2,n_3} \tag{196}$$

lautet, während die beiden anderen aus ihm hervorgehen, wenn man ξ mit η oder ζ, α mit β oder γ vertauscht. In dem hingeschriebenen Integral liefert nun zunächst jede der $8M_1M_2M_3-2$ Integrationen nach allen ξ mit Ausnahme von ξ_{m_1,m_2,m_3} und $\xi_{m_1',m_2',m_3'}$ den Faktor

$\left(\frac{2\pi\varkappa T}{f}\right)^{\frac{1}{2}}$. Die beiden noch ausstehenden Integrationen fügen die Faktoren

$$\int_{-\infty}^{+\infty} e^{-\frac{f}{2\varkappa T}\xi^2_{m_1, m_2, m_3} + ik(\alpha-\alpha_0)\xi_{m_1, m_2, m_3}} d\xi_{m_1, m_2, m_3}$$

und

$$\int_{-\infty}^{+\infty} e^{-\frac{f}{2\varkappa T}\xi^2_{m_1', m_2', m_3'} - ik(\alpha-\alpha_0)\xi_{m_1', m_2', m_3'}} d\xi_{m_1', m_2', m_3'}$$

hinzu, deren gemeinsamer Wert

$$\left(\frac{2\pi\varkappa T}{f}\right)^{\frac{1}{2}} e^{-\frac{\varkappa T}{2f}k^2(\alpha-\alpha_0)^2}$$

ist. Somit ist das Integral (196) gleich

$$\left(\frac{2\pi\varkappa T}{f}\right)^{4M_1M_2M_3} e^{-\frac{\varkappa T}{f}k^2(\alpha-\alpha_0)^2}.$$

Fügt man noch die beiden anderen Faktoren von K hinzu, in welchen α mit β oder γ vertauscht ist, so findet man in Hinblick auf (194)

$$K = e^{-\frac{\varkappa T}{f}k^2[(\alpha-\alpha_0)^2+(\beta-\beta_0)^2+(\gamma-\gamma_0)^2]}.$$

Da nach Nr. 47 $\alpha, \beta, \gamma;\ \alpha_0, \beta_0, \gamma_0$ die Komponenten der Vektoren $\mathfrak{s}$, $\mathfrak{s}_0$ sind, so ist hier

$$(\alpha-\alpha_0)^2+(\beta-\beta_0)^2+(\gamma-\gamma_0)^2 = (\mathfrak{s}-\mathfrak{s}_0)^2$$

zu setzen. Für die mittlere Intensität folgt daraus, daß in (195) $K = 1$, wenn $m_1 = m_1'$, $m_2 = m_2'$, $m_3 = m_3'$, sonst

$$K = e^{-\frac{\varkappa T}{f}k^2(\mathfrak{s}-\mathfrak{s}_0)^2}$$

zu setzen ist.

Scheiden wir zunächst die Glieder aus der dortigen Summe aus, für welche das Erstere zutrifft, so finden wir $8\,M_1M_2M_3$ Summanden vom Werte 1. Addieren wir sodann alle diese Glieder, multipliziert mit $e^{-\frac{\varkappa T}{f}k^2(\mathfrak{s}-\mathfrak{s}_0)^2}$, so finden wir eine Summe

$$e^{-\frac{\varkappa T}{f}k^2(\mathfrak{s}-\mathfrak{s}_0)^2}\sum\sum e^{ik[(m_1-m_1')A_1+(m_2-m_2')A_2+(m_3-m_3')A_3]},$$

welche gleich

$$e^{-\frac{\varkappa T}{f}k^2(\mathfrak{s}-\mathfrak{s}_0)^2}\frac{\sin^2 M_1A_1 \sin^2 M_2A_2 \sin^2 M_3A_3}{\sin^2\frac{1}{2}A_1 \sin^2\frac{1}{2}A_2 \sin^2\frac{1}{2}A_3}$$

ist (vgl. die Formeln (173) und (175)). Schließlich müssen wir noch die soeben hinzugefügten Summanden abziehen, d. h.

$$8 M_1 M_2 M_3 \quad e^{-\frac{\varkappa T}{f} k^2 (\mathfrak{s} - \mathfrak{s}_0)^2}$$

subtrahieren, so finden wir

$$J = \frac{|\psi|^2}{R^2} \Big\{ 8 M_1 M_2 M_3 \Big(1 - e^{-\frac{\varkappa T}{f} k^2 (\mathfrak{s} - \mathfrak{s}_0)^2}\Big) \tag{197}$$
$$+ e^{-\frac{\varkappa T}{f} k^2 (\mathfrak{s} - \mathfrak{s}_0)^2} \frac{\sin^2 M_1 A_1 \sin^2 M_2 A_2 \sin^2 M_3 A_3}{\sin^2 \frac{1}{2} A_1 \sin^2 \frac{1}{2} A_2 \sin^2 \frac{1}{2} A_3} \Big\}.$$

Nach (179), (184) und (190a) ist dabei

$$k^2 (\mathfrak{s} - \mathfrak{s}_0)^2 = (2\pi)^2 \frac{\mathfrak{h}^2}{\lambda^2} = (2\pi)^2 (h_1 \mathfrak{b}_1 + h_2 \mathfrak{b}_2 + h_3 \mathfrak{b}_3)^2$$
$$= (2\pi)^2 p^2 (\eta_1 \mathfrak{b}_1 + \eta_2 \mathfrak{b}_2 + \eta_3 \mathfrak{b}_3)^2 = \left(\frac{2\pi p}{d}\right)^2 \tag{198}$$
$$\left(= \left(\frac{2\pi}{a}\right)^2 (h_1^2 + h_2^2 + h_3^2) \quad \text{bei regulären Kristallen}\right).$$

Der erste Summand in Gleichung (197) ist proportional zur Zahl $8 M_1 M_2 M_3$ der bestrahlten Atome; er ist Null in der Richtung des einfallenden Strahles ($\mathfrak{s} = \mathfrak{s}_0$), wächst, da nach Fig. 20

$$(\mathfrak{s} - \mathfrak{s}_0)^2 = \mathfrak{s}^2 + \mathfrak{s}_0^2 - 2(\mathfrak{s}\mathfrak{s}_0) = 2(1 - \cos\vartheta) \tag{199}$$

ist, zugleich mit dem Winkel ϑ zwischen $\mathfrak{s}$ und $\mathfrak{s}_0$, bis er für $\vartheta = \pi$ den Wert

$$8 M_1 M_2 M_3 \Big(1 - e^{-\frac{4\varkappa T}{f} k^2}\Big) \tag{200}$$

erreicht, ohne irgendwo ein Maximum zu haben. Er gibt offenbar die infolge der Ungeordnetheit der Wärmebewegung ohne regelmäßige Interferenz nach allen Seiten zerstreute Strahlung an.

Der für die Interferenzerscheinung kennzeichnende Summand ist der zweite; er enthält den früher für die Intensität gefundenen Ausdruck (175) als Faktor. Seine scharfen Maxima liegen an den durch die Gleichungen (176) angegebenen Stellen. Es ergibt sich somit als wichtigste Folgerung: (I) *Die Wärmebewegung beeinflußt nicht die Lage und Schärfe der Interferenzpunkte, sondern setzt nur deren Intensität herab.* Wie sie die Intensität beeinflußt, darüber lehrt der Ausdruck (197) im Vergleich mit (198), da d zur Belegungsdichte der spiegelnden Netzebene proportional ist: (II) *Die Wärmebewegung unterdrückt die Interferenzpunkte mit den höheren Ordnungszahlen h und setzt das Spiegelungsvermögen der weniger dicht besetzten Netzebenen herab.* In einem und demselben Interferenzpunkte wird die größte Wellenlänge, welche als Interferenz erster Ordnung auftritt ($p = 1$), stärker gespiegelt als die anderen.[177])

177) Weitere Literatur: *E. Schrödinger*, Phys. Zeitschr. 15 (1914) p. 79, 497; *J. Kern*, Phys. Zeitschr. 15 (1914), p. 337.

Es sei hier daran erinnert, daß nach Nr. 52 schon bei ruhenden Atomen das Zusammenwirken verschiedener Wellenlängen und der verschiedenen Richtungen im einfallenden Strahl zu einer Bevorzugung der kleineren Ordnungszahlen oder der stärker belegten Netzebenen und der größeren Wellenlängen führt.

Der Satz (I) wird von der Erfahrung glänzend bestätigt. Die Schärfe der Interferenzpunkte ist bei Untersuchungen bei Zimmertemperatur ($T = 300^0$) so groß, wie sie unter den vorliegenden Umständen nur irgend erwartet werden kann (da man nicht wie in der Optik mit einem auf unendlich eingestellten Fernrohr beobachten kann, beeinflussen der Querschnitt des einfallenden Strahlenbündels und die Dicke des Kristalls die Schärfe ungünstig). Sie ändert sich nicht, wenn man, wie es *de Broglie* mit Turmalin getan hat[178]), den Kristall auf die Temperatur der flüssigen Luft ($T = 80^0$) oder auf Rotglut (T mindestens $= 900^0$) bringt. Auch die Lage der Interferenzpunkte bleibt bei diesem Versuche unverändert. Dagegen ist die Abnahme ihrer Intensität mit steigender Temperatur so erheblich, daß man z. B. bei Steinsalz von 320^0 C ($T = 600^0$) bei einer Exposition, die bei Zimmertemperatur zur Photographie der Interferenzpunkte völlig ausreicht, keine Spur davon erhält.[179])

55. Kompliziertere Strukturen. Wir haben bisher einfache Raumgitter betrachtet, wie sie nur bei holoedrischen Kristallen auftreten. Aber schon bei diesen kann die Struktur verwickelter sein; bei einem regulären holoedrischen Kristall z. B. brauchen keineswegs nur die Ecken des elementaren Würfels Atome zu tragen, sondern es können auch die Mittelpunkte der Würfel oder die der Würfelflächen mit Atomen gleicher oder anderer Art besetzt sein. Bei den hemiedrischen Kristallen kann die Struktur noch viel verwickelter werden; nach *Schönflies* kommen für die Struktur der Kristalle im ganzen 230 verschiedene regelmäßige Punktsysteme in Betracht. Wir wollen die Interferenztheorie daraufhin erweitern, wollen uns aber dabei wiederum die Atome ruhend denken, indem wir vorwegnehmen[180]), daß unser Ergebnis durch die Berücksichtigung der Wärmebewegung keine wesentliche Änderung erfährt.

Außer den Atomen, deren Orte durch die Gleichungen (171) bestimmt sind, treten dann andere auf, die in den Punkten

$$(201)\quad \begin{aligned} x' &= (m_1 + \delta_1)\mathfrak{a}_{1x} + (m_2 + \delta_2)\mathfrak{a}_{2x} + (m_3 + \delta_3)\mathfrak{a}_{3x} \\ y' &= (m_1 + \delta_1)\mathfrak{a}_{1y} + (m_2 + \delta_2)\mathfrak{a}_{2y} + (m_3 + \delta_3)\mathfrak{a}_{3y} \\ z' &= (m_1 + \delta_1)\mathfrak{a}_{1z} + (m_2 + \delta_2)\mathfrak{a}_{2z} + (m_3 + \delta_3)\mathfrak{a}_{3z} \end{aligned}$$

178) *de Broglie,* Le Radium 10 (1913), p. 186.

179) *M. v. Laue* u. *J. Steph. van der Lingen,* Phys. Zeitschr. 15 (1914), p. 75.

180) *M. v. Laue,* Ann. d. Phys. 42 (1913), p. 1561.

liegen und im allgemeinen durch eine andere Funktion ψ' gekennzeichnet sind. Die Zahlen δ_1, δ_2, δ_3 sind dabei echte Brüche, deren Werte für das Punktsystem charakteristisch sind. Wir können die Lage eines gestrichenen zu einem ungestrichenen Atom auch durch den Vektor

$$\mathfrak{r}' = \delta_1 \mathfrak{a}_1 + \delta_2 \mathfrak{a}_2 + \delta_3 \mathfrak{a}_3$$

angeben. Treten mehrere derartige Atome auf, so haben wir jede Sorte durch einen derartigen Vektor $\mathfrak{r}'$, $\mathfrak{r}''$ ... in ihrer Lage zu bestimmen. In diesem Falle tritt an die Stelle der Summe (173)

$$(202) \qquad \frac{e^{-ikR}}{R}\Big\{\psi(\alpha,\beta)\sum e^{ik[x(\alpha-\alpha_0)+y(\beta-\beta_0)+z(\gamma-\gamma_0)]}$$
$$+\,\psi'(\alpha,\beta)\sum e^{ik[x'(\alpha-\alpha_0)+y'(\beta-\beta_0)+z'(\gamma-\gamma_0)]}+\cdots\Big\}$$
$$=\frac{e^{-ikR}}{R}\{\psi(\alpha,\beta)+\psi'(\alpha,\beta)e^{i\varrho'}+\cdots\}\sum_{m_1}\sum_{m_2}\sum_{m_3} e^{i(m_1A_1+m_2A_2+m_3A_3)}$$

wobei zur Abkürzung

$$(203) \qquad \varrho' = k[\mathfrak{r}_x'(\alpha-\alpha_0)+\mathfrak{r}_y'(\beta-\beta_0)+\mathfrak{r}_z'(\gamma-\gamma_0)]$$

gesetzt ist. Man sieht, daß in (202) der einzige Unterschied gegen früher in der Ersetzung der Funktion ψ durch die Klammer besteht. Wir können dies so ausdrücken, daß jetzt nicht mehr ein einzelnes Atom, sondern die Gesamtheit aller Atome eines Elementarparallelepipedes als Gitterelement wirkt. Interferenzmaxima können nur dort auftreten, wo die dreifache Summe in (202) ein Maximum besitzt, wo also die Gleichungen (176) erfüllt sind. *Die Lage der Interferenzmaxima gehorcht auch bei verwickelten Strukturen denselben Gesetzen wie beim einfachen Raumgitter.* Dagegen wird die Intensität der Interferenzpunkte durch die Klammer in (202), d. h. durch die Struktur, im allgemeinen beeinflußt; nach den Grundgleichungen mögliche Interferenzpunkte können z. B. durch das Verschwinden dieses *Strukturfaktors* völlig aufgehoben werden. Hemiedrische Strukturen *können* sich somit im Interferenzbild äußern, brauchen dies aber nicht zu tun; es wird vielmehr einer besonderen Untersuchung in jedem Fall bedürfen, um diese Frage zu entscheiden. Die Erfahrung bestätigt dies.

Da $\alpha-\alpha_0$, $\beta-\beta_0$, $\gamma-\gamma_0$ nach der Definition der Vektoren $\mathfrak{s}$ und $\mathfrak{s}_0$ (Nr. 47) die Komponenten des Vektors $\mathfrak{s}-\mathfrak{s}_0$ sind, welcher nach (179) am Ort des Interferenzmaximums h_1, h_2, h_3 gleich $\mathfrak{h}$ ist, so kann man Gleichung (203) nach (184) umformen in:

$$(203\text{a}) \qquad \varrho' = 2\pi(h_1(\mathfrak{r}'\mathfrak{b}_1)+h_2(\mathfrak{r}'\mathfrak{b}_2)+h_3(\mathfrak{r}'\mathfrak{b}_3))$$
$$\left(=\frac{2\pi}{a}(h_1\mathfrak{r}_x'+h_2\mathfrak{r}_y'+h_3\mathfrak{r}_z') \quad \text{für reguläre Kristalle}\right).$$

Dann ist der Strukturfaktor

(204) $$|\psi(\alpha,\beta) + \psi'(\alpha,\beta)\, e^{2\pi i(h_1(\mathfrak{r}'\mathfrak{b}_1)+h_2(\mathfrak{r}'\mathfrak{b}_2)+h_3(\mathfrak{r}'\mathfrak{b}_3))} + \dots|^2$$

ausgedrückt durch die Lage der ein-, zwei- usw. gestrichenen Atomarten und durch die Ordnungszahlen h des Interferenzpunktes. Der Zerlegung des Raumgitters in Netzebenen entspricht mehr die Umformung:

$$\varrho' = \frac{2\pi}{\lambda}\mathfrak{r}'_{\mathfrak{h}}|\mathfrak{h}| = 2\pi\,\mathfrak{r}'_{\mathfrak{h}}\,p\,|\eta_1\mathfrak{b}_1 + \eta_2\mathfrak{b}_2 + \eta_3\mathfrak{b}_3| = 2\pi\,\mathfrak{r}'_{\mathfrak{h}}\frac{p}{d}$$

(vgl. (184) und (190a)). Setzen wir in ihr

(204) $$\mathfrak{r}'_{\mathfrak{h}} = \vartheta' d,$$

so finden wir als Strukturfaktor

(205) $$|\psi(\alpha,\beta) + \psi'(\alpha,\beta)\, e^{2\vartheta' p\pi i} + \psi''(\alpha,\beta)\, e^{2\vartheta'' p\pi i} + \dots|^2.$$

Zur Deutung dieses Ausdruckes bedenke man, daß die eingestrichene, zweigestrichene usw. Atomart Raumgitter bilden, welche dem aus den ungestrichenen Atomen bestehenden kongruent sind, nur daß sie gegen letzteres die durch die Vektoren $\mathfrak{r}', \mathfrak{r}'' \dots$ gegebenen Verschiebungen haben. Die Netzebenen $(\eta_1\,\eta_2\,\eta_3)$ dieser verschiedenen Raumgitter fallen dabei im allgemeinen nicht zusammen, sondern die des eingestrichenen Raumgitters haben von denen des ungestrichenen den Abstand $\mathfrak{r}'_{\mathfrak{h}}$, da $\mathfrak{h}$ auf ihnen senkrecht steht. Die Zahl ϑ' gibt somit an, wie der Abstand d der ungestrichenen Netzebenen von den eingestrichenen Netzebenen unterteilt wird. Der Faktor (205) entspricht daher dem Interferenzeffekt aller derjenigen Wellen, welche von je einer ungestrichenen, einer eingestrichenen usw. Netzebene zurückgeworfen werden.

Als einfaches Beispiel wollen wir den Strukturfaktor eines flächenzentrierten Gitters im regulären System berechnen, wie es z. B. in Fig. 23 durch die eine Art von Punkten, etwa die schwarzen vorgestellt wird. Die daselbst mit 4, 5, 6 bezeichneten Punkte gehen aus dem Gitterpunkt B durch die Verschiebungen hervor:

$$\mathfrak{r}' = \tfrac{1}{2}(\mathfrak{a}_1 + \mathfrak{a}_2), \qquad \mathfrak{r}'' = \tfrac{1}{2}(\mathfrak{a}_2 + \mathfrak{a}_3), \qquad \mathfrak{r}''' = \tfrac{1}{2}(\mathfrak{a}_3 + \mathfrak{a}_1).$$

Nach Gl. (203a) wird also

$$\varrho' = \pi(h_1 + h_2), \qquad \varrho'' = \pi(h_2 + h_3), \qquad \varrho''' = \pi(h_3 + h_1).$$

Wegen völliger Vertauschbarkeit der vier Punkte im flächenzentrierten Gitter müssen auch die zugehörigen ψ unter sich gleich sein. Der Strukturfaktor wird daher

(204a) $$|\psi|^2\,|1 + e^{i\varrho'} + e^{i\varrho''} + e^{i\varrho'''}|^2$$
$$= |\psi|^2\,|1 + e^{i\pi(h_1+h_2)} + e^{i\pi(h_2+h_3)} + e^{i\pi(h_3+h_1)}|^2$$
$$= \begin{cases} 16\,|\psi|^2 \dots \text{alle } h \text{ gerade oder alle } h \text{ ungerade,} \\ 0 \quad \dots \text{im entgegengesetzten Fall.} \end{cases}$$

Bei einem einfachen flächenzentrierten Gitter können also Flecke mit „gemischten“ (teils geraden, teils ungeraden) Ordnungszahlen überhaupt nicht auftreten. Eine Fläche mit gemischten Indices kann nur in gerader Ordnung reflektieren. Entsprechendes gilt für alle Gitter, die sich aus mehreren flächenzentrierten zusammensetzen; ihr Strukturfaktor wird gefunden, indem man die durch (204) ausgedrückte Phasenzusammensetzung nur auf die vollständigen flächenzentrierten Gitter anwendet und dann entsprechend (204a) alle Flecke mit gemischten Indices streicht, die übrigen mit dem Gewicht $16|\psi|^2$ (gegenüber dem einfachen Gitter) bewertet.

56. Die Struktur des Steinsalzes und des Diamantes. Wir haben in Nr. **50** und **51** die selektive und die allgemeine Spiegelung an der Netzebene eines Raumgitters unterschieden und gesehen, daß die erstere die einfachere Erscheinung ist, weil man es bei ihr mit einer bestimmten Wellenlänge zu tun hat. Deshalb eignet sie sich auch besser zur Untersuchung von Kristallstrukturen. Von den zahlreichen Ergebnissen, welche die Herren *Bragg* nach dieser Methode erhalten haben, wollen wir nur die auf Steinsalz und Diamant bezüglichen hier genauer diskutieren.

Nach Fig. 21 treten bei der Spiegelung an einer Würfelfläche des Steinsalzes (Kurve I) nur Interferenzmaxima gerader Ordnung auf. Und bei einer Spiegelung an der Oktaederfläche (Kurve II) sind die Maxima erster Ordnung (A_1, B_1, C_1) erheblich schwächer als die zweiter Ordnung (A_2, B_2, C_2). Hieraus schließen die Herren *Bragg* im Hinblick auf die Symmetrieeigenschaften des Steinsalzes auf die in Fig. 23 dargestellte Struktur, bei welcher längs der drei Würfelkanten Natrium- und Chloratome abwechseln. Dem in der Figur dargestellten Elementarwürfel gehören danach vier Na- und vier Cl-Atome an, nämlich außer dem in der Ecke rechts unten vorn gelegenen Natriumatom noch die Na-Atome 4, 5, 6 sowie die Cl-Atome 1, 2, 3 und 7; die anderen Atome der Figur müssen schon den anstoßenden Elementarwürfeln zugerechnet werden, da sie aus einem der erwähnten durch eine Verschiebung $\mathfrak{a}_1$, $\mathfrak{a}_2$ oder $\mathfrak{a}_3$ hervorgehen. Wir haben also zwei flächenzentrierte Gitter: ein Na-Gitter und ein z. B. um die halbe Würfeldiagonale dagegen verschobenes Cl-Gitter. Die phasenmäßige Zusammensetzung dieser beiden Gitter

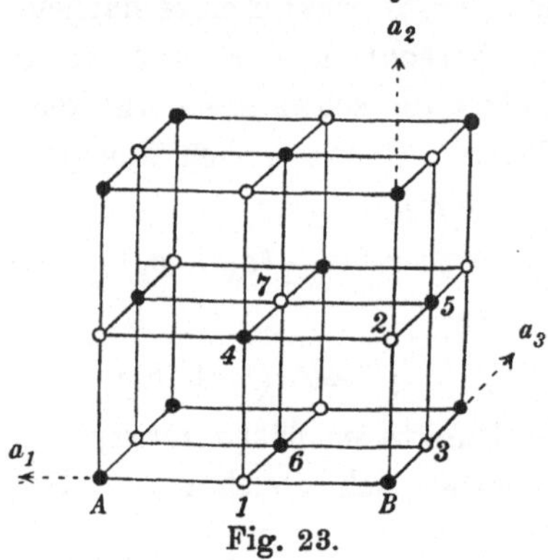

Fig. 23.

ergibt den Faktor — analog (204) —

$$(204\text{b})\quad |\psi + \psi' e^{i\pi(h_1+h_2+h_3)}|^2 = \begin{cases} |\psi + \psi'|^2 & \text{wenn alle } h \text{ gerade} \\ |\psi - \psi'|^2 & \text{wenn alle } h \text{ ungerade.} \end{cases}$$

Gemischte Indices h kommen, wie zum Schluß von Nr. **55** hervorgehoben, nicht in Betracht; wir haben also nur die „geraden" und „ungeraden" Flecke mit den vorstehenden Werten des Strukturfaktors zu unterscheiden.

Man ersieht aus der Unmöglichkeit gemischter Indices (Gl 204a), daß in der Tat an der Würfelfläche (100) keine Maxima ungerader Ordnung auftreten können, während sie wegen der Verschiedenheit der Na- und Cl-Atome bei der Oktaederfläche (111) entsprechend Gl. (204b) wohl noch vorhanden sind, aber mit der relativen Intensität $|\psi - \psi'|^2$, welche geringer ist als die relative Intensität $|\psi + \psi'|^2$ der geraden Ordnungen. Wir wollen sogleich bemerken, daß beim Sylvin (KCl), dessen Konstitution genau dieselbe ist, auch bei der Oktaederfläche die Maxima ungerader Ordnung wegfallen, weil wegen des geringen Gewichtsunterschiedes der K- und der Cl-Atome auch die Funktionen ψ und ψ', welche deren Wirksamkeit messen, einander fast gleich sind (vgl. Nr. **53**).

Man kann das Ergebnis für NaCl so aussprechen: *Bei der Spiegelung an einer Netzebene* (100) *löschen die äquidistant angeordneten, in der gleichen Art mit* Na- *und* Cl-*Atomen belegten Netzebenen die Interferenzen der ungeraden Ordnungen aus; bei der Spiegelung an* (111) *hingegen wechseln Netzebenen, welche nur* Na-*Atome tragen, ab mit solchen, die nur mit* Cl-*Atomen besetzt sind; dieser Unterschied läßt keine vollständige Auslöschung der ungeraden Ordnungen zu.*

Auch an den mit spektral inhomogener Strahlung an Steinsalz gewonnenen Interferenzbildern haben die Herren *Bragg* diese Anordnung der Atome geprüft; wenn gleich dies Verfahren keine so gute Probe auf die Richtigkeit ergibt wie das zuerst beschriebene, so kommt man dabei doch auf keinen Widerspruch gegen die besprochene Anordnung.

Ist nun der Bau des Steinsalzes genau bekannt, so fallen damit auch alle Zweifel über den genauen Wert der Gitterkonstanten fort, welche bisher nur der Größenordnung nach bekannt war. Da auf den Elementarwürfel mit der Seitenlänge $a = AB$ (in Fig. 23) 4 Na- und 4 Cl-Atome, also 4 Moleküle NaCl kommen, ist das Volumen eines Grammoleküls NaCl, wenn N die Zahl der Molekeln im Grammolekül bezeichnet, $\frac{N}{4}a^3$. Andererseits berechnet sich dies Volumen als der Quotient aus dem Molekulargewicht m und der Dichte δ. Setzt man nun in der Gleichung

$$\frac{N}{4} a^3 = \frac{m}{\delta} \tag{206}$$

$$m = 23 + 35{,}5 = 58{,}5 \qquad \delta = 2{,}15 \qquad N = 6{,}2 \cdot 10^{23},$$

so folgt

$$a = 5{,}60 \cdot 10^{-8} \text{ cm}.$$

Mit Hilfe dieses Wertes sind die in Nr. **50** angegebenen Wellenlängen der charakteristischen Linien von Platin usw. berechnet. Die am wenigsten sichere der hier benutzten Zahlen ist N, das man nur auf etwa 8 Proz. genau kennt. Infolgedessen beträgt die Genauigkeit aller dieser Zahlenangaben ungefähr 2 Proz.

Eine scharfe Prüfung dieser Messung liegt in dem Vergleich zwischen den Gitterkonstanten verschiedener Kristalle, den man ziehen kann, indem man dieselbe homogene Röntgenstrahlung an ihnen spiegelt. Das Interferenzmaximum B_2 in Fig. 21, Kurve I z. B. liegt beim Steinsalz, auf welches sich die Figur bezieht, bei $\varphi = 78^0 48'$, beim Sylvin hingegen bei $\varphi = 79^0 48'$. Nach (191) müssen sich die Gitterkonstanten beider Kristalle umgekehrt wie die Kosinus der zugehörigen Winkel verhalten; man findet für dies Verhältnis den Wert 0,896. Berechnet man hingegen die Gitterkonstante a des Sylvins nach (206) mit $m = 74{,}5$ und $\delta = 1{,}97$, so findet man dafür $6{,}25 \cdot 10^{-8}$, also wiederum für das Verhältnis dieser Gitterkonstanten 0,896.

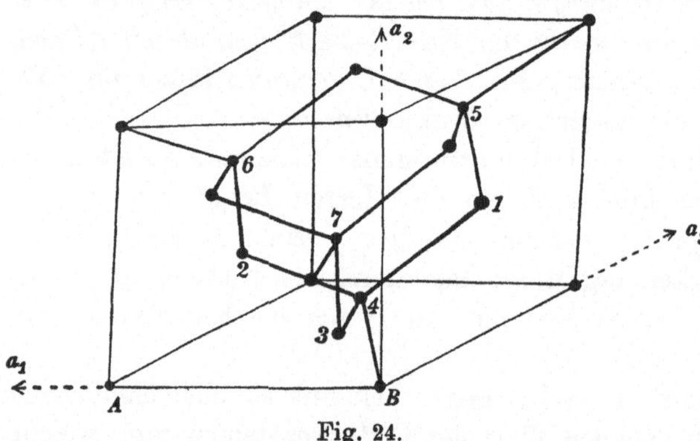

Fig. 24.

Der Diamant ist nach den Herren *Bragg* aus zwei flächenzentrierten Gittern aufgebaut, die durch Verschiebung um $\frac{1}{4}$ der Würfeldiagonale auseinander erzeugt werden können. In der Fig. 24 sind B, 1, 2, 3 der Eckpunkt und die flächenzentrierenden Punkte des einen Gitters, dessen Grundwürfel gezeichnet ist. Die Punkte 4, 5, 6, 7 sind die entsprechenden Punkte des zweiten Gitters, die durch die Verschiebung $\frac{1}{4}(\mathfrak{a}_1 + \mathfrak{a}_2 + \mathfrak{a}_3)$ aus den ersteren hervorgehen.

Setzen wir die Amplitude ψ für alle Punkte gleich, so ergibt sich für das Zusammenwirken der beiden flächenzentrierten Gitter der

Intensitätsfaktor

$$(204\text{c})\qquad |\psi|^2 \left|1 + e^{i\frac{\pi}{2}(h_1+h_2+h_3)}\right|^2 = \begin{cases} 4 \text{ wenn alle } h \text{ gerade und} \\ \qquad \sum h \equiv 0 \pmod 4, \\ 0 \text{ wenn alle } h \text{ gerade und} \\ \qquad \sum h \equiv 2 \pmod 4. \end{cases}$$

Natürlich bleibt bestehen, vgl. Gl. (204a), daß Flecke mit gemischten Indices die Intensität Null haben.

Die Anwendung dieser Ergebnisse auf die Spiegelung an den Netzebenen (100), (110) und (111) ergibt volle Übereinstimmung mit der Erfahrung, insbesondere an der letzten Fläche das Ausfallen des Spektrums zweiter Ordnung (Indices 222, $\sum h \equiv 2 \pmod 4$).

Daß die in der Figur als Punkte gezeichneten Gebilde wirklich einzelne Atome und nicht etwa Komplexe mehrerer Atome darstellen, ergibt der Vergleich der Gitterkonstanten des Diamantes mit der des Steinsalzes aus dem Spiegelungswinkel einer homogenen Röntgenstrahlung; demnach ist für Diamant $a = 3{,}53 \cdot 10^{-8}$ cm. Genau denselben Wert findet man aber aus der Gleichung

$$\frac{N}{8} a^3 = \frac{m}{\delta} \quad (m = 12,\ \delta = 3{,}51),$$

in welcher beide Seiten das Volumen eines Grammatoms ausdrücken, die linke unter der Voraussetzung, daß auf jeden Elementarwürfel 8 Atome Kohlenstoff kommen.

Fig. 25 ist eine Abbildung des räumlich ausgeführten Diamantmodelles. Die Flächen (111) liegen horizontal; die Strecke AB ist eine Diagonale einer Würfelfläche und entspricht somit einer Länge von $3{,}53 \cdot 10^{-8} \cdot \sqrt{2} = 5{,}00 \cdot 10^{-8}$ cm. Man erkennt hier besonders gut als Grund für das Verschwinden der Interferenzen zweiter Ordnung bei (111) die Aufeinanderfolge horizontaler Ebenen in Abständen, die sich wie 1 : 3 verhalten, was einem Wert $\vartheta = \frac{1}{4}$ entspricht.

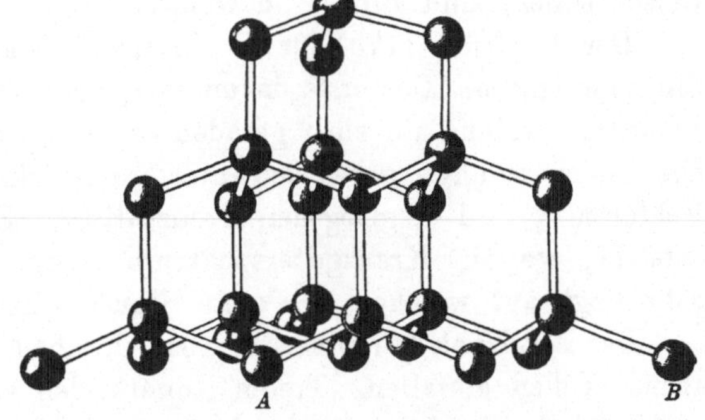

Fig. 25.

Modelle, wie wir sie hier für NaCl, KCl und Diamant kennen gelernt haben, sind chemische Konstitutionsformeln im vollkommensten Sinne des Wortes. Man erkennt hieran die große Bedeutung dieser Ergebnisse nicht nur für die Mineralogie, sondern auch für die Chemie.

57. Die Form der Interferenzpunkte. Zum Schluß sei noch der Hinweis auf eine Eigentümlichkeit gestattet, welche man fast immer bei den Interferenzbildern beobachtet, wenn man einen dünnen Kristallschliff mit einem sehr eng abgeblendeten Röntgenstrahlbündel durchleuchtet. Man beobachtet dann statt der Interferenz*punkte* meist *Striche*, welche, wenn die photographische Platte zum einfallenden Strahl senkrecht stand, tangentiell, d. h. senkrecht zum Fahrstrahl vom Mittelpunkt der Figur nach ihrem Orte, gerichtet sind.

W. L. Bragg[181]) schlägt eine geometrisch-optische Erklärung für diese Erscheinung vor; wenn jeder Strahl der einfallenden, etwas divergierenden Welle in dem Teil des Kristalles, den er trifft, an einer bestimmten Netzebene gespiegelt wird, so bildet nach der Spiegelung die Gesamtheit dieser Strahlen ein astigmatisches Bündel, dessen eine Brennlinie ungefähr im gleichen Abstande hinter dem Kristall liegt, wie die Blende, welche das einfallende Bündel begrenzt, davor. In diesem Abstande ist daher die Länglichkeit ein Optimum; in größerem Abstande schwindet sie wieder, und zwar vollständig, wenn man ins Unendliche geht oder wenn man mit einem auf Unendlich eingestellten Fernrohr beobachten könnte. Hingegen zeigt die Theorie von *Laue* und *Tank*[182]), welche den Vorgang wegen des endlichen Abstandes der Strahlungsquelle als *Fresnel*sche Beugungserscheinung auffassen (im Gegensatz zum bisherigen, wo immer nach *Fraunhofer* gerechnet wurde), daß die Länglichkeit auch im Unendlichen erhalten bleiben muß, weil eben das in Nr. **45** abgeleitete Spiegelungsgesetz nur im *Fraunhofer*schen Fall gilt. Versuche, welche diesen Sachverhalt erweisen sollen, sind zurzeit im Gange.

Der Ausdruck (175) für die Intensität enthält das Produkt dreier Sinusquotienten. Der erste davon entspricht der Interferenz von Gitterelementen, welche auf einer geraden Linien parallel $\mathfrak{a}_1$ angeordnet sind. Die beiden anderen geben den Interferenzeffekt eines in der Ebene der Vektoren $\mathfrak{a}_2$ und $\mathfrak{a}_3$ gelegenen Kreuzgitters. Ein sichtbares Maximum entsteht, wo ein Kreuzgitterspektrum einem der Kreise hinreichend nahe liegt, auf welchem der erste Sinusquotient seine Maxima hat.

Der Ausdruck (175) beruht aber durchaus auf der Annahme, daß ebene Wellen einfallen. Treten Kugelwellen an deren Stelle, so wird er ersetzt durch einen Ausdruck, in welchem wiederum als Faktoren

---

181) *W. L. Bragg,* Proc. Cambr. Phil. Soc. 17 (1913), p. 43.

182) *M. v. Laue* u. *F. Tank,* Ann. d. Phys. 41 (1913), p. 1003.

auftreten erstens ein Term, herrührend von parallel zu $\mathfrak{a}_1$ angeordneten Gitterelementen, zweitens ein Term, der den Kreuzgittereffekt angibt. Aber die Maxima des letzten Termes sind nicht mehr so scharf wie früher; die Kreuzgitterspektren haben sich verbreitert. Ihre ursprüngliche Schärfe war ja dadurch bedingt, daß zwischen je zwei interferierenden Wellen in einem unendlich weit entfernten Aufpunkte genau die gleiche Phasendifferenz bestand; dies ist aber jetzt nicht mehr der Fall. Dagegen bleiben die Interferenzmaxima, welche von parallel zu $\mathfrak{a}_1$, d. h. parallel zur Fortpflanzungsrichtung der Welle angeordneten Gitterelementen herrühren, so scharf wie zuvor. Auf sie hat die Krümmung offenbar keinen Einfluß. Sichtbare Helligkeit wird nun dort auftreten, wo die Kreise, welche die scharfen Maxima des ersten Terms enthalten, die verbreiterten Kreuzgitterspektren schneiden. Es leuchtet ein, daß dabei die beobachtete Länglichkeit der Flecke herauskommt.

SPEZIELLE BEUGUNGSPROBLEME

Von

PAUL S. EPSTEIN

IN MÜNCHEN.

Inhaltsübersicht.

Spezielle Beugungsprobleme.

58. Einleitung. Die von *Kirchhoff* gegebene klassische Theorie der Beugungserscheinungen zeichnet sich durch ihre Allgemeinheit sowie durch Einfachheit und Eleganz ihrer Anwendung auf beliebig geformte Öffnungen aus; in Nr. **34** wurde indessen bereits hervorgehoben, daß sie strengeren physikalischen und mathematischen Forderungen nicht gerecht wird. Um die Beugung nach Gleichung (105) bzw. (108) berechnen zu können, nimmt *Kirchhoff* an, daß die Funktionen u und $\frac{du}{d\nu}$ auf der ganzen Rückseite des das Licht abblendenden Schirmes verschwinden, während ihr Wert in der Öffnung der ungestörten Ausbreitung der Welle entsprechen soll. Er gibt indessen selbst zu, daß dies nur in größeren (verglichen mit der Wellenlänge) Entfernungen vom Schirmrande näherungsweise zutrifft, nicht aber in der unmittelbaren Nachbarschaft desselben; die Methode kann daher nur bei großen Dimensionen der beugenden Öffnung (bzw. des Schirmes) und für kleine Beugungswinkel richtige Resultate liefern, da nur unter diesen Bedingungen die Wirkung der Randzone zurücktritt. Andererseits verzichtet sie von vornherein auf die Beschreibung gewisser Feinheiten der Erscheinung, wie z. B. des Polarisationszustandes des abgebeugten Lichtes[183]), des Einflusses des Schirmprofils, seiner Materialeigenschaften usw. *Poincaré*[184]) war der erste, der dieses Verfahren verlassen und das Beugungsproblem als Randwertaufgabe aufgefaßt hat.[185]) Seitdem bildete die Theorie der *Maxwell*schen Gleichungen unter Berücksichtigung der an der Oberfläche eines beugenden Körpers geltenden Grenzbedingungen den Gegenstand einer ganzen Reihe von Arbeiten. Die mathematischen Schwierigkeiten der so verstandenen Beugungsaufgabe bringen es indessen mit sich, daß sie bis jetzt nur für eine sehr beschränkte Anzahl von speziellen Formen der beugenden Begrenzung durchgeführt werden konnte.

Den Ausgangspunkt der Analyse bilden die *Maxwell*schen Gleichungen (1), (3), (4), (7a), welche im Spezialfall durchsichtiger Medien ($\sigma = 0$) auf die Wellengleichungen (5) führen. Andererseits ergibt der Ansatz

$$\mathfrak{E} = \Re e\,(E e^{int}), \quad \mathfrak{H} = \Re e\,(H e^{int}), \tag{206}$$

für absorbierende Medien bei Beschränkung auf zeitlich periodische Zustände von der Periode $\frac{2\pi}{n}$

$$\left(\frac{in\varepsilon}{c} + \frac{\sigma}{c}\right) E = \operatorname{rot} H, \quad \frac{in}{c} H = -\operatorname{rot} E, \qquad \operatorname{div} E = 0, \quad \operatorname{div} H = 0. \tag{207}$$

183) Bei Behandlung der Beugung an einer Halbebene nach der *Kirchhoff*schen Methode vom Standpunkt der elastischen Lichttheorie hat *E. Maey* (Ann. d. Phys. 49 (1893), p. 69) einen Einfluß der Polarisation der einfallenden Wellen gefunden, in der elektromagnetischen Theorie ergibt sich jedoch, wenn man nach der Vorschrift von *Maey* verfährt, für die verschiedenen Polarisationszustände kein Unterschied.

184) *Poincaré*, Acta Math. 16 (1892), p. 297 und 20 (1897), p. 313. (Vergleich mit der Theorie von *Sommerfeld*.)

185) Allerdings wurde es nur mit Beschränkung auf sehr kurze Wellenlängen für die unendliche Halbebene durchgeführt.

Zur Abkürzung schreiben wir

$$k^2 = \frac{n^2 \varepsilon}{c^2} - \frac{i n \sigma}{c^2}$$

und bezeichnen k als die „komplexe Wellenzahl", da sie im Falle durchsichtiger Medien in die gewöhnliche Wellenzahl $k = \frac{2\pi}{\lambda} = \frac{n}{a}$ $\left(a = \text{Phasengeschwindigkeit} = \frac{c}{\sqrt{\varepsilon}};\right.$ vgl. p. 363$\left.\right)$ übergeht. Auch in diesem allgemeineren Falle liefert die Elimination von H (bzw. E) die Schwingungsgleichungen

$$(208) \qquad \Delta E + k^2 E = 0, \quad \Delta H + k^2 H = 0.$$

Einer besonderen Erörterung bedarf noch der Fall zweidimensionaler Probleme, zu welchen die Mehrzahl der zu behandelnden Beispiele gehört. Ist der Schwingungsvorgang von einer der cartesischen Koordinaten, z. B. z, unabhängig, so kann man ihn stets als Überlagerung zweier unabhängiger Vorgänge auffassen, in deren einem die Komponente $\mathfrak{H}_z$, im anderen die Komponente $\mathfrak{E}_z$ verschwindet. In der Tat zerfällt dann das Gleichungssystem (1) bis (4) in die beiden unabhängigen Gruppen

$$(209\text{a, b}) \begin{cases} \frac{1}{c}\frac{\partial \mathfrak{H}_x}{\partial t} = -\frac{\partial \mathfrak{E}_z}{\partial y}, & \frac{\varepsilon}{c}\frac{\partial \mathfrak{E}_x}{\partial t} = \frac{\partial \mathfrak{H}_z}{\partial y}, \\ \frac{1}{c}\frac{\partial \mathfrak{H}_y}{\partial t} = \frac{\partial \mathfrak{E}_z}{\partial x}, & \frac{\varepsilon}{c}\frac{\partial \mathfrak{E}_y}{\partial t} = -\frac{\partial \mathfrak{H}_z}{\partial x}, \\ \frac{\partial^2 \mathfrak{E}_z}{\partial x^2} + \frac{\partial^2 \mathfrak{E}_z}{\partial y^2} = \frac{1}{a^2}\frac{\partial^2 \mathfrak{E}_z}{\partial t^2}. & \frac{\partial^2 \mathfrak{H}_z}{\partial x^2} + \frac{\partial^2 \mathfrak{H}_z}{\partial y^2} = \frac{1}{a^2}\frac{\partial^2 \mathfrak{H}_z}{\partial t^2}. \end{cases}$$ [186]

Man kann daher die beiden durch die Gleichungen (209a) und (209b) dargestellten Vorgänge getrennt betrachten; im ersten sind die Schwingungen senkrecht zur z-Achse polarisiert, im zweiten parallel zu derselben; wir werden sie im folgenden stets als den Fall $\perp$ und den Fall $\|$ bezeichnen.

Die Grenzbedingungen, welche an der Oberfläche des beugenden Körpers bei endlicher Leitfähigkeit desselben gelten, sind [187]): Die Tangentialkomponenten von $\mathfrak{E}$ und $\mathfrak{H}$ verhalten sich an der Grenzfläche stetig

$$(210) \qquad (\mathfrak{E}_{\text{tang}})_i = (\mathfrak{E}_{\text{tang}})_a, \quad (\mathfrak{H}_{\text{tang}})_i = (\mathfrak{H}_{\text{tang}})_a,$$

wo sich die Indizes i und a auf das Innere und Äußere des Körpers beziehen.

---

186) Analoge Gleichungen erhält man auch für absorbierende Medien und krummlinige Koordinaten (vgl. Nr. 63).

187) Vgl. diesen Artikel Nr. 1 oder V 22, Nr. 5 (*W. Wien*).

Dementsprechend muß bei unendlich guter Leitfähigkeit die elektrische Feldstärke zur Grenzfläche normal stehen:

$$(\mathfrak{E}_{\text{tang}}) = 0. \tag{211}$$

Außer diesen beiden Fällen wird uns noch der „vollkommen absorbierende" oder „absolut schwarze" beugende Schirm beschäftigen. Darunter soll verstanden sein, daß der aus dem Schirm austretende mittlere Energiestrom verschwindet, was allerdings noch keine eindeutige Definition ist. Wie sich der Begriff des schwarzen Körpers in eleganter Weise mathematisch fassen läßt, werden wir in Nr. **60** sehen.

Um neue Lösungen der Grundgleichungen zu gewinnen, welche der speziellen Form der Grenzflächen angepaßt sind, hat man bis jetzt im wesentlichen zwei Wege beschritten: *A. Sommerfeld* hat eine Methode angegeben, um auf funktionentheoretischem Wege verzweigte Lösungen der Schwingungsgleichung zu finden. Sein weiteres Vorgehen, mittelst solcher Lösungen die Grenzbedingungen zu befriedigen, ist eine Verallgemeinerung der *Thomson*schen Spiegelungsmethode (Nr. **59**—**62**). Ein anderer Weg, der mit Erfolg angewandt wurde, ist, die Grundgleichungen auf solche krummlinige Koordinaten zu transformieren, daß den Unstetigkeitsflächen konstante Werte des Parameters entsprechen (Nr. **63**—**67**). Leider ist die Anwendbarkeit beider Methoden eine beschränkte, und die Zahl der Fälle, deren Behandlung bisher gelungen ist, gering.

I. Methode der mehrwertigen Lösungen.

59. Die Sommerfeldsche Methode zur Gewinnung mehrwertiger Lösungen der Schwingungsgleichung. Im Falle zweidimensionaler Probleme kann man in der Behandlung mehrwertiger Lösungen ohne weiteres an die Funktionentheorie anknüpfen. Wir konstruieren eine *Riemann*sche Fläche, welche im Nullpunkte und nur in diesem einen $(p-1)$-fachen Verzweigungspunkt besitzt. Zu diesem Zwecke denken wir uns die schlichte Ebene der Polarkoordinaten r und φ in p Exemplaren vorhanden, und jedes längs eines Halbstrahles $\varphi = \varphi' \pm \pi$ aufgeschnitten. Die p Exemplare schichten wir übereinander und verbinden in üblicher Weise das linke Ufer des Einschnittes im q-ten Blatte mit dem rechten des Einschnittes im $(q+1)$-ten Blatt und schließlich die beiden übrigbleibenden Ufer des p-ten und des ersten Blattes untereinander. Wir bezeichnen also als erstes Blatt die Werte des Winkels φ

$$\varphi' - \pi < \varphi < \varphi' + \pi,$$

als zweites Blatt $\varphi' + \pi < \varphi < \varphi' + 3\pi,$

. . . .

als $p$tes Blatt $\varphi' + (2p-3)\pi < \varphi < \varphi' + (2p-1)\pi.$

Als p-wertige Lösung der Wellengleichung (6), welche sich im zweidimensionalen Fall auf

$$\frac{1}{a^2}\frac{\partial^2 u}{\partial t^2} = \frac{\partial^2 u}{\partial x^2} + \frac{\partial^2 u}{\partial y^2} \tag{212}$$

reduziert, bezeichnen wir eine Lösung (in Polarkoordinaten geschrieben) $f(r, \varphi - \varphi', t)$, welche auf der eben konstruierten *Riemann*schen Fläche eindeutig ist oder mit anderen Worten in φ die Periodizität $2p\pi$ besitzt.

Zum erstenmal wurde von *A. Sommerfeld*[188]) eine mehrwertige (und zwar eine zweiwertige) Lösung der Gleichung (212) im Jahre 1894 gewonnen, jedoch als Resultat eines ziemlich speziellen Verfahrens. Einen allgemeinen, aber zunächst noch nicht ganz einfachen Weg zur Aufstellung solcher Lösungen brachten seine nächsten Arbeiten[189])[190]). Hier bilden mehrwertige Lösungen der Potentialgleichung in zwei Dimensionen den Ausgangspunkt und werden durch einen unendlichen Differentiationsprozeß in Integrale der Schwingungsgleichung verwandelt. Später gab *Sommerfeld*[191]) eine kürzere Methode zur Herstellung verzweigter räumlicher Potentiale, welche von *H. S. Carslaw*[192]) und von ihm selbst[193]) auch auf die Behandlung von Beugungsproblemen übertragen wurde. Dieser letztere heuristische Weg hat neben dem Vorteil der Einfachheit den der größeren Allgemeinheit und führt ebenso leicht zur Lösung zwei- wie dreidimensionaler Probleme.[194]) Aus diesem Grunde wollen wir uns in unserer Darstellung diesen späteren Arbeiten anschließen.

Um die verzweigten Lösungen herzustellen, gehen wir von einem Integral der Wellengleichung in der schlichten Ebene aus

$$u_0 = f(z, r, \varphi - \varphi', t). \tag{213}$$

Wegen der Willkürlichkeit der Richtung φ' ist offenbar auch jeder Ausdruck von der Form

$$\int f(z, r, \varphi - \alpha, t) \cdot F(\alpha)\, d\alpha$$

---

188) *A. Sommerfeld,* Math. Ann. 45 (1894), p. 263.
189) *A. Sommerfeld,* Gött. Nachr. 1895, p. 267.
190) *A. Sommerfeld,* Math. Ann. 47 (1896), p. 317.
191) *A. Sommerfeld,* Proc. London Math. Soc. 28 (1897), p. 395.
192) *H. S. Carslaw,* Proc. London Math. Soc. 30 (1899), p. 121.
193) *A. Sommerfeld,* Z. für Math. und Phys. 46 (1901), p. 11.
194) Bei letzteren kommen „*Riemann*sche Räume" zur Verwendung.

eine Lösung der Differentialgleichung (212). Dabei kann die Integrationsvariable α auch auf komplexem Wege in einer α-Ebene geführt werden, falls f und F für komplexe Werte des Arguments definiert sind, wie wir es voraussetzen wollen. Im speziellen erhalten wir nach dem Satze von *Cauchy* die frühere Lösung u_0 wieder, wenn wir als Integrationsweg eine Umkreisung des Punktes $\alpha = \varphi'$ wählen und $F(\alpha)$ gleich

$$\frac{1}{2\pi i} F_1(\alpha, \varphi')$$

nehmen, wo $F_1(\alpha, \varphi')$ für $\alpha = \varphi'$ mit dem Residuum 1 unendlich wird. Z. B. können wir setzen, indem wir F_1 hinsichtlich der beiden Variablen α und φ' die Periode 2π beilegen

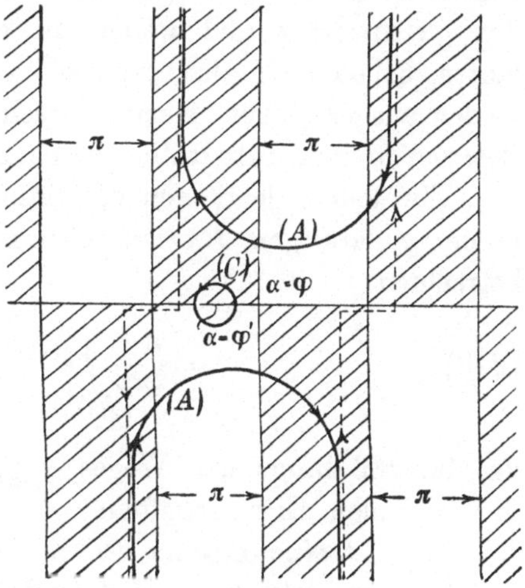

Fig. 26.

$$F_1(\alpha, \varphi') = \frac{i e^{i\alpha}}{e^{i\alpha} - e^{i\varphi'}}, \tag{214}$$

dann erhalten wir

$$u_0 = \frac{1}{2\pi} \int f(z, r, \varphi - \alpha, t) \frac{e^{i\alpha}\, d\alpha}{e^{i\alpha} - e^{i\varphi'}}. \tag{215}$$

Den Integrationsweg kann man zu einer beliebigen den Punkt $\alpha = \varphi'$ umkreisenden Schleife deformieren, nur ist darauf zu achten, daß er über keine Singularitäten des Integranden herübergezogen wird, und daß, falls er ins Unendliche auslaufen soll, die Funktion f daselbst in einer für die Konvergenz des Integrals hinreichenden Weise verschwindet.

Wir wollen den Fall näher ins Auge fassen, daß u_0 eine ebene Welle darstellt (siehe Nr. 2)

$$u_0 = e^{i[kr\cos(\varphi - \varphi') + nt]} \tag{216}$$

oder nach (215)

$$u_0 = \frac{e^{int}}{2\pi} \int e^{ikr\cos(\alpha - \varphi)} \frac{e^{i\alpha}\, d\alpha}{e^{i\alpha} - e^{i\varphi'}}. \tag{217}$$

Die Pole des Integranden liegen bei $\alpha = \varphi' + 2q\pi$, wenn q eine ganze Zahl bedeutet; der Integrationsweg muß also aus der Umkreisung eines dieser Punkte (und nur eines) durch Verzerrung hervorgehen. Der Exponent $ikr\cos(\alpha - \varphi)$ hat nur in den in Fig. 26 gestrichelten Streifen der α-Ebene einen negativen reellen Teil. Man darf ihn also nur innerhalb dieser Streifen ins Unendliche führen. Wir deformieren die Kurve (C) in der in der Figur angegebenen Weise. Die punktierten Teile dieses Weges sind wegen der Periodizität des Integranden gleichwertig und werden in entgegengesetzter Richtung durchlaufen, heben sich also gegenseitig auf. Man kann sich also auf die beiden ausgezogenen Kurven beschränken, deren Gesamtheit wir mit *Sommerfeld* den Integrationsweg (A) nennen wollen.

Wir gehen jetzt von der Lösung in der schlichten Ebene zu der in der p-blättrigen *Riemann*schen Fläche über, indem wir die Funktion betrachten

$$u = \frac{e^{int}}{2\pi p} \int\limits_{(A)} e^{ikr\cos(\alpha - \varphi)} \frac{e^{\frac{i\alpha}{p}}\, d\alpha}{e^{\frac{i\alpha}{p}} - e^{\frac{i\varphi'}{p}}}, \tag{218}$$

das Integral längs des Weges A genommen. Dieser Ausdruck besitzt die folgenden Eigenschaften:

1. *u ist eine Lösung der Wellengleichung.*

2. *u ist eindeutig auf der p-blättrigen Riemannschen Fläche.*

Beweis: Wenn wir φ um $2p\pi$ ändern, verschiebt sich der Integrationsweg in der α-Ebene um die Strecke $2p\pi$ längs der reellen Achse; da aber der Integrand die Periode $2p\pi$ besitzt, bleibt der Wert des Integrals ungeändert.

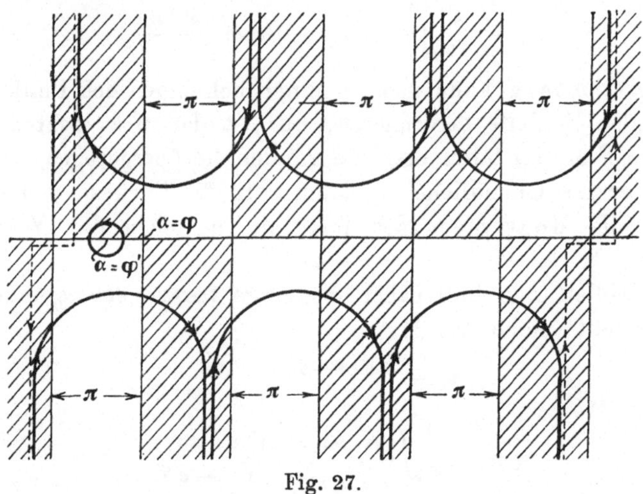

Fig. 27.

3. *u ist endlich und stetig für alle reellen Werte von r* vermöge der Wahl des Integrationsweges.

4. *Für $r = \infty$ ist u gleich u_0 im ersten Blatt,* d. h. wenn $|\varphi - \varphi'| < \pi$, *und verschwindet in allen übrigen Blättern.*

Beweis: Der Bestimmtheit wegen haben wir in Fig. 27 die drei Integrationswege eingezeichnet, welche den drei Lösungen u_1, u_2, u_3 des dreiwertigen Integrals (218) entsprechen. Man sieht, daß im zweiten und dritten Blatte der Integrationsweg auf zwei Zweige, welche ganz im schraffierten Gebiet verlaufen, reduziert werden kann. Das letztere ist aber so gewählt, daß in ihm der reelle Teil des Exponenten $ikr \cos(\alpha - \varphi)$ stets negativ, also für $r = \infty$ negativ unendlich groß ist. Auszuschließen ist die unmittelbare Nachbarschaft des Wertes $\varphi = \varphi' \pm \pi$ (vgl. Nr. **60**). Verfährt man ebenso mit dem Integrationsweg für das erste Blatt, so erhält man neben Wegstücken von verschwindendem Beitrag einen Umlauf um den Punkt $\alpha = \varphi'$, welcher den Beitrag u_0 liefert.

5. *Die p Werte der Lösung in den p Blättern genügen der Bedingung*

$$u_1 + u_2 + u_3 + \cdots + u_p = u_0.$$

Der Beweis ergibt sich wieder aus Fig. 27. Zur Gesamtheit der Integrationswege kann man noch die beiden punktierten Strecken hinzunehmen, die sich ja wegen der Periodizität des Integranden aufheben, und so den Integrationsweg in einen geschlossenen verwandeln. Das Zusammenziehen dieses geschlossenen Weges auf die Umkreisung des singulären Punktes $\alpha = \varphi'$ liefert in der Tat den Wert u_0.

In den zitierten Abhandlungen von *A. Sommerfeld*[188])[193]) und *H. S. Carslaw*[192]) werden noch andere mehrwertige Lösungen der Schwingungsgleichung aufgestellt, welche einem ebenen Impuls, einer Zylinderwelle und einer Kugelwelle entsprechen. Man gewinnt dieselben durch das soeben geschilderte Verfahren, indem man von den entsprechenden Lösungen für die schlichte Ebene (bzw. für den schlichten Raum) ausgeht. Im Interesse der Nr. **61** wollen wir einige Worte über die verzweigte Zylinderwelle sagen. Der Ausdruck für dieselbe ist

$$(219) \qquad u = \frac{1}{2\pi p} \int H_0^{(2)}\left(k\sqrt{r^2 + r_0^2 - 2 r r_0 \cos(\alpha - \varphi)}\right) \frac{e^{i\frac{\alpha}{p}} d\alpha}{e^{\frac{i\alpha}{p}} - e^{\frac{i\varphi'}{p}}},$$

wo $H_0^{(2)}$ die *Hankel*sche Zylinderfunktion nullter Ordnung und zweiter Art[195]) bedeutet. Der Integrationsweg ist dabei mit Rücksicht auf die Verzweigung der Quadratwurzel in geeigneter Weise in der komplexen α-Ebene zu führen. Außer den fünf Eigenschaften, welche diese Funktion mit (218) gemeinsam hat, besitzt sie noch die folgende:

195) Vgl. Nr. **5** und Nr. **64**.

6. *u wird im ersten Blatt im Punkte $r = r_0$, $\varphi = \varphi'$ logarithmisch unendlich.* Dementsprechend gilt die Aussage 3 nur mit Ausschluß des Punktes $r = r_0'$, $\varphi = \varphi'$ im ersten Blatte.

60. Beugung an der Halbebene. Um einen mathematisch möglichst einfachen Fall zu erhalten, hat *A. Sommerfeld*[188]) im Anschluß an *H. Poincaré*[184]) den beugenden Schirm durch eine vollkommen leitende Halbebene approximiert. Wir wählen die Projektion OP des Schirmes als Achse eines Polarkoordinatensystems (Fig. 28), dann haben wir vermöge (209) und (211) die Gleichung

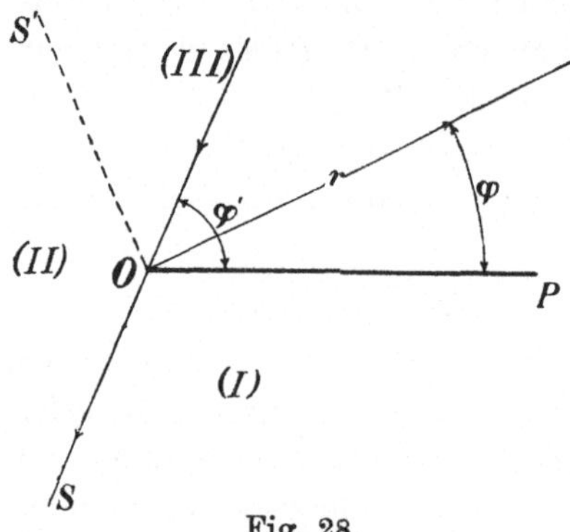

Fig. 28.

$$\frac{\partial^2 s}{\partial t^2} = a^2 \left(\frac{\partial^2 s}{\partial x^2} + \frac{\partial^2 s}{\partial y^2}\right)$$

nebst den Grenzbedingungen an der Oberfläche des Schirmes

$$s = 0 \quad \text{im Falle } \perp,$$

$$\frac{\partial s}{\partial \nu} = 0 \quad \text{im Falle } \parallel$$

zu befriedigen.

Die Lösung, welche diesen Forderungen genügt, kann man durch das folgende „Spiegelungsverfahren" aus den zweiwertigen ($p = 2$) Integralen der letzten Nummer aufbauen. Man setzt als Lösung an

$$v = u(\varphi') \mp u(-\varphi'),$$

wo das obere Vorzeichen dem Falle $\perp$, das untere dem Falle $\parallel$ entspricht.

Die numerische Diskussion wurde von *A. Sommerfeld* für das Integral (218) bereits in seiner Arbeit von 1896 durchgeführt[188]), für Impulsstrahlung in der späteren Abhandlung von 1901.[193]) Wir wollen nur auf den Fall der periodischen ebenen Welle eingehen. Es ist nach (218)

$$(220) \qquad u_2 = \frac{e^{int}}{4\pi} \int e^{ikr\cos(\alpha - \varphi)} \frac{e^{\frac{i\alpha}{2}}\, d\alpha}{e^{\frac{i\alpha}{2}} - e^{\frac{i\varphi'}{2}}}.$$

Der Integrationsweg ist gegen den der Fig. 26 um 2π nach rechts verschoben. Man kann diesen Weg auf die Integration längs der beiden unendlichen Geraden $\alpha = \varphi + \pi + ib$ und $\alpha = \varphi + 3\pi + ib$ reduzieren und erhält nach Auswertung der Integrale

$$(221) \qquad u_2 = e^{i[kr\cos(\varphi - \varphi') + nt]} \frac{e^{\frac{i\pi}{4}}}{\sqrt{\pi}} \int_{-\infty}^{T} e^{-i\tau^2}\, d\tau,$$

wo

$$T = \sqrt{2kr}\cos\frac{\varphi-\varphi'}{2} < 0.$$

Nach Seite 495 (5. Eigenschaft) ist aber auch

$$u_1 = u_0 - u_2 = e^{i[kr\cos(\varphi-\varphi')+nt]}\frac{e^{\frac{i\pi}{4}}}{\sqrt{\pi}}\int\limits_{-\infty}^{T} e^{-i\tau^2}d\tau,$$

wo nunmehr $T > 0$ ist. Somit erhält man als Lösung des Problems

$$(222)\quad s = \frac{e^{i\left(nt+\frac{\pi}{4}\right)}}{\sqrt{\pi}}\left\{e^{ikr\cos(\varphi-\varphi')}\int\limits_{-\infty}^{\sqrt{2kr}\cos\frac{\varphi-\varphi'}{2}} e^{-i\tau^2}d\tau \mp e^{ikr\cos(\varphi+\varphi')}\int\limits_{-\infty}^{\sqrt{2kr}\cos\frac{\varphi+\varphi'}{2}} e^{-i\tau^2}d\tau\right\}.$$

Die auf S. 494 betonte Eigenschaft 4 der verzweigten Lösungen lautet, auf den vorliegenden Fall angewandt und ins Physikalische übersetzt, daß die Beugungserscheinung, welche sich dem nach der geometrischen Optik zu erwartenden Strahlengang überlagert, nur in zwei schmalen Gebieten längs der beiden Schattengrenzen S und S', $\varphi = \varphi' + \pi$ und $\varphi = \pi - \varphi'$, eine mit der einfallenden vergleichbare Intensität besitzt. In diesen „Übergangsgebieten", wie sie *Sommerfeld* nennt, kann man das eine der Integrale (222) gegenüber dem anderen vernachlässigen. Z. B. wird die Lösung in der Nähe des Halbstrahls $\varphi = \varphi' + \pi$ (falls $\varphi' < \pi$) mit sehr guter Annäherung für (gegen die Wellenlänge λ) große r

$$(223)\qquad s = \frac{e^{ikr\cos(\varphi-\varphi')}}{\sqrt{\pi}}\int\limits_{-\infty}^{\sqrt{2kr}\cos\frac{\varphi-\varphi'}{2}} e^{-i\tau^2}d\tau\cdot e^{i\left(nt+\frac{\pi}{4}\right)},$$

und die Intensität

$$J = \frac{n}{2\pi}\int\limits_{t}^{t+\frac{2\pi}{n}}(\Re e\, s)^2\,dt = \frac{1}{2\pi}\left\{\left[\int\limits_{-\infty}^{\sqrt{2kr}\cos\frac{\varphi-\varphi'}{2}}\cos\tau^2\,d\tau\right]^2 + \left[\int\limits_{-\infty}^{\sqrt{2kr}\cos\frac{\varphi-\varphi'}{2}}\sin\tau^2\,d\tau\right]^2\right\}$$

oder mit Benutzung der durch Formeln (126) als *Fresnel*sche Integrale eingeführten Funktionen.

$$(224)\quad \begin{cases} J = \frac{1}{4}\left\{\left[C\left(2\sqrt{\frac{kr}{\pi}}\cos\frac{\varphi-\varphi'}{2}\right) - C(-\infty)\right]^2\right. \\ \qquad\left. + \left[S\left(2\sqrt{\frac{kr}{\pi}}\cos\frac{\varphi-\varphi'}{2}\right) - S(-\infty)\right]^2\right\}. \end{cases}$$

Die Intensitätsverteilung wird also durch die *Cornu*sche Spirale (Fig. 12) graphisch veranschaulicht, die Intensität ist nämlich gleich dem Quadrat des aus dem Punkte $u = -\infty$ zum Punkte der Spirale

$$u = 2\sqrt{\frac{kr}{\pi}}\cos\frac{\varphi-\varphi'}{2}$$

gezogenen Radiusvektors. Für $\varphi < \varphi' + \pi$ ergeben sich die charakteristischen Maxima und Minima, für $\varphi > \varphi' + \pi$ ein kontinuierlicher Abfall der Intensität. Die Linien konstanter Intensität schließen sich für große r den Parabeln $\sqrt{r} \cos \frac{\varphi - \varphi'}{2} = \text{const.}$ mit dem Halbstrahl $\varphi = \varphi' + \pi$ als Achse an. Eine dieser Parabeln muß man auch als Begrenzung des Übergangsgebietes wählen; ist nämlich $\sqrt{r} \cos \frac{\varphi - \varphi'}{2}$ genügend groß, so ist die in (223) gemachte Vernachlässigung nicht mehr erlaubt, da die in dem diskutierten Integral enthaltene Beugungswelle selbst sehr schwach wird.

Es ist interessant, dieses Ergebnis mit dem Resultat zu vergleichen, welches die Näherungsrechnung nach dem *Huyghens*schen Prinzip für denselben Fall liefert. Durch Spezialisierung der in Nr. **39b** gegebenen Formeln erhält man einen Wert der Intensität, der sich von (224) nur dadurch unterscheidet, daß hier als Argument der *Fresnel*schen Integrale an Stelle von $2\sqrt{\frac{kr}{\pi}} \cos \frac{\varphi - \varphi'}{2}$ der Ausdruck $\sqrt{\frac{kr}{\pi}} \frac{\sin(\varphi - \varphi' + \pi)}{\sqrt{\cos(\varphi - \varphi' + \pi)}}$ tritt. Im Übergangsgebiet, in dem der „Beugungswinkel" $\delta = \varphi - \varphi' + \pi$ klein ist, haben beide Argumente in erster Näherung den übereinstimmenden Wert $\sqrt{\frac{kr}{\pi}} \cdot \delta$.

So weit liefert also die exakte Theorie in allen wesentlichen Punkten eine Bestätigung der Resultate, welche man auch nach der *Kirchhoff*schen Rechnung erhält. Das wesentlich Neue, das die *Sommerfeld*sche Lösung bringt, ergibt sich erst bei Betrachtung der außerhalb der Übergangsgebiete, bei größeren Beugungswinkeln eintretenden Erscheinungen.

Die Bedingung $T \gg 1$ gestattet hier die semikonvergente Entwicklung zu benutzen (vgl. auch Gl. (131))

$$\int_{-\infty}^{-|T|} e^{-i\tau^2} d\tau = e^{-i|T|^2} \left\{ \frac{1}{2i} \frac{1}{|T|} + \frac{1}{4} \frac{1}{|T|^3} + \cdots \right\},$$

welche auf die folgenden sehr übersichtlichen Näherungsformeln führt.

Im Gebiet I der Fig. 28 (Schatten, $\varphi > \varphi' + \pi$, wobei wir der Fig. 28 entsprechend $0 < \varphi' < \pi$ voraussetzen)

$$(225) \quad \Re e\, s = \frac{1}{4\pi} \cos\left(kr - nt + \frac{\pi}{4}\right) \cdot \sqrt{\frac{\lambda}{r}} \left\{ \pm \frac{1}{\cos \frac{\varphi + \varphi'}{2}} - \frac{1}{\cos \frac{\varphi - \varphi'}{2}} \right\},$$

im Gebiet II $(\pi - \varphi' < \varphi < \pi + \varphi')$

$$\Re e\, s = \cos [kr \cos(\varphi - \varphi') + nt]$$
$$+ \frac{1}{4\pi}\sqrt{\frac{\lambda}{r}} \cos\left(kr - nt + \frac{\pi}{4}\right)\left\{\pm \frac{1}{\cos\frac{\varphi+\varphi'}{2}} - \frac{1}{\cos\frac{\varphi-\varphi'}{2}}\right\},$$

im Gebiet III (geometrisch-optisches Reflexionsgebiet, $\varphi < \pi - \varphi'$)

$$\Re e\, s = \cos [kr \cos(\varphi - \varphi') + nt] \mp \cos [kr \cos(\varphi + \varphi') + nt]$$
$$+ \frac{1}{4\pi}\sqrt{\frac{\lambda}{r}} \cos\left(kr - nt + \frac{\pi}{4}\right)\cdot\left\{\pm \frac{1}{\cos\frac{\varphi+\varphi'}{2}} - \frac{1}{\cos\frac{\varphi-\varphi'}{2}}\right\}.$$

Man ersieht aus diesen Formeln, daß außer dem Strahlengang der geometrischen Optik noch eine „Beugungswelle" auftritt, deren Phase durch den Faktor $\cos\left(kr - nt + \frac{\pi}{4}\right)$ bestimmt ist. Die Linien gleicher Phase sind Kreise um den Nullpunkt: *Von dem Windungspunkt $r = 0$ aus pflanzen sich nach allen Seiten Strahlen in der Richtung des Radiusvektors fort, gerade so, als ob der Windungspunkt ein leuchtender Punkt wäre.* Dies entspricht dem experimentellen Befund bei der Beugung an dünnen Schneiden: bereits von *Gouy* und *Wien*[220]) wurde hervorgehoben, daß dem aus dem geometrischen Schatten visierenden Beobachter die beugende Kante als leuchtende Linie erscheint.[196])

Der Faktor

$$\frac{1}{4\pi}\sqrt{\frac{\lambda}{r}}\left[\pm \frac{1}{\cos\frac{\varphi+\varphi'}{2}} - \frac{1}{\cos\frac{\varphi-\varphi'}{2}}\right]$$

bestimmt die Amplitude der Beugungswelle, dieselbe ist infolge des Auftretens von $\sqrt{\lambda}$ sehr klein und nimmt mit wachsender Entfernung ab wie $\frac{1}{\sqrt{r}}$. Das Verhältnis der Amplituden als Funktion des Winkels im Falle $\parallel$ und im Falle $\perp$ (unteres und oberes Vorzeichen) ist absolut genommen $\operatorname{cotg}\frac{\varphi'}{2} \operatorname{cotg}\frac{\varphi}{2}$ und bei senkrechter Inzidenz $\left(\varphi' = \frac{\pi}{2}\right)$

$$\operatorname{cotg}\frac{\varphi}{2} = \operatorname{tg}\left(\frac{\pi}{4} + \frac{\delta}{2}\right),$$

wenn δ den Beugungswinkel bezeichnet. Die von *W. Wien* an sehr dünnen Stahlschneiden ausgeführten Messungen zeigen ein etwas

---

196) Eine elegante Methode der objektiven Beobachtung wandte *A. Kalaschnikow* (Anm. 220) an, indem er das abgebeugte Licht im Gebiet des geometrischen Schattens eine photographische Platte bestreichen ließ, auf welcher parallel zur beugenden Kante Nadeln aufgesteckt waren. Die Schatten der Nadeln verlaufen (von der Kante aus betrachtet) radial.

stärkeres Anwachsen dieses Verhältnisses, was wohl in der endlichen Dicke derselben seinen Grund hat (vgl. Nr. **66**).

Daß die *Sommerfeld*sche Methode sich auch auf den Fall eines vollkommen schwarzen Schirms anwenden läßt, wurde zuerst von *W. Voigt*[197]) hervorgehoben. Die Funktion u (218), ohne Spiegelung für sich gesondert betrachtet, liefert nämlich die Darstellung eines Vorgangs, welcher dem eben erwähnten Fall nahekommt. Der Beugungsschirm gleicht dann einer offenen Tür, durch welche die Energie der Lichtbewegung aus dem physikalischen Blatte in die angehängten Blätter der *Riemann*schen Fläche austritt. Die Rückwirkung der letzteren ist um so geringer, je größer ihre Anzahl ist, so daß die unendlich gewundene Fläche dem Begriff des schwarzen Körpers am besten entspricht.

Es ist bemerkenswert, daß diese Auffassung der besten experimentellen Realisierung des schwarzen Körpers durch *W. Wien* und *O. Lummer*[198]) sehr nahe steht. Sie ist bis zu einem gewissen Grade willkürlich, insofern als es nicht unbedingt nötig scheint, den Zustand auf den fingierten Blättern den *Maxwell*schen Gleichungen zu unterwerfen. Die Rechnung zeigt indessen, daß die Vorgänge auf den letzteren von untergeordneter Bedeutung sind; man erhält im wesentlichen das gleiche Bild, ob man eine einfach- ($p = 2$) oder eine unendlichfach gewundene ($p = \infty$) *Riemann*sche Fläche zugrunde legt.

In diesem Sinne lautet die Lösung für den absolut schwarzen Schirm, wie sie von *Sommerfeld* angegeben wurde bei auffallender periodischer Welle nach (218)

$$u = \frac{1}{2\pi i}\int e^{ikr\cos(\alpha-\varphi)}\frac{d\alpha}{\alpha-\varphi'}. \tag{226}$$

A. Sommerfeld[193]) selbst hat auch den Fall ebener Impulsstrahlung diskutiert, mit Rücksicht auf die Versuche von *Haga* und *Wind*[199]) über Beugung von Röntgenstrahlen, und in der Tat wurde später die Wellenlänge (bzw Impulsbreite) der Röntgenstrahlen zum erstenmal auf Grund von Beugungsbildern bestimmt, welche im Anschluß an *Haga* und *Wind* von *Walter* und *Pohl* hergestellt waren (vgl. auch Nr. **45**).[200]) Für eine andere spezielle Form des Impulses wurden die

197) *W. Voigt,* Comp. d. theor. Phys. 2, p. 768, Leipzig 1895; Gött. Nachr. (1899), p. 1.

198) *W. Wien* und *O. Lummer,* Ann. d. Phys. 56 (1895), p. 451.

199) *H. Haga* und *C. H. Wind,* Amsterdamer Akademie 1899 und 1902. Ann. d. Phys. 68 (1899), p. 884; 10 (1903), p. 305. Vgl. auch *B. Walter* und *R. Pohl,* Ann. d. Phys. 25 (1908), p. 715; 29 (1909), p. 331.

200) *A. Sommerfeld,* Ann. de Phys. 38 (1912), p. 473; *P. P. Koch,* Ann. d. Phys. 38 (1912), p. 507.

numerischen Rechnungen von *W. Rybczynski*[201]) durchgeführt, für Wellenstrahlung von *A. Wiegrefe.*[202])

61. Der Keil und der Fresnelsche Doppelspiegel. Mit Hilfe der in Nummer **59** gegebenen p-wertigen Funktionen ist auch das Problem der Beugung am vollkommen reflektierenden Keil lösbar. Wir wählen die Kante des Keils als z-Achse und beschränken uns wieder auf den Fall eines zweidimensionalen von z unabhängigen Strahlungszustandes. Der außerhalb des Keils liegende Teil der zur z-Achse senkrechten Ebene stellt das „physikalische" Gebiet G dar, in welchem wir den Beugungsvorgang studieren wollen. Dies Gebiet ist ein unendlicher Sektor, dessen Winkelöffnung zunächst mit π kommensurabel, nämlich $\frac{p\pi}{m}$ sein möge.

Wenn man nun an den beiden den Keil begrenzenden Ebenen abwechselnd Spiegelungen vornimmt, schließt sich das so entstandene Gebiet zu einer Windungsfläche vom Winkel $2p\pi$ zusammen, so daß es die Ebene p-fach überdeckt. Beherrscht man nun die auf dieser p-blättrigen *Riemann*schen Fläche geltenden p-wertigen Lösungen (Nr. **59**), so kann man die Grenzbedingungen an der Oberfläche des vollkommen spiegelnden Keils durch Spiegelung genau so erfüllen, wie man dies nach der *Thomson*schen Methode für den Spezialfall $p = 1$ in der schlichten Ebene tut. Die Lösung lautet, wie von *A. Sommerfeld*[193]) angegeben wurde, wenn $\varphi = 0$ und $\varphi = \frac{p\pi}{m}$ die Grenzen des physikalischen Gebietes G sind, und wenn $u(\varphi')$ eine p-wertige Lösung der Wellengleichung von der ausgezeichneten Richtung φ' bedeutet

$$(227)\quad \begin{aligned} s = u(\varphi') \mp u(-\varphi') + u\left(\frac{2p\pi}{m} + \varphi'\right) \mp u\left(\frac{2p\pi}{m} - \varphi'\right) \\ + \cdots + u\left(\frac{2(m-1)p\pi}{m} + \varphi'\right) \mp u\left(\frac{2(m-1)p\pi}{m} - \varphi'\right), \end{aligned}$$

wo sich das obere Vorzeichen auf den Fall $\perp$, das untere auf den Fall $\parallel$ bezieht.

In ähnlicher Weise wird die Lösung, wenn der Winkel des Keils mit π inkommensurabel ist, durch eine unendliche Reihe der Funktionen (226) der unendlich-vielblättrigen Windungsfläche dargestellt.

Für den Fall eines rechteckigen vollkommen spiegelnden Keils und einer ebenen periodischen Welle (siehe oben) wurde die Rechnung von *F. Reiche*[203]) durchgeführt. Hier ist die *Riemann*sche Fläche

201) *W. Rybczynski,* Phys. Z. 13 (1912), p. 708.
202) *A. Wiegrefe,* Ann. d. Phys. 39 (1912), p. 449; Gött. Dissertation 1912.
203) *F. Reiche,* Ann. d. Phys. 37 (1912), p. 131.

der u-Funktionen dreiblättrig, und die Lösung ist nach (227)

$$s = u(\varphi') \mp u(-\varphi') + u(3\pi + \varphi') \mp u(3\pi - \varphi'),$$

unter $u(\varphi')$ das Integral (218) mit $p = 3$ verstanden. Für kleine Beugungswinkel ist das Resultat von dem für die vollkommen leitende Halbebene nicht wesentlich verschieden in Übereinstimmung mit der Rechnung nach dem *Huyghens*schen Prinzip, welche ja überhaupt keinen Einfluß der Schirmdicke ergibt. Für größere Beugungswinkel ist der Abfall der Intensität im Falle $\perp$ schneller als an der Halbebene, da ja hier die Oberfläche des Keils, an welcher die elektrische Kraft verschwindet, um $\frac{\pi}{2}$ näher an der Schattengrenze liegt als dort die Oberfläche der Ebene. Dagegen ist im Falle $\parallel$ der Abfall langsamer.

Einen Fall, in welchem das physikalische Gebiet im allgemeinen mit π inkommensurabel ist, liefert der in Nr. **13** beschriebene *Fresnel*sche Spiegel. Die *Sommerfeld*sche Methode wurde auf denselben von *A. Wiegrefe*[202]) angewendet. Nach obigem ergibt sich die Lösung in Form einer unendlichen Reihe unendlich-vielwertiger Funktionen (226), welche sich jedoch in einfacher Weise zu einem geschlossenen Ausdruck summieren läßt, der auch die in Nr. **13** erwähnten von der Kante herrührenden Beugungserscheinungen enthält.

62. Der Spalt. Eine Behandlung der Beugung am Spalt nach der Methode der mehrwertigen Lösungen würde die Integration der Schwingungsgleichung für *Riemann*sche Flächen mit zwei Verzweigungspunkten erfordern, eine Aufgabe, deren Bewältigung bisher nicht gelungen ist. Deshalb hat *K. Schwarzschild*[204]) das Problem des Spaltes auf einem anderen Wege in Angriff genommen. Er denkt sich zunächst die eine (rechte) Hälfte (Fig. 29) des vollkommen leitenden Spaltes weg und beginnt mit der *Sommerfeld*schen Lösung (222), welche die Grenzbedingungen an der anderen (linken) Hälfte des Spaltes befriedigt[205]), nicht aber an der rechten Hälfte (R). Diese erste Lösung heiße v_0. Man fragt jetzt nach einer Funktion v_1, welche der Schwingungsgleichung genügt und so beschaffen ist, daß $v_0 + v_1$ an der Oberfläche von R Null wird. Um v_1 aufzufinden, setzt *Schwarzschild* in die *Kirchhoff*sche Formel (105) eine dem Problem angepaßte *Green*sche Funktion G ein, nämlich die Differenz der zweiwertigen Lösung (219) der Nr. **59** und ihres Spiegel-

L R

Fig. 29.

204) *K. Schwarzschild,* Math. Ann. 55 (1902), p. 177.

205) Wir wollen den Gedankengang am Fall $\perp$ illustrieren.

bildes an der Halbebene R. Die so konstruierte Funktion G wird in einem Punkte der Ebene logarithmisch unendlich, wodurch sie für eine zweidimensionale *Green*sche Funktion qualifiziert ist, und verschwindet ferner an der ganzen Fläche R; daher nach (105)

$$v_1 = \frac{1}{2\pi}\int\limits_R dr \cdot v_0 \frac{dG_R}{d\nu},$$

die Integration erstreckt sich über die rechte Spalthälfte R. Nun wird aber von der Summe $v_0 + v_1$ die Grenzbedingung an der linken Hälfte (L) nicht mehr erfüllt, man bildet daher

$$v_2 = \frac{1}{2\pi}\int\limits_L dr\, v_1 \frac{dG_L}{d\nu},$$

und so alternierend weiter. *Schwarzschild* hat nun gezeigt, daß die Summe

$$v = v_0 + v_1 + v_2 + \cdots$$

wirklich für beliebige Spaltbreite konvergiert, womit die Frage vom mathematischen Standpunkt erledigt ist. Weniger befriedigend sind die physikalischen Resultate; denn die hier auftretenden Integrale sind nicht allgemein ausführbar. Nur wenn die Konvergenz so gut ist, daß man sich auf die allerersten Glieder beschränken kann, ist es möglich, Folgerungen über das Beugungsbild zu machen. Dieses ist dann der Fall, wenn der Spalt genügend breit gegen λ ist, dann werden die Erscheinungen an der einen Spalthälfte nicht merklich von der anderen beeinflußt, und v_1 ist im wesentlichen die zur rechten Spalthälfte gehörende *Sommerfeld*sche Lösung. Der andere Grenzfall der Beugung an schmalen Spalten wird in Nr. **65** und Nr. **69** behandelt.

II. Methode der krummlinigen Koordinaten.

63. Die Grundgleichungen in krummlinigen Koordinaten. Der zweite der in Nr. **58** erwähnten Wege, der zur Lösung von Beugungsproblemen führt, besteht darin, die mathematische Analyse der Gestalt des beugenden Körpers durch Benutzung geeigneter krummliniger Koordinaten anzupassen. Diese Methode ist auch insofern allgemeiner, als sie gestattet, Körper mit endlicher Leitfähigkeit zu behandeln, d. h. den Materialeinfluß bei der Beugung zu berücksichtigen.

Es seien u, v, w die krummlinigen Koordinaten und

$$\left(\frac{du}{U}\right)^2 + \left(\frac{dv}{V}\right)^2 + \left(\frac{dw}{W}\right)^2$$

das Quadrat des Linienelementes[206]); wenn wir uns auf periodische

206) Vgl. IV 14, Nr. **20** (*Abraham*).

Vorgänge beschränken, lauten die *Maxwell*schen Gleichungen (207) für diese Koordinaten transformiert[207]):

$$
(229)\quad \begin{cases}
\left(\frac{in\varepsilon}{c}+\frac{\sigma}{c}\right)E_u = V\cdot W\left[\frac{\partial}{\partial v}\left(\frac{H_w}{W}\right)-\frac{\partial}{\partial w}\left(\frac{H_v}{V}\right)\right],\\
\left(\frac{in\varepsilon}{c}+\frac{\sigma}{c}\right)E_v = W\cdot U\left[\frac{\partial}{\partial w}\left(\frac{H_u}{U}\right)-\frac{\partial}{\partial u}\left(\frac{H_w}{W}\right)\right],\\
\left(\frac{in\varepsilon}{c}+\frac{\sigma}{c}\right)E_w = U\cdot V\left[\frac{\partial}{\partial u}\left(\frac{H_v}{V}\right)-\frac{\partial}{\partial v}\left(\frac{H_u}{U}\right)\right],\\
-\frac{in}{c}H_u = V\cdot W\left[\frac{\partial}{\partial v}\left(\frac{E_w}{W}\right)-\frac{\partial}{\partial w}\left(\frac{E_v}{V}\right)\right],\\
-\frac{in}{c}H_v = W\cdot U\left[\frac{\partial}{\partial w}\left(\frac{E_u}{U}\right)-\frac{\partial}{\partial u}\left(\frac{E_w}{W}\right)\right],\\
-\frac{in}{c}H_w = U\cdot V\left[\frac{\partial}{\partial u}\left(\frac{E_v}{V}\right)-\frac{\partial}{\partial v}\left(\frac{E_u}{U}\right)\right].
\end{cases}
$$

Die Anwendbarkeit dieser Methode hängt davon ab, ob es möglich ist, dieses simultane Gleichungssystem auf Gleichungen mit nur einer abhängigen Variablen zurückzuführen. Das letztere gelingt immer, wenn es sich um zweidimensionale Probleme handelt. In der Tat kann man in diesen Fällen setzen $w = z$, $W = 1$, wobei die Feldstärken von der Variablen z unabhängig sind. Wie schon in Nr. **58** hervorgehoben, kann man dann den Schwingungsvorgang als Überlagerung zweier Zustände betrachten, welche durch das Verschwinden von H_z (Fall $\perp$) und E_z (Fall $\parallel$) charakterisiert sind, denn die Gleichungen (229) zerfallen in die beiden unabhängigen Gruppen:

Für den Fall $\perp$:

$$
(229\text{a})\quad \begin{cases}
-\frac{in}{c}H_u = V\frac{\partial E_z}{\partial v},\\
-\frac{in}{c}H_v = -U\frac{\partial E_z}{\partial u},\\
\frac{\partial}{\partial u}\left(\frac{U}{V}\cdot\frac{\partial E_z}{\partial u}\right)+\frac{\partial}{\partial v}\left(\frac{V}{U}\frac{\partial E_z}{\partial v}\right)+\frac{k^2}{U\cdot V}E_z = 0.
\end{cases}
$$

Fall $\parallel$:

$$
(229\text{b})\quad \begin{cases}
\left(\frac{in\varepsilon}{c}+\frac{\sigma}{c}\right)E_u = V\frac{\partial H_z}{\partial v},\\
\left(\frac{in\varepsilon}{c}+\frac{\sigma}{c}\right)E_v = -U\frac{\partial H_z}{\partial u},\\
\frac{\partial}{\partial u}\left(\frac{U}{V}\frac{\partial H_z}{\partial u}\right)+\frac{\partial}{\partial v}\left(\frac{V}{U}\frac{\partial H_z}{\partial v}\right)+\frac{k^2}{UV}H_z = 0.
\end{cases}
$$

Daneben sind nach (210) die folgenden Grenzbedingungen an der Oberfläche des beugenden Körpers zu erfüllen, dem der Parameter-

207) Vgl. V 18, Nr. **66** (*Abraham*).

wert $u = u_0$ entsprechen möge: im Falle $\perp$

$$(E_z)_a = (E_z)_i; \quad \left(\frac{\partial E_z}{\partial u}\right)_a = \left(\frac{\partial E_z}{\partial u}\right)_i, \tag{230a}$$

im Fall $\parallel$

$$(H_z)_a = (H_z)_i; \quad \left(\frac{1}{k}\frac{\partial H_z}{\partial u}\right)_a = \left(\frac{1}{k}\frac{\partial H_z}{\partial u}\right)_i. \tag{230b}$$

Für vollkommene Leitfähigkeit des beugenden Objektes reduzieren sich die Bedingungen nach (213) auf

$$\left.\begin{array}{l} E_z = 0 \text{ im Falle} \perp \\ \dfrac{\partial H_z}{\partial u} = 0 \text{ im Falle} \parallel \end{array}\right\} \text{für } u = u_0. \tag{231}$$

Für die rechnerische Durchführbarkeit des Problems ist es sodann von entscheidender Bedeutung, ob es gelingt, die partielle Differentialgleichung für E_z bzw. H_z in zwei gewöhnliche mit den unabhängigen Variabeln u und v zu zerfällen. Ist dies möglich, so kann man die allgemeine Lösung in Form einer unendlichen Reihe von Produkten der Eigenfunktionen dieser beiden Differentialgleichungen ansetzen, und die Untersuchung läuft mathematisch auf eine Theorie dieser Eigenfunktionen hinaus (vgl. Nr. **64**—**66**). Sind die krummlinigen Koordinaten durch eine Abbildung in der komplexen Ebene gegeben

$$x + iy = f(u + iv),$$

so gewinnen die letzten der Gleichungen (229a, b) die Gestalt

$$\frac{\partial^2 s}{\partial u^2} + \frac{\partial^2 s}{\partial v^2} + k^2 f'(u + iv)\,\varphi'(u - iv)s = 0, \tag{229c}$$

wo φ die zu f konjugiert-komplexe Funktion ist. Damit sich diese Gleichung zerfällen läßt, muß man $f'(u + iv) \cdot \varphi'(u - iv)$ in zwei Summanden zerlegen können, von denen der erste nur von u, der zweite nur von v abhängt. Dies ist jedoch dann und nur dann möglich, wenn f der Bedingung genügt $f'''(w) = cf'(w)$. Bei verschiedener Wahl der konstanten c erhält man hieraus nur die Funktionen e^{x+iy}, $\mathfrak{Cos}\,(x + iy)$ (bzw. $\mathfrak{Sin}\,(x + iy)$), $(x + iy)^2$, welche den Polarkoordinaten, den elliptischen und parabolischen Koordinaten der Ebene entsprechen.[208]) Der Behandlung dieser drei Fälle sind Nr. **64**, **65**, **66** gewidmet.

Außer dieser Klasse von Problemen gibt es noch einige Spezialfälle (z. B. Nr. **67**), in denen es gelingt, das Gleichungssystem (229) auf eine einzelne partielle Differentialgleichung zurückzuführen.

64. Der Kreiszylinder. Die Beugung am Kreiszylinder wurde von *J. J. Thomson*[209]) mit Rücksicht auf die Eigenschwingungen des-

208) *H. Weber*, Math. Ann. 1 (1869), p. 1.

selben behandelt. Das eigentliche Beugungsproblem einer ebenen Welle, welche auf einen Kreiszylinder senkrecht zu dessen Achse einfällt, bietet hiernach keine Schwierigkeiten für Zylinder, deren Halbmesser klein gegen λ ist[210]). Man benutzt Polarkoordinaten $\left(u = r, v = \varphi,\ U = 1,\ V = \frac{1}{r}\right)$ und erhält im Falle $\perp$ nach (229a), (230a)

$$(232) \qquad \frac{1}{r}\frac{\partial}{\partial r}\left(r\frac{\partial E_z}{\partial r}\right) + \frac{1}{r^2}\frac{\partial^2 E_z}{\partial \varphi^2} + k^2 E_z = 0$$

mit den Grenzbedingungen

$$(233\text{a}) \qquad (E_z)_a = (E_z)_i; \quad \left(\frac{\partial E_z}{\partial r}\right)_a = \left(\frac{\partial E_z}{\partial r}\right)_i$$

für $r = R$, wenn R der Radius des Zylinders ist.

Im Falle $\parallel$ gilt für H_z dieselbe Gleichung (232), die Grenzbedingungen aber lauten:

$$(233\text{b}) \qquad (H_z)_a = (H_z)_i; \quad \left(\frac{1}{k}\frac{\partial H_z}{\partial r}\right)_a = \left(\frac{1}{k}\frac{\partial H_z}{\partial r}\right)_i.$$

Durch den Ansatz

$$\left.\begin{matrix} E_z \\ H_z \end{matrix}\right\} = \mathsf{P}(r)\left\{\begin{matrix} \cos n\varphi \\ \sin n\varphi \end{matrix}\right.$$

erhält man aus (232) für $\mathsf{P}(r)$

$$(234) \qquad \frac{d^2\mathsf{P}}{dr^2} + \frac{1}{r}\frac{d\mathsf{P}}{dr} + \left(k^2 - \frac{n^2}{r^2}\right)\mathsf{P} = 0.$$

Es ist also $\mathsf{P}(r) = Z_n(kr)$ gleich der n-ten Zylinderfunktion des Argumentes kr, wobei nur ganzzahlige Werte von n in Betracht kommen, da die Lösung ihrem physikalischen Sinne nach in φ die Periode 2π haben muß. Wir wollen die weitere Rechnung für den Fall $\perp$ durchführen. Die Erscheinung ist dann in bezug auf die Einfallsrichtung $\varphi = 0$ symmetrisch, so daß nur Glieder mit $\cos n\varphi$ auftreten. Von den Zylinderfunktionen darf für das Innere des Zylinders nur die *Bessel*sche Funktion $J_n(kr)$ angesetzt werden, da die anderen im Nullpunkt unendlich werden; der Schwingungszustand im Innern ist also gegeben durch die Reihe

$$(235) \qquad (E_z)_i = \sum_0^\infty {}^n\, b_n \cdot J_n(k_i r) \cos n\varphi.$$

Dagegen kommt für die Störung im Äußeren neben der einfallenden Welle nur die *Hankel*sche Funktion zweiter Art

$$H_n^{(2)}(kr) = i^{p+1}\frac{2}{\pi}\int_0^\infty e^{-ikr\,\mathfrak{Cos}\,\psi}\,\mathfrak{Cos}\,p\psi\,d\psi$$

209) *J. J. Thomson,* Rec. researches, p. 428. London 1893.

210) *W. Seitz,* Ann. d. Phys. 16 (1905), p. 746; 19, p. 554; 21 (1906), p. 1013; *W. v. Ignatowsky,* Ann. d. Phys. 18 (1905), p. 495; 23 (1907), p. 905.

(vgl. Nr. 5) in Betracht als einzige, welche eine vom Zylinder divergierende Welle darstellt.[211]) Im Äußeren ist also das optische Feld

$$(236)\qquad (E_z)_a = e^{ik_a r\cos\varphi} + \sum_0^\infty a_n H_n^{(2)}(k_a r)\cos n\varphi,$$

wobei für die einfallende Welle die Entwicklung gilt[212])

$$(237)\quad e^{ik_a r\cos\varphi} = \sum_{-\infty}^{+\infty} i^n J_n(k_a r)\cos n\varphi = J_0(k_a r) + 2\sum_1^\infty i^n J_n(k_a r)\cos n\varphi.$$

Durch Einsetzen dieser Ausdrücke in (233a) erhält man die Werte der in (236) eingeführten Koeffizienten a

$$(238)\qquad a_n = -2i^n \frac{k_i J_n'(k_i R)\cdot J_n(k_a R) - k_a J_n(k_i R)\cdot J_n'(k_a R)}{k_i J_n'(k_i R)\cdot H_n^{(2)}(k_a R) - k_a J_n(k_i r)\cdot H_n^{(2)\prime}(k_a R)}.$$

Der Koeffizient a_0 ist noch mit dem Faktor $\frac{1}{2}$ zu versehen. Ganz analog gestaltet sich die Rechnung auch im Falle $\parallel$. Wenn der Durchmesser gegen λ klein ist, konvergiert die Reihe schnell, und man kann sich mit wenigen Gliedern derselben begnügen. Bei sehr dünnen Zylindern, wo a_0 maßgebend ist, ist die Amplitude des abgebeugten Lichtes proportional zu $\frac{R^2}{\lambda^2}$; eine Ausnahme bildet nur der vollkommen leitende Zylinder im Falle $\perp$, hier steigt die Amplitude zunächst an wie $\frac{1}{\log\frac{R}{\lambda}}$. Die Verhältnisse an etwas dickeren Zylindern $\left(\text{bis } R = \frac{\lambda}{2}\right)$ sind durch verschiedene Beispiele in den zitierten Arbeiten illustriert.[213])

Eine Methode, um Zylinder von beliebigem Radius zu behandeln, gab *P. Debye*,[214]) womit auch das eigentliche optische Problem in Angriff genommen wurde.

65. Der elliptische Zylinder. Die Beugung am elliptischen Zylinder wurde von *B. Sieger*[215]) unter Überwindung von erheblichen Schwierigkeiten behandelt. Das Koordinatensystem, welches hier an-

211) In seiner ersten Abhandlung[210]) hat *W. Seitz* irrtümlicherweise die *Neumann*sche Zylinderfunktion verwendet, so daß die Resultate derselben nicht ganz korrekt sind; durch *v. Ignatowsky* aufmerksam gemacht, hat er sie in der zweiten Arbeit richtiggestellt.

212) *E. Heine*, Handbuch der Theorie d. Kugelfunkt. I p. 82. Berlin 1878.

213) Siehe 210); die Erscheinungen an *dielektrischen* Stäben hat *Cl. Schäfer* (Berl. Ber. 11 (1909), p. 225) studiert.

214) *P. Debye*, Phys. Zeitschr. 9 (1908), p. 775.

215) *B. Sieger*, Ann. d. Phys. 27 (1908), p. 626; vgl. auch *K. Aichi*, Proc. Tokyo, Math. Phys. Soc. (2) 4 (1908), p. 966.

zuwenden ist, wird durch die Abbildung

$$x + iy = ia \operatorname{Sin}(u + iv), \tag{239}$$

bestimmt, aus der sich ergibt

$$\frac{1}{U} = \frac{1}{V} = a\sqrt{\operatorname{Cos}^2 u - \sin^2 v}.$$

Wegen der erforderlichen Eindeutigkeit setzen wir fest

$$0 < u < \infty, \quad -\infty < v < +\infty.$$

Die Kurven $u = \text{const}$ sind konfokale Ellipsen, $v = \text{const}$ konfokale Hyperbeläste, wie durch Fig. 30 veranschaulicht wird. Nach (229) ist damit das Problem auf die Behandlung der partiellen Differentialgleichung

$$\frac{\partial^2 s}{\partial u^2} + \frac{\partial s^2}{\partial v^2} + \varkappa^2(\operatorname{Cos}^2 u - \sin^2 v)s = 0, \quad (\varkappa = ak) \tag{240}$$

zurückgeführt. Dieselbe läßt sich durch den Ansatz

$$s = \Xi(u) \cdot H(v)$$

in zwei gewöhnliche zerfällen:

$$\begin{cases} \frac{d^2\Xi}{du^2} + (\varkappa^2 \operatorname{Cos}^2 u + \alpha)\Xi = 0, \\ \frac{d^2 H}{dv^2} - (\varkappa^2 \sin^2 v + \alpha) H = 0, \end{cases} \tag{241}$$

die als *Differentialgleichungen des elliptischen Zylinders* bezeichnet werden. Bei einer Umkreisung der Ellipse ändert sich der Parameter v um 2π; daher muß die Funktion $H(v)$, welche ihrem physikalischen Sinn nach zum Anfangswert zurückkehren muß, in v die Periode 2π besitzen. Die Auswahl der zunächst willkürlichen Parameter α ist damit auf diejenigen beschränkt, welche die Funktion $H_\alpha(v)$ periodisch machen, und die Lösungen von (240) erscheinen in Form von Reihen

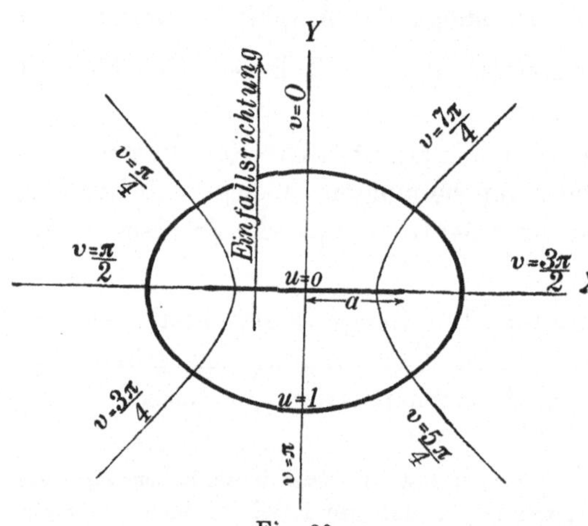

Fig. 30.

$$\sum A_\alpha H_\alpha(v) \cdot \Xi_\alpha(u),$$

wo die Summe über alle Werte von α zu erstrecken ist, welche dieser Bedingung genügen.

Bereits *E. Heine*[216]) hat bewiesen, daß es wirklich abzählbar unendlich viel solcher Werte von α gibt, nämlich die Wurzeln einer von ihm aufgestellten transzendenten Gleichung; aber es gab kein praktisch brauchbares Verfahren, um dieselben wirklich numerisch zu berechnen, und erst *B. Sieger* hat unter Benutzung eines von *Mathieu*[217]) stammenden Gedankenganges eine Methode gegeben, welche gestattet, die α und die zugehörigen Funktionen des elliptischen Zylinders wenigstens für kleine Werte von $\varkappa^2$ aufzufinden.[218])

Während also die Funktionen $H_\alpha(v)$ den trigonometrischen analog sind und auch die Orthogonalitätsbedingungen

$$(242)\qquad \begin{aligned} &\int_0^{2\pi} H_{\alpha_1}(v)\cdot H_{\alpha_2}(v)\,dv = 0, \quad \text{wenn} \quad \alpha_1 \neq \alpha_2 \\ &\int_0^{2\pi} [H_\alpha(v)]^2 dv = p_\alpha \end{aligned}$$

erfüllen, besitzen die Funktionen von u („Funktionen zweiter Art") eine weitgehende Ähnlichkeit mit den Funktionen des Kreiszylinders (vom Argument $\varkappa\,\mathfrak{Cof}\,u$ bzw. $\varkappa\,\mathfrak{Sin}\,u$), in die sie ja auch bei verschwindendem a übergehen. Für unsere Zwecke kommen die beiden partikulären Integrale in Betracht: $\Xi_\alpha(u)$, welche den *Bessel*schen Funktionen entsprechen[219]), und die den *Hankel*schen analogen Integrale $\Phi_\alpha(u)$, welche eine vom Zylinder divergierende Welle darstellen. Wir haben also ganz wie in Nr. 64 für den Schwingungszustand im Innern des Zylinders anzusetzen

$$(243)\qquad s_i = \sum B_\alpha \Xi_\alpha^i(u)\cdot H_\alpha^i(v)$$

und für das optische Feld im Äußern, wenn wir uns mit Sieger auf Wellen beschränken, welche parallel der kürzeren Halbachse des Zy-

216) *E. Heine,* Handbuch der Theorie der Kugelfunktionen I, p. 402—415. Berlin 1878. Der Beweis setzt reelle Werte von $\varkappa^2$ voraus, eine Lücke in demselben ist von *S. Dannacher* (Züricher Diss. 1906) ausgefüllt worden.

217) *E. Mathieu,* Liouville Journ. II. Série 1. XIII (1868).

218) Über die Berechnung der Parameter α für größere Werte von $\varkappa^2$ siehe: *E. Reinstein,* Ann. d. Phys. 35 (1911), p. 109.

219) Die Funktionen $\Xi_\alpha(u)$ sind wegen ihres Verhaltens beim Durchgang durch die Verzweigungslinie $u=0$ die einzigen für das Innere des Zylinders geeigneten. Der erwähnte Grenzübergang zu verschwindendem a ist so auszuführen, daß gleichzeitig $\mathfrak{Cof}\,u$ (bzw. $\mathfrak{Sin}\,u$) unendlich wird, so daß das Produkt $a\,\mathfrak{Cof}\,u$ einen endlichen Wert r behält. Unter $H_\alpha(v)$ verstehen wir im folgenden die Lösung, welche sich nach $\cos nv$ entwickeln läßt, also in der Bezeichnung von *Heine* die periodischen Funktionen erster und zweiter Klasse.

linders einfallen

(244) $$s_a = \sum A_\alpha \Phi_\alpha^a(u) \cdot H_\alpha^a(v).$$

Die Koeffizienten der Entwicklung der einfallenden Welle

(245) $$e^{-iky} = \sum M_\alpha \Xi_\alpha^a(u) \cdot H_\alpha^a(v)$$

können mit Hilfe der Orthogonalitätsbedingungen (242) berechnet werden und sind als bekannt zu betrachten.

Sucht man jetzt die Grenzbedingungen

$$\left(\text{z. B. } s_i = s_a, \quad \left(\frac{\partial s}{\partial u}\right)_i = \left(\frac{\partial s}{\partial u}\right)_a \text{ im Falle} \perp\right)$$

zu erfüllen, so tritt im Vergleich mit dem Falle des Kreiszylinders eine große Komplikation zutage. Dort traten in allen Reihen die gleichen periodischen Funktionen auf (nämlich die trigonometrischen), man konnte die Faktoren derselben zusammenfassen und gleich Null setzen, was einfache Gleichungen zur Berechnung der Koeffizienten ergab. Anders hier, die Funktionen $H_\alpha(v)$ hängen vom Parameter $\varkappa$ ab, sind also in (243) und (244) verschieden. Man müßte sie zuerst nach trigonometrischen Funktionen entwickeln und bekäme dann die Bedingungen für die Koeffizienten in Form eines unendlichen Gleichungssystems. Dieser Umstand erschwert die Rechnungen ganz außerordentlich und veranlaßte *Sieger*, sich auf die Betrachtung eines vollkommen leitenden elliptischen Zylinders zu beschränken. Nach (233) sind dann die Grenzbedingungen für $u = u_0$

$$s = 0 \quad \text{im Falle} \perp,$$

$$\frac{\partial s}{\partial u} = 0 \quad \text{im Falle} \parallel.$$

Für die Koeffizienten der Reihen (246) ergibt sich daher

(246a) $$A_\alpha \perp = - M_\alpha \left[\frac{\Xi(u)}{\Phi(u)}\right]_{u = u_0},$$

(246b) $$A_\alpha \parallel = - M_\alpha \left[\frac{\dfrac{\partial \Xi(u)}{\partial u}}{\dfrac{\partial \Phi(u)}{\partial u}}\right]_{u = u_0}.$$

Numerisch hat *Sieger* die Erscheinungen an einem (gegen λ) schmalen Streifen diskutiert ($u_0 = 0$), und zwar im Falle $\perp$, wo man für die Koeffizienten (246a) gut konvergente Ausdrücke hat. Dagegen scheint die Diskussion des Falles $\parallel$ auf große Schwierigkeiten zu stoßen.

Es sei darauf hingewiesen, daß die Reihe (244) mit genau denselben Koeffizienten wie bei dem vollkommen leitenden Streifen, abgesehen von der einfallenden Welle, auch die Lösung des Beugungsproblems für einen vollkommen leitenden Spalt von derselben Breite darstellt. Nur sind die Ausdrücke (246a) und (246b) zu vertauschen: (246a) entspricht jetzt dem Falle ∥, (246b) dem Falle ⊥. Das in Nr. **36** erwähnte *Babinet*sche Prinzip bleibt also auch in der exakten Theorie mit einer kleinen Modifikation bestehen.

Das Problem des schmalen Spaltes beansprucht einiges Interesse, weil Versuche eine merkwürdige polarisierende Wirkung desselben gezeigt haben. Ein Spalt mit blanken Metallbacken, der gegen die Wellenlänge des durchgehenden Lichtes sehr schmal ist, gibt ∥-Polarisation. Bei Verbreiterung des Spaltes kehrt die Polarisation zunächst ihren Sinn um (⊥), um bei noch breiterem Spalt überhaupt zu verschwinden.[219a]) Diese Erscheinung hat viel Ähnlichkeit mit der polarisierenden Wirkung von Beugungsgittern, vgl. Nr. **70**.

66. Der parabolische Zylinder. Die Beugung am parabolischen Zylinder bietet aus dem Grunde einiges Interesse, weil man durch einen solchen die wirklichen Verhältnisse an einem dünnen Schirm gut approximieren kann. Es waren gerade Beobachtungen an dünnen Metallschirmen[220]), durch welche zum erstenmal ein Einfluß des Profils des beugenden Körpers und seiner Materialeigenschaften auf die Beugungserscheinungen festgestellt wurde, und die *Sommerfeld*sche Theorie (Nr. **59**, **60**), welche sich auf vollkommen leitende und absolut schwarze Schirme beschränkt, konnte diese Beobachtungen naturgemäß nicht umfassen.

Man benutzt[221]) das System krummliniger Koordinaten, welches durch die komplexe Funktion

$$x + iy = \tfrac{1}{2}(\xi + i\eta)^2 \tag{247}$$

oder

$$x = \frac{\xi^2 - \eta^2}{2}, \quad y = \xi\eta$$

vermittelt wird, wobei ξ und η zwischen den Grenzen

$$-\infty < \xi < +\infty, \quad 0 < \eta < \infty$$

variieren (Fig. 31). Dies ergibt

$$u = \xi, \quad v = \eta, \quad \frac{1}{U} = \frac{1}{V} = \sqrt{\xi^2 + \eta^2}$$

219a) *H. Fizeau,* Ann. chim. phys. (3) 63 (1861), p. 385; *H. Ambronn,* Ann. Phys. Chem. 48 (1893), p. 717; *P. Zeemann,* Amsterdam Acad., October 1912; Researches in Magneto-Optics, p. 96, London 1913.

220) *W. Wien,* Ann. Phys. Chem. 28 (1886), p. 117; *G. Gouy,* Ann. d. chim. et phys. (6) 8 (1886), p. 145; *A. Kalaschnikoff,* Journ. russ. phys. Ges. 44 (1912), Heft 3.

221) *P. Epstein,* Über die Beugung an einem dünnen Schirm unter Berücksichtigung des Materialeinflusses. Münchener Diss. 1914.

und führt nach (229) auf die Differentialgleichung

$$\frac{\partial^2 s}{\partial \xi^2} + \frac{\partial^2 s}{\partial \eta^2} + k^2(\xi^2 + \eta^2)\, u = 0, \tag{248}$$

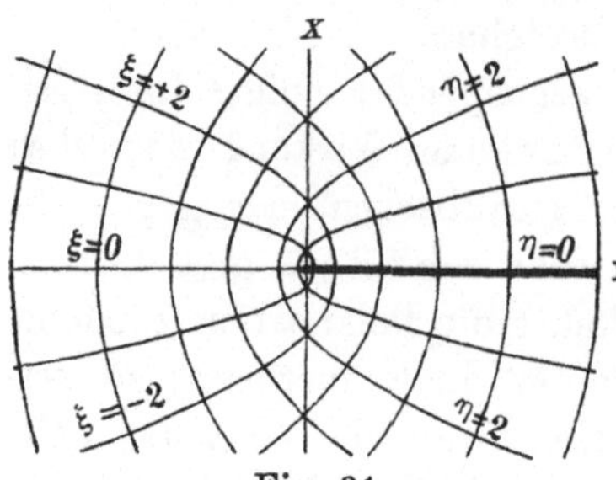

Fig. 31.

welche sich durch den Ansatz

$$s = U(\eta) \cdot V(\xi)$$

in die beiden *Differentialgleichungen des parabolischen Zylinders* zerfällen läßt:

$$\text{(249a, b)} \quad \begin{cases} \dfrac{d^2 U}{d\eta^2} + (k^2\eta^2 - \beta)\, U = 0, \\ \dfrac{d^2 V}{d\xi^2} + (k^2\xi^2 + \beta)\, V = 0. \end{cases}$$

Bereits bei *Euler*[222]) findet sich eine Darstellung dieser Funktionen durch bestimmte Integrale, ziemlich weitgehend wurde ihre Theorie von *K. Baer*[223]) entwickelt.

Es bietet hier keine Schwierigkeiten, die geeigneten Werte des Parameters β auszuwählen (vgl. Nr. **65**), denn man kann zeigen, daß der Ansatz

$$\beta = 2ik(n + \tfrac{1}{2}), \quad \text{wo} \quad n = 0, 1, 2, 3, \ldots \tag{250}$$

ein Funktionensystem $U_n(\eta)$ und $V_n(\xi)$ liefert, welches allen Anforderungen genügt[224]) und mit den sogenannten *Hermiteschen Polynomen* identisch ist

$$U_n(\eta) = \frac{e^{-\frac{ik\eta^2}{2}}}{(2ik)^{\frac{n}{2}} n!} \frac{d^n e^{ik\eta^2}}{d\eta^n}, \quad V_n(\xi) = \frac{e^{\frac{ik\xi^2}{2}}}{(2ik)^{\frac{u}{2}} n!} \frac{d^n e^{-ik\xi^2}}{d\xi^n}. \tag{251}$$

Die *Funktionen des parabolischen Zylinders zweiter Art* $Y_n(\eta)$, das zweite partikuläre Integral der Gleichung (249a), erhält man in bekannter Weise nach der *Abel*schen Methode. Eine asymptotische Darstellung derselben für $\eta \gg n$ lautet:

$$Y_n(\eta) = \frac{i e^{-\frac{ik\eta^2}{2}}}{(\sqrt{-2iku})^{n+1}}. \tag{252}$$

Man hat nun für das Innere des Zylinders, der durch die Parabel $\eta = \eta_0$ begrenzt sein möge, anzusetzen

$$s_i = \sum_0^\infty b_n\, U_n^i(\eta) \cdot V_n^i(\xi), \tag{253}$$

222) *L. Euler*, Inst. calc. integr. Vol. II, cap. X, p. 296. Petropoli 1769.
223) *K. Baer*, Küstriner Programm 1883; vgl. II A 10, Nr. **63** (*Wangerin*).
224) „Vollständige Orthogonalsysteme" im *Hilbert*schen Sinne.

für das optische Feld im Äußern

$$(254)\qquad s_a = e^{-ik(x\cos\varphi + y\sin\varphi)} + \sum_0^\infty {}_n\, a_n\, Y_n^a(\eta)\, V_n^a(\xi),$$

während sich die einfallende Welle so darstellt

$$(255)\qquad e^{-ik(x\cos\varphi + y\sin\varphi)} = \frac{1}{\cos\frac{\varphi}{2}} \sum_0^\infty {}_n\, n!\, \operatorname{tg}^n \frac{\varphi}{2}\, U_n^a(\eta)\cdot V_n^a(\xi).$$

Die Koeffizienten a_n und b_n sind aus den an der Fläche $\eta = \eta_0$ geltenden Grenzbedingungen (232) zu berechnen. Die Hauptschwierigkeit macht das Summieren der Reihen, welche so langsam konvergieren, daß es nicht möglich ist, nach einer beschränkten Anzahl von Gliedern abzubrechen. Bei endlicher Leitfähigkeit treten dieselben Komplikationen auf, die in Nr. **65** erwähnt wurden, trotzdem gelingt es, die Verhältnisse auch in diesem Fall qualitativ zu überblicken.

Zunächst gewinnt man auf diesem Wege die *Sommerfeld*sche Lösung (224) für die unendlich dünne vollkommen leitende Halbebene wieder. Die nächste Verallgemeinerung ist ein vollkommen spiegelnder parabolischer Zylinder von sehr geringer endlicher Dicke. Das Zusatzglied, welches in diesem Fall zu (220) hinzukommt, verringert die Amplitude im Falle $\perp$ und vergrößert sie im Falle $\parallel$, so daß das Verhältnis $\frac{A_\parallel}{A_\perp}$ gegen den Ausdruck $\operatorname{tg}\left(\frac{\delta}{2} + \frac{\pi}{4}\right)$ der Nr. **60** größer wird, in qualitativer Übereinstimmung mit den Beobachtungen. Schließlich ergibt sich bei endlicher Leitfähigkeit des parabolischen Schirms ein selektiver Effekt. Dieselben Wellenlängen sind bevorzugt, welche von einem Planspiegel aus demselben Material stärker reflektiert werden; diese Selektion ist jedoch äußerst schwach im Falle $\perp$ und sehr viel stärker im Falle $\parallel$. Auch diese Forderungen der Theorie stimmen mit der Beobachtung überein.

67. Die Kugel. Farben kolloidaler Metallösungen. Die Berechnung der Beugung an einer Kugel aus beliebigem Material[225]) haben *G. Mie*[226]) und *P. Debye*[227]) durchgeführt. Während der letztere hauptsächlich den Strahlungsdruck auf eine Kugel im Auge hatte, ist in der Arbeit von *Mie* eine eingehende Beschreibung des Beugungsbildes an kleinen Kugeln und der Vergleich der Theorie

---

225) Von den Arbeiten über vollkommen leitende Kugeln sind die von *J. J. Thomson* (Rec. Res. p 437, 1893, Eigenschwingungen einer Kugel) und *K. Schwarzschild* (München Ber. 1901, p. 293, Strahlungsdruck) hervorzuheben.

226) *G. Mie*, Ann. d. Phys. 25 (1908), p. 377.

227) *P. Debye*, Ann. d. Phys. 30 (1909), p. 57.

mit den an kolloidalen Goldlösungen beobachteten Erscheinungen enthalten.[228)] [232)]

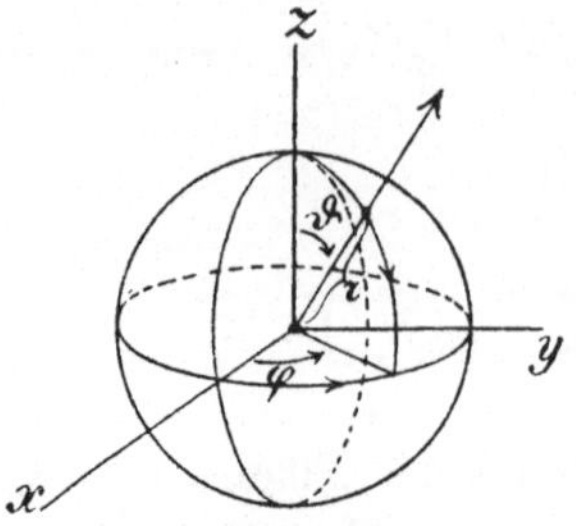

Fig. 32.

Man benutzt räumliche Polarkoordinaten

$$(256)\qquad \begin{cases} x = r\sin\theta\cos\varphi, \\ y = r\sin\theta\sin\varphi, \\ z = r\cos\theta \end{cases}$$

und erhält aus (230), da

$$u = r,\quad v = \theta,\quad w = \varphi,\quad U = 1,$$

$$V = \frac{1}{r},\quad W = \frac{1}{r\sin\theta}$$

$$(257)\qquad \begin{cases} \left(\frac{in\varepsilon}{c} + \frac{\sigma}{c}\right) E_r = \frac{1}{r\sin\theta}\left[\frac{\partial \sin\theta\, H_\varphi}{\partial\theta} - \frac{\partial H_\theta}{\partial\varphi}\right], \\ \left(\frac{in\varepsilon}{c} + \frac{\sigma}{c}\right) E_\varphi = \frac{1}{r\sin\theta}\left[\frac{\partial H_r}{\partial\varphi} - \sin\theta\,\frac{\partial r H_\varphi}{\partial r}\right], \\ \left(\frac{in\varepsilon}{c} + \frac{\sigma}{c}\right) E_\theta = \frac{1}{r}\left[\frac{\partial r H_\theta}{\partial r} - \frac{\partial H_r}{\partial\theta}\right], \\ -\frac{in}{c} H_r = \frac{1}{r\sin\theta}\left[\frac{\partial \sin\theta\, E_\varphi}{\partial\theta} - \frac{\partial E_\theta}{\partial\varphi}\right], \\ -\frac{in}{c} H_\theta = \frac{1}{r\sin\theta}\left[\frac{\partial E_r}{\partial\varphi} - \sin\theta\,\frac{\partial r E_\varphi}{\partial r}\right], \\ -\frac{in}{c} H_\varphi = \frac{1}{r}\cdot\left[\frac{\partial r E_\theta}{\partial r} - \frac{\partial E_r}{\partial\theta}\right]. \end{cases}$$

Mit *P. Debye* können wir die Komponenten von E und H aus zwei Potentialen ableiten, welche durch das Verschwinden von H_r bzw. E_r charakterisiert sind und deshalb als das *elektrische* Potential Π_1 und das *magnetische* Π_2 bezeichnet seien. Man kann nämlich den Gleichungen (257) durch den Ansatz genügen

$$(258)\qquad \begin{cases} E_r = \frac{\partial^2 \Pi_1}{\partial r^2} + k^2 \Pi_1, \\ E_\theta = \frac{1}{r}\frac{\partial^2 \Pi_1}{\partial r\,\partial\theta} - \frac{in}{c}\frac{1}{r\sin\theta}\frac{\partial \Pi_2}{\partial\varphi}, \\ E_\varphi = \frac{1}{r\sin\theta}\frac{\partial^2 \Pi_1}{\partial r\,\partial\varphi} + \frac{in}{c}\frac{1}{r}\cdot\frac{\partial \Pi_2}{\partial\theta}, \\ H_r = \frac{\partial^2 \Pi_2}{\partial r^2} + k^2 \Pi_2, \\ H_\theta = \left(\frac{in\varepsilon}{c} + \frac{\sigma}{c}\right)\frac{1}{r\sin\theta}\frac{\partial \Pi_1}{\partial\varphi} + \frac{1}{r}\frac{\partial^2 \Pi_2}{\partial r\,\partial\theta}, \\ H_\varphi = -\left(\frac{in\varepsilon}{c} + \frac{\sigma}{c}\right)\frac{1}{r}\cdot\frac{\partial \Pi_1}{\partial\theta} + \frac{1}{r\sin\theta}\cdot\frac{\partial^2 \Pi_2}{\partial r\,\partial\varphi}, \end{cases}$$

228) U. a. *R. Zsigmondy,* Liebigs Ann. 301 (1898), p. 361; Verh. d. deutsch. phys. Ges. 5 (1903), p. 209; Ann. d. Phys. 15 (1904), p. 573; *G. Bredig,* Anorganische Fermente, Leipzig 1901; *F. Kirchner,* Ann. d. Phys. 13 (1904), p. 239.

wobei sich für Π_1 und Π_2 die Gleichung ergibt

$$(259)\quad \frac{\partial^2 \Pi}{\partial r^2} + \frac{1}{r^2 \sin\theta}\frac{\partial}{\partial \theta}\sin\theta\frac{\partial \Pi}{\partial \theta} + \frac{1}{r^2\sin^2\theta}\frac{\partial^2 \Pi}{\partial \varphi^2} + k^2\Pi = \Delta\Pi + k^2\Pi = 0.$$

Die allgemeine Lösung dieser Gleichung ist die Doppelreihe

$$(260)\quad \Pi = \sum_0^\infty{}^n \sum_0^n{}^s r\, K_n(kr)\cdot P_n^s(\cos\theta)\cdot[A_{n,s}\cos s\varphi + B_{n,s}\sin s\varphi],$$

wo unter K_n eine von *Heine* eingeführte Funktion verstanden ist[216]), welche mit den Zylinderfunktionen auf folgende Weise zusammenhängt

$$K_n(kr) = \sqrt{\frac{2\pi}{kr}}\, Z_{n+\frac{1}{2}}(kr);$$

und zwar ist es üblich, die der *Bessel*schen proportionale Funktion mit $\psi_n(kr)$, die der *Hankel*schen zweiter Art proportionale mit $\zeta_n(kr)$ zu bezeichnen. Die ersteren haben die Eigenschaft, für $r = 0$ endlich zu bleiben (oder zu verschwinden), die letzteren stellen divergente Kugelwellen dar. $P_n^s(\cos\theta)$ bedeutet die ***zugeordnete Kugelfunktion*** erster Art[229]) des Argumentes $\cos\theta$. $A_{n,s}$ und $B_{n,s}$ sind Konstanten. Die Reihe (260) ist so anzusetzen, daß die Grenzbedingungen nach (230)

$$(261)\quad \begin{aligned} (E_\vartheta^e + E_\vartheta)_a &= (E_\vartheta)_i, & (E_\varphi^e + E_\varphi)_a &= (E_\varphi)_i, \\ (H_\vartheta^e + H_\vartheta)_a &= (H_\vartheta)_i, & (H_\varphi^e + H_\varphi)_a &= (H_\varphi)_i \end{aligned}$$

an der Oberfläche der Kugel ($r = R$) befriedigt werden. Durch den Index e sind die Komponenten der einfallenden Welle gekennzeichnet, welche wir eben, in der negativen z-Richtung fortschreitend und in der yz-Ebene polarisiert voraussetzen ($E_x^e = e^{ik_a z}$, $H_y^e = -e^{ik_a z}$). Die beiden Potentiale, welche eine solche Welle darstellen, ergeben sich zu

$$(262)\quad \left\{ \begin{aligned} \Pi_1^e &= \frac{1}{2k_a}\sum_1^\infty{}^h i^{h-1}\frac{2h+1}{h(h+1)}\, r\cdot\psi_h(k_a r)\cdot P_h^1(\cos\theta)\cos\varphi, \\ \Pi_2^e &= -\frac{1}{2k_a}\sum_1^\infty{}^h i^{h-1}\frac{2h+1}{h(h+1)}\, r\cdot\psi_h(k_a r)\cdot P_h^1(\cos\theta)\sin\varphi. \end{aligned} \right.$$

Infolgedessen hat man auch für die Störungspotentiale im Äußern und im Innern der Kugel anzusetzen

$$(263)\quad \begin{aligned} \Pi_1^a &= \sum_1^\infty{}^h a_h\, r\cdot\zeta_h(k_a r)\cdot P_h^1(\cos\theta)\cdot\cos\varphi, \\ \Pi_2^a &= \sum_1^\infty{}^h p_h\, r\cdot\zeta_h(k_a r)\cdot P_h^1(\cos\theta)\cdot\sin\varphi \end{aligned}$$

229) Vgl. II A 10, Nr. 8 (*Wangerin*).

und

$$(264)\qquad \begin{aligned} \Pi_1^i &= \sum_1^\infty {}^h\, b_h r \cdot \psi_h(k_i r) \cdot P_h^1(\cos\theta) \cdot \cos\varphi, \\ \Pi_2^i &= \sum_1^\infty {}^h\, q_h r \cdot \psi_h(k_i r) \cdot P_h^1(\cos\theta) \cdot \sin\varphi. \end{aligned}$$

Durch Einsetzen dieser Ausdrücke in die Grenzbedingungen (261) gewinnt man getrennte Formeln zur Berechnung der beiden Koeffizientenserien a_h und p_h, welche in der obigen (*Mie*schen) Bezeichnungsweise den *elektrischen* und *magnetischen* Anteil des Störungsfeldes charakterisieren. In (gegen λ) großer Entfernung kann man für $\zeta_h(k_a r)$ den asymptotischen Wert $\frac{2}{k_a r} e^{i\frac{\pi}{2}(h+1) - i k_a r}$ setzen, woraus für die im Verhältnis zur Intensität der einfallenden Welle gemessenen Intensitäten der beiden Bestandteile des abgebeugten Lichtes, deren elektrische Komponenten in den Richtungen φ bzw. θ schwingen, folgt

$$(265)\qquad \left\{ \begin{aligned} \frac{J_\theta}{J_e} &= \frac{4\cos^2\varphi}{r^2} \left| \sum_1^\infty {}^h\, a_h \frac{dP_h^1(\cos\theta)}{d\theta} + \frac{n}{c k_a} p_h \frac{P_h^1(\cos\theta)}{\sin\theta} \right|^2 \\ \frac{J_\varphi}{J_e} &= \frac{4\sin^2\varphi}{r^2} \left| \sum_1^\infty {}^h\, a_h \frac{P_h^1(\cos\theta)}{\sin\theta} + \frac{n}{c k_a} p_h \frac{dP_h^1(\cos\theta)}{d\theta} \right|^2 \end{aligned} \right.$$

Die Koeffizienten dieser Reihen nehmen mit der Ordnungszahl um so schneller ab, je kleiner das Verhältnis $\frac{R}{\lambda}$ ist; auch bei den gröberen Kugeln, die in kolloidalen Metallösungen vorkommen (bis zu $180\,\mu\mu$), braucht man nur die beiden ersten elektrischen Partialschwingungen (a_1, a_2) und die erste magnetische (p_1) zu berücksichtigen. Bei sehr feinen Teilchen kommt man dagegen mit der durch a_1 gegebenen ersten elektrischen Partialwelle aus, welche als „*Rayleigh*sche Strahlung“ bezeichnet wird, da *Rayleigh* ihre Existenz zuerst theoretisch nachwies (vgl. Nr. 68). Eine Ausnahme bildet die vollkommen leitende Kugel, bei der man auch für kleinste Dimensionen die erste magnetische Schwingung berücksichtigen muß.

Die Strahlungsverhältnisse bei natürlichem einfallenden Licht werden von *Mie* durch Diagramme veranschaulicht. Fig. 33 bezieht sich auf ein unendlich kleines Goldkügelchen; die äußere Kurve schneidet von den Radien Stücke ab, die der Intensität der gesamten Strahlung proportional sind, die inneren Kurven geben ebenso die unpolarisierte Strahlung, das Zwischenstück des Radiusvektors ist also der polarisierten Strahlung proportional. Die Richtung der einfallenden Welle wird durch die Pfeile angedeutet. Fig. 34 gibt das Strahlungsdiagramm eines sehr groben Goldkügelchens, Symmetrie in bezug auf die xy-Ebene ist hier nicht mehr vorhanden und das Maximum der Polarisation von $\theta = 90^0$ im Sinne wachsender θ verschoben; der Hauptteil der Energie wird in Richtung der einfallenden Welle ausgestrahlt. Die umgekehrte Vorzugsrichtung hat die Energie im Falle einer unendlich kleinen vollkommen leitenden Kugel (Fig. 35), während das Polarisationsmaximum im selben Sinne verschoben ist, und zwar tritt hier bei $\theta = 120^0$ vollkommene Polarisation ein (*Thomson*scher Winkel).[225])

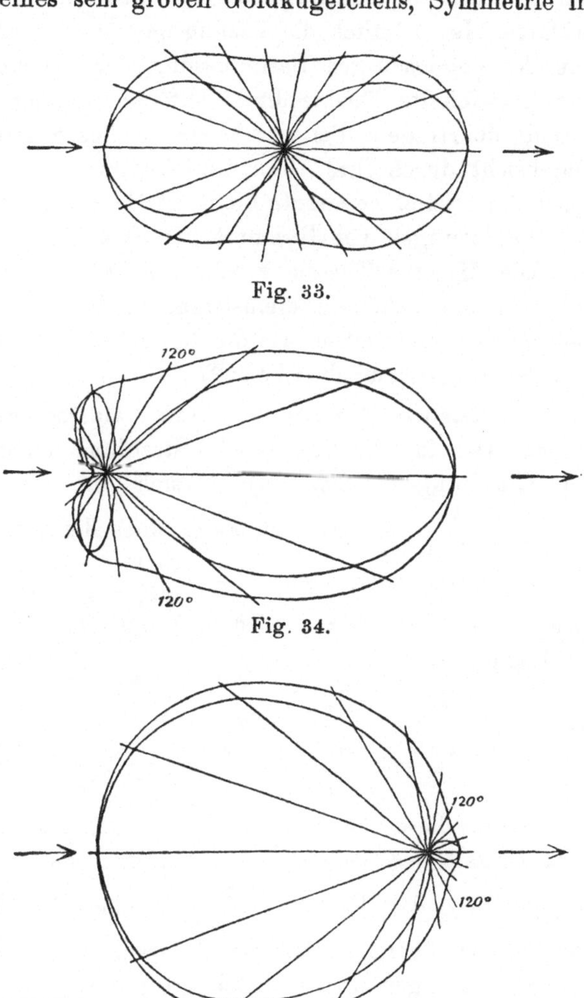

Fig. 33.

Fig. 34.

Fig. 35.

Von den übrigen Resultaten sei folgendes hervorgehoben. Mit wachsender Teilchengröße wächst die Gesamtmenge des abgebeugten Lichtes von der Wellenlänge λ zunächst proportional dem Quadrat des Volumens, erreicht aber ein Maximum für einen Wert von R zwischen $\frac{\lambda}{8}$ und $\frac{\lambda}{6}$, also wenn λ in der Nähe der ersten Eigenschwingung der Kugel[225]) liegt. Infolgedessen wird dieser Vorgang der Lichtzerstreuung vielfach als *optische Resonanz* bezeichnet. Indessen genügt die optische Resonanz bei *vollkommen leitenden* Kugeln nicht, um im durchgehenden Licht eine bestimmte Farbe kräftig hervorzuheben[230]), und die lebhaften Farben kolloidaler Metallösungen sind nur unter Berücksichtigung der optischen Konstanten der betreffenden Metalle zu erklären. Ist nämlich die Lösung genügend verdünnt, so kann man von der gegenseitigen Beeinflussung der Teilchen absehen und die eben entwickelte Theorie direkt auf die Beugungserscheinungen in der Lösung übertragen. Bei sehr kleinen Teilchen wird die Färbung in der Durchsicht durch ihre Absorption bestimmt[231]), und erst bei gröberen spielt das seitlich zerstreute Licht die Hauptrolle, so daß sich die Farbe der Goldlösungen von Rubinrot bis Blau ändert.

Die *Mie*sche Theorie wurde von *W. Steubing*[232]) geprüft, es ergab sich eine schöne Übereinstimmung, bis auf einige Erscheinungen, welche vermuten ließen, das die betreffenden Teilchen in Wirklichkeit von der Kugelform abwichen.[233])

68. Theorie des Himmelsblau. Opaleszens im kritischen Zustande. Der für die *Rayleigh*sche Strahlung maßgebende Koeffizient a_1 der Gleichungen (265) ergibt sich für sehr kleine Kugeln zu $-i\frac{3k_a^2 V}{8\pi}\cdot\frac{k_i^2-k_a^2}{k_i^2+2k_a^2}$, oder im Falle eines dielektrischen Kügelchens in einem dielektrischen Medium $-i\frac{3\pi V}{2\lambda_a^2}\cdot\frac{\varepsilon_i-\varepsilon_a}{\varepsilon_i+2\varepsilon_a}$, unter V das Volumen verstanden. Daher wird das optische Feld der *Rayleigh*schen Strahlung

$$(266)\qquad \begin{aligned} E_\theta &= -\frac{\pi V}{\lambda_a^2}\cdot\frac{\varepsilon_i-\varepsilon_a}{\varepsilon_a}\cdot\frac{3\varepsilon_a}{\varepsilon_i+2\varepsilon_a}\cdot\frac{e^{-ik_a r}}{r}\cos\theta\cos\varphi,\\ E_\varphi &= -\frac{\pi V}{\lambda_a^2}\cdot\frac{\varepsilon_i-\varepsilon_a}{\varepsilon_a}\cdot\frac{3\varepsilon_a}{\varepsilon_i+2\varepsilon_a}\cdot\frac{e^{-ik_a r}}{r}\sin\varphi. \end{aligned}$$

Durch diese Schreibweise ist betont, daß der Einfluß der speziellen Gestalt des Teilchens sich in dem der Kugel eigentümlichen „depolarisierenden Faktor“ $\frac{3\varepsilon_a}{\varepsilon_i+2\varepsilon_a}$ äußert.[234]) Wir wollen uns auf den Fall beschränken, daß die Differenz der Dielektrizitätskonstanten $\varepsilon_i-\varepsilon_a=\Delta\varepsilon$ gegen den Mittelwert ε derselben sehr klein ist, dann

230) Die entgegengesetzte Anschauung wurde von *F. Ehrenhaft* (Wien Ber. IIa 112 (1903), p. 181; 114 (1905), p. 1115) vertreten.

231) Die Theorie für extrem kleine Teilchen findet sich bereits bei *J. C. Maxwell-Garnett,* Phil. Trans. 203 (1904), p. 385; 205 (1906), p. 237, wobei auch Überlegungen über die gegenseitige Beeinflussung der Teilchen angestellt werden. Vgl. dazu die Versuche von *F. Kirchner* (Anm. 228).

232) *W. Steubing,* Greifswalder Dissertation 1908.

233) Für Silberkügelchen hat *E. Müller* (Ann. d. Phys. 35 (1911), p. 500) diese Theorie numerisch durchgeführt.

234) Vgl. V 15, Nr. 16 (*Gans*).

wird der depolarisierende Faktor für jede Gestalt nahezu gleich 1, und man erhält für die von beliebig geformten Korpuskeln zerstreuten Intensitäten

$$(267)\qquad \begin{aligned} \frac{J_\theta}{J_e} &= \frac{\pi^2 V^2 (\varDelta\varepsilon)^2}{2\lambda^4}\cdot\frac{\cos^2\theta}{r^2}, \\ \frac{J_\varphi}{J_e} &= \frac{\pi^2 V^2 (\varDelta\varepsilon)^2}{2\lambda^4}\cdot\frac{1}{r^2}. \end{aligned}$$

Dabei ist natürliches einfallendes Licht vorausgesetzt und über alle möglichen Werte von φ gemittelt; unter λ ist die Wellenlänge *im Vakuum* zu verstehen. Man sieht, daß der polarisierte Bestandteil des abgebeugten Lichtes senkrecht zur Einfallsrichtung und zum Visionsradius schwingt; vollständige Polarisation tritt für $\theta = 90^0$ ein, im übrigen sind die Strahlungsverhältnisse graphisch durch Fig. 33 auf Seite 517 gegeben.

Die Beugung an kleinen Teilchen wurde mit Erfolg zur Erklärung der blauen Farbe des Himmels herangezogen[235]) und von *Lord Rayleigh* mit Rücksicht auf diese Frage zuerst theoretisch untersucht.[236]) In der Tat befinden sich die am Himmelslicht beobachteten Polarisationsverhältnisse in ziemlicher Übereinstimmung mit den eben dargelegten, und auch die spektrale Intensitätsverteilung wird durch den Faktor $\frac{1}{\lambda^4}$ der Gleichungen (267) gut dargestellt. Bereits *Lord Rayleigh* hatte es plausibel[237]) gemacht, daß im wesentlichen von den Luftmolekülen selbst abgebeugtes Licht als Himmelsblau in unser Auge gelangt; man gewinnt indessen Resultate von allgemeinerem Interesse[238])[239]), wenn man die Aufmerksamkeit nicht auf die einzelnen Moleküle lenkt, sondern die lichtzerstreuenden Teilchen in den durch zufällige lokale Zusammenballung derselben entstehenden Inhomogenitäten der Luft, den „Dichteschwankungen" der Gastheorie, erblickt.

Diese Schwankungen lassen sich durch das *Boltzmann*sche Prinzip[240]) quantitativ erfassen: die mittlere quadratische Abweichung der Dichte eines Mediums in einem Volumen V von ihrem Durchschnittswert ϱ_0 ist nämlich[238])

$$(268)\qquad \overline{(\varDelta\varrho)^2} = \frac{R T \beta_0 \varrho_0^2}{N V},$$

235) Vgl. *Tyndalls* Versuche über Lichtzerstreuung an kondensierten Dämpfen (Phil. Mag. 37 (1870), p. 388; 38 (1870), p. 156).

236) *Lord Rayleigh*, Phil. Mag. 41 (1871), p. 107, 274, 447; 12 (1881), p. 81; 44 (1897), p. 28.

237) *Lord Rayleigh*, Phil. Mag. 47 (1899), p. 375.

238) *M. v. Smoluchowski*, Ann. d. Phys. 25 (1908), p. 205.

239) *A. Einstein*, Ann. d. Phys. 33 (1910), p. 1275.

240) *L. Boltzmann*, Wien. Ber. 63 (1871), p. 397; *A. Einstein*, Ann. d. Phys. 19 (1906), p. 373.

wo R die Gaskonstante, N die Molekülzahl ist, beide auf das Grammmolekül bezogen, β_0 die der Dichte ϱ_0 entsprechende Kompressibilität $-\frac{1}{v}\frac{\partial v}{\partial p}$.

Wir fragen nach der von einem größeren Volumen Φ zerstreuten Lichtintensität. Die Lagen der einzelnen Inhomogenitäten (von den Volumina V), welche dasselbe erfüllen, sind vollständig regellos verteilt, ebenso wie die Phasen des von ihnen zerstreuten Lichtes. Daher haben wir die Intensitäten (267) einfach über das Volumen Φ zu summieren. Es ergibt sich der Faktor $\sum(\Delta\varepsilon)^2 V^2$, nach dem *Mosotti-Lorentz*schen Gesetz gilt aber[241])

$$\frac{\varepsilon-1}{\varepsilon+2} = \text{const}\cdot\varrho, \quad (\Delta\varepsilon)^2 = \frac{(\varepsilon-1)^2(\varepsilon+2)^2}{9}\cdot\left(\frac{\Delta\varrho}{\varrho_0}\right)^2.$$

Greift man aus der Summe eine Anzahl von Gliedern heraus, welche Inhomogenitäten vom gleichen Volumen entsprechen, so kann man in dieselben den Mittelwert (268) einführen

$$(269) \qquad \frac{(\varepsilon-1)^2(\varepsilon+2)^2}{9}\cdot\frac{RT\beta_0}{N}\sum V = \frac{RT\beta_0}{N}\cdot\frac{(\varepsilon-1)^2(\varepsilon+2)^2}{9}\,\Phi.$$

Die Kompressibilität β_0 wird in der Nähe des kritischen Punktes außerordentlich groß, weshalb auch die in diesem Zustande befindlichen Substanzen eine sehr lebhafte Lichtzerstreuung (Opaleszenz) und und starke Absorption zeigen. Die Absorption in der Schichtdicke l erfolgt nach dem Gesetz $J = J_0 e^{-\alpha l}$, wobei sich der Koeffizient α aus (267) und (269) zu dem folgenden Ausdruck berechnet[239])

$$(270) \qquad \alpha = \frac{8\pi^3}{27}\frac{RT\beta_0}{N}\cdot\frac{(\varepsilon-1)^2(\varepsilon+2)^2}{\lambda^4}.$$

Im Spezialfalle der atmosphärischen Luft kann man $\beta_0 = \frac{1}{p}$ und $\varepsilon + 2 = 3$ setzen und erhält für die Lichtzerstreuung in derselben[237])[239]), wenn man unter $\mathfrak{N}$ die Anzahl der Moleküle in der Volumeneinheit versteht,

$$(271) \qquad \begin{aligned} \frac{J_\theta}{J_e} &= \frac{\pi^2\Phi}{2\mathfrak{N}p}\cdot\frac{(\varepsilon-1)^2}{\lambda^4}\cdot\frac{\cos^2\theta}{r^2}, \\ \frac{J_\varphi}{J_c} &= \frac{\pi^2\Phi}{2\mathfrak{N}p}\cdot\frac{(\varepsilon-1)^2}{\lambda^4}\cdot\frac{1}{r^2}, \\ \alpha &= \frac{8\pi^3}{3\mathfrak{N}}\cdot\frac{(\varepsilon-1)^2}{\lambda^4}. \end{aligned}$$

Die auf Grund dieser Formeln berechnete Luftdurchlässigkeit ist in vorzüglicher Übereinstimmung mit den Resultaten der neuesten atmosphärischen Absorptionsmessungen, soweit sie sich auf *trockene*

241) Vgl. V 14, Nr. 47 (*Lorentz*).

Luft beziehen[241a]): einerseits bestätigt sich das Anwachsen der Extinktion mit λ^{-4} bis weit ins Ultraviolette hinein ($\lambda = 325\,\mu\mu$), wo die selektive Absorption der Ozonbanden einsetzt; andererseits ergibt die Rechnung unter Zugrundelegung von $\mathfrak{N} = 2{,}76 \cdot 10^{19}\,\mathrm{cm}^{-3}$ (*Planck*), $\varepsilon = 1{,}000586$ (*Klemenčič*), $\frac{8\pi^3}{3\mathfrak{N}}(\varepsilon - 1)^2 = 1{,}04 \cdot 10^{-24}\,\mathrm{cm}^{-1}$ bei 760 mm und 0° C., während aus den Beobachtungen der Faktor $1{,}00 \cdot 10^{-24}$ folgt.

69. Das Ellipsoid, die kreisrunde Öffnung. Mit den in Nr. **60** bis **67** aufgezählten Fällen ist die Zahl der Körper, welche bis jetzt exakt auf Grund der *Maxwell*schen Gleichungen behandelt werden konnten, erschöpft. Schon die nächste Verallgemeinerung, das Rotationsellipsoid, bietet sehr große Schwierigkeiten.[242]) Sind jedoch die Dimensionen des beugenden Körpers (oder der Öffnung) klein gegen die Wellenlänge, so kann man durch Anwendung eines von *Lord Rayleigh* eingeführten Kunstgriffs Näherungslösungen erhalten. Seine Methode besteht darin, das Feld in unmittelbarer Umgebung des Körpers als quasistatisch anzusehen und dementsprechend zu berechnen. Handelt es sich z. B. um ein Ellipsoid, so berechnet man dessen elektrische Momente (f_x, f_y, f_z) nach den drei Achsen wie in der Elektrostatik, das optische Streuungsfeld in großen Entfernungen ergibt sich dann aus der Superposition der Felder *Hertz*scher Dipole mit den Momenten f_x, f_y, f_z. Von *Lord Rayleigh*[243]) wurden in dieser Weise die Beugung am Ellipsoid, elliptischen Zylinder und an der kreisrunden Öffnung in einem dünnen vollkommen leitenden Schirm behandelt.[244]) *R. Gans*[245]) hat die Lösungen für rotationsellipsoidische Goldteilchen ausführlich diskutiert. Es ergab sich, daß die Erscheinung schon bei mäßigen Exzentrizitäten erheblich von der für die Kugel berechneten abweicht, so daß die Teilchen in den kolloidalen

241a) *H. Dember,* Ber. d. Kgl. Sächs. Ges. d. Wiss. 64 (1912), p. 289; *F. E. Fowle,* Astrophys. Journ. 38 (1913), p. 392; *C. G. Abbot,* Annals of the Astrophys. Observ. of the Smithsonian Inst. Vol. III, Washington 1914; *E. Kron,* Ann. d. Phys. 45 (1914), p. 377. Namentlich die letzte Arbeit hat die Verhältnisse im Ultraviolett geklärt.

242) Ein Versuch, das Rotationsellipsoid zu behandeln, wurde von *K. F. Herzfeld* (Wien. Ber. (IIa) 120 (1911), p. 1587) unternommen.

243) *Lord Rayleigh,* Phil. Mag. 43, p. 259; 44 (1897), p. 28; Scientif. Papers, Vol. IV p. 283, 305.

244) *Lord Rayleigh* setzt dabei das Feld eines Dipols als homogene Kugelwelle $\left(\frac{e^{ikr}}{r}\right)$ an, man gelangt aber zu besserem Anschluß an die exakte Lösung der Nr. **65**, wenn man die Schwingungsrichtung der Dipole berücksichtigt.

245) *R. Gans,* Ann. d. Phys. 37 (1912), p. 881; 47 (1915), p. 270.

Goldlösungen von *Mie-Steubing* nicht wesentlich von Kugeln verschieden sein konnten.

70. Das Beugungsgitter. Schon die in Nr. **17** dargestellte elementare Theorie liefert die wichtigsten Züge der Gitterbeugung: die Lage der Maxima und Minima und die Abhängigkeit der Intensität von der Zahl der Gitterstriche. Noch etwas weiter kommt man mit dem *Huyghens*schen Prinzip[246]), welches gestattet, den Einfluß der relativen Breite der leuchtenden Streifen und der Stege zwischen denselben zu berücksichtigen; dieses ist jedoch nur dann anwendbar, wenn die Gitterkonstante gegen die Wellenlänge groß ist (vgl. Nr. **35** und **58**). Um aber die Unterschiede der Erscheinungen bei verschiedener Polarisation und die Abhängigkeit der Richtungsfunktion Ψ (Nr. **17**) von der Gestalt und physikalischen Beschaffenheit der Gitterelemente zu erkennen, was für die praktische Konstruktion der Gitter wichtig ist, muß man die wirkliche Verteilung der elektrischen Kräfte an der Gitteroberfläche kennen und berücksichtigen.

Ist die Gitterkonstante klein gegen λ, so ist diese Verteilung näherungsweise die des statischen Feldes (*J. J. Thomson*, *H. Lamb*[64]), vgl. Nr. **69**), es tritt dann im durchgehenden und reflektierten Licht nur die ungebeugte Welle nullter Ordnung auf mit einer von der Polarisation stark abhängenden Intensität; bei elektrischen Schwingungen parallel den Streifen wird schon bei geringer Breite derselben beinahe alles reflektiert, bei dazu senkrechter Polarisation nahezu alles durchgelassen. Diese Erscheinung ist als „*Hertz*-Effekt" von den elektromagnetischen Wellen her bekannt.

Den anderen Grenzfall bildet eine gegen λ große Gitterkonstante; betrachtet man z. B. ein ebenes Gitter, das aus einer Anzahl paralleler zylindrischer Stäbe besteht, so kann man unter den genannten Voraussetzungen das von einem jeden Zylinder herrührende Feld so ansetzen, als ob die anderen nicht vorhanden wären (Nr. **64**), und braucht nur über sämtliche Zylinder zu summieren. Für eine endliche Anzahl von Stäben haben *Schäfer und Reiche*[247]) die Erscheinungen in (gegen dessen Abmessungen) großen Entfernungen vom Gitter diskutiert, für ein unendliches Stabgitter *W. v. Ignatowsky.*[248]) Er findet bei dünnen dielektrischen Stäben im Spektrum nullter Ordnung ein Überwiegen des senkrecht zu den Stäben polarisierten Lichtes (*Du-Bois*-Effekt),

246) Außer der in Nr. **17** zitierten Literatur seien die Arbeiten erwähnt: *A. Winkelmann*, Ann. d. Phys. 27 (1908), p. 905; *H. Weisel*, Ann. d. Phys. 33 (1910), p. 995; *H. Siedentopf*, Berlin Ber. 1902, p. 711 (Stufenfilmgitter).

247) *Cl. Schäfer und F. Reiche*, Ann. d. Phys. 35 (1911), p. 817.

248) *W. v. Ignatowsky*, Ann. d. Phys. 44 (1914), p. 369.

dagegen bei dünnen leitenden Drähten den *Hertz*effekt. Rechnerisch besitzt die Annahme unendlich vieler Elemente den Vorzug, daß die Erscheinung periodisch sein muß und man sie von vornherein in Form einer *Fourier*schen Reihe ansetzen kann. Daher ist es *v. Ignatowsky* gelungen, weiterzukommen und die gegenseitige Beeinflussung der Gitterstäbe näherungsweise zu berücksichtigen. Er wendet seine Formeln an, um die Erscheinungen an Kupfergittern, wie sie *Rubens* und *Du-Bois*[249]) benutzten, zu diskutieren, und findet, daß mit zunehmender Wellenlänge der *Hertz*-Effekt immer ausgesprochener wird. Die Beobachtung zeigt qualitativ dieselbe Erscheinung, jedoch geht hier das Anwachsen des *Hertz*effektes erheblich schneller.

Den praktischen Bedürfnissen der Gitterkonstruktion angepaßt sind die Arbeiten von *Lord Rayleigh.*[250]) Es wird die Reflexion und Brechung von ebenen Wellen studiert, welche auf eine regelmäßig gewellte oder gerippte Trennungsfläche zweier Medien einfallen. Für den Ansatz des reflektierten (u_r) und gebrochenen (u_b) Beugungsbildes benutzt *Rayleigh* die Ergebnisse der elementaren Theorie und fragt nach der Verteilung der Intensität auf die Spektra verschiedener Ordnung, mit anderen Worten, er bestimmt die Richtungsfunktionen Ψ der Nr. 17 in ihrer Abhängigkeit von der Form der Oberfläche. Die Gleichung der letzteren sei $z = \zeta$, wo ζ eine periodische Funktion von x mit der Periode $a = \frac{2\pi}{p}$ und von y unabhängig ist.

Nach dem *Fourier*schen Satze ist

$$(271) \qquad \zeta = \sum_1^\infty {}^j (c_j \cdot \cos jpx + s_j \cdot \sin jpx) = \mathfrak{S}\, \zeta_j e^{ijpx}.$$

Hier bedeutet $\zeta_j = \frac{1}{2}(c_j - is_j)$; $\zeta_{-j} = \frac{1}{2}(c_j + is_j)$, und die Summe S ist über alle j von $-\infty$ bis $+\infty$ mit Ausnahme von $j = 0$ erstreckt.

Die einfallende Welle u_e denken wir uns gleichfalls unabhängig von y und unter dem Winkel θ_0 zur Normalen

$$u_e = e^{ik(z\cos\theta_0 + x\sin\theta_0)}.$$

Dann ist nach Nr. 17

$$(272) \qquad u_r = e^{ikx\sin\theta_0} \sum_{-\infty}^{+\infty} {}^h A_h e^{ihpx} e^{-ikz\cos\theta_h},$$

wo

$$a\sin\theta_h - a\sin\theta_0 = h\lambda \quad \text{oder} \quad \sin\theta_h - \sin\theta_0 = \frac{hp}{k},$$

249) *H. Du-Bois* und *H. Rubens,* Ann. d. Phys. 35 (1911), p. 243.

250) *Lord Rayleigh,* Theory of Sound II, § 262a. London 1896; Proc. Roy. Soc. A. 79 (1907), p. 399; Scientif. Papers V, p. 388.

und die Welle im zweiten Medium, dessen Brechunpsexponent $n = \frac{k'}{k}$ sei,

$$u_b = e^{ikx\sin\varphi_0} \sum_{-\infty}^{+\infty} {}_h B_h e^{ihpx} \cdot e^{ik'z\cos\varphi_h}.$$

Es ist φ_0 die Richtung der regulär gebrochenen Welle:

$$\frac{\sin\varphi_0}{\sin\theta_0} = \frac{1}{n}, \quad \text{und} \quad \sin\varphi_h - \sin\varphi_0 = \frac{hp}{k'}.$$

An der Grenzfläche $z = \zeta$ sind nach (230) die Bedingungen zu erfüllen

$$\text{im Fall} \perp: \; u_e + u_r = u_b \quad \text{und} \quad \frac{\partial}{\partial v}(u_e + u_r) = \frac{\partial u_b}{\partial v},$$

$$\text{im Fall} \parallel: \; u_e + u_r = u_b \quad \text{und} \quad \frac{1}{k}\frac{\partial}{\partial v}(u_e + u_r) = \frac{1}{k'}\frac{\partial u_b}{\partial v},$$

aus denen sich die Koeffizienten A_h und B_h berechnen. Die Rechnung läßt sich durchführen, wenn ζ klein gegen 1 ist, d. h. wenn die Rinnen der Trennungsfläche eine gegen die Wellenlänge geringe Tiefe haben. Man kann dann die $u(\zeta)$ nach ζ entwickeln und sukzessive die Glieder von A_h und B_h jeder Ordnung in den Koeffizienten c und s ermitteln.

Für eine vollkommen leitende gewellte Grenzfläche erhält *Lord Rayleigh* sehr übersichtliche Resultate. Bis auf Glieder zweiter Ordnung in ζ_h ist nämlich

$$(273) \quad \begin{cases} \text{im Falle} \perp & A_h = -ik\zeta_h, \\ \text{im Falle} \parallel & A_h \cos\theta_h = i\zeta_h \cdot (k\cos^2\theta_0 - hp\sin\theta_0). \end{cases}$$

Wenn also in der Reihe (271) ein Glied über die anderen dominiert, so herrscht auch im Beugungsbild das Spektrum der betreffenden Ordnung vor. Im Spezialfall, wenn das Profil der Trennungsfläche eine flache Sinuskurve darstellt ($\zeta = c\cos px$), ist das erste Spektrum am kräftigsten und die Amplitude des $h$ten Spektrums mit dem Faktor c^h versehen. Bemerkenswert ist, daß im Falle $\parallel$ nach (273) für $\cos\theta_h = 0$, d. h. bei streifendem Austritt des Spektrums $h$ter Ordnung, die Amplitude A_h nach dieser Theorie unendlich, jedenfalls aber groß wird. Die Diskussion der Glieder höherer Ordnung in ζ_h zeigt, daß diese Verstärkung der Amplitude A_h auch dann eintritt, wenn das $(h+1)$te Spektrum tangential austritt. *Lord Rayleigh* führte die Diskussion auch für durchsichtige Glasgitter durch und erhielt in bezug auf den Winkel der vollständigen Polarisation der reflektierten Spektra eine gute quantitative Übereinstimmung mit bereits von *Fraunhofer*[251]) veröffentlichten Beobachtungen.

Den Fall endlicher Leitfähigkeit, wie man sie bei den gebräuchlichen *Rowland*schen Gittern hat, hat *W. Voigt*[252]) sowohl für den Fall einer zu den Gitterfurchen senkrechten als auch einer beliebig geneigten Wellennormalen bis auf Glieder zweiter Ordnung (inklusive) in ζ_h diskutiert. Es wird von ihm der Umstand hervorgehoben, daß dabei nur so viele der ersten Koeffizienten ζ_h der Entwicklung (271) in die Resultate eingehen, als aus dem Gitter Spektren austreten, während die höheren Koeffizienten vollständig belanglos sind.[253]) In der Tat entspricht jedes der höheren Glieder der Reihe (271) der Überlagerung eines Sinusgitters von (gegen die Wellenlänge) kleiner Konstante, solche Gitter aber wirken wie eine ebene Fläche. (Vgl. hiermit das entsprechende Resultat von *M. v. Laue* über die Anzahl der Fourier-Koeffizienten in Nr. **44** b.) Die Ergebnisse der *Voigt*schen Theorie wurden auf seine Veranlassung durch Beobachtungen an einem *Rowland*schen Gitter geprüft[254]) und fanden eine zum Teil sehr gute quantitative Bestätigung.

---

251) *J. Fraunhofer*, Ann. d. Phys. 74 (1823), p. 364; Gesammelte Abhandlungen p. 134, München 1888.

252) *W. Voigt*, Gött. Nachr. 1911, p. 41; 1912, p. 385.

253) Dies gilt auch für vollkommen leitende und dielektrische Gitter.

254) *B. Pogany*, Ann. d. Phys. 37 (1912), p. 257; *Paule Collet*, Gött. Nachr. (1912), p. 401. Experimentelle Daten über die polarisierende Wirkung von Gittern findet man ferner in den Büchern: *J. Fröhlich*, Polarisation des gebeugten Lichtes, Leipzig 1907 (Glasgitter); *P. Zeemann*, Researches in Magneto-Optics, Kap. VI, London 1913.

(Abgeschlossen im Juli 1915.)